铁路科技图书出版基金资助出版
国家级精品课程教材

起重运输机金属结构
（第二版）

王金诺　于兰峰　主　编

吴　晓　周奇才　副主编

中国铁道出版社

2017年·北京

内 容 简 介

本书是国家级精品课程教材，由铁路科技图书出版基金资助出版。

本书阐述物流主要设备起重运输机金属结构的构造、基本理论和设计计算方法。全书共分三篇十六章，内容包括：起重运输机金属结构的作用、分类和力学模型；设计计算基础；金属结构的材料选择；组成起重运输机金属结构的基本构件(柱、梁和桁架)的设计计算方法；铁路、港口和仓库常用物流设备(门式起重机、汽车起重机、塔式起重机、门座起重机、叉车和岸边集装箱起重机)主要金属结构的构造和设计计算方法；起重机金属结构细部设计。每章设有算例和习题。

本书可作为高等学校机械制造与自动化专业和相关专业的教材，亦可供从事物流设备及其金属结构设计、制造和科研的工程技术人员参考。

图书在版编目(CIP)数据

起重运输机金属结构/王金诺，于兰峰主编 . —2 版 . —北京：
中国铁道出版社，2017.8
国家级精品课程教材
ISBN 978-7-113-23433-1

Ⅰ.①起… Ⅱ.①王… ②于… Ⅲ.①起重机械-金属结构-高等
学校-教材②运输机械-金属结构-高等学校-教材 Ⅳ.①TH2

中国版本图书馆 CIP 数据核字(2017)第 174179 号

书　名	起重运输机金属结构(第二版)
作　者	王金诺　于兰峰　主编

责任编辑：金　锋　亢丽君	编辑部电话：010-51873205		电子邮箱：1728656740@qq.com
封面设计：郑春鹏			
责任校对：苗　丹			
责任印制：郭向伟			

出版发行：中国铁道出版社(100054，北京市西城区右安门西街 8 号)

网　　址：http://www.tdpress.com

印　　刷：北京铭成印刷有限公司

版　　次：2002 年 12 月第 1 版　2017 年 8 月第 2 版　2017 年 8 月第 1 次印刷

开　　本：787 mm×1 092 mm　1/16　印张：32.5　字数：832 千

书　　号：ISBN 978-7-113-23433-1

定　　价：72.00 元

第二版前言

《起重运输机金属结构》由王金诺主编,1984 年由中国铁道出版社出版,1989 年被评为全国优秀教材。2000 年对原版进行修订,由王金诺、于兰峰主编,2002 年由中国铁道出版社作为新版(第一版)出版。该修订版被列为国家级重点教材,并于 2006 年获西南交通大学优秀教材一等奖。随着起重运输机金属结构技术研究的不断进步,以及高等学校教育改革的深入,为更好地适应当前教学要求和起重运输机制造企业新产品设计需求,全面贯彻国外最新标准和执行国内起重机设计规范(GB/T 3811—2008),编者于 2015 年 3 月再次对《起重运输机金属结构》教材进行全面修订。

本次修订的指导思想和大纲由西南交通大学王金诺、于兰峰、吴晓及同济大学周奇才提出,篇章结构保持了原来的体系,删除了部分陈旧的内容。在常用起重运输机金属结构设计计算篇中,根据近年来物料搬运机械的发展趋势,增加了"岸边集装箱起重机金属结构"替代原书中的"自动化立体仓库巷道堆垛机结构"。考虑到起重运输机金属结构细部设计的重要性,特邀具有起重机丰富设计经验的专家撰写了"起重运输机金属结构细部设计"。此外,对第一版教材的文字叙述、算例和习题设置进行了精选,各章节的算例多来自编者的设计实践。本书注重课程的教学基本要求,力求培养学生的创新和设计计算能力,尽可能扩大教材的适用面。

本书由王金诺、于兰峰任主编,吴晓、周奇才任副主编。具体修订工作由于兰峰全面负责,王金诺对全书进行了审核。修订分工如下:王金诺(第一、六、七、九章)、于兰峰(第二、三、四、五、八、十一章)、吴晓(第十章、十二章)、西南交通大学漆俐(第十四章)、武汉理工大学胡吉全(第十三章)、周奇才(第十五章)、大连重工起重集团有限公司周学镛(第十六章)。

本书的特点是理论联系实际,在阐述起重运输机金属结构设计理论分析过程中,与实际紧密结合。本书除作为机械设计与制造自动化专业起重与工程机械方向的本科生和机械设计及理论专业的研究生教材外,对从事起重运输与工程机械金属结构设计、制造、安装、维修的工程技术人员同样具有较高的参考价值,可作为相关产品结构设计的工具书。

在本书的修订过程中,西南交通大学工程机械系的众多老师、同济大学的同行专家以及四川省机械工程学会物流工程分会的企业界人士,对修订工作提出了不少有益建议,为提高本版教材的质量做出了贡献,谨向上述单位和个人表示诚挚的感谢。

本书由铁路科技图书出版基金资助出版。

希望采用本书的广大师生和工程技术人员对内容的不当之处及时提出宝贵意见和建议,以便今后再次修订时加以改正和更臻完善。

编者

2017 年 3 月 成都

第一版前言

本书作为试用教材于 1984 年问世后，国内十多所高等学校将其作为专业教材或教学参考书，40 多家起重运输机械厂和 20 多个研究院所将其作为设计计算的主要工具书，数百位学者在编著中引用。这说明试用教材出版 17 年以来，为国家培养高等人才和国民经济的发展作出了贡献。

基于此，对试用教材修订时在风格上保持了原书的体系，在内容上去除了陈旧的部分。根据物流技术的发展需要，增补了塔式起重机和自动化立体仓库巷道堆垛机金属结构设计计算。在大部分章节补充了现代设计方法的有关内容和国际、国内最新标准，补齐了每章的算例和习题。

参加试用教材修订的作者都是近十多年以来在教学第一线，并亲自讲授过本门课程的年轻学者。西南交通大学王金诺教授和于兰峰副教授担任主编，同济大学周奇才教授担任主审。参加修订的同志有：王金诺、于兰峰（第一、三章），王金诺、徐菱（第二章），曲季浦、于兰峰（第四、六、八章），王金诺、许志沛（第五、七、九章），郑荣、于兰峰（第十章），曲季浦、徐菱（第十一、十二章），张士锷、周奇才（第十三章），王金诺、周奇才（第十四章），周奇才（第十五章）。

西南交通大学机械工程研究所刘放工程师对全书插图完成了计算机制图。修订过程中，西南交通大学张质文教授，曾佑文教授、程文明教授、赵永翔教授、张钟鹏副教授、邓斌副教授、王少华副教授，北京铁路局夏宏教授级高工，石家庄铁道学院汪春生教授，中南工业大学交通学院吕宁生教授提出不少有益建议，谨向他们表示感谢。

本次教材修订获得"国家教育部高等学校骨干教师资助项目"资助。

限于编者的学识水平，书中如有不妥之处，敬请读者批评指正。

编　者
2001 年 4 月 18 日

目　录

第一篇　起重运输机金属结构设计计算基础

第二篇　起重运输机金属结构基本构件的设计计算

第三篇　铁路和港口常用起重运输机金属结构的设计计算

第一篇　起重运输机金属结构设计计算基础

第一章　概　　论

第一节　起重运输机金属结构的作用和发展过程

由金属材料轧制成的型钢(角钢、槽钢、工字钢、钢管等)及钢板作为基本元件,彼此按一定的规律用焊接的方法连接起来,制成基本构件后,再用焊接或螺栓将基本构件连接成能够承受外加载荷的结构物称为金属结构。例如常见门式起重机的上部主梁和支腿、轮式起重机的动臂和底架等。

起重运输机金属结构的作用是作为机械的骨架,承受和传递起重运输机所负担的载重及其自身的重量。图 1-1 所示的双梁箱形门式起重机,吊重 Q 通过起重小车 1 的运行轮传给主梁 2,再由主梁 2 传给支腿 3,最终通过大车运行轨道传给基础。

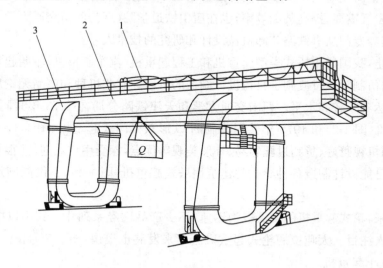

图 1-1　双梁箱形门式起重机
1—起重小车;2—主梁;3—支腿。

金属结构是起重运输机的主要组成部分。不少起重机就是以金属结构的外形命名的,如桥式起重机、门式起重机、门座起重机、塔式起重机、桅杆起重机等。

起重运输机金属结构是出现较晚的一种结构。直到 19 世纪后期,由于钢铁工业的发展和机器制造业的进一步完善，金属结构才得以迅速发展。最早的起重机是木制的，1880年德国制成了世界上第一台电力拖动的钢制桥式起重机。尔后，欧美一些国家相继生产出由金属材料制成的桥式起重机和其他类型的起重机，其中包括低合金和铝合金结构的起重机。当时的起重运输机金属结构全部是铆接结构。

20世纪以来，由于钢铁、机械制造业和铁路、港口及交通运输业的发展，促进了起重运输机械的发展，对起重运输机械的性能也提出了更高的要求。现代起重运输机械担当着繁重的物料搬运任务，是工厂、铁路、港口及其他部门实现物料搬运机械化的关键，因而起重运输机械的金属结构都用优质钢材制造，并用焊接代替铆接连接，不仅简化了结构，缩短了工期，而且大大地减轻了自重。焊接结构是现代金属结构的特征。

我国是应用起重机械最早的国家之一，古代我们的祖先采用杠杆及辘轳取水，就是用起重设备节省人力的例子。因是人力驱动，故起重能力小，且效率很低。几千年的封建统治年代，工业得不到发展，从而使起重运输设备及其金属结构的发展缓慢，阻碍了金属结构的广泛应用。中华人民共和国成立以前，我国自行设计制造的起重机械很少，绝大多数起重运输设备依靠进口。铁路货物的装、卸则以人力为主。中华人民共和国成立伊始，各主要铁路站场连一台像样的起重运输机都没有，当时的机械化水平就可想而知了。

中华人民共和国成立后，随着冶金业与钢铁工业的发展，起重运输机械获得了飞速发展。中华人民共和国成立伊始，就建立了全国最大的大连起重机器厂，1949年10月，在该厂试制成功我国第一台起重量为50 t、跨度为22.5 m的桥式起重机。为培养起重运输机械专业的专门人材，在上海交通大学等多所高等工业学校中，创办了起重运输机械专业。铁路系统为适应国民经济发展需要，提高装卸效率，也在唐山铁道学院（现为西南交通大学）开办了铁路装卸机械专业，培养专门从事铁路装卸机械设计和研究的技术人材。

到目前为止，我国通用桥式类型起重机和工程起重机（汽车起重机、轮胎起重机、塔式起重机）已从过去的仿制阶段过渡到了自行设计制造的阶段。有些机种和产品无论从结构形式，还是性能指标都达到了较高水平。西南交通大学和天津铁路分局在1973年共同研制的单主梁C形门式起重机（图1-2）和1975年共同研制的O形双梁门式起重机（图1-3），由于它们具有腿下净空大、司机视野好、货物过腿容易、外形美观等优点，深受用户欢迎，并很快得到了推广。国内许多厂家已能设计制造各种参数的建筑用塔式起重机（图1-4），不仅能满足国内需要，还有大量出口。

近些年以来，轮式起重机的发展极为迅速，不少产品已经系列化。其中以中、小吨位的汽车起重机最引人注目。大吨位的轮式起重机近年来发展也很快，图1-5为长江起重机厂设计制造的125 t汽车起重机。

西南交通大学与山海关桥梁厂、兰州机车厂共同研制了100 t定长臂及伸缩臂式铁路起重机；与武桥重工集团股份有限公司共同研制了160 t定长臂及伸缩臂式铁路起重机，如图1-6、图1-7所示，其各项性能指标达到了国际先进水平。

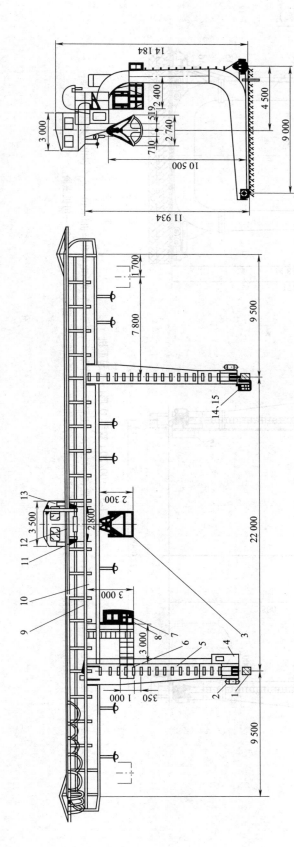

图 1-2　20/10 t 单主梁 C 形门式起重机

1—大车走行基础；2—大车运行机构；3—抓斗；4—司机升降电梯；5—支腿；6—司机室走台；

7—司机室；8—司机座椅；9—走台；10—主梁；11—起重小车；12—小车供电装置；13—小车罩；14—大车供电装置；15—地沟。

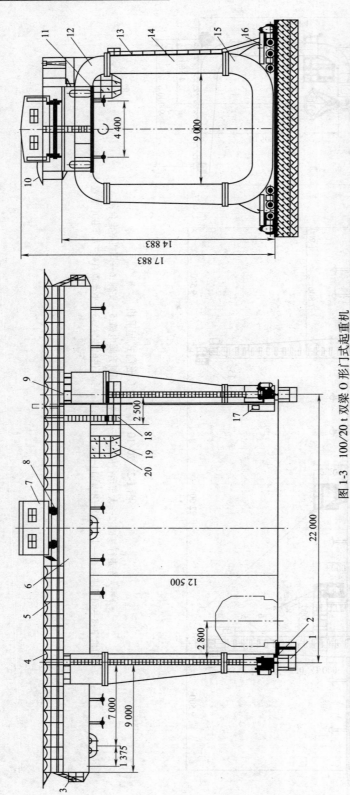

图 1-3 100/20 t 双梁 O 形门式起重机

1—大车走行基础;2—地沟供电滑车;3—端部走台;4—小车供电装置;5—栏杆;6—主梁;7—小车罩;8—起重小车;9—电梯升降机构;10—小车供电支架;11—端梁;12—上曲腿;13—扶梯;14—直腿;15—下曲腿;16—大车运行机构;17—电梯吊笼;18—爬梯;19—司机室;20—司机座椅。

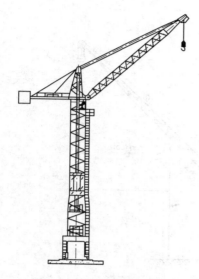

图 1-4　建筑用塔式起重机

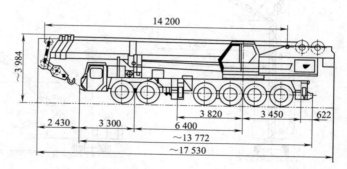

图 1-5　125 t 汽车起重机

图 1-6　160 t 定长臂铁路起重机

图 1-7　160 t 伸缩臂式铁路起重机

第二节　起重运输机金属结构的分类

起重运输机金属结构的类型繁多,对它们进行分类,目的是区别各种不同的金属结构类型,找出其共同特点,便于设计和计算。

1. 按组成金属结构基本元件的特点,分为杆系结构和板结构。

杆系结构由许多杆件焊接而成,每根杆件的特点是长度方向尺寸大,而断面尺寸较小。常见的桁架门式起重机的桁架主梁和支腿、四桁架式桥架、轮式和塔式起重机的桁架动臂

(图 1-8)都是杆系结构。

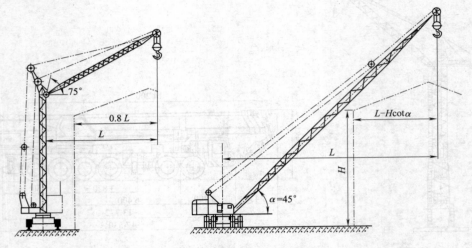

图 1-8 塔式、轮式起重机桁架动臂

板结构由薄板焊接而成。薄板的特点是长度和宽度方向尺寸较大,而厚度很小,所以板结构亦称薄壁结构。箱形门式起重机的主梁和变截面箱形支腿(图 1-1),汽车起重机的箱形伸缩臂和支腿(图 1-9)都是板结构。

杆系结构和板结构是起重运输机金属结构中最常用的结构形式。

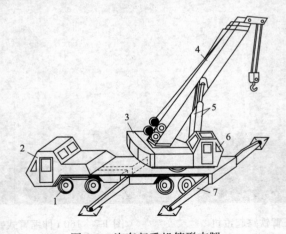

图 1-9 汽车起重机箱形支腿

1—走行装置;2—驾驶室;3—转台;4—动臂;5—变幅油缸;6—司机室;7—支腿。

2. 按起重运输机金属结构的外形不同,分为门架结构、臂架结构、车架结构、转柱结构、塔架结构等。这些结构可以是杆系结构,亦可以是板梁结构。门架结构包括门式起重机的门架、门座起重机的门腿及平衡重式叉车的门架等。

3. 按组成金属结构的连接方式不同,分为铰接结构、刚接结构和混合结构。

铰接结构中,所有节点都是理想铰。实际的起重运输机金属结构真正用铰接连接的是极少见的。通常在杆系结构中,若杆件主要承受轴向力,而受弯矩很小时,称之为铰接结构。起重运输机金属结构中常用的桁架结构在设计计算时视为铰接结构。

刚接结构构件间的节点连接比较刚劲,在外载荷作用下,节点各构件之间的相对夹角不会变化。刚接结构节点承受较大的弯矩,而不像铰接结构的节点认为不承受弯矩。门式起重机刚性支腿和主梁的连接就属于刚接节点,而门架结构就是刚接结构(图1-1)。

混合结构各杆件之间的节点既有铰接的,又有刚接的。常见单梁电葫芦桥式起重机的主体结构(图1-10)多做成混合结构形式。混合结构又称桁构结构。

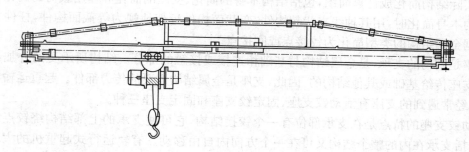

图1-10 电葫芦桥式起重机桁构梁

4. 按作用载荷与结构在空间的相互位置不同,分为平面结构和空间结构。

平面结构的作用载荷和结构杆件的轴线位于同一平面内,如图1-11所示的桁架结构,小车轮压、结构自重载荷与桁架平面共面,所以此桁架结构属于平面结构。

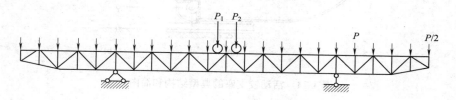

图1-11 平面桁架结构

当结构杆件的轴线不在一个平面内,或结构杆件轴线虽位于同一平面,但外载荷不作用于结构平面(通常称为平面结构空间受力),属于这两种情况的结构都称为空间结构。图1-12的集装箱门式起重机的门架和图1-13的轮式起重机车架都是空间结构的例子。

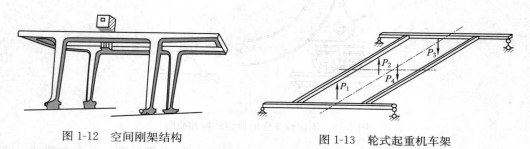

图1-12 空间刚架结构　　　　　　　图1-13 轮式起重机车架

第三节 起重运输机金属结构的计算简图

对起重运输机金属结构进行强度、刚度和稳定性分析时,常用一理想的力学模型来代替实际结构,这种力学模型称为起重运输机金属结构的计算简图。对结构进行简化时,应使计算简图尽可能接近实际情况,并注意使计算工作尽量简单。

将实际结构简化成计算简图,包括结构本身的简化、支座的简化和作用载荷的简化。

结构本身简化时,用其轴线来代替构件,变截面构件近似地视为等截面构件,杆件之间的节点根据金属结构的类型简化为铰接点或刚接点。

支座是结构的支承,是金属结构与基础相连接或接触的部分。结构所承受的外加载荷都是通过支座传给基础或其他结构的,因此,支座是金属结构重要的传力部件。起重运输机金属结构中,经常遇到的支座有活动铰支座、固定铰支座和固定支座三种。

活动铰支座的特点是在支承部位有一个铰接结构,它可使支承的上部结构绕铰点自由转动,而包括支承在内的整个结构又可在一个方向内自由移动。有轨运行式起重机的大车走行轮沿轨道方向可简化成活动铰支座。图1-14(a)是活动铰支座的结构形式,图1-14(b)是活动铰支座的简图。活动铰支座只能承受垂直方向的支反力。

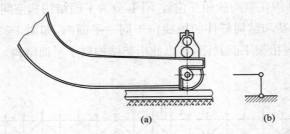

(a)   (b)

图1-14 活动铰支座的典型结构和简图

固定铰支座与活动铰支座的不同点是其包括支座在内的整个结构不能沿一个方向移动,但仍可绕铰点自由转动。固定铰支座既可承受垂直支反力,又可承受水平支反力。图1-15(a)中的 A 支座是固定铰支座的典型结构,图1-15(b)是它的计算简图。如果将整个台车作为该支座的组成部分,对这样的支承结构也可以简化为活动铰支座。

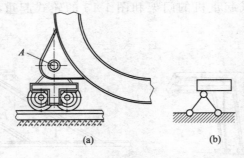

(a)   (b)

图1-15 固定铰支座的典型结构和简图

固定支座与活动铰支座、固定铰支座相反,它既不能转动,又不能沿一个方向移动。这种支座不仅能承受垂直支反力和水平支反力,而且还能承受弯矩。固定支座可以用焊接连接,亦可用螺栓连接。

起重运输机金属结构的支座通常是属于空间结构的支座。按平面支座进行分析时,在一个平面内属于一种支座情况,而在另一平面内又可简化成另一种支座情况。有时,在同一平面内,由于研究的对象不同或工况不同,也可以取两种支座情况。例如门式起重机在门架平面,当研究主梁强度时,常取静定支座;当研究支腿的强度时,就可能取超静定支座。

载荷简化时,固定载荷(结构或机构的自重载荷)可简化成均布载荷、集中载荷或节点载荷。移动载荷(起升载荷和小车自重载荷)以轮压的形式作用在小车轨道上时,接触长度很小,可以简化成集中载荷。

图1-16(a)是一单主梁门式起重机。根据上述原则进行简化时,在门架平面主梁和支腿用其几何轴线代替,结构自重视为均布载荷,起升载荷视为移动集中载荷。计算主梁时,支座取图1-16(b)的静定支座;计算支腿时,用图1-16(c)的一次超静定支座。

必须指出,如何把实际的金属结构合理地简化成计算简图是起重运输机金属结构分析中一个十分重要而且应该首先加以解决的问题。计算简图的选择合理与否,将直接影响到结构分析的正确性。在计算同一结构时,往往需要采用几种计算简图。初步设计时,用一个比较简单而精确度不高的计算简图(确定计算简图时,忽略较多的次要因素);在最后技术设计阶段,改用一个在计算上较繁而精确度较高的计算简图(确定计算简图时,忽略较少的次要因素)。

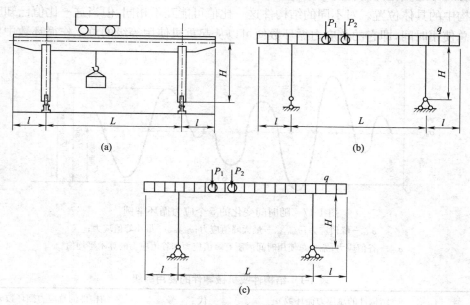

图1-16 单主梁门式起重机金属结构计算简图
(a)结构图;(b)简化成静定结构计算简图;(c)简化成超静定结构计算简图。

第四节 起重运输机金属结构的工作级别

设计起重机时,需要对起重机的金属结构、机构和零部件进行强度、稳定性、疲劳、磨损等计算。为使所设计的起重机具有先进的技术经济指标,安全可靠,具有一定的工作寿命,必须在设计计算时考虑起重机金属结构和机构的工作级别。起重机金属结构的工作级别是表明金属结构工作繁重程度的参数。

起重机工作级别的划分包括三类:起重机整机的分级、机构的分级、结构件或机械零件的分级。

起重机整机的工作级别划分为 A1～A8 共 8 个级别;机构的工作级别划分为 M1～M8 共 8 个级别;结构件或机械零件的工作级别划分为 E1～E8 共 8 个级别。本节仅介绍结构件或机械零件的分级。

起重机工作级别的划分以金属结构的疲劳设计理论为依据。起重机金属结构的工作级别根据金属结构的使用等级(即金属结构总的应力循环数)和应力状态级别(即应力谱系数)来确定。

一、结构件或机械零件的使用等级

起重机结构的使用等级用其在使用寿命期间完成的总的应力循环次数来表征。一个应力循环是指应力从通过 σ_m 时起至该应力同方向再次通过 σ_m 时为止的一个连续过程,图 1-17 为包含 5 个应力循环的时间应力变化历程。将结构件的总应力循环次数 $n_T = 1.6 \times 10^4 \sim 8 \times 10^6$ 分成 11 个等级,分别以代号 B_0、B_1、$\cdots$、B_{10} 表示,见表 1-1。

结构件的总应力循环数同起重机整机的总工作循环数之间存在着一定的比例关系,某些结构件在一个起重循环内可能经受几个应力循环,这取决于起重机的类别和该结构件在该起重机结构中的具体位置。对不同的结构件这一比值可能互不相同,但当这一比值已知时,该结构件的总使用时间,即它的总应力循环数便可以从起重机使用等级的总工作循环数中导出。

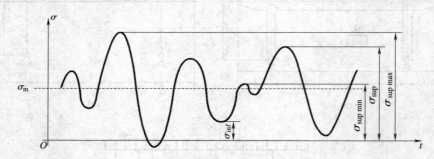

图 1-17 随时间变化的 5 个应力循环举例

σ_{sup}—峰值应力;$\sigma_{sup\,max}$—最大峰值应力;$\sigma_{sup\,min}$—最小峰值应力;

σ_{inf}—谷值应力;σ_m—总使用时间内所有峰值应力和谷值应力的算术平均值。

表 1-1 结构件或机械零件的使用等级

代　　　号	结构件的总应力循环数 n_T	代　　　号	结构件的总应力循环数 n_T
B_0	$n_T \leqslant 1.6 \times 10^4$	B_6	$5 \times 10^5 < n_T \leqslant 1 \times 10^6$
B_1	$1.6 \times 10^4 < n_T \leqslant 3.2 \times 10^4$	B_7	$1 \times 10^6 < n_T \leqslant 2 \times 10^6$
B_2	$3.2 \times 10^4 < n_T \leqslant 6.3 \times 10^4$	B_8	$2 \times 10^6 < n_T \leqslant 4 \times 10^6$
B_3	$6.3 \times 10^4 < n_T \leqslant 1.25 \times 10^5$	B_9	$4 \times 10^6 < n_T \leqslant 8 \times 10^6$
B_4	$1.25 \times 10^5 < n_T \leqslant 2.5 \times 10^5$	B_{10}	$8 \times 10^6 < n_T$
B_5	$2.5 \times 10^5 < n_T \leqslant 5 \times 10^5$		

二、结构件或机械零件的应力状态级别

结构件的应力状态级别用应力谱系数来表示。表 1-2 列出了应力状态的 4 个级别及相应的应力谱系数范围值。各结构件的应力谱系数按该结构件在总使用期内发生的应力值 σ_i 及对应的应力循环数 n_i 按式(1-1)计算：

$$K_S = \sum \left[\frac{n_i}{n_T} \left(\frac{\sigma_i}{\sigma_{max}} \right)^C \right] \tag{1-1}$$

式中 K_S——结构件或机械零件的应力谱系数；

$\quad n_i$——与结构件发生的不同应力 σ_i 相应的应力循环数，$n_i = n_1, n_2, n_3, \cdots, n_n$；

$\quad n_T$——结构件总的应力循环数，$n_T = \sum\limits_{i=1}^{n} n_i = n_1 + n_2 + \cdots + n_n$；

$\quad \sigma_i$——结构件在工作时间内发生的不同应力，$\sigma_i = \sigma_1, \sigma_2, \sigma_3, \cdots, \sigma_n$；并设定：$\sigma_1 > \sigma_2 > \sigma_3 \cdots > \sigma_n$；

$\quad \sigma_{max}$——应力 $\sigma_1, \sigma_2, \sigma_3, \cdots, \sigma_n$ 中的最大应力。

$\quad C$——指数，与有关材料的性能，结构件的种类、形状和尺寸，表面粗糙度以及腐蚀程度等有关，由疲劳实验得出。

展开后，式(1-1)变为

$$K_S = \frac{n_1}{n_T} \left(\frac{\sigma_1}{\sigma_{max}} \right)^C + \frac{n_2}{n_T} \left(\frac{\sigma_2}{\sigma_{max}} \right)^C + \frac{n_3}{n_T} \left(\frac{\sigma_3}{\sigma_{max}} \right)^C + \cdots + \frac{n_n}{n_T} \left(\frac{\sigma_n}{\sigma_{max}} \right)^C \tag{1-2}$$

由式(1-2)算得应力谱系数 K_S 的值后，可按表 1-2 确定该结构件相应的应力状态级别。

表 1-2   结构件或机械零件的应力状态级别和应力谱系数

应力状态级别	应力谱系数 K_S	应力状态级别	应力谱系数 K_S
S1	$K_S \leqslant 0.125$	S3	$0.250 < K_S \leqslant 0.500$
S2	$0.125 < K_S \leqslant 0.250$	S4	$0.500 < K_S \leqslant 1.00$

注：1. 某些结构件，若已受载荷与以后实际的工作载荷基本无关，在大多数情况下，其 $K_S = 1$，应力状态级别属于 S4。

2. 对结构件，确定应力谱系数所用的应力是该结构件在工作期间内发生的各个不同的峰值应力，即图 1-17 中的 σ_{sup}、$\sigma_{sup\,min}$、$\sigma_{sup\,max}$ 等。

三、结构件或机械零件的工作级别

根据结构件的使用等级和应力状态级别，按"等寿命原则"将结构件的工作级别划分为 E1～E8 共 8 个级别，见表 1-3。

表 1-3   结构件或机械零件的工作级别

应力状态	使 用 等 级										
	B_0	B_1	B_2	B_3	B_4	B_5	B_6	B_7	B_8	B_9	B_{10}
S1	E1	E1	E1	E1	E2	E3	E4	E5	E6	E7	E8
S2	E1	E1	E1	E2	E3	E4	E5	E6	E7	E8	E8
S3	E1	E1	E2	E3	E4	E5	E6	E7	E8	E8	E8
S4	E1	E2	E3	E4	E5	E6	E7	E8	E8	E8	E8

第五节　对起重运输机金属结构的要求及其发展趋向

起重运输机是一种工作十分繁忙的重型机械，又是一种移动机械，为保证其正常工作，对起重运输机金属结构提出如下要求：

(1)起重运输机金属结构必须坚固耐用。金属结构应保证起重机有良好的工作性能，因此，其本身应具有足够的强度、刚度和稳定性。

(2)起重运输机金属结构的自重应力求轻巧。起重运输机金属结构的重量约占整机重量的 40%～70%，巨型起重机则可达 90%以上。由于起重运输机是移动的，因此减轻自重不但可以节省原材料，而且也相应地减轻了机构的负荷和支承结构的造价。

(3)起重运输机金属结构的制造工艺要求简单，安装、维修容易，并应注意改善司机的工作条件。

(4)起重运输机金属结构的外形应尽可能美观、大方。

起重运输机金属结构工作不仅繁忙，且结构自重甚大，消耗钢材很多，金属结构的成本约占总成本的 1/3 以上。因此，设法提高金属结构的性能、节省材料、减轻自重、减少制造劳动量，从而降低产品成本，是起重运输机金属结构设计与制造工作坚定不移的方针，也是今后发展的总趋势。

根据对起重运输机金属结构的基本要求，提出以下几点发展方向和研究的重点。

一、设计计算理论的研究和改进

在起重运输机金属结构设计中，一直采用许用应力设计法，这种方法使用起来比较简便，其缺点是对不同用途、不同工作性质(受力情况)的金属结构采用相同的安全系数，而且安全系数往往偏大或过小，使设计的结构或者多消耗材料，或者安全程度较低。随着生产发展的要求，试验研究工作的开展，促进了计算理论的改进和发展。近年来出现了不少新的计算方法，提出许多新的数据、参数、系数和公式。这些方法正确地考虑了载荷的作用性质，钢材的性能及结构工作特点，如 GB/T 3811—2008《起重机设计规范》补充的以概率论为基础的极限状态设计法就是一例。极限状态设计法的基础是：在起重机使用条件下对金属结构的受载情况进行统计分析，对金属结构材料性能的均匀程度进行统计研究。尤其当结构在外载荷作用下产生了较大变形，以至内力与载荷呈非线性关系时，采用极限状态设计法会得到更符合实际情况的计算结果。因而也能更充分地利用钢材的性能，节省材料。

二、改进和创造新型的结构形式

在保证起重运输机工作性能的条件下，改进和不断创造新型的结构形式是最有效地减轻起重运输机金属结构自重的方法之一。例如汽车起重机动臂用周长相同的折线闭合断面或类椭圆截面代替传统的箱形截面(图 1-18)，使断面几何特性有所改善，因而提高了动臂的强度、刚度和稳定性，降低了动臂的自重。根据动臂的受力特点，采用梯形截面的动臂结构(图 1-19)，在减轻结构自重方面也有显著效果。铁路部门自行设计并制造的三角形断面桁架门式起重机金属结构,自重比相同参数的双梁箱形门式起重机金属结构轻 15%~20%。港口小型门座起重机的动臂用矩形断面空腹管结构代替传统的桁架结构,使动臂自重下降 20%。我国六机部第九设计院为马耳他设计并制造的起重量 150 t、幅度 45 m 的门座起重机的金属结构全部采用薄壁箱形结构,在减轻整机自重方面取得了明显的效果。

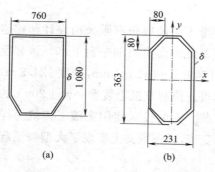

图 1-18 折线形和八边形闭合断面动臂
(a)折线形截面动臂;(b)八边形截面动臂。

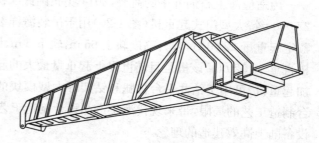

图 1-19 梯形断面动臂

三、改进制造工艺过程

广泛地采用焊接,特别是自动焊和改进工艺过程,应用冲压焊接钢板制造起重运输机金属结构,既能简化结构,节省材料,又能减少制造安装的劳动量,缩短工期,从而降低产品成本。采用焊接结构比铆接结构可以节省钢材 30% 以上,所以用焊接代替铆接结构被称为金属结构设计与制造方法的一大改革。目前生产的起重运输机金属结构绝大部分都是采用焊接连接。

应用冲压焊接钢板的金属结构,并用螺栓进行装配,可以省去许多复杂而繁重的组装工艺,防止装配变形,增加结构刚度,保证结构的制造质量。

四、尽量采用先进技术

目前,起重运输机金属结构的设计和制造工作虽然有了一整套可行的方法和工艺,但仍有许多问题有待进一步研究和改进。

在设计方面,如研究采用预应力的方法设计起重运输机金属结构,可改善结构的受力状态,节省钢材。利用有限元法(借助计算机)解算复杂的计算问题,能简化设计过程,加快设计进度且可探索断裂设计法在起重运输机金属结构中应用的可能性。起重运输机金属结构的优化设计,把设计工作的主要精力转到优化方案的选择方面来,使设计工作者由被动的校核设计转变为积极主动地从各种可能的设计方案中寻求最优的方案,最优方案可以用数字来表示,用数字来回答问题,优化设计是现代起重运输机金属结构设计的特色。

在制造方面,尽量采用标准化的冲压结构,应用最新的连接方法(高强度螺栓及胶合连接等)和装配式结构,选择更先进的工艺等,这些都能为改善起重机的工作性能、节省材料、提高生产率、降低成本提供有利的条件。

五、提高起重机的参数

近年来,除生产一些轻、小、简、廉的起重设备以满足各使用部门的需要外,为解决长大笨重货物(如冶炼设备、水坝闸门、化工设备、大型船舶、海洋平台安装、发电设备和机车等)的装卸,各国生产的起重机有向大吨位、大幅度(大跨度)、大高度、高速度方向发展的趋势,同时要求有灵活的控制系统,以适应对起重机调速的要求。

为适应海上石油开采的需要,2014年我国武汉桥梁重工集团股份有限公司设计和建造了22 000 t特大型门式起重机(图1-20)用于吊装海洋装备基地的海上石油平台下水。该起重机额定起重量22 000 t,起升高度轨上65 m,轨下5 m,起升速度0~0.2 m/min,跨度124.3 m,整机自重16 520 t。该机是目前世界上起重量最大的起重机。该起重机上装有一台1 200 t的附加起重机,可用于钻井平台桩腿和钻架等大型模块的安装。它的投入使用突破了传统海洋平台制造工艺的局限,带来现代海工产品设计制造工艺的变革,真正意义上实现了大型海工起重设备陆上高效建造的理念。

图1-20　特大型门式起重机

2002年英国生产了一台起重量1 600 t的桥式起重机。它由两台800 t的小车构成,跨度28 m。设计时采用高频调速、起升自动同步系统等新技术。

2001年我国太原重型机械集团公司为我国三峡电站设计制造了一台1 200 t独立小车的大吨位桥式起重机(图1-21),为安装发电机转子专用。

近年来国内外轮式起重机的大型化也发展很快。2002年德国Demag公司研制成功500 t汽车起重机。总重只有83.8 t,下车共7轴,单轴负荷小于12 t,运行速度0~65 km/h。为提高整机稳定性,下车支腿设计成X形。整机布置十分简洁,运行状态时上车(含吊臂)位于车体纵向内,大大提高了整机的行驶性能(图1-22)。

图 1-21　1 200 t 桥式起重机

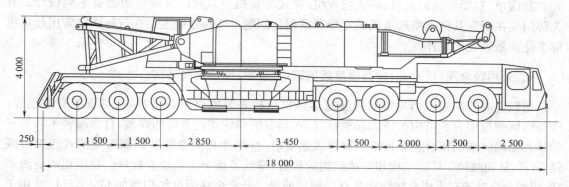

图 1-22　500 t 汽车起重机

我国的徐州重工集团和三一重工集团相继研制成功 1 200 t 级的全路面起重机,各项性能达到国际先进水平。图 1-23 和图 1-24 分别是徐工和三一重工的产品。

图 1-23　徐工 1 200 t 全路面起重机

图 1-24   三一重工 1 200 t 全路面起重机

六、起重运输机金属结构的标准化和系列化

起重运输机金属结构应设计成有一定规格尺寸的标准零件,便于加工和组装,并使整个结构系列化,做成定型产品。尽量利用标准工艺,这是简化设计和制造过程、缩短工期、进行批量生产的关键,也是降低产品成本的有效方法。

我国单、双梁桥式起重机,塔式起重机,轮式起重机及双梁门式起重机都有系列设计。有关部门正在研究其他类型起重机的定型和系列化问题。铁路系统也正在进行铁路常用起重机标准化和系列化的工作。

七、采用轻金属(铝合金)或高强度结构钢(合金钢)制造金属结构

用轻金属或高强度结构钢制造起重运输机结构是节省材料、减轻结构自重的有效途径。国外已试制过铝合金结构的桥式起重机、门式起重机和轮式起重机的臂架,自重减轻了30%～60%。德国制造的铝合金箱形单主梁桥式起重机,自重比相同参数的钢制双梁桥式起重机减轻70%,从而减轻了厂房结构和支承结构的载荷,降低了整个工业企业投资。我国铝矿资源丰富,用铝合金制造起重机金属结构具有广阔的前景。低合金高强度结构钢如 Q345,已广泛用于制造各种起重机金属结构。大吨位轮式起重机的臂架材料,目前国内外广泛采用屈服极限为600～1 000 MPa 的高强度结构钢。由于材质好、强度高,制造金属结构可达到体轻、坚固、耐用。

▶▷ 习 题

1-1   分析和绘制图 1-25 所示汽车起重机折叠式动臂 1 和车架 2 的计算简图。

1-2   画出图 1-26 所示固定式门式起重机门架金属结构的计算简图。

1-3   绘制图 1-27 所示叉车门架金属结构的计算简图。

1-4   金属结构的概念是什么?它有哪些作用?

1-5   起重运输机金属结构的发展趋向是什么?

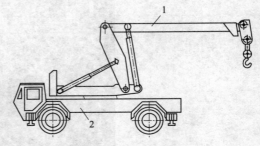

图 1-25   汽车起重机
1—折叠式动臂;2—车架。

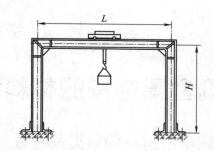

图 1-26　固定式门式起重机门架金属结构

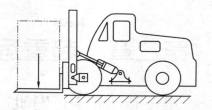

图 1-27　叉车门架金属结构

第二章 起重运输机金属结构的材料

第一节 起重运输机金属结构常用材料的分类及特性

金属结构是起重运输机的重要组成部分之一。金属结构材料的选用直接关系到起重运输机的工作是否安全、经济。起重运输机工作非常繁重，经常承受变化的动力载荷和冲击载荷，而且工作环境一般较差，因此，要求金属结构的材料有较高的强度和耐久限，材质均匀而且有良好的塑性；当起重运输机金属结构在低温下工作时，材料还必须有足够的冲击韧性 A_k(J) 和断裂韧性 K_{IC}(N/mm$^{\frac{3}{2}}$)；由于起重运输机金属结构多采用焊接结构，故要求材料具有良好的可焊性。此外，还要求起重运输机金属结构的材料有较好的时效性和防腐性。

目前，起重运输机金属结构主要构件所用材料为结构钢，包括普通碳素结构钢、优质碳素结构钢、低合金高强度结构钢、合金结构钢。起重机金属结构的支座常用铸钢。起重机金属结构的连接主要采用焊接、螺栓连接和销轴连接。起重机常用钢材的分类和表示方法见表 2-1。

表 2-1　起重机常用钢材的分类和表示方法

产品名称及标准		牌号举例	牌号表示方法说明
碳素结构钢 （GB/T 700—2006）		Q195 Q215A Q235A Q235C Q275B	如：Q235AF Q——屈服点； 235——屈服点数值(MPa)； A——质量等级代号，分 A、B、C、D 四级； F——脱氧方法符号(F、Z、TZ、Z、TZ 可以省去)
优质碳素结构钢 （GB/T 699—2015）		20A 45	如：20A 20——平均含碳量的万分数，即平均含碳为 0.2%； A——表示高级优质钢，特级优质钢的符号为 E
合金钢	低合金高强度结构钢 （GB/T 1591—2008）	Q345E Q390B Q420A	如：Q345E E——质量等级代号，分 A、B、C、D、E 五级； 其余符号含义同碳素结构钢
	合金结构钢 （GB/T 3077—2015）	30CrMnSi 38CrMoAlA	如：38CrMoAlA 38——平均含碳量的万分数，即平均含碳为 0.38%； CrMoAl——化学元素； A——表示磷和硫含量较低的高级优质钢
铸钢	一般工程用铸造碳钢件 （GB/T 11352—2009）	ZG 230-450 ZG 310-570	如：ZG 230-450 ZG——铸钢； 235——屈服点数值(MPa)； 450——抗拉强度(MPa)

产品名称及标准	牌号举例	牌号表示方法说明
铸钢	一般工程与结构用低合金铸钢件（GB/T 14408—2014）	ZGD345-570 ZGD410-620	如：ZGD345-570 ZGD——低合金铸钢。 其余符号含义同上栏·
	大型低合金钢铸件（JB/T 6402—2006）	ZG40Mn2 ZG35CrMo	如：ZG40Mn2 ZG——铸钢； 40——含碳0.35%～0.45%； Mn2——合金锰含量1.6%～1.8%

起重运输机金属结构主要承载结构的构件宜采用力学性能不低于 GB/T 700—2006 中的 Q235 钢和 GB/T 699—2015 中的 20 钢材。当结构需要采用高强度钢材时,可采用力学性能不低于 GB/T 1591—2008 中的 Q345、Q390 和 Q420 钢材。钢铸件宜采用符合 GB/T 11352—2009 或 GB/T 14408—2014 规定的铸钢。

一、起重运输机金属结构常用结构钢的分类

1. 按冶炼方法分类

按冶炼方法的不同,结构钢分为平炉钢、转炉钢和电炉钢。平炉钢的质量较好,其机械性能和化学成分比较稳定,但冶炼时间长,耗能大,成本高,已逐渐被淘汰。转炉钢按炉衬的耐火材料性质分为酸性转炉钢和碱性转炉钢;按气体吹入炉内的部位分为顶吹转炉钢、底吹转炉钢和侧吹转炉钢等。目前已普遍使用纯氧顶吹转炉炼钢,其生产效率高,成本低,质量好,已被广泛应用并成为主要炼钢方法。转炉钢的主要品种有碳素钢、低合金钢和少量合金钢。电炉钢质量最好,但价格较贵,由于我国电力和废钢不足,目前主要用于冶炼优质钢和合金钢,起重机金属结构较少采用。

2. 按脱氧程度分类

根据冶炼时脱氧程度的不同,结构钢可以分成沸腾钢(F)、半镇静钢(b)、镇静钢(Z)和特殊镇静钢(TZ),镇静钢和特殊镇静钢的代号可以省去。镇静钢脱氧充分,成分均匀,塑性、韧性及质量均较好。起重机主要承载构件或低温下工作的起重机结构应采用镇静钢。沸腾钢由于脱氧不完全,材质不均,塑性和韧性较差,用这种材料制成的焊接结构受动力载荷作用时接头易出现裂纹。沸腾钢还有时效硬化现象,不宜用在低温下工作的起重机金属结构上。因其省去大量昂贵的脱氧剂,冶炼时间短,所以成本较低。用沸腾钢轧制成型材和板材时,其内部的气泡可能被压合,并形成坚实的外壳。所以在一般情况下,强度并不比镇静钢低太多。因此,在常温下工作的起重机金属结构也可用沸腾钢制造。特殊镇静钢比镇静钢脱氧程度更充分彻底,质量最好,适用于特别重要的结构。半镇静钢性能介于沸腾钢和镇静钢之间,在GB/T 700—2006《碳素结构钢》中取消了半镇静钢。

3. 按化学成分分类

按化学成分可分为碳素钢和合金钢。碳素钢又分为低碳钢[$w(C)<0.25\%$]、中碳钢[$0.25\%\leqslant w(C)\leqslant0.60\%$]和高碳钢[$w(C)>0.60\%$]。合金钢分为低合金钢(合金元素总含量＜5％)、中合金钢(5％≤合金元素总含量≤10％)和高合金钢(合金元素总含量＞10％)。起重运输机金属结构常用的碳素结构钢为低碳钢。

二、起重运输机金属结构常用钢材的牌号及特性

1. 碳素结构钢

碳素结构钢属于低碳钢,应符合 GB/T 700—2006《碳素结构钢》的相关要求。用于起重机金属结构的低碳钢含碳量不超过 0.22％。

钢的牌号由代表屈服强度的字母 Q、屈服强度数值、质量等级符号(A、B、C、D)、脱氧方法符号(F、Z、TZ,Z、TZ 可以省去)四个部分按顺序组成,如 Q235AF。根据钢材厚度(或直径)不大于 16 mm 时的屈服点数值,碳素结构钢分为 Q195、Q215、Q235、Q275 等牌号。

质量等级由 A 到 D,含 S、P 等杂质的量依次降低,钢材质量依次提高。A 级钢只要求保证抗拉强度、屈服点、伸长率,冲击韧性不作为要求条件,对冷弯试验只在需方有要求时才进行。B、C、D 级钢要求保证抗拉强度、屈服点、伸长率、冷弯和冲击韧性(冲击吸收能量 KV 不小于 27 J)等力学性能,冲击试验温度分别为 B 级＋20 ℃、C 级 0 ℃、D 级－20 ℃。

碳素结构钢的牌号及化学成分见表 2-2,力学性能见表 2-3。

普通碳素结构钢 Q235 是制造起重运输机金属结构最常用的材料。根据化学成分、脱氧方法以及对冲击韧性的要求,Q235 分为 A、B、C、D 四个质量等级,为了满足以上性能要求,不同等级的 Q235 钢化学成分略有区别。

优质碳素结构钢中的 20 钢等也常用于起重运输机金属结构的主要承载构件,其性能见 GB/T 699—2015《优质碳素结构钢》。

表 2-2 碳素结构钢的牌号及化学成分(GB/T 700—2006)

牌号	统一数字代号[1]	质量等级	厚度(或直径)(mm)	脱氧方法	化学成分(质量分数)(%),不大于				
					C	Si	Mn	P	S
Q195	U11952	—	—	F、Z	0.12	0.30	0.50	0.035	0.040
Q215	U12152	A	—	F、Z	0.15	0.35	1.20	0.045	0.050
	U12155	B							0.045
Q235	U12352	A		F、Z	0.22	0.35	1.40	0.045	0.050
	U12355	B			0.20[2]				0.045
	U12358	C		Z	0.17			0.040	0.040
	U12359	D		TZ				0.035	0.035
Q275	U12752	A	—	F、Z	0.24	0.35	1.50	0.045	0.050
	U12755	B	≤40	Z	0.21			0.045	0.045
			＞40		0.22				
	U12758	C	—	Z	0.20			0.040	0.040
	U12759	D		TZ				0.035	0.035

注:①——表中为镇静钢(Z)、特殊镇静钢(TZ)牌号的统一数字,沸腾钢(F)牌号的统一数字代号为:Q195F——U11950;
Q215AF——U12150;Q215BF——U12153;Q235AF——U12350;Q235BF——U12353;Q275AF——U12750。

②——经需方同意,Q235B 的碳含量可"不大于 0.22％"。

表 2-3 碳素结构钢的力学性能（GB/T 700—2006）

牌号	等级	屈服强度①σ_s[(N/mm²)]，不小于						抗拉强度②σ_b (N/mm²)	断后伸长率 A(%)，不小于					冲击试验(V形缺口)	
		厚度(或直径)(mm)							厚度(或直径)(mm)					温度(℃)	冲击吸收能量(纵向)(J) 不小于
		≤16	>16~40	>40~60	>60~100	>100~150	>150~200		≤40	>40~60	>60~100	>100~150	>150~200		
Q195	—	195	185	—	—	—	—	315~430	33	—	—	—	—	—	—
Q215	A	215	205	195	185	175	165	335~450	31	30	29	27	26	—	—
	B													+20	27
Q235	A	235	225	215	205	195	185	370~500	26	25	24	22	21	—	—
	B													+20	27③
	C													0	
	D													−20	
Q275	A	275	265	255	245	225	215	410~540	22	21	20	18	17	—	—
	B													+20	27
	C													0	
	D													−20	

冷弯实验 180°，B=2a④															
牌 号		Q195				Q215				Q235				Q275		
钢材厚度(或直径)⑤a(mm)		≤60		>60~100		≤60		>60~100		≤60		>60~100		≤60		>60~100
试样方向		纵	横	纵	横	纵	横	纵	横	纵	横	纵	横	纵	横	纵 横
弯心直径 d		0	0.5a	—		0.5a	a	1.5a	2a	a	1.5a	2a	2.5a	1.5a	2a	2.5a 3a

注：①——Q195 的屈服强度值仅供参考，不作为交货条件。

②——厚度或直径大于 100 mm 的钢材，抗拉强度下限允许降低 20 N/mm²，宽带钢抗拉强度上限不作为交货条件。

③——厚度小于 25 mm 的 Q235B 级钢，如供方能保证冲击吸收能量值合格，经需方同意，可不做检验。

④——冷弯实验中 B 为试样宽度，a 为试样厚度(或直径)。

⑤——钢材厚度或直径大于 100 mm 时，弯曲试验由双方协商确定。

2. 低合金结构钢

低合金钢也是一种低碳钢，是在碳素钢的基础上添加少量合金元素使其具有高强度、高韧性以及较好的可焊性、耐腐蚀性等特征。它含有不超过 2.5% 的合金元素(锰、硅、钒、铌、钛、铜、镍、硼等)，碳的质量分数不超过 0.2%。

低合金钢牌号的表示方法同碳素结构钢(见表 2-1)，质量等级分 A、B、C、D、E 五级，由 A 到 E，含 S、P 等杂质的量依次降低，钢材质量依次提高。不同的质量等级对冲击韧性的要求不同，A 级钢无冲击吸收能量要求；B、C、D、E 级钢冲击试验温度分别为 B 级 +20 ℃、C 级 0 ℃、D 级 −20 ℃、E 级 −40 ℃，低合金高强度结构钢的力学性能见表 2-4。

低合金结构钢 Q345 是制造起重运输机金属结构最常用的材料，用于起重机的臂架、转台和大吨位桥、门式起重机主梁等承受动负荷的焊接结构，适用于 −40 ℃ 以下寒冷地区的各种结构件。

与碳素结构钢相比，低合金钢具有更高的屈服强度与抗拉强度，更好的低温冲击韧性、耐磨性、防腐蚀性及较好的可焊性。但有效应力集中系数较高,若结构主要由最大强度控制,而不由疲劳强度控制,则采用 Q345 低合金钢效果最好。

对于一般起重运输机金属结构,当设计温度高于−20 ℃时,允许采用平炉或氧气顶吹转炉沸腾钢 Q235BF。工作级别为 E7 和 E8 的起重运输机金属结构采用平炉镇静钢 Q235C 或特殊镇静钢 Q235D。当由强度控制并需减轻重量时,可采用低合金钢 Q345 或 Q390。

3. 铸钢

起重运输机金属结构的支座常用铸钢制造,铸钢牌号表示方法见表 2-1,各类铸钢的化学成分、力学性能及用途见表中所列相应标准中的规定。

常用结构钢和铸钢的物理性能指标为(GB 50017—2003《钢结构设计规范》):

弹性模量 $E=2.06\times10^5$ MPa;剪切模量 $G=7.9\times10^4$ MPa;泊松比 $\mu\approx0.3$;线膨胀系数 $\alpha=1.2\times10^{-5}$ ℃$^{-1}$;质量密度 $=7\,850$ kg/m^3。

表 2-4　低合金高强度结构钢的力学性能(GB/T 1591—2008)

牌号	质量等级	公称厚度(直径,边长)(mm)	屈服强度 σ_s(N/mm^2) 不小于	抗拉强度 σ_b(N/mm^2)	断后伸长率 A(%) 不小于	冲击吸收能量 (KV_2)(J)	180°弯曲试验 d=弯心直径 a=试样厚度(直径)
Q345	A,B,C,D,E	≤16	345	470~630	20(A,B) 21(C,D,E)		$d=2a$
		>16~40	335				
		>40~63	325	470~630	19(A,B) 20(C,D,E)	B,C,D,E 级 ≥34	$d=3a$
		>63~80	315	470~630	19(A,B)		
		>80~100	305	470~630	20(C,D,E)		
		>100~150	285	450~600	18(A,B) 19(C,D,E)		
		>150~200	275	450~600	17(A,B) 18(C,D,E)	B,C,D,E 级 ≥27	—
		>200~250	265				
	D,E	>250~400	265	450~600	17	D,E 级≥27	
Q390	A,B,C,D,E	≤16	390	490~650	20		$d=2a$
		>16~40	370				
		>40~63	350	490~650	19	B,C,D,E 级 ≥34	$d=3a$
		>63~80	330	490~650	19		
		>80~100	330	490~650			
		>100~150	310	470~620	18		—
Q420	A,B,C,D,E	≤16	420	520~680	19		$d=2a$
		>16~40	400				
		>40~63	380	520~680	18	B,C,D,E 级 ≥34	$d=3a$
		>63~80	360	520~680	18		
		>80~100	360	520~680			
		>100~150	340	500~650	18		

牌号	质量等级	公称厚度（直径，边长）(mm)	屈服强度 σ_s (N/mm²) 不小于	抗拉强度 σ_b (N/mm²)	断后伸长率 A(%) 不小于	冲击吸收能量 (KV_2)(J)	180°弯曲试验 d=弯心直径 a=试样厚度（直径）
Q460	C、D、E	≤16	460	550～720	17	C、D、E级≥34	$d=2a$
		>16～40	440				
		>40～63	420	550～720	16		$d=3a$
		>63～80	400	550～720	16		
		>80～100	400	550～720	16		
		>100～150	380	530～700	16		
Q500	C、D、E	≤16	500	610～770	17		
		>16～40	480		17		
		>40～63	470	600～760	17		
		>63～80	450	590～750			
		>80～100	440	540～730	17		
Q550	C、D、E	≤16	550	670～830	16		
		>16～40	530		16		
		>40～63	520	620～810	16		
		>63～80	500	600～790		厚度≤150 mm	
		>80～100	490	590～780	16	C 级 0 ℃≥55	
Q620	C、D、E	≤16	620	710～880	15	D 级－20 ℃≥47	
		>16～40	600		15	E 级－40 ℃≥31	
		>40～63	590	690～880	15		
		>63～80	570	670～860			
		>80～100	—		15		
Q690	C、D、E	≤16	690	770～940	14		
		>16～40	670		14		
		>40～63	660	750～920	14		
		>63～80	640	730～900			
		>80～100	—		14		

注：1. 宽度不小于 600 mm 的扁平材，拉伸试验取横向试样；宽度小于 600 mm 的扁平材、型材及棒材取纵向试样，断后伸长率最小值相应提高 1%（绝对值）。

2. 厚度>250～400 mm 的数值适用于扁平材。

3. 冲击试验取纵向试样。

4. B、C、D、E 级对应冲击试验温度分别为 20 ℃、0 ℃、－20 ℃及－40 ℃。

三、连接材料

起重运输机常用的连接方法有：焊接连接、螺栓连接及销轴连接。

1. 焊条、焊丝和焊剂材料

电弧焊在起重运输机金属结构中应用广泛,包括:手工电弧焊、埋弧自动焊和气体保护焊。各种焊接方法所用焊条、焊丝和焊剂的型号应与主体金属的综合机械性能相适应,对工作级别高、承受动载荷的结构焊缝,必须保证焊条或焊丝材料有足够的强度、韧性和塑性。

采用手工电弧焊时,所用焊条应符合 GB/T 5117—2012《非合金钢及细晶粒钢焊条》和 GB/T 5118—2012《热强钢焊条》的规定。采用埋弧自动焊时,焊丝及焊剂应符合 GB/T 5293—1999《埋弧焊用碳钢焊丝及焊剂》及 GB/T 12470—2003《埋弧焊用低合金钢焊丝和焊剂》的相关规定,应采用能保证焊缝性能与主体金属材料性能相同的焊丝及对应的焊剂。采用气体保护焊时,焊丝应符合 GB/T 8110—2008《气体保护电弧焊用碳钢、低合金钢焊丝》的相关规定,应选用能保证焊缝质量与主体金属材料性能相适应的实心焊丝或药芯焊丝。焊接碳素钢和低合金结构钢时,可采用二氧化碳(CO_2)气体保护焊。金属结构常用焊条、焊丝及焊剂的型号及用途见表 2-5。

表 2-5 起重运输机金属结构常用焊条、焊丝及焊剂

焊接类别	焊条或焊丝型号	用 途	正配焊剂
手工焊	E43,E50 等系列(GB/T 5117)	焊接重要的低碳结构钢构件	—
	E50,E55 等系列(GB/T 5118)	焊接低合金钢和重型结构	—
埋弧自动焊	H08A,H08MnA 等(GB/T 5293)	焊接低碳结构钢构件	F4××,F5×× 等
	H10Mn2,H08MnMoA 等(GB/T 12470)	焊接低合金钢构件	F48××,F55×× 等
气体保护焊	ER50,ER55 等系列(GB/T 8110)	焊接低碳钢及低合金高强钢结构	—

焊条型号如碳钢焊条 E4315 中各符号的意义为:"E"表示焊条;前两位数字表示熔敷金属抗拉强度的最小值(kgf/mm^2),即 430 MPa;第三、四位数字的组合表示药皮类型、焊接位置和电流类型。

埋弧自动焊的焊丝和焊剂应按规定配套使用才能得到规范中规定的熔敷金属的力学性能。如碳素钢焊剂-焊丝型号:F4A2-H08MnA;低合金钢焊剂-焊丝型号:F55A0-H08MnMoA。

2. 螺栓副材料

螺栓连接分为普通螺栓连接和高强度螺栓连接。

螺栓按照性能等级分为 3.6、4.6、4.8、5.6、5.8、6.8、8.8、9.8、10.9、12.9 等 10 个等级,其中 8.8 级及以上螺栓材质为低碳合金钢(如棚、锰或铬)或中碳钢并经热处理(淬火并回火),通称为高强度螺栓,其余通称为普通螺栓。螺栓材料及机械性能应符合 GB/T 3098.1—2010《紧固件机械性能 螺栓、螺钉和螺柱》的规定;螺母材料及机械性能应符合 GB/T 3098.2—2000《紧固件机械性能 螺母 粗牙螺纹》的规定。

(1)普通螺栓

普通螺栓、螺母材料采用碳素结构钢或优质碳素结构钢。

常温下(-20 ℃以上)工作的起重运输机采用非铰制孔的螺栓和螺母时,可使用 Q235 碳素结构钢。在-20 ℃以下工作时,应选用优质碳素结构钢 20 钢为螺栓螺母材料。

铰制孔的螺栓可用优质碳素结构钢 20 钢制作,螺母材料可用碳素结构钢 Q235。对于承载大的重要螺栓连接,宜采用优质碳素结构钢 35 或 45 钢,并经调质处理。

（2）高强度螺栓

高强度螺栓、螺母和垫圈材料应符合 GB/T 1231—2006《钢结构用高强度大六角头螺栓、大六角螺母、垫圈技术条件》或 GB/T 3633—2008《钢结构用扭剪型高强度螺栓连接副》的规定。大于 M24 的扭剪型高强度螺栓和大于 M30 的高强度螺栓副，应符合 GB/T 3098.1、GB/T 3098.2 等的规定。各种规格的螺栓副除选用 GB/T 1231—2006 规定的材料外，还可采用 GB/T 3077—2015《合金结构钢》规定的用于 8.8 级的 40Cr 和用于 10.9 级以上的 35CrMo、42CrMo 等钢材，以及 GB/T 6478—2015《冷镦和冷挤压用钢》中的部分材料。

起重机用高强度螺栓、螺母和垫圈的材料及使用组合见表 2-6。

表 2-6　起重机用高强度螺栓、螺母及垫圈（GB/T 1231—2006）

类别	性能等级	推荐材料	材料标准号	适用规格	螺栓、螺母、垫圈的使用组合		
螺栓	10.9S	20MnTiB	GB/T 3077	≤M24	螺栓	10.9S	8.8S
		ML20MnTiB	GB/T 6478				
		35VB	GB/T 1231	≤M30			
	8.8S	45、35	GB/T 699	≤M20	螺母	10H	8H
		20MnTiB、40Cr	GB/T 3077	≤M24			
		ML20MnTiB	GB/T 6478				
		35CrMo	GB/T 3077	≤M30			
		35VB	GB/T 1231				
螺母	10H	45、35	GB/T 699				
	8H	ML35	GB/T 6478		垫圈	35～45 HRC	35～45 HRC
垫圈	35～45 HRC	45、35	GB/T 699				

（3）销轴材料

主要承载连接销轴的材料，宜采用符合 GB/T 699 的 45 钢及符合 GB/T 3077 的 40Cr、35CrMo、42CrMo 等钢材，并进行必要的热处理。

第二节　金属结构常用钢材的性能

衡量结构钢性能的主要指标有强度（抗拉强度、屈服强度）、塑性、韧性、脆性断裂和可焊性等。

一、强　度

图 2-1 是起重运输机金属结构常用碳素结构钢的拉伸应力-应变曲线图。由图可知，当应力值小于比例极限 σ_p 时，应力与应变之间成正比例关系，其比值即为钢材的弹性模量 E。当应力不超过弹性极限 σ_e 时，卸载后不出现残余变形。应力在弹性极限与屈服强度之间时，开始出现塑性变形，卸载后有残余变形。当应力到达屈服点时，应力即使不再增加，应变也会继续增加，应力-应变曲线呈水平段，称

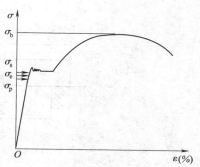

图 2-1　钢材的拉伸应力-应变图

为屈服台阶。常用 Q235 钢的 $\sigma_s = 235$ MPa，Q345 钢的 $\sigma_s = 345$ MPa。屈服点 σ_s 低于 460 MPa 的钢材，其比例极限、弹性极限和屈服点往往很接近，实用上可不加区分。在进行结构计算时，可近似地认为钢材在应力达到屈服点之前是弹性体，而在屈服点之后是塑性体，则钢材可视为理想的弹塑性材料进行分析。σ_s 是确定钢材强度设计值的主要指标。

应变超过屈服台阶之后，钢材由于应变硬化，应力-应变曲线开始上升，应力与应变之间不再呈线性关系，应变增加较快，最后达到曲线的最高点 σ_b，材料出现颈缩而破坏，σ_b 称为抗拉强度或极限强度，也是钢材的主要强度指标之一。常用碳素结构钢和低合金结构钢的屈服强度、抗拉强度见表 2-3 及表 2-4，钢材的屈服强度随钢材的厚度增大而减小。

二、塑　　性

塑性是指构件在外力作用下，能稳定地产生永久变形而不破坏其完整性的能力。钢材的塑性用静力拉伸试验中的断后伸长率、断面收缩率等来衡量。若试件的原标距为 L_0，拉断时总伸长量为 ΔL，则其断后伸长率 A 为

$$A = \frac{\Delta L}{L_0} \times 100\% \tag{2-1}$$

伸长率大则钢材的塑性好，易加工，承载时虽出现较大变形但并不破坏，能避免突然的脆性断裂。常用钢材的断后伸长率见表 2-3、表 2-4。

对钢材进行冷弯试验可从另一方面考查其塑性，它反映了钢材的冷弯加工性能，冷弯性能是指钢材在常温下承受弯曲而不破裂的能力。由于冷弯试验时试件中部受弯部位受到冲头挤压以及弯曲和剪切的复杂作用，因此也是考察钢材在复杂应力状态下发展塑性变形能力的一项指标。冷弯性能一般用弯曲角度 α（外角）或弯心直径 d 对材料厚度 a 的比值表示，α 越大或 d/a 越小，则材料的冷弯性越好。表 2-3 及表 2-4 冷弯试验要求钢材按规定的直径绕弯心弯曲 180°，弯曲处不出现裂缝或分层现象。

三、韧　　性

钢材的韧性是表征材料在冲击载荷作用下破坏前吸收机械能的能力。根据冲击试验标准 GB/T 229—2007《金属材料夏比摆锤冲击试验方法》，测定冲击韧性的试件采用夏比 V 形缺口和夏比 U 形缺口试件，所测得的冲击吸收能量分别用 KV 和 KU 表示，试件尺寸如图 2-2 所示。V 形缺口比 U 形缺口尖锐，主要用于韧性较好的材料，如低碳钢、低合金钢、有色金属等，其试验结果更能说明实际结构中钢材的脆性断裂倾向。

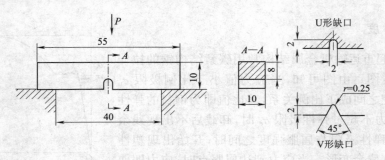

图 2-2　钢材的冲击韧性试验

试验时将试件放在试验机的支架上,让摆锤冲击没有缺口的一面,摆锤刀刃半径有 2 mm 和 8 mm 两种,对应冲击吸收能量表示为 KV_2 和 KV_8。

常用结构钢的冲击韧性见表 2-3 及表 2-4。钢材的冲击韧性随温度而变化,低温时冲击韧性将明显降低。根据对起重机金属结构材料所进行的研究和实践,在低温下(−20 ℃以下)工作的起重运输机结构材料其冲击吸收能量不得低于 34 J。

四、脆性断裂

钢材的破坏形式分为塑性破坏与脆性断裂两类。塑性破坏之前构件有明显的塑性变形,能被及时发现并采取措施而防止事故发生。脆性破坏前构件的变形很小,应力很低(只有屈服限的 1/3 左右)。由于钢材内部在冶炼、轧制、热处理等各种制造过程中不可避免地产生某种微裂纹,在使用过程中由于应力集中、疲劳、腐蚀等原因,裂纹会进一步扩展。当裂纹尺寸达到临界尺寸时,断裂进展的速度极快,裂纹扩展速度达 2 000 m/s,结构破坏于顷刻之间。由于事先没有任何破坏的预兆,故脆性断裂破坏比塑性破坏危害大得多。与铆接结构相比,焊接结构发生脆性破坏的比例较大。

脆性断裂的主要原因决定于应力状态、化学成分、应力集中、钢材厚度和焊接工艺等。在起重运输机金属结构中为防止脆性断裂,在材料方面,当工作温度高于−20 ℃而加载速度较高时,应采用保证常温冲击韧性的钢材;当工作温度低于−20 ℃时,则应选择保证低温冲击韧性的钢材。在加工工艺方面,要防止出现坑痕和裂纹。确定焊接工艺时,应尽量减小热影响区范围并防止焊接中出现裂纹等缺陷。在设计方面,应尽量避免或减小应力集中,并避免出现三向受拉应力状态(如交叉焊接),尽可能选用较薄的钢材等。

五、可 焊 性

钢材的可焊性是衡量其焊接工艺好坏的指标,通常用焊缝及热影响区的抗裂性和使用性能来说明材料可焊性的优劣。

钢材的焊接性能主要取决于它的化学组成,尤其是含碳量。含碳量高时容易产生焊接裂纹,合金元素含量增加也容易产生开裂现象。钢的可焊性可以粗略地用碳当量来表示,即把钢中包括碳在内的对淬硬、冷裂纹及脆化等有影响的合金元素含量换算成碳的相当含量。低合金高强度钢的碳当量按式(2-2)计算(GB/T 1591—2008):

$$CEV = C + Mn/6 + (Cr + Mo + V)/5 + (Ni + Cu)/15 \quad (\%) \qquad (2-2)$$

式中的元素符号表示该元素的质量分数。可焊性随碳当量百分比的增高而降低,当碳当量小于 0.45% 时,认为钢材的可焊性良好。常用低合金钢的最大碳当量应符合 GB/T 1591—2008 中的规定。

起重机金属结构常用的 Q235 钢及 Q345 钢均有良好的可焊性。

第三节 轧 制 钢 材

由钢材轧制成的钢板和型钢是制造起重运输机金属结构最基本的元件。钢板及型钢按其规格尺寸及截面特性列成的表格称为型钢表。各种型钢的材料、规格尺寸及截面特性列于附录 1,供设计计算时查用。

各种型钢的截面如图 2-3 所示。

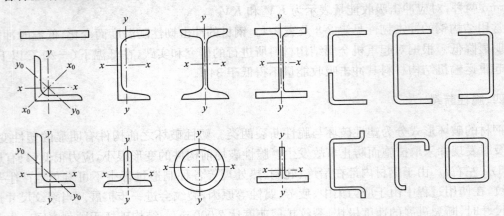

图 2-3　轧制和模压型钢

(1)钢板

起重机金属结构常用钢板包括热轧厚钢板、冷轧薄钢板、花纹钢板等。

热轧钢板和钢带应符合 GB/T 709—2006《热轧钢板和钢带的尺寸、外形、重量及允许偏差》及 GB/T 3274—2007《碳素结构钢和低合金结构钢热轧厚钢板和钢带》的规定,钢板的尺寸范围为:厚度 3～400 mm,宽度 600～4 800 mm,长度 2～20 m。钢板材料应符合 GB/T 700、GB/T 1591 的规定。

冷轧薄钢板应符合 GB/T 708—2006《冷轧钢板和钢带的尺寸、外形、重量及允许偏差》的规定,钢板的尺寸范围为:厚度 0.3～4 mm,宽度 600～2 050 mm,长度 1～6 m。由 Q195F、Q215F、Q215、Q235、Q345、Q390 等轧成。

薄钢板中还有一种花纹钢板(GB/T 3277—1991),厚度 2.5～8 mm,宽度 600～1 800 mm,长度 2～12 m。花纹钢板一般用作走台板和围护结构。

钢板的表示方法为:钢板 $\dfrac{厚×宽×长-GB×××}{钢牌号-GB×××}$。在设计图中"钢板"可简化用符号"—"表示,例如:厚 20、宽 600、长 1 000 的热轧钢板可表示为—20×600×1 000。

(2)圆钢、方钢及扁钢

起重机常用热轧圆钢、方钢及扁钢应符合 GB/T 702—2008《热轧钢棒尺寸、外形、重量及允许偏差》的规定。圆钢直径范围:5.5～310 mm,方钢边长:5.5～200 mm,最大长度:12 m。

热轧扁钢截面为矩形,这种钢板的边缘比较平直,宽度较准确,用于金属结构可减少制造工时。扁钢的尺寸范围为:厚度 3～60 mm,宽度 10～200 mm,长度 3～9 m。

(3)型钢

热轧型钢中等边角钢、不等边角钢、槽钢、工字钢及 L 型钢应符合 GB/T 706—2008《热轧型钢》的规定。热轧 H 型钢、T 型钢应符合 GB/T 11263—2010《热轧 H 型钢和剖分 T 型钢》的规定。焊接 H 型钢应符合 YB 3301—2005《焊接 H 型钢》的规定。起重机结构常用无缝钢管应符合 GB/T 8162—2008《结构用无缝钢管》及 GB/T 17395—2008《无缝钢管尺寸、外形、重量及允许偏差》的规定。

角钢多用作承受轴向力的杆件和支撑杆件,槽钢和工字钢主要用于承受横向弯曲的杆件,钢管由于截面对称，截面积分布合理，是中心受压杆件的理想截面。与普通工字钢相比，H 型钢截面面积分配更加优化，截面模量大，力学性能好。T 型钢近年来被用作偏轨箱形梁的承轨构件，大大提高了梁的承载能力，减轻了结构自重。

在设计图中，角钢常用简化符号"L"表示，如：L 100×100×10×1 000，表示边宽为100 mm，厚度为 10 mm，长为 1 000 mm 的等边角钢。

槽钢的简化符号为"["，如：[40b−2000，表示型号为 40b，长度为 2 000 mm 的槽钢。也可以用槽钢的截面尺寸表示为：[高度×宽度×腰厚×长度，如上例为：[400×102×12.5×1 000。

工字钢的简化符号用"I"表示，如：I25a−1000，表示型号为 25a，长度为 1 000 mm 的工字钢。也可以用工字钢的截面尺寸表示为：I 高度×宽度×腰厚×长度，如上例为：I250×116×8×1 000。

钢管的简化符号为"ϕ"，如：ϕ50×6×1 000，表示外径为 50 mm，壁厚为 6 mm，长为1 000 mm的钢管。

除上述热轧型钢外，冷弯薄壁型钢是用厚度 2～6 mm 的薄钢板或钢带模压或冷弯而成。冷弯型钢可以设计成任意截面形状，是一种很有发展前途的构件截面。

（4）钢轨

起重机所用的钢轨有方钢（GB/T 702—2008）、起重机用钢轨（YB/T 5055—2014）、铁路用热轧钢轨（GB 2585—2007）及 热轧轻轨（GB/T 11264—2012）。钢轨的型号及截面尺寸见附录 1。在小型起重机中，可采用方钢轨或轻轨，方钢边宽尺寸根据车轮轮压而定，一般在60 mm左右。20 t 及以下起重机的小车轨道可采用轻轨。中等吨位的起重机大、小车轨道可用铁路钢轨。大吨位的起重机轨道，最好采用起重机专用钢轨。

第四节　铝合金的应用

铝合金是工业中应用最广泛的有色金属材料，在航空、航天、汽车、机械制造、船舶及化学工业中已大量应用。纯铝的强度很低，不宜作结构材料。铝合金是在纯铝中加入一些合金元素并运用热处理等方法进行强化，使其在保持质轻等优点的同时还具有较高的强度。

铝合金具有密度小（质量密度 2 650～2 820 kg/m³）、强度不比其他钢材低、低温冲击韧性好、耐腐蚀等优点，在起重运输机金属结构中是一种很有发展前途的材料。

采用轻金属制造起重运输机金属结构是减轻结构自重的有效方法之一。国外用铝合金制造桥式起重机主梁和轮式起重机动臂，使起重机金属结构自重下降 40％以上。

铝合金的缺点是：弹性模数小（$E=0.71×10^5$ MPa），只有钢的 1/3，因此用它制造的结构弹性变形大、线膨胀系数高（$\alpha=22×10^{-6}～24×10^{-6}℃^{-1}$），约为钢的 2 倍，因此温度增高时易变形。而且铝合金的可焊性较差，疲劳强度低，价格昂贵。

目前我国起重运输机金属结构尚无整体采用铝合金的实践，但某些起重设备在局部结构中采用了铝合金，如某桥梁检查车起重臂端部的举升工作斗、桁架伸缩式悬臂工作平台等结构采用铝合金材料，可有效减轻结构自重，减小倾覆力矩。

起重机结构所用铝合金应符合 GB/T 3190—2008《变形铝及铝合金化学成分》的规定。

铝合金的牌号采用国际四位数字体系及四位字符体系两种方法命名（GB/T 16474—2011《变形铝及铝合金牌号表示方法》），如 4032、3A21 等。四位字符体系牌号是为保留国内现有的与国际四位数字体系牌号不完全吻合的一些老牌号的铝及铝合金而采用的命名方法。四位数字体系和四位字符体系牌号第一个数字表示铝及铝合金的类别,其含义为:1×××—纯铝;2×××～7×××分别代表以某种元素为主的铝合金,依次为 Al-Cu、Al-Mn、Al-Si、Al-Mg、Al-Mg-Si、Al-Zn 合金;8×××—其他合金;9×××—备用组。表 2-7 为部分铝合金的主要性能。

表 2-7 国内及苏联铝合金牌号及主要性能示例

铝合金牌号及状态			拉伸强度（MPa）	规定非比例延伸应力 $\sigma_{P0.2}$（MPa）	伸长率（%）	质量密度（kg/m³）	热膨胀系数（℃⁻¹）
2024-T351(厚度≤15 mm)			395	290	6	2 820	23.2×10^{-6}
5052-H112(厚度≤12.5 mm)			195	110	7	2 720	23.8×10^{-6}
5083-H112(厚度≤40 mm)			275	125	12	2 720	23.4×10^{-6}
6061-T651(厚度≤25 mm)			260	240	8	2 730	23.6×10^{-6}
7050-T7351(厚度≤25 mm)			485	420	5	2 820	23.5×10^{-6}
苏联	铆接结构	AB-T$_i$	330	280	12	2 700	23×10^{-6}
		Д16-T	440	310	13	2 800	22×10^{-6}
		Д18-T	480	400	7	2 800	22×10^{-6}
	焊接结构	AMr-6	320	160	15	2 670	24×10^{-6}

由于铝合金塑性好,可以加工成各种型材。目前国内建筑用铝合金型材可以根据需要挤压成各种复杂的截面形状。图 2-4 为苏联金属结构用的铝合金型材。

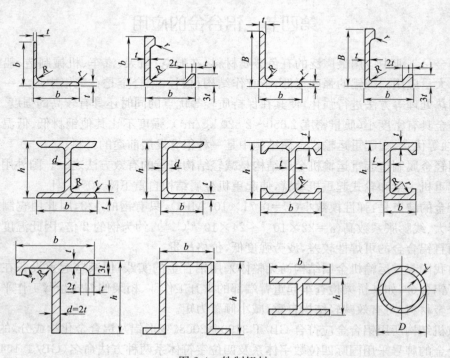

图 2-4 轧制铝材

苏联在 $50 \sim 500\,kN$ 的通用桥式起重机上采用铝合金 AMr-6 和 Л16-T 制造桥架结构,其自重 G_M 和起重量 Q 的比值下降的情况如图 2-5(a)所示。和用 Q235 钢制造的桥架相比,自重下降显著[图 2-5(b)],车轮轮压大为减小[图 2-5(c)],从而可提高起重机的起重量[图 2-5(d)]。

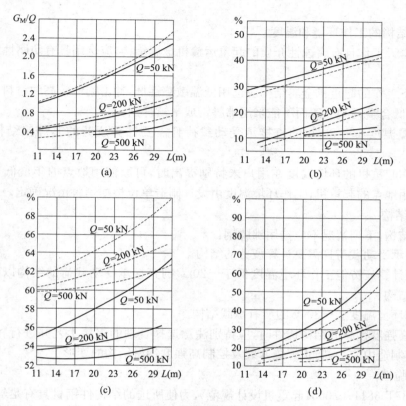

图 2-5　用 Q235 钢(虚线)与铝合金制造的桥架(实线)比较

(a)自重 G_M 与起重量 Q 的比值下降情况;(b)与用 Q235 钢相比,自重下降的百分数;

(c)动轮轮压下降的百分数;(d)起重量增加的百分数。

第五节　起重运输机金属结构的选材原则

起重机承载结构件钢材的选择应考虑结构的类型和板厚、载荷性质、应力状态、连接方式、起重运输机工作环境和温度、材料脆性等因素。

1. 金属结构的类型和板厚

一般轻型桁架结构多选用碳素结构钢轧成的型钢,最小角钢不得小于∠45×45×5;重型桁架结构可考虑采用低合金钢。板梁结构多选用碳素结构钢轧成的板材,钢板的厚度不宜小于 6 mm,如有特种防腐涂层时,可不小于 5 mm。对特种用途的起重机结构,如受到重量的限制及构造上的要求不得不减薄厚度时,考虑到焊接工艺,亦不可小于 4 mm(如汽车起重机箱形伸缩臂截面的腹板)。对于厚度大于 50 mm 的钢板,用作焊接承载构件时应慎重,当用作拉伸、弯曲等受力构件时,须增加横向取样的拉伸和冲击韧性的检验,且应满足设计要求。

2. 金属结构的载荷性质

承受动力载荷的结构或工作级别较高(≥E4 级)的焊接结构,若疲劳强度是控制条件,则应选用疲劳强度较高的碳素结构镇静钢,而不应选用低合金钢作为受力构件。更不要用铝合金,因铝合金虽轻,但疲劳强度很低。主要受力构件的材料应好于次要受力构件。

3. 金属结构的工作环境和温度

对于在露天工作且有腐蚀性介质的起重运输机金属结构,应选用具有防腐性能的材料,如16MnCu 等。

对低温下工作的起重机金属结构应选用低温敏感性低,冲击韧性较高的材料,如平炉镇静钢 Q235C 或低合金钢 Q345,而不能采用沸腾钢或半镇静钢。

工作环境温度≤−20 ℃的直接承受动载荷且需要计算疲劳的非焊接结构,不应选沸腾钢。

室外工作起重机的环境温度在用户未特别提出时,可取使用地点的年最低日平均温度。对不确定使用地点的起重机,工作环境温度由设计制造单位根据销售情况确定。

4. 焊接结构

对焊接结构,下列情况不应选用沸腾钢:

(1)直接承受动载荷且需要计算疲劳的结构。

(2)虽不计算疲劳但工作环境温度低于−20 ℃的直接承受动载荷的结构以及受拉、受弯的重要承载结构。

(3)工作环境温度≤−30 ℃的所有承载结构。

在设计高强度钢材的结构构件时,应特别注意选择合理的焊接工艺并进行相应的焊接试验,以减少其制造内应力,防止焊缝开裂及控制高强度钢材结构的变形。

5. 材料脆性

根据 GB/T 3811—2008《起重机设计规范》,为使所选的结构件钢材具有足够的抗脆性破坏的安全性,应根据影响脆性破坏的条件来选择钢材的质量组别。在起重机金属结构中,导致构件材料发生脆性破坏的三个重要敏感因素是:纵向残余拉伸应力与自重载荷引起的纵向拉伸应力的联合作用、构件材料的厚度、工作环境的温度。通过对这三个因素的定量评价及综合评价得到按脆性条件确定的钢材质量组别。

(1)纵向残余拉伸应力与自重载荷引起的纵向拉伸应力的联合作用的影响

以自重载荷引起的纵向拉伸应力 σ_G 和焊接纵向残余拉伸应力的联合作用如图 2-6 所示。图中Ⅰ、Ⅱ、Ⅲ类焊缝下残余应力影响评价系数计算如下。

Ⅰ类焊缝:无焊缝或只有横向焊缝,脆性破坏的危险性小。当起重机自重等永久载荷(分项载荷系数 γ_p 取 1,γ_p 介绍见第三章)引起的结构构件纵向拉伸应力 σ_G 与其钢材的屈服点 σ_s 之比 $\sigma_G/\sigma_s > 0.3$ 时,才考虑此因素对脆性破坏的影响。评价系数 Z_A 为

$$Z_A = \frac{\sigma_G}{0.3\sigma_s} - 1 \tag{2-3}$$

式中 Z_A——(钢材质量组别选择的)残余应力影响评价系数;

σ_G——结构构件纵向拉伸应力(N/mm^2);

σ_s——钢材的屈服点(N/mm^2)。

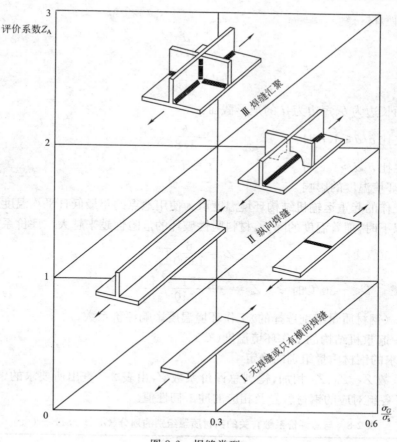

图 2-6　焊缝类型

II 类焊缝:只有纵向焊缝的结构,脆性破坏的危险性增加。评价系数 Z_A 为

$$Z_A = \frac{\sigma_G}{0.3\sigma_s} \tag{2-4}$$

III 类焊缝:焊缝汇集,高度应力集中,脆性破坏的危险性最大。评价系数 Z_A 为

$$Z_A = \frac{\sigma_G}{0.3\sigma_s} + 1 \tag{2-5}$$

在有条件时,宜对 III 类焊缝进行消除残余应力的热处理(温度宜为 600 ℃～650 ℃),处理后可视为 I 类焊缝选取钢材组别。

当钢材的屈强比 $\sigma_s/\sigma_b \geqslant 0.7$ 时,式(2-3)～式(2-5)中的 σ_s 以 $(0.5\sigma_s + 0.35\sigma_b)$ 代之。

(2)构件材料厚度的影响

构件材料的厚度越大,脆性破坏危险性也越大。评价系数 Z_B 为

当 5 mm ≤ t ≤ 20 mm 时

$$Z_B = \frac{9}{2\,500} t^2 \tag{2-6}$$

当 20 mm < t ≤ 100 mm 时

$$Z_B = 0.65\sqrt{t - 14.81} - 0.05 \tag{2-7}$$

式中　　Z_B——(钢材质量组别选择的)材料厚度影响评价系数;

　　　　t——构件材料厚度(mm)。

对轧制型材和矩形截面,用假想厚度 t' 进行评价,t' 按下述规定确定。

33

①对轧制型材：

圆截面 $$t' = \frac{d}{1.8}$$

方截面 $$t' = \frac{t}{1.8}$$

②对截面长边为 b、短边为 d 的矩形截面：

当两边之比 $b/d \leqslant 1.8$ 时 $$t' = \frac{b}{1.8}$$

当两边之比 $b/d > 1.8$ 时 $$t' = d$$

(3)工作环境温度的影响

在室外工作的起重运输机结构环境温度取为使用地点的年最低日平均温度。当工作环境温度在 0 ℃以下时，随着温度的降低，材料脆性破坏的危险性越来越大。评价系数 Z_C 为

当 $T \geqslant -30$ ℃时 $$Z_C = \frac{6}{1\,600} T^2 \qquad (2\text{-}8)$$

当 -55 ℃ $\leqslant T < -30$ ℃时 $$Z_C = \frac{-2.25T - 33.75}{10} \qquad (2\text{-}9)$$

式中 Z_C——(钢材质量组别选择的)工作环境温度影响评价系数；

T——起重机结构的工作环境温度(℃)。

(4)所要求的钢材质量组别的确定

将评价系数 Z_A、Z_B、Z_C 相加，得到总评价系数 Z，由表 2-8 查出所要求的钢材质量组别。表 2-9 给出了各组对应的钢材牌号及相应的冲击韧性值。

表 2-8　与总评价系数有关的钢材质量组别的划分(GB/T 3811—2008)

总评价系数 $\sum Z = Z_A + Z_B + Z_C$	与表 2-9 对应的钢材质量组别
$\leqslant 2$	1
$\leqslant 4$	2
$\leqslant 8$	3
$\leqslant 16$	4

表 2-9　钢材质量组别及钢材牌号(GB/T 3811—2008)

钢材的质量组别	冲击韧性 A_{KV}(J)	冲击韧性的试验温度 T(℃)	钢材牌号	国家标准
1	—	—	Q235A	GB/T 700
			Q345A Q390A	GB/T 1591
2	$\geqslant 27$	+20 ℃	Q235B	GB/T 700
	$\geqslant 34$		Q345B Q390B	GB/T 1591
3	$\geqslant 27$	0 ℃	Q235C	GB/T 700
	$\geqslant 34$		Q345C、Q390C Q420C、Q460C	GB/T 1591

续上表

钢材的质量组别	冲击韧性 A_{KV}(J)	冲击韧性的试验温度 T(℃)	钢材牌号	国家标准
4	≥27	−20 ℃	Q235D	GB/T 700
	≥34		Q345D, Q390D Q420D, Q460D	GB/T 1591

注：1. 如果板材要进行弯曲半径与板厚比小于 10 的冷弯加工,其钢材应适合弯折或冷压折边的要求。

　　2. 除明确规定不应采用沸腾钢的情况外,可适当选用沸腾钢。

设计起重运输机金属结构,虽提倡多用高强度低合金钢,但不能不分受力大小而一律采用。只有当结构杆件或构件的强度、刚度和稳定性三大问题中强度是决定因素时,选用低合金钢才能达到节省材料,减轻自重的目的。

 习　题

2-1　结构钢的性能包括哪些内容?

2-2　普通碳素结构钢的牌号如何划分? 各牌号钢的应用范围如何?

2-3　起重机金属结构选择材料应考虑哪些因素?

2-4　一台起重量为 200 t 的门式起重机,工作级别为 A2,最低工作温度为 −40 ℃,试确定该起重机的金属结构应选用什么钢材制造?

2-5　在何种情况下选用低合金钢取代碳素结构钢是合理的、经济的?

2-6　各种轧制型钢(角钢,槽钢,工字钢等)在施工图纸上应如何标注? 试举例说明标注中各项符号的含义。

2-7　钢材的牌号是由哪四部分组成的? 在 Q235-DTZ 中各符号表示什么?

2-8　钢材的焊接性能与哪些因素有关?

第三章 起重运输机金属结构设计计算基础

第一节 起重运输机金属结构计算载荷的分类

作用于起重运输机金属结构上的载荷,根据其不同特点与出现的频繁程度分为常规载荷、偶然载荷、特殊载荷及其他载荷。

一、常规载荷

常规载荷是指起重机正常工作时经常发生的载荷,包括:

(1)重力产生的载荷。包括自重载荷 P_G、额定起升载荷 P_Q 以及振动状态下重力载荷的动力效应。

(2)变速运动引起的载荷。指驱动机构(包括起升驱动机构)加速引起的载荷,以及运行、回转或变幅机构起(制)动时引起的水平惯性力。

(3)位移和变形引起的载荷。在防屈服、防弹性失稳及在有必要时进行的防疲劳失效等验算中,应考虑这类载荷。

二、偶然载荷

偶然载荷指起重机正常工作时不经常发生而只是偶然出现的载荷,包括:

(1)工作状态下的风载荷 P_{WII}。

(2)有轨起重机偏斜运行时产生的侧向载荷 P_S。

(3)根据实际情况考虑的坡道载荷。

(4)根据实际情况决定需加以考虑的温度载荷、冰和雪载荷。

在防疲劳失效的计算中通常不考虑这些载荷。

三、特殊载荷

起重机非正常工作时或不工作时的特殊情况下才发生的载荷,包括:

(1)非工作状态风载荷 P_{WIII}。

(2)碰撞载荷 P_C。

(3)带刚性升降导架的起重机大车或小车的倾翻水平力 P_{SL}。

(4)试验载荷 P_t。

(5)起重机意外停机、传动机构失效或起重机基础受到外部激励等引起的载荷。

(6)安装、拆卸和运输引起的载荷。

在防疲劳失效的计算中也不考虑这些载荷。

四、其他载荷

指在某些特定情况下发生的载荷,包括工艺性载荷、作用在起重机的平台或通道上的载荷等。

不能用载荷所属的类别来判断它是否是重要的或关键的载荷,因为有相当多的事故仍发生在这些情况下,所以对它亦应予以特别注意。

第二节　动载系数及冲击振动载荷

起重机各机构起、制动或经过不平路面时,结构及吊重将受到冲击振动作用。起重机结构系统动态性能的研究主要采用动载系数法及理论建模方法。理论建模法包括集中质量法及有限元方法等,其根据简化等效模型或三维实体模型按机械动力学方法求解,可以比较精确地计算结构的动态响应。动载系数法是将起升载荷和结构自重分别乘以大于1的动载系数来考虑动载荷效应,然后按静载作用在结构上,因其简单实用,是目前国内外起重机设计规范普遍采用的计算方法。

一、起升冲击系数 Φ_1

当物品起升离地时,或将悬吊在空中的部分物品突然卸除时,或悬吊在空中的物品下降制动时,起重机本身(主要是其金属结构)的自重将因出现振动而产生脉冲式增大或减小的动力响应。此自重振动载荷用起升冲击系数 Φ_1 乘以起重机的自重载荷 P_G 来考虑(即 $\Phi_1 P_G$),为反映此振动载荷范围的上下限,该系数取为两个值:$\Phi_1=1\pm\alpha$,$0\leq\alpha\leq0.1$。Φ_1 取大于或小于1.0,取决于该动力作用对自重载荷是增强了或是削弱了。结构计算时常取 $1.0\leq\Phi_1\leq1.1$。常用起重机的起升冲击系数 Φ_1 见表3-1。

表 3-1　起升冲击系数 Φ_1

起重机类型	起升冲击系数 Φ_1($\Phi_1=1\pm\alpha$)	起重机类型举例
流动式起重机	采用普通吊具时,$\alpha=0$ 采用周期循环作用的吊具,如用抓斗、网兜、电磁盘工作时,$\alpha=0.1$	汽车起重机,轮胎起重机(含集装箱正面吊运起重机),履带起重机
塔式起重机	$\alpha=0.1$	—
臂架式起重机	$\alpha=0.05\sim0.1$	人力驱动的臂架起重机、车间电动悬臂起重机、造船用臂架起重机、吊钩式臂架起重机、货场及港口装卸用的吊钩、抓斗、电磁盘或集装箱用臂架起重机及铁路起重机
桥式和门式起重机	$\alpha=0.1$	

二、起升动载系数 Φ_2

当物品无约束地起升离开地面时,物品的惯性力将会使起升载荷出现动载增大的作用,并使金属结构产生弹性振动,此起升动力效应用一个大于1的起升动载系数 Φ_2 乘以额定起升载

荷 P_Q 来考虑,即考虑铅垂惯性力和振动作用的起升动载荷 $P_d = \Phi_2 P_Q$。

对简单结构系统可以按集中质量法把系统简化为二自由度或单自由度质量—弹簧振动系统,根据动位移 δ_d 与静位移 δ_0 之比计算 Φ_2,也可由试验或分析确定 Φ_2。

根据 GB/T 3811—2008《起重机设计规范》,起升动载系数 Φ_2 按式(3-1)计算:

$$\Phi_2 = \Phi_{2min} + \beta_2 v_q \tag{3-1}$$

式中　Φ_2——起升动载系数,其最大值 Φ_{2max} 对建筑塔式起重机和港口臂架起重机等起升速度很高的起重机不超过 2.2,对其他起重机不超过 2.0;

　　Φ_{2min}——与起升状态级别相对应的起升动载系数的最小值,见表 3-2;

　　β_2——按起升状态级别设定的系数,见表 3-2;

　　v_q——稳定起升速度(m/s),与起升机构驱动控制型式及操作方法有关,见表 3-3。其最高值 v_{qmax} 发生在电动机或发电机空载起动(相当于此时吊具、物品及完全松弛的钢丝绳均放置于地面),且吊具及物品被起升离地时其起升速度已达到稳定起升的最大值。

起升状态级别取决于起重机的动力特性和弹性特性。由于起升机构驱动控制型式的不同,物品起升离地时的操作方法会有较大的差异,由此表现出起升操作的平稳程度和物品起升离地的动力特性也会有很大的不同。将起升状态划分为 $HC_1 \sim HC_4$ 四个级别:起升离地平稳的为 HC_1,起升离地有轻微冲击的为 HC_2,起升离地有中度冲击的为 HC_3,起升离地有较大冲击的为 HC_4。与各个级别相应的操作系数 β_2 和起升动载系数 Φ_{2min} 值列于表 3-2 中,说明见图 3-1。起升状态级别可以根据经验确定,也可以根据起重机的各种具体类型选取,对物品离地未采取专门的较好控制方案的某些起重机,其起升状态级别举例可参考表 3-4。

表 3-2　β_2 和 Φ_{2min} 的值

起升状态级别	β_2	Φ_{2min}
HC_1	0.17	1.05
HC_2	0.34	1.10
HC_3	0.51	1.15
HC_4	0.68	1.20

表 3-3　确定 Φ_2 用的稳定起升速度 v_q 值

载荷组合	起升驱动型式及操作方法				
	H_1	H_2	H_3	H_4	H_5
无风工作 A1、有风工作 B1	v_{qmax}	v_{qmin}	v_{qmin}	$0.5v_{qmax}$	$v_q = 0$
特殊工作 C1	—	v_{qmax}	—	v_{qmax}	$0.5v_{qmax}$

注:　H_1——起升驱动机构只能作常速运转,不能低速运转;

　　H_2——起重机司机可选用起升驱动机构作稳定低速运转;

　　H_3——起升驱动机构的控制系统能保证物品起升离地前都作稳定低速运转;

　　H_4——起重机司机可以操作实现无级变速控制;

　　H_5——在起升绳预紧后,不依赖于起重机司机的操作,起升驱动机构就能按预定的要求进行加速控制;

　　v_{qmax}——稳定的最高起升速度;

　　v_{qmin}——稳定低速起升速度。

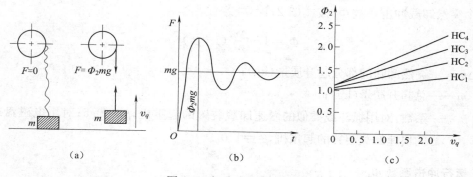

图 3-1　起升动载荷系数 Φ_2

表 3-4　起重机起升状态级别举例

起重机类型	起升状态级别
人力驱动起重机	HC_1
电站起重机,安装起重机,车间起重机	HC_2、HC_3
卸船机(用起重横梁、吊钩或夹钳) 货场起重机(用起重横梁、吊钩或夹钳)	HC_3
卸船机(用抓斗或电磁盘) 货场起重机(用抓斗或电磁盘)	HC_3/HC_4
炉前兑铁水铸造起重机 炉后出钢水铸造起重机 料箱起重机 加热炉装取料起重机(用水平夹钳)	HC_3/HC_4
锻造起重机	HC_4

三、突然卸载冲击系数 Φ_3

某些起重机正常工作时会在空中从总起升质量 m 中突然卸除部分起升质量 Δm(例如使用抓斗或起重电磁吸盘进行空中卸载),这将对起重机结构产生减载振动作用。突然卸载时的动力效应即减小后的起升动载荷 P_d 用突然卸载冲击系数 Φ_3 乘以额定起升载荷来计算($P_d = \Phi_3 P_Q$),说明如图 3-2 所示。

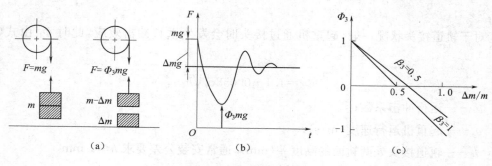

图 3-2　突然卸载冲击系数 Φ_3

39

空中突然卸载冲击系数 Φ_3 按式(3-2)计算：

$$\Phi_3 = 1 - \frac{\Delta m}{m}(1 + \beta_3) \tag{3-2}$$

式中　Δm——突然卸除的部分起升质量(kg)；

　　　m——总起升质量(kg)；

　　　β_3——系数,对用抓斗或类似的慢速卸载装置的起重机,$\beta_3 = 0.5$；对用电磁盘或类似的快速卸载装置的起重机,$\beta_3 = 1.0$。

四、运行冲击系数 Φ_4

起重机在不平的道路或轨道上运行时所发生的垂直冲击动力效应即运行冲击载荷,用运行冲击系数 Φ_4 乘以起重机的自重载荷与额定起升载荷之和来计算。Φ_4 按在路面上运行和轨道上运行两种情况取值：

(1)在道路上或道路外运行的起重机

在这种情况下,Φ_4 取决于起重机的构造型式(质量分布)、起重机的弹性和/或悬挂方式、运行速度以及运行路面的种类和状况。此冲击效应可根据经验、试验或采用适当的起重机和运行路面的模型分析得到。一般可采用以下数据计算：

①对轮胎起重机和汽车起重机

当运行速度 $v_y \leqslant 0.4$ m/s 时　　　　$\Phi_4 = 1.1$

当运行速度 $v_y > 0.4$ m/s 时　　　　$\Phi_4 = 1.3$

②对履带式起重机

当运行速度 $v_y \leqslant 0.4$ m/s 时　　　　$\Phi_4 = 1.0$

当运行速度 $v_y > 0.4$ m/s 时　　　　$\Phi_4 = 1.1$

(2)在轨道上运行的起重机

起重机带载或空载运行于具有一定弹性、接头处有间隙或高低错位的钢质轨道上时,发生的垂直冲击动力效应取决于起重机的构造型式(质量分布、起重机的弹性及起重机的悬挂或支承方式)、运行速度和车轮直径及轨道接头的状况等,应根据经验、试验或选用适当的起重机和轨道的模型进行估算。Φ_4 可按以下规定选取：

①对于轨道接头状态良好,如轨道用焊接连接并对接头打磨光滑的高速运行起重机,取 $\Phi_4 = 1$。

②对于轨道接头状况一般,起重机通过接头时会发生垂直冲击效应,此时 Φ_4 由式(3-3)确定：

$$\Phi_4 = 1.1 + 0.058 v_y \sqrt{h} \tag{3-3}$$

式中　Φ_4——运行冲击系数；

　　　v_y——起重机运行速度(m/s)；

　　　h——轨道接头处两轨面的高度差(mm),通常安装公差要求 $h \leqslant 1$ mm。

起重小车的运行冲击系数可参照上述方法确定。

第三节 起重运输机金属结构各种载荷的计算

一、自重载荷

自重载荷(P_G)指起重机本身的结构、机械设备、电气设备以及在起重机工作时始终积结在它的某个部件上的物料(如附设在起重机上的漏斗料仓、连续输送机及在它上面的物料)等质量的重力。对某些起重机的使用情况,自重载荷还包括结壳物料质量的重力,例如黏结在起重机及其零部件上的煤或类似的其他粉末质量的重力,但起升载荷质量的重力除外。

在金属结构设计之前,自重尚未知道,必须预先给出。由于结构和机电设备的自重远远超过起升载荷,例如通用门式起重机的自重通常是起升载荷的 2～7 倍,门座起重机的自重约为起升载荷的 8～25 倍,对巨型装卸桥,金属结构自重在起重机总重中所占比例更大,因此,金属结构自重载荷的正确估定和计算十分重要。

参照现有类似结构来确定自重载荷是一种常用的可靠方法。

起重运输机金属结构的自重载荷也可以查阅类似结构的自重表。图 3-3 是单梁门式起重机主梁单位长度重量曲线;双梁箱形门式起重机跨内部分一根主梁的重量可参考图 3-4 的重量曲线。

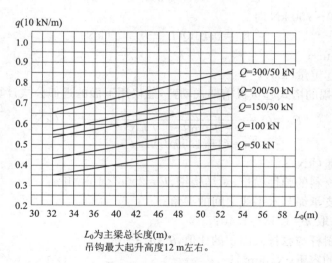

L_0 为主梁总长度(m)。
吊钩最大起升高度12 m左右。

图 3-3 单梁门式起重机主梁单位长度重量曲线

在计算资料很少时,可利用一些经验公式初步确定金属结构的自重。这些公式虽然是近似的,但大都是建立在大量统计资料和分析基础之上的,有一定实用价值。

$Q \leqslant 800$ kN 的箱形双梁门式起重机,主梁和支腿的总重可用下列近似公式计算:

无悬臂时
$$P_G = 7\sqrt{0.1QH_0L_0} \quad (\text{kN}) \tag{3-4}$$

有悬臂时
$$P_G = 5\sqrt{0.1QH_0L_0} \quad (\text{kN}) \tag{3-5}$$

式中 Q——额定起重量(kN);

H_0——吊钩最大起升高度(m);

L_0——主梁总长度(m)。

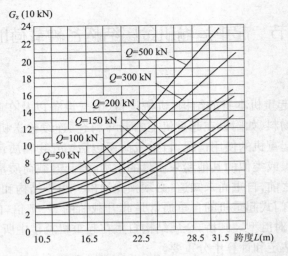

图 3-4　双梁门式起重机跨内部分一根主梁重量曲线

对桁架门式起重机,跨内部分的主桁架自重 P_G 推荐用下面的经验公式确定:

起重量 $Q = 50 \sim 390$ kN 时

$$P_G = 0.01Q(L-5)+7 \quad \text{(kN)} \tag{3-6}$$

起重量 $Q = 400 \sim 750$ kN 时

$$P_G = 0.01Q(L-5) \quad \text{(kN)} \tag{3-7}$$

式中　L——跨度(m);

　　　Q——额定起重量(kN)。

对于用小车变幅的塔式起重机桁架式动臂,建议用下面的近似公式计算其自重:

$$P_G = Q \cfrac{1}{\cfrac{\pi^2 E \tan\beta}{4n\gamma\alpha(1+1.5\theta)L}\left(\cfrac{h}{L}\right)^2 - 0.5} \quad \text{(kN)} \tag{3-8}$$

式中　Q——起重量(kN);

　　　E——动臂材料的弹性模量,对结构钢,$E = 2.06 \times 10^5$ MPa;

　　　β——动臂支承绳与水平线之间的夹角;

　　　n——系数,取 $n = 1.15 \sim 1.40$;

　　　θ——桁架斜杆与弦杆截面积的比值,$\theta = 0.3 \sim 0.7$;

　　　γ——材料的容重(N/mm³);

　　　L——动臂长度(mm);

　　　h——动臂桁架计算高度(mm);

　　　α——弦杆与斜杆重量的比值,$\alpha = 1.2 \sim 1.5$,对起重量和幅度较大的动臂取大值。

计算金属结构时,桁架结构的自重视为节点载荷,作用于桁架的节点上(图 3-5),假定桁架的自重为 P_G,节点数为 n,则节点静载荷为

$$P_{jd} = \frac{P_G}{n-1} \tag{3-9}$$

节点计算载荷 $P_{js} = \Phi_i P_{jd}$,Φ_i 取 Φ_1 或 Φ_4。桁架两端部节点的节点计算载荷为 $P_{js}/2$。

计算金属结构时,实体结构(如箱形梁和刚架等)的自重视为均布载荷,用 q(kN/m 或 N/m)表示。

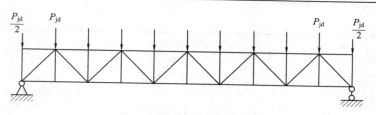

图 3-5 桁架载荷作用方式

二、起升载荷

起升载荷是指起重机在实际的起吊作业中每一次吊运的物品质量(有效起重量)与吊具及属具质量的总和(即起升质量)的重力;额定起升载荷是指起重机起吊额定起重量时能够吊运的物品最大质量与吊具及属具质量的总和(即总起升质量)的重力。单位为 N 或 kN。

起重机起升高度小于 50 m 时,起升载荷可不计起升钢丝绳的重力。

桥式类型的起重机(桥式起重机、门式起重机和装卸桥等)的起升载荷常以小车轮压(kN 或 N)的形式作用于主梁或主桁架上。进行轮压计算时,小车视为刚性支架。小车轮压的计算表达式为

$$P = P_{xc} + P_Q \tag{3-10}$$

考虑动载效应,计算轮压为

$$P_j = \Phi_i P_{xc} + \Phi_j P_Q \tag{3-11}$$

式中 P_{xc}——小车自重;

P_Q——起升载荷,$P_Q = Q + G_0$,即起重量 Q 和吊具 G_0 的重量之和;

Φ_i、Φ_j——动力系数,根据载荷组合确定。Φ_i 可取起升冲击系数 Φ_1 或运行冲击系数 Φ_4;

Φ_j 可取起升动载系数 Φ_2、突然卸载冲击系数 Φ_3 或 Φ_4。

式(3-10)用于结构静刚度计算,式(3-11)用于结构的强度和稳定性计算。

如小车自重事先不知道,小车轮压可根据起重量查表 3-5。由于小车布置不完全对称,所以表中同一侧主梁(或主桁架)的小车轮压 P_1 和 P_2 值可能不相等。

表 3-5 双梁吊钩式小车轮压

起重量 (t)	轮压(kN)		轮距(mm)		图 示
	P_1	P_2	b	a	
5	21	18	1 100	—	
10	37	36	1 400	—	
15	56	57	2 400	—	
20	73	67	2 400	—	
30	110	107	2 700	—	
50	175	170	3 850	—	
75	234	233	4 400	—	
100	385	335	2 920	—	
125	455	390	2 920	—	

续上表

起重量	轮压(kN)		轮距(mm)		图　　示
(t)	P_1	P_2	b	a	
160	2×305	2×250	2 270	830	
200	2×360	2×310	2 270	830	
250	2×420	2×400	2 870	830	

对桥式类型的起重机而言,起升载荷的位置随小车的位置而变化,故亦称移动载荷。计算金属结构时,应在小车位于使结构产生最大应力(变位)处进行计算。对带悬臂的门式起重机,小车至少有两个计算位置,即小车位于跨中附近和悬臂极限位置。

运行回转起重机中,用小车变幅的塔式起重机,起升载荷的计算同桥式类型起重机,吊重及小车重力以轮压的形式作用于承轨构件上。

动臂变幅的轮式和塔式起重机,起升载荷 P_Q 以集中力的形式作用于臂端,计算结构的强度和稳定性时应考虑动载效应,计算载荷为

$$P_{Qj}=\Phi_j P_Q=\Phi_j(Q+G_0) \tag{3-12}$$

计算臂架静刚度时的计算载荷为

$$\left.\begin{array}{l}P=Q \\ T=0.05Q\end{array}\right\} \tag{3-13}$$

式中　T——臂端侧向载荷,取相应工作幅度额定载荷的5%。

P 用于变幅平面静刚度计算;计算回转平面静刚度时应同时考虑 P 及 T。

三、变速运动引起的载荷

1. 驱动机构(包括起升驱动机构)加速引起的载荷

由驱动机构加速或减速、起重机意外停机或传动机构突然失效等原因在起重机中引起的载荷,可采用刚体动力模型对各部件分别计算。计算中要考虑起重机驱动机构的几何特征、动力特性和机构的质量分布,还要考虑在做此变速运动时出现的机构内部摩擦损失。在计算时,一般是将总起升质量视为固定在臂架端部,或直接悬置在小车的下方。

为了反映实际出现的弹性效应,将机构驱动加(减)速动载系数 Φ_5 乘以引起加(减)速的驱动力(或力矩)变化值 $\Delta F=ma$(或 $\Delta M=J\varepsilon$),并与加(减)速运动以前的力(F 或 M)代数相加,该增大的力既作用在承受驱动力的部件上成为动载荷,也作用在起重机和起升质量上成为它们的惯性力(图3-6)。Φ_5 数值的选取决定于驱动力或制动力的变化率、质量分布和传动系统的特性,见表3-6。通常,Φ_5 的较低值适用于驱动力或制动力较平稳变化的系统,Φ_5 的较高值适用于驱动力或制动力较突然变化的系统。

2. 水平惯性力

(1)起重机或小车运行起(制)动时的水平惯性力 P_H

起重机或小车在水平面内纵向或横向运动起(制)动时,起重机或小车自身质量和总起升质量的水平惯性力按该质量与运行加速度乘积的 Φ_5 倍计算,考虑起重机驱动力突变时结构的动力效应,水平运行惯性力 P_H 为

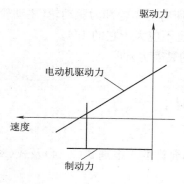

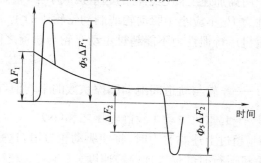

由变速驱动力对起重机产生的载荷效应

图 3-6 机构驱动加速动载系数 Φ_5

表 3-6 Φ_5 的取值范围

序号	工 况	Φ_5
1	计算回转离心力时	1.0
2	传动系统无间隙,采用无级变速的控制系统,加速力或制动力呈连续平稳的变化	1.2
3	传动系统存在微小的间隙,采用其他一般的控制系统,加速力呈连续但非平稳的变化	1.5
4	传动系统有明显的间隙,加速力呈突然的非连贯性变化	2.0
5	传动系统有很大的间隙或存在明显的反向冲击,用质量弹簧模型不能进行准确估算时	3.0

注:如有依据,Φ_5 可以采用其他值。

$$P_H = \Phi_5 ma \qquad\qquad (3\text{-}14)$$

式中　m——运行部分的质量(kg);

　　　a——运行平均加(减)速度(m/s²),根据加(减)速时间和要达到的速度值推算,参考值见表 3-7;

　　　Φ_5——机构驱动加(减)速动载系数,取 $\Phi_5=1.5$。

表 3-7 加速时间和加速度值

要达到的速度 (m/s)	低速和中速长距离运行		正常使用中速和高速运行		高加速度、高速运行	
	加速时间(s)	加速度(m/s²)	加速时间(s)	加速度(m/s²)	加速时间(s)	加速度(m/s²)
4.00			8.00	0.50	6.00	0.67
3.15			7.10	0.44	5.40	0.58
2.50			6.30	0.39	4.80	0.52
2.00	9.10	0.220	5.60	0.35	4.20	0.47
1.60	8.30	0.190	5.00	0.32	3.70	0.43
1.00	6.60	0.150	4.00	0.25	3.00	0.33
0.63	5.20	0.120	3.20	0.19		
0.40	4.10	0.098	2.50	0.16		
0.25	3.20	0.078				
0.16	2.50	0.064				

惯性力均作用在各相应质量上,挠性悬挂的总起升质量视为与起重机刚性连接。

对于用高加速度高速运行的起重机或小车,常要求所有的车轮都为驱动轮(主动轮),此时水平惯性力 P_H 不应小于驱动轮或制动轮轮压的 $1/30$,也不应大于它的 $1/4$。

起重机运行惯性力不能超过主动车轮与轨道之间的黏着力,即

$$P_H \leqslant u P_z \qquad (3\text{-}15)$$

式中 u——车轮与轨道间滑动摩擦系数的平均值,$u = \dfrac{1}{7}$;

P_z——起重机主动车轮静轮压之和(N)。

当 P_H 超过上述黏着力时,将使驱动轮打滑,这是不允许的。根据式(3-14)及式(3-15),可求得起重机运行时的最大加(减)速度。

起重小车运行起、制动时引起的水平惯性载荷沿小车轨道纵轴方向作用于轨顶。

桥架类起重机大车起、制动时引起的水平惯性载荷沿大车轨道纵轴方向与相应的垂直载荷正交。

(2)起重机的回转离心力和回转与变幅运动起(制)动时的水平惯性力

起重机回转运动时各部(构)件的离心力 P_{IH} 用各部(构)件的质量、质心处的回转半径和回转速度来计算($P_{IH} = m_i \omega^2 r$),将悬吊的总起升质量视为与起重机臂架端部刚性固接,对塔式起重机各部(构)件质量和总起升质量的离心力均按最不利位置计算,在计算离心力时 Φ_5 取为1。通常,这些离心力对结构起减载作用,可忽略不计。

起重机回转与变幅起(制)动时的水平惯性力按各部(构)件质量与其质心的加速度乘积的 Φ_5 倍计算(对机构计算和抗倾覆稳定性计算取 $\Phi_5 = 1$),并把总起升质量视为与起重机臂端刚性固接,其加(减)速度值取决于该质量在起重机上的位置。对一般的臂架式起重机,根据其速度和回转半径的不同,臂架端部的切向和径向加速度值均可在 $0.1 \sim 0.6 \text{ m/s}^2$ 之间选取,加(减)速时间在 $5 \sim 10 \text{ s}$ 之间选取。物品所受风力单独计算,按最不利方向叠加。

起重机回转时,臂架质量(在质心处)或总起升质量产生的切向惯性力 P_{qH} 可按式(3-16)计算:

$$P_{qH} = \Phi_5 m \frac{\omega}{t} r \qquad (3\text{-}16)$$

式中 m——臂架质量或总起升质量(kg);

ω——起重机回转角速度(rad/s),$\omega = \pi n/30$,n 为起重机回转速度(r/min);

t——回转起(制)动时间(s);

r——臂架质心至回转中心的水平距离,对起升质量为工作幅度(m);

臂架式起重机回转和变幅机构起(制)动时的总起升质量产生的综合水平力 P_{HQ}(包括风力、变幅和回转起、制动产生的惯性力和回转运动的离心力),也可以用起重钢丝绳相对于铅垂线的偏摆角引起的水平分力来计算:

$$P_{HQ} = P_Q \tan\alpha \qquad (3\text{-}17)$$

式中 P_Q——起升载荷;

α——起重钢丝绳相对铅垂线的偏摆角。

在不同类别的计算中,选用不同的 α 值。用起重钢丝绳最大偏摆角 α_{II}(表 3-8)计算结构、机构强度和起重机整机抗倾覆稳定性;用起重钢丝绳正常偏摆角 α_I 计算电动机功率[此时取 $\alpha_I = (0.25 \sim 0.3)\alpha_{II}$]和机械零件的疲劳强度及磨损[此时取 $\alpha_I = (0.3 \sim 0.4)\alpha_{II}$]。

表 3-8 α_{II} 的推荐值

起重机类别及回转速度	装卸用门座起重机		安装用门座起重机		轮胎和汽车起重机
	$n \geq 2$ r/min	$n < 2$ r/min	$n \geq 0.33$ r/min	$n < 0.33$ r/min	
臂架变幅平面内	12°	10°	4°	2°	3°~6°
垂直于臂架变幅平面内	14°	12°			

四、位移和变形引起的载荷

应考虑由位移和变形引起的载荷,如由预应力产生的结构变形和位移引起的载荷,由结构本身或安全限制器准许的极限范围内的偏斜,以及起重机其他必要的补偿控制系统初始响应产生的位移引起的载荷等。

还要考虑由其他因素导致的起重机发生在规定极限范围内的位移或变形引起的载荷,例如由于轨道的间距变化引起的载荷,或由于轨道及起重机支承结构发生不均匀沉陷引起的载荷等。

五、偏斜运行时的水平侧向载荷 P_S

起重机偏斜运行时的水平侧向载荷是指装有车轮的起重机或小车在轨道上稳定运行时,由于轨道铺设误差、车轮安装误差、车轮直径不等及两边运行阻力不相同等因素,发生在其导向装置(例如导向滚轮或车轮的轮缘)上由于导向的反作用引起的一种偶然出现的载荷。偏斜运行时的水平侧向载荷 P_S 可按式(3-18)计算:

$$P_S = \frac{1}{2} \sum P \cdot \lambda \tag{3-18}$$

式中　$\sum P$——起重机承受侧向载荷一侧的端梁上与有效轴距有关的相应车轮经常出现的最大轮压之和(与小车位置有关,如图 3-7 及图 3-8 所示),不考虑各种动力系数;

λ——水平侧向载荷系数,与起重机跨度 L 和起重机基距 B(或有效轴距 a)的比值 $L/B(L/a)$ 有关,按图 3-9 确定。

在多车轮的起重机中,用有效轴距 a 代替起重机的基距 B 进行水平侧向载荷的计算更为合理,此有效轴距 a 按下述原则确定:

(1)一侧端梁上装有两个或四个车轮时,有效轴距取端梁两端最外边车轮轴的间距[图 3-8(a)、(b)]。

(2)一侧端梁上装有六个或八个车轮时,有效轴距取两端最外边两个车轮中心线的间距[图 3-8(c)、(d)]。

(3)一侧端梁上超过八个车轮时,有效轴距取端梁两端最外边三个车轮中心线的间距[图 3-12(e)]。

(4)端梁用球铰连接多轮台车时,有效轴距为两铰链点的间距(P_S 按一侧端梁全部车轮最大轮压之和计算)。

(5)端梁装有水平导向轮时,有效轴距取端梁两端最外边两个水平导向轮轴的间距(P_S 参考 ISO 8686-1:1989 附录 F 的方法计算)。

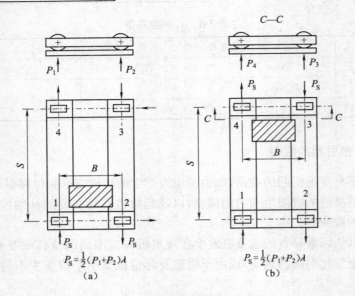

$$P_S = \frac{1}{2}(P_1 + P_2)\lambda$$
(a)

$$P_S = \frac{1}{2}(P_1 + P_2)\lambda$$
(b)

图 3-7 水平侧向载荷的简化计算

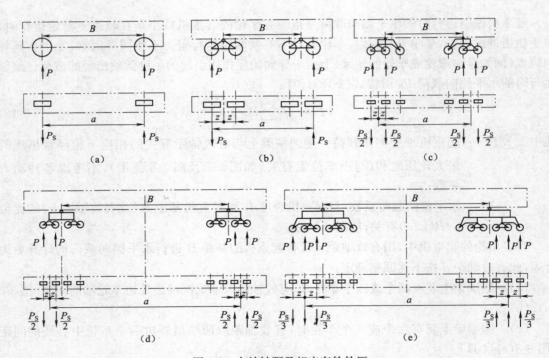

图 3-8 有效轴距及相应车轮轮压

六、坡道载荷

起重机的坡道载荷是指位于斜坡(道、轨)上的起重机自重载荷及其额定起升载荷沿斜坡(道、轨)面的分力,按下列规定计算:

(1)流动式起重机。需要计算时,按路面或地面的实际情况考虑。

（2）轨道式起重机（含铁路起重机）。当轨道坡度不超过 0.5% 时不考虑坡道载荷，否则按出现的实际坡度计算坡道载荷。

七、风载荷的计算

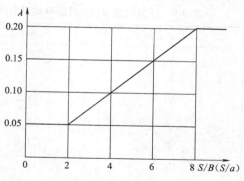

图 3-9　偏斜运行水平侧向载荷系数 λ

露天工作的起重机金属结构应考虑风载荷的作用。假定风载荷是沿起重机最不利的水平方向作用的静力载荷，计算风压值按不同类型起重机及其工作地区选取。

按照起重机在一定风力下能否正常工作，把作用于起重机金属结构的风载荷分为工作状态风载荷和非工作状态风载荷两类。工作状态风载荷是起重机在工作时所能承受的最大风力；非工作状态风载荷是起重机在不工作时所能承受的最大风力。

（1）当风向与构件的纵轴线或构架表面垂直时，沿此风向的工作状态风载荷（工作状态正常风载荷 P_{wI} 及工作状态最大风载荷 P_{wII}）和非工作状态的风载荷（P_{wIII}）按式（3-19）计算：

$$P_w = CK_h\beta pA \tag{3-19}$$

式中　C——风力系数；

　　　K_h——风压高度变化系数，计算工作状态风载荷 P_{wI}、P_{wII} 时取 $K_h=1$；

　　　β——风振系数（对常用起重机 $\beta=1.0$）；

　　　A——结构或物品垂直于风向的实体迎风面积（m^2）；

　　　p——计算风压（N/m^2）。

（2）当风向与构件纵轴线或构架表面呈某一角度时，沿此风向的工作状态风载荷（P_{wI}、P_{wII}）按式（3-20）计算：

$$P_w = CpA \sin^2\theta \tag{3-20}$$

式中　A——构件平行于纵轴的正面迎风面积（m^2）；

　　　θ——风向与构件纵轴或构架表面的夹角（°）（$\theta<90°$）。

工作状态风压沿起重机全高取为定值，不考虑高度变化（$K_h=1$）。为限制工作风速不超过极限值而采用风速测量装置时，通常将它安装在起重机的最高处。

1. 计算风压 p

风压是风的速度能转化为压力能的结果。计算风压与阵风风速有关，可按式（3-21）计算：

$$p = 0.625v_s^2 \tag{3-21}$$

式中　p——计算风压（N/m^2）；

　　　v_s——计算风速（m/s）。

计算风速为空旷地区离地 10 m 高度处的阵风风速，即 3 s 时距的平均瞬时风速。工作状态的阵风风速，其值取为 10 min 时距平均风速的 1.5 倍。非工作状态的阵风风速其值取为 10 min 时距平均风速的 1.4 倍。计算风压 p、3 s 时距平均瞬时风速 v_s、10 min 时距平均风速 v_p 与风力等级的对应关系见表 3-9。

表 3-9　计算风压 p、3 s 时距平均瞬时风速 v_s、10 min 时距平均风速 v_p 与风力等级的对应关系

$p(N/m^2)$	$v_s(m/s)$	$v_p(m/s)$	风　级
43	8.3	5.5	4
50	8.9	6.0	4
80	11.3	7.5	5
100	12.7	8.4	5
125	14.1	9.4	5
150	15.5	10.3	5
250	20.0	13.3	6
350	23.7	15.8	7
500	28.3	18.9	8
600	31.0	22.1	9
800	35.8	25.6	10
1 000	40.0	28.6	11
1 100	42.0	30.0	11
1 200	43.8	31.3	11
1 300	45.6	32.6	12
1 500	49.0	35.0	12
1 800	53.7	38.4	13
1 890	55.0	39.3	13

注：1. 工作状态的阵风风速 v_s 取为 $1.5v_p$；非工作状态的阵风风速 v_s 取为 $1.4v_p$。

2. 计算风压 $p \leqslant 500$ N/m² 为工作状态数值，大于 500 N/m² 为非工作状态数值。

计算风压 p 分三种情况取值，p_I 和 p_{II} 为工作状态计算风压，p_{III} 为非工作状态计算风压，具体应用如下：

p_I 是起重机工作状态正常的计算风压，用于选择电动机功率的阻力计算及发热验算。

p_{II} 是起重机工作状态最大计算风压，用于计算机构零部件和金属结构强度及稳定性，验算驱动装置的过载能力以及起重机整机的抗倾覆稳定性、抗风防滑安全性等。

p_{III} 是起重机非工作状态计算风压，用于验算此时起重机机构零部件和金属结构的强度、起重机整机抗倾覆稳定性以及起重机的抗风防滑安全装置和锚定装置的设计计算。

计算风压与地理气象条件有关，根据我国的地理情况，为简化计算将计算风压按内陆地区、沿海地区、台湾省及南海诸岛三个区域来划分，不同的区域取不同的计算风压。这里所说的沿海地区是指离海岸线 100 公里以内的陆地或海岛地区。

工作状态和非工作状态计算风压的取值列于表 3-10。

表 3-10 中的非工作状态计算风压，内陆及沿海的取值范围中，内陆的华北、华中和华南地区宜取小值；西北、西南、东北和长江下游等地区宜取大值。沿海以上海为界，上海可取 800 N/m²，上海以北取小值，以南取大值。在特定情况下，按用户要求，可根据当地气象资料提供的离地 10 m 高处 50 年一遇 10 min 时距年平均最大风速换算得到作为计算风速的 3 s 时

距的平均瞬时风速 v_s（但不大于 50 m/s）和计算风压 p_{III}；若用户还要求此计算风速超过 50 m/s时，则可作非标准产品进行特殊设计。

在海上航行的起重机可取 $p_{\text{III}}=1\,800$ N/m²，但不再考虑风压高度变化，即取 $K_h=1$。

沿海地区、台湾省及南海诸岛港口大型起重机抗风防滑系统及锚定装置的设计，所用的非工作状态计算风速 v_s 不应小于 55 m/s。

表 3-10　计算风压　　　　　　　单位：N/m²

地　　区	工作状态计算风压		非工作状态计算风压
	p_{I}	p_{II}	p_{III}
内陆		150	500～600
沿海	$0.6p_{\text{II}}$	250	600～1 000
台湾省及南海诸岛		250	1 500
在 8 级风中仍继续工作的起重机	—	500	

特殊用途的起重机的工作状态计算风压允许作特殊规定。流动式起重机（即汽车重机、轮胎起重机和履带起重机等）的工作状态计算风压，当起重机臂长小于 50 m 时取 $p_{\text{II}}=125$ N/m²；当臂长等于或大于 50 m 时按使用要求决定。

对臂架长度不大于 30 m 且臂架不工作时能方便放倒在地上的流动式起重机、带伸缩臂架的低位回转起重机和依靠自身机构在非工作时能够将塔身方便缩回的塔式起重机，只需按其低位置进行非工作状态风载荷验算。在这些起重机的使用说明书中都要写明，在不工作时要求将臂架和塔身固定好，以使其能抵抗暴风的袭击。

2. 风压高度变化系数 K_h

离地面越高则风速越大，根据式（3-21），风压也会相应增大。考虑到一般常用起重机的工作状态计算风压（表 3-10）取 250 N/m² 已经偏大和偏于安全，为简化计算，大多数国家对起重机的工作状态计算风压取为定值，不考虑高度变化系数，即取 $K_h=1$。

所有起重机非工作状态计算风压，因其数值较大，均应考虑高度变化系数。任意高度上的风压值以离地 10 m 高处的风压为基准，高于 10 m 的高度变化系数 K_h 按下式计算：

$$K_h=\left(\frac{h}{10}\right)^\alpha \tag{3-22}$$

式中　α——指数，陆上近似取 0.3，海上可取 0.2。

计算非工作状态风载荷时，可沿高度划分成 10 m 高的等风压区段，以各段中点高度的系数 K_h（表 3-11）乘以计算风压；也可以取结构顶部的计算风压作为起重机全高的定值风压。

表 3-11　风压高度变化系数 K_h

离地（海）面高度 h(m)	≤10	10～20	20～30	30～40	40～50	50～60	60～70	70～80	80～90	90～100	100～110	110～120	120～130	120～140	140～150
陆上	1.00	1.13	1.32	1.46	1.57	1.67	1.75	1.83	1.90	1.96	2.02	2.08	2.13	2.18	2.23
海上及海岛	1.00	1.08	1.20	1.28	1.35	1.40	1.45	1.49	1.53	1.56	1.60	1.63	1.65	1.68	1.70

3. 风力系数 C

风力系数与金属结构的外形、几何尺寸等有关。表 3-12 给出了单根构件、单片桁架结构和机器房的风力系数 C 值。单根构件的风力系数 C 值随构件的空气动力长细比(l/b 或 l/D)而变化。对于箱形截面构件,还要随构件截面尺寸比 b/d 而变化。空气动力长细比和构件截面尺寸比等在风力系数计算中的定义如图 3-10(a)、图 3-10(c)所示。

表 3-12　风力系数 C

类型	说　　明		空气动力长细比 l/b 或 l/D					
			≤5	10	20	30	40	≥50
单根构件	轧制型钢、矩形型材、空心型材、钢板		1.30	1.35	1.60	1.65	1.70	1.90
	圆形型钢构件	$Dv_s<6\ \mathrm{m^2/s}$	0.75	0.80	0.90	0.95	1.00	1.10
		$Dv_s\geqslant6\ \mathrm{m^2/s}$	0.60	0.65	0.70	0.70	0.75	0.80
	箱形截面构件,大于 350 mm 的正方形和 250 mm×450 mm 的矩形	b/d						
		≥2	1.55	1.75	1.95	2.10	2.20	
		1	1.40	1.55	1.75	1.85	1.90	
		0.5	1.00	1.20	1.30	1.35	1.40	
		0.25	0.80	0.90	0.90	1.00	1.00	
单片平面桁架	直边型钢桁架结构		1.70					
	圆形型钢桁架结构	$Dv_s<6\ \mathrm{m^2/s}$	1.20					
		$Dv_s\geqslant6\ \mathrm{m^2/s}$	0.80					
机器房等	地面上或实体基础上的矩形外壳结构		1.10					
	空中悬置的机器房或平衡重等		1.20					

注:1. 单片平面桁架式结构上的风载荷可按单根构件的风力系数逐根计算后相加,也可按整片方式选用直边型钢或圆形型钢桁架结构的风力系数进行计算;当桁架结构由直边型钢和圆形型钢混合制成时,宜根据每根构件的空气动力长细比和不同气流状态[$Dv_s<6\ \mathrm{m^2/s}$ 或 $Dv_s\geqslant6\ \mathrm{m^2/s}$,$D$ 为圆形型钢直径(m)],采用逐根计算后相加的方法。

　2. 除了本表提供的数据外,由风洞试验或者实物模型试验获得的风力系数值也可以使用。

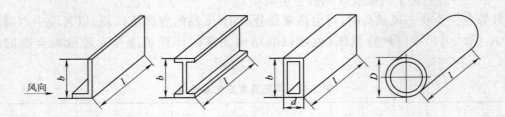

$$空气动力长细比=\frac{构件长度}{迎风面的截面高(宽)度}=\frac{l}{b}\ 或\ \frac{l}{D}$$

在格构式结构中,单根构件的长度 l_i 取为相邻节点的中心间距,参见(b)图

(a)

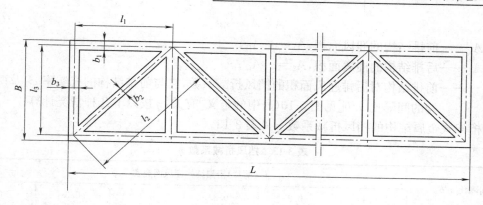

$$结构迎风面充实率\ \varphi=\frac{实体部分面积}{轮廓面积}=\frac{A}{A_0}=\sum_1^n\frac{l_i\times b_i}{L\times B}=\frac{\sum_1^n l_i\times b_i}{L\times B}$$

(b)

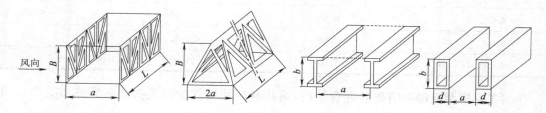

$$间隔比=\frac{两片构件相对面之间的距离}{构件迎风面的高(宽)度}=\frac{a}{b}或\frac{a}{B},其中\ a\ 取构件外露表面几何形状中的最小可能值$$

$$构件截面尺寸比=\frac{构件截面迎风面的截面高度}{平行于风向的截面深(宽)度}=\frac{b}{d}(对箱形截面)$$

(c)

图 3-10 风力系数计算中的定义

除表 3-12 给出的各类构件的风力系数外,由管材制成的三角形截面空间桁架(下弦杆可用矩形管材或组合封闭杆件)的侧向风力系数为 1.3,其迎风面积取为该空间桁架的侧向投影面积。

单根梯形截面构件(梁)(空气动力长细比 $l/b=10\sim15$,截面高宽比 $b/d\approx1$)在侧向风力作用下风力系数为 $1.5\sim1.6$。

4.迎风面积 A

起重机金属结构(或吊重、机器房等)的迎风面积取决于金属结构的类型和几何轮廓尺寸。这里所说的迎风面积是指结构垂直于风向的投影面积。

(1)单片金属结构的迎风面积为

$$A=\varphi A_l \tag{3-23}$$

式中 A_l——金属结构的轮廓面积($\mathrm{m^2}$);

φ——结构迎风面的充实率,见图 3-10(b)中的说明。

(2)两片并列等高、形式相同的金属结构,考虑前排挡风的影响,后排的迎风面积应该折减。总的迎风面积为

$$A = A_1 + \eta A_2 \tag{3-24}$$

式中　A_1——前排结构的迎风面积，$A_1 = \varphi_1 A_{l1}$；

　　　A_2——后排结构的迎风面积，$A_2 = \varphi_2 A_{l2}$；

　　　η——前排结构对后排迎风面积的挡风折减系数，它与前排结构的充实率 φ_1 及两排结构的间隔比 a/b [见图 3-10(c)中的定义]有关，η 按以下几种情况计算：

①桁架式金属结构的挡风折减系数 η 见表 3-13。

表 3-13　挡风折减系数 η

间隔比 a/b	（前片）桁架结构迎风面充实率 φ					
	0.1	0.2	0.3	0.4	0.5	≥0.6
0.5	0.75	0.40	0.32	0.21	0.15	0.10
1.0	0.92	0.75	0.59	0.43	0.25	0.10
2.0	0.95	0.80	0.63	0.50	0.33	0.20
4.0	1.00	0.88	0.76	0.66	0.55	0.45
5.0	1.00	0.95	0.88	0.81	0.75	0.68
6.0	1.00	1.00	1.00	1.00	1.00	1.00

②对工字形截面梁和桁架的混合结构，前片对后片构件的挡风折减系数 η 如图 3-11 和图 3-12所示。

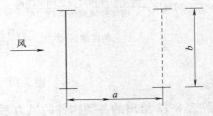

a/b	≤4	>4
η	0	1

图 3-11　前片为工字形截面梁后片为桁架的混合构件的挡风折减系数

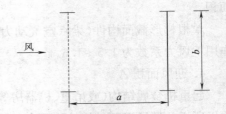

a/b	1	2	3	4	5	6
η	0.5	0.6	0.7	0.8	1	1
注：桁架迎风面的充实率 $\varphi = 0.3 \sim 0.4$						

图 3-12　前片为桁架后片为工字形截面梁的混合构件的挡风折减系数

③正方形格构式塔架的挡风折减系数 η

计算正方形格构塔架正向总迎风面积 $A = (1+\eta) A_{l1}$ 时，挡风折减系数 η 按表 3-13 中间隔比 $a/b = 1$ 及相应的结构迎风面充实率 φ 查取。

由圆形型材构成的塔身，当 $Dv_s \geq 6 \ \text{m}^2/\text{s}$ 时，可按 $\varphi = 0.2$ 对应的 $\eta = 0.75$ 取值。

由直边型材或圆形型材构成的塔身的风力系数 C 按表 3-12 中单片平面桁架取值。

对正方形塔架,当风沿塔身截面对角线方向作用时风载荷最大,可取为正向迎风面风载荷的 1.2 倍。

(3)n 片并列等高、形式相同的金属结构(图 3-13),若每排间隔相等,在纵向风力作用下,应考虑多片结构的重叠挡风折减作用,则总的迎风面积为

$$A=(1+\eta+\eta^2+\cdots+\eta^{n-1})\varphi_1 A_{l1}=\frac{1-\eta^n}{1-\eta}\varphi_1 A_{l1} \tag{3-25}$$

式中　φ_1——第一片结构的迎风面充实率;

　　　A_{l1}——第一片结构的外形轮廓面积(m^2)。

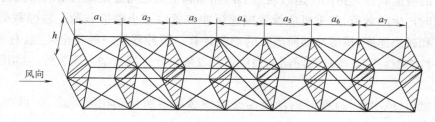

图 3-13　多排并列等高结构

根据总迎风面积 A 计算结构的总风载荷时,因各片结构型式相同,只需乘以单片结构的风力系数 C。

如果后面结构的轮廓面积大于前面结构,未被遮挡部分的面积按第一片结构处理。

(4)物品的迎风面积

吊运物品应按实际的轮廓尺寸确定垂直于风向的迎风面积。当吊运物品的轮廓尺寸不明确时,可按表 3-14 查取。

表 3-14　起重机吊运物品迎风面积的估算值

吊运物品质量(t)	1	2	3	5 6.3	8	10	12.5	15 16	20	25	30 32	—
迎风面积估算值(m^2)	1	2	3	5	6	7	8	10	12	15	18	—
吊运物品质量(t)	40	50	63	75 80	100	125	150 160	200	250	280	300 320	400
迎风面积估算值(m^2)	22	25	28	30	35	40	45	55	65	70	75	80

在计算非工作状态风载荷时,应考虑悬吊着的吊具的迎风面积。

八、雪和冰载荷

雪和冰载荷应根据我国地理气候条件加以考虑。在寒冷地区,可取雪压为 $500\sim1\,000\ N/m^2$,也应该考虑由于雪和冰积结引起受风面积的增大。在低温下结构会出现冰冻而受到冰的重力作用,可按结冰厚度计算。

对于移动式起重机,如无特殊要求,通常不考虑雪和冰载荷。

九、温度变化引起的载荷

一般情况下不考虑温度载荷,但在某些地区,如果起重机在安装时与使用时温差很大,或

跨度较大的超静定结构(如跨度为 30 m 以上的双刚性支腿的门式起重机),则应考虑因温度变化引起结构件膨胀或收缩受到约束而产生的载荷。可根据结构力学方法按照结构安装和使用时的温差计算超静定结构的温度应力。温差资料由用户提供,当缺乏资料时,可取温度变化范围为 $-30\,℃\sim+40\,℃$。跨度小于 30 m 的超静定结构和流动式起重机结构,可不考虑温度变化的影响。

十、碰撞载荷

起重机的碰撞载荷是指同一运行轨道上两相邻起重机之间碰撞或起重机与轨道端部缓冲止挡件碰撞时产生的载荷,起重机应设置减速缓冲装置以减小碰撞载荷。碰撞载荷 P_C 取决于碰撞质量和碰撞速度,按缓冲器所吸收的动能计算。缓冲器是一种安全装置,有弹簧、橡胶和液压等多种类型。常在缓冲器前面适当位置装设限位开关或自动减速装置,以切断电源,减小碰撞速度。

根据起重机(或小车)碰撞时的动能与碰撞使缓冲器所作功相等的原理,可得碰撞载荷 P_C 为

$$P_C=\frac{(m_G+\beta_5 m_2)v_p^2}{2\xi\mu}\tag{3-26}$$

式中　m_G——起重机(或小车)质量(kg);

　　m_2——总起升质量(kg);

　　β_5——起升质量影响系数,对于吊钩起重机,$\beta_5=0$;对于刚性导架起重机,$\beta_5=1$;

　　v_p——碰撞速度(m/s),$v_p=kv_y$,k 为减速系数,按下述 2.(1)、(2)选取;

　　v_y——额定运行速度(m/s);

　　μ——缓冲器行程(压缩量)(m);

　　ξ——缓冲器相对缓冲能量(特性系数),见图 3-14 的说明。

1. 作用在缓冲器的连接部件上或止挡件上的缓冲碰撞力

对于桥式、门式及臂架起重机,以额定运行速度计算缓冲器的连接与固定部件上和止挡件上的缓冲碰撞力。

2. 作用在起重机结构上的缓冲碰撞力

当水平运行速度 $v_y\leqslant 0.7$ m/s 时,不考虑此缓冲碰撞力。

当水平运行速度 $v_y>0.7$ m/s 时,应考虑以下情况的缓冲碰撞力。

(1)对装有终点行程限位开关及能可靠起减速作用的控制系统的起重机,按减速后的实际碰撞速度(但不小于 50% 的额定运行速度,即 $k\geqslant 0.5$)来计算各运动部分的动能,由此算出缓冲器吸收的动能,从而算出起重机金属结构上的缓冲碰撞力。

(2)对未装可靠的自动减速限位开关的起重机,碰撞时的计算速度:起重机大车取 85% 的额定运行速度,即 $k=0.85$;小车取额定运行速度,即 $k=1$,以此来计算缓冲器所吸收的动能,并按该动能来计算起重机金属结构上的缓冲碰撞力。

(3)在计算缓冲碰撞力时,对于物品被刚性吊挂或装有刚性导架以限制悬吊的物品水平移动的起重机,要将物品质量的动能考虑在内;对于悬吊的物品能自由摆动的起重机,则不考虑物品质量动能的影响。

(4)缓冲碰撞力在起重机上的分布取决于起重机(对装有刚性导架限制悬吊物品摆动的起重机,还包括物品)的质量分布情况。计算时要考虑小车处在最不利位置,计算中不考虑起升冲击系数 Φ_1、起升动载系数 Φ_2 和运行冲击系数 Φ_4。

3. 缓冲器碰撞弹性效应系数 Φ_7

用 Φ_7 与缓冲碰撞力相乘,以考虑用刚体模型分析所不能估算的弹性效应。Φ_7 的取值与缓冲器的特性有关:对于具有线性特性的缓冲器(如弹簧缓冲器),Φ_7 取为 1.25;对于具有矩形特性的缓冲器(如液压缓冲器),Φ_7 取为 1.6;对其他特性的缓冲器(如橡胶、聚氨酯等缓冲器),Φ_7 的值要通过试验或计算确定,如图 3-14 所示。图中 ξ 按式(3-27)计算,图中其他参数的含义同式(3-27)。

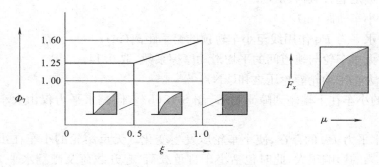

图 3-14 系数 Φ_7 的取值

$$\xi = \frac{1}{\hat{F}_x \hat{\mu}} \int_0^{\hat{\mu}} F_x \mathrm{d}\mu \tag{3-27}$$

式中 ξ ——相对缓冲能量。具有线性特性的缓冲器,$\xi=0.5$;具有矩形特性的缓冲器,$\xi=1.0$;

$\hat{F}_x$ ——最大缓冲碰撞力;

$\hat{\mu}$ ——最大缓冲行程;

F_x ——缓冲碰撞力;

μ ——缓冲行程。

Φ_7 中间值的估算如下:

若 $0 \leqslant \xi \leqslant 0.5$ $\Phi_7 = 1.25$

若 $0.5 < \xi \leqslant 1.0$ $\Phi_7 = 1.25 + 0.7(\xi - 0.5)$

4. 在刚性导架中升降的悬吊物品的缓冲碰撞力

对于物品沿刚性导架升降的起重机,要考虑该物品和固定障碍物碰撞引起的缓冲碰撞力。此力是作用在物品所在的高度上并力图使起重机小车车轮抬起的水平力,即倾翻水平力 P_{SL}。

十一、倾翻水平力 P_{SL}

对带刚性升降导架的起重机,如果起重机在水平移动时受到水平方向的阻碍与限制,例如在起重机刚性导架中升降的悬吊物品、起重机取物装置(吊具)或起重机刚性升降导架下端等与障碍物相碰撞,就会产生一个水平方向作用的、引起起重机(大车)或小车倾翻的力,即倾翻水平力 P_{SL}(图 3-15)。

无反滚轮的小车刚性导架吊具下端或物品下端碰到障碍物后,产生的倾翻水平力 P_{SL} 使小车被抬起[图 3-15(a)]或者使大车主动车轮打滑,倾翻水平力的极限值取这两种情况中的较小者,P_{SL} 按式(3-28)计算:

$$\begin{cases} P_{SL} = \dfrac{(P_{Gx} + P_Q)K}{2h} \\ P_{SL} = \mu P_z \end{cases} \tag{3-28}$$

式中　P_{Gx}——小车自重载荷(kN);

　　　P_Q——额定起升载荷(kN);

　　　K——小车轨距(m);

　　　h——水平力 P_{SL} 作用线至小车轨顶的铅垂距离(m);

　　　μ——大车车轮与轨道间的平均滑动摩擦系数,取 0.14;

　　　P_z——大车主动轮静轮压之和(kN)。

有反滚轮的小车在下端碰到障碍物后[图 3-15(b)],倾翻水平力仅由大车主动轮打滑条件限制。

由于倾翻水平力 P_{SL} 的存在,使小车轮压发生变化。无反滚轮的小车在小车的一侧被抬起时,对桥架主梁的影响很大,此时包括小车自重载荷、起升载荷及倾翻水平力 P_{SL} 在内的全部载荷均由另一侧的主梁承担;有反滚轮的小车除上述作用力外,还要考虑倾翻水平力 P_{SL} 对主梁产生的垂直附加载荷 P'_{SL} 的作用,如图 3-15(b)所示。

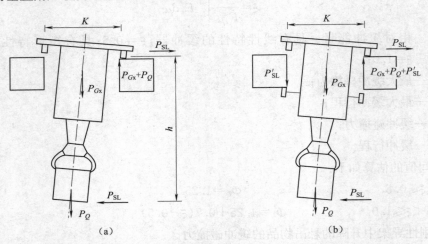

图 3-15　带刚性升降导架起重机的侧翻水平力

(a)小车无反滚轮;(b)小车有反滚轮。

有反滚轮的小车的侧翻水平力 P_{SL} 对主梁的垂直附加载荷 P'_{SL} 按式(3-29)计算:

$$P'_{SL} = \mu P_z \frac{h}{K} - \frac{1}{2}(P_{Gx} + P_Q) \tag{3-29}$$

如果有倾翻趋势的起重机或小车能够自行回落到正常位置,还应考虑对支承结构的垂直撞击力。

上述计算中不考虑各类冲击系数及动载系数,也不考虑运行惯性力,并假定P_{SL}作用在物品或吊具(无物品时)的最下端。

十二、试验载荷

起重机在投入使用前,应进行超载静态试验和超载动态试验。试验场地应坚实、平整,试验时风速不应大于 8.3 m/s。

1. 静载试验载荷 P_{jt}

试验时起重机静止不动,静载试验载荷作用于起重机最不利位置,且应平稳无冲击地加载。除订货合同有其他要求之外,取静载试验载荷 $P_{jt}=1.25P$,其中 P 定义为:

(1)对于流动式起重机,P 为有效起重量与可分及固定吊具质量总和的重力。

(2)对于其他起重机,P 为额定起重量的重力,此额定起重量不包括作为起重机固有部分的任何吊具的质量。

2. 动载试验载荷 P_{dt}

试验时起重机需完成各种运动和组合运动,动载试验载荷应作用于起重机最不利位置。除订货合同有更高的要求以外,取动载试验载荷 $P_{dt}=1.1P$,P 的定义同上。在验算时 P_{dt} 应再乘以由式(3-30)给出的动载试验载荷起升动载系数 Φ_6。

$$\Phi_6=0.5(1+\Phi_2) \tag{3-30}$$

式中　Φ_6——动载试验载荷起升动载系数;

　　　Φ_2——起升动载系数,见式(3-1)。

3. 特殊情况

(1)有特殊要求的起重机,其试验载荷可以取与上述不同而更高的值,应在订货合同或有关的产品标准中规定。

(2)如静载试验和动载试验载荷的数值高于上述的规定,则应按实际试验载荷值验算起重机的承载能力。

十三、意外停机引起的载荷

应考虑意外停机瞬间的最不利驱动状态(即意外停机时的突然制动力或加速力与最不利的载荷组合),按本节条目"三、变速运动引起的载荷"中"1. 驱动机构(包括起升驱动机构)加速引起的载荷"估算意外停机引起的载荷,动载系数 Φ_5 取值见表3-6。

十四、机构(或部件)失效引起的载荷

在各种特殊情况下都可用紧急制动作为对起重机有效的保护措施,因此机构或部件突然失效时的载荷都可按出现了最不利的状况而采取紧急制动时的载荷来考虑。

当为了安全原因采用两套(双联)机构时,若任一机构的任何部位出现失效,就应认为该机构发生了失效。

对上述两种情况,均应按本节条目"三、变速运动引起的载荷"中"1. 驱动机构(包括起升驱动机构)加速引起的载荷"估算此时所引起的载荷,并考虑力的传递过程中所产生的冲击效应。

十五、起重机基础受到外部激励引起的载荷

起重机基础受到外部激励引起的载荷是指由于地震或其他震波迫使起重机基础发生振动而对起重机引起的载荷。

金属结构设计时是否考虑地震或其他震波的作用,应由以下情况决定:

(1)如果这类载荷将构成重大危险时(如核电站起重机或在其他特殊场合工作的重要起重机),则考虑此类载荷。

(2)如果政府颁布的条例或特殊的技术规范对此有明确的要求,则应根据相应的法规或专门的规定来考虑此类载荷。

用户应向制造商提出此项要求,并提供当地相应的地震谱等信息以供设计使用。

十六、安装、拆卸和运输引起的载荷

应该考虑在安装、拆卸过程中的每一个阶段发生的作用在起重机上的各项载荷,其中包括由 8.3 m/s 的风速或规定的更大风速引起的风载荷。对于一个构件或部件,在各种情况下都应进行在这项重要载荷作用下的承载能力验算。

在某些情况下,还需要考虑在运输过程中对起重机结构产生的载荷。

十七、其他载荷

其他载荷是指在某些特定情况下发生的载荷,包括工艺性载荷,作用在起重机的平台或通道上的载荷等。

(1)工艺性载荷

工艺性载荷是指起重机在工作过程中为完成某些生产工艺要求或从事某些杂项工作时产生的载荷,由起重机用户或买方提出。一般将它作为偶然载荷或特殊载荷来考虑。

(2)走台、平台和其他通道上的载荷

这些载荷为局部载荷,作用在起重机结构的局部部位及直接支承它们的构件上。

这些载荷的大小与结构的用途和载荷的作用位置有关,如在走台、平台、通道等处应考虑下述载荷:

①在堆放物料处:3 000 N。

②在只作为走台或通道处:1 500 N。

第四节　起重运输机金属结构的载荷组合

一、载荷组合

所有上述各种载荷,不可能同时作用于金属结构,应按照各种载荷出现的频繁程度和结构的重要性,根据起重机不同的工况,考虑最不利的情况进行合理的组合。

在进行起重机金属结构计算时,采用三种载荷组合形式,其对应三种不同的基本载荷情况:

(1)载荷组合 A——无风工作情况。

(2)载荷组合 B——有风工作情况。

(3)载荷组合 C——受到特殊载荷作用的工作或非工作情况。

在每种载荷情况中,与可能出现的实际使用情况相对应,又有若干个可能的具体载荷组合。

1. 起重机无风工作情况下的载荷组合

载荷组合 A 只考虑常规载荷的组合,有以下四种载荷组合方式:

(1)A1——起重机在正常工作状态下,无约束地起升地面的物品,无工作状态风载荷及其他气候影响产生的载荷,此时只应与按正常操作控制下的其他驱动机构(不包括起升机构)引起的驱动加速力相组合。

(2)A2——起重机在正常工作状态下,突然卸除部分起升质量,无工作状态风载荷及其他气候影响产生的载荷,此时应按 A1 的驱动加速力组合。

(3)A3——起重机在正常工作状态下,(空中)悬吊着物品,无工作状态风载荷及其他气候影响产生的载荷,此时应考虑悬吊物品及吊具的重力与正常操作控制的任何驱动机构(包括起升机构)在其一连串运动状态中引起的加速力或减速力进行任何的组合。

(4)A4——在正常工作状态下,起重机在不平道路或轨道上运行,无工作状态风载荷及其他气候影响产生的载荷,此时应按 A1 的驱动加速力组合。

2. 起重机有风工作情况下的载荷组合

载荷组合 B 考虑常规载荷和偶然载荷同时作用的情况,有以下五种载荷组合方式:

(1)B1~B4——其载荷组合与 A1~A4 的组合相同,但应计入工作状态风载荷及其他气候影响产生的载荷。

(2)B5——在正常工作状态下,起重机在带坡度的不平的轨道上以恒速偏斜运行(其他机构不运动),有工作状态风载荷及其他气候影响产生的载荷。

注:当起重机的具体使用情况认为应该考虑坡道载荷及工艺性载荷时,可以将坡道载荷视为偶然载荷在起重机的无风工作情况下或有风工作情况下的载荷组合中予以考虑,将工艺性载荷视为偶然载荷或特殊载荷予以考虑。

3. 起重机受到特殊载荷作用的工作或非工作情况下的载荷组合

载荷组合 C 考虑常规载荷和特殊载荷同时作用,或常规载荷、偶然载荷和特殊载荷同时作用的情况,有以下九种载荷组合方式:

(1)C1——起重机在工作状态下,用最大起升速度无约束地提升地面载荷,例如相当于电动机或发动机无约束地起升地面上松弛的钢丝绳,当载荷离地时起升速度达到最大值(使用导出的 Φ_{2max},其他机构不运动)。

(2)C2——起重机在非工作状态下,有非工作状态风载荷及其他气候影响产生的载荷作用。

(3)C3——起重机在动载试验状态下,起升动载试验载荷,并考虑试验状态风载荷,与载荷组合 A1 的驱动加速力相组合。

(4)C4——起重机带有额定起升载荷,与缓冲碰撞力产生的载荷相组合。

(5)C5——起重机带有额定起升载荷,与倾翻水平力产生的载荷相组合。

(6)C6——起重机带有额定起升载荷,与意外停机引起的载荷相组合。

(7)C7——起重机带有额定起升载荷,与机构失效引起的载荷相组合。

(8)C8——起重机带有额定起升载荷,与起重机基础外部激励产生的载荷相组合。

(9)C9——起重机在安装、拆卸或运输过程中产生的载荷组合。

二、载荷组合表及其应用

1. 载荷组合表

考虑承受以上各项载荷作用的起重机金属结构计算的载荷与载荷组合总表见表3-15。流动式、塔式、臂架式、桥式和门式起重机的载荷与载荷组合表见表3-16～表3-19。

2. 载荷组合表的应用

(1)各项载荷的计算

表3-15中的各项载荷应按照载荷组合乘以表中对应的系数。如:

第1行的载荷为相应质量乘以重力加速度后,根据载荷组合再乘以起升冲击系数Φ_1或乘以1;第4行和第5行的载荷为相应质量乘以驱动加速度后,再乘以动载系数Φ_5。表中其他载荷类似计算。

(2)载荷组合的选取

根据所设计起重机工况要求的实际情况,选取表3-15或表3-16～表3-19中相应的载荷组合进行结构的设计计算或承载能力验算。

结构构件或连接的强度和弹性稳定性应同时满足载荷组合A、B和C各类情况下的许用应力值(许用应力法时)或极限设计应力(极限状态法时)。

载荷组合A通常用于计算结构的疲劳强度。但在某些特殊情况下,疲劳强度计算也会考虑一些偶然载荷及特殊载荷,如工作状态风载荷、偏斜运行侧向载荷、试验载荷以及与起重机基础外部激励等有关的载荷。

载荷组合B用于计算结构的强度及稳定性。

载荷组合C用于计算结构的强度、弹性稳定性和整机抗倾覆稳定性。

(3)高危险度系数γ_n、强度系数γ_{fi}、分项载荷系数γ_{pi}及抗力系数γ_m的应用

某些起重机(例如铸造起重机或核工业用起重机)如果发生失效将对人员或经济造成特别严重的后果,在这些特殊情况下,应选用一个其值大于1的高危险度系数γ_n,以便使起重机获得更大的可靠性。此系数值根据特殊的使用要求来选取,一般可取$\gamma_n=1.05\sim1.1$。在一般非高危险情况下,高危险度系数$\gamma_n=1$。

用许用应力设计法时,安全系数n等于强度系数γ_{fi}和高危险度系数γ_n的乘积($n=\gamma_{fi}\cdot\gamma_n$)。

用极限状态设计法时,各项载荷应乘以对应的分项载荷系数γ_{pi}和高危险度系数γ_n后再进行计算与组合。极限设计应力以构件或连接的规定强度R除以抗力系数γ_m来确定。

高危险度系数γ_n、强度系数γ_{fi}、分项载荷系数γ_{pi}及抗力系数γ_m的取值见表3-20。

典型起重机的分项载荷系数γ_{pi}取值见表3-16～表3-19。

表 3-15　起重机金属结构的载荷与载荷组合总表

载荷类别	载荷	分项载荷系数 γ_{pA}	A1	A2	A3	A4	分项载荷系数 γ_{pB}	B1	B2	B3	B4	B5	分项载荷系数 γ_{pC}	C1	C2	C3	C4	C5	C6	C7	C8	C9	行号
常规载荷 自重振动载荷、起升动载荷与运行冲击载荷	1. 起重机质量引起的载荷	γ_{pA1}	Φ_1	Φ_1	1	—	γ_{pB1}	Φ_1	Φ_1	1	—	—	γ_{pC1}	Φ_1	1		1	1	1	1	1	1	1
	2. 总起升质量或突然卸除部分起升质量引起的载荷	γ_{pA2}	Φ_2	Φ_3	1	—	γ_{pB2}	Φ_2	Φ_3	1	—	—	γ_{pC2}	η			1	1	1	1	1	1	2
	3. 在不平道路（轨道）上运行的起重机质量和总起升质量引起的载荷	γ_{pA3}	—	—	—	Φ_4	γ_{pB3}	—	—	—	—	Φ_4	γ_{pC3}				1						3
	驱动机构加速力 4. 起重机的质量和总起升质量 — 不包括起升机构的其他驱动机构加速引起的载荷	γ_{pA4}	Φ_5	Φ_5	—	Φ_5	γ_{pB4}	Φ_5	Φ_5	—	Φ_5	—	γ_{pC4}			Φ_5							4
	包括起升机构的任何驱动机构加速引起的载荷		—	—	Φ_5	—		—	—	Φ_5	—	—											5
	位移载荷 — 位移或变形引起的载荷	γ_{pA5}	1	1	1	1	γ_{pB5}	1	1	1	—	1	γ_{pC5}	1		1	1	1	1	1	1	1	6
偶然载荷 气候影响引起的载荷	1. 工作状态风载荷						γ_{pB6}	1					γ_{pC6}		1								7
	2. 雪和冰载荷						γ_{pB7}	1					γ_{pC7}		1								8
	3. 温度变化引起的载荷						γ_{pB8}	1					γ_{pC8}		1								9
偏斜水平侧向载荷	偏斜运行时的水平侧向载荷						γ_{pB9}					1	γ_{pC9}	1									10
特殊载荷	1. 猛烈地提升地面物品的动载荷												γ_{pC10}	$\Phi_{2\max}$									11
	2. 非工作状态风载荷												γ_{pC11}		1								12
	3. 试验载荷												γ_{pC12}			Φ_6							13
	4. 缓冲碰撞载荷												γ_{pC13}				Φ_7						14

续上表

1	2	3 载荷组合 A					4 载荷组合 B						5 载荷组合 C										6
载荷类别	载荷	分项载荷系数 γ_{pA}	A1	A2	A3	A4	分项载荷系数 γ_{pB}	B1	B2	B3	B4	B5	分项载荷系数 γ_{pC}	C1	C2	C3	C4	C5	C6	C7	C8	C9	行号
特殊载荷	5. 侧翻水平力												γ_{pC14}	—	—	—	—	1	—	—	—	—	15
	6. 意外停机引起的载荷												γ_{pC15}	—	—	—	—	—	Φ_5	—	—	—	16
	7. 机构失效引起的载荷												γ_{pC16}	—	—	—	—	—	—	Φ_5	—	—	17
	8. 起重机基础外部激励引起的载荷												γ_{pC17}	—	—	—	—	—	—	—	1	—	18
	9. 安装、拆卸和运输时引起的载荷												γ_{pC18}	—	—	—	—	—	—	—	—	1	19
系数	强度系数 γ_{fi}(详用应力设计法)	γ_{fA}					γ_{fB}						γ_{fC}										20
	抗力系数 γ_m(极限状态设计法)						γ_m																21
	特殊情况下的高危险度系数 γ_n						γ_n																22
说明																							23

注:1. 如需考虑坡道载荷时,视具体情况可归属于偶然载荷 γ_n,当不考虑高危险度系数($\gamma_n=1$)时,安全系数 $n=$强度系数 γ_{fi}。

2. 如需考虑工艺性载荷时,视具体情况可归属于偶然载荷的载荷组合 B 或特殊载荷的载荷组合 C 中。

3. 在载荷组合 C2 中,η 是起重机不工作时,从总起升质量 m 中卸除有效起升质量 Δm 后,余下的起升质量(即吊具质量)$\gamma\rho m$ 的系数;$\gamma\rho m=m-\Delta m$,$\eta=1-(\Delta m/m)$。

表3-16　流动式起重机金属结构计算的载荷与载荷组合表

载荷类别	载荷	载荷组合A 分项载荷系数 γpA					载荷组合B 分项载荷系数 γpB					载荷组合C 分项载荷系数 γpC						行号
		γpA	A1	A2	A3	A4	γpB	B1	B2	B3	B4	γpC	C1	C2	C3	C4	C5	
常规载荷 自重振动载荷	1. 起重机质量引起的载荷	1.22	Φ1	Φ1	1	—	1.16	Φ1	Φ1	1	—	1.1	Φ1	1	Φ1	1	1	1
起升动载荷、起升动载荷与运行冲击载荷	2. 总起升质量或突然卸除部分起升质量引起的载荷	1.34	Φ2	Φ3	1	—	1.22	Φ2	Φ3	1	—	1.1	—	η	—	1	—	2
	3. 在不平道路（轨道）上运行的起重机质量和总起升质量引起的载荷	1.22	—	—	—	Φ4	1.16	—	—	—	Φ4							3
驱动加速力	4. 起重机的质量和总起升质量　不包括起升机构的其他驱动机构加速引起的载荷	1.34	Φ5	Φ5	—	—	1.22	Φ5	Φ5	1	—	1.1	—	—	Φ5	—	—	4
	包括起升机构的任何驱动机构加速引起的载荷	1.34	—	—	Φ5	—	1.22	—	—	Φ5	—							5
偶然载荷 气候影响引起的载荷	1. 工作状态风载荷						1.16	1	1	1	—	1.1	—	1	—	—	—	6
	2. 雪和冰载荷						1.22	1	1	1	—	1.1	—	1	—	—	—	7
特殊载荷	1. 猛烈地提升地面物品的动载荷											1.1	Φ2max	—	—	—	—	8
	2. 非工作状态风载荷											1.1	—	1	—	—	—	9
	3. 试验载荷											1.1	—	—	Φ6	—	—	10
	4. 意外停机引起的载荷											1.1	—	—	—	Φ5	—	11
	5. 安装、拆卸和运输时引起的载荷											1.1	—	—	—	—	1	12
系数	强度系数 γfi（许用应力设计法）	1.48					1.34					1.22						13
	抗力系数 γm（极限状态设计法）						1.10											14
	特殊情况下的高危险度系数 γn	1.05～1.10																15

注：1. 如需考虑坡道载荷时，视具体情况可归属于偶然载荷的载荷组合B中。

2. 在载荷组合C2中，η是引起有效起升质量m中卸除有效起升质量Δm后，从总起升质量m中卸除有效起升质量Δm后，余下的起升质量（即吊具质量）ηm的系数，ηm=m−Δm，η=1−(Δm/m)。

表3-17 塔式起重机金属结构计算的载荷与载荷组合表

载荷类别 (1)	载荷 (2)	载荷组合 A (3)					载荷组合 B (4)						载荷组合 C (5)										行号 (6)
		分项载荷系数 γ_{pA}	A1	A2	A3	A4	分项载荷系数 γ_{pB}	B1	B2	B3	B4	B5	分项载荷系数 γ_{pC}	C1	C2	C3	C4	C5	C6	C7	C8	C9	
常规载荷	重力 — 1.起重机质量引起的载荷：对合成载荷起不利作用的质量引起的载荷	1.22	Φ_1	1	1	—	1.16	Φ_1	Φ_1	1	—	—	1.1	Φ_1	1	1	1	1	1	1	1	1	1
	对合成载荷起有利作用的质量引起的载荷：当质量及其质心是由试验时整体称量得到时	1.16					1.1						1.05										1
	当质量及其质心是由最终零部件表得到时	1.1					1.05						1.0										1
	加速力 — 2.总起升质量突然卸除部分起升质量引起的载荷	1.34	Φ_2	—	1	—	1.22	Φ_2	Φ_3	1	—	—	1.1	—	η	—	—	—	—	—	—	—	2
	冲击力 — 3.在不平道路上运行的起重机总质量和总起升质量引起的载荷	1.22	—	—	—	Φ_4	1.16	—	—	—	Φ_4	Φ_4	1.05	—	—	—	—	—	—	—	—	—	3
	驱动加速力 — 4.起重机的质量和总起升质量：不包括起升机构的其他驱动机构加速引起的载荷	1.34	Φ_5	—	Φ_5	—	1.22	Φ_5	Φ_5	—	—	—	1.1	—	—	—	Φ_5	—	—	—	—	—	4
	包括起升机构的任何驱动机构加速引起的载荷	1.34	—	—	Φ_5	—	1.22	—	—	Φ_5	—	—	1.1	—	—	—	—	—	—	—	—	—	5
	位移 — 5.位移或变形引起的载荷	1.16	1	1	1	1	1.1	1	1	1	1	1	1.05	1	1	1	1	1	1	1	1	1	6
偶然载荷	气候影响 — 1.工作状态风载荷	1.16	1	—	—	—	1.16	1	—	—	—	—	—	1	—	1	—	—	—	—	—	1	7
	2.雪和冰载荷	1.22	—	—	—	—	1.22	—	—	—	—	—	1.1	—	—	—	—	—	—	—	—	1	8

续上表

1 载荷类别	2 载荷	3 载荷组合 A 分项载荷系数 γ_{pA}	A1	A2	A3	A4	4 载荷组合 B 分项载荷系数 γ_{pB}	B1	B2	B3	B4	B5	5 载荷组合 C 分项载荷系数 γ_{pC}	C1	C2	C3	C4	C5	C6	C7	C8	C9	6 行号
偶然载荷	气候影响　3. 温度变化引起的载荷						1.16	1	1	1	1	1	1.05		1								9
	偏斜　4. 偏斜运行时引起的水平侧向载荷						1.16	1	—	—	—	1											10
特殊载荷	1. 提升地面载荷												1.1	$\Phi_{2\max}$									11
	2. 非工作状态风载荷												1.1	—	1								12
	3. 试验载荷												1.1	—	—	Φ_6							13
	4. 缓冲碰撞力												1.1	—	—	—	Φ_7						14
	5. 侧翻水平力												1.1	—	—	—	—	1					15
	6. 意外停机引起的载荷												1.1	—	—	—	—	—	Φ_5				16
	7. 传动机构失效引起的载荷												1.1	—	—	—	—	—	—	Φ_5			17
	8. 起重机基础外部激励引起的载荷												1.1	—	—	—	—	—	—	—	1		18
	9. 安装、拆卸和运输时引起的载荷												1.1	—	—	—	—	—	—	—	—	1	19
系数	强度系数 γ_{fi}（用于许用应力设计法）	1.48					1.34						1.22										20
	抗力系数 γ_m　γ_n（用于极限状态设计法）						1.10																21
	特殊情况下的高危险度系数 γ_n						1.05～1.10																22

注：1. 如需考虑坡道载荷时，视具体情况可归属于偶然载荷的载荷组合 B 中。

2. 在载荷组合 C2 中，η 是起重机不工作时，从总起升质量 m 中卸除有效起升质量 Δm 后，余下的起升质量（即吊具质量）γ_{pm} 的系数，$\eta p_m = m - \Delta m$，$\eta = 1 - (\Delta m/m)$。

表3-18　臂架式起重机金属结构计算的载荷与载荷组合总表

载荷类别 (1)	载荷 (2)		载荷组合 A (3)					载荷组合 B (4)						载荷组合 C (5)										行号 (6)
			分项载荷系数 γ_{pA}	A1	A2	A3	A4	分项载荷系数 γ_{pB}	B1	B2	B3	B4	B5	分项载荷系数 γ_{pC}	C1	C2	C3	C4	C5	C6	C7	C8	C9	
常规载荷	重力	1. 起重机质量引起的载荷	1.16	Φ_1	Φ_1	1	—	1.1	Φ_1	Φ_1	1	—	—	1.05	Φ_1	1	Φ_1	1	1	1	1	1	1	1
	加速力	2. 总起升质量或突然卸除部分起升质量引起的载荷	1.34	Φ_2	Φ_3	1	—	1.28	Φ_2	Φ_3	1	—	—	1.22	η	η	—	1	—	1	1	1	1	2
	冲击力	3. 在不平道路上运行的起重机质量和总起升质量引起的载荷	1.16	Φ_4	Φ_5	Φ_5	Φ_5	—	—	—	—	Φ_4	Φ_4	—	—	—	—	—	—	—	—	—	—	3
	驱动加速力	4. 起重机的质量和总起升质量 — 不包括起升机构的其他驱动机构加速引起的载荷	1.55	Φ_5	Φ_5	—	Φ_5	1.48	Φ_5	Φ_5	—	Φ_5	Φ_5	1.41	1	—	1	1	1	1	1	1	1	4
		— 包括起升机构的任何驱动机构加速引起的载荷	1.55	—	—	Φ_5	—	1.48	—	—	Φ_5	—	—	—	—	—	—	—	—	—	—	—	—	5
	位移	5. 位移或弹性变形引起的载荷	1.16	1	1	1	1	1.1	1	1	1	1	1	1.05	1	1	1	1	1	1	1	1	1	6
偶然载荷	气候影响	1. 工作状态风载荷	—	—	—	—	—	1.16	1	1	1	1	1	—	1	—	1	1	1	1	1	1	1	7
		2. 雪和冰载荷	—	—	—	—	—	1.34	1	1	1	1	1	1.28	η	—	1	1	1	1	1	1	1	8
		3. 温度变化引起的载荷	—	—	—	—	—	1.1	1	1	1	1	1	1.05	1	1	1	1	1	1	1	1	1	9
	偏斜	4. 偏斜运行时引起的水平侧向载荷	—	—	—	—	—	1.16	1	1	1	1	1	—	—	—	—	—	—	—	—	—	—	10
特殊载荷		1. 提升地面载荷	—	—	—	—	—	—	—	—	—	—	—	1.22	Φ_{2max}	—	—	—	—	—	—	—	—	11
		2. 非工作状态风载荷	—	—	—	—	—	—	—	—	—	—	—	1.22	—	1	—	—	—	—	—	—	—	12
		3. 试验载荷	—	—	—	—	—	—	—	—	—	—	—	1.22	—	—	Φ_6	—	—	—	—	—	—	13

行号	载荷类别		分项载荷系数 γ_{pA}	载荷组合 A				分项载荷系数 γ_{pB}	载荷组合 B					分项载荷系数 γ_{pC}	载荷组合 C									行号
				A1	A2	A3	A4		B1	B2	B3	B4	B5		C1	C2	C3	C4	C5	C6	C7	C8	C9	
14	特殊载荷	4. 缓冲碰撞力												1.41	—	—	—	Φ_7	—	—	—	—	—	14
15		5. 侧翻水平力												1.41	—	—	—	—	1	—	—	—	—	15
16		6. 意外停机引起的载荷												1.41	—	—	—	—	—	Φ_5	—	—	—	16
17		7. 传动机构失效引起的载荷												1.41	—	—	—	—	—	—	Φ_5	—	—	17
18		8. 起重机基础外部激励引起的载荷												1.41	—	—	—	—	—	—	—	1	—	18
19		9. 安装、拆卸和运输时引起的载荷												1.41	—	—	—	—	—	—	—	—	1	19
20	系数	强度系数 γ_{fi}（用于许用应力设计法）	1.48					1.34						1.22										20
21		抗力系数 γ_m（用于极限状态设计法）						1.10																21
22		特殊情况下的高危险度系数 γ_n						1.05~1.10																22

注：1. 如需考虑悬道载荷时，视具体情况可归属于偶然载荷的载荷组合 B 中。

2. 在载荷组合 C2 中，η 是起重量 m 中间除有效起升质量 Δm 后，余下的起升质量（即具吊质量）γ_{pm} 的系数，$\gamma_{pm}=m-\Delta m$，$\eta=1-(\Delta m/m)$。

表 3-19　桥式和门式起重机金属结构计算的载荷与载荷组合表

载荷类别	载荷	载荷组合 A 分项载荷系数 γ_pA	A1	A2	A3	A4	载荷组合 B 分项载荷系数 γ_pB	B1	B2	B3	B4	B5	载荷组合 C 分项载荷系数 γ_pC	C1	C2	C3	C4	C5	C6	C7	C8	C9	行号
常规载荷	重力 1. 起重机质量引起的载荷	1.16	Φ_1	Φ_1	1	Φ_1	1.05	Φ_1	Φ_1	1	Φ_1	—	1.05	Φ_1	1	Φ_1	1	1	1	1	1	1	1
	加速力 2. 总起升质量或突然卸除部分起升质量引起的载荷	1.34	Φ_2	Φ_3	1	Φ_5	1.22	Φ_2	Φ_3	1	Φ_4	Φ_4	1.10	—	η	—	1	—	1	1	1	1	2
	冲击力 3. 在不平道路上运行的起重机质量引起的载荷	1.16	—	—	—	Φ_4	1.05	—	—	—	Φ_4	Φ_4	—	—	—	—	—	—	—	—	—	—	3
	驱动加速力 4. 起重机和总起升质量的质量 不包括起升机动机构的其他驱动机构加速引起的载荷	1.55	Φ_5	Φ_5	—	Φ_5	1.28	Φ_5	Φ_5	—	Φ_5	—	1.28	—	—	Φ_5	—	—	—	—	—	—	4
	包括起升机构加速引起的任何驱动机构加速引起的载荷	—	—	—	Φ_5	—	1.41	—	—	Φ_5	—	—	1.28	—	—	—	—	—	—	—	—	—	5
	位移 5. 位移变形引起的载荷	1.16	1	1	1	1	1.05	1	1	1	1	1	1.05	1	—	1	1	1	1	1	1	1	6
偶然载荷	气候影响 1. 工作状态风载荷	—	—	—	—	—	1.10	1	1	1	1	1	1.05	1	—	—	—	—	—	—	—	—	7
	2. 雪和冰载荷	—	—	—	—	—	1.28	1	1	1	1	1	1.16	1	1	1	1	1	—	—	—	—	8
	3. 温度变化引起的载荷	—	—	—	—	—	1.05	1	1	1	1	1	1.05	1	—	1	1	—	—	—	—	—	9
	偏斜 4. 偏斜运行时引起的水平侧向载荷	—	—	—	—	—	1.10	1	1	1	1	1	—	—	—	—	—	—	—	—	—	—	10
特殊载荷	1. 提升地面载荷	—	—	—	—	—	—	—	—	—	—	—	1.10	Φ_{2max}	—	—	—	—	—	—	—	—	11
	2. 非工作状态风载荷	—	—	—	—	—	—	—	—	—	—	—	1.10	1	1	—	—	—	—	—	—	—	12
	3. 试验载荷	—	—	—	—	—	—	—	—	—	—	—	1.10	—	—	Φ_6	—	—	—	—	—	—	13
	4. 缓冲碰撞力	—	—	—	—	—	—	—	—	—	—	—	1.28	—	—	—	Φ_7	—	—	—	—	—	14

续上表

1	2	3 载荷组合 A					4 载荷组合 B						5 载荷组合 C										6
载荷类别	载荷	分项载荷系数 γ_{pA}	A1	A2	A3	A4	分项载荷系数 γ_{pB}	B1	B2	B3	B4	B5	分项载荷系数 γ_{pC}	C1	C2	C3	C4	C5	C6	C7	C8	C9	行号
特殊载荷	5. 侧翻水平力												1.28	—				1					15
	6. 意外停机引起的载荷												1.28	—					Φ_5				16
	7. 传动机构失效引起的载荷												1.28	—						Φ_5			17
	8. 起重机基础外部激励引起的载荷												1.28	—							1		18
	9. 安装、拆卸和运输时引起的载荷												1.28	—								1	19
系数	强度系数 γ_f（用于许用应力设计法）	1.48					1.34						1.22										20
	抗力系数 γ_m（用于极限状态设计法）						1.10																21
	特殊情况下的高危险度系数 γ_n						1.05~1.10																22

注：1. 如需考虑坡道载荷时，视具体情况可归属于偶然载荷的载荷组合 B 中。

2. 如需考虑工艺性载荷时，视具体情况可归属于特殊载荷的载荷组合 C 中。

3. 在载荷组合 C2 中，η 是起重机不工作时，从总起升质量 m 中卸除有效起升质量 Δm 后，余下的起升质量（即吊具质量）γpm 的系数，$\gamma pm = m - \Delta m$，$\eta = 1 - (\Delta m/m)$。

表 3-20　系数[①] γ_{fi}、γ_m、γ_{pi} 和 γ_n 值

载荷组合	高危险度系数 γ_n	许用应力法		极 限 状 态 法									
		强度系数 γ_{fi}	抗力系数 γ_m	分项载荷系数 γ_{pi}									
A	1.05 ~ 1.10	1.48	1.10	1.16	1.22	1.28	1.34[②]	1.41	1.48	1.55	1.63	1.71	1.80
B		1.34		1.10	1.16	1.22	1.28[②]	1.34	1.41	1.48	1.55	1.63	1.71
C		1.22		1.05	1.10	1.16	1.22[②]	1.28	1.34	1.41	1.48	1.55	1.63

注：①——表中系数按公式 $\gamma = 1.05^{\nu}$ 计算,式中 $0 \leqslant \nu \leqslant 12$。

②——这些数值用于有效载荷的质量。

第五节　起重运输机金属结构设计计算方法

一、现代设计方法简介

用于起重机金属结构设计计算的现代设计方法主要有有限元法、优化设计、可靠性设计、疲劳设计、机械动态设计等。现代设计方法显著的特点是应用计算机这一先进手段,而计算手段的现代化又促进了设计计算理论的重大发展。

起重运输机械金属结构的设计计算不可避免地要涉及空间结构的超静定问题,加上计算工况甚多,应用手算方法实际上难以应付如此复杂的分析和繁重的计算工作量,传统的设计计算方法只能做出各种各样的简化和假定,计算结果与实际情况有较大的出入,不得不加大安全系数给予补偿。过去由于计算过于繁杂而不能解决的问题,现在借助于计算机已不是困难的事了。利用矩阵进行计算尤其便于计算机程序的设计,矩阵理论的发展与计算机在结构分析中的应用相得益彰。

应用计算机进行结构分析最具普遍意义的方法是有限元法。有限元法是把所要分析的弹性体假想地分割为有限个单元,各单元仅在节点处连接并传递内力,连接应满足变形协调条件,这个过程称为离散化。外载荷也以节点载荷的形式出现,把所有的外力向节点移置。这样将无限自由度的连续体的力学计算转变为有限单元节点参数的计算,以完成复杂结构的力学分析。在有限元法中,通常是以位移法来求解。有限元法的计算精度取决于单元的数量和形状,所以总可以达到所要求的精度。由于单元数量较多,只能用计算机求解数量庞大的线性联立方程组。

在现代设计理论和方法中,优化设计无疑占有重要地位。在结构设计的传统方法中,除最简单的构件设计外,都是首先凭借经验和判断,选择和确定结构方案,初选构件的截面尺寸,然后进行强度、刚度和稳定性的校核验算。对方案的修改或对为数不多的方案进行比较,同样是校核性的。由于计算工作量庞大,事实上只可能做少量的方案比较,结构设计的优劣过多地依赖于设计者的水平和经验,即使是优秀的设计者亦难达到很满意的设计。从被动地进行安全校核转变为主动地从各种可能的设计方案中寻求尽可能完善或是适宜的方案就是结构优化设计所追求的目标。自然,要把结构设计人员的精力从繁重的计算工作中解放出来,把主要精力转到优化方案的选择上去,只有借助计算机才能实现。

　　结构优化设计的理论和方法基本上可以归结为两大类：第一类是准则方法，它是从结构力学的原理出发，首先选定使结构达到最优的准则（例如满应力准则、能量准则等），而后根据这些准则寻求结构的最优解（即满应力设计、满应变能设计等）；第二类是数学方法，它是从解极值问题的数学原理出发，运用数学规划和优选法等各种方法，求得一系列设计参数的最优解（例如重量最轻设计）。

　　结构优化设计问题，广义地说，应该把材料的用量、制造工艺和使用维修等各种因素综合起来考虑。尽管材料的用量最少（结构最轻）并不就等同于最经济或最优，但仍不失为对结构设计方案进行比较的一个重要指标。满应力设计与最轻设计并不一定是一回事，但是在不少情况下这两种设计的结果是相同的，或者是相当接近的，而满应力设计要比最轻设计简单得多，所以满应力设计是一种切实可行，同时又是人们比较熟悉、比较容易掌握的一种优化方法。通常采用应力比的方法逐次逼近满应力（比例满应力法）。它是先选定一个初始方案（各杆件的初始截面），计算在各种载荷组合下各杆件的最大内力和相应的最大应力，然后将它们与许用应力相比，其比值 $k<1$ 即表示杆件原截面有富裕，$k>1$ 即表示杆件原截面不足。将各杆件的截面乘以对应的 k 值作为新截面重新计算应力，如此循环迭代直到 $k_i \rightarrow 1$ 即得到满应力设计方案。有时满应力设计会收敛到非最优点（超静定结构退化为静定结构）。为避免这种情况，通常采用齿行法。所谓齿行法是在满应力设计法中增加射线步，即从坐标原点出发，经过上一步比例满应力的设计点，沿此连线方向回到约束曲线（根据约束条件确定的可行域与不可行域的分界线）。在每一步比例满应力设计之后，加一步回到约束曲线的射线步，两种步法间隔地进行。每一次射线步后记录一次结构重量。当发现某一射线步后结构的重量大于上次的重量时，就取上次的设计点为最优点。

　　第二类优化设计方法中的数学规划法是在等式或不等式表示的限制（约束）条件下求多变量函数（目标函数）的极值问题。如果目标函数和约束方程是线性的，则寻求这类问题的最优解即为用线性规划进行结构的优化设计；如果目标函数或约束方程是非线性的，则为用非线性规划进行结构的优化设计。结构设计中的优化通常是有约束的，是约束最优化问题。非线性规划大致可分为三类：第一类是直接处理约束的方法，例如可行方向法、最速下降法、梯度投影法、减缩梯度法等；第二类方法是用线性规划法去逐次逼近非线性规划，如割平面法、逼近规划法等；第三类方法是将约束最优化问题化为一系列无约束最优化问题。除此之外，还有非常适宜于处理桁架、塔梁、梁和连续梁的动态规划以及几何规划、整数规划等。

　　在结构优化设计中利用计算机有很多可供选择的方法，分属于两条不同的途径：其一是充分利用计算机的能力，使之自动地进行探索；其二是利用人的直觉，以人机对话的方式指导计算机进行计算，即 CAD（计算机辅助设计）。

　　结构的现代设计还有另一方面的重要内涵，即设计原理的革新。由计算机的应用引起的有限元法及优化设计等还只是手段和方法上的革新。归根到底，结构及其构件是否安全可靠（有足够的强度和稳定性）、是否满足使用要求（静刚度和动刚度）的判断依据更具有基础性的意义，这是设计原理所要解决的而不是用手段和方法可以代替的问题。

由于实际结构的载荷、材料的质量和制造质量都具有随机性,因此只有应用概率论才能更真实地描述和反映结构的有效性。所以当前结构设计原理的发展趋势是采用以概率论为基础的极限状态设计法。这在建筑钢结构设计领域内已成为最先进的结构设计方法。我国《钢结构设计规范》在 1988 年修订时,在静力强度和稳定计算中已经采用了这一设计原则,在疲劳计算中,由于疲劳极限状态的概念还不够确切,对有关因素研究得还不够,仍只能按传统的许用应力法进行计算。

在起重运输机械金属结构领域内,我国的 GB/T 3811—2008《起重机设计规范》亦推荐采用以概率论为基础的极限状态设计法。极限状态计算法的基础是:在起重机使用条件下对金属结构的受载情况进行统计分析;对金属结构材料性能的均匀程度进行统计研究。在极限状态法中不采用安全系数的概念。

在结构疲劳计算中,根据断裂力学的观点,允许出现一定程度的裂纹,并保证在下次检查前能安全使用,据此进行的设计就是损伤容限设计。

基于概率论和应用统计的可靠性计算法能够评估起重机金属结构的使用寿命和可靠度,用这种方法设计的各类结构可达到期望的可靠度。

二、许用应力设计法

许用应力法的设计准则是:结构在组合载荷作用下所求得的构件或连接的计算应力 σ 不超过构件或连接的许用应力$[\sigma]$。

许用应力值$[\sigma]$以材料、零件、部件或连接的规定强度 R(例如钢材屈服点、弹性稳定极限或疲劳强度计算中的各个极限应力)除以相应的安全系数 n 来确定。安全系数 n 等于强度系数 γ_{fi} 和高危险度系数 γ_n 的乘积($n = \gamma_{fi} \cdot \gamma_n$),一般情况下,当高危险度系数 γ_n 取为 1 时,安全系数 n 即为强度系数 γ_{fi}。

许用应力法属于定值法,根据起重机使用经验确定的强度安全系数是许用应力法的基础。它采用统一的安全系数综合考虑材料、载荷等诸多因素。该方法应用简单方便,是目前起重机金属结构仍然采用的计算方法,但其安全系数取为定值是其不足之处。

许用应力法的设计流程为:

首先计算各指定载荷 f_i,必要时用适当的动力载荷系数 Φ_i 增大;然后根据载荷组合表进行组合,得出组合载荷 $\overline{F_j}$。由此组合载荷 $\overline{F_j}$ 确定合成的载荷效应(内力、变形)$\overline{S_k}$,根据作用在构件或部件上的载荷效应(内力、变形)计算出应力 $\overline{\sigma_{1l}}$,并与由局部效应(内力、变形)引起的应力 $\overline{\sigma_{2l}}$ 相组合,得到合成设计应力 $\overline{\sigma_l}$。最后将此应力 $\overline{\sigma_l}$ 与许用应力$[\sigma]$相比较。许用应力设计法的典型流程图如图 3-16 所示。

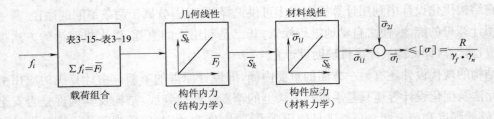

图 3-16 许用应力设计法的典型流程图

许用应力法中的许用值也包含了结构变形等其他广义许用控制值。

在许用应力设计法中,外载荷与内力一般为线性关系,当其呈非线性关系时,应特别注意需按具体情况作特殊的计算。

三、极限状态设计法

极限状态法的设计准则是:结构在含有分项载荷系数及高危险度系数在内的组合载荷作用下所求得的构件或连接的计算应力 σ,不超过构件或连接的极限设计应力。

极限设计应力 $\lim\sigma$ 以材料、零件、构件或连接的规定强度 R(例如钢材屈服点、弹性稳定极限或疲劳强度计算中的各个极限应力)除以抗力系数 γ_m 来确定,或以其他广义的极限值作为可接受的极限状态控制值(如相对挠度极限值,结构振动频率参数的极限值等)。抗力系数 γ_m 反映了材料的强度变化和局部缺陷的(平均)统计结果。

采用极限状态设计法时,各项计算载荷在进行组合计算前应分别乘以各自对应的分项载荷系数 γ_{pi} 和高危险度系数 γ_n 后再进行组合与计算,在一般非高危险情况下,高危险度系数 γ_n 取为1。

极限状态法的设计流程为:

首先计算各指定载荷 f_i,必要时用适当的动力载荷系数 Φ_i 增大,同时乘以载荷组合中与该项载荷相对应的分项载荷系数 γ_{pi};然后根据载荷组合表进行组合,得出组合载荷 F_j。在具有高度危险的特定情况下还需对组合载荷 F_j 乘以高危险度系数 γ_n,得出设计载荷 $\gamma_n F_j$。再用此载荷确定设计载荷效应(内力、变形) S_k。根据作用在构件或部件上的载荷效应(内力、变形)计算出应力 σ_{1l},并与由采用适当的载荷系数计算的局部效应(内力、变形)引起的其他应力 σ_{2l} 相组合,得到合成设计应力 σ_l,最后将此合成设计应力 σ_l 与极限应力 $\lim\sigma$ 相比较。极限状态设计法的典型流程图如图 3-17 所示。

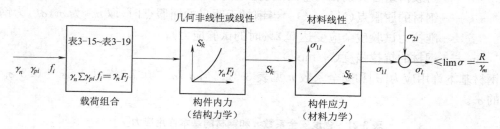

图 3-17　极限状态设计法的典型流程图

四、起重机金属结构计算原则

在起重机金属结构设计计算中采用两种方法:许用应力设计法和极限状态设计法。

当结构在外载荷作用下产生了较大变形以至内力与载荷呈非线性关系时,宜采用极限状态设计法。但结构件及其连接的疲劳强度仍按许用应力设计法计算。

应验算在最不利载荷组合(表 3-15～表 3-19)下,起重机金属结构构件及连接的强度(含疲劳强度)、刚度和稳定性是否满足起重机设计规范的要求。

本书中的计算公式是按许用应力设计法给出的,若采用极限状态设计法,则应作如下变更:

(1)除疲劳强度外的所有计算强度和屈曲稳定性的公式,其左端的弯矩、扭矩、轴向力都应该将相应载荷乘以分项载荷系数 γ_{pi} 和高危险度系数 γ_n 后计算得出,右端的极限设计应力 $\lim\sigma$ 则应该是用钢材屈服点 σ_s 或构件抗屈曲临界应力 σ_{cr} 除以抗力系数 γ_m 而得到,即:$\lim\sigma = \sigma_s/\gamma_m$ 或 $\lim\sigma = \sigma_{cr}/\gamma_m$;

(2)在压弯构件稳定性计算式(见第五章)左侧的弯矩项中乘有增大系数 $\dfrac{N_E}{N_E-N}$ 时,其中的 N_E 也应除以 γ_m。

(3)若计算公式中出现有许用应力计算法的安全系数 n 时,则将此安全系数 n 用抗力系数 γ_m 代替。

五、材料的许用应力及结构强度计算

1. 结构构件钢材的许用应力

(1)基本许用应力

基本许用应力即结构件钢材的拉伸、压缩和弯曲许用应力,对不同的载荷组合类别(组合A、组合B及组合C)规定相应的安全系数 n,得到各载荷组合下的基本许用应力 $[\sigma]$。

当 $\sigma_s/\sigma_b < 0.7$ 时,基本许用应力:

$$[\sigma] = \frac{\sigma_s}{n} \tag{3-31}$$

当 $\sigma_s/\sigma_b \geqslant 0.7$ 时,基本许用应力:

$$[\sigma] = \frac{0.5\sigma_s + 0.35\sigma_b}{n} \tag{3-32}$$

式中 $[\sigma]$——钢材的基本许用应力(N/mm^2),与载荷组合类别相对应;

n——与载荷组合类别相对应的强度安全系数;

σ_s——钢材的屈服点(N/mm^2)。当钢材无明显的屈服点时,取 $\sigma_{0.2}$ 为 σ_s($\sigma_{0.2}$ 为钢材标准拉力试验残余应变达 0.2% 时的试验应力);

σ_b——钢材的抗拉强度(N/mm^2)。

钢材基本许用应力 $[\sigma]$ 和安全系数 n 见表 3-21。当 $\sigma_s/\sigma_b \geqslant 0.7$ 时,以 $0.5\sigma_s + 0.35\sigma_b$ 代替表内的 σ_s。

表 3-21 强度安全系数 n 和钢材的基本许用应力 $[\sigma]$

载荷组合	A	B	C
强度安全系数 n	1.48	1.34	1.22
基本许用应力 $[\sigma]$(N/mm^2)	$\sigma_s/1.48$	$\sigma_s/1.34$	$\sigma_s/1.22$

注:1. 在一般非高危险的正常情况下,高危险度系数 $\gamma_n=1$,强度安全系数 n 就是表 3-15 中的强度系数 γ_{fi}。

2. σ_s 值应根据钢材厚度选取,见本书第二章。

(2)剪切许用应力和端面承压许用应力

剪切许用应力和端面承压许用应力用基本许用应力 $[\sigma]$ 按下面的公式分别确定:

$$[\tau] = \frac{[\sigma]}{\sqrt{3}} \tag{3-33}$$

$$[\sigma_{cd}]=1.4[\sigma] \tag{3-34}$$

式中　$[\tau]$——剪切许用应力（N/mm²）；

　　　$[\sigma_{cd}]$——承压许用应力（N/mm²）。

2. 连接材料的许用应力

起重机常用的连接方法有：焊接连接、螺栓连接及销轴连接。

按规定要求采用焊条、焊丝、焊剂施焊时，焊缝的许用应力见第四章表 4-3。

普通螺栓、销轴连接的许用应力见第四章表 4-6。

3. 按许用应力法计算结构的强度

许用应力法计算强度的表达式为

$$\sigma_{max}\leqslant[\sigma]_i \tag{3-35}$$

$$\tau_{max}\leqslant[\tau]_i \tag{3-36}$$

式中　σ_{max}、τ_{max}——在载荷组合 B 或载荷组合 C 作用下，结构中产生的最大应力；

　　　$[\sigma]_i$、$[\tau]_i$——结构材料的基本许用应力，见表 3-21，$i=$A，B，C。

六、起重机金属结构刚度计算

轴心受力构件的刚度计算见第五章。

对起重机金属结构的刚度要求是为了保证起重机的正常使用。刚度要求一般分静态和动态两个方面。

计算刚度时载荷用标准值，即不考虑各类动载系数、分项载荷系数（采用极限状态法时）。

1. 静态刚度

受弯构件的静态刚度以在规定的载荷作用于指定位置时，结构在某一位置处的静态弹性变形值来表征。静态刚度应满足下述要求：

$$f\leqslant[f] \tag{3-37}$$

式中　$[f]$——结构许用静位移，见表 3-22；

　　　f——额定载荷（对桥式类型起重机包括小车自重）位于规定位置时结构的静位移，起重机常用结构的静位移计算见表 3-23。

弹性变形值按结构力学的方法计算。结构中遇到变截面构件则以相应的折算惯性矩代替，实腹式轴向受力构件的折算惯性矩计算见第八章，桁架结构的折算惯性矩计算见第九章。

2. 动态刚度的计算

一般起重机金属结构可不校核动态刚度，当用户或设计本身对此有要求时则做动态特性校核。

动态刚度以满载情况下，钢丝绳绕组的下放悬吊长度相当于额定起升高度时，系统在垂直方向的最低阶固有频率（简称满载自振频率）来表征。动态刚度应满足下述要求：

$$f_d\geqslant[f_d] \tag{3-38}$$

式中　$[f_d]$——满载自振频率许用值，见表 3-22；

　　　f_d——满载自振频率（Hz）。

表 3-22 起重机金属结构静态及动态刚度要求

起重机类型	规定与建议	规定载荷	载荷作用位置或幅度	变形计算部位	静态刚度或动态刚度	刚度要求		控制目的	附注
手动桥式起重机			跨中	跨中	垂直静挠度 f_L	$f_L \leqslant \dfrac{L}{400}$			
电动桥式类型起重机(包括门式起重机和装卸桥)	《起重机设计规范》要求	额定起升载荷＋小车(或电动葫芦)自重	跨中	跨中	垂直静挠度 f_L	定位精度及控制系统	低定位精度或具有无级调速	$f_L \leqslant \dfrac{L}{500}$	降低小车运行坡度	L——起重机跨度(mm)
							简单控制系统能达到中等定位精度	$f_L \leqslant \dfrac{L}{750}$		可接受定位精度指低与中等之间的定位精度
							低起升速度和低加速度能达到可接受定位精度	$f_L \leqslant \left(\dfrac{L}{750} \sim \dfrac{L}{500} \right)$		
							高定位精度	$f_L \leqslant \dfrac{L}{1\,000}$		
			悬臂有效工作长度处	悬臂有效工作长度处	垂直静挠度 f_l	$f_l \leqslant \dfrac{l_C}{350}$			l_C——有效悬臂长度(mm)
			跨中	—	垂直方向满载自振频率(包括钢丝绳滑轮组)f_{d1}	$2\,\text{Hz} \leqslant f_{d1} < 4\,\text{Hz}$ 当跨度较大时 f_{d1} 可适当降低		作业要求；司机生理、心理影响	用户或设计本身有要求时验算
	建议补充		跨中	小车轮下	两主梁(主桁架)顶相对水平位移 f_H	$f_H \leqslant \dfrac{L}{2\,000}$		对双轮缘车轮避免卡轨；对单轮缘车轮保证轮轨正常接触长度	按空间结构计算
			支腿处(一刚一柔支腿时为柔性支腿处)或悬臂有效工作位置(仅对 U 形支腿,且桥架无上端梁者)						
			悬臂有效工作位置	—	满载自振频率(垂直方向)f_{d2}	$2\,\text{Hz} \leqslant f_{d2} < 4\,\text{Hz}$ 当跨度较大时 f_{d2} 可适当降低		作业要求；司机生理、心理影响	用户或设计本身有要求时验算

续上表

起重机类型	规定与建议	规定载荷	载荷作用位置或幅度	变形计算部位	静态刚度或动态刚度	刚度要求	控制目的	附注
电动桥式类型起重机（包括门式起重机和装卸桥）	建议补充	额定起升载荷＋小车（或电动葫芦）自重	小车在任意位置，起、制动	—	满载纵向（小车运行方向）水平自振频率 f_{d3}	$f_{d3} \geqslant 1$ Hz	作业要求；司机生理、心理影响	用户或设计本身有要求时验算
箱形伸缩式臂架的汽车式、轮胎式和铁路起重机	《起重机设计规范》要求	额定起升载荷	相应工作幅度	臂端	吊重平面内的静位移（垂直于臂架轴线方向）Y_L	当 $L_C < 45$ m 时，$Y_L \leqslant 0.1 (L_C/100)^2$ (cm) 当 $L_C \geqslant 45$ m 时，式中系数 0.1 可适当增大	作业要求；伸缩油缸正常工作	L_C——臂长(cm)，不考虑底架变形及变幅油缸的压缩；计算时应同时考虑弯矩和轴向力的作用
		5%额定起升载荷的侧向载荷	相应工作幅度，作用于臂端	臂端	回转平面内的水平（侧向）静位移 X_L	$X_L \leqslant 0.07 (L_C/100)^2$ (cm)	防止在侧向变形的情况下起吊使构件失稳；回转作业的平稳性	
塔式起重机		额定起升载荷	相应工作幅度	塔身与臂架连接处或转柱与臂架连接处	水平静位移 ΔL	$\Delta L \leqslant \dfrac{1.34H}{100}$	作业要求；司机生理、心理影响；损失起升高度；对倾覆稳定性和结构强度的影响；对小车坡度的影响	H——自行式塔式起重机为计算位置（连接处）至轨面的垂直距离；附着式塔式起重机为计算位置至最高一个附着点的垂直距离(mm)
门座起重机	建议补充	额定起升载荷	最大工作幅度	—	满载自振频率 f_d	$f_d \geqslant 1$ Hz	作业要求	用户要求或设计本身有要求时验算

表 3-23　起重机常用结构的静位移

结构及载荷	静位移（C 点）(mm)
	$$f_L=\frac{(2P)L^3}{48EI}-\left(\frac{PLb^2}{8EI}-\frac{Pb^3}{12EI}\right)$$
	$$f_L=\frac{(4P)L^3}{48EI}-\left[\frac{PL}{8EI}(b_1^2+b_2^2+b_3^2)-\frac{P}{12EI}(b_1^3+b_2^3+b_3^3)\right]$$
	$$f_l=\frac{(2P)l_1^2(L+l_1)}{3EI}\left[1-\frac{b}{L+l_1}\left(\frac{3}{4}+\frac{L}{2l_1}-\frac{b^2}{4l_1^2}\right)\right]$$ $l_1=l_C+\dfrac{b}{2}$，l_C——悬臂有效长度
	$$f_l=\frac{(2P)l_C^2}{3EI}(L+l_C)$$
	$$f_L=\frac{(2P)L^3}{48EI}-\left(\frac{PLb^2}{8EI}-\frac{Pb^3}{12EI}\right)-\frac{3PL(L^2-2b^2)}{32(2k+3)EI}$$ $k=\dfrac{I}{I_1}\cdot\dfrac{H}{L}$

续上表

结构及载荷	静位移（C 点）（mm）

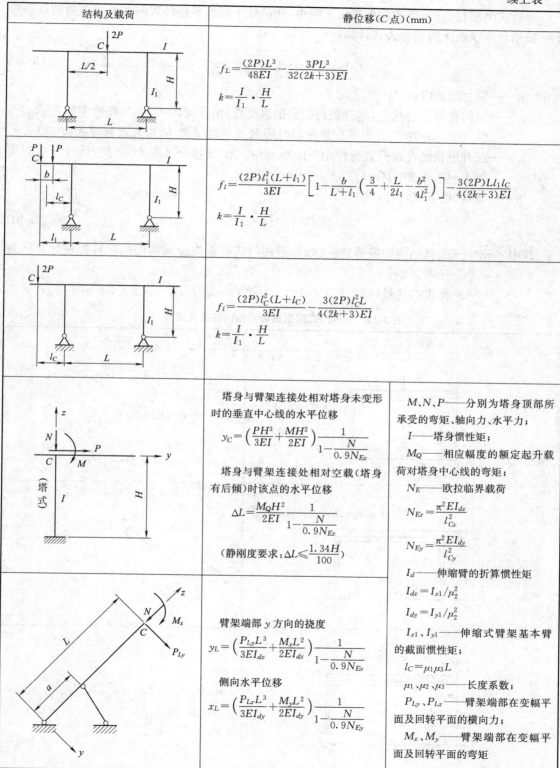

$$f_L = \frac{(2P)L^3}{48EI} - \frac{3PL^3}{32(2k+3)EI}$$

$$k = \frac{I}{I_1} \cdot \frac{H}{L}$$

$$f_l = \frac{(2P)l_1^2(L+l_1)}{3EI}\left[1 - \frac{b}{L+l_1}\left(\frac{3}{4} + \frac{L}{2l_1} - \frac{b^2}{4l_1^2}\right)\right] - \frac{3(2P)Ll_1l_c}{4(2k+3)EI}$$

$$k = \frac{I}{I_1} \cdot \frac{H}{L}$$

$$f_l = \frac{(2P)l_C^2(L+l_C)}{3EI} - \frac{3(2P)l_C^2 L}{4(2k+3)EI}$$

$$k = \frac{I}{I_1} \cdot \frac{H}{L}$$

塔身与臂架连接处相对塔身未变形时的垂直中心线的水平位移

$$y_C = \left(\frac{PH^3}{3EI} + \frac{MH^2}{2EI}\right)\frac{1}{1 - \frac{N}{0.9N_{Ex}}}$$

塔身与臂架连接处相对空载（塔身有后倾）时该点的水平位移

$$\Delta L = \frac{M_Q H^2}{2EI}\frac{1}{1 - \frac{N}{0.9N_{Ex}}}$$

（静刚度要求：$\Delta L \leqslant \dfrac{1.34H}{100}$）

臂架端部 y 方向的挠度

$$y_L = \left(\frac{P_{Ly}L^3}{3EI_{dx}} + \frac{M_x L^2}{2EI_{dx}}\right)\frac{1}{1 - \frac{N}{0.9N_{Ex}}}$$

侧向水平位移

$$x_L = \left(\frac{P_{Lx}L^3}{3EI_{dy}} + \frac{M_y L^2}{2EI_{dy}}\right)\frac{1}{1 - \frac{N}{0.9N_{Ey}}}$$

M、N、P——分别为塔身顶部所承受的弯矩、轴向力、水平力；

I——塔身惯性矩；

M_Q——相应幅度的额定起升载荷对塔身中心线的弯矩；

N_E——欧拉临界载荷

$$N_{Ex} = \frac{\pi^2 EI_{dx}}{l_{Cx}^2}$$

$$N_{Ey} = \frac{\pi^2 EI_{dy}}{l_{Cy}^2}$$

I_d——伸缩臂的折算惯性矩

$$I_{dx} = I_{x1}/\mu_2^2$$

$$I_{dy} = I_{y1}/\mu_2^2$$

I_{x1}、I_{y1}——伸缩式臂架基本臂的截面惯性矩；

$$l_C = \mu_1\mu_3 L$$

μ_1、μ_2、μ_3——长度系数；

P_{Ly}、P_{Lx}——臂架端部在变幅平面及回转平面的横向力；

M_x、M_y——臂架端部在变幅平面及回转平面的弯矩

对桥式和臂架类起重机,f_d 简化计算方法如下:

对桥式类型起重机,当满载小车位于跨中,物品处于最低悬挂位置时在垂直方向的自振频率可按单自由度系统的简化公式计算:

$$f_d = \frac{1}{2\pi}\sqrt{\frac{g}{(y_1+\lambda_0)(1+\beta)}} \tag{3-39}$$

式中　g——重力加速度(m/s²)

y_1——结构在吊重悬挂点,起升载荷引起的静变位(m)[设计初,小车在跨中时可取 $y_1 = (1/800 \sim 1/700)L$,小车在悬臂端时可取 $y_1 = l_0/350$,l_0 为有效悬臂端长(m)];

λ_0——起升滑轮组在起升载荷作用下的静变位。λ_0 与起升高度 H 有关,设计开始时可取 $\lambda_0 = 0.0029H$(m);

β——系数,由下式计算:

$$\beta = \frac{m_1}{m_2}\left(\frac{y_1}{y_1+\lambda_0}\right)^2 \tag{3-40}$$

其中　m_1——金属结构的换算质量(kg),各种门式起重机金属结构的换算质量计算式列于表 3-24;

m_2——吊重的质量(kg)。

表 3-24　各种门式起重机金属结构的换算质量

起重机形式及简图	m_1 计算式
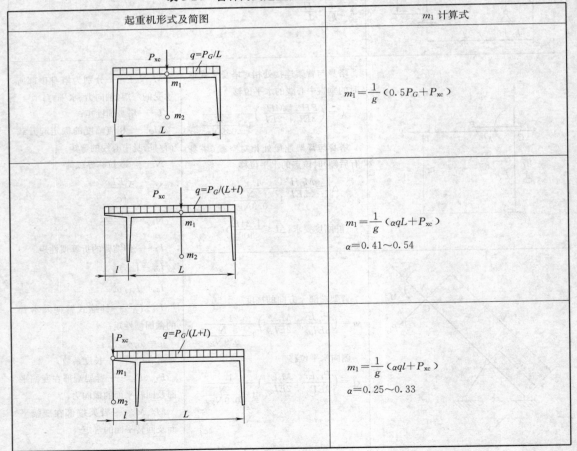	$m_1 = \frac{1}{g}(0.5P_G + P_{xc})$
	$m_1 = \frac{1}{g}(\alpha q L + P_{xc})$ $\alpha = 0.41 \sim 0.54$
	$m_1 = \frac{1}{g}(\alpha q l + P_{xc})$ $\alpha = 0.25 \sim 0.33$

起重机形式及简图	m_1 计算式
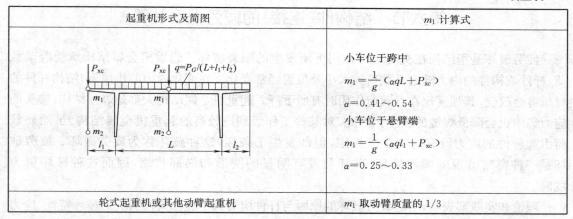	小车位于跨中 $$m_1=\frac{1}{g}(\alpha qL+P_{xc})$$ $\alpha=0.41\sim0.54$ 小车位于悬臂端 $$m_1=\frac{1}{g}(\alpha ql_1+P_{xc})$$ $\alpha=0.25\sim0.33$
轮式起重机或其他动臂起重机	m_1 取动臂质量的 1/3

注：P_{xc}——起重小车的重量(N)；

　　P_G——桥架结构的重量(N)；

　　g——重力加速度，$g=9.81$ m/s²。

对门座起重机和轮式起重机垂直方向的满载自振频率可按下面近似公式计算：

$$f_d\approx\frac{0.5}{\sqrt{y_L+\lambda_0}}\quad (Hz)\tag{3-41}$$

式中　y_L——额定起升载荷在臂架端部(或象鼻架端部)引起的垂直方向的静位移(m)[设计初，可取 $y_1=(1/250\sim1/200)R$，R 为最大幅度]；

　　λ_0——不考虑支承结构的弹性时钢丝绳绕组在额定载荷悬挂处的静伸长(m)，计算时必须计及从臂架端部滑轮至卷筒之间的绳长。

七、结构稳定性计算

对受压构件、受弯构件和压弯构件需校核其稳定性。

轴心受压构件的整体稳定性条件为

$$\sigma_{max}\leq\varphi[\sigma]\tag{3-42}$$

受弯构件整体稳定性条件为

$$\sigma_{max}\leq\varphi_b[\sigma]\tag{3-43}$$

受弯构件局部稳定性条件为

$$\sigma_r\leq[\sigma_{cr}]\tag{3-44}$$

式中　σ_{max}——按载荷组合 B 计算的结构最大应力；

　　φ——轴心受压构件的稳定系数，见第五章；

　　φ_b——受弯构件侧向屈曲稳定系数，见第六章；

　　σ_r——按载荷组合 B 计算的板的复合应力；

　　$[\sigma]$——载荷组合 B 的强度许用应力，见表 3-21；

　　$[\sigma_{cr}]$——板的局部稳定许用应力，见第六章。

偏心受压构件的整体稳定性计算见第五章。

第六节　结构件(连接)的疲劳强度计算

疲劳破坏是指结构在交变应力作用下所发生的断裂破坏。起重机金属结构承受着动载荷,杆件或构件的内力随起升载荷的大小及位置经常变化。在变化内力的作用下,结构杆件的材质将会改变,其强度比在静载荷作用时有所下降。起重机金属结构大都是焊接结构,接头的应力集中也会降低焊缝的强度。因此,对某些工作级别比较高的起重机金属结构,虽然外载荷引起杆件的应力没有达到强度极限,但却发生了破坏,这种破坏称为疲劳破坏。疲劳破坏是一种突然出现的脆性破坏,破坏前没有明显的变形和局部收缩,因而这种破坏更为危险。

理论和实践都表明,引起疲劳破坏的原因与杆件应力大小、应力种类、应力循环特性、应力循环次数、应力集中的程度等因素有关。

图 3-18 所示为各种应力循环的情况。图 3-18(d)称为对称循环,$r=-1$;图 3-18(b)、(f)称为脉冲循环,$r=0$;其他情况统称不对称循环。r 值在 -1 和 $+1$ 之间变化。

根据材料的疲劳试验可知,相同的钢材,当应力循环特性 r 不同时,疲劳曲线也不同,但循环基数 N_0 大致相同,$N_0=2\times10^6$ 左右(图 3-19)。

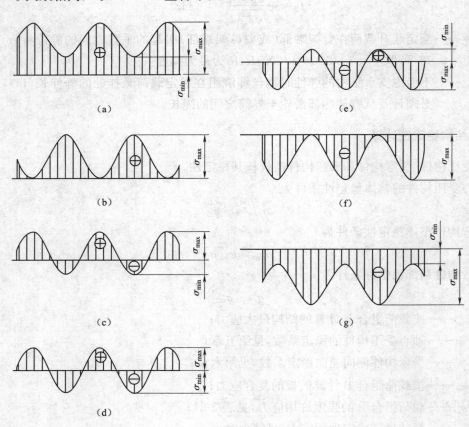

图 3-18　交变应力循环形式

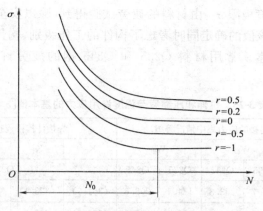

图 3-19　材料疲劳试验曲线

根据 GB/T 3811—2008《起重机设计规范》,对工作级别为 E4(含)以上的结构件(连接),必须进行疲劳强度计算。

起重机结构件(连接)的疲劳强度取决于构件的工作级别、材料种类、连接形式、最大工作应力及应力循环特性等因素。

一、应力循环特征 *r* 的计算

应力循环特性 *r* 按以下公式计算,式中最大及最小应力按绝对值确定,代入时应含各自的正负号。

构件(或连接)只承受正应力时

$$r_\sigma = \frac{\sigma_{\min}}{\sigma_{\max}} \tag{3-45}$$

构件(或连接)只承受剪应力时

$$r_\tau = \frac{\tau_{\min}}{\tau_{\max}} \tag{3-46}$$

构件(或连接)同时承受正应力和剪应力时

$$\left. \begin{aligned} r_x &= \frac{\sigma_{x\min}}{\sigma_{x\max}} \\[4pt] r_y &= \frac{\sigma_{y\min}}{\sigma_{y\max}} \\[4pt] r_{xy} &= \frac{\tau_{xy\min}}{\tau_{xy\max}} \end{aligned} \right\} \tag{3-47}$$

对桥式起重机主梁,跨中截面主要承受正应力($\tau \approx 0$),只需计算 r_σ;端部截面主要承受剪应力($\sigma \approx 0$),只需计算 r_τ;1/4 跨度处的正应力和剪应力都比较大,需计算 r_x、r_y 及 r_{xy}。

当某一方向应力较小时,可按单向应力考虑,如取 $\sigma_y = 0$。

二、疲劳许用应力计算

结构的应力循环特性 *r* 越小,则疲劳强度越低,对称循环($r = -1$)的疲劳强度最低,最易破坏。因此,金属结构常以应力对称循环的疲劳强度极限 σ_{-1} 为基准,其他应力循环特性的疲劳强度则依此进行换算。

对称循环的疲劳强度极限 σ_{-1} 由材料的疲劳试验得到,除以安全系数(1.34)后得到疲劳许用应力基本值 $[\sigma_{-1}]$,该值的确定同时考虑了构件的工作级别、构件材质和构件连接的应力集中情况等级三个因素。常用材料 Q235 和 Q345 钢的疲劳许用应力基本值 $[\sigma_{-1}]$ 列于表 3-25。

表 3-25 拉伸和压缩疲劳强度许用应力的基本值 $[\sigma_{-1}]$ 　　　　　单位:N/mm²

构件工作级别	非焊接件构件连接的应力集中情况等级						焊接件构件连接的应力集中情况等级				
	W_0		W_1		W_2		K_0	K_1	K_2	K_3	K_4
	Q235	Q345	Q235	Q345	Q235	Q345	Q235 或 Q345				
E1	249.1	298.0	211.7	253.3	174.4	208.6	(361.9)	(323.1)	271.4	193.9	116
E2	224.4	261.7	190.7	222.4	157.1	183.2	(293.8)	262.3	220.3	157.4	94.4
E3	202.2	229.8	171.8	195.3	141.5	160.8	238.4	212.9	178.8	127.7	76.6
E4	182.1	201.8	154.8	171.5	127.5	141.2	193.5	172.3	145.1	103.7	62.2
E5	164.1	177.2	139.5	150.2	114.2	124.0	157.1	140.3	117.8	84.2	50.5
E6	147.8	155.6	125.7	132.3	103.5	108.9	127.6	113.6	95.6	68.3	41.0
E7	133.2	136.6	113.2	116.2	93.2	95.7	103.5	92	77.6	55.4	33.3
E8	120.0	120.0	102.0	102.0	84.0	84.0	84.0	75.0	63.0	45.0	27.0

注:括号内的数值为大于 Q235 的 $0.75\sigma_b$(抗拉强度)的理论计算值,仅应用于求取公式(3-56)用到的 $[\sigma_{xr}]$、$[\sigma_{yr}]$ 和 $[\tau_{xyr}]$ 的值。

起重机的构件连接和接头形式对结构件的疲劳强度有很大影响。由试验得到的 σ_{-1} 和 $[\sigma_{-1}]$ 已考虑了应力集中的影响,根据构件不同的接头形式、工艺方法和焊缝质量,对非焊接件,应力集中情况分为 W_0、W_1、W_2 三个等级;对焊接件,应力集中情况分为 K_0、K_1、K_2、K_3 和 K_4 五个等级。构件连接的应力集中情况等级和构件接头形式列于表 3-26。

表 3-26 构件连接的应力集中情况等级和构件接头形式

构件接头形式的标号	说　明	图　示	代　号
1——非焊接件　应力集中情况等级 W_0			
W_0	母材均匀,构件表面无接缝或不需连接(实体杆),无切口应力集中效应,除非后者可以计算		
应力集中情况等级 W_1			
W_1	钻孔构件:用于铆钉或螺栓连接的钻孔构件,其中的铆钉或螺栓承载可高达许用值的20%;用于高强度螺栓连接的钻孔构件,其中高强度螺栓的最大承载可高达许用值的100%		

构件接头形式的标号	说　　明	图　　示	代　号
应力集中情况等级 W_2			
W_{2-1}	用于铆钉和螺栓连接的钻孔构件，其中的铆钉或螺栓承受双剪		
W_{2-2}	用于铆钉或螺栓连接的钻孔构件，其中的铆钉或螺栓承受单剪（考虑偏心承载）。构件没有支承		
W_{2-3}	用于铆钉或螺栓装配的钻孔构件，其中的铆钉或螺栓承受单剪，构件作支承或导向用		
2——焊接件 应力集中情况等级 K_0——轻度应力集中			
0.1	焊缝垂直于力的方向，用对接焊缝（S. Q）连接的构件		P100
0.11	焊缝垂直于力的方向，用对接焊缝（S. Q）连接不同厚度的构件。不对称斜度 1/5 至 1/4（或对称斜度 1/3）		P100
0.12	腹板横向接头对接焊缝（S. Q）		P100
0.13	焊缝垂直于力的方向，用对接焊缝（S. Q）镶焊的角撑板		P100
0.3	焊缝平行于力的方向，用对接焊缝（O. Q）连接的构件		P100 或 P10

构件接头形式的标号	说　　明	图　示	代　　号
应力集中情况等级 K₀——轻度应力集中			
0.31	焊缝平行于力的方向,用角焊缝(O.Q)连接的构件(力沿连接构件纵向作用)		△
0.32	梁的翼缘型钢和腹板之间的对接焊缝(O.Q)		P100或P10
0.33	梁的翼缘和腹板之间的 K 形焊缝或角焊缝(O.Q),梁按复合应力计算		P100或P10 △
0.5	纵向剪切情况下的对接焊缝(O.Q)		P100或P10
0.51	纵向剪切情况下的角焊缝(O.Q)或 K 形焊缝(O.Q)		△
应力集中情况等级 K₁——适度应力集中			
1.1	焊缝垂直于力的方向,用对接焊缝(O.Q)连接的构件		P100或P10
1.11	焊缝垂直于力的方向,用对接焊缝(O.Q)连接不同厚度的构件。不对称斜度 1/5 至 1/4(或对称斜度 1/3)		P100或P10
1.12	腹板横向接头的对接焊缝(O.Q)		P100或P10
1.13	焊缝垂直于力的方向,用对接焊缝(O.Q)连接的撑板		P100或P10

构件接头形式的标号	说　明	图　示	代　号
应力集中情况等级 K_1——适度应力集中			
1.2	焊缝垂直于力的方向,用连续 K 形焊缝(S. Q)将构件连接到连续的主构件上		
1.21	焊缝垂直于力的方向,用角焊缝(S. Q)将加劲肋连接到腹板上,焊缝包过腹板加劲肋的各角		
1.3	焊缝平行于力的方向,用对接焊缝连接的构件(不检查焊缝)		
1.31	弧形翼缘板和腹板之间的 K 形焊缝(S. Q)		
应力集中情况等级 K_2——中等应力集中			
2.1	焊缝垂直于力的方向,用对接焊缝(O. Q)连接不同厚度的构件。不对称斜度 1/3(或对称斜度 1/2)		P100 或 P10
2.11	焊缝垂直于力的方向,用对接焊缝(S. Q)连接的型钢		P100
2.12	焊缝垂直于力的方向,用对接焊缝(S. Q)连接节点板与型钢		P100
2.13	焊缝垂直于力的方向,用对接焊缝(S. Q)将辅助角撑板焊在各扁钢的交叉处,焊缝端部经打磨以防止出现应力集中		P100

构件接头形式的标号	说　明	图　示	代　号
应力集中情况等级 K₂——中等应力集中			

构件接头形式的标号	说　明	图　示	代　号
2.2	焊缝垂直于力的方向,用角焊缝(S.Q)将横隔板、腹板加劲肋、圆环或套筒连接到主构件上		
2.21	用角焊缝(S.Q)将切角的横向加劲肋焊在腹板上,焊缝不包角		
2.22	用角焊缝(S.Q)焊接的带切角的横隔板,焊缝不包角		
2.3	焊缝平行于力的方向,用对接焊缝(S.Q)将构件焊接到连续的主构件的边缘上,这些构件的端部有斜度或圆角,焊缝端头经打磨以防止出现应力集中		P100
2.31	焊缝平行于力的方向,将构件焊接到连续的主构件上,这些构件的端部有斜度或圆角,在焊缝端头相当于十倍厚度的长度上为 K 形焊缝(S.Q),焊缝端头经打磨以防止出现应力集中		
2.33	用角焊缝(S.Q)将扁钢(板边斜度 1/3)连接到连续的主构件上,扁钢端部在 x 区域内用角焊缝焊接,$h_f=0.5t$		
2.34	弧形翼缘板和腹板之间的 K 形焊缝(O.Q)		

构件接头形式的标号	说　明	图　示	代　号
应力集中情况等级 K₂——中等应力集中			
2.4	焊缝垂直于力的方向,用 K 形焊缝(S. Q)连接的十字形接头		D
2.41	翼缘板和腹板之间的 K 形焊缝(S. Q),集中载荷垂直于焊缝,作用在腹板平面内		
2.5	用 K 形焊缝(S. Q)连接承受弯曲应力和剪切应力的构件		
应力集中情况等级 K₃——严重应力集中			
3.1	焊缝垂直于力的方向,用对接焊缝(O. Q)连接不同厚度的构件。不对称斜度 1/2,或对称无斜度	1/2	P100 或 P10
3.11	有背面垫板而无封底焊缝的对接焊缝,背面垫板用间断的定位搭接焊缝固定		<
3.12	管件对接焊,对接焊缝根部用背(里)面垫件支承,但无封底焊缝		<
3.13	用对接焊缝(O. Q)将辅助角撑板焊接到各扁钢的交叉处,焊缝端头经打磨以防止出现应力集中		P100 或 P10
3.2	焊缝垂直于力的方向,用角焊缝(O. Q)将构件焊接到连续的主构件上,这些构件仅承受主构件所传递的小部分载荷		△
3.21	用连续角焊缝(O. Q)连接腹板,加劲肋或横隔板		△

构件接头形式的标号	说　　明	图　　示	代　号
应力集中情况等级 K₃——严重应力集中			
3.3	焊缝平行于力的方向,用对接焊缝(O.Q)将构件焊接到连续主构件的边缘上,这些构件的端部有斜度,焊缝端头经打磨,以避免出现应力集中		
3.31	焊缝平行于力的方向,将构件焊接到连续主构件上。这些构件的端部有斜度或圆角。焊缝端头相当于十倍厚度的长度上为角焊缝(S.Q),焊缝端头经打磨以避免出现应力集中		
3.32	穿过连续主构件伸出一板块,板端沿力的方向有斜度或圆角,在相当于十倍厚度的长度上用K形焊缝(O.Q)固定		
3.33	焊缝平行于力的方向,用指定范围内的角焊缝(S.Q)将扁钢焊接到连续主构件上。其中 $t_1 < 1.5t_2$		
3.34	在构件端部用角焊缝(S.Q)固定连接板,其中 $t_1 < t_2$。在单面连接板情况下,应考虑偏心载荷		
3.35	焊缝平行于力的方向,将加劲肋焊接到连续主构件上,焊缝端头相当于十倍厚度的长度上为角焊缝(S.Q),且经打磨以避免出现应力集中		
3.36	焊缝平行于力的方向,用间断角焊缝(O.Q)或用焊在缺口间的角焊缝(O.Q)将加劲肋固定到连续主构件上		

续上表

构件接头形式的标号	说　　明	图　　示	代　　号
应力集中情况等级 K₃——严重应力集中			
3.4	焊缝垂直于力的方向,用 K 形焊缝(O.Q)做成的十字形接头		D
3.41	翼缘板和腹板之间的 K 形焊缝(O.Q)。集中载荷垂直于焊缝,作用在腹板平面内		
3.5	用 K 形焊缝(O.Q)连接承受弯曲应力和剪切应力的构件		D
3.6	用角焊缝(S.Q)将型钢或管子焊到连续主构件上		
应力集中情况等级 K₄——非常严重的应力集中			
4.1	焊缝垂直于力的方向,用对接焊缝(O.Q)连接不同厚度的构件。不对称无斜度		
4.11	焊缝垂直于力的方向,用对接焊缝(O.Q)将扁钢交叉连接(无辅助角撑)		
4.12	焊缝垂直于力的方向,用单边坡口焊缝做成十字形接头(相交构件)		D
4.3	焊缝平行于力的方向,将端部呈直角的构件焊接到连续主构件的侧面		
4.31	焊缝平行于力的方向,用角焊缝(O.Q)将端部呈直角的构件焊到连续主构件上。构件承受由主构件传递来的大部分载荷		

构件接头形式的标号	说　明	图　示	代　号
应力集中情况等级 K₄——非常严重的应力集中			
4.32	穿过主构件伸出一块端部呈直角的平板,且用角焊缝(O. Q)固定		△
4.33	焊缝平行于力的方向,用角焊缝(O. Q)将扁钢焊接到连续主构件上		◺
4.34	用角焊缝(O. Q)固定连接板($t_1=t_2$),在单面连接板的情况下,应考虑偏心载荷		◺
4.35	在槽内或孔内,用角焊缝(O. Q)将一个构件焊接到另一个上		◺
4.36	用角焊缝(O. Q)或者对接焊缝(O. Q)将连接板固定在两个连续的主构件之间		◺
4.4	焊缝垂直于力的方向,用角焊缝(O. Q)做成的十字接头		*D* △
4.41	翼缘板和腹板之间的角焊缝(O. Q),集中载荷垂直于焊缝,作用在腹板平面内		△

94

构件接头形式的标号	说　　明	图　　示	代　号
应力集中情况等级 K_4——非常严重的应力集中			
4.5	用角焊缝(O. Q)连接承受弯曲应力和剪切应力的构件		D △
4.6	用角焊缝(O. Q)将型钢或管子焊接到连续主构件上		△

注：表中代号(符号)意义：S. Q——特殊质量的焊缝；O. Q——普通质量的焊缝；P100——对接焊缝全长(100%)进行检验；P10——对接焊缝至少抽检焊缝长度的 10%；O——对接焊缝端部打磨；D——对某些开坡口焊缝或角焊缝连接，做垂直于受力方向钢板的拉伸检验，钢板无层状撕裂；⌐——K 形焊缝或角焊缝全长打磨。

构件和焊缝连接的非对称循环疲劳许用应力 $[\sigma_r]$ 以 $[\sigma_{-1}]$ 为基准，按下列公式换算。

$-1 \leqslant r \leqslant 0$　拉伸

$$[\sigma_{rt}] = \frac{5}{3-2r}[\sigma_{-1}] \tag{3-48}$$

压缩

$$[\sigma_{rc}] = \frac{2}{1-r}[\sigma_{-1}] \tag{3-49}$$

$0 < r \leqslant 1$　拉伸

$$[\sigma_{rt}] = \frac{1.67[\sigma_{-1}]}{1-(1-\dfrac{[\sigma_{-1}]}{0.45\sigma_b})r} \tag{3-50}$$

压缩

$$[\sigma_{rc}] = \frac{2[\sigma_{-1}]}{1-(1-\dfrac{[\sigma_{-1}]}{0.45\sigma_b})r} \tag{3-51}$$

式中　　σ_b——被连接构件钢材的抗拉强度，Q235 的 $\sigma_b = 370$ N/mm²；Q345 的 $\sigma_b = 490$ N/mm²。

剪切疲劳许用应力为

结构件

$$[\tau_{xyr}] = \frac{[\sigma_{rt}]_{W_0}}{\sqrt{3}} \tag{3-52}$$

焊缝连接

$$[\tau_{xyr}]_0 = \frac{[\sigma_{rt}]_{K_0}}{\sqrt{2}} \tag{3-53}$$

式中　$[\sigma_{rt}]_{W_0}$——根据构件剪切的 r 值计算的与应力集中等级 W_0 相对应的疲劳许用应力；

$[\sigma_{rt}]_{K_0}$——根据焊缝剪切的 r 值计算的与应力集中等级 K_0 相对应的疲劳许用应力。

按上述公式计算出的 $[\sigma_{rt}]$ 不应大于 $0.75\sigma_b$，$[\sigma_{rc}]$ 不应大于 $0.9\sigma_b$，$[\tau_{xyr}]$ 不应大于 $0.75\sigma_b/\sqrt{3}$，$[\tau_{xyr}]_0$ 不应大于 $0.75\sigma_b/\sqrt{2}$。σ_b 为连接件钢材的抗拉强度。若超过时，则 $[\sigma_{rt}]$ 取为 $0.75\sigma_b$，$[\sigma_{rc}]$ 取为 $0.9\sigma_b$，$[\tau_{xyr}]$ 取为 $0.75\sigma_b/\sqrt{3}$，$[\tau_{xyr}]_0$ 取为 $0.75\sigma_b/\sqrt{2}$。

螺栓和铆钉连接的疲劳许用应力按表 3-27 的公式计算。

表 3-27　螺栓和铆钉连接的疲劳许用应力计算公式

连接类型		疲劳许用应力计算公式	说　明
A、B 级螺栓连接或铆钉连接	拉伸压缩	不必进行疲劳计算	尽量避免螺栓、铆钉在拉伸下工作
	单剪	$[\tau_{xyr}] = 0.6[\sigma_{rt}]$，但不应大于 $0.45\sigma_b$	本行中的 $[\sigma_{rt}]$ 是根据螺栓或铆钉剪切的 r 值计算的相应于应力集中情况等级 W_2 的值
	双剪	$[\tau_{xyr}] = 0.8[\sigma_{rt}]$，但不应大于 $0.6\sigma_b$	
	承压	$[\tau_{cyr}] = 2.5[\tau_{xyr}]$	$[\tau_{xyr}]$ 为螺栓或铆钉的剪切疲劳许用应力

三、结构疲劳强度计算

计算疲劳强度时,所选截面应该是应力循环中产生最大正应力或最大剪应力,或正应力和剪应力都比较大的位置。对桥式起重机主梁,计算截面应选跨中附近(最大正应力区)或端部截面(最大剪应力区)或 1/4 跨度截面(正应力和剪应力都比较大);对门式起重机则应选取跨中、支腿内外侧截面。

按许用应力法计算金属结构(或连接)疲劳强度的表达式如下。

结构件(或连接)只承受正应力作用时

$$|\sigma_{max}| \leqslant [\sigma_r] \tag{3-54}$$

结构件(或连接)只承受剪应力作用时

$$|\tau_{max}| \leqslant [\tau_r] \tag{3-55}$$

结构件(或连接)同时承受正应力和剪应力作用时

$$\left(\frac{\sigma_{x max}}{[\sigma_{xr}]}\right)^2 + \left(\frac{\sigma_{y max}}{[\sigma_{yr}]}\right)^2 - \frac{\sigma_{x max}\sigma_{y max}}{[\sigma_{xr}][\sigma_{yr}]} + \left(\frac{\tau_{xy max}}{[\tau_{xyr}]}\right)^2 \leqslant 1.1 \tag{3-56}$$

式中　　　σ_{max}、τ_{max}——构件(或连接)在疲劳计算点上的绝对值最大正应力和绝对值最大剪应力;

$\sigma_{x max}$、$\sigma_{y max}$、$\tau_{xy max}$——构件(或连接)在疲劳计算点上沿 x、y 方向的最大正应力和在 xy 平面上的最大剪应力;

$[\sigma_r]$、$[\tau_r]$——拉伸(或压缩)及剪切疲劳许用应力;

$[\sigma_{xr}]$、$[\sigma_{yr}]$、$[\tau_{xyr}]$——与 $\sigma_{x max}$、$\sigma_{y max}$、$\tau_{xy max}$ 相应的疲劳许用应力。

当 $\sigma_{x max}$、$\sigma_{y max}$、$\tau_{xy max}$ 三种应力中某一个最大应力在任何应力循环中均显著大于其他两个最大应力时,可以只用这一个最大应力校核疲劳强度,另两个最大应力可忽略不计。

一般情况下,疲劳计算点上的最大应力可按载荷组合 A 计算,这与强度计算类似,给疲劳验算带来很大方便。而将影响疲劳的许多因素都放入疲劳许用应力中去考虑,这对确定疲劳许用应力比较麻烦,但对实际设计工作却很方便。

四、算　　例

下面以桥式起重机为例,列出结构件(或连接)的疲劳强度验算过程。

1. 计算简图和主要参数

计算简图和截面几何尺寸如图 3-20 所示。

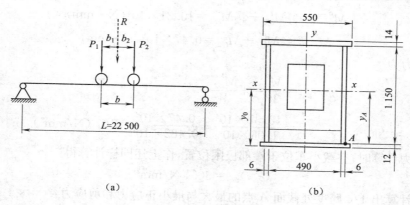

（a）　　　　　　　　　　　　　　（b）

图 3-20　主梁几何尺寸

主要参数如下所述。

$L = 22.5$ m

$Q = 20$ t

工作级别为 E5，材料为 Q235

$P_1 = 71\,000$ N，$P_2 = 65\,540$ N，$R = 136\,540$ N

$b = 2\,400$ mm，$b_1 = 1\,152$ mm

主梁单位长度自重 $q = 3.4$ N/mm

主梁截面特性：

形心 $y_0 = 610$ mm

$I_x = 6.34 \times 10^9$ mm^4，$I_y = 1.21 \times 10^9$ mm^4

2. 计算截面和计算点

根据理论分析和设计计算实践，对桥式起重机主梁，只需验算跨中和 1/4 跨度处两个截面。计算点取截面拉应力区的下翼缘焊缝处 A 点。

A 点距形心：$y_A = 598$ mm

A 点抗弯模量：$W_x = 1.06 \times 10^7$ mm^3，$W_y = 0.482 \times 10^7$ mm^3

3. 跨中截面最大应力和最小应力计算

小车轮压引起的弯矩：

$$M_{l/2}^P = \frac{RL}{4}\left(1 - \frac{b_1}{L}\right)^2 = 6.91 \times 10^8 (\text{N} \cdot \text{mm})$$

主梁自重引起的弯矩：

$$M_{l/2}^q = \frac{qL^2}{8} = 2.15 \times 10^8 (\text{N} \cdot \text{mm})$$

大车制动时，小车轮压处的水平惯性力引起的弯矩：

$$M_{l/2}^{P'} = \frac{R'L}{4}\left(1 - \frac{b_1}{L}\right)^2 = 0.36 \times 10^8 (\text{N} \cdot \text{mm})$$

大车制动时，主梁自重水平惯性力引起的弯矩：

$$M_{l/2}^{'} = 0.11 \times 10^8 \text{ N} \cdot \text{mm}$$

计算弯矩为（取动载系数 $\Phi_1 = 1.1$，$\Phi_2 = 1.15$）

$$M_{l/2}^{p+q} = \Phi_1 M_{l/2}^q + \Phi_2 M_{l/2}^p = 10.31 \times 10^8 (\text{N} \cdot \text{mm})$$

$$M_{l/2}^{p'+q'} = M_{l/2}^{p'} + M_{l/2}^{q'} = 0.47 \times 10^8 (\text{N} \cdot \text{mm})$$

最大应力为

$$(\sigma_{l/2})_{\max} = \frac{M_{l/2}^{p+q}}{W_x} + \frac{M_{l/2}^{p'+q'}}{W_y}$$

$$= \frac{10.31 \times 10^8}{1.06 \times 10^7} + \frac{0.47 \times 10^8}{0.482 \times 10^7} = 107 (\text{N}/\text{mm}^2)$$

最小应力计算时,空载小车位于端部极限位置,作上述同样计算得

$$(\sigma_{l/2})_{\min} = 30.1 \text{ N}/\text{mm}^2$$

同理可计算出 $1/4$ 跨度处截面 A 点的最大与最小正应力和剪应力:

$$(\sigma_{l/4})_{\max} = 86.3 \text{ N}/\text{mm}^2$$

$$(\tau_{l/4})_{\max} = 7.52 \text{ N}/\text{mm}^2$$

空载小车位于端部极限位置,计算最小应力:

$$(\sigma_{l/4})_{\min} = 21.9 \text{ N}/\text{mm}^2$$

$$(\tau_{l/4})_{\min} = 4.83 \text{ N}/\text{mm}^2$$

4. 计算应力循环特征 r 和疲劳许用应力 $[\sigma_{rt}]$

$$r_{l/2} = \frac{(\sigma_{l/2})_{\min}}{(\sigma_{l/2})_{\max}} = \frac{30.1}{107} = 0.28$$

$$r_{l/4} = \frac{(\sigma_{l/4})_{\min}}{(\sigma_{l/4})_{\max}} = \frac{21.9}{86.3} = 0.254$$

$$r_{\tau} = \frac{(\tau_{l/4})_{\min}}{(\tau_{l/4})_{\max}} = \frac{4.83}{7.52} = 0.642$$

下翼缘焊缝处应力集中等级为 K_3,材料 Q235,$\sigma_b = 370 \text{ N}/\text{mm}^2$,查表 3-25 得 $[\sigma_{-1}] = 84.2 \text{ N}/\text{mm}^2$,代入式(3-50)及式(3-53)得

跨中 $\quad [\sigma_{rt}] = \dfrac{1.67 \times 84.2}{1 - [1 - 84.2/(0.45 \times 370)] \times 0.28} = 163.2 (\text{N}/\text{mm}^2)$

$l/4$ 跨度处 $[\sigma_{rt}] = \dfrac{1.67 \times 84.2}{1 - [1 - 84.2/(0.45 \times 370)] \times 0.254} = 160.8 (\text{N}/\text{mm}^2)$

$$[\tau_{rt}] = \frac{[\sigma_{rt}]_{K_0}}{\sqrt{2}} = \frac{272.2}{\sqrt{2}} = 192.5 (\text{N}/\text{mm}^2)$$

式中 $[\sigma_{rt}]_{K_0}$ 是根据焊缝剪切的 r_{τ} 值计算的相应于 K_0 的值,计算如下。

查表 3-25 得 $[\sigma_{-1}]_{K_0} = 157.1 \text{ N}/\text{mm}^2$,代入式(3-50)计算得

$$[\sigma_{rt}]_{K_0} = \frac{1.67 \times 157.1}{1 - [1 - 157.1/(0.45 \times 370)] \times 0.642} = 272.2 (\text{N}/\text{mm}^2)$$

5. 验算疲劳强度

跨中 $\quad\quad\quad\quad \sigma_{\max} = 107 \text{ N}/\text{mm}^2 < [\sigma_{rt}] = 163.2 \text{ N}/\text{mm}^2$

$l/4$ 跨度处 $\quad\quad \sigma_{\max} = 86.3 \text{ N}/\text{mm}^2 < [\sigma_{rt}] = 160.8 \text{ N}/\text{mm}^2$

正应力和剪应力同时作用应满足:

$$\left[\frac{(\sigma_{l/4})_{\max}}{[\sigma_{rt}]_{l/4}}\right]^2 + \left(\frac{(\tau_{l/4})_{\max}}{[\tau_{rt}]}\right)^2 \leqslant 1.1$$

即
$$\left[\frac{86.3}{160.8}\right]^2 + \left(\frac{7.52}{192.5}\right)^2 = 0.29 \leqslant 1.1$$

故疲劳强度满足要求。

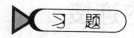 习 题

3-1 动载系数 Φ_1、Φ_2、Φ_3、Φ_4 的物理意义是什么？如何确定？

3-2 起重机金属结构上的载荷是如何分类的？各类载荷中又包括哪些载荷？载荷组合的原则是什么？

3-3 已知某 L 形门式起重机的部分参数如下：起重量 $m_Q = 10$ t，吊钩质量 $m_0 = 0.25$ t，小车质量 $m_{xc} = 4.1$ t，桥架质量 $m_G = 16.48$ t，跨度 $L = 22$ m，悬臂长 $l = 6$ m，起升高度 $H = 10$ m，大车运行速度 $v_{dc} = 0.833$ m/s，小车运行速度 $v_{xc} = 0.633$ m/s，起升速度 $v_s = 0.2$ m/s，大车轨道接头处两轨面的高度差 $h = 0.5$ mm。试确定起升冲击系数 Φ_1、运行冲击系数 Φ_4 及小车在跨中时的起升载荷动载系数 Φ_2。

3-4 校核图 3-21 所示主梁截面 A（翼缘板上缘）、截面 C（下翼缘焊缝处）的疲劳强度。

已知：主梁材料 Q235，工作级别 E6，小车轮压 $R = 50$ kN，不计自重及水平载荷。

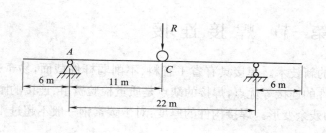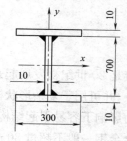

图 3-21 习题 3-4 用图

第四章 起重运输机金属结构的连接

起重运输机金属结构一般由若干杆件组成,杆件由钢板和型钢等构成,各杆件之间以及组成杆件的各钢板和型钢之间都必须用某种方式加以连接,使各组成部分形成整体而共同工作。经验证明,起重机金属结构的不少事故是发生在连接处,而连接处的加固比构件的加固更为困难,因此连接是金属结构的重要环节,必须对金属结构连接设计给予足够的重视。

起重运输机金属结构常用的连接方法有:铆接、焊接、螺栓连接和销轴连接等,其中焊接是目前起重机金属结构的主要连接方法。普通螺栓连接是最早出现的连接形式,其次是铆接和焊接,后来又出现了高强度螺栓连接。铆钉连接承受动载荷的性能较好,但具有施工复杂、费工费料、削弱杆件截面等缺点,近年来已逐渐被焊接和高强度螺栓连接所代替,因此,本章不再介绍铆接的构造和计算。

第一节 焊 接 连 接

焊接是 20 世纪初发展起来的新技术。焊接具有省工省料、不削弱杆件截面,易于采用自动化作业,并可用于复杂形状构件的连接等优点,焊接的缺点是质量检验费事、连接的刚度大,在内应力影响下容易引起结构的残余变形。焊接构件的厚度:对于碳素钢一般不超过 40 mm;对于低合金钢一般不超过 30 mm。

现代起重机金属结构所采用的焊接主要是电焊和气焊两类。气焊主要用于焊薄钢板。电焊分为电弧焊、电阻焊(焊薄钢板)和电渣焊(焊厚度和截面较大的构件),其中以电弧焊应用最广。电弧焊又分为手工焊、自动焊和半自动焊。采用电弧焊的焊接连接又称为焊缝连接。

一、焊接接头形式及焊缝形式

连接两块板件的焊接接头形式主要有三种,即对接、搭接和顶接(T 字形接头和角接头统称顶接),见表 4-1。传递轴力的构件通常用对接接头或搭接接头;主要承受弯曲的组合箱形截面构件通常用顶接。

焊缝形式按构造可分为对接焊缝和角焊缝两类(表 4-1)。对接焊缝在对接、顶接中都有应用,其特点是板边要刨削加工成各种形状的坡口。角焊缝不需开坡口且不要求刨削板件,气割或剪切后即可施焊,故加工较简单;用于搭接接头时,则不要求尺寸很精确而便于安装。

对接焊缝的静力和动力性能较好,而且省料,但加工要求较高。角焊缝构造简单、施工方便,但静力及动力性能较差。

表 4-1　焊接接头及焊缝形式

接头形式	对接		搭接	顶接（T形及角接头）	
	不用连接板	用连接板			
焊缝形式	对接焊缝 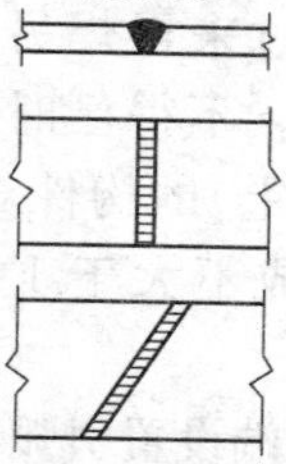	角焊缝 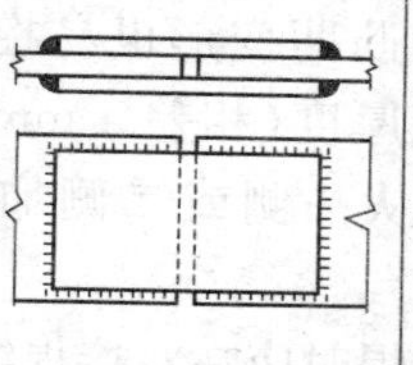	角焊缝 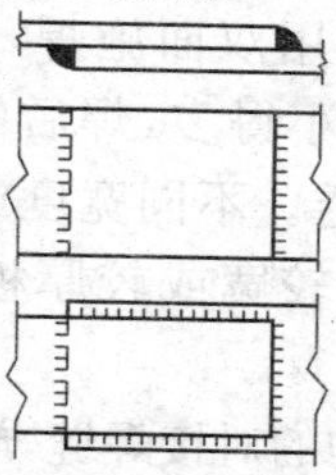	角焊缝 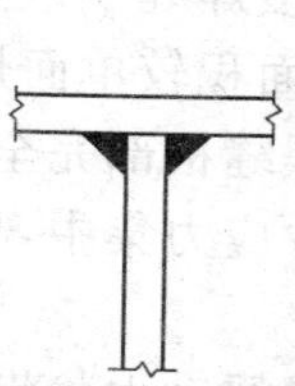	对接焊缝 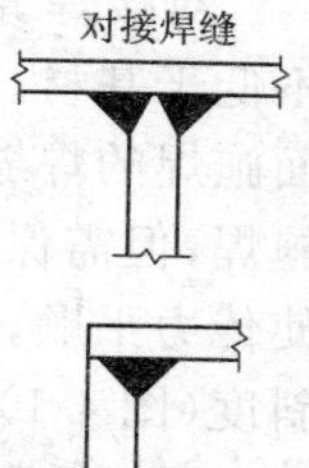

二、焊缝连接的构造要求

在设计接头时应避免焊缝立体交叉和在一处焊缝大量集中，同时焊缝应尽可能对称于构件的重心布置，尽量采用较小的焊缝尺寸。

在施工图上要用焊缝代号标记焊缝的种类和尺寸。焊缝代号主要包括指引线、图形符号和辅助符号三部分。有关焊缝代号问题可参看 GB/T 324—2008《焊缝符号表示法》、GB/T 12212—2012《技术制图　焊缝符号的尺寸、比例及简化表示法》。

1. 对接焊缝

对接焊缝焊接在同一平面内两块钢板对齐的边缘。施焊时两板边缘之间应保持等宽的间隙，且板边应加工成一定形状的坡口。对接焊缝的坡口形式应根据板厚和施工条件按现行 GB/T 985.1—2008《气焊、焊条电弧焊、气体保护焊和高能束焊的推荐坡口》和 GB/T 985.2—2008《埋弧焊的推荐坡口》的要求选用。常用坡口形式见表 4-2 所示四种。

表 4-2　对接焊缝常用坡口形式及标注方法

焊缝名称	焊缝形式	标注方法	焊缝名称	焊缝形式	标注方法
I 形（不开坡口）	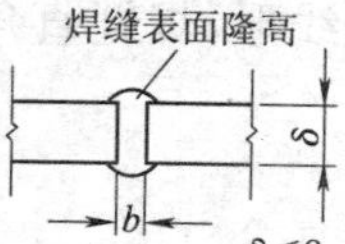 焊缝表面隆高 b δ b $\delta<8$	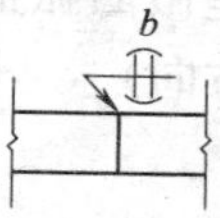 b	U 形	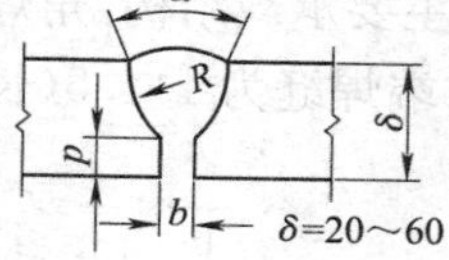 α R p b δ $\delta=20\sim60$	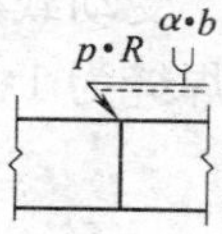 $p \cdot R$ $\alpha \cdot b$
V 形	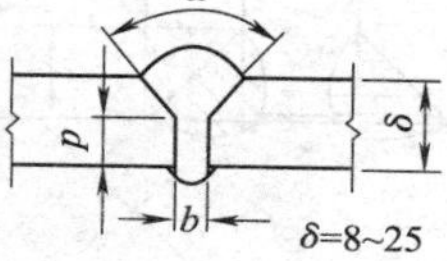 α p δ b $\delta=8\sim25$	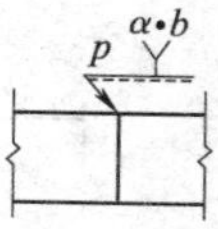 p $\alpha \cdot b$	X 形	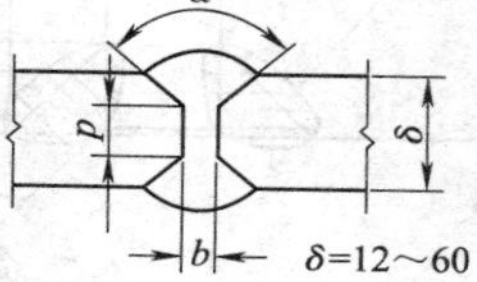 α p δ b $\delta=12\sim60$	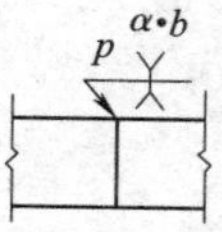 p $\alpha \cdot b$

表中符号：p—钝边高度；α—坡口角度；b—根部间隙；R—根部半径。

采用手工焊时，若板厚 $\delta<8$ mm，可制成不开坡口的直边焊而间隙 $b=0.3\delta$；若 $\delta=8\sim25$ mm，则用 V 形坡口其夹角 $\alpha=60°$；若 $\delta>25$ mm，可用双面开坡口的 X 形焊缝或用单面开坡口斜度较陡的 U 形焊缝。用埋弧自动焊时,由于加热强烈而熔深大,板边加工要求与手工焊略有不同。若板厚δ≤16 mm,且从两面施焊时一般可不开坡口。板厚较大时则需开坡口,但坡口的斜度比手工焊时略大。

对接焊缝的厚度一般不小于所连接板件中较薄的板厚,这样可保证对接焊缝的强度不低于基材。对接焊缝一般应采用双面施焊,即从一面施焊后,翻过来再焊另一面。双面施焊的焊缝截面积较单面焊时小得多,焊后的凸凹变形也易控制。不得已时也可单面施焊,但需保证焊缝根部完全焊透。不同宽度或厚度(相差 4 mm 以上)的构件对接时,为使传力平顺,减少应力集中,应将较宽或较厚板从一侧或二侧加工成不大于 1：4 的过渡斜度(图 4-1)。

用于低温或承受动力载荷结构的对接焊缝,施焊时应在对接焊缝两端设置引弧板(引弧板的厚度和坡口形式应与基材相同),待焊完后再将引弧板割除,如图 4-2 所示。

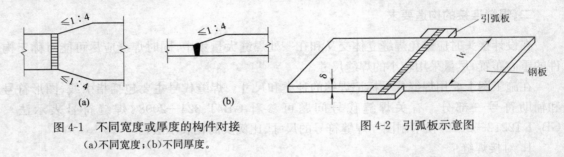

图 4-1 不同宽度或厚度的构件对接
(a)不同宽度；(b)不同厚度。

图 4-2 引弧板示意图

2. 角焊缝

角焊缝连接不在同一平面内的两块钢板,并在相交处施焊(图 4-3)。当角焊缝夹角为 90°时称为直角角焊缝,即一般所指的角焊缝。夹角 $\alpha > 120°$ 或 $\alpha < 60°$ 的斜角角焊缝不宜用作受力焊缝,钢管结构除外。

角焊缝的截面形式有凸形和凹形两种(图 4-4)。用手工焊时,由于熔深小,角焊缝的表面常做成凸形或接近直线形；用埋弧自动焊时因熔深较大,角焊缝的表面可以做成凹形或接近直线形。凹形焊缝传力时应力集中小。

受动载荷的主要承载结构,角焊缝的表面应呈微凹弧形或直线形,焊缝直角边的比例：对侧焊缝为 1：1,对端焊缝为 1：1.5(长边顺作用力方向)。

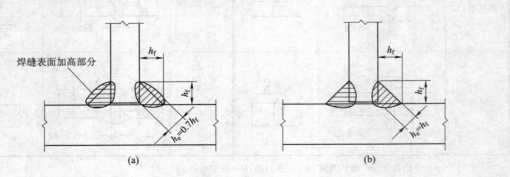

图 4-3 角焊缝的形式
(a)手工焊；(b)自动焊。

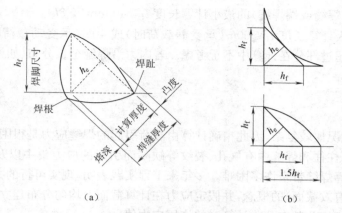

（a）　　　　　　　　　　　（b）

图 4-4　角焊缝的计算截面

角焊缝中的实际应力情况非常复杂,计算时通常把角焊缝的截面视为等腰直角三角形(图 4-4),其直角边的长度称为角焊缝的焊脚尺寸,用 h_f 表示。直角三角形斜边上的高称为角焊缝的计算厚度或有效厚度,用 h_e 表示,$h_e = h_f \sin45° = 0.7h_f$,这是手工焊角焊缝的计算厚度。自动焊时由于熔深较大,对直线形焊缝通常取 $h_e = h_f$,而凹形焊缝取 $h_e = 0.7h_f$。若角焊缝两直角边不等,则焊脚尺寸按短边计算,这样偏于安全。角焊缝的计算面积定义为计算厚度 h_e 与角焊缝计算长度 l_f 之积。若内力沿侧向角焊缝全长分布时,焊缝的计算长度取为其实际长度减去 $2h_f$(如果焊缝为自身闭合或特别注意了在焊缝长度的端部避免出现凹弧时,则不必减去此尺寸)。

角焊缝的尺寸应符合下列要求。

(1)角焊缝的最小焊脚尺寸 $h_{f_{min}}$ 参见表 4-3 的规定。

对于碳素钢最小焊脚尺寸也可按式(4-1)确定:

$$h_f \geqslant 1.5\sqrt{t_{max}} \qquad (\text{mm}) \tag{4-1}$$

式中　t_{max}——连接件中较厚焊件的厚度(mm)。

对于合金钢按式(4-1)计算时,其计算值再加 2 mm。

表 4-3　角焊缝最小焊脚尺寸　　　　　　　　　　　单位:mm

连接件中较厚焊件的厚度 t_{max}	$h_{f_{min}}$
$t_{max} \leqslant 10$	4/6
$10 < t_{max} \leqslant 20$	6/8
$20 < t_{max} \leqslant 30$	8/10

注:表中数值分子用于碳素钢,分母用于低合金钢。

(2)当焊件厚度 $t \leqslant 4$ mm 时,取 $h_f = t$。

(3)最大焊脚尺寸 $h_f \leqslant 1.2t_{min}$(t_{min} 为连接件中较薄板的厚度);但板件边缘的最大焊脚尺寸应符合下列规定:

当 $t \leqslant 6$ mm 时　　　　　　　　　　$h_f \leqslant t$

当 $t > 6$ mm 时　　　　　　　　　　$h_f \leqslant t - (1 \sim 2)$ mm

(4)角焊缝(侧焊缝或端焊缝)的最小计算长度 $l_f \geqslant 40$ mm 及 $8h_f$。

(5)侧焊缝最大计算长度 $l_f \leqslant 60h_f$(承受静载荷时)或 $40h_f$(承受动载荷时)。若焊缝长度超过上述规定,则超过部分在计算中不予考虑。若内力沿焊缝全长分布(如梁的翼缘焊缝),则计算长度不受此限。

三、焊缝计算

焊缝的受力状况比较复杂,因此精确计算由载荷引起的焊缝应力是很困难的,而且也没有必要。焊缝的破坏往往和焊缝中有气孔、裂纹等缺陷而引起的应力集中以及焊接残余应力有关,这就给精确计算焊缝带来许多困难。多年来工程实践表明,现实可行的办法是人为引入一个计算截面(或称有效截面)的概念,并假定应力在计算截面上均匀分布建立基本计算公式,再根据实验数据,规定按此基本公式计算时的许用应力值。

1. 对接焊缝

对接焊缝的计算截面积等于焊缝计算厚度与焊缝计算长度的乘积。一般取对接焊缝的计算厚度等于被连接件的板厚;当被连接的两板厚度不等时,则取较薄的板厚 t。未采用引弧板施焊时,焊缝的计算长度取实际长度减去 $2t$,这是因为焊缝的起点和终点附近有未焊透处或未填平的火口等,因此将起点和终点处各减去 t。为增大焊缝的计算长度,宜用小引弧板将焊缝的起点和终点引出钢板之外(图 4-2),待焊完后再将小引弧板切除。这样焊缝的计算长度等于焊缝实际长度,对接焊缝的计算截面近似等于被连接板件的截面,所以对接焊缝的计算方法与构件基材的强度计算相同。

(1)承受轴心拉力或压力的对接焊缝计算(图 4-5)

焊缝截面应力按下式验算:

对接正焊缝
$$\sigma = \frac{N}{l_f \cdot \delta} \leqslant [\sigma_h] \tag{4-2}$$

对接斜焊缝

$$\left.\begin{array}{ll} \text{正应力} & \sigma = \dfrac{N \cdot \sin\alpha}{l_f \cdot \delta} \leqslant [\sigma_h] \\ \text{剪应力} & \tau = \dfrac{N \cdot \cos\alpha}{l_f \cdot \delta} \leqslant [\tau_h] \end{array}\right\} \tag{4-3}$$

式中　　N——轴心拉力或压力;

l_f——焊缝计算长度,采用引弧板时,取焊缝实长,否则取焊缝实长减 2δ;

δ——焊缝计算厚度,取连接件中较薄板的厚度,对 T 形接头取为腹板厚度;

α——斜焊缝与构件轴线的夹角;

$[\sigma_h]$、$[\tau_h]$——对接焊缝的许用正应力、剪应力,由表 4-4 查取。

目前由于焊接技术的不断发展和完善,采用自动焊时一般能保证焊透,使对接正焊缝与基材等强度。若用半自动焊或手工焊时,为保证焊透,要求焊完正面焊缝之后,再用气焰或其他方法在反面清除焊根,直到看到正面的焊肉为止,然后再进行反面施焊。对接斜焊缝费料,在焊接工艺能保证对接正焊缝与基材等强度的情况下,一般不采用对接斜焊缝。

在焊接工艺不够完善的情况下,无法保证对接正焊缝与基材等强度,建议采用 $\alpha = 45°$ 的对接斜焊缝,此时不必进行焊缝强度验算。

表 4-4　焊缝的许用应力①

单位：N/mm²

焊缝形式			纵向拉、压许用应力[σ_h]④	剪切许用应力[τ_h]
对接焊缝	质量分级②	B 级、C 级	[σ]③	[σ]/$\sqrt{2}$
		D 级	0.8[σ]	0.8[σ]/$\sqrt{2}$
角焊缝	自动焊、手工焊		—	[σ]/$\sqrt{2}$

注：①——计算疲劳强度时的焊缝拉伸、压缩许用应力计算公式与构件疲劳许用应力公式相同，见第三章式(3-48)~
　　　式(3-51)。疲劳许用剪应力见式(3-53)。
　　②——焊缝质量分级按 GB/T 19418 的规定。
　　③——表中[σ]为母材的基本许用应力，见表 3-21。
　　④——施工条件较差的焊缝或受横向载荷的焊缝，表中焊缝许用应力宜适当降低。

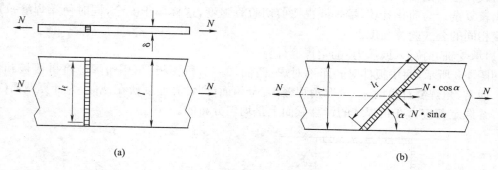

(a)　　　　　　　　　　　　　　　　(b)

图 4-5　对接焊缝计算图
(a)对接正焊缝；(b)对接斜焊缝。

（2）承受弯矩和剪力共同作用时的对接焊缝计算

如图 4-6 所示，以工字钢对接为例，对接焊缝的截面亦为工字形，在弯矩 M 和剪力 Q 作用下，对接焊缝的强度按下列公式计算：

最大正应力（图 4-6 中计算点 1）

$$\sigma_1 = \frac{M}{W_f} \leqslant [\sigma_h] \tag{4-4}$$

式中　W_f——焊缝截面的抗弯模量。

最大剪应力（图 4-6 中计算点 0）

$$\tau_0 = \frac{QS_f}{I_f \cdot \delta} \leqslant [\tau_h] \tag{4-5}$$

式中　I_f——焊缝截面对中性轴的惯性矩；

　　　S_f——焊缝截面中性轴以上部分对中性轴的静面矩。

对于焊缝中正应力和剪应力都比较大的地方（图 4-6 中计算点 2），根据 GB/T 3811—2008《起重机设计规范》对接焊缝复合应力按下式计算：

$$\sqrt{\sigma_2^2 + 2\tau_2^2} \leqslant [\sigma_h] \tag{4-6}$$

式中　σ_2、τ_2——计算点 2 的正应力和剪应力。

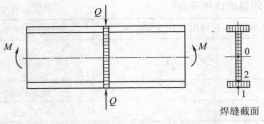

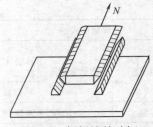

图 4-6　受弯矩和剪力作用的对接焊缝　　　　图 4-7　侧焊缝的破坏

2. 角焊缝

角焊缝分为侧焊缝和端焊缝两种。侧焊缝平行于所传递的力,而端焊缝垂直于所传递的力。侧焊缝也称为纵向焊缝,端焊缝则称为横向焊缝。两种焊缝联合使用而形成围焊缝。侧焊缝的破坏主要是受剪破坏(图 4-7),因此按剪切验算其强度。端焊缝受拉、弯、剪作用,应力状况比较复杂。为简化计算,端焊缝也按剪切验算强度,这样偏于安全,同时使端焊缝采用与侧焊缝相同的公式验算强度。

(1)承受轴心拉力(或压力)的角焊缝计算

如图 4-8 所示,两块板件对齐而不对焊,两面加一对拼接板,再用角焊缝将拼接板和板件焊接。通常,角焊缝计算时,一律取角焊缝 45°分角面(即计算厚度所在截面)为计算截面(有效截面),并假定剪应力在角焊缝的计算截面上是均匀分布的。

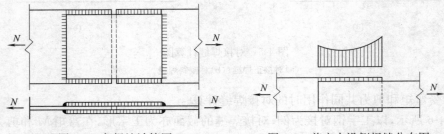

图 4-8　角焊缝计算图　　　　图 4-9　剪应力沿侧焊缝分布图

角焊缝的计算截面积为 $h_e \sum l_f$,其中 h_e 是角焊缝的计算厚度,手工焊时 $h_e = 0.7 h_f$,自动焊时 $h_e = h_f$;l_f 是角焊缝的计算长度,若内力沿侧向角焊缝全长分布时,焊缝的计算长度取为实际长度减去 $2h_f$(如果焊缝为自身闭合或特别注意了在焊缝长度的端部避免出现凹弧时,则不必减去此尺寸),$\sum l_f$ 是接头中在焊缝一侧的各段角焊缝计算长度之和。

角焊缝按下式验算强度:

$$\tau = \frac{N}{h_e \sum l_f} \leqslant [\tau_h] \tag{4-7}$$

实验说明:沿侧焊缝长度方向剪应力的分布是两端大中间小(图 4-9),焊缝愈长则两端剪应力与中间差别愈大。故规范规定,侧焊缝的最大计算长度不应超过 $60h_f$(受静载时)或 $40h_f$(受动载时)。

图 4-10 所示是钢板搭接接头,两块钢板上下搭接用角焊缝焊接。搭接接头施工简便,不要求加工板边,也无需准确对位。但搭接接头受力情况不如对接接头,故只在轴力不大时采用。搭接接头中两板的重叠长度应不小于较薄板件厚度的 5 倍,以免两板上下偏心引起的附

加弯矩太大,削弱焊缝的实际承载能力。搭接接头用端焊缝传力时,接头两端必须都有端焊缝,如图 4-10(a)所示;如图 4-10(b)所示那样只在接头一端有端焊缝是不允许的,因为接头受力之后两板容易张开而扯坏焊缝。在搭接接头中,公式(4-7)的 $\sum l_{\mathrm{f}}$ 按接头中全部角焊缝的计算长度计算。

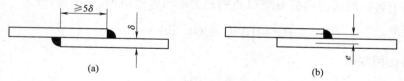

图 4-10　搭接接头

（2）承受扭矩和剪力共同作用时的角焊缝计算

图 4-11 是一种用角焊缝围焊成的托架结构,用来承受偏心载荷。偏心载荷 $2P$ 由前后两块钢板共同承受,若取其中一块板连同其上的角焊缝进行分析时,应按承受载荷 P 计算。偏心载荷 P 可以转化为通过焊缝形心的轴力 P 和扭矩 $M_{\mathrm{n}} = P \cdot a$。通过焊缝形心的轴力 P 在焊缝计算截面上引起均布的剪应力 τ_P,其方向平行于轴力 P 而大小为

$$\tau_P = \frac{P}{h_{\mathrm{e}} \sum l_{\mathrm{f}}} \tag{4-8}$$

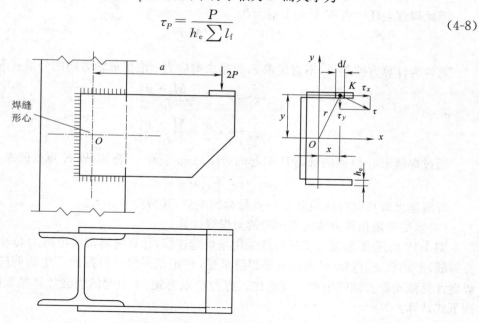

图 4-11　受扭矩和剪力共同作用时角焊缝计算图

关于扭矩 M_{n} 引起的焊缝应力,一般采用比较保守的弹性计算法,它以下列假定为前提:

①所连板件是绝对刚性的,而焊缝是弹性的。

②在扭矩作用下,连接件产生绕焊缝形心的相对转动,焊缝上任一点的剪应力方向垂直于该点与形心的连线,其大小与此连线的长度 r 成正比。

如图 4-11 所示,根据假定,角焊缝上任一点 K 的剪应力为

$$\tau = Cr$$

式中　C——比例常数;

　　　r——焊缝上任一点至形心的距离,$r = \sqrt{x^2 + y^2}$。

焊缝上 K 点所在微段 $\mathrm{d}l$（其面积为 $\mathrm{d}A=h_e\cdot\mathrm{d}l$）传递的剪力为

$$\mathrm{d}N=\tau\mathrm{d}A=Cr\mathrm{d}A$$

剪力 $\mathrm{d}N$ 绕 O 点的力矩为

$$\mathrm{d}M_n=r\mathrm{d}N=Cr^2\mathrm{d}A$$

焊缝截面上各微段所传递剪力绕 O 点的总力矩与外扭矩 M_n 相平衡，故

$$M_n=\int\mathrm{d}M_n=C\int r^2\mathrm{d}A=CI_p$$

由此求得比例常数为

$$C=\frac{M_n}{I_p} \tag{4-9}$$

式中 I_p——焊缝计算截面对其形心 O 点的极惯性矩，按下式计算：

$$I_p=\int r^2\mathrm{d}A=\int(x^2+y^2)\mathrm{d}A=I_x+I_y \tag{4-10}$$

其中 I_x——焊缝计算截面对 x 轴的惯性矩，

I_y——焊缝计算截面对 y 轴的惯性矩。

因此焊缝上任一点 K 处的剪应力为

$$\tau=\frac{M_n r}{I_p} \tag{4-11}$$

通常为计算方便起见，不直接求 τ，而是求剪应力 τ 沿坐标轴方向的分量 τ_x 及 τ_y，即

$$\left.\begin{aligned}\tau_x=\tau\cdot\frac{y}{r}=\frac{M_n\cdot y}{I_p}\\\tau_y=\tau\cdot\frac{x}{r}=\frac{M_n\cdot x}{I_p}\end{aligned}\right\} \tag{4-12}$$

通过焊缝形心 O 点的轴力 P 引起的剪应力 τ_P 应和 τ_y 叠加，故 K 点处的总剪应力为

$$\tau=\sqrt{(\tau_P+\tau_y)^2+\tau_x^2}\leqslant[\tau_h] \tag{4-13}$$

焊缝强度验算应选择距形心 O 点最远的端点，其剪应力最大。

（3）承受弯矩和剪力共同作用时的角焊缝计算

图 4-12 所示 T 形截面支托与柱采用角焊缝连接，计算时通常假定剪力 Q 由腹板焊缝（竖直焊缝）平均承受，弯矩 M 则由全部焊缝承受，弯矩在焊缝计算截面产生的剪应力 τ_M 与其至焊缝计算截面形心轴的距离 y 成正比。剪力 Q 及弯矩 M 引起的焊缝计算截面的剪应力分别按下式计算：

$$\tau_Q=\frac{Q}{A_f'} \tag{4-14}$$

$$\tau_M=\frac{M\cdot y}{I_f} \tag{4-15}$$

式中 A_f'——腹板连接焊缝（竖直焊缝）的计算面积；

I_f——焊缝计算截面的惯性矩；

y——焊缝截面上计算点至形心轴的距离。

τ_Q 与 τ_M 在焊缝计算截面上互相垂直，应计算二者在腹板焊缝上的向量和。腹板焊缝下边缘点的最大组合剪应力为

$$\sqrt{\tau_Q^2+\tau_M^2}\leqslant[\tau_h] \tag{4-16}$$

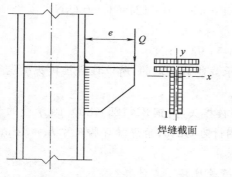

图 4-12　支托与柱的焊缝连接

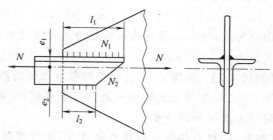

图 4-13　角钢与节点板的搭接焊缝

（4）角钢的角焊缝计算

图 4-13 是角钢与节点板的搭接接头。用角焊缝连接角钢和节点板时，应注意使角钢肢尖焊缝所受之力 N_2 与肢背所受之力 N_1 的合力位置在角钢的重心线上，即使 $N_2 : N_1 = e_1 : e_2$。由于肢尖和肢背焊缝的焊脚尺寸和计算厚度一般相同，为使肢尖和肢背焊缝所受剪应力 τ 相等，肢尖的焊缝长度 l_2 与肢背焊缝长度 l_1 之比应满足 $l_2 : l_1 = N_2 : N_1 = e_1 : e_2$，通常取：

等肢角钢　　　　　　　　　　　$l_2 : l_1 = 0.3 : 0.7$

不等肢角钢并以短肢焊连节点板　$l_2 : l_1 = 0.25 : 0.75$

不等肢角钢并以长肢焊连节点板　$l_2 : l_1 = 0.35 : 0.65$

由式（4-7），一根角钢所需焊缝总长度为

$$\sum l_f = l_1 + l_2 \geqslant \frac{N}{h_e[\tau_h]}$$

有时将角钢焊连节点板的肢斜切，而采用三边围焊。这时仍按上述比例计算 l_1 及 l_2 值，若斜边长度为 C，则将 $\left(l_1 - \dfrac{C}{2}\right)$ 布置在肢背，而将 $\left(l_2 - \dfrac{C}{2}\right)$ 布置的肢尖。

【例题 4-1】　如图 4-14 所示，用角焊缝和拼接板连接两块钢板，拼接板的尺寸为 $900 \times 550 \times 10$，材料为 Q235，$[\sigma_h] = 175$ MPa，$[\tau_h] = [\sigma_h]/\sqrt{2} = 124$ MPa，角焊缝焊脚尺寸 $h_f = 8$ mm，试确定该拼接接头所能承受的最大拉力。

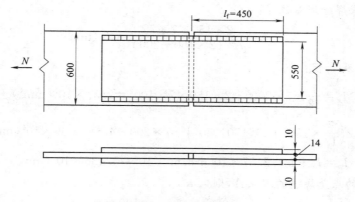

图 4-14　用角焊缝和拼接板的接头

【解】　（1）连接焊缝所能承受的最大拉力

$$N_1 = 0.7h_f \cdot 4l_f[\tau_h] = 0.7 \times 8 \times 4 \times 450 \times 124 = 1\ 250\ (kN)$$

(2)拼接板所能承受的最大拉力

$$N_2 = 2 \times 10 \times 550 \times 175 = 1\ 925\ (kN)$$

由此可见,该拼接接头的承载能力是由焊缝的承载能力决定的,所以该拼接接头所能承受的最大拉力为 1 250 kN。

【例题 4-2】 如图 4-13 所示角钢与节点板的搭接接头,角钢 $2 \times 125 \times 80 \times 10$ 承受的拉力为 $N = 470$ kN,不等肢角钢以长肢与节点板焊接,钢材为 Q235,角焊缝焊脚尺寸 $h_f = 8$ mm,试确定焊缝长度并加以分配。

【解】 一根角钢承受的拉力为 $N/2$,其所需焊缝长度按下式计算:

$$\sum l_f = \frac{N}{2h_e[\tau_h]} = \frac{470\ 000}{2 \times 0.7 \times 8 \times 124} = 338.4\ (mm)$$

焊缝实际长度应取焊缝计算长度加上 $2h_f$,则

角钢肢背焊缝长度 $l_1 = 338.4 \times 0.65 + 2 \times 8 \approx 236\ (mm)$

角钢肢尖焊缝长度 $l_2 = 338.4 \times 0.35 + 2 \times 8 \approx 134\ (mm)$

【例题 4-3】 角焊缝布置及几何尺寸如图 4-15 所示,偏心载荷 $P = 100$ kN,焊缝计算厚度 $h_e = 7$ mm,试验算焊缝强度。基材用 Q345 钢,$[\tau_h] = 182$ MPa。

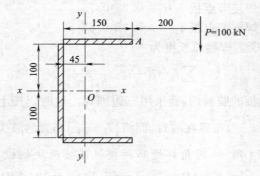

图 4-15　焊缝尺寸简图

【解】 首先求焊缝形心位置:

$$\bar{x} = \frac{2 \times 150 \times 7 \times 75}{7 \times (2 \times 150 + 200)} = 45\ (mm)$$

再计算 I_x、I_y 及 I_p 值:

$$I_x = \frac{1}{12} \times 7 \times 200^3 + 2 \times 150 \times 7 \times 100^2 = 2.57 \times 10^7\ (mm^4)$$

$$I_y = 2\left(\frac{7}{12} \times 150^3 + 7 \times 150 \times 30^2\right) + 7 \times 200 \times 45^2 = 8.66 \times 10^6\ (mm^4)$$

$$I_p = I_x + I_y = 2.57 \times 10^7 + 8.66 \times 10^6 = 3.436 \times 10^7\ (mm^4)$$

距 O 点最远的点是焊缝的端点 A,则

$$x_A = 105\ mm\ \text{及}\ y_A = 100\ mm$$

扭矩 $M_n = 100\ 000 \times (350 - 45) = 3.05 \times 10^7\ (N \cdot mm)$

扭矩引起的剪应力分量:

$$\tau_{Ar}=\frac{3.05\times10^7\times100}{3.436\times10^7}=88.8\,(MPa)$$

$$\tau_{Ay}=\frac{3.05\times10^7\times105}{3.436\times10^7}=93.2\,(MPa)$$

过焊缝形心的轴力引起的剪应力：

$$\tau_P=\frac{10^5}{7\times500}=28.6\,(MPa)$$

A 点最大总剪应力：

$$\tau=\sqrt{(93.2+28.6)^2+88.8^2}=150.7\,(MPa)<[\tau_h]$$

所以焊缝强度满足要求。

四、焊缝连接的疲劳强度

起重机金属结构经常受变载荷作用时会发生疲劳现象。焊缝连接的疲劳强度主要取决于结构工作级别（应力谱和应力循环次数）、材料种类、接头连接形式（应力集中情况）、连接处的最大应力及应力循环特性等。通常工作级别 E4 级（含）以上的结构件应验算疲劳强度。

焊缝连接的疲劳强度计算及其许用应力详见第三章。

由于焊缝中有气孔、裂纹和夹渣等缺陷引起应力集中现象以及焊接残余应力对疲劳强度的不利影响，焊缝连接的疲劳强度一般比基材低。

分析低合金钢焊接疲劳强度试验资料，有如下现象或结论：

（1）通常焊缝的疲劳强度都低于基材，因此对工作级别 E4 级（含）以上的焊接件需验算疲劳。自动焊的对接焊缝，经机械加工磨平焊缝的凸起部分，而熔合线附近没有凹坑或磨痕，用 X 光透视未发现不容许缺陷的接头，但试验测得的疲劳强度仍略低于基材。

（2）未经机械加工的自动焊对接焊缝，其疲劳强度比机械加工磨光的对接焊缝低得多。未经探伤的自动焊对接焊缝由于可能含有制造规范所不容许的缺陷，必须采用较低的疲劳强度。因此对于对接接头表面应进行机械加工，对于焊缝质量应进行严格检查。

（3）自动焊的焊缝疲劳强度较高，半自动焊次之，手工焊最低。因此应尽量采用自动焊和半自动焊。手工焊宜用于次要构件和受力较小的连接。

（4）角焊缝的疲劳强度比对接焊缝低得多。用角焊缝传递轴力的接头，以用端焊缝和侧焊缝围焊较好，这样应力分布均匀，应力集中程度低，故疲劳强度可提高。若只用侧焊缝连接，则在侧焊缝端部首先发生疲劳破坏，从而降低疲劳强度。

第二节　螺栓连接

一、螺栓的种类

螺栓分普通螺栓和高强度螺栓两大类。

螺栓按照性能等级（GB/T 3098.1—2010）分为 4.6、4.8、5.6、5.8、6.8、8.8、9.8、10.9、12.9/12.9 级 10 个等级，其中 8.8 级（含）以上螺栓材料为碳钢或添加元素的碳钢（如硼或锰或铬）或合金钢并经热处理（淬火并回火），通称为高强度螺栓，其余通称为普通螺栓。普通螺栓的材料为碳钢或添加元素的碳钢。

普通螺栓分 A、B、C 三级，A、B 级为精制螺栓，C 级为粗制螺栓。粗制螺栓锻压制成，表面粗糙，尺寸不够准确，但成本低。一般相配合的孔径比栓径大 2～4 mm，安装容易。由于配合间隙较大，传递剪力时连接变形较大，故主要用于受拉的连接或用作安装连接中的临时定位螺栓，不能用于受动载荷的主要受力结构中。精制螺栓是经机械加工制成的，表面光洁，尺寸准确，但成本高。一般孔径比栓径大 0.3～0.5 mm，装配孔需要铰孔，安装时要轻轻敲打才能装入，因此精制螺栓安装比较困难，适用于受剪力的连接，可以用于受动载荷的结构中。

高强度螺栓连接按照抗剪时的设计准则分为摩擦型高强度螺栓连接和承压型高强度螺栓连接两种。

高强度螺栓安装时通过拧紧螺母施加接近于螺栓钢材屈服限的预紧力，使连接件间产生强大的压紧力，利用构件接触面间的摩擦力来传递剪力。摩擦型高强度螺栓连接不允许外剪力超过构件间的摩擦力，仅靠摩擦力传递外力，故其连接性能及承受动载荷的性能好，抗疲劳能力强，在起重机结构中应用广泛。承压型高强度螺栓连接允许外剪力超过构件接触面间的摩擦力而产生滑移，使栓杆抵住孔壁，通过摩擦与承压共同传力，故其承载能力比摩擦型高 50% 以上。由于其不适用于直接承受动载荷的结构和在连接处有反向内力作用的结构，因此在起重机承载结构中一般不采用此类连接，如果确有需要采用，应对其进行承剪和承压的计算。高强度螺栓在受剪和受拉两方面的性能都比较好。

为了保证连接有较大的摩擦力，应对构件接触表面进行喷砂、喷小铁丸和酸洗等除锈处理，最好再涂以无机富锌漆，以防止再生锈。

安装高强度螺栓时应设法保证各螺栓中的预拉力达到规定数值，避免超拉和欠拉。常用的拧紧方法有两种：一种是使用定扭矩扳手，在扭矩达到规定值时便发出响声或者自动停机；另一种是先由人力拧到相当紧的程度，再用冲击式扳手将螺母拧过半圈即可。

每个高强度螺栓要配用两个用高强度钢制造的垫圈，以防止钢板表面被螺栓头和螺帽压陷或磨伤。

目前我国生产供应的高强度螺栓没有摩擦型和承压型之分，只是在确定承载能力时区分摩擦型与承压型。美国开始应用高强度螺栓时，只按摩擦型传力设计，后来才考虑外力超过摩擦力引起滑移，通过摩擦与承压共同传力，并将高强度螺栓分为摩擦型和承压型两种。

螺栓机械性能见表 4-5。

表 4-5　螺栓、螺钉和螺柱的机械性能　　　　　　　　单位：N/mm²

机械性能		性能等级									
		4.6	4.8	5.6	5.8	6.8	8.8		9.8	10.9	12.9/12.9
							$d \leqslant 16$ mm[1]	$d > 16$ mm[2]	$d \leqslant 16$ mm		
抗拉强度 σ_b	公称[3]	400		500		600	800		900	1 000	1 200
	min	400	420	500	520	600	800	830	900	1 040	1220
下屈服强度 σ_s[4]	公称[3]	240	—	300			—				
	min	240		300							
规定非比例延伸 0.2% 的应力 $\sigma_{P0.2}$	公称[3]			—			640	640	720	900	1 080
	min						640	660	720	940	1 100

续上表

机械性能		性能等级									
		4.6	4.8	5.6	5.8	6.8	8.8		9.8 $d{\leq}16$ mm	10.9	12.9/ 12.9
							$d{\leq}16$ mm①	$d{>}16$ mm②			
紧固件实物的规定非比例延伸 0.004 8d 的应力 σ_{Pf}	公称③	—	320		400	480			—		
	min	—	340⑤		420⑤	480⑤					
保证应力 σ_{sp}	公称	225	310	280	380	440	580	600	650	830	970
保证应力比	$\sigma_{sp,公称}/\sigma_{s,min}$ 或 $\sigma_{sp,公称}/\sigma_{P0.2,min}$ 或 $\sigma_{sp,公称}/\sigma_{Pf,min}$	0.94	0.91	0.93	0.90	0.92	0.91	0.91	0.90	0.88	0.88

注：①——数值不适用于栓接结构。

②——对栓接结构 $d{\geq}$M12。

③——规定公称值,仅为性能等级标记制度的需要。

④——在不能测定下屈服强度 σ_s 的情况下,允许测量规定非比例延伸 0.2% 的应力 $\sigma_{P0.2}$。

⑤——对性能等级 4.8、5.8 和 6.8 的 $\sigma_{Pf,min}$ 数值尚在调查研究中。表中数值是按保证载荷比计算给出的,而不是实测值。

（该表选自 GB/T 3098.1—2010）

二、螺栓连接的布置

选用恰当的螺栓直径并正确地布置螺栓对于保证连接强度和制作方便是至关重要的。

为了便于制造,通常整个结构最好只用一种直径的螺栓,不得已时才用两种直径。

螺栓孔的中心通常是布置在称为栓线的直线上,以便施工和制作。栓线的方向大多与构件轴线平行。沿栓线相邻螺栓的中心距称为栓距。相邻栓线间的距离称为线距。靠边螺栓中心至板边的距离,顺着力的方向称为端距,垂直于力的方向称为边距,如图 4-16 所示。

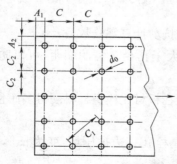
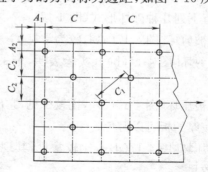

端距 $A_1{\geq}2d_0$;

边距 $A_2{\geq}1.2d_0$ 或 $1.5d_0$（见表4-6）；

栓距 C、对角线栓距 C_1、线距 $C_2{\geq}3d_0$。

(a)　　　　　　　　　　　　(b)

图 4-16　螺栓排列及其最小间距

(a)并列式；(b)错列式。

螺栓的布置分并列式和错列式两种。并列式比较简单,制造时划线钻孔方便,而且比较紧凑,省钢料,应用较多。错列式可以减少对钢板截面的削弱,因而可以少用螺栓。通常在型钢肢宽小而又需布置两条栓线时才应用。

螺栓布置的栓距、线距、端距和边距的最小值和最大值见表 4-6。

表 4-6 螺栓布置的极限尺寸

名 称	位置和方向			最大容许距离 (取两者中较小者)	最小容许距离
中心间距	外排(垂直内力方向或沿内力方向)			$8d_0$ 或 $12t$	3d_0
	中间排	垂直内力方向		$16d_0$ 或 $24t$	
		沿内力方向	受压构件	$12d_0$ 或 $18t$	
			受拉构件	$16d_0$ 或 $24t$	
	沿对角线方向			—	
中心至构件边缘的距离	沿内力方向				2d_0
	垂直于内力方向	剪切边或手工气割边		$4d_0$ 或 $8t$	1.5d_0
		轧制边、自动气割 或锯割边	高强度螺栓		
			其他螺栓		1.2d_0

注:1. d_0 为螺栓的孔径,t 为外层较薄板件的厚度。
   2. 钢板边缘与刚性构件(如角钢、槽钢等)相连的螺栓的最大间距,可按中间排的数值选用。

三、受剪螺栓连接的计算

1. 承压型螺栓连接的破坏形式

普通螺栓的预紧力较小或未作特殊要求,因此连接面的摩擦力较小,当受外力作用时发生滑动,使栓身抵住栓孔壁,靠螺栓的抗剪和承压能力来传递外力,故称承压型螺栓连接。承压型螺栓连接有下列几种破坏形式(图 4-17):

(1)栓身被剪坏[图 4-17(a)],较为常见,一般按抗剪计算螺栓数目。

(2)板被剪坏[图 4-17(b)],实验表明,若采用大于孔径 2 倍的端距,可以防止孔前板被剪坏。

(3)栓身被压坏[图 4-17(c)],比较少见,它出现在板材比栓身材料硬得多而且板厚较小的情况。采用较厚的板可以避免。

(4)板被压坏[图 4-17(d)],比较常见,其现象是栓孔一边被压坏,变为长形孔,一般按承压计算螺栓数目。

(5)栓身过度弯曲[图 4-17(e)],出现在板较厚而栓径较小时,若板束总厚度不大于孔径的 5 倍,可以避免。

(6)栓身被拉断[图 4-17(f)],在普通螺栓连接中少见,高强度螺栓有时因拧螺母的操作超过限度而拉断,好在当时发觉可换上新的螺栓。

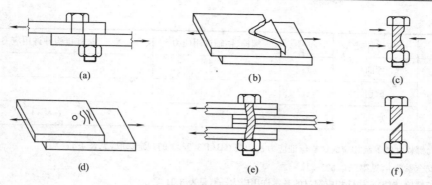

图 4-17　承压型螺栓连接的破坏形式

(a)栓身剪坏；(b)板被剪坏；(c)栓身压坏；(d)板被压坏；(e)栓身弯曲破坏；(f)栓身拉断。

由此可见,在承压型螺栓连接计算中,只需考虑栓身被剪坏和板的螺孔被压坏两项即可。

2. 普通螺栓的单栓抗剪承载力

普通螺栓安装时只要求适当拧紧,应视为不施加预紧力进行计算。

在承压型螺栓连接中,单栓容许承载能力是由板的承压条件和螺栓的抗剪条件决定的。为简化计算,假定承压应力在栓孔直径平面上是均布的,剪应力在栓身截面上也是均布的。

根据板的承压条件决定的单栓承载力为

$$[N_c] = d \sum \delta \cdot [\sigma_c] \tag{4-17}$$

根据螺栓抗剪条件决定的单栓承载力为

$$[N_j] = n_j \cdot \frac{\pi d^2}{4} \cdot [\tau_j] \tag{4-18}$$

式中　d——螺栓杆直径；

$\sum \delta$——同一受力方向承压板件的较小总厚度；

n_j——剪切面数目,单剪 $n_j = 1$,双剪 $n_j = 2$；

$[\sigma_c]$——孔壁的许用压应力,见表 4-7；

$[\tau_j]$——螺栓的许用剪应力,见表 4-7。

分别按承压条件和抗剪条件计算出单栓的承载能力,然后取二者中较小者作为单栓的抗剪承载力,即

$$[N] = \min([N_c], [N_j]) \tag{4-19}$$

表 4-7　普通螺栓、销轴连接的许用应力　　　　　　　　　　单位:N/mm²

接头种类	应力种类	符号	螺栓、销轴许用应力	被连接构件许用应力
A、B 级螺栓连接	拉伸	$[\sigma_t]$	$0.8\sigma_{sP}$[1]$/n$[2]	—
	单剪切	$[\tau_j]$	$0.6\sigma_{sP}/n$	—
	双剪切	$[\tau_j]$	$0.8\sigma_{sP}/n$	—
	承压	$[\sigma_c]$	—	$1.8[\sigma]$[3]
C 级螺栓连接	拉伸	$[\sigma_t]$	$0.8\sigma_{sP}/n$	—
	剪切	$[\tau_j]$	$0.6\sigma_{sP}/n$	—
	承压	$[\sigma_c]$	—	$1.4[\sigma]$

接头种类	应力种类	符号	螺栓、销轴许用应力	被连接构件许用应力
销轴连接①	弯曲	$[\sigma_w]$	$[\sigma]$	—
	剪切	$[\tau_j]$	$0.6[\sigma]$	—
	承压	$[\sigma_c]$	—	$1.4[\sigma]$

注：①——与螺栓性能等级相应的螺栓保证应力 σ_{sP}，按 GB/T 3098.1 的规定选取，见表4-5。

②——安全系数 n，见第三章表3-21。

③——与螺栓、销轴或构件相应钢材的基本许用应力 $[\sigma]$，见表3-21。

④——当销轴在工作中可能产生微动时，其承压许用应力宜适当降低。

3. 摩擦型高强度螺栓的单栓抗剪承载力

摩擦型高强度螺栓安装时要求施加的预紧力达到规定的数值，受剪时接触面间不发生滑移，单栓的承载力由单栓提供的最大摩擦力除以安全系数 n 求得，即

$$[N] = \frac{Z_m \mu P}{n} \tag{4-20}$$

式中　Z_m——传力的摩擦面数；

μ——摩擦系数，由表4-8查取；

P——单个高强度螺栓的预紧力，由表4-9查取；

n——安全系数，见表3-21。

表 4-8　摩擦系数 μ 值

连接处接合面的处理方法	构件材料	
	Q235	Q345 及以上
喷砂(或喷砂后生赤锈)	0.45	0.55
喷砂(或酸洗)后涂无机富锌漆	0.35	0.40
钢丝刷清理浮锈或未经处理的干净轧制表面	0.30	0.35

表 4-9　单个高强度螺栓的预拉力值 P①

螺栓等级	抗拉强度 σ_b (N/mm²)	屈服点 σ_{sl} (N/mm²)	螺栓有效截面积 A_l(mm²)									
			157	192	245	303	353	459	561	694	817	976
			螺栓公称直径(mm)									
			M16	M18	M20	M22	M24	M27	M30	M33	M36	M39
			单个高强度螺栓的预拉力 P(kN)									
8.8S	≥800	≥640	70	86	110	135	158	205	250	310	366	437
10.9S	≥1 000	≥900	99	120	155	190	223	290	354	437	515	615
12.9S	≥1 200	≥1 080	119	145	185	229	267	347	424	525	618	738

注：①——表中预拉力值按 $0.7\sigma_{sl} \cdot A_l$ 计算，其中 σ_{sl} 取各档中的最小值。

4. 轴心受剪螺栓连接的计算

传递轴力之螺栓连接常用接头形式如图 4-18 所示,图 4-18(a)是双面拼接板的对接接头,它的受力情况是对称的,不会发生挠曲和转动,而且螺栓受双剪,承载能力高,因此是较好的连接形式。

图 4-18(b)是搭接接头,由于两个构件不在同一平面内,因此受力后便发生挠曲和转动,从而引起附加应力。这种连接螺栓受单剪,故承载能力较低,用于传力较小的场合。

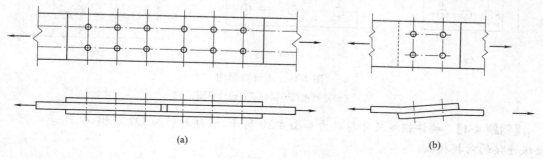

图 4-18　传递轴力的螺栓连接
(a)对接接头;(b)搭接接头。

计算传递轴力之螺栓连接时,假定各螺栓受力相等,故连接的承载力等于单个螺栓承载力乘以螺栓数。若根据外载荷计算出连接所传递的最大轴力为 N,则所需螺栓数目 z 按下式计算:

$$z=\frac{N}{[N]} \tag{4-21}$$

式中　$[N]$——单栓抗剪许用承载力。对普通螺栓$[N]$按式(4-19)计算,对摩擦型高强度螺栓$[N]$按式(4-20)计算。

被连接件的强度按下式验算:

$$\sigma=\frac{N}{A_j}\leqslant[\sigma] \tag{4-22}$$

式中,A_j 为被连接件的净面积,螺栓并列布置时为第一列螺栓所在截面,即图 4-19(a)的 Ⅰ—Ⅰ 截面;错列布置时被连接件可能沿图 4-19(b)的正交截面 Ⅰ—Ⅰ 或沿齿状截面 Ⅱ—Ⅱ 破坏,其净面积按下式计算:

Ⅰ—Ⅰ 截面　　　　　　$A_j=\delta(b-nd_0)$(δ 为构件厚度)

Ⅱ—Ⅱ 截面　　　　　　$A_j=\delta[2e_1+(n-1)\sqrt{a^2+e^2}-nd_0]$

式中,n 为计算截面螺栓数目,d_0 为螺栓孔直径。

取两个截面中的较小者验算构件强度。

对于传递轴力的高强度螺栓连接经试验证明,在反复载荷作用下,高强度螺栓本身不发生疲劳破坏,但构件会在栓孔截面发生疲劳破坏。从受力情况分析,摩擦型高强度螺栓连接是靠板间摩擦力传力,栓杆不受挤压和反复弯曲,所以高强度螺栓不发生疲劳破坏是自然的。因此,对用高强度螺栓连接的构件,只需验算构件的疲劳强度。对承压型普通螺栓连接有疲劳破坏问题,疲劳强度计算方法参阅第三章。

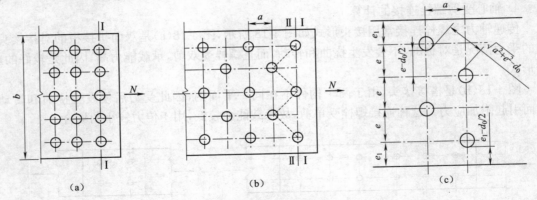

图 4-19 A_j 计算简图

(a)并列式；(b)错列式；(c)计算图。

【例题 4-4】 构件钢板尺寸与轴力如图 4-20 所示，构件材料为 Q235 钢，试设计双面用拼接板连接的对接接头。

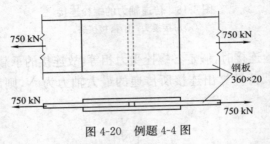

图 4-20 例题 4-4 图

【解】 首先初估拼接板的厚度，通常两块拼接板的厚度略大于被连接板件的厚度，取 $2\delta = 24$ mm；选用 M20 的普通 B 级螺栓(4.6 S)和高强度螺栓(10.9 S)分别进行计算。

(1)确定螺栓的数目 z

①普通 B 级螺栓(4.6 S)

按抗剪条件计算单栓承载力(本例是双剪)：

$$[N_j] = n_j \cdot \frac{\pi d^2}{4} \cdot [\tau_j] = 2 \times \frac{\pi \times 20^2}{4} \times 134.33 = 84.4 \ (\text{kN})$$

式中

$$[\tau_j] = 0.8\sigma_{sP}/n = 0.8 \times 225/1.34 = 134.33 \ (\text{MPa})$$

按承压条件计算单栓承载力：

$$[N_c] = d \sum \delta \cdot [\sigma_c] = 20 \times 20 \times 315.67 = 126.27 \ (\text{kN})$$

式中

$$[\sigma_c] = 1.8[\sigma] = 1.8 \times 235/1.34 = 315.67 \ (\text{MPa})$$

因此螺栓抗剪是控制条件，故 $[N] = 84.4$ kN。

所需 B 级精制螺栓数目 z 为

$$z = \frac{N}{[N]} = \frac{750}{84.4} = 8.9$$

故取 $z = 9$。

②高强度螺栓(10.9 S)

构件接触面间采用喷砂后涂无机富锌漆的方式处理，则单栓承载力为

$$[N] = \frac{Z_m \mu P}{n} = \frac{2 \times 0.35 \times 155}{1.34} = 80.9 \ (\text{kN})$$

所需高强度螺栓数目 z 为

$$z = \frac{N}{[N]} = \frac{750}{80.9} = 9.3$$

故取 $z = 10$。

(2) 螺栓连接的布置(图 4-21)

以精制螺栓数目 $z = 9$ 为例进行布置,采用两种布置方式并加以比较。

方案一为错列式布置,构件的净面积 A_j 分两种情况计算如下(精制螺栓孔径取为 $\Phi 20.5$):

$$A_{jI} = \delta(b - nd_0) = 20(360 - 5 \times 20.5) = 5\ 150\ (\text{mm}^2)$$

$$A_{jII} = \delta[2e_1 + (n-1)\sqrt{a^2 + e^2} - nd_0]$$

$$= 20[2 \times 40 + (9-1)\sqrt{70^2 + 35^2} - 9 \times 20.5] = 10\ 432\ (\text{m}^2)$$

构件强度校核:

$$\sigma = \frac{N}{A_{jI}} = \frac{750\ 000}{5\ 150} = 145 \cdot 6\ (\text{MPa}) < [\sigma] = 175\ \text{MPa}$$

方案二为并列式布置,构件的净面积为

$$A_j = \delta(b - nd_0) = 20 \times (360 - 3 \times 20.5) = 5\ 970\ (\text{mm}^2)$$

构件强度校核:

$$\sigma = \frac{750\ 000}{5\ 970} = 125.6\ (\text{MPa}) < [\sigma]$$

由于拼接板厚度比板件厚,不必再验算其强度。

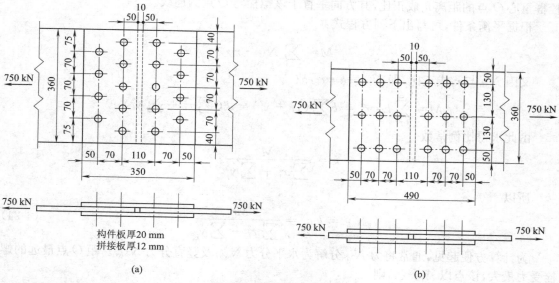

图 4-21　螺栓连接布置图

(a)错列式;(b)并列式。

可见,方案一所需拼接板尺寸比方案二小,但螺栓排列较复杂。方案二栓孔削弱得较小,强度富余较多。

　　高强度螺栓数目 $z=10$，可在接头一侧布置成两列，每列 5 个螺栓，这样布置比较简单。高强度螺栓孔径取为 $\phi 21.5$。

　　5. 偏心受剪螺栓连接的计算

　　螺栓连接偏心受力(即外力不通过螺栓群重心)的情况是常见的，如图 4-22 所示。

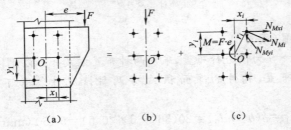

图 4-22　螺栓群偏心受剪计算简图

　　将偏心力 F 对螺栓连接的作用转化为通过螺栓群重心的力 F 及扭矩 $M=F \cdot e$ 的作用。于是可分别计算螺栓在轴力 F 及扭矩 M 作用下螺栓的受力，然后进行向量叠加，即可得螺栓在偏心力 F 作用下所受的力。

　　根据前面假定，认为通过螺栓群重心的力 F 在各螺栓上是平均分配的。若螺栓群中螺栓的数目为 z，则每个螺栓所受剪力为

$$N_F = \frac{F}{z} \tag{4-23}$$

　　其方向与力 F 平行。

　　扭矩 M 在各螺栓上的分配：在扭矩 $M=F \cdot e$ 作用下，假定被连接钢板的刚度很大，在扭矩 M 作用下绕螺栓群重心 O 点转动[图 4-22(c)]，则任一螺栓受力的大小 N_{Mi} 与该螺栓到螺栓群重心 O 点的距离 r_i 成正比，其方向垂直于该螺栓与 O 点的连线。

　　根据平衡条件，可写出下列方程式：

$$M = \sum_{i=1}^{z} N_{Mi} \cdot r_i$$

又因 N_{Mi} 与 r_i 成正比，即 $N_{Mi}=k \cdot r_i$，故

$$M = \sum_{i=1}^{z} k \cdot r_i^2 = k \sum_{i=1}^{z} (x_i^2 + y_i^2) = k \left(\sum x_i^2 + \sum y_i^2 \right)$$

由此求得比例常数

$$k = \frac{M}{\sum x_i^2 + \sum y_i^2}$$

所以

$$N_{Mi} = k_i r_i = \frac{M r_i}{\sum x_i^2 + \sum y_i^2} \tag{4-24}$$

　　为计算方便起见，通常将力 N_{Mi} 分解为水平分力 N_{Mxi} 及竖直分力 N_{Myi}。距 O 点最远的螺栓受力最大，该点以 A 表示，则

$$\left. \begin{array}{l} N_{MxA} = \dfrac{M y_A}{\sum x_i^2 + \sum y_i^2} \\[3mm] N_{MyA} = \dfrac{M x_A}{\sum x_i^2 + \sum y_i^2} \end{array} \right\} \tag{4-25}$$

由轴力 F 及扭矩 M 共同作用,即由偏心力 F 作用所引起螺栓最大剪力为

$$N = \sqrt{N_{MxA}^2 + (N_F + N_{MyA})^2} \leqslant [N] \tag{4-26}$$

普通螺栓 $[N]$ 按式(4-19)计算,高强度螺栓 $[N]$ 按式(4-20)计算。

【例题 4-5】　已知图 4-22(a)中的 6 个螺栓相对重心 O 对称分布,$F = 40$ kN,$x_1 = 40$ mm,$y_1 = 80$ mm。若采用 6 个 8.8 级 M20 高强度螺栓连接是否可以?

【解】　(1)单栓承载力为(本例是单剪,故 $Z_m = 1$)

$$[N] = \frac{Z_m \mu P}{n} = \frac{1 \times 0.35 \times 110}{1.34} = 28.7 \text{ (kN)}$$

(2)通过螺栓群重心的力 F 引起的螺栓剪力为

$$N_F = \frac{F}{z} = \frac{40}{6} = 6.67 \text{ (kN)}$$

(3)由扭矩 $M = F \cdot e$ 引起的螺栓剪力的计算

$$M = F \cdot e = 40 \times 200 = 8\,000 \text{ (kN · mm)}$$

以右上角的螺栓作为 A 点,则

$$x_A = 40 \text{ mm}, y_A = 80 \text{ (mm)}$$

全连接共 6 个螺栓,故

$$\sum x_i^2 = 6 \times 40^2 = 9\,600 \text{ (mm}^2\text{)}$$

$$\sum y_i^2 = 2 \times (80^2 + 80^2) = 25\,600 \text{ (mm}^2\text{)}$$

则螺栓受力为

$$N_{MxA} = \frac{My_A}{\sum x_i^2 + \sum y_i^2} = \frac{8\,000 \times 80}{9\,600 + 25\,600} = 18.2 \text{ (kN)}$$

$$N_{MyA} = \frac{Mx_A}{\sum x_i^2 + \sum y_i^2} = \frac{8\,000 \times 40}{9\,600 + 25\,600} = 9.1 \text{ (kN)}$$

由式(4-26)得

$$N = \sqrt{N_{MxA}^2 + (N_{MyA} + N_F)^2} = \sqrt{18.2^2 + (9.1 + 6.67)^2} = 24.1 \text{ (kN)} < [N], 故可以。$$

四、受拉螺栓连接的计算

1. 普通螺栓受拉时的单栓承载力

参看图 4-23,当螺栓没有承受外载荷时,螺栓中的拉力等于预紧力 P,被连接件承受螺栓传递给它的压力也等于 P(图示 A 点)。普通螺栓连接的预紧力 P 较小。当螺栓受较小的外拉力 T_1 作用时,螺栓被拉长,它给予被连接件的压力由 P 减少为 S(图示 B 点)。当外拉力增大为 T_2 时,螺栓又被拉长,被连接件的压力减至为零,但连接面尚未分离,这时螺栓中的最大拉力为 T_2。当外拉力大于 T_2 时,则连接面分离。当外拉力为 T_3 时,连接面间隙为 Δ,对受拉普通螺栓连接允许出现这种情况,此时螺栓中的最大拉力就等于外拉力,与预紧力无关。

普通螺栓是在弹性阶段内工作,其单栓承载力按下式计算:

$$[N_t] = \frac{\pi d_1^2}{4} \cdot [\sigma_t] \tag{4-27}$$

式中　d_1——螺纹内径;

　　　$[\sigma_t]$——螺栓拉伸许用应力,见表 4-7。

受拉普通螺栓的强度校核条件为

$$T \leqslant [N_t] \qquad (4\text{-}28)$$

式中 T——普通螺栓承受的最大外拉力。

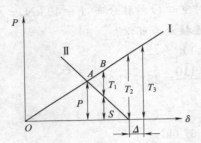
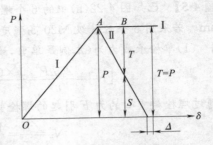

图 4-23 普通螺栓受力分析图

Ⅰ—螺栓;Ⅱ—被连接件。

图 4-24 高强度螺栓受力分析图

Ⅰ—螺栓;Ⅱ—被连接件。

2. 摩擦型高强度螺栓受拉时的单栓承载力

高强度螺栓当其预紧力达到规定的数值 P 时,螺栓中的应力已接近材料的屈服极限(图 4-24)。当螺栓受到外拉力 T 作用时(图中 B 点),螺栓中拉力可近似认为不再增大仍等于 P,但螺栓却相应在伸长,被连接件的压力则由 P 降为 S。若外拉力 $T=P$,则被连接件的压力 $S=0$,连接就会离缝,这对高强度螺栓是不允许的。规范规定,受拉摩擦型高强度螺栓沿螺杆轴向的单栓许用承载力 $[N_t]$ 按下式计算,并不宜大于螺栓的预拉力 P。

$$[N_t] \leqslant \frac{0.2\sigma_{sl}A_l}{1\,000n\beta} \qquad (4\text{-}29)$$

式中 $[N_t]$——受拉摩擦型高强度螺栓沿螺杆轴向的单栓许用承载力(kN);

σ_{sl}——高强度螺栓钢材的屈服点(N/mm²),有确切数据的按值选取,也可按表 4-9 中最低值选取;

A_l——螺栓有效截面积(mm²),可按表 4-9 选取;

n——安全系数,见表 3-21;

β——载荷分配系数,β 与连接板总厚度 δ_Σ 和螺栓(公称)直径 d 有关,按下式计算:

当 $\delta_\Sigma/d \geqslant 3$ 时,$\beta = (0.26 - 0.026\,\delta_\Sigma/d) + 0.15$

当 $\delta_\Sigma/d < 3$ 时,$\beta = (0.17 - 0.057\,\delta_\Sigma/d) + 0.33$

受拉高强度螺栓的强度校核条件为

$$T \leqslant [N_t] \qquad (4\text{-}30)$$

3. 弯矩使螺栓受拉时普通螺栓连接的计算(图 4-25)

普通螺栓连接承受弯矩而使螺栓受拉时,由于螺栓的预紧力较小,受拉区会发生离缝现象,连接板不再抵触。通常近似地认为法兰连接板的刚性足够并绕其边缘倾覆,为计算方便起见,假定中性轴位于最右列螺栓的中心线上,如图 4-25(b)所示。螺栓承受拉力 T'_i 的大小与该螺栓到中性轴的距离 x'_i 成正比,若以 k 表示比例常数,则

$$T'_i = kx'_i$$

若用 m_i 表示第 i 列螺栓的数目,则可写出平衡方程式:

$$M = \sum m_i T'_i x'_i = k \sum m_i x'^2_i$$

于是可求得比例常数：

$$k = \frac{M}{\sum m_i \cdot x_i'^2}$$

故

$$T_i' = kx_i' = \frac{Mx_i'}{\sum m_i \cdot x_i'^2}$$

当 $x_i' = x_{\max}'$ 时,便可求得螺栓承受的最大拉力验算式：

$$T' = \frac{Mx_{\max}'}{\sum m_i \cdot x_i'^2} \leqslant [N_t] \tag{4-31}$$

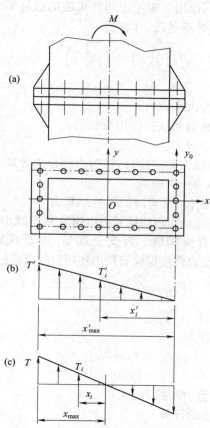

图 4-25 弯矩使螺栓受拉的图示

(a)法兰盘接头；(b)普通螺栓受力图；(c)高强度螺栓受力图。

4. 弯矩使螺栓受拉时高强度螺栓连接的计算

高强度螺栓承受弯矩而使部分螺栓受拉时,由于载荷拉力始终小于预紧力,故连接面未发生离缝现象,因此,可按中性轴位于螺栓群重心轴线上来计算,如图 4-25(c)所示。

根据平衡条件可写出下列方程式：

$$M = 2\sum m_i T_i x_i = 2k\sum m_i x_i^2$$

故

$$k = \frac{M}{2\sum m_i x_i^2}$$

高强度螺栓承受最大拉力的验算式为

$$T = \frac{Mx_{\max}}{2\sum m_i x_i^2} \leqslant [N_t] \tag{4-32}$$

式中　x_i——中性轴左边螺栓的横坐标；

　　　m_i——第 i 列螺栓的数目。

五、同时受拉受剪螺栓连接的计算

1. 普通螺栓同时受拉、受剪时的单栓承载力

普通螺栓在剪力和拉力共同作用下应考虑两种可能的破坏形式：一是螺杆受剪兼受拉破坏；二是孔壁承压破坏。即应同时满足以下两式：

$$\begin{cases} \sqrt{\left(\dfrac{N}{[N_j]}\right)^2 + \left(\dfrac{T}{[N_t]}\right)^2} \leqslant 1 \\ N \leqslant [N_c] \end{cases} \tag{4-33}$$

式中　N、T——单栓所承受的剪力和拉力；

$[N_j]$、$[N_t]$——普通螺栓单栓抗剪和抗拉许用承载力；

　　　$[N_c]$——孔壁承压许用承载力。

根据试验结果，兼受剪力和拉力的螺栓杆，将剪力和拉力分别除以各自单独作用时的承载力，无量纲化后的相关关系近似为一圆曲线。

2. 摩擦型高强度螺栓同时受拉、受剪时的单栓承载力

在外拉力 T 作用下，连接件接触面间的压紧力由预紧力 P 减小到$(P-T)$。根据试验，这时接触面上的摩擦系数 μ 值也有所降低。为安全起见，规范规定接触面间的压紧力取为$(P-1.25T)$。于是可得到摩擦型高强度螺栓有拉力作用时的单栓抗剪承载力为

$$[N_j] = \frac{Z_m \mu (P - 1.25T)}{n} \tag{4-34}$$

同时要求外拉力 T 不应大于 $0.7P$。

高强度螺栓的强度校核条件为

$$\left. \begin{array}{l} N \leqslant [N_j] \\ T \leqslant 0.7P \end{array} \right\} \tag{4-35}$$

式中　N、T——单栓所承受的剪力和拉力。

3. 同时受拉、受剪螺栓连接的计算

单纯受拉的螺栓连接在起重机结构中比较少见，而受拉又受剪的螺栓连接是常见的。例如有些桥式起重机主梁与端梁的螺栓连接；单主梁门式起重机主梁与支腿以及支腿与下横梁的螺栓连接都是属于受拉又受剪的螺栓连接。

图 4-26 为单主梁门式起重机主梁与支腿法兰盘螺栓连接的受力图，其螺栓连接计算方法如下：

(1)螺栓所受最大拉力的计算

弯矩 M_x 和 M_y 使角点上的螺栓 A 产生最大拉力，而垂直压力 Q 则使螺栓中的拉力减小。螺栓 A 中的最大

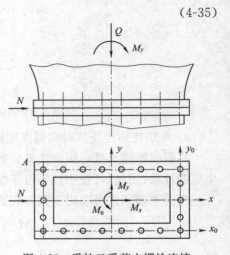

图 4-26　受拉又受剪之螺栓连接

拉力 T_A 计算如下：

普通螺栓

$$T_A = \frac{M_y \cdot x'_{max}}{\sum m_i x'^2_i} + \frac{M_x \cdot y'_{max}}{\sum m_i y'^2_i} - \frac{Q}{z} \leqslant [N_t] \tag{4-36}$$

高强度螺栓

$$T_A = \frac{M_y \cdot x_{max}}{2\sum m_i x^2_i} + \frac{M_x \cdot y_{max}}{2\sum m_i y^2_i} - \frac{Q}{z} \leqslant [N_t] \tag{4-37}$$

式中，z 为螺栓群中螺栓的数目，其余符号同前。

普通螺栓 $[N_t]$ 按式(4-27)计算，高强度螺栓 $[N_t]$ 按式(4-29)计算。

(2)在剪力 N 及扭矩 M_n 作用下螺栓的计算，见式(4-26)。

(3)在拉力和剪力共同作用下螺栓的计算，见式(4-33)～式(4-35)。

六、梁的拼接计算

由于受运输或安装条件的限制，梁有时需分段制造，然后在工地组装，此类拼接称为安装拼接。安装拼接多采用高强度螺栓连接且多用双拼接板（图 4-27）。

翼缘板可按其传递的内力来计算拼接所需的螺栓数。

翼缘板在拼接处传递的内力为

$$N_y = \sigma A_y \tag{4-38}$$

式中　σ——翼缘板形心所受的正应力；

A_y——翼缘板的净截面面积。

翼缘板亦可按等强度条件计算拼接处传递的内力：

$$N_y = [\sigma] A_y \tag{4-39}$$

翼缘板拼接接缝一侧的螺栓数：

$$z_y = \frac{N_y}{[N]} \tag{4-40}$$

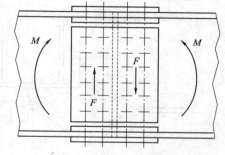

图 4-27　梁的安装拼接

式中，$[N]$ 为单栓抗剪许用承载力。

腹板拼接一般预先布置好螺栓排列，然后进行螺栓承载能力的验算。腹板拼接按腹板同时承受梁拼接截面的全部剪力及部分弯矩来计算。腹板拼接处的弯矩按腹板与梁全截面的惯性矩之比确定：

$$M_f = \frac{I_f}{I} M \tag{4-41}$$

式中　M——梁拼接处的弯矩；

I_f——腹板的惯性矩；

I——整个截面的惯性矩。

剪力 F 由腹板承受，若接缝一侧螺栓数目为 z，则每个螺栓所承受的剪力为

$$N_F = \frac{F}{z} \tag{4-42}$$

在 F 与 M_f 共同作用下,距接缝一侧螺栓群重心最远点的螺栓受力最大,该点以 A 表示,则 A 点螺栓应满足式(4-26)的强度条件,即

$$N = \sqrt{N_{MxA}^2 + (N_F + N_{MyA})^2} \leqslant [N]$$

若梁采用窄式拼接,即 $\dfrac{h}{b} > 3$ 时,上式可简化为

$$N = \sqrt{N_{MxA}^2 + N_F^2} \leqslant [N] \qquad (4\text{-}43)$$

【例题 4-6】 起重量 $Q = 10$ t、跨度 $L = 31.5$ m 的桥式起重机偏轨箱形主梁与端梁采用高强度螺栓连接。桥架结构材料 Q235B。选用 8.8 级 M24 高强度螺栓 12 个构成主梁一端的接头,连接处连接板总厚度 $\delta_\Sigma = 40$ mm。螺栓的布置及起重小车行至连接处的载荷如图 4-28 所示,通过螺栓群重心的力 $F = 195$ kN,弯矩 $M_x = 44\,850$ kN·mm,扭矩 $M_n = 36\,720$ kN·mm。试验算高强度螺栓的强度。

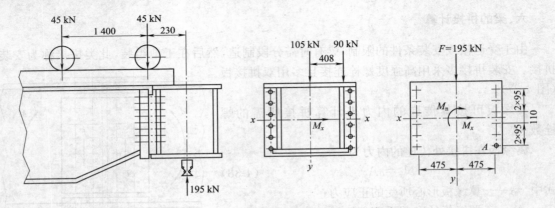

图 4-28 桥式起重机主梁与端梁的连接

【解】 (1)按式(4-37)进行最大拉力验算

$$T_A = \frac{M_x y_{\max}}{2 \sum m_i \cdot y_i^2} = \frac{44\,850 \times 245}{2 \times (2 \times 55^2 + 2 \times 150^2 + 2 \times 245^2)} = 32.1 \ (\text{kN})$$

按式(4-29)计算受拉单栓承载力:

$$[N_t] \leqslant \frac{0.2\sigma_{sl}A_l}{1\,000 n \beta} = \frac{0.2 \times 640 \times 353}{1\,000 \times 1.34 \times 0.405} = 83.3 \ (\text{kN})$$

上式中,σ_{sl}、A_l 查表 4-9;载荷分配系数 β 按下式计算:

因为 $\delta_\Sigma / d = 40/24 = 1.67 < 3$,则 $\beta = (0.17 - 0.057\delta_\Sigma/d) + 0.33 = 0.405$

故 $$T_A < [N_t]$$

验算通过。

(2)高强度螺栓抗剪力验算

通过螺栓群重心的力 $F = 195$ kN,则每个螺栓承受的力为

$$N_F = \frac{F}{z} = \frac{195}{12} = 16.25 \ (\text{kN})$$

扭矩 M_n 在螺栓 A 上引起的力(式 4-25)为

$$N_{MxA} = \frac{M_n \cdot y_A}{\sum x_i^2 + \sum y_i^2} = \frac{36\,720 \times 245}{2 \times (6 \times 475^2 + 2 \times 55^2 + 2 \times 150^2 + 2 \times 245^2)}$$

$$= \frac{9 \times 10^6}{3.05 \times 10^6} = 2.95 \text{ (kN)}$$

$$N_{MyA} = \frac{M_n \cdot x_A}{\sum x_i^2 + \sum y_i^2} = \frac{36\,720 \times 475}{3.05 \times 10^6} = 5.72 \text{ (kN)}$$

在轴力 F 及扭矩 M_n 共同作用下螺栓 A 的剪力(式 4-26)为

$$N_A = \sqrt{N_{MzA}^2 + (N_{MyA} + N_F)^2} = \sqrt{2.95^2 + (5.72 + 16.25)^2} = 22.2 \text{ (kN)}$$

按式(4-34)计算受拉高强度螺栓单栓抗剪承载力:

$$[N_j] = \frac{Z_m \mu (P - 1.25T)}{n} = \frac{1 \times 0.3 \times (158 - 1.25 \times 32.1)}{1.34} = 26.4 \text{ (kN)}$$

且螺栓所受拉力满足 $T = 32.1 \text{ kN} < 0.7P = 0.7 \times 158 = 110.6 \text{ (kN)}$

则
$$N_A < [N_j]$$

验算通过。

第三节　销轴连接

销轴连接是起重机金属结构常用的连接形式,例如起重机臂架根部的连接[图 4-29(a)]以及拉杆或撑杆的连接等[图 4-29(b)],通常都采用销轴连接。

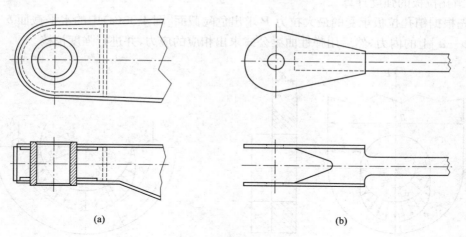

图 4-29　销轴连接示例
(a)臂架根部;(b)拉杆。

一、销轴计算

1. 销轴抗弯强度验算

$$\sigma_w = \frac{M}{W} \leqslant [\sigma] \tag{4-44}$$

式中　M——销轴承受的最大弯矩;

　　　W——销轴抗弯截面模量,$W = \frac{\pi d^3}{32}$;

　　　$[\sigma]$——销轴钢材的基本许用应力,见表 4-7。

2. 销轴抗剪强度验算

$$\tau_{\max}=\frac{QS}{Ib}=\frac{Q\left(\dfrac{d^3}{12}\right)}{\left(\dfrac{\pi d^4}{64}\right)d}=\frac{16}{3}\cdot\frac{Q}{\pi d^2}\leqslant[\tau] \tag{4-45}$$

式中　Q——把销轴当作简支梁分析求得的最大剪力；

　　　$[\tau]$——销轴许用剪应力，$[\tau]=0.6[\sigma]$，见表 4-7。

二、销孔拉板的计算

1. 销孔壁承压应力验算

$$\sigma_c=\frac{P}{d\cdot\delta}\leqslant[\sigma_c] \tag{4-46}$$

式中　P——构件的轴向拉力，即销孔拉板通过承压传给销轴的力；

　　　δ——销孔拉板的承压厚度；

　　　d——销孔的直径；

　　　$[\sigma_c]$——销孔拉板的承压许用应力，见表 4-7。当销轴在工作中可能产生微动时，$[\sigma_c]$宜适当降低。

2. 销孔拉板的强度计算

首先根据销孔拉板承受的最大拉力 P 求出危险截面[图 4-30(a)中的水平截面 b—b 及垂直截面 a—a]上的内力，然后用弹性曲梁公式求出相应的应力，并进行强度校核。

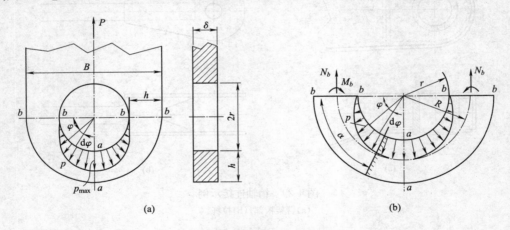

图 4-30　销孔拉板计算简图

（1）内力计算

拉板承受的拉力 P 是通过销孔壁以沿弧长分布压力 p 的形式传给销轴，假定 p 沿弧长按正弦规律分布，即

$$p=p_{\max}\cdot\sin\varphi \tag{4-47}$$

由图 4-30(a)，根据拉板的平衡条件可得

$$P=2\int_0^{\frac{\pi}{2}}p\cdot r\mathrm{d}\varphi\cdot\sin\varphi=2p_{\max}\cdot r\int_0^{\frac{\pi}{2}}\sin^2\varphi\cdot\mathrm{d}\varphi=\frac{\pi r p_{\max}}{2}$$

则
$$p_{max} = \frac{2P}{\pi r} \tag{4-48}$$

根据拉板结构和受力的对称性,可知拉板上反对称的内力(即剪力)等于零。若沿销孔中心线截开拉板,则截面上只有轴力 N_b 及弯矩 M_b,如图 4-30(b)所示。

根据平衡条件 $\sum Y = 0$,得

$$N_b = \frac{P}{2} \tag{4-49}$$

图 4-30(b)为一次超静定问题,须根据变形条件求 M_b。为此需列出与水平线成 α 角的任一截面的弯程方程:

$$M = M_b + N_b R(1-\cos\alpha) - \int_0^a p \cdot r \cdot d\varphi \cdot R\sin(\alpha-\varphi)$$

将 $N_b = \frac{P}{2}$ 及 $p = p_{max} \cdot \sin\varphi = \frac{2P}{\pi r} \cdot \sin\varphi$ 代入上式,得

$$M = M_b + \frac{1}{2}PR(1-\cos\alpha) - \frac{2}{\pi}PR\int_0^a \sin\varphi \cdot \sin(\alpha-\varphi) \cdot d\varphi$$

$$= M_b + \frac{1}{2}PR(1-\cos\alpha) - \frac{1}{\pi}PR(\sin\alpha - \alpha \cdot \cos\alpha) \tag{4-50}$$

令 $\alpha = \frac{\pi}{2}$,即得 a—a 截面的弯矩:

$$M_a = M_b + \frac{1}{2}PR - \frac{1}{\pi}PR \tag{4-51}$$

因为拉板的结构和受力是对称的,故 a—a 截面的转角 θ_a 应等于零,即

$$\theta_a = \int_0^{\frac{\pi}{2}} \frac{M \cdot dS}{EI} = \int_0^{\frac{\pi}{2}} \frac{M \cdot Rd\alpha}{EI} = 0$$

将式(4-50)代入上式

$$\frac{R}{EI}\int_0^{\frac{\pi}{2}}\left[M_b + \frac{1}{2}PR(1-\cos\alpha) - \frac{1}{\pi}PR(\sin\alpha - \alpha \cdot \cos\alpha)\right] \cdot d\alpha$$

$$= \frac{R}{EI} \cdot \left[\left(M_b + \frac{1}{2}PR\right) \cdot \frac{\pi}{2} - \frac{2}{\pi}PR\right] = 0$$

则
$$M_b = \left(\frac{4}{\pi^2} - \frac{1}{2}\right)PR = -0.095PR \tag{4-52}$$

将式(4-52)代入式(4-51),得

$$M_a = \left(\frac{4}{\pi^2} - \frac{1}{\pi}\right)PR = 0.087PR \tag{4-53}$$

由图 4-30(b),根据平衡条件 $\sum X = 0$,得 a—a 截面的轴力为

$$N_a = \int_0^{\frac{\pi}{2}} p \cdot rd\varphi \cdot \cos\varphi = \frac{2}{\pi}P\int_0^{\frac{\pi}{2}}\sin\varphi \cdot \cos\varphi d\varphi = \frac{P}{\pi} = 0.32P \tag{4-54}$$

(2)强度计算

应用弹性曲梁公式求危险截面的应力:

$$\sigma_y = \frac{N_i}{A} + \frac{M_i}{AR} + \frac{M_i}{ARK} \cdot \frac{y}{R+y} \tag{4-55}$$

式中　A——计算截面积,对于矩形面积 $A = h\delta$;

K——与计算截面形状有关的系数,对于矩形截面:

$$K=\frac{R}{h}\cdot\ln\frac{2R+h}{2R-h}-1 \tag{4-56}$$

b—b 截面:

$$\sigma_y^b=\frac{N_b}{A}+\frac{M_b}{AR}+\frac{M_b}{ARK}\cdot\frac{y}{R+y}$$

$$=\frac{0.5P}{h\cdot\delta}-\frac{0.095P}{h\cdot\delta}-\frac{0.095P}{h\cdot\delta\cdot K}\cdot\frac{y}{R+y}=\frac{P}{h\cdot\delta}\left(0.405-\frac{0.095}{K}\cdot\frac{y}{R+y}\right) \tag{4-57}$$

将 $y=-\dfrac{h}{2}$ 代入得内侧应力

$$\sigma_n^b=\frac{P}{h\cdot\delta}\left(0.405+\frac{0.095}{K}\cdot\frac{h}{2R-h}\right)\leqslant[\sigma] \tag{4-58}$$

将 $y=+\dfrac{h}{2}$ 代入得外侧应力

$$\sigma_w^b=\frac{P}{h\cdot\delta}\left(0.405-\frac{0.095}{K}\cdot\frac{h}{2R+h}\right) \tag{4-59}$$

a—a 截面:

$$\sigma_y^a=\frac{N_a}{A}+\frac{M_a}{AR}+\frac{M_a}{ARK}\cdot\frac{y}{R+y}$$

$$=\frac{0.32P}{h\cdot\delta}+\frac{0.087P}{h\cdot\delta}+\frac{0.087P}{h\cdot\delta K}\cdot\frac{y}{R+y}=\frac{P}{h\cdot\delta}\left(0.407+\frac{0.087}{K}\cdot\frac{y}{R+y}\right) \tag{4-60}$$

将 $y=-\dfrac{h}{2}$ 代入得内侧应力

$$\sigma_n^a=\frac{P}{h\cdot\delta}\left(0.407-\frac{0.087}{K}\cdot\frac{h}{2R-h}\right) \tag{4-61}$$

将 $y=+\dfrac{h}{2}$ 代入得外侧应力

$$\sigma_w^a=\frac{P}{h\cdot\delta}\left(0.407+\frac{0.087}{K}\cdot\frac{h}{2R+h}\right)\leqslant[\sigma] \tag{4-62}$$

【例题 4-7】 已知 $P=200\,\text{kN}$,$h=63\,\text{mm}$,$\delta=25\,\text{mm}$,$R=73.5\,\text{mm}$,试求危险截面的应力。拉板材料为 Q345。

【解】
$$K=\frac{R}{h}\cdot\ln\frac{2R+h}{2R-h}-1=\frac{73.5}{63}\times\ln\frac{2\times73.5+63}{2\times73.5-63}-1=0.069$$

$$\sigma_n^b=\frac{P}{h\cdot\delta}\left(0.405+\frac{0.095}{K}\times\frac{h}{2R-h}\right)$$

$$=\frac{200\,000}{63\times25}\left(0.405+\frac{0.095}{0.069}\times\frac{63}{2\times73.5-63}\right)$$

$$=182.6\,(\text{MPa})<[\sigma]=\frac{\sigma_s}{1.34}=257\,\text{MPa}$$

$$\sigma_w^b=\frac{P}{h\cdot\delta}\left(0.405-\frac{0.095}{K}\times\frac{h}{2R+h}\right)$$

$$=\frac{200\,000}{63\times25}\left(0.405-\frac{0.095}{0.069}\times\frac{63}{2\times73.5+63}\right)=-1.02\,(\text{MPa})$$

$$\sigma_n^a = \frac{P}{h\delta}\left(0.407 - \frac{0.087}{K} \cdot \frac{h}{2R-h}\right)$$

$$= \frac{200\,000}{63\times25}\left(0.407 - \frac{0.087}{0.069}\times\frac{63}{2\times73.5-63}\right) = -68.4\,(\text{MPa})$$

$$\sigma_w^a = \frac{P}{h\cdot\delta}\left(0.407 + \frac{0.087}{K} \cdot \frac{h}{2R+h}\right)$$

$$= \frac{200\,000}{63\times25}\left(0.407 + \frac{0.087}{0.069}\times\frac{63}{2\times73.5+63}\right)$$

$$= 99.7\,(\text{MPa}) < [\sigma] = 257\,\text{MPa}$$

销孔拉板危险截面上应力的分布如图 4-31 所示。

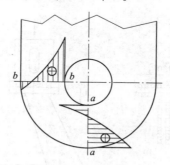

图 4-31　例题 4-7 用图

习 题

4-1　设计图 4-32 所示桁架杆件与节点板的连接焊缝。已知杆件由等肢双角钢 2∟ 100×100×8 制成,节点板厚 $\delta = 10$ mm,材料均为 Q235,焊条型号 E43,焊缝许用应力 $[\tau_h] = 124$ MPa。轴心拉力 $N = 500$ kN。

4-2　如图 4-33 所示的工字型截面焊接梁采用直角角焊缝拼接。梁与拼接板的钢材为 Q235 钢,采用 E43 型焊条手工焊。验算腹板处的拼接,并设计翼缘处拼接。

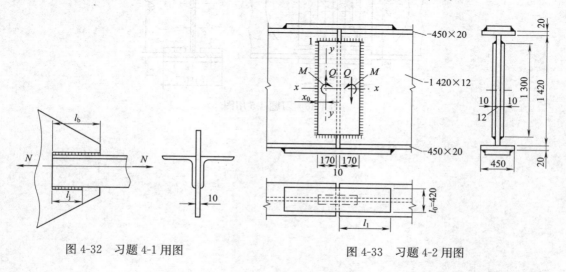

图 4-32　习题 4-1 用图　　　　　　　　图 4-33　习题 4-2 用图

接缝处承受弯矩 $M=2\,200$ kN·m,剪力 $Q=200$ kN。

4-3 支托与柱焊接(图4-34),材料Q235,焊条型号E43,焊缝许用应力$[\tau_h]=124$ MPa,$[\sigma_h]=175$ MPa,支托承受载荷F,偏心距$e=80$ mm:

(1)支托用贴角焊缝,焊脚尺寸$h_f=6$ mm;

(2)支托开坡口焊透,并按焊脚尺寸$h_f=6$ mm的角焊缝封底。

试求两种情况的最大允许载荷F。

4-4 试设计计算L形单梁门式起重机主梁与支腿的连接螺栓(图4-35)。已知:螺栓均布,螺栓数$z=32$,采用5.8级精制螺栓。连接面所受内力:$P=200$ kN,$M_x=400$ kN·m,$M_y=600$ kN·m。

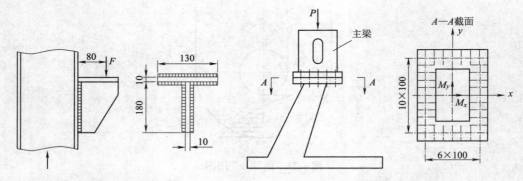

图4-34 习题4-3用图   图4-35 习题4-4用图

4-5 如图4-36所示工字钢梁在某截面处拼接,该截面内力$M=170$ kN·m,剪力$F=140$ kN,采用8.8级M20摩擦型高强度螺栓连接,接触面喷砂处理,试设计翼缘板螺栓数,并验算腹板螺栓强度。

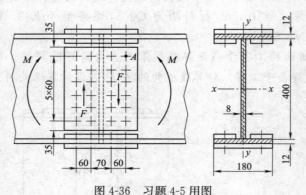

图4-36 习题4-5用图

第二篇　起重运输机金属结构基本构件的设计计算

第五章　轴向受力构件——柱

第一节　轴向受力构件在起重运输机金属结构中的应用

起重运输机金属结构中,轴向受力构件的应用极为广泛。轮式起重机、履带起重机、塔式起重机和桅杆起重机的直线形动臂在变幅平面内都是轴向受力构件。桁架式各型起重机的绝大多数桁架杆件以及各型起重机的支腿也是轴向受力构件。

轴向受力构件可分为轴心受拉构件、轴心受压构件、偏心受拉(拉弯)构件和偏心受压(压弯)构件四种基本构件;每种基本构件又可根据组成轴向受力构件的基本元件分为实腹式和格构式两种;根据轴向受力构件支承处的约束情况,有铰接和刚接轴向受力构件之分;按沿柱长的断面情况又可分成等截面柱和变截面柱。

轴向受力构件通常由柱身、柱头和柱脚三部分组成。本章主要研究柱身的构造和设计计算,其余两部分则在以后各章的典型起重机金属结构中介绍。

轴向受力构件可由单根型钢制成,如角钢、槽钢、工字钢和钢管等(图 5-1),也可用型钢或钢板制成组合截面柱(图 5-2)。组合截面柱的腹杆体系有缀条式和缀板式两种(图 5-3)。

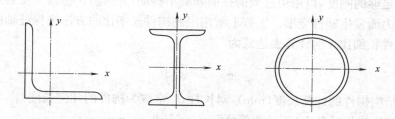

图 5-1　单根型钢作为轴向受力构件

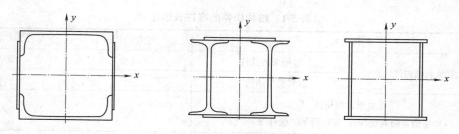

图 5-2　组合截面作为轴向受力构件

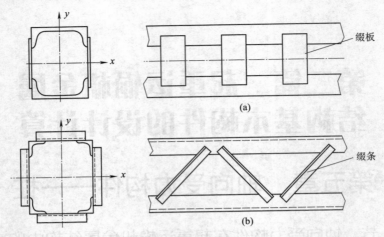

图 5-3 组合截面柱的腹杆体系
(a)缀板式腹杆体系;(b)缀条式腹杆体系。

第二节 轴心受拉构件的设计计算

轴心受拉构件的设计应考虑强度和刚度两个方面。对特别细长的构件还应考虑疲劳问题。

轴心受拉构件的强度表达式为

$$\sigma_{max} = \frac{N_{max}}{A_j} \leqslant [\sigma] \tag{5-1}$$

式中　N_{max}——构件的最大计算轴向力(N);

　　　A_j——构杆的净截面面积(mm^2);

　　　$[\sigma]$——构件材料的许用应力。

拉杆应有足够的刚度,以避免过大的挠曲和减小抖动,并可防止运输及安装过程中因磕碰或受局部集中力而发生塑性变形。工程上常用限制构件长细比的方法来保证轴向受力构件的刚度。结构构件长细比 λ 的计算表达式为

$$\lambda = \frac{l_c}{r} \leqslant [\lambda] \tag{5-2}$$

式中　l_c——结构构件的计算长度(mm),对拉杆,l_c 常取为构件的几何长度;

　　　r——结构构件毛截面(不计截面削弱)的回转半径(mm);

　　　$[\lambda]$——结构构件的容许长细比,见表 5-1。

表 5-1　结构构件的容许长细比

构件名称		受拉结构件	受压结构件
主要承载结构件	对桁架的弦杆	180	150
	对整个结构	200	180
次要承载结构件 (如主桁架的其他杆件、辅助桁架的弦杆等)		250	200
其他构件		350	300

细长拉杆的疲劳强度计算表达式为

$$\sigma_{max} \leqslant [\sigma_{rt}] \tag{5-3}$$

式中　σ_{max}——按载荷组合 A 计算的构件最大应力；

　　　$[\sigma_{rt}]$——疲劳许用应力，按第三章式(3-50)计算。

根据强度条件设计拉杆时，首先用式(5-1)或式(5-3)求出所需要的净截面积 A_j。

$$A_{j1} \geqslant \frac{N_{1max}}{[\sigma]} \quad （静强度条件） \tag{5-4}$$

$$A_{j2} \geqslant \frac{N_{2max}}{[\sigma_{rt}]} \quad （疲劳强度条件） \tag{5-5}$$

式中，N_{1max}、N_{2max} 分别为拉杆按载荷组合 B、载荷组合 A 计算的最大轴向力。

取 A_{j1} 和 A_{j2} 中较大者作为设计依据，选择合适的截面面积。

对计算内力较小而杆较长的拉杆，通常根据刚度条件设计拉杆。由刚度条件计算出杆件所需要的截面回转半径：

$$r \geqslant \frac{l_c}{[\lambda]} \tag{5-6}$$

式中的 $[\lambda]$ 见表 5-1。根据 r 即可确定构件截面几何尺寸，常用构件截面回转半径和截面尺寸的关系参阅图 5-4。

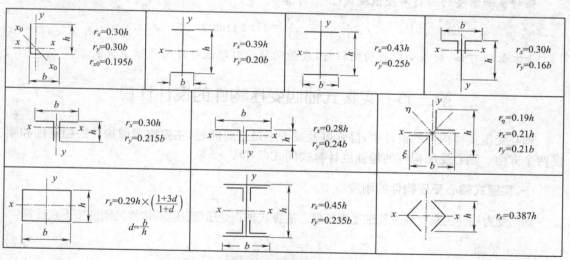

图 5-4　常用构件截面回转半径的近似值

【**例题 5-1**】　某桁架门式起重机的金属结构工作级别为 E5。主桁架受拉弦杆按载荷组合 A 计算得到的最大内力为 +1 500 kN，最小内力为 +15 kN。按载荷组合 B 计算得到的最大内力为 +2 000 kN。杆件的几何长度 2 m，材料为 Q235B。试计算此杆件需要的截面面积和截面回转半径。

【**解**】　确定应力循环特性 r：

$$r = \frac{N_{min}}{N_{max}} = \frac{15}{1\ 500} = 0.01$$

计算疲劳许用应力 $[\sigma_{rt}]$：

由表 3-26(构件连接的应力集中情况等级和构件接头形式)，桁架接头形式的应力集中等

级为 K_4，根据 K_4 和工作级别 E5，查表 3-25 得 Q235 钢的疲劳许用应力基本值 $[\sigma_{-1}]=$ 50.5 MPa。Q235 钢的抗拉强度 $\sigma_b=370$ MPa。由于 $r=0.01>0$，故采用式(3-50)计算其疲劳许用应力 $[\sigma_{rt}]$：

$$[\sigma_{rt}]=\frac{1.67\times[\sigma_{-1}]}{1-\left(1-\frac{[\sigma_{-1}]}{0.45\times\sigma_b}\right)\times r}=\frac{1.67\times50.5}{1-\left(1-\frac{50.5}{0.45\times370}\right)\times0.01}=84.9\ (\text{MPa})$$

Q235 钢的许用应力为

$$[\sigma]=\frac{\sigma_s}{n}=\frac{235}{1.34}=175\ (\text{MPa})$$

式中，n 为载荷组合 B 的安全系数，查表 3-21。

根据静强度和疲劳强度条件计算截面需要的面积。由式(5-4)和式(5-5)得

$$A_{j1}\geqslant\frac{N_{1max}}{[\sigma]}=\frac{2\ 000\ 000}{175}=11\ 428.6\ (\text{mm}^2)$$

$$A_{j2}\geqslant\frac{N_{2max}}{[\sigma_{rt}]}=\frac{1\ 500\ 000}{84.9}=17\ 667.8\ (\text{mm}^2)$$

由计算结果知，弦杆应根据疲劳强度条件确定截面积。弦杆需要的最小截面积为 17 667.8 mm^2。

弦杆截面需要的回转半径根据式(5-6)计算：

$$r\geqslant\frac{l_c}{[\lambda]}=\frac{2\ 000}{180}=11.1\ (\text{mm})$$

由本算例可知，对承受变载荷的拉杆，疲劳问题应引起设计者的足够重视。

第三节　实腹式轴心受压构件的设计计算

轴心受压实体构件的设计中，静强度及疲劳不是主要问题，主要应考虑构件的稳定性和刚度两个方面。轴心受压构件的静强度计算式同式(5-1)。

一、实腹式轴心受压构件的刚度

轴向受力构件的刚度通过长细比来衡量。实腹式轴心受压(或压弯)构件的刚度按下式计算：

$$x—x\ 平面\qquad\qquad \lambda_x=\frac{l_{cx}}{r_x}\leqslant[\lambda] \qquad\qquad(5-7)$$

$$y—y\ 平面\qquad\qquad \lambda_y=\frac{l_{cy}}{r_y}\leqslant[\lambda] \qquad\qquad(5-8)$$

式中　λ_x、λ_y——实腹式轴向受压构件对强轴(x轴)和弱轴(y轴)的计算长细比；

l_{cx}、l_{cy}——结构构件对通过截面形心的强轴(x轴)和弱轴(y轴)的计算长度(mm)；

r_x、r_y——结构构件毛截面对强轴(x轴)和弱轴(y轴)的回转半径(mm)，按下式计算：

$$r_x=\sqrt{\frac{I_x}{A}},\ r_y=\sqrt{\frac{I_y}{A}}$$

其中　I_x、I_y——结构构件对强轴(x轴)和弱轴(y轴)的毛截面惯性矩(mm^4)；

A——结构构件毛截面面积(mm^2)。

考虑构件支承方式和截面变化情况，轴向压杆的计算长度 $l_c=\mu_1\mu_2 l$，μ_1 是与支承方式有

关的长度系数(对 x 轴和对 y 轴不一定相同),由表 5-2 查取;μ_2 是变截面长度系数,由表 5-3、表 5-4 查取,对等截面构件 $\mu_2=1$;l 为构件的几何长度。

在起重运输机金属结构中,很多受压构件根据其支承情况和受力特点,沿长度方向常做成变截面的,如轮式起重机的吊臂、门式起重机的支腿等(图 5-5)。

计算变截面受压构件的刚度及稳定性时,通常用一等截面受压构件来代替变截面构件。当量等截面构件的截面惯性矩等于 I_{max},而长度为 $\mu_2 l$。μ_2 称为变截面构件的长度折算系数,它取决于截面的变化规律,两端铰支非对称变化构件的变截面长度系数 μ_2 由表 5-3 查取,两端铰支对称变化构件的变截面长度系数 μ_2 由表 5-4 查取。变截面实体构件的计算长度 l_c 确定后,即可按等截面柱的计算公式和方法设计计算。

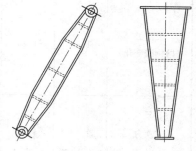

图 5-5 变截面实体柱

表 5-2 与支承方式有关的长度系数 μ_1 值

l_1/l	构件支承方式					
0	2.00	0.70	0.50	2.00	0.70	0.50
0.1	1.87	0.65	0.47	1.85	0.65	0.46
0.2	1.73	0.60	0.44	1.70	0.59	0.43
0.3	1.60	0.56	0.41	1.55	0.54	0.39
0.4	1.47	0.52	0.41	1.40	0.49	0.36
0.5	1.35	0.50	0.44	1.26	0.44	0.35
0.6	1.23	0.52	0.49	1.11	0.41	0.36
0.7	1.13	0.56	0.54	0.98	0.44	0.39
0.8	1.06	0.59	0.59	0.85	0.44	0.43
0.9	1.01	0.65	0.65	0.76	0.47	0.46
1.0	1.00	0.70	0.70	0.70	0.50	0.50

表 5-3 两端铰支非对称变化构件的变截面长度系数 μ_2

I_x 变化规律	I_{min}/I_{max}					构件简图示例
	0.1	0.2	0.4	0.6	0.8	
一次方 (线性变化)	1.45	1.35	1.21	1.13	1.06	

I_x 变化规律	I_{min}/I_{max}					构件简图示例
	0.1	0.2	0.4	0.6	0.8	
二次方（抛物线变化）	1.66	1.45	1.24	1.13	1.05	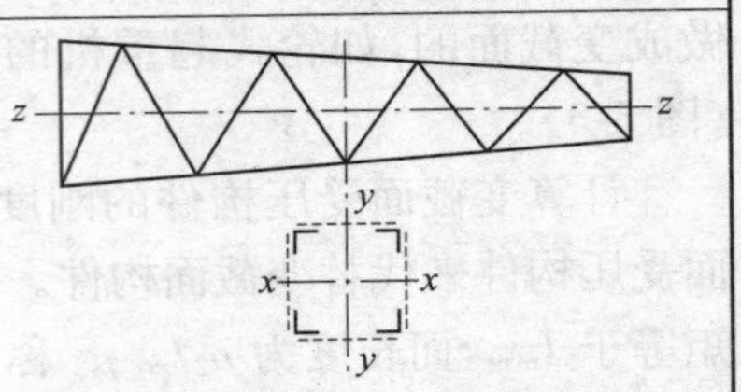
三次方	1.74	1.48	1.25	1.14	1.06	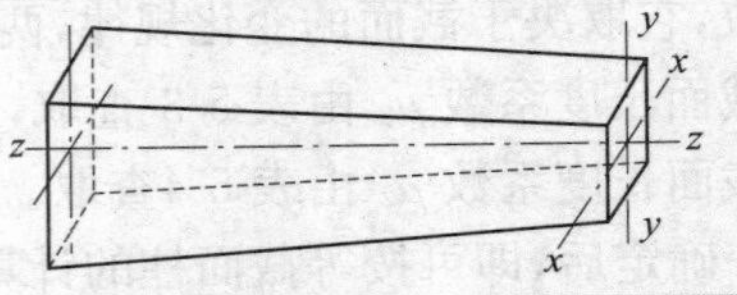
四次方	1.78	1.50	1.26	1.14	1.06	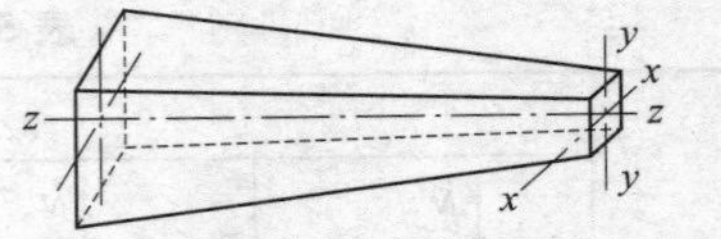

表 5-4　两端铰支对称变化构件的变截面长度系数 μ_2

变截面形式	I_{min}/I_{max}	n	μ_2				
			m				
			0	0.2	0.4	0.6	0.8
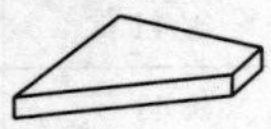 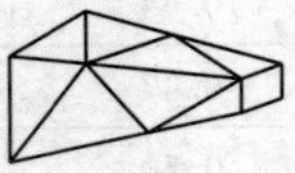 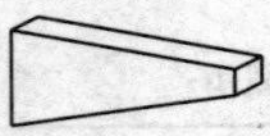 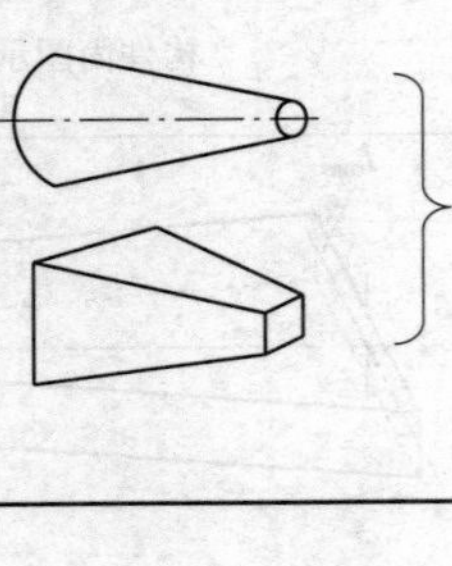 $\dfrac{I_x}{I_{max}}=\left(\dfrac{x}{x_1}\right)^n,\ m=\dfrac{a}{l}$	0.1	1	1.23	1.14	1.07	1.02	1.00
		2	1.35	1.22	1.10	1.03	1.00
		3	1.40	1.31	1.12	1.04	1.00
		4	1.43	1.33	1.13	1.04	1.00
	0.2	1	1.19	1.11	1.05	1.01	1.00
		2	1.25	1.15	1.07	1.02	1.00
		3	1.27	1.16	1.08	1.03	1.00
		4	1.28	1.17	1.08	1.03	1.00
	0.4	1	1.12	1.07	1.04	1.01	1.00
		2	1.14	1.08	1.04	1.01	1.00
		3	1.15	1.09	1.04	1.01	1.00
		4	1.15	1.09	1.04	1.01	1.00
	0.6	1	1.07	1.04	1.02	1.01	1.00
		2	1.08	1.05	1.02	1.01	1.00
		3	1.08	1.05	1.02	1.01	1.00
		4	1.08	1.05	1.02	1.01	1.00
	0.8	1	1.03	1.02	1.01	1.00	1.00
		2	1.03	1.02	1.01	1.00	1.00
		3	1.03	1.02	1.01	1.00	1.00
		4	1.03	1.02	1.01	1.00	1.00

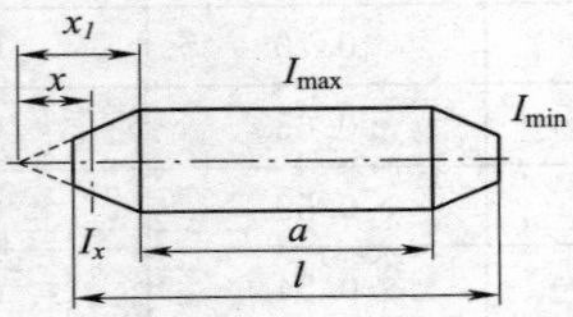

构件两端：

$n=1$

$n=2$

$n=3$

$n=4$

二、实腹式轴心受压构件的整体稳定性

1. 构件的假想长细比

当计算钢材屈服点大于 235 N/mm²（Q235 钢的屈服点）的轴心受压构件稳定性时，需用假想长细比，对实腹式构件和格构式构件假想长细比的计算式如下：

实腹式构件

$$\lambda_F = \lambda \sqrt{\frac{\sigma_s}{235}} \tag{5-9}$$

格构式构件

$$\lambda_{hF} = \lambda_h \sqrt{\frac{\sigma_s}{235}} \tag{5-10}$$

式中　λ_F——实腹式构件的假想长细比；

　　　λ——实腹式构件的长细比，按式(5-7)、式(5-8)计算；

　　　σ_s——轴心受压构件使用的大于 235 N/mm² 的钢材屈服点；

　　　λ_{hF}——格构式构件的假想长细比；

　　　λ_h——格构式构件的换算长细比，见本章第四节。

2. 轴心受压构件整体稳定性验算

整体稳定性按下式验算：

$$\sigma_{max} = \frac{N_{max}}{\varphi A} \leqslant [\sigma] \tag{5-11}$$

式中　A——构件的毛截面面积(mm²)；

　　　φ——根据轴心受压构件的假想长细比 λ_F（格构式构件为 λ_{hF}）和构件的截面类型（表 5-5）确定的轴心受压稳定系数，有对 x 轴的 φ_x 和对 y 轴的 φ_y 之分，φ 值按表 5-6～表 5-9 查取。

式中其余参数的意义同式(5-1)。

表 5-5　轴心受压构件的截面类别

截面分类					对 x 轴	对 y 轴
轧制					a 类	a 类
轧制，$b/h \leqslant 0.8$					a 类	b 类
轧制，$b/h > 0.8$	焊接，翼缘为焰切边	焊接	轧制、焊接（板件宽厚比>20）	板厚 $\delta <$ 40 mm	b 类	b 类
轧制		轧制等边角钢				

139

截面分类		对 x 轴	对 y 轴
焊接	轧制截面和翼缘为焰切边的焊接截面	b 类	b 类
格构式	焊接,板边焰切	b 类	
焊接,翼缘为轧制或剪切边		b 类	c 类
焊接,板边轧制或剪切	焊接(板件宽厚比≤20)	c 类	c 类
轧制工字形或 H 形截面	40 mm≤t＜80 mm	b 类	c 类
	t≥80 mm	c 类	d 类
焊接工字形截面,板厚 t≥40 mm	翼缘为焰切边	b 类	b 类
	翼缘为轧制或剪切边	c 类	d 类
焊接箱形截面,板厚 t≥40 mm	板件宽厚比＞20	b 类	b 类
	板件宽厚比≤20	c 类	c 类

注:轧制截面和翼缘为焰切边的焊接截面一栏对应"板厚 δ＜40 mm"。

表 5-6 a 类截面轴心受压构件的稳定系数 φ

$\lambda\sqrt{\dfrac{\sigma_s}{235}}$	0	1	2	3	4	5	6	7	8	9
0	1.000	1.000	1.000	1.000	0.999	0.999	0.998	0.998	0.997	0.996
10	0.995	0.994	0.993	0.992	0.991	0.989	0.988	0.986	0.985	0.983
20	0.981	0.979	0.977	0.976	0.974	0.972	0.970	0.968	0.966	0.964
30	0.963	0.961	0.959	0.957	0.955	0.952	0.950	0.948	0.946	0.944
40	0.941	0.939	0.937	0.934	0.932	0.929	0.927	0.924	0.921	0.919
50	0.916	0.913	0.910	0.907	0.904	0.900	0.897	0.894	0.890	0.886

$\lambda\sqrt{\dfrac{\sigma_s}{235}}$	0	1	2	3	4	5	6	7	8	9
60	0.883	0.879	0.875	0.871	0.867	0.863	0.858	0.854	0.849	0.844
70	0.839	0.834	0.829	0.824	0.818	0.813	0.807	0.801	0.795	0.789
80	0.783	0.776	0.770	0.763	0.757	0.750	0.743	0.736	0.728	0.721
90	0.714	0.706	0.699	0.691	0.684	0.676	0.668	0.661	0.653	0.645
100	0.638	0.630	0.622	0.615	0.607	0.600	0.592	0.585	0.577	0.570
110	0.563	0.555	0.548	0.541	0.534	0.527	0.520	0.514	0.507	0.500
120	0.494	0.488	0.481	0.475	0.469	0.463	0.457	0.451	0.445	0.440
130	0.434	0.429	0.423	0.418	0.412	0.407	0.402	0.397	0.392	0.387
140	0.383	0.378	0.373	0.369	0.364	0.360	0.356	0.351	0.347	0.343
150	0.339	0.335	0.331	0.327	0.323	0.320	0.316	0.312	0.309	0.305
160	0.302	0.298	0.295	0.292	0.289	0.285	0.282	0.279	0.276	0.273
170	0.270	0.267	0.264	0.262	0.259	0.256	0.253	0.251	0.248	0.246
180	0.243	0.241	0.238	0.236	0.233	0.231	0.229	0.226	0.224	0.222
190	0.220	0.218	0.215	0.213	0.211	0.209	0.207	0.205	0.203	0.201
200	0.199	0.198	0.196	0.194	0.192	0.190	0.189	0.187	0.185	0.183
210	0.182	0.180	0.179	0.177	0.175	0.174	0.172	0.171	0.169	0.168
220	0.166	0.165	0.164	0.162	0.161	0.159	0.158	0.157	0.155	0.154
230	0.153	0.152	0.150	0.149	0.148	0.147	0.146	0.144	0.143	0.142
240	0.141	0.140	0.139	0.138	0.136	0.135	0.134	0.133	0.132	0.131
250	0.130	—	—	—	—	—	—	—	—	—

注:见表 5-9 注。

表 5-7 b 类截面轴心受压构件的稳定系数 φ

$\lambda\sqrt{\dfrac{\sigma_s}{235}}$	0	1	2	3	4	5	6	7	8	9
0	1.000	1.000	1.000	0.999	0.999	0.998	0.997	0.996	0.995	0.994
10	0.992	0.991	0.989	0.987	0.985	0.983	0.981	0.978	0.976	0.973
20	0.970	0.967	0.963	0.960	0.957	0.953	0.950	0.946	0.943	0.939
30	0.936	0.932	0.929	0.925	0.922	0.918	0.914	0.910	0.906	0.903
40	0.899	0.895	0.891	0.887	0.882	0.878	0.874	0.870	0.865	0.861
50	0.856	0.852	0.847	0.842	0.838	0.833	0.828	0.823	0.818	0.813
60	0.807	0.802	0.797	0.791	0.786	0.780	0.774	0.769	0.763	0.757
70	0.751	0.745	0.739	0.732	0.726	0.720	0.714	0.707	0.701	0.694
80	0.688	0.681	0.675	0.668	0.661	0.655	0.648	0.641	0.635	0.628
90	0.621	0.614	0.608	0.601	0.594	0.588	0.581	0.575	0.568	0.561

$\lambda\sqrt{\dfrac{\sigma_s}{235}}$	0	1	2	3	4	5	6	7	8	9
100	0.555	0.549	0.542	0.536	0.529	0.523	0.517	0.511	0.505	0.499
110	0.493	0.487	0.481	0.475	0.470	0.464	0.458	0.453	0.447	0.442
120	0.437	0.432	0.426	0.421	0.416	0.411	0.406	0.402	0.397	0.392
130	0.387	0.383	0.378	0.374	0.370	0.365	0.361	0.357	0.353	0.349
140	0.345	0.341	0.337	0.333	0.329	0.326	0.322	0.318	0.315	0.311
150	0.308	0.304	0.301	0.298	0.295	0.291	0.288	0.285	0.282	0.279
160	0.276	0.273	0.270	0.267	0.265	0.262	0.259	0.256	0.254	0.251
170	0.249	0.246	0.244	0.241	0.239	0.236	0.234	0.232	0.229	0.227
180	0.225	0.223	0.220	0.218	0.216	0.214	0.212	0.210	0.208	0.206
190	0.204	0.202	0.200	0.198	0.197	0.195	0.193	0.191	0.190	0.188
200	0.186	0.184	0.183	0.181	0.180	0.178	0.176	0.175	0.173	0.172
210	0.170	0.169	0.167	0.166	0.165	0.163	0.162	0.160	0.159	0.158
220	0.156	0.155	0.154	0.153	0.151	0.150	0.149	0.148	0.146	0.145
230	0.144	0.143	0.142	0.141	0.140	0.138	0.137	0.136	0.135	0.134
240	0.133	0.132	0.131	0.130	0.129	0.128	0.127	0.126	0.125	0.124
250	0.123	—	—	—	—	—	—	—	—	—

注:见表 5-9 注。

表 5-8　c 类截面轴心受压构件的稳定系数 φ

$\lambda\sqrt{\dfrac{\sigma_s}{235}}$	0	1	2	3	4	5	6	7	8	9
0	1.000	1.000	1.000	0.999	0.999	0.998	0.997	0.996	0.995	0.993
10	0.992	0.990	0.988	0.986	0.983	0.981	0.978	0.976	0.973	0.970
20	0.966	0.959	0.953	0.947	0.940	0.934	0.928	0.921	0.915	0.909
30	0.902	0.896	0.890	0.884	0.877	0.871	0.865	0.858	0.852	0.846
40	0.839	0.833	0.826	0.820	0.814	0.807	0.801	0.794	0.788	0.781
50	0.775	0.768	0.762	0.755	0.748	0.742	0.735	0.729	0.722	0.715
60	0.709	0.702	0.695	0.689	0.682	0.676	0.669	0.662	0.656	0.649
70	0.643	0.636	0.629	0.623	0.616	0.610	0.604	0.597	0.591	0.584
80	0.578	0.572	0.566	0.559	0.553	0.547	0.541	0.535	0.529	0.523
90	0.517	0.511	0.505	0.500	0.494	0.488	0.483	0.477	0.472	0.467
100	0.463	0.458	0.454	0.449	0.445	0.441	0.436	0.432	0.428	0.423
110	0.419	0.415	0.411	0.407	0.403	0.399	0.395	0.391	0.387	0.383
120	0.379	0.375	0.371	0.367	0.364	0.360	0.356	0.353	0.349	0.346
130	0.342	0.339	0.335	0.322	0.328	0.325	0.322	0.319	0.315	0.312

$\lambda\sqrt{\frac{\sigma_s}{235}}$	0	1	2	3	4	5	6	7	8	9
140	0.309	0.306	0.303	0.300	0.297	0.294	0.291	0.288	0.285	0.282
150	0.280	0.277	0.274	0.271	0.269	0.266	0.264	0.261	0.258	0.256
160	0.254	0.251	0.249	0.246	0.244	0.242	0.239	0.237	0.235	0.233
170	0.230	0.228	0.226	0.224	0.222	0.220	0.218	0.216	0.214	0.212
180	0.210	0.208	0.206	0.205	0.203	0.201	0.199	0.197	0.196	0.194
190	0.192	0.190	0.189	0.187	0.186	0.184	0.182	0.181	0.179	0.178
200	0.176	0.175	0.173	0.172	0.170	0.169	0.168	0.166	0.165	0.163
210	0.162	0.161	0.159	0.158	0.157	0.156	0.154	0.153	0.152	0.151
220	0.150	0.148	0.147	0.146	0.145	0.144	0.143	0.142	0.140	0.139
230	0.138	0.137	0.136	0.135	0.134	0.133	0.132	0.131	0.130	0.129
240	0.128	0.127	0.126	0.125	0.124	0.124	0.123	0.122	0.121	0.120
250	0.119	—	—	—	—	—	—	—	—	—

注：见表 5-9 注。

表 5-9 d 类截面轴心受压构件的稳定系数 φ

$\lambda\sqrt{\frac{\sigma_s}{235}}$	0	1	2	3	4	5	6	7	8	9
0	1.000	1.000	0.999	0.999	0.998	0.996	0.994	0.992	0.990	0.987
10	0.984	0.981	0.978	0.974	0.969	0.965	0.960	0.955	0.949	0.944
20	0.937	0.927	0.918	0.909	0.900	0.891	0.883	0.874	0.865	0.857
30	0.848	0.840	0.831	0.823	0.815	0.807	0.799	0.790	0.782	0.774
40	0.766	0.759	0.751	0.743	0.735	0.728	0.720	0.712	0.705	0.697
50	0.690	0.683	0.675	0.668	0.661	0.654	0.646	0.639	0.632	0.625
60	0.618	0.612	0.605	0.598	0.591	0.585	0.578	0.572	0.565	0.559
70	0.552	0.546	0.540	0.534	0.528	0.522	0.516	0.510	0.504	0.498
80	0.493	0.487	0.481	0.476	0.470	0.465	0.460	0.454	0.449	0.444
90	0.439	0.434	0.429	0.424	0.419	0.414	0.410	0.405	0.401	0.397
100	0.394	0.390	0.387	0.383	0.380	0.376	0.373	0.370	0.366	0.363
110	0.359	0.356	0.353	0.350	0.346	0.343	0.340	0.337	0.334	0.331
120	0.328	0.325	0.322	0.319	0.316	0.313	0.310	0.307	0.304	0.301
130	0.299	0.296	0.293	0.290	0.288	0.285	0.282	0.280	0.277	0.275
140	0.272	0.270	0.267	0.265	0.262	0.260	0.258	0.255	0.253	0.251
150	0.248	0.246	0.244	0.242	0.240	0.237	0.235	0.233	0.231	0.229
160	0.227	0.225	0.223	0.221	0.219	0.217	0.215	0.213	0.212	0.210
170	0.208	0.206	0.204	0.203	0.201	0.199	0.197	0.196	0.194	0.192
180	0.191	0.189	0.188	0.186	0.184	0.183	0.181	0.180	0.178	0.177

$\lambda\sqrt{\dfrac{\sigma_s}{235}}$	0	1	2	3	4	5	6	7	8	9
190	0.176	0.174	0.173	0.171	0.170	0.168	0.167	0.166	0.164	0.163
200	0.162	—	—	—	—	—	—	—	—	—

注:1. 表 5-6~表 5-9 中指的 a、b、c、d 类截面,见表 5-5。

2. 表 5-6~表 5-9 中的 φ 值系按下列公式算得

当 $\lambda_n=\dfrac{\lambda}{\pi}\sqrt{\sigma_s/E}\leqslant0.215$ 时　　$\varphi=1-\alpha_1\lambda_n^2$

当 $\lambda_n>0.215$ 时　　$\varphi=\dfrac{1}{2\lambda_n^2}\Big[(\alpha_2+\alpha_3\lambda_n+\lambda_n^2)-\sqrt{(\alpha_2+\alpha_3\lambda_n+\lambda_n^2)^2-4\lambda_n^2}\Big]$

式中:

λ_n——正则长细比;λ——构件长细比;σ_s——钢材的屈服点;E——材料弹性模量;

α_1、α_2、α_3——系数,根据表 5-5 的截面分类由表 5-10 查用。

3. 当构件的 $\lambda\sqrt{\sigma_s/235}$ 值超出表 5-6~表 5-9 的范围时,φ 值按注 2 所列公式计算。

表 5-10　系数 α_1、α_2、α_3

截面类型		α_1	α_2	α_3
a 类		0.41	0.986	0.152
b 类		0.65	0.965	0.300
c 类	$\lambda_n\leqslant1.05$	0.73	0.906	0.595
	$\lambda_n>1.05$		1.216	0.302
d 类	$\lambda_n\leqslant1.05$	1.35	0.868	0.915
	$\lambda_n>1.05$		1.375	0.432

三、实腹式轴心受压构件的局部稳定性

1. 平板的局部稳定性

上述实腹式轴心受压构件的刚度和稳定性计算是对其整体进行分析。由于实腹式构件是由若干平板组合而成的,如工字形截面杆件由两块翼缘板和一块腹板构成,当其受压时,在整个构件丧失稳定性(称为整体稳定性)之前,有可能腹板或翼缘板先发生局部屈曲,这称为板丧失了局部稳定性。为了防止板的局部先于构件整体失稳,就要求各平板受压的临界应力大于构件整体失稳时的临界应力。

以工字形受压构件为例[图 5-6(a)],其腹板和翼缘板可简化为两种计算模型。腹板可简化成两端均匀受压,四边简支的矩形长板[图 5-6(b)],设顺压力方向的边长为 a,与压力方向垂直的边长为 b,且 $a\gg b$;翼缘板可简化成两端均匀受压,三边简支、一边自由的矩形长板[图 5-6(c)]。

平板的临界力可按弹性理论求解。当薄板在中面内受均布压力 N_x 作用而无其他外载,且板的挠度 ω 比板厚 δ 小很多时,板的挠曲微分方程为

$$D\left(\frac{\partial^4\omega}{\partial x^4}+2\frac{\partial^4\omega}{\partial x^2\partial y^2}+\frac{\partial^4\omega}{\partial y^4}\right)+N_x\frac{\partial^2\omega}{\partial y^2}=0 \tag{5-12}$$

式中　N_x——单位宽度板条所受的压力，$N_x=\sigma_y\delta$；

　　　ω——板的挠度；

　　　D——板的弯曲刚度，按下式计算：

$$D=\frac{E\delta^3}{12(1-\mu^2)}$$

其中　　μ——材料的泊松比，对钢材，$\mu\approx0.3$；

　　　　δ——板的厚度（mm）；

　　　　E——材料的弹性模量，对钢材，$E=2.06\times10^5$ MPa。

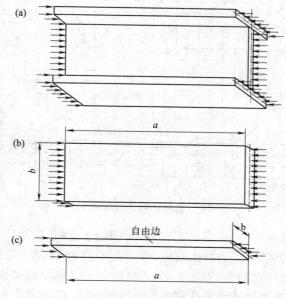

图 5-6　工字形柱局部稳定性计算简图

对于四边简支板，挠度方程可用双重三角级数表示：

$$\omega=\sum_{m=1}^{\infty}\sum_{n=1}^{\infty}A_{mn}\sin\frac{m\pi x}{a}\sin\frac{n\pi y}{b} \tag{5-13}$$

将式（5-13）代入式（5-12），可求得 N_x 的最小值：

$$(N_x)_{cr}=\frac{\pi^2 D}{a^2}\left(m+\frac{1}{m}\frac{a^2}{b^2}\right)^2 \tag{5-14}$$

式中，m、n 分别为受压板 x 方向和 y 方向翘曲的半波数；其余参数的意义见图 5-6 或式（5-12）。

式（5-14）可改写成：

$$(N_x)_{cr}=\frac{\pi^2 D}{b^2}\left(\frac{mb}{a}+\frac{a}{mb}\right)^2$$

令 $k=\left(\dfrac{mb}{a}+\dfrac{a}{mb}\right)^2$，则得板受压时的临界力公式：

$$(N_x)_{cr}=k\frac{\pi^2 D}{b^2} \tag{5-15}$$

k 是与受压平板的临界力有关的系数。图 5-7 为不同板边约束情况下板的 k 值随半波数 m 及板的边长比 a/b 变化的情况。由图 5-7 可知，对于四边简支板，当 $a/b>1$ 以后，随半波数

m 增加而 k 值的变化幅度越来越小,其最小值为 4。因此,在工程计算中,可足够精确地取 $k=$ 4,则四边简支板的临界力公式为

$$(N_x)_{cr}=4\cdot\frac{\pi^2 D}{b^2} \tag{5-16}$$

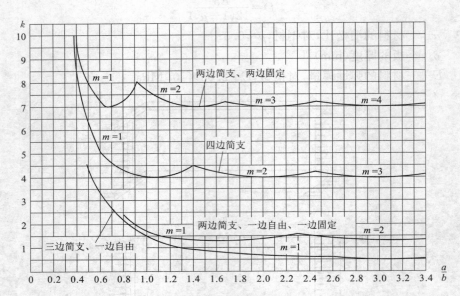

图 5-7　各种边界条件下的 k 值

对于三边简支、一边自由的板,当 $a/b>3$ 时,k 值趋于定值,取 $k=0.5$。

对于两边简支、一边固定、一边自由的板,当 $a/b>2.8$ 时,k 趋于定值,取 $k=1.28$。

对于两边简支、两边固定的板,当 $a/b>1.3$ 时,k 的变化幅度越来越小,取最低值 $k=7.0$。

为保证受压构件在丧失整体稳定性前板不会局部失稳,必须满足下列条件:

$$(\sigma_x)_{cr}\geqslant\sigma_{ocr} \tag{5-17}$$

式中　σ_{ocr}——欧拉临界应力(MPa),按下式计算:

$$\sigma_{ocr}=\frac{\pi^2 E}{\lambda^2} \tag{5-18}$$

$(\sigma_x)_{cr}$——平板的临界应力(MPa),按下式计算:

$$(\sigma_x)_{cr}=\frac{(N_x)_{cr}}{\delta\times 1}=k\frac{\pi^2 E}{12(1-\mu^2)}\left(\frac{\delta}{b}\right)^2 \tag{5-19}$$

于是得

$$k\frac{\pi^2 E}{12(1-\mu^2)}\left(\frac{\delta}{b}\right)^2\geqslant\frac{\pi^2 E}{\lambda^2}$$

化简得

$$\frac{b}{\delta}\leqslant\lambda\times\sqrt{\frac{k}{12\times(1-\mu^2)}} \tag{5-20}$$

对于四边简支板,将 $k=4$,$\mu=0.3$ 代入式(5-20)得

$$\frac{b}{\delta}\leqslant\frac{\lambda}{1.65}\approx 0.6\lambda \tag{5-21}$$

对三边简支、一边自由的板,将 $k=0.5$,$\mu=0.3$ 代入式(5-20)得

$$\frac{b}{\delta} \leqslant 0.21\lambda \tag{5-22}$$

对两边简支、两边固定的板，将 $k=7$，$\mu=0.3$ 代入式(5-20)得

$$\frac{b}{\delta} \leqslant 0.8\lambda \tag{5-23}$$

同理，对两边简支、一边固定及一边自由的板，将 $k=1.28$，$\mu=0.3$ 代入式(5-20)得

$$\frac{b}{\delta} \leqslant 0.34\lambda \tag{5-24}$$

式(5-21)～式(5-24)是受压板的板宽和板厚比的控制值。因为欧拉应力不能超过材料的比例极限 σ_p，故上述各式中要求 $\lambda \geqslant 100$（对 Q235 钢）或 $\lambda \geqslant 85$（对 Q345 钢）。

受压板宽厚比的控制值还可通过板的临界应力大于材料屈服极限的条件求得。根据：

$$k\frac{\pi^2 E}{12(1-\mu^2)}\left(\frac{\delta}{b}\right)^2 \geqslant \sigma_s \tag{5-25}$$

得

$$\frac{b}{\delta} \leqslant \sqrt{\frac{k \times \pi^2}{12 \times (1-\mu^2) \times \left(\frac{\sigma_s}{E}\right)}} \tag{5-26}$$

对四边简支板，若材料为 Q235，将 $E=2.06\times10^5$ MPa，$\sigma_s=235$ MPa，$k=4$，$\mu=0.3$ 代入式(5-26)得

$$\frac{b}{\delta} \leqslant 56.3 \tag{5-27}$$

若材料为 Q345 钢，将 $E=2.06\times10^5$ MPa，$\sigma_s=345$ MPa，$k=4$，$\mu=0.3$ 代入式(5-26)得四边简支板的宽厚比为

$$\frac{b}{\delta} \leqslant 46.5 \tag{5-28}$$

式(5-26)适用于 $\lambda<100(85)$ 的情况。

当受压板的宽厚之比超过要求的范围时，通常不是用增加板厚的办法来提高其抗局部失稳的能力，最经济、有效的办法是设纵向加劲肋（图 5-8）。因为纵向加劲肋可使板宽成倍地减小，从而可使临界力或临界应力成倍地提高。

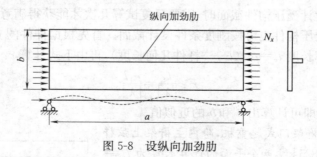

图 5-8 设纵向加劲肋

2. 受轴压的圆柱壳体的局部稳定性

受轴向压力作用的薄壁圆柱壳体的局部稳定性计算见本章第五节。

四、实腹式轴心受压构件的设计

实腹式轴心受压构件受力较小时可采用单根轧制型钢（图 5-1），受力较大时可采用组合截

面(图 5-2)或变截面(图 5-5)的形式。

设计实体受压柱时,通常先按稳定性条件确定所需要的截面面积,然后根据式(5-7)和式(5-8)验算其刚度。

实体受压柱所需要的截面面积为

$$A \geqslant \frac{N_{max}}{\varphi[\sigma]} \qquad (5\text{-}29)$$

为确定稳定系数 φ,可预先假定柱的长细比。对于计算压力 $\leqslant 1\,500$ kN、长度 $l=(5\sim6)$ m 的实体柱,长细比可取为 $\lambda=80\sim100$;对于计算压力为 $3\,000\sim5\,000$ kN 的实体柱,长细比假设为 $\lambda=60\sim70$。先由表 5-5 确定构件截面所属类别,再根据假设的 λ 查表 5-6~表 5-9 得出相应的稳定系数 φ,代入式(5-29)即可算出 A。

根据所假定的长细比 λ,还可算出截面需要的回转半径:

$$r = \frac{l_c}{\lambda} \qquad (5\text{-}30)$$

由图 5-4 知,截面几何尺寸与回转半径之间存在以下近似关系:

$$\left.\begin{array}{l} r_x = \alpha_1 h \\ r_y = \alpha_2 b \end{array}\right\} \qquad (5\text{-}31)$$

式中 h、b——截面高和宽(mm);

α_1、α_2——取决于截面形式的系数,由图 5-4 查得。

则截面所需的高度和宽度为

$$\left.\begin{array}{l} h = \dfrac{r}{\alpha_1} \\ b = \dfrac{r}{\alpha_2} \end{array}\right\} \qquad (5\text{-}32)$$

式中,r 由式(5-30)计算。

以工字形截面实体柱为例,查表 5-4 知 α_1 约为 α_2 的两倍。若按式(5-32)计算 h 和 b,则有 $b=2h$,这对工字钢而言显然是不合理的。因此,通常只按公式(5-32)确定 b,而 h 则由构造要求而定。

根据上述方法设计受压构件截面时,需要反复试算几次才能获得满意的结果。

对特别细长的受压构件也可按刚度条件设计截面。首先根据杆件的支承情况由表 5-2 确定等截面压杆的计算长度 $l_c=\mu_1 l$(l——杆件几何长度),再由下式计算 r:

$$r \geqslant \frac{l_c}{[\lambda]} = \frac{\mu_1 l}{[\lambda]} \qquad (5\text{-}33)$$

由 r 按式(5-32)即可计算出 h 和 b 的近似值。

【例题 5-2】 某桁架门式起重机,跨内主桁架上弦杆的最大内力 $N_{max}=-825$ kN,两个平面的计算长度为 $l_{cx}=1\,500$ mm,$l_{cy}=3\,000$ mm,节点板厚 12 mm,材料 Q235B。试以稳定性条件设计其截面。

【解】 弦杆采用两根不等边角钢短肢相并组成的 T 形截面形式,如图 5-9 所示。

根据表 5-5,该种截面形式对 x 轴和 y 轴的截面类别

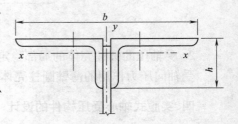

图 5-9 双角钢组成的 T 形截面

均为 b 类。设杆件长细比 $\lambda=60$，由 λ 查表 5-7 得压杆稳定系数 $\varphi=0.807$。Q235 钢的许用应力 $[\sigma]=235/1.34=175$ MPa。

由式(5-29)可得需要的截面面积为

$$A \geqslant \frac{825\,000}{0.807 \times 175}=5\,841.74\,(\text{mm}^2)$$

截面需要的回转半径为

$$r_x=\frac{l_{cx}}{\lambda}=25\,(\text{mm})$$

$$r_y=\frac{l_{cy}}{\lambda}=50\,(\text{mm})$$

截面高度为
$$h=\frac{r_x}{\alpha_1}=\frac{25}{0.28}\approx 90\,(\text{mm})$$

截面宽度为
$$b=\frac{r_y}{\alpha_2}=\frac{50}{0.24}=208.33\,(\text{mm})$$

由附录表 1-4 选择不等边角钢∟$160\times100\times12$ 两根，短肢相并，$A=2\times3\,005.4=6\,010.8$ mm²，$r_x=28.2$ mm，$r_y=78.2$ mm。

验算刚度：

$$\lambda_x=\frac{1\,500}{28.2}=53.2<[\lambda]=150\,(通过)$$

$$\lambda_y=\frac{3\,000}{78.2}=38.4<[\lambda]=150\,(通过)$$

稳定性验算：

按 λ_x 查表 5-7 得 $\varphi_x=0.841$，则

$$\sigma_{max}=\frac{N_{max}}{\varphi_x A}=\frac{825\,000}{0.841\times6\,010.8}=163.2\,(\text{MPa})<[\sigma]$$

故弦杆稳定性通过。

第四节　格构式轴心受压构件的设计计算

一、概　　述

起重运输机金属结构中，除实腹式轴向受力构件外，还有许多格构式构件。常见格构式构件的断面形式如图 5-10 所示。组成格构式受压柱的弦杆称为肢、单肢或分肢，图 5-10(a)～图 5-10(c)有两个肢；图 5-10(d)～图 5-10(f)有四个肢；如果构件的断面是三角形，则有三个肢。为保证各肢整体工作，各肢之间用缀板或缀条连接(图 5-3)。图 5-10(a)～图 5-10(c)中，x 轴贯穿肢的腹板而与缀板或缀条组成的平面平行，这样的轴称为实轴；凡垂直于缀板或缀条组成平面而穿过分肢间空处的轴称为虚轴，图 5-10(a)～图 5-10(c)的截面有一根实轴、一根虚轴。图 5-10(d)～图 5-10(f)的截面具有两根虚轴，没有实轴。

显然，构件绕虚轴弯曲的稳定性一般要比绕实轴弯曲的稳定性差一些。

缀板与肢的连接需要传递较大的弯矩，因此通常按刚节点分析；缀条与肢的连接主要传递

轴力,故按铰节点分析。缀板和肢构成框架体系,而缀条与肢构成桁架体系。

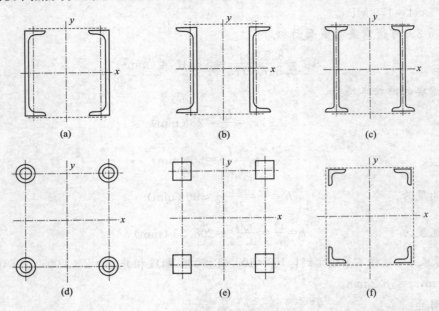

图 5-10　格构式构件的断面形式

(a)、(b)、(c):二肢格构柱;(d)、(e)、(f):四肢格构柱。

二、剪力对轴心受压构件临界力的影响

在第三节分析实腹式轴向受压构件的稳定问题时,没有提及剪力对压杆临界力的影响。下面分别研究剪力对实体压杆和格构压杆的影响。

如图 5-11 所示,两端简支的实体压杆在轴心压力 N 作用下由于初弯曲、初偏心等缺陷将产生弯曲变形,在截面上引起弯矩 M 和剪力 Q。若 x 截面总的挠度为 y,设 y_1 是 M 引起的挠度,y_2 为 Q 引起的挠度,则

$$y = y_1 + y_2 \tag{5-34}$$

将式(5-34)微分一次得

$$\frac{\mathrm{d}y}{\mathrm{d}x} = \frac{\mathrm{d}y_1}{\mathrm{d}x} + \frac{\mathrm{d}y_2}{\mathrm{d}x} \tag{5-35}$$

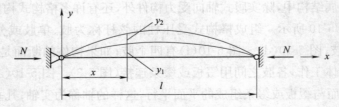

图 5-11　轴心受压实体柱的弯曲变形

显然,上式中的 $\dfrac{\mathrm{d}y_1}{\mathrm{d}x}$ 和 $\dfrac{\mathrm{d}y_2}{\mathrm{d}x}$ 分别表示弯矩 M 和剪力 Q 引起的截面转角。由材料力学可知,剪力 Q 引起的截面转角在数值上等于剪切角 γ,所以有:

$$\frac{\mathrm{d}y_2}{\mathrm{d}x}=\gamma=\frac{mQ}{GA}=\frac{m}{GA}\cdot\frac{\mathrm{d}M}{\mathrm{d}x} \tag{5-36}$$

$$\frac{\mathrm{d}^2y_2}{\mathrm{d}x^2}=\frac{m}{GA}\cdot\frac{\mathrm{d}^2M}{\mathrm{d}x^2} \tag{5-37}$$

式中　m——截面形状系数,矩形截面 $m=1.2$;圆形截面 $m=1.19$;

　　　G——材料的剪切模量,对钢材,$G=7.9\times10^4$ MPa;

　　　A——受压构件截面面积(mm^2)。

将式(5-35)微分一次得

$$\frac{\mathrm{d}^2y}{\mathrm{d}x^2}=\frac{\mathrm{d}^2y_1}{\mathrm{d}x^2}+\frac{\mathrm{d}^2y_2}{\mathrm{d}x^2} \tag{5-38}$$

将式(5-37)代入式(5-38)得到考虑剪力影响的微分方程式:

$$y''=\frac{\mathrm{d}^2y_1}{\mathrm{d}x^2}+\frac{m}{GA}M'' \tag{5-39}$$

由于 $y_1''=-\dfrac{M}{EI}$,$M=N\times y$,$M''=N\times y''$,代入上式得

$$y''=-\frac{Ny}{EI}+\frac{mN}{GA}y''$$

即

$$\left(1-\frac{mN}{GA}\right)y''+\frac{N}{EI}y=0$$

$$y''+\frac{N}{EI\left(1-\frac{mN}{GA}\right)}y=0 \tag{5-40}$$

令

$$k=\sqrt{\frac{N}{EI\left(1-\frac{mN}{GA}\right)}} \tag{5-41}$$

则式(5-40)可写成:

$$y''+k^2y=0 \tag{5-42}$$

式(5-42)的通解为

$$y=A\cos kx+B\sin kx \tag{5-43}$$

由边界条件知:当 $x=0$ 时,$y=0$;当 $x=l$ 时,$y=0$。代入式(5-43)得

$$\sin kl=0 \tag{5-44}$$

满足式(5-44)的最小 $kl=\pi$,代入式(5-41)可得实体压杆考虑剪力影响的临界力计算公式:

$$N_{\mathrm{cr}}=\frac{\pi^2EI}{l^2}\cdot\frac{1}{1+\frac{\pi^2EI}{l^2}\cdot\frac{m}{GA}} \tag{5-45}$$

式(5-45)中的后面一项是剪力影响系数,因为 $\dfrac{1}{1+\frac{\pi^2EI}{l^2}\cdot\frac{m}{GA}}<1.0$,即考虑剪力影响后,实体压杆的临界力将会下降。

当剪力 $Q=1$ 时,剪切角为

$$\bar{\gamma}=\frac{m}{GA} \tag{5-46}$$

151

将 $\bar{\gamma}$ 代入式(5-45)得

$$N_{cr}=\frac{\pi^2 EI}{l^2}\cdot\frac{1}{1+\dfrac{\pi^2 EI}{l^2}\cdot\bar{\gamma}} \tag{5-47}$$

临界应力为

$$\sigma_{cr}=\frac{\pi^2 E}{\lambda^2}\cdot\frac{1}{1+\dfrac{\pi^2 EA}{\lambda^2}\cdot\bar{\gamma}} \tag{5-48}$$

令

$$\lambda_h=\sqrt{\lambda^2\left(1+\frac{\pi^2 EA}{\lambda^2}\cdot\bar{\gamma}\right)} \tag{5-49}$$

则

$$\sigma_{cr}=\frac{\pi^2 E}{\lambda_h^2} \tag{5-50}$$

式(5-49)即为考虑剪力影响时的换算长细比,显然,它比不计剪力时的长细比要大一点。

在工程设计中,由于实腹式受压构件的腹板抵抗剪切变形的能力很强,通常忽略剪力 Q 对受压柱整体稳定性的影响。但对于格构式受压构件,因其缀板和缀条抗剪切变形的能力较差,不能忽略剪力 Q 对受压柱整体稳定性的影响。

三、格构式构件的换算长细比

图 5-12 为两端简支的格构式构件,轴向压力为 N,腹杆采用缀条式,其临界力和临界应力可用式(5-47)和式(5-48)计算。但其中单位剪力引起的剪切角 $\bar{\gamma}$[图 5-12(c)]与实体构件不同。

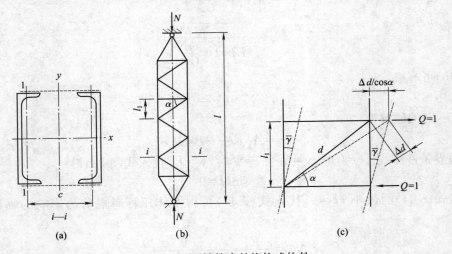

图 5-12　两端简支的格构式构件

由图 5-12(c)知,当 $Q=1$ 时引起的角变位为

$$\bar{\gamma}\approx\tan\bar{\gamma}=\frac{\Delta d}{l_1\cos\alpha} \tag{5-51}$$

式中　Δd——当 $Q=1$ 时,缀条的伸长量;

　　　　l_1——缀条节间长度;

　　　　α——缀条与 Q 作用方向之间的夹角。

$Q=1$ 沿柱截面作用时,引起的缀条内力为

$$N_1 = \frac{1}{\cos\alpha}$$

则缀条的伸长量为

$$\Delta d = \frac{N_1 d}{EA_1} = \frac{l_1}{EA_1 \cos\alpha \sin\alpha}$$

式中　d——缀条的长度，$d = \dfrac{l_1}{\sin\alpha}$。

因此

$$\bar{\gamma} = \frac{\Delta d}{l_1 \cos\alpha} = \frac{1}{EA_1 \cos^2\alpha \sin\alpha} \tag{5-52}$$

缀条的倾角常为 $35° \sim 55°$，取平均值 $\alpha = 45°$ 代入上式得

$$\bar{\gamma} = \frac{1}{0.354EA_1} \tag{5-53}$$

式中　A_1——构件横截面所截两个缀条系平面内斜缀条的毛截面面积之和（mm^2）。

将式(5-53)代入式(5-48)即可得到考虑剪力影响的缀条式格构式构件的临界应力公式：

$$\sigma_{cr} = \frac{\pi^2 E}{\lambda_y^2} \left[\frac{1}{1 + \dfrac{\pi^2 EA}{\lambda_y^2} \cdot \dfrac{1}{0.354EA_1}} \right] \tag{5-54}$$

简化得

$$\sigma_{cr} = \frac{\pi^2 E}{\lambda_y^2 + 27\dfrac{A}{A_1}} = \frac{\pi^2 E}{(\lambda_{hy})^2} \tag{5-55}$$

式中　A——构件横截面所截各分肢的毛截面面积之和（mm^2）；

λ_y——整个构件对虚轴的长细比；

λ_{hy}——等截面格构式构件绕虚轴的换算长细比。

两肢缀条式构件

$$\lambda_{hy} = \sqrt{\lambda_y^2 + 27\frac{A}{A_1}} \tag{5-56}$$

同理，可推导出四肢缀条式构件(图 5-13)和三肢缀条式构件(图 5-14)的换算长细比，见式(5-57)及式(5-58)。

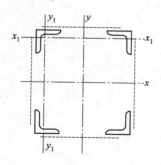

图 5-13　四肢缀条式构件

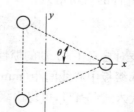

图 5-14　三肢缀条式构件

四肢缀条式构件

$$\left. \begin{array}{l} \lambda_{hx} = \sqrt{\lambda_x^2 + 40\dfrac{A}{A_{1x}}} \\[2mm] \lambda_{hy} = \sqrt{\lambda_y^2 + 40\dfrac{A}{A_{1y}}} \end{array} \right\} \tag{5-57}$$

三肢缀条式构件

$$\left.\begin{array}{l}\lambda_{hr}=\sqrt{\sqrt{\lambda_x^2+\dfrac{42A}{A_1(1.5-\cos^2\theta)}}}\\[3mm]\lambda_{hy}=\sqrt{\sqrt{\lambda_y^2+\dfrac{42A}{A_1\cos^2\theta}}}\end{array}\right\}\tag{5-58}$$

式中　λ_x、λ_y——整个构件对虚轴 $x-x$、$y-y$ 的长细比；

A_{1x}——构件横截面所截垂直于 $x-x$ 轴的平面内各斜缀条的毛截面面积之和；

A_{1y}——构件横截面所截垂直于 $y-y$ 轴的平面内各斜缀条的毛截面面积之和；

A_1——构件任一截面所截各斜缀条的毛截面面积之和(mm^2)。

θ——缀条所在平面与 x 轴的夹角。

上式中参数 A 的含义同式(5-55)。

对缀板式两肢受压柱(图 5-15),精确求解应按多层框架分析或采用有限元法。简化计算时,假定框架结构的反弯点位于各肢和缀板的中点[图 5-15(c)],认为杆件的剪切变形主要来自肢的弯曲引起的位移,肢和缀板连接处的转角和缀板的剪切变形影响忽略不计。肢弯曲的情况如同悬臂梁一样[图 5-15(d)],悬臂长为 $l_1/2$,在反弯点处受横向力 $Q/2$ 作用时,其变位为

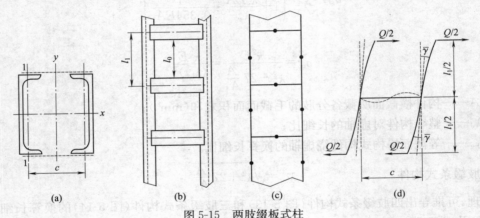

图 5-15　两肢缀板式柱

$$\delta=\left(\dfrac{1}{3EI_1}\right)\left(\dfrac{Q}{2}\right)\left(\dfrac{l_1}{2}\right)^3=\dfrac{Ql_1^3}{48EI_1}\tag{5-59}$$

当 $Q=1$ 时,杆件的剪切角为

$$\bar{\gamma}\approx\tan\bar{\gamma}=\dfrac{\delta}{l_1/2}=\dfrac{l_1^2}{24EI_1}\tag{5-60}$$

式中　I_1——单肢对自身 1—1 轴的惯性矩(mm^4);

l_1——相邻缀板中心线间距(mm)。

将式(5-60)代入式(5-47),可得出缀板式轴心受压柱的临界力为

$$N_{cr}=\dfrac{\pi^2EI}{l^2}\left(\dfrac{1}{1+\dfrac{\pi^2EI}{l^2}\cdot\dfrac{l_1^2}{24EI_1}}\right)\tag{5-61}$$

临界应力为

$$\sigma_{cr}=\dfrac{N_{cr}}{A}=\dfrac{\pi^2EI}{l^2A}\left(\dfrac{1}{1+\left(\dfrac{\pi^2EI}{l^2}\right)\dfrac{l_1^2}{24EI_1}}\right)=\dfrac{\pi^2Er^2}{l^2}\left(\dfrac{1}{1+\dfrac{\pi^2}{12}\left(\dfrac{l_1^2A}{2I_1}\right)\left(\dfrac{I}{Al^2}\right)}\right)$$

$$=\frac{\pi^2 E}{\lambda_y^2}\left[\frac{1}{1+\frac{\pi^2}{12}\left(\frac{l_1^2}{r_1^2}\right)\left(\frac{1}{\lambda_y^2}\right)}\right] \tag{5-62}$$

将 $\frac{\pi^2}{12}$ 近似地取为 1.0,则式(5-62)可化简为

$$\sigma_{cr}\approx\frac{\pi^2 E}{\lambda_y^2+\lambda_1^2} \tag{5-63}$$

式中 λ_y——整个构件对虚轴 y—y 的长细比,$\lambda_y=\frac{l}{r}$;

    λ_1——单肢对自身 1—1 轴的长细比,其计算长度取缀板间的净距离(铆接构件取缀板边缘铆钉中心间的距离)。

于是可得二肢缀板式受压构件的换算长细比为

$$\lambda_{hy}=\sqrt{\lambda_y^2+\lambda_1^2} \tag{5-64}$$

四肢缀板式受压构件(图 5-16)的换算长细比为

$$\left.\begin{array}{l}\lambda_{hx}=\sqrt{\lambda_x^2+\lambda_1^2}\\[4pt]\lambda_{hy}=\sqrt{\lambda_y^2+\lambda_1^2}\end{array}\right\} \tag{5-65}$$

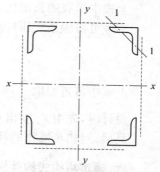

式中 λ_1——单肢对最小刚度轴 1—1 的长细比,其计算长度取相邻缀板间的净距离(铆接构件取缀板边缘铆钉中心间的距离)。

四、格构式轴心受压构件的整体稳定性和单肢稳定性

图 5-16   四肢缀板式柱

格构式轴心受压构件的整体稳定性仍按式(5-11)计算,其中轴压稳定系数 φ 由 $\lambda_{max}=\max(\lambda_x,\lambda_{hy})$ 或 $\lambda_{max}=\max(\lambda_{hx},\lambda_{hy})$ 查表 5-7 确定。

当单肢长细比 λ_1 大于构件长细比 λ_{max} 时,还应验算单肢稳定性。单肢按实腹压杆计算,其轴压稳定系数 φ 由单肢长细比 λ_1 查相应表确定。单肢长细比 λ_1 应满足下式要求:

$$\lambda_1=\frac{l_1}{r_1}\leqslant[\lambda_1] \tag{5-66}$$

式中 l_{01}——单肢的计算长度,缀条柱取柱肢节间长度;缀板柱取相邻缀板间的净距离(对铆接柱取缀板边缘铆钉中心间的距离);

    r_1——单肢对自身轴 1—1 的回转半径;

    $[\lambda_1]$——单肢容许长细比,对缀条柱按表 5-1 确定;对缀板柱取 $[\lambda_1]=40$。

五、二肢格构式构件的断面设计

格构式构件的断面设计,首先应按轴力大小和构件的长度确定断面形式。通常轴力较大时,采用两肢构件;构件长而轴力较小时,宜用四肢或三肢构件。

采用两肢构件时,先根据绕实轴的稳定性要求计算单肢需要的截面面积;再由绕虚轴的稳定性和绕实轴的稳定性相等的条件确定分肢之间的距离;最后详细计算截面特性(惯性矩、截面面积等)和构件的换算长细比,并进行刚度、整体稳定性和局部稳定性计算。

设计之初,绕实轴的长细比 λ_x 的推荐值如下:

轴力 $N>2\,000$ kN 时,$\lambda_x=60$;$N\leqslant500$ kN 时,λ_x 取为 90。

根据初定的 λ_x,可求出相应的断面回转半径:$r_x = \dfrac{l_x}{\lambda_x}$。由 λ_x 查表 5-7 得到稳定系数 φ_x,根据材料的许用应力 $[\sigma]$ 及已知的轴向力 N,用计算实体柱的公式(5-29)计算需要的截面面积 A。

根据 r_x 和 A 选择出合适的槽钢或工字钢型号后,还要确定分肢间距 c(如图 5-12、图 5-15 所示),由截面几何关系可得

$$c = 2\sqrt{r_y^2 - r_1^2} \tag{5-67}$$

式中　r_1——单肢对自身轴 1—1 的回转半径;

　　　r_y——整个构件对虚轴 y—y 的回转半径,$r_y = \dfrac{l_y}{\lambda_y}$。

对虚轴的长细比 λ_y,可按照绕虚轴与绕实轴稳定性近似相等的原则确定。故对缀板式受压构件有:$\lambda_x \approx \lambda_{hy} = \sqrt{\lambda_y^2 + \lambda_1^2}$,由此可得绕虚轴的长细比为

$$\lambda_y \approx \sqrt{\lambda_x^2 - \lambda_1^2} \tag{5-68}$$

上式中单肢的长细比 $\lambda_1 \leqslant 40$,设计初建议取 $\lambda_1 = 30$。

同理可得缀条式压杆绕虚轴的长细比:

$$\lambda_y \approx \sqrt{\lambda_x^2 - \frac{27A}{A_1}} \tag{5-69}$$

上式中可近似取 $\dfrac{A}{A_1} \approx 8$,或按较小型号的型钢初估缀条截面积 A_1。

设计时,先由 λ_y 求出 r_y,代入式(5-67)求出分肢间距 c。

最后,对初步选择的柱截面进行稳定性和刚度的详细验算。

六、确定格构式构件横截面上的剪力 Q

连缀件(缀板、缀条)的作用是当格构式构件绕虚轴发生弯曲时承受横向剪力。重要的问题是如何确定剪力 Q 的大小。

图 5-17(a)是一根柱长为 l 的两端简支格构式构件。当其绕虚轴弯曲时,设变形线为正弦曲线:

$$y = f\sin\frac{\pi x}{l} \tag{5-70}$$

柱任一截面承受的弯矩和剪力为

$$M = N \cdot y$$

$$Q = \frac{\mathrm{d}M}{\mathrm{d}x} = N\frac{\mathrm{d}y}{\mathrm{d}x} = N\frac{\pi f}{l}\cos\frac{\pi x}{l} \tag{5-71}$$

当 $x = 0$ 时,杆端有最大剪力:

$$Q_{\max} = N\frac{\pi f}{l} \tag{5-72}$$

剪力分布如图 5-17(b)所示。

式(5-72)中的 f 值通常不好确定,根据《起重机设计规范》,最大剪力可按下式近似计算:

$$Q_{\max} = \frac{A[\sigma]}{85}\sqrt{\frac{\sigma_s}{235}} \quad \text{或} \quad Q_{\max} = \frac{N}{85\varphi}\sqrt{\frac{\sigma_s}{235}} \tag{5-73}$$

式中　$Q_{\max}$——格构式构件横截面的最大剪力(N)。

设计时,可近似取 $Q_{\max}$ 沿柱长分布,如图 5-17(c)所示。其他参数含义同式(5-11)。

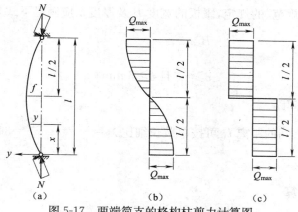

图 5-17　两端简支的格构柱剪力计算图

对二肢格构式构件,剪力 Q 由两片连缀件平面平均承受。即每个平面受 $Q' = \dfrac{Q_{max}}{2}$。二肢、四肢和三肢柱的剪力分配如图 5-18 所示。

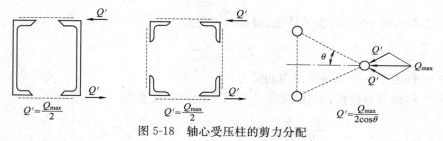

图 5-18　轴心受压柱的剪力分配

七、缀板的设计计算

对缀板格构式构件,当剪力确定后,即可根据反弯点在分肢、缀板节间中点的假定计算其内力[图 5-19(b)];对三肢柱,考虑到柱压弯时中性轴在断面高度 1/3 处[图 5-19(c)],所以假定缀板的反弯点也在缀板 1/3 长度处,而每个肢上承受的剪力亦按比例分配。

当缀板的内力确定之后,即可按材料力学的方法验算其强度。

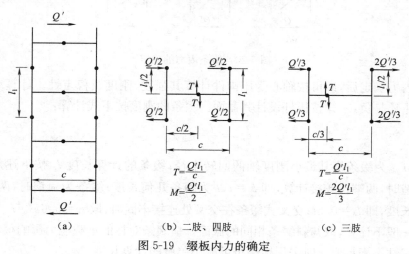

图 5-19　缀板内力的确定

根据《起重机设计规范》的规定,缀板的宽度 B 及厚度 δ 应满足下式要求:

$$
\left.\begin{aligned}
B &\geqslant \frac{2}{3}c \\[6pt]
\delta &\geqslant \frac{c}{40} \text{ 且 } \delta \geqslant 6 \text{ mm}
\end{aligned}\right\}
\tag{5-74}
$$

式中　c——分肢轴线间距。

相邻缀板中心线之间的距离 l_1 可按单肢长细比 $\lambda_1 = \dfrac{l_{01}}{r_1} = \dfrac{l_1 - B}{r_1} = 30 \sim 40$ 的条件确定,l_{01} 为缀板间净距离。

八、缀条的设计计算

缀条式柱是由缀条和分肢组成的桁架体系。主要有三种缀条布置形式(图 5-20),其内力分析可采用截面法。对图 5-20(a)和图 5-20(b)的缀条体系,斜缀条的内力为

$$
N_b = \frac{Q'}{\sin\alpha}
\tag{5-75}
$$

对于图 5-20(c)的交叉式缀条体系,缀条的内力为

$$
N_b = \frac{Q'}{2\sin\alpha}
\tag{5-76}
$$

式中　Q'——作用于一片缀条平面内的剪力;

　　　α——斜缀条与构件轴线的夹角,α 应在 $40° \sim 70°$ 范围内。

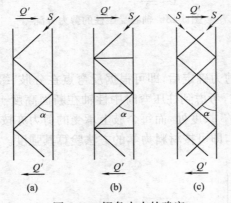

图 5-20　缀条内力的确定

缀条的内力确定后,即可按轴心受压构件计算其强度、刚度及稳定性。计算缀条时,无论计算内力为正还是负,一律按压杆设计其截面。缀条的刚度按下式计算:

$$
\lambda_b = \frac{l_c}{r_{\min}} \leqslant [\lambda]
\tag{5-77}
$$

上式中,$r_{\min}$ 为缀条绕其最小刚度轴的回转半径;缀条的计算长度 l_c 按下述规定确定:缀条由角钢制造时,两端按铰接计算,即 $l_c = l$,l 为缀条几何长度;缀条为扁钢时,两端按固定支座确定计算长度,即 $l_c = 0.5l$;交叉式缀条在交叉处连接牢固时,取 $l_c = 0.65l$。

横缀条一般不计算,取与斜缀条相同的截面。横缀条对柱的承载能力影响很小,当单肢的长细比或稳定性不满足要求时采用横缀条可减小单肢的计算长度。

缀条的稳定性按下式计算：

$$\sigma=\frac{N_b}{\varphi A_b}\leqslant\eta[\sigma] \tag{5-78}$$

式中　A_b——缀条的截面面积；

　　　η——按轴心压杆计算稳定性时，考虑杆件偏心受载的许用应力折减系数。采用单面连接的单角钢时 η 按下述规定取值：

（1）等边角钢：$\eta=0.6+0.0015\lambda_b$，但不大于 1.0。

（2）短边相连的不等边角钢：$\eta=0.5+0.0025\lambda_b$，但不大于 1.0。

（3）长边相连的不等边角钢：$\eta=0.7$。

计算 η 时，对中间无联系的单角钢构件，其 λ_b 按最小回转半径 r_{min} 计算。当 $\lambda_b<20$ 时，取 $\lambda_b=20$；对中间有联系的单角钢构件，λ_b 应按平行于角钢联系边的形心轴计算。

上式中轴压稳定系数 φ 由缀条长细比 λ_b 查表确定。

变截面格构式构件的计算长度确定方法与变截面实体构件相同，也是采用折算长度法，变截面长度折算系数由表 5-3、表 5-4 查取，折算后即可按等截面格构式构件进行计算。

【例题 5-3】 验算等截面双肢缀板受压柱的整体稳定性、整体刚度和单肢刚度，并设计缀板。已知：柱长 $l=10$ m，柱两端铰支；材料为 Q235B；轴向压力 $N=1\,500$ kN；截面形式及主要尺寸如图 5-21 所示。

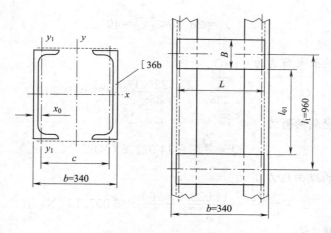

图 5-21　双肢缀板式柱

【解】　（1）计算截面几何特性（[36b 的主要参数查附录 1 的型钢表）

$$A=2\times6\,811=13\,622\;(mm^2)$$

$$I_x=2\times1.27\times10^8=2.54\times10^8\;(mm^4)$$

$$r_x=136\;mm,\;r_{y1}=27\;mm$$

$$x_0=23.7\;mm,\;c=340-2\times23.7=292.6\;(mm)$$

$$\lambda_x=\frac{l_x}{r_x}=\frac{10\,000}{136}=73.5$$

$$r_y=\sqrt{r_{y1}^2+(c/2)^2}=\sqrt{27^2+(292.6/2)^2}=148.77\;(mm)$$

$$\lambda_y=\frac{l_y}{r_y}=\frac{10\,000}{148.77}=67.2$$

(2)设计缀板截面

根据式(5-74),缀板宽度 B 及厚度 δ 应满足:

$$B \geqslant \frac{2}{3}c = 195.1 \text{ mm}, \text{取 } B = 200 \text{ mm}$$

$$\delta \geqslant \frac{c}{40} = 7.3 \text{ mm}, \text{取 } \delta = 8 \text{ mm}$$

缀板长度取为 $L = 310$ mm。

(3)计算换算长细比 λ_{hy}

单肢对 $y_1 - y_1$ 轴的长细比: $\lambda_1 = \dfrac{l_{01}}{r_{y1}} = \dfrac{l_1 - B}{r_{y1}} = \dfrac{760}{27} = 28.15$

$$\lambda_{hy} = \sqrt{\lambda_y^2 + \lambda_1^2} = \sqrt{67.2^2 + 28.15^2} = 72.86$$

(4)验算整体刚度

$$\lambda_x = 73.5 < [\lambda] = 180$$

$$\lambda_{hy} = 72.86 < [\lambda] = 180$$

(5)验算整体稳定性

由 $\lambda_x = 73.5$ 查表 5-7 得 $\varphi_x = 0.729$,则

$$\sigma_{max} = \frac{N}{\varphi_x A} = \frac{1.5 \times 10^6}{0.729 \times 13\,622} = 151.1 \text{ (MPa)} < [\sigma] = 175 \text{ MPa}$$

(6)验算单肢刚度

由上述计算得 $\qquad \lambda_1 = 28.15 < [\lambda] = 40$

(7)验算缀板强度

构件横截面上的最大剪力为

$$Q_{max} = \frac{A[\sigma]}{85}\sqrt{\frac{\sigma_s}{235}} = \frac{13\,622 \times 175}{85} = 28\,045.3 \text{ (N)}$$

每个缀板平面受到的剪力:

$$Q' = \frac{Q_{max}}{2} = 14\,022.6 \text{ (N)}$$

每块缀板承受的纵向内力 T 为

$$T = \frac{Q' l_1}{c} = \frac{14\,022.6 \times 960}{292.6} = 46\,007.16 \text{ (N)}$$

缀板的最大弯矩 M_T:

$$M_T = T \times \frac{c}{2} = 46\,007.16 \times \frac{292.6}{2} = 6.731 \times 10^6 \text{ (N} \cdot \text{mm)}$$

缀板的惯性矩 I_0 为

$$I_0 = \frac{1}{12} \times 8 \times 200^3 = 5.33 \times 10^6 \text{ (mm}^4\text{)}$$

缀板边缘的最大弯曲应力为

$$\sigma_{max} = \frac{M_T B}{2I_0} = \frac{6.731 \times 10^6 \times 200}{2 \times 5.33 \times 10^6} = 126.3 \text{ (MPa)} < [\sigma]$$

缀板最大剪应力为

$$\tau_{max} = \frac{TS_b}{I_b \delta} = \frac{3T}{2\delta B} = \frac{3 \times 46\,007.16}{2 \times 8 \times 200} = 43.1 \text{ (MPa)} < [\tau] = 100 \text{ MPa}$$

故缀板强度满足要求。

第五节 实腹式偏心受压构件的计算

一、偏心压杆的受力特点

对轴心受压柱,当轴向载荷 N 未达到临界载荷 N_{cr} 前,杆件始终保持直线的平衡状态,只有压缩变形。当载荷达到 N_{cr} 时,受压杆件的变形立即由压缩变为以弯曲为主,从而丧失了稳定性。对于图 5-22 所示的偏心受压(即压弯)构件,在偏心压力 N 作用下其初始变形即为弯曲变形,而且这种弯曲变形随着 N 的增大而增大,当 N 达到某一值时,构件因失稳(失去承载能力)而破坏。偏心压杆从开始受载到破坏,其变形始终是弯曲变形,没有变形形式的改变。

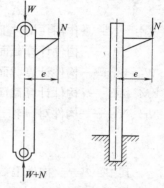

根据构件变形形式有无改变的特点,在丧失稳定的过程中,压杆的失稳可分成两种类型。一种是受载变形过程中,变形形式有突变(如轴心压杆),称为第一类失稳;另一种是受载变形过程中变形形式无突变(如偏心压杆),称为第二类失稳。

图 5-22 偏心受压柱

对常用的弹塑性材料,如 Q235、Q345 钢等,在其偏心受压柱的 N—y 图(图 5-23)上可以看到:当载荷 N 很小时,杆件就出现了挠度 y,且当 N 增加过程中,每一个 N 值都对应着一个挠度 y 值,N 与 y 之间不是直线增加,而呈非线性关系。从图 5-23可看到构件失稳时的临界力 N_{cr} 比欧拉临界力 N_{ocr} 小得多。当外载荷到达 N_{cr} 时,即使 N 不增加甚至卸载,挠度 y 仍将继续增加。

实验和理论研究表明:实腹式偏心受压构件失稳时,受力最大的截面已有相当一部分材料(一侧或两侧)因达到了屈服极限而进入塑性状态(图 5-24)。截面塑性区的出现及其大小对偏心压杆的承载能力影响颇大。而塑性变形的进展速度又与偏心压杆的截面形状、材料特性和轴向力的偏心大小等因素有关。

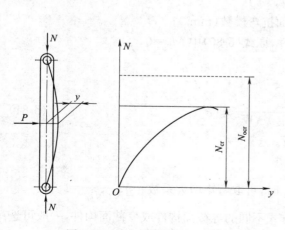

图 5-23 偏心受压柱 N—y 图

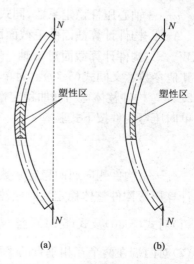

(a)   (b)

图 5-24 实腹式偏心受压柱的失稳

偏心受压构件根据其偏心轴力的作用位置分为单向偏心受压构件和双向偏心受压构件，这两类构件均应同时满足强度、刚度、整体稳定及局部稳定四个方面的要求。

二、偏心受压构件的强度

双向压弯构件的强度按下式计算：

$$\frac{N}{A_j} + \frac{M_x}{(1-N/N_{Ex})W_{jx}} + \frac{M_y}{(1-N/N_{Ey})W_{jy}} \leqslant [\sigma] \tag{5-79}$$

式中　N——作用在构件上的轴向力（N）；

　　　A_j——构件计算截面的净截面面积（mm^2）；

W_{jx}、W_{jy}——构件计算截面对 x 轴、y 轴的净截面抗弯模数（mm^3）；

　M_x、M_y——构件计算截面对 x 轴、y 轴的弯矩（N·mm）；

N_{Ex}、N_{Ey}——构件对 x 轴、y 轴的名义欧拉临界力（N）；

$$N_{Ex} = \frac{\pi^2 EA}{\lambda_x^2}, N_{Ey} = \frac{\pi^2 EA}{\lambda_y^2}$$

其中　A——构件毛截面面积（mm^2）。

当 $N/N_E < 0.1$ 时，可不计基本弯矩增大系数（在轴向力作用下，构件发生弯曲变形而使原一阶弯矩 M 增大的系数），即取 $\frac{1}{1-N/N_E} = 1$。

计算拉弯构件的强度时，式（5-79）中的弯矩放大系数均取 1。对单向压（拉）弯构件，取式（5-79）中 $M_y = 0$。

三、偏心受压构件的整体稳定性

1. 压弯构件的整体弯曲屈曲稳定性计算

对双向压弯构件按下式验算：

$$\frac{N}{\varphi A} + \frac{M_x}{(1-N/N_{Ex})W_x} + \frac{M_y}{(1-N/N_{Ey})W_y} \leqslant [\sigma] \tag{5-80}$$

式中　φ——轴心压杆稳定系数，同式（5-11）；

　　　A——构件计算截面的毛截面面积（mm^2）。

W_x、W_y——构件计算截面对 x 轴、y 轴的毛截面抗弯模数（mm^3）；

其他参数意义同式（5-79）。对单向压弯构件，取式（5-80）中 $M_y = 0$。

2. 压弯构件整体弯扭屈曲稳定性计算

单向压弯构件按下式验算：

$$\frac{N}{\varphi A} + \frac{M_x}{(1-N/N_{Ex})\varphi_b W_x} \leqslant [\sigma] \tag{5-81}$$

式中　φ_b——构件侧向屈曲稳定系数，见第六章。

计算压弯构件整体稳定性时应注意以下两点：

（1）对式（5-80）及式（5-81），当 $N/N_E < 0.1$ 时，可取弯矩增大系数 $\frac{1}{1-N/N_E} = 1$。

（2）对两端在两个互相垂直的平面内支承方式不同的等截面构件或变截面构件，一般可选取两个或三个危险截面进行整体稳定性验算。

偏心受压构件还应验算刚度及局部稳定性。其刚度应满足长细比（同轴心压杆）及弯曲引起的构件挠度的要求；实腹式压弯构件的局部稳定性用板的宽厚比衡量，当不能满足要求时，可加横向及纵向加劲肋。

四、圆柱壳体的局部稳定性

受轴压或压弯联合作用的薄壁圆柱壳体，当壳体壁厚 δ 与壳体中面半径 R 的比值 $\frac{\delta}{R} \leqslant 25\frac{\sigma_s}{E}$ 时，应计算其局部稳定性。

1. 圆柱壳体受轴压或压弯联合作用时的临界应力

圆柱壳体的临界应力按下式计算：

$$\sigma_{c,cr} = 0.2\frac{E\delta}{R} \tag{5-82}$$

式中　$\sigma_{c,cr}$——圆柱壳体受轴压或压弯联合作用时的临界应力（N/mm²）；

R——圆柱壳体的中面半径（mm）；

δ——圆柱壳体的壁厚（mm）。

当按公式（5-82）算得的临界应力超过 $0.8\sigma_s$ 时，按下式折减：

$$\sigma_{cr} = \sigma_s\left(1 - \frac{1}{1 + 6.25m^2}\right) \tag{5-83}$$

式中，$m = \dfrac{\sigma_{c,cr}}{\sigma_s}$。

2. 受轴压或压弯联合作用的薄壁圆柱壳体的局部稳定性验算

圆柱壳体的局部稳定性按下式验算：

$$\frac{N}{A_j} + \frac{M}{W_j} \leqslant \frac{\sigma_{c,cr}}{n} \tag{5-84}$$

式中　N——轴向力（N）；

M——弯矩（N·mm）；

A_j——圆柱壳的净截面面积（mm²）；

W_j——圆柱壳的净截面抗弯模量（mm³）；

$\sigma_{c,cr}$——同式（5-82）。当 $\sigma_{c,cr} > 0.8\sigma_s$ 时，按式（5-83）折减；

n——安全系数，取与强度安全系数一致。

3. 圆柱壳加劲环设置

圆柱壳两端应设置加劲环或设置有相应作用的结构件；当壳体长度大于 $10R$ 时，需设置中间加劲环。加劲环的间距不大于 $10R$，加劲环的截面惯性矩 I_z 应满足下式的要求：

$$I_z \geqslant \frac{R\delta^3}{2}\sqrt{\frac{R}{\delta}} \tag{5-85}$$

式中　I_z——圆柱壳加劲环的截面惯性矩（mm⁴）。

当加劲环是对壳体中面内外成对配置时，其截面惯性矩按壳体中面母线为轴线进行计算；单侧配置时，按壳体与加劲肋截面构成的 T 形组合截面计算其惯性矩，壳体截面长取为 $30\delta\sqrt{\dfrac{235}{\sigma_s}}$。

第六节 格构式偏心受压构件的计算

与实腹式偏心受压柱一样,偏心受压格构柱也可分为单向偏心受压和双向偏心受压两类,且应同时满足强度、刚度、整体稳定及分肢稳定四个方面的要求。

一、格构式偏心受压构件的强度

格构式偏心受压构件的强度由受力最大的分肢决定。若分肢仅受轴心力 N 作用,则按轴心受力构件公式(5-1)计算分肢强度;若分肢受轴心力 N 和弯矩 M_x、M_y 作用,则按双向压弯构件式(5-79)计算分肢强度。对格构式偏心受拉构件亦同样计算。

作用在格构式构件上的轴向力和弯矩按下述原则分配给分肢:

1. 四肢构件的分肢内力

四肢偏心受压格构式构件的分肢通常由四根相同截面的角钢、钢管或其他型钢组成,并采用缀条体系。如起重机的桁架式动臂等。

如图 5-25 所示,构件受偏心轴向力 N 作用,由 N 引起的弯矩 $M_x = N \cdot e_y$,$M_y = N \cdot e_x$。类似于桁架弦杆的计算,可将弯矩换算为分肢的轴心力,则各分肢所受轴力为

$$N_i = \frac{N}{4} \pm \frac{M_x}{2c_y} \pm \frac{M_y}{2c_x} \quad (i=1,2,3,4) \tag{5-86}$$

式中 c_x、c_y——各分肢轴线沿 x 轴、y 轴方向的间距。

各分肢按轴心压杆计算其强度。

2. 两肢构件的分肢内力

如图 5-26 所示,偏心轴向力 N 引起绕实轴的弯矩 $M_x = N \cdot e_y$,绕虚轴的弯矩 $M_y = N \cdot e_x$。将 N 及 M_y 转化为两个分肢的轴心力,M_x 按正比于分肢的惯性矩和反比于载荷作用位置至分肢距离的原则分配到两个分肢上,则各分肢受力为

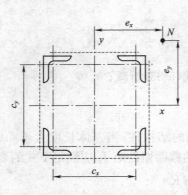 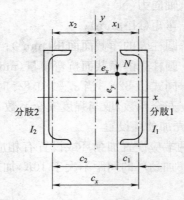

图 5-25 四肢偏心受压格构柱　　　　图 5-26 二肢偏心受压格构柱

分肢 1
$$N_1 = \frac{x_2 + e_x}{c_x} N \tag{5-87}$$

$$M_{x1} = \frac{I_1}{I_1 + \frac{c_1}{c_2} I_2} M_x \tag{5-88}$$

分肢 2
$$N_2 = N - N_1 \tag{5-89}$$
$$M_{x2} = M_x - M_{x1} \tag{5-90}$$

式中　I_1、I_2——分肢 1、分肢 2 对 x 轴的惯性矩；

c_1、c_2——载荷作用点到分肢 1、分肢 2 轴线的距离。

各分肢应按单向压弯构件计算其在 N_i 及 M_x 作用下的强度。

特殊情况下，当 $e_y = 0$，即没有绕实轴的弯矩 M_x 时，各分肢为轴心受力构件。当 e_x 在构件截面以外时，认为 M_x 仅由邻近的分肢承受。

若格构式压弯构件的连缀件采用缀板，则在分肢的强度和稳定性计算中应考虑剪力引起的局部弯矩 M_{jy}，剪力应比较公式（5-73）的计算值和横向载荷引起的实际剪力而取大者。此时分肢应按双向压弯构件计算其强度。

二、格构式偏心受压构件的稳定性

1. 整体稳定性

格构式压弯构件的整体稳定性计算同实腹式，即按式（5-80）及式（5-81）计算。考虑弯矩增大系数时，欧拉临界力 N_{Ex}、N_{Ey} 计算式中的 λ_x、λ_y 应改用 λ_{hx}、λ_{hy}。

2. 分肢稳定性

当分肢长细比大于构件长细比时，应进行分肢稳定性验算。

对于四肢构件，将构件的 N 和 M 按式（5-86）换算为分肢的轴心力后，对受压分肢按轴心受压实腹式构件计算分肢节间的稳定性；对于两肢构件，将构件的 N 和 M 按式（5-87）～式（5-90）换算为分肢的轴心力及弯矩后，按单向压弯或双向压弯（对缀板式构件）或轴心受压（对缀条式构件且只有绕虚轴的弯矩）实腹式构件验算分肢节间的稳定性。

此外，分肢长细比 λ_1 应满足式（5-66）的要求。

▷◁ **习　题**

5-1　图 5-27 为一根四分肢变截面组合轴心受压构件，两端为铰支座。材料为 Q235 钢。

已知：四分肢由四根等边角钢∟80×80×10 构成，构件横截面积为 60.44 cm²，缀条用等边角钢∠50×50×6；截面最大惯性矩为 $I_{max} = 31 \times 10^7$ mm⁴，最小惯性矩为 $I_{min} = 10 \times 10^7$ mm⁴，$P = 800 \times 10^3$ N。其余已知参数如图 5-27 所示。

试验算其稳定性。

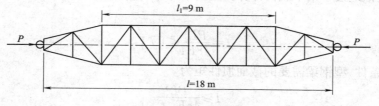

图 5-27　变截面格构柱

第六章　横向弯曲的实体构件——梁

在起重机金属结构中,梁主要是承受横向弯曲的构件。梁可分为型钢梁与组合梁。

梁必须坚固耐用,即满足强度、刚度和稳定性条件。此外,还应满足自重轻、省材料、制造安装简便和外形美观等要求。

第一节　型 钢 梁

一、概　　述

用以做梁的型钢,一般为工字钢或槽钢,其高度约由 $80\sim600$ mm。

采用单根工字钢做梁只适用于受力很小的情况,多数情况是对工字钢经过加强后再用作横向弯曲构件,即成为加强型的型钢梁,它应用于单梁式起重机上,电动葫芦沿工字钢下翼缘运行。

常用型钢梁的截面形式如图 6-1 所示,除轧制或焊接的宽翼缘工字钢[图 6-1(c)]外,其他均采用带有内侧倾斜翼缘的工字钢。图 6-1(b)的工字钢用水平槽钢加强;图 6-1(d)的工字钢用轧制的 U 型钢加强;图 6-1(e)的工字钢用钢板焊成的箱形结构来加强。

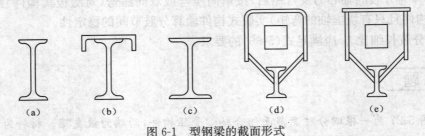

图 6-1　型钢梁的截面形式

二、型钢梁的截面选择

选定型钢梁截面形式后,其截面尺寸可按静刚度条件进行初选。对于移动载荷,由于小车轮距很小,可近似地按一集中载荷计算。型钢梁跨中的垂直静刚度按简支梁计算简图计算,其计算式为

$$f=\frac{PL^3}{48EI}\leqslant[f] \tag{6-1}$$

根据刚度条件,型钢梁需要的截面惯性矩为

$$I\geqslant\frac{PL^3}{48E[f]} \tag{6-2}$$

式中　L——梁的跨度(mm);

　　　E——材料弹性模量;

　　　$[f]$——梁的许用挠度,见第三章表 3-22;

166

P——电动葫芦在额定起重量时的总轮压(不计动力系数),按下式计算:

$$P=Q+G_h$$

其中 Q——额定起重量(N),

G_h——电动葫芦自重(N)。

根据 GB/T 3811—2008《起重机设计规范》,桥架类型起重机跨中的许用挠度 $[f]$ 按以下原则确定:

(1)手动起重机

手动小车(或手动葫芦)位于桥架主梁跨中位置时,由额定起升载荷及手动小车(或手动葫芦)自重载荷在该处产生的垂直静挠度 f 与起重机跨度 L 的关系,推荐为 $f \leqslant [f] = \dfrac{1}{400}L$。

(2)电动起重机

自行式小车(或电动葫芦)位于桥架主梁跨中位置时,由额定起升载荷及自行式小车(或电动葫芦)自重载荷在该处产生的垂直静挠度 f 与起重机跨度 L 的关系,推荐为:

①对低定位精度要求的起重机,或具有无级调速控制特性的起重机;采用低起升速度和低加速度能达到可接受定位精度的起重机:$f \leqslant [f] = \dfrac{1}{500}L$。

②使用简单控制系统能达到中等定位精度特性的起重机:$f \leqslant [f] = \dfrac{1}{750}L$。

③需要高定位精度特性的起重机:$f \leqslant [f] = \dfrac{1}{1\,000}L$。

关于定位精度的说明:定位精度要求的实现取决于不同调速控制系统的完善程度和不同静态刚性指标的互补性匹配,而可接受定位精度是指低与中等之间的定位精度。

型钢梁的起重量较小,工作级别也较低,许用挠度可取 $[f] = L/750 \sim L/500$。根据式(6-2)计算出的截面惯性矩 I 选择适当的工字钢及加强截面的尺寸。

三、型钢梁的强度校核

选定型钢梁截面后,应验算梁跨中截面的弯曲正应力和跨端截面的剪应力。

跨中截面弯曲正应力包括梁的整体弯曲应力和由小车轮压在工字钢下翼缘引起的局部弯曲应力两部分,合成后进行强度校核。

在垂直平面内,梁的整体弯曲正应力计算如图 6-2 所示。由垂直载荷在下翼缘引起的弯曲正应力为

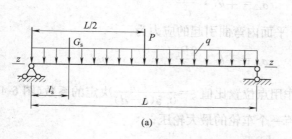

图 6-2 型钢梁计算简图

$$\sigma_z = \frac{y_1}{I_x}\left(\frac{PL}{4} + \frac{\Phi_i G_s l_s}{2} + \frac{\Phi_i q L^2}{8}\right) \qquad (6\text{-}3)$$

式中　G_s——悬挂在工字钢梁上的司机室重力,DL 型电动单梁起重机可取为 4 000 N;

　　　y_1——梁的下表面距截面形心轴(x—x 轴)的距离;

　　　I_x——梁跨中截面对 x—x 轴的惯性矩;

　　　l_s——司机室重心到支承间的距离;

　　　q——梁单位长度重力;

　　　P——电葫芦在额定起重量下的总轮压,按下式计算:

$$P = \Phi_i G_h + \Phi_j Q$$

其中　Φ_i、Φ_j——动力系数,根据载荷组合确定。Φ_i 可取起升冲击系数 Φ_1 或运行冲击系数 Φ_4;Φ_j 可取起升动载系数 Φ_2、突然卸载冲击系数 Φ_3 或 Φ_4。

普通工字钢在电动葫芦小车轮压作用下,工字钢下翼缘板的局部弯曲应力按下式计算(图 6-3):

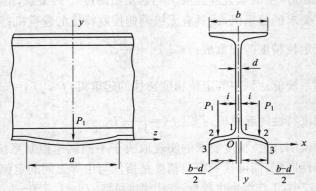

图 6-3　型钢梁局部应力计算简图

腹板根部 1 点由翼缘在 xOy 及 zOy 平面内弯曲引起的应力分别为

$$\sigma_{x1} = \pm k_1 \cdot \frac{2P_1}{t^2} \qquad (6\text{-}4)$$

$$\sigma_{z1} = \mp k_2 \cdot \frac{2P_1}{t^2} \qquad (6\text{-}5)$$

力作用点 2 由翼缘在 xOy 及 zOy 平面内弯曲引起的应力分别为

$$\sigma_{x2} = \mp k_3 \cdot \frac{2P_1}{t^2} \qquad (6\text{-}6)$$

$$\sigma_{z2} = \mp k_4 \cdot \frac{2P_1}{t^2} \qquad (6\text{-}7)$$

翼缘外边缘点 3 由翼缘在 zOy 平面内弯曲引起的应力为

$$\sigma_{z3} = \mp k_5 \cdot \frac{2P_1}{t^2} \qquad (6\text{-}8)$$

式中　k_1、k_2、k_3、k_4、k_5——由轮压作用点位置比值 $\xi = \dfrac{i}{0.5(b-d)}$ 决定的系数(图 6-4);

　　　P_1——电动葫芦一个车轮的最大轮压;

　　　t——距边缘 $\dfrac{b-d}{4}$ 处的翼缘厚度。

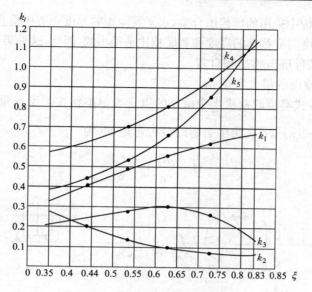

图 6-4 系数 k_1、k_2、k_3、k_4、k_5 曲线

式(6-4)~式(6-8)中的正负号在上面的表示工字钢下翼缘上表面应力符号,在下面的表示工字钢下翼缘下表面的应力符号。工字梁下翼缘下表面的整体弯曲应力最大,且同时还作用有局部弯曲应力,故应计算下翼缘下表面各危险点的复合应力。

下翼缘下表面 1 点及力作用点 2 点为二向应力状态,复合应力为

$$\sigma_r = \sqrt{\sigma_{xj}^2 + (\sigma_z + \sigma_{zj})^2 - \sigma_{xj}(\sigma_z + \sigma_{zj})} \leqslant [\sigma] \tag{6-9}$$

下翼缘下表面 3 点为单向应力状态,按下式校核

$$\sigma = \sigma_z + \sigma_{z3} \leqslant [\sigma] \tag{6-10}$$

式中　σ_z——工字梁下翼缘下表面的整体弯曲应力;

　　σ_{xj}、σ_{zj}——工字梁下翼缘 1 点及 2 点的局部弯曲应力,j 取 1 或 2。

电动葫芦位于跨端时,跨端截面剪应力按下式校核

$$\tau_{max} = \frac{Q_{max}S}{I_x\delta} = \frac{S}{I_x\delta}\left(P + \Phi_i G_s \frac{L-l_s}{L} + \frac{\Phi_i qL}{2}\right) \leqslant [\tau] \tag{6-11}$$

式中　S——型钢梁跨端截面的静面矩;

　　δ——型钢梁截面中性轴处的腹板厚度。

第二节　焊接组合梁的截面尺寸、强度和刚度计算

一、焊接组合梁的截面尺寸及梁自重的计算

焊接组合梁通常采用的截面形式是由两块翼缘板和两块腹板焊接成的箱形截面或由两块翼缘板与一块腹板焊接成的工字形截面。

当设计计算起重机金属结构梁时,要确定所要求的危险截面对垂直轴和水平轴的截面抗弯模数。在梁截面中,翼缘板的宽度、厚度和腹板的高度、厚度能够反映出截面模数的大小,其中又以梁高 h 对截面模数影响最大,因此,梁高 h 是梁截面的主要几何参数。

在起重机金属结构中采用的焊接组合梁,水平翼缘板的厚度一般比垂直腹板的厚度要大些,而翼缘板和腹板的厚度与梁截面的高度和宽度相比是很小的,因此,这种梁通常属于薄壁结构。

1. 按梁的强度条件确定梁高和自重

(1)确定梁跨中截面的最大弯矩 M

以 G 表示双梁桥式类型起重机半个桥架的重量或单梁桥式类型起重机桥架的重量,其均布载荷 $q=\dfrac{\Phi_i G}{L}$[图 6-5(a)],q 在跨中引起的最大弯矩 M_1 为

$$M_1=\frac{qL^2}{8}=\frac{\Phi_i GL}{8}$$

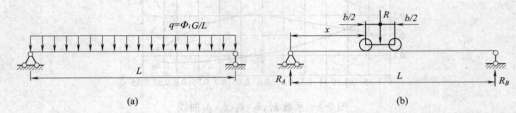

图 6-5　梁的作用载荷
(a)均布载荷;(b)移动载荷。

桥式类型起重机主梁上的移动载荷包括起升载荷 Q 及小车自重载荷 G_{xc}[图 6-5(b)],作用于一根主梁上的载荷 R 为

$$R=\frac{\Phi_j Q+\Phi_i G_{xc}}{n}$$

式中　n——主梁根数,单梁 $n=1$,双梁 $n=2$。

Φ_i、Φ_j 含义同式(6-3)。

跨中最大弯矩(参看第八章)为

$$M_2=R\,\frac{\left(L-\dfrac{b}{2}\right)^2}{4L}$$

则由移动载荷及固定载荷在跨中共同引起的弯矩为

$$
\begin{aligned}
M=M_1+M_2&=\frac{\Phi_i GL}{8}+R\,\frac{\left(L-\dfrac{b}{2}\right)^2}{4L}=\frac{\Phi_i GL}{8}+\frac{(\Phi_j Q+\Phi_i G_{xc})}{n}\cdot\frac{\left(L-\dfrac{b}{2}\right)^2}{4L}\\
&=\frac{QL}{8}\left[\left(\Phi_j+\Phi_i\,\frac{G_{xc}}{Q}\right)\cdot\frac{2}{n}\left(1-\frac{b}{2L}\right)^2+\Phi_i\,\frac{G}{Q}\right]
\end{aligned}
$$

令

$$K_1=\left(\Phi_j+\Phi_i\,\frac{G_{xc}}{Q}\right)C_1+\Phi_i\,\frac{G}{Q} \tag{6-12}$$

式中　C_1——将小车轮压转化为跨中集中力时,计算弯矩的换算系数,$C_1=\dfrac{2}{n}\left(1-\dfrac{b}{2L}\right)^2$。

K_1 称为弯矩系数,则

$$M=\frac{QLK_1}{8} \tag{6-13}$$

(2)由主梁的强度条件确定梁高及自重

主梁的强度条件为

$$\sigma=\frac{Mh}{2I}\leqslant[\sigma]$$

则
$$I = \frac{Mh}{2[\sigma]}$$

由图 6-6，箱形截面和工字形截面的惯性矩 I 可用同一表达式：

$$I \approx 2b\delta_3 \left(\frac{h}{2}\right)^2 + \frac{\delta h^3}{12} = 2A_y \left(\frac{h}{2}\right)^2 + \frac{\delta h^3}{12}$$

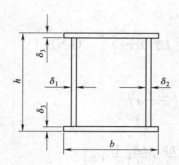 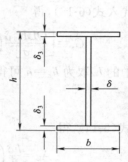

图 6-6　梁的截面

式中　A_y——一块翼缘板的截面积，$A_y = b\delta_3$；

　　　δ——腹板的总厚度，对箱形截面 $\delta = \delta_1 + \delta_2$。

从而可解得一块翼缘板的截面积：

$$A_y = \left(I - \frac{\delta h^3}{12}\right)\frac{2}{h^2} = \frac{M}{[\sigma]h} - \frac{h\delta}{6} \tag{6-14}$$

设
$$\alpha = \frac{\text{腹板加劲板重量}}{\text{腹板重量}} \approx \frac{1}{3}$$

$$\lambda = \frac{\text{走台、栏杆、轨道、机械及电气设备重量}}{\text{梁的重量}} \approx 0.2 \sim 0.3$$

则等截面梁的自重可按下式计算

$$G = [2A_y + h\delta(1+\alpha)]L\gamma(1+\lambda) \qquad \text{(kN)}$$

式中，γ 为单位容积重量，钢材 $\gamma = 78.5\ \text{kN/m}^3$。其余各量的尺寸单位为 m。

将式(6-14)A_y 的表达式代入上式，得

$$G = \left[\frac{2M}{[\sigma]h} + h\delta\left(\frac{2}{3}+\alpha\right)\right]L\gamma(1+\lambda) \qquad \text{(kN)} \tag{6-15}$$

若使梁的自重 G 最小，由 $\dfrac{\mathrm{d}G}{\mathrm{d}h} = 0$，可求得由强度条件决定的经济梁高 h_s，即

$$\frac{\mathrm{d}G}{\mathrm{d}h} = \left[-\frac{2M}{[\sigma]h^2} + \delta\left(\frac{2}{3}+\alpha\right)\right]L\gamma(1+\lambda) = 0$$

则
$$h_s = \left[\frac{2M}{[\sigma]\delta\left(\frac{2}{3}+\alpha\right)}\right]^{\frac{1}{2}} \qquad \text{(m)} \tag{6-16}$$

将式(6-13)代入式(6-16)，得

$$h_s = \left[\frac{QLK_1}{4[\sigma]\delta\left(\frac{2}{3}+\alpha\right)}\right]^{\frac{1}{2}} \qquad \text{(m)} \tag{6-17}$$

将经济梁高 h_s 表达式(6-16)代入梁自重公式(6-15)，可得梁的最小重量：

$$G_s = \left\{ \frac{2M}{[\sigma]} \left[\frac{[\sigma]\delta\left(\frac{2}{3}+\alpha\right)}{2M} \right]^{\frac{1}{2}} + \left[\frac{2M}{[\sigma]\delta\left(\frac{2}{3}+\alpha\right)} \right]^{\frac{1}{2}} \delta\left(\frac{2}{3}+\alpha\right) \right\} L\gamma(1+\lambda)$$

$$= \left[\frac{8M\delta}{[\sigma]}\left(\frac{2}{3}+\alpha\right) \right]^{\frac{1}{2}} L\gamma(1+\lambda) \quad \text{(kN)} \tag{6-18}$$

将式(6-13)代入式(6-18),得

$$G_s = \left[\frac{QLK_1\delta}{[\sigma]}\left(\frac{2}{3}+\alpha\right) \right]^{\frac{1}{2}} L\gamma(1+\lambda) \quad \text{(kN)} \tag{6-19}$$

将式(6-16)中的 h_s 取为 $h_s = h$ 可得

$$\frac{M}{[\sigma]h} = \frac{h\delta}{2}\left(\frac{2}{3}+\alpha\right)$$

将上式代入式(6-14),得

$$A_y = \frac{h\delta}{2}\left(\frac{2}{3}+\alpha\right) - \frac{h\delta}{6} = \frac{h\delta}{2}\left(\frac{1}{3}+\alpha\right)$$

于是可得经济截面的翼缘板与腹板截面积之比为

$$\alpha_f = \frac{A_y}{h\delta} = \frac{1}{2}\left(\frac{1}{3}+\alpha\right) \tag{6-20}$$

若取 $\alpha = \frac{1}{3}$,则 $\alpha_f = \frac{1}{3}$。

2. 按梁的刚度条件确定梁高及自重

由图 6-5(b),移动载荷在桥式类型起重机主梁跨中引起的挠度为

$$f = \frac{QL^3}{96EI}C_2 \leqslant [f] = \frac{L}{[\beta]}$$

式中 C_2——把小车轮压转化为跨中载荷计算挠度的换算系数,其值为

$$C_2 = \frac{1}{n}\left(1+\frac{G_{xc}}{Q}\right)\left(1-\frac{b}{L}\right)\left[3-\left(1-\frac{b}{L}\right)^2\right]$$

由此可求得保证主梁刚度条件的截面惯性矩 I 为

$$I = \frac{QL^2[\beta]C_2}{96E}$$

由前述可知,保证主梁强度条件的截面惯性矩 I 为

$$I = \frac{Mh}{2[\sigma]}$$

若使梁的强度与刚度都得到充分利用时,则应有:

$$\frac{Mh}{2[\sigma]} = \frac{QL^2[\beta]C_2}{96E}$$

即

$$\frac{M}{[\sigma]} = \frac{QL^2[\beta]C_2}{48Eh} \tag{6-21}$$

将式(6-21)代入式(6-16),可得由刚度条件决定的经济梁高:

$$h_g = \left[\frac{QL^2[\beta]C_2}{24E\delta\left(\frac{2}{3}+\alpha\right)} \right]^{\frac{1}{3}} \quad \text{(m)} \tag{6-22}$$

将式(6-21)及式(6-22)代入式(6-18),可得由刚度条件决定的梁最小重量:

$$G_g = \left[\frac{8QL^2[\beta]C_2\delta\left(\frac{2}{3}+\alpha\right)}{48E}\right]^{\frac{1}{2}} \left[\frac{24E\delta\left(\frac{2}{3}+\alpha\right)}{QL^2[\beta]C_2}\right]^{\frac{1}{6}} L\gamma(1+\lambda)$$

$$= \left\{\frac{Q[\beta]C_2}{3E}\left[\delta\left(\frac{2}{3}+\alpha\right)\right]^2\right\}^{\frac{1}{3}} L^{\frac{5}{3}}\gamma(1+\lambda) \tag{6-23}$$

3. 强度和刚度控制条件的判别式

将式(6-13)代入式(6-21),得

$$\frac{QLK_1}{8[\sigma]} = \frac{QL^2[\beta]C_2}{48Eh}$$

即

$$\frac{h}{L} = \frac{[\sigma][\beta]C_2}{6EK_1} \tag{6-24}$$

式中 $[\beta]$——刚度系数,$[\beta]=700\sim1\,000$,要求高定位精度时取大值,低定位精度时取小值;

$[\sigma]$——设计许用应力,推荐值为:Q235 钢 $[\sigma]=1.4\times10^5\,\text{kN/m}^2$,Q345 钢 $[\sigma]=(1.8\sim2.0)\times10^5\,\text{kN/m}^2$。

式(6-24)给出了同时满足强度和刚度条件的主梁高跨比。实际上,工程设计不容易做到同时使强度和刚度都达到许用值,一般是强度富余些,刚度达到许用值,即刚度是控制条件;或者是刚度富余些,强度达到许用值,即强度是控制条件,甚至两者都富余些。如何判断所设计的梁是由强度控制,还是由刚度控制,这是将要探讨的问题。

如果强度是控制条件,即实际应力 $\sigma=[\sigma]$,梁高取 $h=h_s$,梁自重取 $G=G_s$,而刚度有富余,则 $\beta>[\beta]$,可由式(6-24)得到

$$[\beta] < \beta = \frac{6EK_1}{[\sigma]C_2} \cdot \frac{h_s}{L} = \frac{6EK_1}{[\sigma]C_2L} \cdot \left[\frac{QLK_1}{4[\sigma]\delta\left(\frac{2}{3}+\alpha\right)}\right]^{\frac{1}{2}}$$

由此解得

$$Q > \left(\frac{[\sigma]}{K_1}\right)^3 \left(\frac{C_2[\beta]}{3E}\right)^2 \left(\frac{2}{3}+\alpha\right)\delta L = [Q] \quad (\text{kN}) \tag{6-25}$$

式(6-25)就是控制条件的判别式,不等式的右边是强度和刚度条件同时满足时判别起重量 $[Q]$ 的计算式,左边是额定起重量。

判别方法:

$Q>[Q]$,强度是控制条件,这时梁高 $h=h_s$,梁重 $G=G_s$。

$Q<[Q]$,刚度是控制条件,这时梁高 $h=h_g$,梁重 $G=G_g$。

$Q=[Q]$,强度和刚度都是控制条件,h 和 G 按上述两种之一计算即可。

4. 弯矩系数 K_1 的确定

由式(6-12),弯矩系数 K_1 的表达式为

$$K_1 = \left(\Phi_j + \Phi_i\frac{G_{xc}}{Q}\right)C_1 + \Phi_i\frac{G}{Q}$$

下面分两种情况说明 K_1 的确定:

(1)强度是控制条件,则梁重 $G=G_s$,把式(6-19)代入上式,得

$$K_1 = \left(\Phi_j + \Phi_i\frac{G_{xc}}{Q}\right)C_1 + K_1^{\frac{1}{2}}\Phi_i\left[\frac{\delta\left(\frac{2}{3}+\alpha\right)}{[\sigma]Q}\right]^{\frac{1}{2}} L^{\frac{3}{2}}\gamma(1+\lambda)$$

令

$$A_1 = \Phi_i \left[\frac{\delta\left(\frac{2}{3}+\alpha\right)}{[\sigma]Q} \right]^{\frac{1}{2}} L^{\frac{3}{2}} \gamma(1+\lambda) \Bigg\}$$

$$B_1 = \left(\Phi_j + \Phi_i \frac{G_{xc}}{Q}\right) C_1 \qquad\qquad\qquad \Bigg\} \tag{6-26}$$

得
$$\left(K_1^{\frac{1}{2}}\right)^2 - A_1 K_1^{\frac{1}{2}} - B_1 = 0$$

由此解得

$$K_1^s = \left[\frac{A_1}{2} + \sqrt{\left(\frac{A_1}{2}\right)^2 + B_1} \right]^2 \tag{6-27}$$

(2)刚度是控制条件,则梁重 $G = G_g$,把式(6-23)代入 K_1 的表达式,得

$$K_1^g = \left(\Phi_j + \Phi_i \frac{G_{xc}}{Q}\right) C_1 + \Phi_i \left\{ \frac{C_2[\beta]}{3EQ^2} \left[\delta\left(\frac{2}{3}+\alpha\right)\right]^2 \right\}^{\frac{1}{3}} L^{\frac{5}{3}} \gamma(1+\lambda) \tag{6-28}$$

5. 判别起重量[Q]

判别起重量[Q]是在强度和刚度条件都同时满足时推导出来的。因此可以把形式比较简单的由刚度条件确定的弯矩系数 K_1^g 代入式(6-25)求[Q]。

将式(6-28)代入式(6-25),得

$$[Q] = \left(\frac{A_2}{1+B_2}\right)^3 \tag{6-29}$$

式中

$$A_2 = \frac{[\sigma]}{\left(\Phi_j + \Phi_i \dfrac{G_{xc}}{Q}\right) C_1} \left[\left(\frac{C_2[\beta]}{3E}\right)^2 \left(\frac{2}{3}+\alpha\right)\delta L \right]^{\frac{1}{3}} \Bigg\}$$

$$B_2 = \frac{\Phi_i L^{\frac{5}{3}} \gamma(1+\lambda)}{\left(\Phi_j + \Phi_i \dfrac{G_{xc}}{Q}\right) C_1} \left\{ \frac{C_2[\beta]}{3EQ^2} \left[\delta\left(\frac{2}{3}+\alpha\right)\right]^2 \right\}^{\frac{1}{3}} \Bigg\} \tag{6-30}$$

6. 焊接组合梁截面有关数据的取值

(1)梁高的取值

前面求得的梁高 h 通常作为腹板高度 h_0,为了制造时下料方便,腹板高度应圆整为零的尾数。

(2)腹板和翼缘板的厚度取值

桥式类型起重机梁的腹板厚度通常取为 5、6、8、10 mm 等,一般中小吨位梁的腹板厚度 $\delta_1 = 6$ mm 或 8 mm。

通常翼缘板的厚度 $\delta_3 = (1.2 \sim 4)\delta_1$,$\delta_3$ 应圆整为供应钢板的厚度。

(3)翼缘板宽度 b 的取值

窄翼缘箱形梁 $\qquad\qquad\qquad\qquad b = (0.33 \sim 0.5)h$

宽翼缘箱形梁 $\qquad\qquad\qquad\qquad b = (0.6 \sim 0.8)h$

两块腹板内侧的间距 $b_0 = b - (40 \sim 60)$ mm$\geqslant 300$ mm,式中的$(40 \sim 60)$ mm,手工焊取小值,自动焊取大值。对于偏轨箱形梁,为了能在主腹板上安置轨道和轨道压板,主腹板侧的翼缘板悬伸长应大些,故上翼缘板宽度 b_s 比下翼缘板宽度 b_x 要大些,即 $b_s = b_x + (70 \sim 120)$ mm。

为了制造时下料方便,宽度 b 应圆整为零的尾数。

通用桥式起重机箱形主梁截面尺寸参见表 6-1。

表 6-1　通用桥式起重机主梁截面尺寸

单位：mm

表中数字表示为
$b \times \delta_1 \times \delta_2$
$h_0 \times \delta_0$

跨度(m) \ 起重量(t)	5 $[\beta]{=}700{\sim}1000$	10 $[\beta]{=}700{\sim}1000$	15/3 $[\beta]{=}700{\sim}800$	15/3 $[\beta]{=}1000$	20/5 $[\beta]{=}700{\sim}800$	20/5 $[\beta]{=}1000$	30/5 $[\beta]{=}700{\sim}800$	30/5 $[\beta]{=}1000$	50/10 $[\beta]{=}700{\sim}800$	50/10 $[\beta]{=}1000$	75/20 $[\beta]{=}700{\sim}800$	100/20 $[\beta]{=}700{\sim}800$
10.5	300×8×6 / 600×6	350×8×6 / 600×6	400×10×10 / 750×6	400×10×10 / 750×6	400×12×10 / 750×6	400×12×10 / 750×6	450×12×10 / 850×6	450×12×10 / 850×6	450×16×16 / 825×6	450×16×16 / 825×6	—	—
13.5	350×8×6 / 750×6	400×8×6 / 750×6	400×10×10 / 750×6	400×12×10 / 850×6	400×12×12 / 750×6	450×14×14 / 750×6	450×14×14 / 850×6	450×16×16 / 850×6	450×16×16 / 1000×6	450×16×16 / 1000×6	700×8×8 / 1550×8	800×10×8 / 1700×8
16.5	400×8×6 / 850×6	450×8×6 / 850×6	450×10×10 / 850×6	450×12×10 / 850×6	450×12×12 / 850×6	450×14×14 / 850×6	500×14×14 / 1000×6	500×16×16 / 1000×6	500×22×22 / 1000×6	500×24×24 / 1000×6	800×8×8 / 1700×8	800×12×10 / 1700×8
19.5	450×8×6 / 1000×6	500×8×6 / 1000×6	500×10×10 / 1000×6	500×12×10 / 1000×6	500×12×12 / 1000×6	500×14×14 / 1000×6	550×14×14 / 1150×6	550×16×16 / 1150×6	550×22×22 / 1150×6	500×24×24 / 1150×6	800×12×12 / 1700×8	800×14×14 / 1700×8
22.5	500×8×6 / 1150×6	550×8×6 / 1150×6	550×10×8 / 1150×6	550×10×10 / 1150×6	550×12×12 / 1150×6	550×14×12 / 1150×6	550×14×14 / 1300×6	550×16×16 / 1300×6	550×22×22 / 1300×6	550×24×24 / 1300×6	800×14×14 / 1700×8	800×18×18 / 2000×8
25.5	550×8×6 / 1300×6	550×8×8 / 1300×6	550×10×8 / 1300×6	600×10×10 / 1300×6	550×12×12 / 1300×6	550×14×12 / 1300×6	600×14×14 / 1450×6	600×16×16 / 1450×6	600×22×22 / 1450×6	600×24×24 / 1450×6	800×14×14 / 1700×8	800×20×18 / 2000×8
28.5	600×8×6 / 1450×6	600×8×8 / 1450×6	600×10×8 / 1450×6	600×10×10 / 1450×6	600×12×12 / 1450×6	600×14×12 / 1450×6	600×14×14 / 1600×6	600×16×16 / 1600×6	600×22×22 / 1600×6	600×24×24 / 1600×6	800×16×16 / 2000×8	800×22×20 / 2000×8
31.5	600×8×6 / 1600×6	600×8×8 / 1600×6	600×10×8 / 1600×6	600×10×10 / 1600×6	600×12×12 / 1600×6	600×14×12 / 1600×6	650×14×14 / 1700×6	650×16×16 / 1700×6	650×22×22 / 1700×6	650×24×24 / 1700×6	800×18×18 / 2000×8	800×24×24 / 2000×8

7. 例题

【例题 6-1】 已知通用桥式起重机的额定起重量 $Q=160$ kN,跨度 $L=28$ m,$\dfrac{G_{xc}}{Q}=0.4$,按载荷组合 B1 取 $\Phi_i=\Phi_1=1.1$,$\Phi_j=\Phi_2=1.4$,$\lambda=0.2$,$\alpha=\dfrac{1}{3}$,$\dfrac{b}{L}\approx0$,主梁材料为 Q235 钢,$[\sigma]=1.4\times10^5$ kN/m^2,$E=2.06\times10^8$ kN/m^2,$\gamma=78.5$ kN/m^3,$[\beta]=1\,000$,试求箱形梁的经济梁高 h、梁重 G 及其截面尺寸。

【解】 (1)求系数 C_1 及 C_2

由于 $\dfrac{b}{L}\approx0$,则 $C_1=1$,$C_2=1+\dfrac{G_{xc}}{Q}=1.4$

(2)求 $[Q]$,确定控制条件

初选箱形截面腹板厚度 $\delta=\delta_1+\delta_2=6+6=12$ (mm)$=0.012$ (m)

$$A_2=\frac{[\sigma]}{\left(\Phi_2+\Phi_1\dfrac{G_{xc}}{Q}\right)C_1}\left[\left(\frac{C_2[\beta]}{3E}\right)^2\left(\frac{2}{3}+\alpha\right)\delta L\right]^{\frac{1}{3}}$$

$$=\frac{1.4\times10^5}{(1.4+1.1\times0.4)\times1}\left[\left(\frac{1.4\times1\,000}{3\times2.06\times10^8}\right)^2\left(\frac{2}{3}+\frac{1}{3}\right)\times0.012\times28\right]^{\frac{1}{3}}$$

$$=9.12$$

$$B_2=\frac{\Phi_1 L^{\frac{5}{3}}\gamma(1+\lambda)}{\left(\Phi_2+\Phi_1\dfrac{G_{xc}}{Q}\right)C_1}\left\{\frac{C_2[\beta]}{3EQ^2}\left[\delta\left(\frac{2}{3}+\alpha\right)\right]^2\right\}^{\frac{1}{3}}$$

$$=\frac{1.1\times28^{\frac{5}{3}}\times78.5(1+0.2)}{(1.4+1.1\times0.4)\times1}\left\{\frac{1.4\times1\,000}{3\times2.06\times10^8\times160^2}\left[0.012\left(\frac{2}{3}+\frac{1}{3}\right)\right]^2\right\}^{\frac{1}{3}}$$

$$=0.34$$

$[Q]=\left(\dfrac{A_2}{1+B_2}\right)^3=\left(\dfrac{9.12}{1+0.34}\right)^3=315$ (kN)$>Q=160$ kN,刚度是控制条件。

(3)确定经济梁高 $h=h_g$

$$h_g=\left[\frac{QL^2[\beta]C_2}{24E\delta\left(\dfrac{2}{3}+\alpha\right)}\right]^{\frac{1}{3}}=\left[\frac{160\times28^2\times1\,000\times1.4}{24\times2.06\times10^8\times0.012\left(\dfrac{2}{3}+\dfrac{1}{3}\right)}\right]^{\frac{1}{3}}=1.44$$ (m)

取 $h=1.45$ m

(4)确定梁的最小重量 $G=G_g$

$$G_g=\left\{\frac{Q[\beta]C_2}{3E}\left[\delta\left(\frac{2}{3}+\alpha\right)\right]^2\right\}^{\frac{1}{3}}L^{\frac{5}{3}}\gamma(1+\lambda)$$

$$=\left\{\frac{160\times1\,000\times1.4}{3\times2.06\times10^8}\left[0.012\left(\frac{2}{3}+\frac{1}{3}\right)\right]^2\right\}^{\frac{1}{3}}\times28^{\frac{5}{3}}\times78.5\times(1+0.2)=90.9$$ (kN)

(5)确定翼缘板的截面尺寸

$$A_y=h\delta\alpha_f=1\,450\times12\times\frac{1}{3}=5\,800\ (\text{mm}^2)$$

翼缘板的厚度 $\delta_3=(1.2\sim1.5)\delta_1=(1.2\sim1.5)\times6=7.2\sim9$ (mm),取 $\delta_3=10$ mm。

翼缘板宽度 $b=\dfrac{A_y}{\delta_3}=\dfrac{5\,800}{10}=580$ (mm),取 $b=600$ mm。

梁的宽高比为

$$\frac{b}{h} = \frac{600}{1\,450} = 0.414$$

(6)梁的截面惯性矩

$$I = \frac{h^3\delta}{12} + 2b\delta_3\left(\frac{h}{2}\right)^2 = \frac{1\,450^3 \times 12}{12} + 2 \times 600 \times 10 \times \left(\frac{1\,450}{2}\right)^2$$
$$= 9.356 \times 10^9 \,(\text{mm}^4)$$

【例题 6-2】 若将例题1的刚度许用值的系数取为$[\beta]=600$，试求箱形截面梁的经济梁高、自重及截面尺寸。

【解】 (1)求判别起重量$[Q]$，确定控制条件

$$A_2 = 9.12 \times \left(\frac{600}{1\,000}\right)^{\frac{2}{3}} = 6.49$$

$$B_2 = 0.34 \times \left(\frac{600}{1\,000}\right)^{\frac{1}{3}} = 0.29$$

$$[Q] = \left(\frac{6.49}{1+0.29}\right)^3 = 127 \,(\text{kN}) < Q = 160 \text{ kN}$$

所以强度是控制条件。

(2)确定弯矩系数$K_1 = K_1^s$

$$A_1 = \Phi_1\left[\frac{\delta\left(\frac{2}{3}+\alpha\right)}{[\sigma]Q}\right]^{\frac{1}{2}} L^{\frac{3}{2}}\gamma(1+\lambda)$$

$$= 1.1 \times \left[\frac{0.012 \times \left(\frac{2}{3}+\frac{1}{3}\right)}{1.4 \times 10^5 \times 160}\right]^{\frac{1}{2}} \times 28^{\frac{3}{2}} \times 78.5(1+0.2) = 0.355\,3$$

$$B_1 = \left(\Phi_2 + \Phi_1\frac{G_{xc}}{Q}\right) = (1.4 + 1.1 \times 0.4) = 1.84$$

$$K_1 = K_1^s = \left[\frac{A_1}{2} + \sqrt{\left(\frac{A_1}{2}\right)^2 + B_1}\right]^2 = \left[\frac{0.355\,3}{2} + \sqrt{\left(\frac{0.355\,3}{2}\right)^2 + 1.84}\right]^2$$
$$= 2.389$$

(3)确定经济梁高$h = h_s$

$$h = h_s = \left[\frac{QLK_1}{4[\sigma]\delta\left(\frac{2}{3}+\alpha\right)}\right]^{\frac{1}{2}} = \left[\frac{160 \times 28 \times 2.389}{4 \times 1.4 \times 10^5 \times 0.012\left(\frac{2}{3}+\frac{1}{3}\right)}\right]^{\frac{1}{2}}$$
$$= 1.262 \,(\text{m})，取 h = 1.3 \text{ m}$$

(4)确定梁自重$G = G_s$

$$G = G_s = \left[\frac{QLK_1\delta}{[\sigma]}\left(\frac{2}{3}+\alpha\right)\right]^{\frac{1}{2}} L\gamma(1+\lambda)$$

$$= \left[\frac{160 \times 28 \times 2.389 \times 0.012}{1.4 \times 10^5}\left(\frac{2}{3}+\frac{1}{3}\right)\right]^{\frac{1}{2}} \times 28 \times 78.5 \times (1+0.2) = 79.89 \,(\text{kN})$$

本例题由于$[\beta]$取值较低，即对刚度要求不高，因而转化为强度是控制条件。如果仍按刚度条件计算，则其计算结果就会有出入，从而不能求得真实的梁高和自重。

用判别起重量方法得到的梁高只考虑了最大正应力及静刚度条件,而实际决定主梁截面尺寸的控制条件也许是危险截面的复合应力或梁的动刚度等,那么由判别起重量方法得到的梁高就无法满足设计要求。如果考虑所有约束条件来确定截面尺寸,利用手算几乎无法实现。利用计算机采用优化设计方法既可以考虑所有的约束条件,又可以得到相对最优的截面尺寸。

起重机主梁优化设计的设计变量取为梁的截面尺寸(如图 6-6 中的 h、b、δ_1、δ_2、δ_3),通常取主梁自重作为目标函数,即以自重最轻作为优化设计的追求目标。约束条件包括主梁危险截面的正应力、剪应力、局部挤压应力(对偏轨梁)、复合应力、疲劳强度、梁的整体稳定、板的局部稳定、梁的静刚度、动刚度、框架抗扭刚度以及工艺性要求(即对设计变量的构造要求)等,采用通用优化程序即可求出满足所有约束条件的最优的截面尺寸。

二、焊接组合梁的强度计算

梁在外载荷作用下产生弯矩与剪力,从而在梁截面中引起正应力和剪应力,因此需对梁进行强度校核(图 6-7)。

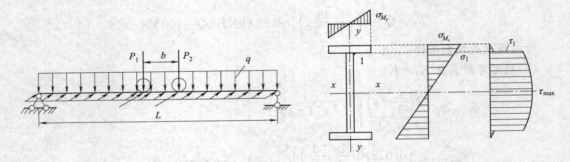

图 6-7　焊接组合梁的强度计算

1. 正应力

在两个平面内受弯的梁按下式验算正应力:

$$\sigma = \frac{M_x}{W_x} + \frac{M_y}{W_y} \leqslant [\sigma] \tag{6-31}$$

式中　M_x、M_y——梁同一截面上对 x 轴及 y 轴的弯矩;

　　　W_x、W_y——梁截面对 x 轴及 y 轴的抗弯模数。

2. 剪应力

剪应力按下式校核:

$$\tau = \frac{Q_{max}S}{I\delta} \leqslant [\tau] \tag{6-32}$$

式中　Q_{max}——垂直平面内梁截面上的最大剪力;

　　　I——梁截面惯性矩;

　　　S——计算点以上截面积对中性轴的静面矩;

　　　$[\tau]$——许用剪应力。

3. 按强度理论计算复合应力

在腹板边缘上(图 6-7 中 1 点)的正应力 σ_1 和剪应力 τ_1 都比较大,应按下式验算复合应力:

$$\sqrt{\sigma_1^2 + 3\tau_1^2} \leqslant [\sigma] \tag{6-33}$$

4. 小车轮压产生的腹板局部挤压应力

当起重小车轮压直接作用在腹板上方时,在腹板的上边缘产生局部挤压应力(图 6-8):

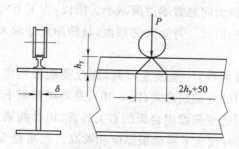

图 6-8 轮压引起的腹板局部挤压应力计算

$$\sigma_m = \frac{P}{\delta C} \leqslant [\sigma] \tag{6-34}$$

式中　P——轮压中较大的一个车轮轮压,不计动力系数和冲击系数;

　　　δ——主腹板的厚度;

　　　C——集中载荷压力分布长度,可按下式计算:

$$C = 2h_y + a \tag{6-35}$$

其中　h_y——轨顶至腹板上边缘的高度,

　　　a——集中载荷作用长度(对车轮取 $a=50$ mm)。

对于同时承受较大正应力 σ_1、较大剪应力 τ_1 和局部挤压应力 σ_m(其作用方向与 σ_1 方向垂直)的部位,还应按下式计算复合应力:

$$\sqrt{\sigma_1^2 + \sigma_m^2 - \sigma_1\sigma_m + 3\tau_1^2} \leqslant [\sigma] \tag{6-36}$$

式中,σ_1、τ_1、σ_m 分别为在梁腹板边缘计算点上同时产生的正应力、剪应力和局部挤压应力。σ_1 和 σ_m 应带各自的正负号(拉应力为正、压应力为负)。

三、梁的静刚度计算

梁除了满足强度外,还需保持有一定的刚度(限制变形)才能满足使用要求。用于起重机的梁,通常只验算由有效载荷(移动载荷)产生的静挠度(不计动力系数)。梁的这种变形是弹性变形,外载消失后梁能复原。

两个移动集中载荷时(图 6-9),简支梁跨中挠度按下式计算:

$$f = \frac{(P_1 + P_2) l_1 (0.75L^2 - l_1^2)}{12EI} \leqslant [f] \tag{6-37}$$

式中　P_1、P_2——作用在梁上的小车轮压(不计动力系数);

　　　L——简支梁跨度;

　　　l_1——小车轮压距支承处距离,$l_1 = \dfrac{L-b}{2}$;

　　　I——梁截面惯性矩。

图 6-9 焊接组合梁跨中静
挠度计算简图

四、变截面焊接组合梁

本节前述内容皆为等截面的焊接组合梁情况,其截面尺寸是按梁跨中最大内力设计的。

从强度观点看,其他截面的尺寸显然过大。因为无论在移动集中载荷或固定载荷作用下,梁的弯矩总是沿着梁长度而改变,对于简支梁,在跨中弯矩最大且向支承处逐渐减小;对于悬臂梁的悬臂部分,在支承处弯矩最大向悬臂端逐渐减小。所以,为了节省材料、减轻结构重量,从理论上看,梁应制成变截面结构形式。弯矩大的截面,其截面尺寸取大值;弯矩小的截面,其截面尺寸取小值。

改变截面尺寸的方法有两种:一是改变梁高(即改变腹板高度);二是改变翼缘板截面面积。对于焊接组合梁常采用的变截面形式(图 6-10),是将梁腹板下部做成梯形,也可将梁腹板下部做成抛物线形状。常用的变截面组合梁的有关计算,可参阅第八章的内容。

如图 6-11 所示,也可同时改变下翼缘板厚度和梁高。起重量 50 t、跨度 34.5 m 的桥式起重机主梁按图 6-11(c)制造梁时制造工时最少,它与梯形腹板的主梁[图 6-11(a)]相比重量减轻 24%,制造工时减少 10%。

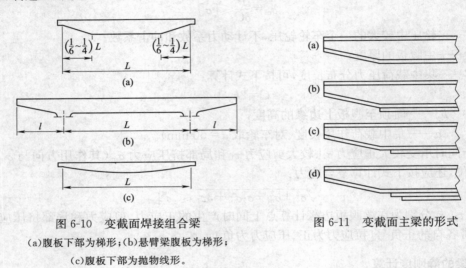

图 6-10　变截面焊接组合梁
(a)腹板下部为梯形;(b)悬臂梁腹板为梯形;
(c)腹板下部为抛物线形.

图 6-11　变截面主梁的形式

第三节　梁的整体稳定

梁除应保证必要的强度和刚度外,还应考虑防止丧失整体稳定性。受弯构件的整体稳定性是指其抗侧向整体弯扭屈曲的稳定性。

在垂直载荷作用下,梁截面的上部产生压应力,下部产生拉应力,如同压杆一样,由于偶然(如初弯曲、力的偏心作用和偶然侧向力等),随着压应力的增大,梁除了产生垂直变形外,梁的上部还会向刚度较小的侧面压曲旁弯。由于梁的下部受拉,侧向变形较小,同时梁的支承部分是不动的,因而就使梁的中间截面发生了扭转,形成了梁的空间弯扭变形(侧向屈曲),使梁离开原来的垂直平面而丧失整体稳定(图 6-12)。梁的整体稳定与梁的水平刚度及扭转刚度有关。

对于高而窄的梁,其水平刚度要比垂直刚度小得多,这种梁必须作整体稳定校核,其设计的主要控制条件可能不是强度与刚度条件,而是整体稳定条件。如果梁丧失整体稳定,即梁在水平平面发生侧向屈曲变形,会失去承载能力。

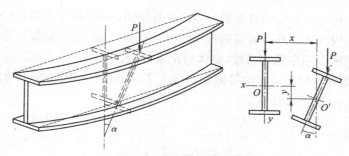

图 6-12　梁丧失整体稳定

一、受弯构件不必验算其整体稳定性的条件

凡符合下列情况之一的受弯构件,不必验算其整体稳定性。

(1)有刚性较强的走台和铺板与受弯构件的受压翼缘牢固相连,能阻止受压翼缘侧向位移时。

(2)箱形截面受弯构件的截面高度 h 与两腹板外侧之间的翼缘板宽度 b 的比值 $h/b \leqslant 3$ 时,或构件截面足以保证其侧向刚度(如为空间桁架)时。

(3)两端简支且端部支承不能扭转的等截面轧制 H 型钢、工字型钢或焊接工字形截面的受弯构件,其受压翼缘的侧向支承间距 l (如图 6-13 所示,无侧向支承点者,则为构件的跨距 L)与其受压翼缘的宽度 b 之比满足以下条件:

① 无侧向支承且载荷作用在受压翼缘上时,$l/b \leqslant 13\sqrt{235/\sigma_s}$。

② 无侧向支承且载荷作用在受拉翼缘上时,$l/b \leqslant 20\sqrt{235/\sigma_s}$。

③ 跨中受压翼缘有侧向支承时,$l/b \leqslant 16\sqrt{235/\sigma_s}$。

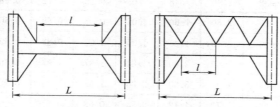

图 6-13　梁的侧向支承间距 l

二、受弯构件的整体稳定性计算方法

不符合上述情况的受弯构件的整体稳定性按以下方法计算。

1. 在最大刚度平面内受弯的构件,按下式计算:

$$\frac{M_x}{\varphi_b W_x} \leqslant [\sigma] \tag{6-38}$$

式中　M_x——绕构件强轴(x 轴)作用的最大弯矩(N·mm);

　　　　W_x——按构件受压最大纤维确定的毛截面抗弯模量(mm³);

　　　　φ_b——绕构件强轴弯曲所确定的受弯构件侧向屈曲稳定系数,按式(6-40)~式(6-42)及表 6-2、表 6-3 确定。

2. 在两个互相垂直的平面内都受弯的轧制 H 型钢或焊接工字形截面构件,按下式计算:

$$\frac{M_x}{\varphi_b W_x} + \frac{M_y}{W_y} \leqslant [\sigma] \tag{6-39}$$

式中 M_x、M_y——构件计算截面对强轴(x 轴)和对弱轴(y 轴)的最大弯矩(N·mm);

W_x、W_y——构件计算截面对强轴(x 轴)和对弱轴(y 轴)的毛截面抗弯模量(mm^3)。

3. 受弯构件的侧向屈曲稳定系数(整体稳定系数)φ_b

(1)承受端弯矩和横向载荷时的等截面焊接工字形组合截面和轧制 H 型钢构件简支梁的侧向屈曲稳定系数 φ_b 按下式计算:

$$\varphi_b = \beta_b \frac{4\,320Ah}{\lambda_y^2 W_x} \left[k(2m-1) + \sqrt{1 + \left(\frac{\lambda_y t}{4.4h}\right)^2} \right] \frac{235}{\sigma_s} \qquad (6-40)$$

式中 β_b——简支梁受横向载荷的等效临界弯矩系数,见表 6-4;

λ_y——受弯构件(梁)对弱轴(y 轴)的长细比;

A——构件毛截面面积(mm^2);

h——构件截面的全高(mm);

k——截面对称系数,对双轴对称截面取为 1,对单轴对称截面取为 0.8;

m——受压翼缘对弱轴(y 轴)的惯性矩与全截面对弱轴(y 轴)的惯性矩之比,双轴对称取为 0.5;

t——构件截面的受压翼缘厚度(mm);

σ_s——钢材屈服点(N/mm^2)。

表 6-2　轧制普通工字钢两端简支梁构件的 φ_b 值

载荷情况			工字钢型号	自由长度 l(m)								
				2	3	4	5	6	7	8	9	10
跨中无侧向支承点的构件	集中载荷作用于	上翼缘	10～20	2.00	1.30	0.99	0.80	0.68	0.58	0.53	0.48	0.43
			22～32	2.40	1.48	1.09	0.86	0.72	0.62	0.54	0.49	0.45
			36～63	2.80	1.60	1.07	0.83	0.68	0.56	0.50	0.45	0.40
		下翼缘	10～20	3.10	1.95	1.34	1.01	0.82	0.69	0.63	0.57	0.52
			22～40	5.50	2.80	1.84	1.37	1.07	0.86	0.73	0.64	0.56
			45～63	7.30	3.60	2.30	1.62	1.20	0.96	0.80	0.69	0.60
	均布载荷作用于	上翼缘	10～20	1.70	1.12	0.84	0.68	0.57	0.50	0.45	0.41	0.37
			22～40	2.10	1.30	0.93	0.73	0.60	0.51	0.45	0.40	0.36
			45～63	2.60	1.45	0.97	0.73	0.59	0.50	0.44	0.38	0.35
		下翼缘	10～20	2.50	1.55	1.08	0.83	0.68	0.56	0.52	0.47	0.42
			22～40	4.00	2.20	1.45	1.10	0.85	0.70	0.60	0.52	0.46
			45～63	5.60	2.80	1.80	1.25	0.95	0.78	0.65	0.55	0.49
跨中有侧向支承点的构件(不论载荷作用点在截面高度上的位置)			10～20	2.20	1.39	1.01	0.79	0.66	0.57	0.52	0.47	0.42
			22～40	3.00	1.80	1.24	0.96	0.76	0.65	0.56	0.49	0.43
			45～63	4.00	2.20	1.38	1.01	0.80	0.66	0.56	0.49	0.43

注:1. 集中载荷指一个或少数几个集中载荷位于跨中附近的情况,对其他情况的载荷均按均布载荷考虑。

2. 载荷作用在上翼缘系指作用点在翼缘表面,方向指向截面形心;载荷作用在下翼缘也系指作用在翼缘表面,方向背向截面形心。

3. φ_b 适用于 Q235 号钢,当用其他钢号时,查得的 φ_b 应乘以 $235/\sigma_s$。

4. φ_b 不小于 2.5 时不需再验算其侧向屈曲稳定性;表中大于 2.5 的 φ_b 值,为其他钢号换算查用。

表 6-3 稳定系数 φ_b 的修正值 φ_b'

φ_b	0.80	0.85	0.90	0.95	1.00	1.05	1.10	1.15	1.20	1.25	1.30
φ_b'	0.800	0.818	0.835	0.850	0.862	0.874	0.883	0.892	0.901	0.908	0.913
φ_b	1.35	1.40	1.45	1.50	1.55	1.60	1.80	2.00	2.20	2.40	≥2.50
φ_b'	0.919	0.925	0.930	0.934	0.938	0.941	0.953	0.961	0.968	0.973	1.000

表 6-4 H型钢和等截面工字形简支梁的整体稳定等效临界弯矩系数 β_b

项次	侧向支承	载 荷		$\xi \leqslant 2.0$	$\xi > 2.0$	适用范围
1	跨中无侧向支承	均布载荷作用在	上翼缘	$0.69+0.13\xi$	0.95	双轴对称焊接工字形截面、加强受压翼缘的单轴对称焊接工字形截面、轧制H型钢截面
2			下翼缘	$1.73-0.20\xi$	1.33	
3		集中载荷作用在	上翼缘	$0.73+0.18\xi$	1.09	
4			下翼缘	$2.23-0.28\xi$	1.67	
5	跨度中点有一个侧向支承点	均布载荷作用在	上翼缘	1.15		双轴对称焊接工字形截面、加强受压翼缘的单轴对称焊接工字形截面、加强受拉翼缘的单轴对称焊接工字形截面、轧制H型钢截面
6			下翼缘	1.40		
7		集中载荷作用在截面高度上任意位置		1.75		
8	跨中有不少于两个等距离侧向支承点	任意载荷作用在	上翼缘	1.20		
9			下翼缘	1.40		
10	梁端有弯矩，但跨中无载荷作用			$1.75-1.05\left(\dfrac{M_2}{M_1}\right)+0.3\left(\dfrac{M_2}{M_1}\right)^2$，但 ≤2.3		

注：1. $\xi=\dfrac{tl_1}{b_1 h}$，其中 l_1 为跨度或受压翼缘的计算（自由）长度，b_1 和 t 为受压翼缘的宽度和厚度。

2. M_1、M_2 为梁的端弯矩，使梁产生同向曲率时 M_1 和 M_2 取同号，产生反向曲率时取异号，$|M_1| \geqslant |M_2|$。

3. 表中项次 3、4 和 7 的集中载荷是指一个或少数几个集中载荷位于跨中附近的情况，对其他情况的集中载荷，应按表中项次 1、2、5、6 内的数值采用。

4. 表中项次 8、9 的 β_b，当集中载荷作用在侧向支承点处时，取 $\beta_b=1.20$。

5. 载荷作用在上翼缘系指作用点在上翼缘表面，方向指向截面形心；载荷作用在下翼缘，系指作用在下翼缘表面，方向背向截面形心。

6. I_1 和 I_2 分别为工字形截面受压翼缘和受拉翼缘对 y 轴的惯性矩，对 $m=\dfrac{I_1}{I_1+I_2}>0.8$ 的加强受压翼缘工字形截面，下列项次算出的 β_b 值应乘以相应的系数：

项次 1：当 $\xi \leqslant 1.0$ 时，乘以 0.95。

项次 3：当 $\xi \leqslant 0.5$ 时，乘以 0.9；当 $0.5<\xi \leqslant 1.0$ 时，乘以 0.95。

（2）轧制普通工字钢两端简支的受弯构件，其 φ_b 值查表 6-2。

当算出或查出的 φ_b 值大于 0.8 时，用按下式算出的或从表 6-4 中查取的修正值 φ_b' 代替 φ_b。

$$\varphi_b'=\frac{\varphi_b^2}{\varphi_b^2+0.16} \tag{6-41}$$

式中　φ_b'——轧制普通工字钢两端简支的受弯构件侧向屈曲稳定系数的修正值；

　　　φ_b——轧制普通工字钢两端简支的受弯构件侧向屈曲稳定系数。

(3)轧制槽钢的简支梁构件,不论载荷的形式和作用位置,其 φ_b 值按下式计算,大于1者取1。

$$\varphi_b = \frac{570bt}{lh} \cdot \frac{235}{\sigma_s} \qquad (6\text{-}42)$$

式中　φ_b——轧制槽钢简支梁构件的侧向屈曲稳定系数;

　　　b——受压翼缘的宽度(mm);

　　　t——受压翼缘的平均厚度(mm);

　　　l——受压翼缘的计算(自由)长度(mm);

　　　h——槽钢截面高度(mm)。

第四节　焊接组合梁的局部稳定

为了减轻结构自重,焊接组合梁的腹板和翼缘板应尽量选得薄一些。但是,这种结构受压以后,在结构的局部区域,薄板可能由平面状态变成了翘曲状态(图 6-14)。因此,结构在该区域的受力情况严重恶化。甚至有可能在很小外力作用下也会使整个结构破坏。这种薄板结构局部区域的薄板由平面状态变成翘曲状态的现象就称为结构丧失局部稳定。

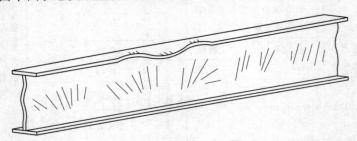

图 6-14　板丧失局部稳定

只有当板的边缘压应力或切应力达到一定数值时,板才会失稳,发生屈曲,产生屈曲时的应力叫做平板失稳的临界应力。

必须明确,临界应力并不是外力引起的,而是平板本身所固有的特性,它并不随外力的变化而改变。通过实验可以发现,对某一尺寸一定的板来说,其临界应力永远不变,但是当改变板的几何尺寸(长与宽)时,板的临界应力值就会改变。这个现象表明:平板失稳的原因是由于板边实际应力超过了临界应力值。而通过改变板的几何尺寸可使其临界力提高,防止平板失稳。

图 6-15 为焊接组合梁薄板由平面状态变成屈曲状态的几种典型情况。

(1)弯曲剪应力:在剪应力作用下,梁的腹板会在 45°角方向受压而在斜向失去局部稳定[图 6-15(a)]。

(2)弯曲压应力:梁腹板和翼缘板的受压区有可能在梁长度方向失去局部稳定[图 6-15(b)]。

(3)弯曲压应力:如图 6-15(c)所示,弯曲压应力可能使梁的翼缘板沿梁长度方向失去局部稳定。

(4)作用在腹板上翼缘的集中载荷(如轮压等)产生的局部压应力:腹板会因挤压应力的作用在竖向失去稳定[图 6-15(d)和(e)],图 6-15(e)为设纵向加劲肋后的情况。

也有可能在以上几种应力共同作用下而丧失局部稳定。此时,腹板和翼缘板随着作用力的性质不同翘曲成各种曲面。为了限制薄板的翘曲变形,应当在腹板和翼缘板上适当布置加劲肋,将腹板和翼缘板划分成许多小的区格。加劲肋分刚性肋和柔性肋两种,刚性加劲肋的惯性矩较大,需满足一定要求,因此用刚性肋将板分隔成的各区格发生失稳翘曲时互不影响,只需按局部区格计算板的稳定性即可;柔性肋的刚性差些,它将随薄板一起翘曲,应按带肋板计算局部稳定性。

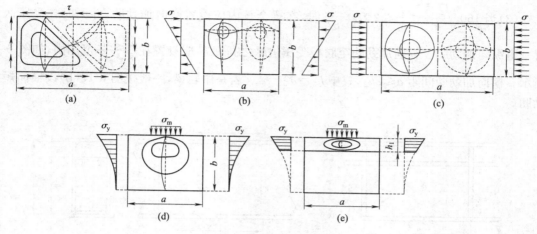

图 6-15　板的局部失稳状态

一、加劲肋的布置

1. 腹板加劲肋的布置

为了限制薄板的翘曲变形,通常按实践经验先在腹板上初步布置加劲肋,然后再来验算腹板的局部稳定性并确定加劲肋的布置尺寸。在腹板上初步布置加劲肋的一般原则如下:

(1)当腹板高度 h_0 与腹板厚度 δ_h 之比 $\dfrac{h_0}{\delta_h} \leqslant 80\sqrt{\dfrac{235}{\sigma_s}}$ 时,可以不设置任何加劲肋即可保证腹板的局部稳定性,此时只需按构造布置加劲肋。如对于桥式类型起重机的中轨梁,为了支承钢轨,应采用短的横向加劲肋或承轨梁。此时,短加劲肋间距的计算由钢轨及翼缘板的局部弯曲应力条件决定。短加劲肋的间距 a_1 一般不大于 750 mm,高度约为 $0.3h_0$,如图 6-16 所示。

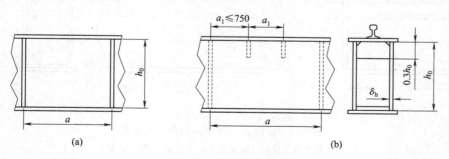

图 6-16　横向加劲肋的布置
(a)无集中轮压作用;(b)有集中轮压作用(箱形中轨梁)。

(2)当 $80\sqrt{\dfrac{235}{\sigma_s}} < \dfrac{h_0}{\delta_h} \leqslant 160\sqrt{\dfrac{235}{\sigma_s}}$ 时,应设置横向加劲肋(隔板),其间距 a 一般取为 $0.5h_0 <$

$a\leqslant 2h_0$,对于简支梁,在一般情况下,只需验算跨中与跨端两个部位,并在梁全长内按较小间距值等间距地布置横向加劲肋,也可在跨端部分采用一种间距,而在梁的其余部位等间距地按另一种间距布置。对于桥式类型起重机的中轨梁,短横向加劲肋的间距 a_1 及高度如图 6-16 所示。

(3)当 $160\sqrt{\dfrac{235}{\sigma_s}}<\dfrac{h_0}{\delta_h}\leqslant 240\sqrt{\dfrac{235}{\sigma_s}}$ 时,在梁全长内应设置横向加劲肋,并同时在受压区设置一道纵向加劲肋。纵向加劲肋至腹板受压边缘之高度 h_1 应设置在 $\dfrac{h_0}{5}\sim\dfrac{h_0}{4}$ 范围内,如图 6-17 所示。横向加劲肋间距 $a\leqslant 2h_2$,式中 $h_2=h_0-h_1$。若是中轨梁,一般按图 6-17(b)设横向短加劲肋。

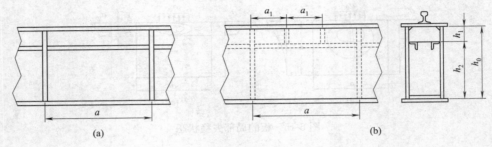

图 6-17　横向及纵向加劲肋的布置
(a)无集中轮压作用;(b)有集中轮压作用(箱形中轨梁)。

(4)当 $240\sqrt{\dfrac{235}{\sigma_s}}<\dfrac{h_0}{\delta_h}\leqslant 320\sqrt{\dfrac{235}{\sigma_s}}$ 时,应在腹板受压区设置两道纵向加劲肋,如图 6-18 所示。第一道设置在距腹板受压边缘 $h_1=(0.15\sim 0.2)h_0$ 处,第二道设置在距腹板受压边缘 $h_2=(0.35\sim 0.4)h_0$ 处。此时,横向加劲肋间距 $a\leqslant 2h_3$,h_3 为第二道纵向加劲肋距受拉边缘之高度。

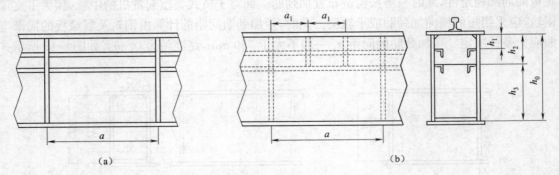

图 6-18　横向及二道纵向加劲肋的布置
(a)无集中轮压作用;(b)有集中轮压作用(箱形中轨梁)。

(5)当 $\dfrac{h_0}{\delta_h}>320\sqrt{\dfrac{235}{\sigma_s}}$ 时,按高腹板的局部稳定性多设几道纵向加劲肋。

(6)对受局部挤压应力作用的工字梁腹板或偏轨箱形梁的主腹板,除按上述要求设置长横向加劲肋外,还应按图 6-19 设置短横向加劲肋,其间距常取 $a_1=(400\sim 600)$ mm。

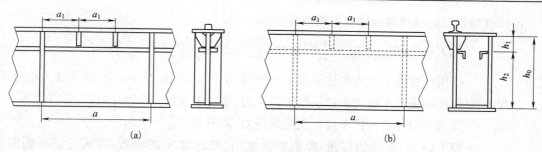

图 6-19　受局部压应力时腹板短横向加劲肋的布置

(a)工字梁；(b)偏轨箱形梁。

2. 翼缘板加劲肋的布置

受压翼缘板可控制其宽厚比来保证局部稳定性（翼缘板宽度较大时用设置纵向加劲肋来减小宽厚比）。

受压翼缘板自由外伸部分（图 6-20）的宽厚比：

$$\frac{b}{\delta} \leqslant 15\sqrt{\frac{235}{\sigma_s}} \tag{6-43}$$

箱形梁在腹板之间的受压翼缘板[图 6-20(b)]的宽厚比：

$$\frac{b_0}{\delta} \leqslant 60\sqrt{\frac{235}{\sigma_s}} \tag{6-44}$$

翼缘板宽度较大时，应设置一道或多道纵向加劲肋[图 6-20(c)]，由刚性加劲肋划分出来的区格宽度 b_0 同样应满足式(6-44)的要求。

满足上述要求且板中计算压缩应力不大于 $0.8[\sigma]$ 时，可不必验算其受压翼缘板的局部稳定性。

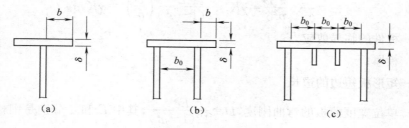

图 6-20　受压翼缘板

二、板的局部稳定性计算

梁的腹板和翼缘板一般都按四边简支的矩形板件分析，板中有弯曲压应力 σ_1 和剪应力 τ 共同作用，对于腹板有时还可能有由轮压引起的挤压应力 σ_m。通常，这三种应力中可能以剪应力较为重要，但在梁高（或梁宽）很大而腹板（或翼缘板）较薄时，则弯曲压应力可能较为重要。

板的局部稳定计算通常是先计算弯曲压应力 σ_1、剪应力 τ 和局部挤压应力 σ_m 单独作用时板的临界应力，然后再用第四强度理论并考虑几种基本应力同时作用时相互影响的复合临界应力公式进行计算。

由弹性稳定理论得到薄板屈曲平衡微分方程:

$$D\left(\frac{\partial^4 \omega}{\partial x^4}+2\frac{\partial^4 \omega}{\partial x^2 \partial y^2}+\frac{\partial^4 \omega}{\partial y^4}\right)+N_x\frac{\partial^2 \omega}{\partial x^2}+2N_{xy}\frac{\partial^2 \omega}{\partial x \partial y}+N_y\frac{\partial^2 \omega}{\partial y^2}=0$$

式中　N_x——作用在板件平面内单位长度上的压力,平行于 x 轴,$N_x=\sigma_x \delta$,其中 δ 为板厚;

　　　N_y——作用在板件平面内单位长度上的压力,平行于 y 轴,$N_y=\sigma_y \delta$;

　　　N_{xy}——作用在板件平面内单位长度上的剪力,其值为 $N_{xy}=\tau_{xy}\delta$;

　　　ω——板上 (x,y) 点的侧移量,即板的挠度,它是 x 和 y 的函数,并表达了板翘曲的形状;

　　　D——板的弯曲刚度。

对于四边简支的矩形板,常用双重三角级数表示板的挠度函数:

$$\omega=\sum_{m=1}^{\infty}\sum_{n=1}^{\infty}A_{mn}\sin\frac{m\pi x}{a}\sin\frac{n\pi y}{b}$$

式中,m、n 分别为翘曲板在 x 方向和 y 方向的半波个数。

首先求出板挠度 ω 的导数,代入上述平衡微分方程,便可得到作用在板件平面内单位长度上的力 N_x、N_{xy} 和 N_y 需满足的条件,求出临界应力的公式。

1. 剪应力 τ 单独作用时的临界应力

剪应力单独作用时,$N_x=N_y=0$,板件屈曲平衡微分方程为

$$D\left(\frac{\partial^4 \omega}{\partial x^4}+2\frac{\partial^4 \omega}{\partial x^2 \partial y^2}+\frac{\partial^4 \omega}{\partial y^4}\right)+2N_{xy}\frac{\partial^2 \omega}{\partial x \partial y}=0$$

其数学求解比较麻烦,一般要进行多次近似计算。经过研究可知,这种情况下的临界应力可写成下面的典型形式:

$$\tau_{cr}=\chi K_\tau \frac{\pi^2 D}{b^2 \delta}=\chi K_\tau \frac{\pi^2 E}{12(1-\mu^2)}\left(\frac{\delta}{b}\right)^2=\chi K_\tau \sigma_E \tag{6-45}$$

式中　τ_{cr}——板件的临界剪应力;

　　　δ——板厚;

　　　b——矩形板短边的边长;

　　　D——单位宽度薄板的弯曲刚度,$D=\dfrac{E\delta^3}{12(1-\mu^2)}$,其中 E 和 μ 分别是钢材的弹性模量和泊松比;

　　　K_τ——四边简支板仅在剪应力单独作用时的屈曲系数(或称局部稳定系数),取决于板的边长比 $\alpha=\dfrac{a}{b}$ 和板边载荷情况,对于加劲肋分隔的局部区格按表 6-5 求得,对于包括加劲肋(此时为柔性肋)在内的带肋板按表 6-6 求得;

　　　χ——板边弹性嵌固系数,对剪切应力作用的工字梁和箱形梁的腹板,可取 $\chi=1.23$。对其他板和板区格,应参考专门文献加以确定,一般取 $\chi=1$;

　　　σ_E——四边简支单向均匀受压板的欧拉应力,其计算式为

$$\sigma_E=\frac{\pi^2 E}{12(1-\mu^2)}\left(\frac{\delta}{b}\right)^2=18.62\left(\frac{100\delta}{b}\right)^2 \tag{6-46}$$

表 6-5　局部区格简支板的屈曲系数 K

序号	载荷（应力）情况		$\alpha=a/b$	K
1	均匀或不均匀压缩 $0 \leqslant \psi \leqslant 1$		$\alpha \geqslant 1$	$K_\sigma = \dfrac{8.4}{\psi+1.1}$
			$\alpha < 1$	$K_\sigma = \left(\alpha+\dfrac{1}{\alpha}\right)^2 \dfrac{2.1}{\psi+1.1}$
2	纯弯曲或以拉为主的弯曲 $\psi \leqslant -1$		$\alpha \geqslant \dfrac{2}{3}$	$K_\sigma = 23.9$
			$\alpha < \dfrac{2}{3}$	$K_\sigma = 15.87 + \dfrac{1.87}{\alpha^2} + 8.6\alpha^2$
3	以压为主的弯曲 $-1 < \psi < 0$			$K_\sigma = (1+\psi)K'_\sigma - \psi K''_\sigma + 10\psi(1+\psi)$ K'_σ——$\psi=0$ 时的屈曲系数（序号 1） K''_σ——$\psi=-1$ 时的屈曲系数（序号 2）
4	纯剪切		$\alpha \geqslant 1$	$K_\tau = 5.34 + \dfrac{4}{\alpha^2}$
			$\alpha < 1$	$K_\tau = 4 + \dfrac{5.34}{\alpha^2}$
5	单边局部压缩		$\alpha \leqslant 1$	$K_m = \dfrac{2.86}{\alpha^{1.5}} + \dfrac{2.65}{\alpha^2 \beta}$
			$1 < \alpha \leqslant 3$	$K_m = \left(2+\dfrac{0.7}{\alpha^2}\right)\left(\dfrac{1+\beta}{\alpha\beta}\right)$ 当 $\alpha > 3$ 时，按 $a=3b$ 计算 α,β,K_m 值
6	双边局部压缩			$K_m = 0.8 K'_m$ K'_m——按序号 5 计算的 K_m 值

注：1. σ_1 为板边最大压应力，$\psi = \sigma_2/\sigma_1$ 为板边两端应力比；σ_1、σ_2 各带自己的正负号。

　　2. 对有一条纵向加劲肋分隔的、受局部压应力作用的腹板，其上区格可参照序号 6 栏计算屈曲系数，其下区格在确定局部压应力 $\sigma_m(y)$ 及扩散区宽度 $c(y)$ 后可参照序号 5 栏计算屈曲系数。对有两条和两条以上纵向加劲肋的情况，也可按照上述原则对照相应区格进行计算。

表 6-6　带肋简支板的屈曲系数 *K*

序号	载荷(应力)情况		*K*
1	压缩	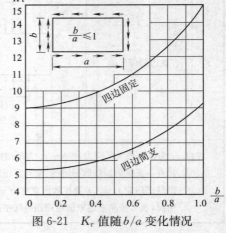	$$K_\sigma = \frac{(1+\alpha^2)^2 + r \cdot \gamma_a}{\alpha^2(1+r \cdot \delta_a)} \cdot \frac{2}{1+\psi}$$
2	纯剪力		K_τ 值

序号2 K_τ 值表：

m	5	10	20	30	40	50	60	70	80	90	100
K_τ	6.98	7.7	8.67	9.36	9.6	10.4	10.8	11.1	11.4	11.7	12

$$m = 2\sum_{i=1}^{r-1}\sin^2\left(\frac{\pi y_i}{b}\right)\gamma_a,\ \text{加劲肋等距离平分板宽时},\ 2\sum_{i=1}^{r-1}\sin^2\left(\frac{\pi y_i}{b}\right)=r$$

序号	载荷(应力)情况	*K*
3	局部挤压	$K_m = K'_m(1+\eta)$ K'_m——按表 6-5 中的序号 5 计算的 K_m 值 $$\eta = \frac{\sum_{i=1}^{r-1}\left(\sin\frac{\pi y_i}{b}-\frac{1}{4}\sin\frac{2\pi y_i}{b}\right)^2}{\alpha^4 + \frac{5}{4}\alpha^2 + \frac{17}{32}}\gamma_a$$

注：$\gamma_a = \dfrac{EI_z}{bD}$，$\delta_a = \dfrac{A_z}{b\delta}$；

　　I_z——单根纵向加劲肋截面惯性矩(mm^4)，当加劲肋在板两侧成对配置时，其截面惯性矩按板厚中心线为轴线计算；一侧配置时，按与板相连的加劲肋边缘为轴线计算；

　　A_z——单根纵向加劲肋截面积(mm^2)；

　　r——板被加劲肋分隔的区格数；

　　$D = \dfrac{E\delta^3}{12(1-\mu^2)}$($\mu$ 为材料的泊桑比)。

　　四边简支及四边固定的矩形板件的 K_τ 值随边长比 $\dfrac{b}{a}$ 值变化的情况如图 6-21 所示。四边简支的矩形板沿周边受均布剪应力作用情况下，在翘曲失稳时形成斜波[图 6-15(a)]，斜波的节线与板的长边交成略小于 45°的角，而斜波的半波长与板短边相差不多。出现斜波的原因是：板受剪时有由矩形变成平行四边形的趋势，沿一个斜向受压而在另一个斜向受拉；剪应力超过临界值后，板因沿斜向压缩而翘曲，形成斜波。

　　在剪应力单独作用情况下，通常只布置横向加劲肋，用调整间距的办法使板件的局部稳定问题得到适当的解决。联系翘曲变形来看，因斜波的半波长与板宽度 b 接近而斜向大致是 45°，因此，横向加劲肋间距 a 大于 $2b$ 时，对斜波几乎没有约束作用。a 由 $2b$ 减至 b 的过程中约束作用开始显著；a 小于 b 后即成为板的短边，因此，板件翘曲时沿板宽方向将出现不止一个的半斜波，

图 6-21　K_τ 值随 b/a 变化情况

这时减小 a 对斜波的约束增强很多，临界剪应力迅速增大。一般说来，当板件的局部稳定问题主要由剪应力引起时，布置横向加劲肋就能解决问题。情况不严重时，使加劲肋间距 $a=(1\sim1.5)b$，就能保证板的局部稳定；情况不利时则须将 a 减至$(0.5\sim0.8)b$。横向加劲肋的间距大于 $2b$ 或小于 $0.5b$ 的情况是少见的。

2. 压缩应力 σ_1 单独作用时的临界应力

弯曲应力 σ 单独作用时，平衡微分方程的求解也要经过多次近似计算。通常以 σ_1 表示板边缘上的弯曲压缩应力的最大值，并以 σ_2 表示板另一边缘上的弯曲应力，即弯曲拉应力的最大值或弯曲压应力的最小值。然后把 σ_1 的临界值写成矩形板临界应力公式的典型形式，即

$$\sigma_{1cr}=\chi K_\sigma\frac{\pi^2E}{12(1-\mu^2)}\left(\frac{\delta}{b}\right)^2=\chi K_\sigma\sigma_E \tag{6-47}$$

式中　χ——板边弹性嵌固系数，弯曲应力作用时，对受压翼缘扭转无约束的工字梁的腹板，可取 $\chi=1.38$；对受压翼缘扭转有约束的工字梁和箱形梁的腹板，可取 $\chi=1.64$；对其他板和板区格，应参考专门文献加以确定，一般取 $\chi=1$；

K_σ——四边简支板仅在弯曲应力单独作用时的屈曲系数，取决于板的边长比 $\alpha=\frac{a}{b}$ 和板边载荷情况，对于加劲肋分隔的局部区格按表 6-5 求得，对于包括加劲肋在内的带肋板按表 6-6 求得。

弯曲应力沿板高度变化如图 6-15(b)所示。对于梁的腹板，板上部因受压而有翘曲趋势，其下部则因受拉而对上部起一定制约作用。翘曲失稳的情况是波形正而偏于上方，以受压区中段稍偏上处的板件挠度值最大。半波长大约是 $0.7b$，而其节线与弯曲应力相垂直。

仅用布置横向加劲肋来应付主要由弯曲应力引起的板局部稳定问题，一般是无效的。联系翘曲变形情况来看，这时翘曲曲面节线的方向与横向加劲肋一致。由于在两个横向加劲肋之间可能出现两个以上半波，因此，半波长不一定是 a，也可能是 $\frac{a}{2}$ 或 $\frac{a}{3}$ 等。与哪一个半波长相对应的临界应力 σ_{1cr} 值最小，实际上就出现与这半波长相对应的翘曲形状。实践中常见的横向加劲肋间距 a 在 $2b$ 至 $0.5b$ 范围内，这时调整 a 值主要引起半波数和半波长的变化，而板的稳定系数 K_σ 和临界应力 σ_{1cr} 值则变化幅度很小。图 6-22 密布横向加劲肋并使其间距小于 $0.5b$ 虽可提高 σ_{1cr} 值，但太浪费，实践中一般不用。板宽厚比 $\frac{b}{\delta}$ 大于 150 之后，只布置横向加劲肋不易解决问题；实践中常用的措施是距板件受压边缘一定距离处布置纵向水平加劲肋，它能压住弯曲应力引起的翘曲波形的腹部，保证板的局部稳定。水平加劲肋把原来边长为 a 和 b 的矩形板分成上下两块，其边长为 a 和 b'。上方板不均匀受压，其上缘应力 σ_1 和下缘应力 σ_2 都是压应力，板由于比值 $\frac{\delta}{b}$ 较大，因此 σ_{1cr} 值较高，一般稳定毫无问题。下方板件 σ_1 是压应力，而 σ_2 是拉应力，由于 σ_1 值较小，一般稳定也无问题。当验算板件的局部稳定时，上面板和下面板应分别计算，它们均用式(6-47)求临界应力值，只是查表决定局部稳定系数时，上面板与下面板的板边两端应力比 $\psi=\frac{\sigma_2}{\sigma_1}$ 值不同，板件边长比 $\alpha=\frac{a}{b}$ 也不同。

3. 轮压引起的挤压应力 σ_m 单独作用时的临界应力

轮压引起的挤压应力 σ_m 通常假定在板的上缘轮压分布区段内均匀分布，并由作用在板内

的压应力 σ_y 以及板左、右侧的剪应力维持平衡。挤压应力 σ_m 在板件上缘处最大,往下逐渐减小,至下缘处变为零。在挤压应力 σ_m 作用下板失稳翘曲的情况如图 6-15(d)、(e)所示,波形是正的,波腹靠近板件的上缘。

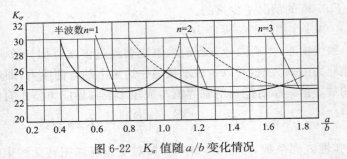

图 6-22 K_σ 值随 a/b 变化情况

由弹性理论可以推导出轮压引起的挤压应力 σ_m 单独作用时求临界应力公式的典型形式:

$$\sigma_{mcr} = \chi K_m \frac{\pi^2 E}{12(1-\mu^2)} \left(\frac{\delta}{a}\right)^2 = \chi K_m \sigma_E \tag{6-48}$$

式中 χ——板边弹性嵌固系数,局部压应力作用时,可取 $\chi = 1 \sim 1.25$;

a——板件垂直 σ_m 的边长,即横向加劲肋(或短横向加劲肋)间距;

K_m——四边简支板仅在挤压应力单独作用时的屈曲系数,取决于板的边长比 $\alpha = \dfrac{a}{b}$ 和板边载荷情况,对于加劲肋分隔的局部区格按表 6-5 求得,对于包括加劲肋在内的板按表 6-6 求得。

在桥式类型起重机的主梁中,工字形焊接组合梁的腹板和偏轨箱形组合梁的主腹板上边缘都作用有局部挤压应力。为了保证腹板的局部稳定,通常在靠近局部挤压应力作用边缘的区段设置纵向加劲肋,并沿全梁在腹板上区设置短的横向加劲肋,使挤压应力引起的翘曲变形限制在局部区格内。

如图 6-23 所示,局部挤压应力沿腹板高度按曲线变化。当有一条纵向加劲肋时,它把腹板分成上下两个区格,上区格的上、下两边都受有局部挤压应力。区格上边界的挤压应力为 σ_m,其分布长度为 c;下边界的挤压应力为 $\sigma_m(y)$,其分布长度为 $c(y)$。

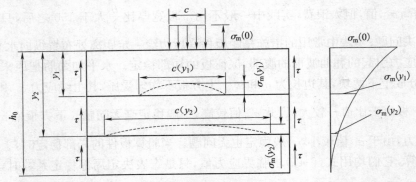

图 6-23 纵向加劲肋分隔之区格边缘的局部压应力及分布长度

表 6-5 序号 6 中用加劲肋分隔的局部区格简支板边缘的局部压应力 $\sigma_m(y)$ 及其分布长度 $c(y)$(图 6-23)按下式计算:

$$\sigma_m(y)=\frac{2\sigma_m}{\pi}\left[\arctan\frac{c}{y}-3\left(\frac{y}{h_0}\right)^2\left(1-\frac{2y}{3h_0}\right)\arctan\frac{c}{h_0}\right] \tag{6-49}$$

$$c(y)=c\frac{\sigma_m}{\sigma_m(y)}\left(1-\frac{y}{h_0}\right) \tag{6-50}$$

式中　σ_m——由集中载荷产生的板边局部压应力（N/mm²），见式(6-34)；

$\sigma_m(y)$——局部压应力 σ_m 沿板宽方向变化到 y 处的值（N/mm²）；

$c(y)$——局部压应力的分布长度 c 沿板宽方向变化到 y 处的值（mm）；

y——以局部压应力作用边为原点向另一边方向的坐标，即板的上边缘至下区格上边缘的距离（mm）；

h_0——腹板的总宽(高)度（mm）。

$\arctan\frac{c}{y}$、$\arctan\frac{c}{h_0}$ 的单位为弧度。

4. 压缩应力 σ_1、剪切应力 τ 和局部压应力 σ_m 同时作用时板的临界复合应力

当梁上的矩形板同时承受弯曲压应力 σ_1、剪应力 τ 和局部挤压应力 σ_m 时，其复合临界应力按下式计算：

$$\sigma_{i,cr}=\frac{\sqrt{\sigma_1^2+\sigma_m^2-\sigma_1\sigma_m+3\tau^2}}{\frac{1+\psi}{4}\left(\frac{\sigma_1}{\sigma_{1cr}}\right)+\sqrt{\left[\frac{3-\psi}{4}\left(\frac{\sigma_1}{\sigma_{1cr}}\right)+\frac{\sigma_m}{\sigma_{mcr}}\right]^2+\left(\frac{\tau}{\tau_{cr}}\right)^2}} \tag{6-51}$$

式中　σ_1、τ、σ_m——计算区格中央截面的最大弯曲压应力、平均剪应力和局部挤压应力；

σ_{1cr}、τ_{cr}、σ_{mcr}——σ_1、τ、σ_m 单独作用时相应的临界应力；

ψ——计算区格中央截面两边缘上弯曲应力之比，$\psi=\sigma_2/\sigma_1$（σ_1，σ_2 带各自正负号）；

式(6-51)中，σ_1、σ_m、σ_{1cr} 和 σ_{mcr} 应带各自的正负号。

特殊情况：当 $\tau=0$、$\sigma_m=0$ 时　　$\sigma_{i,cr}=\sigma_{1cr}$

当 $\sigma_1=0$、$\sigma_m=0$ 时　　$\sigma_{i,cr}=\sqrt{3}\,\tau_{cr}$

当 $\sigma_1=0$、$\tau=0$ 时　　$\sigma_{i,cr}=\sigma_{mcr}$

当局部挤压应力作用于板的受拉边缘时，σ_1 与 σ_m 不相关，可分别取 $\sigma_m=0$ 或 $\sigma_1=0$ 进行计算。式(6-51)所述复合临界应力是由弹性稳定理论导出的，当其超过比例极限时，就成为弹塑性稳定。工程上为了计算方便，通常以弹性临界应力的折减来考虑弹塑性稳定（弹塑性屈曲）问题。因此，板的弹性复合临界应力 $\sigma_{i,cr}$ 超过材料比例极限 σ_p（取 $0.8\sigma_s$）时（含特殊情况），应按式(6-52)进行折减修正。计算 $\sigma_{i,cr}$ 时，式中单项临界应力超过 $0.8\sigma_s$ 时不需修正。

折减临界应力为

$$\sigma_{cr}=\sigma_s\left(1-\frac{1}{1+6.25m^2}\right) \tag{6-52}$$

式中　m——大于 $0.8\sigma_s$ 的临界复合应力（含特殊情况）与钢材的屈服点之比，$m=\frac{\sigma_{i,cr}}{\sigma_s}$；

5. 板的局部稳定性许用应力和板的局部稳定性计算

板的局部稳定许用应力 $[\sigma_{cr}]$ 按以下两式计算：

当 $\sigma_{i,cr}\leqslant0.8\sigma_s$ 时　　$[\sigma_{cr}]=\frac{\sigma_{i,cr}}{n} \tag{6-53}$

当 $\sigma_{i,cr}>0.8\sigma_s$ 时　　$[\sigma_{cr}]=\frac{\sigma_{cr}}{n} \tag{6-54}$

式中 n——安全系数,取与强度安全系数一致,见第三章表 3-21。

计算区格的局部稳定性按下式验算:

$$\sigma_r = \sqrt{\sigma_1^2 + \sigma_m^2 - \sigma_1\sigma_m + 3\tau^2} \leqslant [\sigma_{cr}] \tag{6-55}$$

式中 σ_r——复合应力。

三、加劲肋的构造要求和尺寸要求

加劲肋的间距除按板局部稳定性计算确定外,还应满足构造要求以避免间距过大而在施工过程中产生较大的初始鼓曲(波形变形),或避免因间距过小造成施工复杂。加劲肋可由钢板、角钢、槽钢或其他型钢制成。

1. 横向加劲肋

(1)受 $\psi = -1$ 分布载荷(应力)的腹板,其横向加劲肋间距 a 一般不应小于 $0.5h_0$,且不应大于 $2h_0$。此处 h_0 为上、下翼缘板之间的腹板总高(宽)度。考虑到实际生产工艺要求,一般取 $a_{max} \leqslant 2.2$ m。

(2)腹板两侧成对配置矩形截面横向加劲肋时[图 6-24(a)],其截面尺寸为

横向加劲肋外伸宽度 $\qquad b_l = \dfrac{h_0}{30} + 40 \qquad$ (mm) $\tag{6-56}$

横向加劲肋厚度 $\qquad \delta_l = \dfrac{b_l}{15}\sqrt{\dfrac{\sigma_s}{235}} \tag{6-57}$

(3)腹板一侧配置矩形截面横向加劲肋时[图 6-24(b)],为获得与成对配置时相同的线刚度,加劲肋的外伸宽度应大于按式(6-56)算得的 1.2 倍,加劲肋的厚度按式(6-57)确定。

(4)腹板采用非矩形截面横向加劲肋时[图 6-24(c)],其横向加劲肋的截面惯性矩应满足下式要求:

$$I_{z1} \geqslant 3h_0\delta_h^3 \tag{6-58}$$

式中 I_{z1}——横向加劲肋的截面惯性矩;

h_0、δ_h——腹板的高度及厚度。

(5)腹板同时采用矩形截面的横向加劲肋和纵向加劲肋时,其横向加劲肋应同时满足式(6-56)、式(6-57)和式(6-58)的要求。

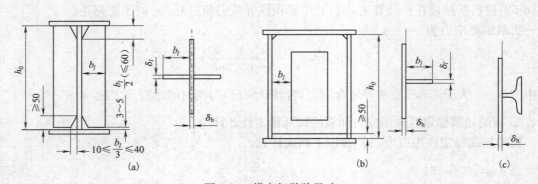

图 6-24 横向加劲肋尺寸

(a)工字形截面;(b)箱形截面;(c)非矩形截面横向加劲肋。

2. 纵向加劲肋

(1)受 $\psi=-1$ 分布载荷(应力)的腹板,其纵向加劲肋的截面惯性矩应满足以下要求:

当 $a/h_0 \leqslant 0.85$ 时

$$I_{z2} \geqslant 1.5 h_0 \delta_{\mathrm{h}}^3 \tag{6-59}$$

当 $a/h_0 > 0.85$ 时

$$I_{z2} \geqslant \left(2.5 - 0.45\frac{a}{h_0}\right)\left(\frac{a}{h_0}\right)^2 h_0 \delta_{\mathrm{h}}^3 \tag{6-60}$$

式中　a——腹板横向加劲肋的间距。

其余符号的含义同式(6-58)。

(2)受 $\psi=1$ 载荷(应力)的均匀受压翼缘板,当纵向加劲肋等间距布置时,其截面惯性矩应满足以下要求:

当 $\alpha=\dfrac{a}{b} < \sqrt{2n^2(1+n\beta)-1}$ 时

$$I_{z3} \geqslant 0.092 \left\{ \frac{\alpha^2}{n}\left[4n^2(1+n\beta)-2\right] - \frac{\alpha^4}{n} + \frac{1+n\beta}{n} \right\} b\delta^3 \tag{6-61}$$

当 $\alpha=\dfrac{a}{b} \geqslant \sqrt{2n^2(1+n\beta)-1}$ 时

$$I_{z3} \geqslant 0.092 \left\{ \frac{1}{n}\left[2n^2(1+n\beta)-1\right]^2 + \frac{1+n\beta}{n} \right\} b\delta^3 \tag{6-62}$$

式中　I_{z3}——翼缘板纵向加劲肋的截面对翼缘板接触面轴线的惯性矩;

n——翼缘板被纵向加劲肋等间距分割的区格数;

α——翼缘板的边长比,$\alpha=a/b$,a 为翼缘板横向加劲肋的间距,b 为两腹板间翼缘板的宽度;

β——单根纵向加劲肋截面面积与翼缘板截面面积之比,$\beta=b_{\mathrm{s}}\delta_{\mathrm{s}}/b\delta$,$b_{\mathrm{s}}$、$\delta_{\mathrm{s}}$ 为单根纵向加劲肋的外伸宽度和厚度,δ 为翼缘板的厚度。

(3)加劲肋截面惯性矩的计算

当加劲肋在板两侧成对配置时,其截面惯性矩按板厚中心线为轴线进行计算;一侧配置时,按与板相连接的加劲肋边缘为轴线进行计算。

对于简支的焊接组合梁,除靠近支承处外,横向加劲肋的下端不应直接焊在受拉翼缘板上,一般应在距离受拉翼缘板内侧表面不小于 50 mm 处断开。对于相当宽的箱形梁(施工人员可以在内部通过)或单腹板梁,为避免受拉翼缘板在施工和运输过程中产生局部变形,可以在横向加劲肋下端加设垫板,再以纵向焊缝把垫板焊在受拉翼缘板上(图 6-25)。

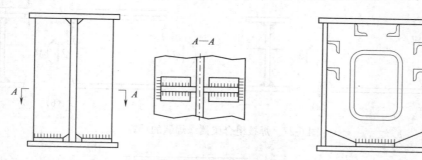

图 6-25　横向加劲肋与受拉翼缘板的连接方法

若横向加劲肋与受拉翼缘板直接焊接,或者出于工艺原因使横向加劲肋下端与受拉翼缘

板的断开间距大大小于上述规定时，必须验算疲劳强度。

按纵向加劲肋与腹板及翼缘板共同承载来设计焊接组合梁时，纵向加劲肋应保证沿长度方向的连续性（穿过横向加劲肋即横隔板时，横向加劲肋应切口让纵向加劲肋连续通过），纵向加劲肋与横向加劲肋应用连续焊缝焊接。

第五节　梁的翼缘板与腹板的连接计算

翼缘焊缝是用来连接翼缘板和腹板的，当梁弯曲时，翼缘与腹板有相互错动的趋势，连接它们的焊缝因而受到水平方向剪力（图 6-26）。翼缘焊缝通常采用角焊缝。

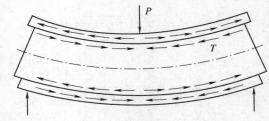

焊接组合梁的翼缘焊缝一般采用自动焊，为了防止受压翼缘板脱离腹板以及避免锈蚀，翼缘焊缝通常采用连续焊缝。

翼缘板和腹板之间，每一单位长度上的剪力 $T=\dfrac{QS_y}{I}$，同一长度双面角焊缝的强度应大于该剪力，即

图 6-26　翼缘焊缝受力状态

$$T \leqslant 2 \times 0.7 h_{\mathrm{f}} \times 1 \times [\tau_{\mathrm{h}}]$$

于是可得所需要的焊缝高度：

$$h_{\mathrm{f}} \geqslant \frac{T}{1.4[\tau_{\mathrm{h}}]} = \frac{QS_y}{1.4[\tau_{\mathrm{h}}]I} \tag{6-63}$$

式中　Q——梁的最大剪力（N）；

S_y——翼缘截面积对中性轴的静面矩（mm³）；

I——梁截面惯性矩（mm⁴）；

$[\tau_{\mathrm{h}}]$——焊缝许用剪应力（MPa）。

以上为腹板未开坡口及未焊透时焊接组合梁翼缘焊缝的计算，如图 6-27(a)所示。当焊接组合梁翼缘焊缝受集中力（小车轮压）作用[图 6-27(b)]时，翼缘焊缝的折算应力为

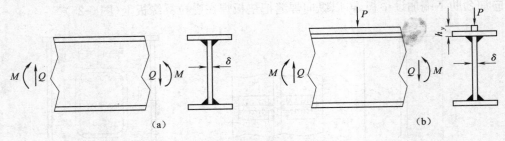

图 6-27　焊接组合梁翼缘焊缝的计算

$$\tau = \frac{1}{2 \times 0.7 \times h_{\mathrm{f}}} \sqrt{\left(\frac{QS_y}{I}\right)^2 + \left(\frac{P}{2h_y+50}\right)^2} \leqslant [\tau_{\mathrm{h}}]$$

则焊缝高度按下式计算：

$$h_f \geqslant \frac{\sqrt{\left(\frac{QS_y}{I}\right)^2 + \left(\frac{P}{2h_y+50}\right)^2}}{1.4[\tau_h]} \tag{6-64}$$

式中　P——小车轮压(N)；

h_y——轨顶至腹板上边缘的高度(mm)。

如果梁腹板开坡口，或者虽未开坡口但基本上能与上翼缘板焊透时，按下式计算焊缝折算应力

$$\sqrt{\sigma_1^2 + \sigma_m^2 - \sigma_1\sigma_m + 3\tau_1^2} \leqslant [\sigma_h] \tag{6-65}$$

式中，σ_1、τ_1、σ_m分别为组合梁腹板边缘同一点上同时产生的正应力、剪应力和局部挤压应力。σ_1和σ_m应带各自的正负号。

第六节　小车轮压的局部影响及其计算

小车车轮沿主梁上翼缘运行时，可分为轨道布置在腹板上方及轨道布置在两腹板之间翼缘板上这两种情况。

一、轨道布置在主腹板之上的偏轨箱形梁及工字梁

工字梁和偏轨箱形梁的轨道在腹板上方，腹板上缘受局部挤压应力。本章第二节给出的式(6-34)为局部挤压应力的简化计算式，在此介绍局部挤压应力的精确计算式。

对于没有横向加劲肋的梁，集中轮压P在腹板上边缘引起的局部挤压应力按下式计算：

$$\sigma_m = \frac{P}{Z\delta} = \frac{P}{C\delta\sqrt[3]{\frac{I_n}{\delta}}} \leqslant [\sigma] \tag{6-66}$$

式中　Z——在集中轮压作用下，腹板上的压力分布长度(视局部应力均匀分布)，$Z = C\sqrt[3]{\frac{I_n}{\delta}}$；

C——系数，对焊接梁和轧制型钢梁，$C = 3.25$；

I_n——轨道和翼缘板对自身轴的惯性矩之和，如果轨道焊在上翼缘板上，则I_n为轨道和翼缘板对其共同轴的惯性矩；

δ——腹板的厚度。

上翼缘板工作宽度的确定：对工字梁为上翼缘板的全宽；对偏轨箱形梁推荐由腹板中心向外取外伸边全长和向内取$(10\sim12)\delta_1$(δ_1为翼缘板厚度)且不小于轨道底边的宽度。

试验表明，系数C的大小与梁的跨度无关。由式(6-66)可知，若增大I_n值可使局部挤压应力σ_m减小。

腹板压力分布规律如图6-28所示，在集中轮压P作用处$p_0 = \sigma_m$。焊接组合梁的腹板压力分布情况如图6-29所示。横坐标为压力零点的间距，并取$Z_0 = 1$；纵坐标为任意点的压力p_x与集中轮压作用点处的压力p_0的比值。计算时，实际的压力分布图用假想的矩形压力分布图代替，即纵坐标为$p_x = p_0 =$常数，横坐标为Z，按式(6-66)计算Z值，图6-29中$Z_0 = 2.6Z$。

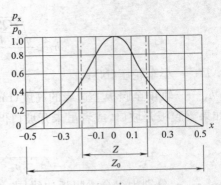

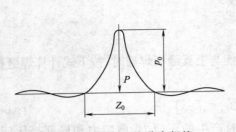

图 6-28 腹板压力分布规律

图 6-29 腹板压力分布图

对于有横向加劲肋的情况,应考虑加劲肋的减载作用。由集中轮压 P 在腹板上边缘引起的局部挤压应力按下式计算:

$$\sigma_{\mathrm{m}}=\frac{\xi P}{Z\delta} \tag{6-67}$$

式中,ξ 为考虑加劲肋减载的系数,由参数 α 从图 6-30 查取。参数 α 按下式计算:

$$\alpha=\left(\frac{\pi}{3a}\right)^{3}\frac{2I_{n}}{\delta} \tag{6-68}$$

其中,a 为横向加劲肋的间距。

图 6-30 为焊接梁 ξ 系数图线。当 $a>70\delta$ 时,加劲肋对局部挤压应力的减载影响不明显,即 $\xi=1$。仅当 $a=(40\sim50)\delta$ 时,局部挤压应力才明显减小。

对大起重量门式起重机,小车采用台车式。当均衡台车的轮距 $b<\frac{Z_{0}}{2}=1.3Z$ 时,由于相邻车轮的影响将使轮压 P 引起的局部应力 σ_{m} 的数值增大。图 6-31 表示 $b=\frac{Z_{0}}{2}$ 时的极限情况。

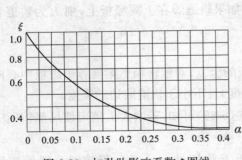

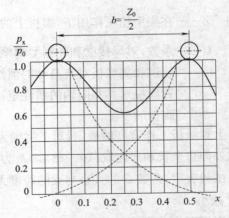

图 6-30 加劲肋影响系数 ξ 图线

图 6-31 两个集中轮压引起的腹板压力图

如果把梁腹板上的实际载荷[图 6-32(a)虚线所示]视为三角形分布,那么压应力 σ_{y} 沿腹板高度的变化可用式(6-49)来描绘。

从图 6-32(b)可以看出,σ_{y} 值沿腹板高度由上边缘的 σ_{m} 变到下边缘为零。设 $\rho=\frac{l}{h_{0}}$,h_{0} 为

腹板高度，l 如图 6-32(a)中所示，当 $\rho \rightarrow \infty$ 时，便出现腹板上边缘为均布载荷情况。

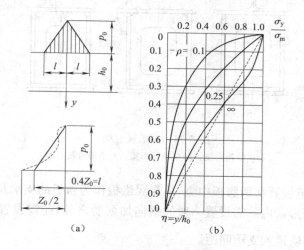

图 6-32　腹板上的压应力 σ_y

(a)载荷图；(b)σ_y 沿腹板高度变化图线。

对于大轮压的起重机，当采用铁路钢轨时，尚应校核轨道腹板处（图 6-33）的局部压应力，可近似地按下式计算：

$$\sigma = \frac{P}{bd} \leqslant [\sigma_g] \tag{6-69}$$

式中　d——轨道腹板厚度；

　　　b——集中轮压作用下轨道腹板上的压力分布长度，取 $b=(2a+50)$ mm，其中 a 为轨道头部的高度；

　　　$[\sigma_g]$——轨道的许用应力，对轻型钢轨（单位长度的质量小于 43 kg/m）取 $[\sigma_g]=230$ MPa；对于 43 kg/m 及更重型的钢轨取 $[\sigma_g]=270$ MPa。

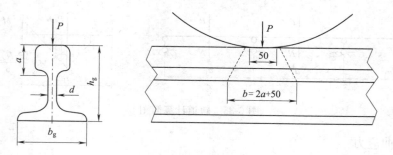

图 6-33　轨道腹板压应力的确定

二、轨道布置在箱形梁两腹板之间的正轨及半偏轨箱形梁

根据轨道在箱形梁上的位置梁可分为三种：轨道布置在两腹板的中央称为正轨箱形梁[图 6-34(a)]；轨道布置在主腹板之上称为偏轨箱形梁[图 6-34(b)]；轨道布置在两腹板之间，且靠近主腹板称为半偏轨（或小偏轨）箱形梁[图 6-34(c)]。

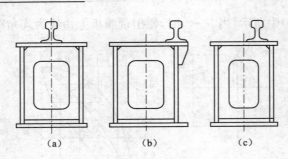

图 6-34　箱形梁分类
(a)正轨箱形梁；(b)偏轨箱形梁；(c)半偏轨箱形梁。

正轨箱形梁的轨道设置在两腹板中央，单靠翼缘板作为轨道的支承是不够的，为了能承受集中轮压的作用，在箱形梁内除需设置一般的横向加劲肋之外，还需设置短的横向加劲肋，其高度约为 $\frac{1}{3}h_0$，以减小轨道的支承间距。

偏轨箱形梁的优点是省去了正轨箱形梁为支承轨道而设置的短加劲肋，只是横向加劲肋略密些。这样，省去了大量焊缝，因而减少了制造中的焊接变形和板的波浪变形等。因此，目前国内外生产的桥式类型起重机主梁以偏轨箱形梁居多。但是，为了在主腹板上安置轨道和轨道压板，迫使上翼缘板的悬伸宽度加大，从而增加了为保证悬伸部分局部稳定而设置的三角劲板。增设三角劲板和短加劲肋都使主梁上部的焊缝增多，这也是引起主梁下挠的主要原因之一，当然后者影响更甚。

半偏轨箱形梁既省去了短加劲肋，又取消了三角劲板，只是横向加劲肋略密些。

1. 轨道计算

轨道布置在箱形梁两腹板之间，可将轨道视为由横向加劲肋支承的多跨连续梁，而小车轴距与横向加劲肋间距大致相等。故轨道计算可按相邻两跨跨中承受集中载荷作用的多跨连续梁计算，如图 6-35 所示。

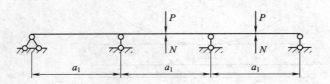

图 6-35　轨道计算简图

轨道的弯曲应力

$$\sigma_g = \frac{(P-N)a_1}{6W_g} \leqslant [\sigma_g] \tag{6-70}$$

式中　P——小车轮压；

　　　N——上翼缘板的支反力，即轨道传给上翼缘板的压力，见式(6-76)；

　　　W_g——轨道的截面模数；

　　　$[\sigma_g]$——轨道的许用应力，见式(6-69)。

由式(6-70)亦可确定横向加劲肋的间距 a_1，即

$$a_1 \leqslant \frac{6W_g[\sigma_g]}{P-N} \tag{6-71}$$

2. 横向加劲肋厚度 δ_l 的确定

横向加劲肋厚度 δ_l 按顶端受挤压强度条件确定。当小车轮压位于一块加劲肋之上时,加劲肋顶面的挤压应力为

$$\sigma_m = \frac{P}{(b_g + 2\delta_1)\delta_l} \leqslant [\sigma]$$

即

$$\delta_l \geqslant \frac{P}{(b_g + 2\delta_1)[\sigma]} \tag{6-72}$$

式中　b_g——轨道底面宽度;

　　　δ_1——上翼缘板厚度。

轨道接头应位于横向加劲肋处。

3. 轨道传给上翼缘板的压力 N 的计算

假定上翼缘板是一个由腹板和横向加劲肋约束的四边简支支承的薄板,如图 6-36(a)所示,上翼缘板的挠度按集中载荷 N 作用来考虑。

根据薄板弯曲理论可知,四边简支矩形板在集中力 N 作用下,着力点处的挠度按下式计算:

$$f_1 = K_1 \frac{Nb_1^2}{E\delta_1^3} \tag{6-73}$$

系数 K_1 按下式计算:

$$K_1 = 0.175 \sum_{m=1}^{\infty} \left(\tanh\beta_m - \frac{\beta_m}{\cosh^2\beta_m} \right) \cdot \frac{1}{m^3} \cdot \sin^2\left(\frac{m\pi c}{b_1}\right) \tag{6-74}$$

其中,$\beta_m = \frac{m\pi a_1}{2b_1}(m=1,2,3,\cdots)$,其余符号如图 6-36 所示。

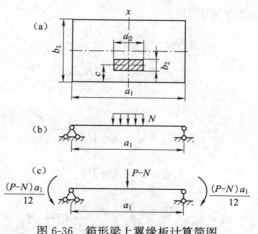

图 6-36　箱形梁上翼缘板计算简图

(a)、(b)上翼缘板;(c)轨道。

由于该级数的收敛性很好,故取二、三项即足够精确,当 $\frac{c}{b_1} = 0.5$ 时,则 $\sin^2\left(\frac{m\pi c}{b_1}\right) = 1$,此时 K_1 值由表 6-7 查出,$\frac{c}{b_1}$ 为其他值时,K_1 值由式(6-74)算出。

表 6-7　正轨箱形梁($\frac{c}{b_1}=0.5$)的 K_1 值

$\frac{a_1}{b_1}$	1.0	1.1	1.2	1.4	1.6	1.8	2.0	3.0	∞
K_1	0.126 5	0.138 1	0.147 8	0.162 1	0.171 4	0.176 9	0.180 3	0.184 6	0.184 9

由于轨道与上翼缘板在着力点处相接触,故该处的相对变位应等于零,根据这个变形协调条件可求出压力 N。

由图 6-36(c),轨道在着力点处的挠度 f_g 为

$$f_g=\frac{(P-N)a_1^3}{48EI_g}-\frac{(P-N)a_1}{12}\cdot\frac{2a_1^2}{16EI_g}=(P-N)\frac{a_1^3}{96EI_g} \tag{6-75}$$

根据 $f_1=f_g$,可解得压力 N:

$$N=\frac{P}{1+\dfrac{96K_1b_1^2I_g}{a_1^3\delta_1^3}} \tag{6-76}$$

由上式可以看出,翼缘板厚度 δ_1 越大,则压力亦越大。

4. 上翼缘板局部弯曲应力的计算

假定压力 N 以局部均布载荷的方式作用于上翼缘板,该局部承载区的矩形面积的边长分别为 a_2 及 b_2[图 6-36(a)],其中 $a_2=2h_g+50$(mm),$b_2=b_g$,h_g 为轨道高度,b_g 为轨道底宽。

令　　　　　　　　　　$\eta=\dfrac{a_2}{b_2}$ 及 $d=\sqrt{a_2^2+b_2^2}$

在着力点处,翼缘板上单位长度的横向弯矩 M_x 及纵向弯矩 M_z(单位 N·mm/mm)为

$$\left.\begin{array}{l}M_x=K_xN\\M_z=K_zN\end{array}\right\} \tag{6-77}$$

翼缘板上表面最大局部弯曲应力:

$$\left.\begin{array}{l}\sigma_x=-\dfrac{6M_x}{\delta_1^2}=-\dfrac{6K_xN}{\delta_1^2}\\[3mm]\sigma_z=-\dfrac{6M_z}{\delta_1^2}=-\dfrac{6K_zN}{\delta_1^2}\end{array}\right\} \tag{6-78}$$

式中系数

$$\left.\begin{array}{l}K_x=\dfrac{1}{8\pi}(A+B)\\[3mm]K_z=\dfrac{1}{8\pi}(A-B)\end{array}\right\} \tag{6-79}$$

$$\left.\begin{array}{l}A=\left[2\ln\dfrac{4b_1\sin\dfrac{\pi c}{b_1}}{\pi d}+\lambda-\varphi\right](1+\mu)\\[5mm]B=(\zeta+\psi)(1-\mu)\end{array}\right\} \tag{6-80}$$

$$\left.\begin{array}{l}\varphi=\eta\arctan\dfrac{1}{\eta}+\dfrac{1}{\eta}\arctan\eta\\[3mm]\psi=\eta\arctan\dfrac{1}{\eta}-\dfrac{1}{\eta}\arctan\eta\end{array}\right\} \tag{6-81}$$

$$\left.\begin{array}{l}\lambda = 3 - 4\sum_{m=1}^{\infty}\dfrac{e^{-\beta_m}}{\cosh\beta_m}\sin^2\left(\dfrac{m\pi c}{b_1}\right)\\[4mm]\zeta = 1 - \dfrac{2\pi a_1}{b_1}\sum_{m=1}^{\infty}\dfrac{1}{\cosh^2\beta_m}\sin^2\left(\dfrac{m\pi c}{b_1}\right)\end{array}\right\}$$ (6-82)

式中　μ——材料的泊松比。

式(6-82)中的系数 λ 及 ζ 也可根据 $\dfrac{a_1}{b_1}$ 及 $\dfrac{c}{b_1}$ 由表 6-8 查取。

5. 上翼缘板的强度校核

$$\left.\begin{array}{l}\sigma_{\mathrm{w}}+\sigma_z \leqslant [\sigma]\\[2mm]\sqrt{(\sigma_{\mathrm{w}}+\sigma_z)^2+\sigma_x^2-(\sigma_{\mathrm{w}}+\sigma_z)\sigma_x}\leqslant \sigma\end{array}\right\}$$ (6-83)

式中,σ_{w}、σ_z 及 σ_x 分别为上翼缘板同一点的整体弯曲应力、沿梁轴线及垂直梁轴线的局部弯曲应力,应带各自符号。

表 6-8　系数 λ 及 ζ 值

	λ 及 ζ ＼ $\dfrac{c}{b_1}$	λ					ζ				
$\dfrac{a_1}{b_1}$		0.1	0.2	0.3	0.4	0.5	0.1	0.2	0.3	0.4	0.5
1.0		2.966	2.879	2.776	2.698	2.668	0.887	0.611	0.304	0.080	0.000
1.2		2.982	2.936	2.880	2.836	2.820	0.931	0.756	0.551	0.393	0.335
1.4		2.990	2.966	2.936	2.912	2.903	0.958	0.849	0.719	0.616	0.578
1.6		2.995	2.982	2.966	2.953	2.948	0.975	0.908	0.828	0.764	0.740
1.8		2.997	2.990	2.982	2.975	2.972	0.985	0.945	0.897	0.858	0.843
2.0		2.999	2.995	2.990	2.987	2.985	0.991	0.968	0.939	0.915	0.906
3.0		3.000	3.000	3.000	2.999	2.999	0.999	0.998	0.996	0.995	0.994
∞		3.000	3.000	3.000	3.000	3.000	1.000	1.000	1.000	1.000	1.000

6. 例题

【例题 6-3】　已知数据:最大轮压 $P=60\,\mathrm{kN}$,箱形梁横向加劲肋间距 $a_1=900\,\mathrm{mm}$,腹板间距 $b_1=300\,\mathrm{mm}$,上翼缘板厚度 $\delta_1=10\,\mathrm{mm}$,材料 Q235,$\mu=0.3$,轨道为 P18,$I_{\mathrm{g}}=2.4\times10^6\,\mathrm{mm}^4$,$h_{\mathrm{g}}=90\,\mathrm{mm}$,$b_{\mathrm{g}}=80\,\mathrm{mm}$。

试求正轨及半偏轨箱形梁上翼缘板的局部弯曲应力。

【解】
$$a_2=2h_{\mathrm{g}}+50=2\times90+50=230\,(\mathrm{mm})$$
$$b_2=b_{\mathrm{g}}=80\,\mathrm{mm}$$
$$d=\sqrt{a_2^2+b_2^2}=\sqrt{230^2+80^2}=243.5\,(\mathrm{mm})$$

(1)正轨梁($c=0.5b_1$)

$$N=\dfrac{P}{1+\dfrac{96K_1 b_1^2 I_{\mathrm{g}}}{a_1^3\delta_1^3}}=\dfrac{60\,000}{1+\dfrac{96\times0.184\,6\times300^2\times2.4\times10^6}{900^3\times10^3}}=9\,598.7\,(\mathrm{N})$$

式中,K_1 由 $\dfrac{c}{b_1}=0.5,\dfrac{a_1}{b_1}=\dfrac{900}{300}=3$ 查表 6-7,得 $K_1=0.184\,6$。

$$\eta = \frac{a_2}{b_2} = \frac{230}{80} = 2.875$$

$$\varphi = \eta \arctan \frac{1}{\eta} + \frac{1}{\eta} \arctan \eta = 2.875 \arctan \left(\frac{1}{2.875}\right) + \frac{1}{2.875} \arctan 2.875 = 1.392$$

$$\psi = \eta \arctan \frac{1}{\eta} - \frac{1}{\eta} \arctan \eta = 0.532$$

根据 $\dfrac{a_1}{b_1} = \dfrac{900}{300} = 3$ 及 $\dfrac{c}{b_1} = 0.5$，由表 6-8 查得 $\lambda = 2.999$ 及 $\zeta = 0.994$，则

$$A = \left[2\ln \frac{4b_1 \sin \frac{\pi c}{b_1}}{\pi d} + \lambda - \varphi\right](1+\mu)$$

$$= \left[2\ln \frac{4 \times 300 \sin \frac{\pi}{2}}{243.5\pi} + 2.999 - 1.392\right](1+0.3) = 3.26$$

$$B = (\zeta + \psi)(1-\mu) = (0.994 + 0.532)(1-0.3) = 1.068$$

$$K_x = \frac{1}{8\pi}(A+B) = \frac{1}{8\pi}(3.26 + 1.068) = 0.172$$

$$K_z = \frac{1}{8\pi}(A-B) = \frac{1}{8\pi}(3.26 - 1.068) = 0.087$$

上翼缘板上表面的局部弯曲应力：

$$\sigma_x = -\frac{6K_x N}{\delta_1^2} = -\frac{6 \times 0.172 \times 9\,598.7}{10^2} = -99\ (\text{MPa})$$

$$\sigma_z = -\frac{6K_z N}{\delta_1^2} = -\frac{6 \times 0.087 \times 9\,598.7}{10^2} = -50\ (\text{MPa})$$

(2)半偏轨梁($c = 0.25b_1$)

$$\beta_m = \frac{m\pi a_1}{2b_1} = \frac{m\pi \times 900}{2 \times 300} = \frac{3m\pi}{2}$$

$$\sin \frac{m\pi c}{b_1} = \sin \frac{m\pi}{4}$$

取 $m = 1、2、3$，计算 K_1 值：

$$K_1 = 0.175 \sum_{m=1}^{\infty} \left(\tanh \beta_m - \frac{\beta_m}{\cosh^2 \beta_m}\right) \cdot \frac{1}{m^3} \cdot \sin^2 \left(\frac{m\pi c}{b_1}\right)$$

$$= 0.175\left[\left(\tanh 1.5\pi - \frac{1.5\pi}{\cosh^2 1.5\pi}\right)\sin^2\left(\frac{\pi}{4}\right) + \left(\tanh 3\pi - \frac{3\pi}{\cosh^2 3\pi}\right) \times\right.$$

$$\left.\frac{1}{2^3}\sin^2\left(\frac{\pi}{2}\right) + \left(\tanh 4.5\pi - \frac{4.5\pi}{\cosh^2 4.5\pi}\right) \times \frac{1}{3^3}\sin^2\left(\frac{3\pi}{4}\right)\right] = 0.112\,4$$

$$N = \frac{P}{1 + \dfrac{96K_1 b_1^2 I_g}{a_1^3 \delta_1^3}} = \frac{60\,000}{1 + \dfrac{96 \times 0.112\,4 \times 300^2 \times 2.4 \times 10^6}{900^3 \times 10^3}} = 14\,295\ (\text{N})$$

根据 $\dfrac{a_1}{b_1} = 3$ 及 $\dfrac{c}{b_1} = 0.25$，由表 6-8 查得 $\lambda = 3$ 及 $\zeta = 0.997$，则

$$A = \left[2\ln \frac{4b_1 \sin \frac{\pi c}{b_1}}{\pi d} + \lambda - \varphi \right] (1+\mu)$$

$$= \left[2\ln \frac{4 \times 300 \sin \frac{\pi}{4}}{243.5\pi} + 3 - 1.392 \right] (1+0.3) = 2.359$$

$$B = (\zeta + \psi)(1-\mu) = (0.997 + 0.532)(1-0.3) = 1.07$$

$$K_x = \frac{1}{8\pi}(A+B) = \frac{1}{8\pi}(2.359 + 1.07) = 0.136\,4$$

$$K_z = \frac{1}{8\pi}(A-B) = \frac{1}{8\pi}(2.359 - 1.07) = 0.051\,3$$

上翼缘板上表面的局部弯曲应力：

$$\sigma_x = -\frac{6K_x N}{\delta_1^2} = -\frac{6 \times 0.136\,4 \times 14\,295}{10^2} = -117 \ (\text{MPa})$$

$$\sigma_z = -\frac{6K_z N}{\delta_1^2} = -\frac{6 \times 0.051\,3 \times 14\,295}{10^2} = -44 \ (\text{MPa})$$

(3) 半偏轨梁（$c = 0.125b_1$）

$$K_1 = 0.175 \sum_{m=1}^{\infty} \left(\tanh\beta_m - \frac{\beta_m}{\cosh^2 \beta_m} \right) \cdot \frac{1}{m^3} \cdot \sin^2 \left(\frac{m\pi c}{b_1} \right)$$

$$= 0.175 \left[\left(\tanh 1.5\pi - \frac{1.5\pi}{\cosh^2 1.5\pi} \right) \sin^2 \left(\frac{\pi}{8} \right) + \left(\tanh 3\pi - \frac{3\pi}{\cosh^2 3\pi} \right) \times \right.$$

$$\left. \frac{1}{2^3} \sin^2 \left(\frac{\pi}{4} \right) + \left(\tanh 4.5\pi - \frac{4.5\pi}{\cosh^2 4.5\pi} \right) \times \frac{1}{3^3} \sin^2 \left(\frac{3\pi}{8} \right) \right] = 0.042\,05$$

$$N = \frac{P}{1 + \frac{96K_1 b_1^2 I_g}{a_1^3 \delta_1^3}} = \frac{60\,000}{1 + \frac{96 \times 0.042\,05 \times 300^2 \times 2.4 \times 10^6}{900^3 \times 10^3}} = 27\,321 \ (\text{N})$$

根据 $\dfrac{a_1}{b_1} = 3$ 及 $\dfrac{c}{b_1} = 0.125$，由表 6-8 查得 $\lambda = 3$ 及 $\zeta = 0.998\,5$，则

$$A = \left[2\ln \frac{4b_1 \sin \frac{\pi c}{b_1}}{\pi d} + \lambda - \varphi \right] (1+\mu)$$

$$= \left[2\ln \frac{4 \times 300 \sin \frac{\pi}{8}}{243.5\pi} + 3 - 1.392 \right] (1+0.3) = 0.763\,6$$

$$B = (\zeta + \psi)(1-\mu) = (0.998\,5 + 0.532)(1-0.3) = 1.071\,4$$

$$K_x = \frac{1}{8\pi}(A+B) = \frac{1}{8\pi}(0.763\,6 + 1.071\,4) = 0.073$$

$$K_z = \frac{1}{8\pi}(A-B) = \frac{1}{8\pi}(0.763\,6 - 1.071\,4) = -0.012\,2$$

上翼缘板上表面的局部弯曲应力：

$$\sigma_x = -\frac{6K_xN}{\delta_1^2} = -\frac{6 \times 0.073 \times 27\,321}{10^2} = -119.7 \ (\text{MPa})$$

$$\sigma_z = -\frac{6K_zN}{\delta_1^2} = -\frac{6 \times (-0.012\,2) \times 27\,321}{10^2} = +20 \ (\text{MPa})$$

式中负号表示上翼缘板上表面的局部弯曲应力为压应力,正号表示为拉应力,而上翼缘板下表面的局部弯曲应力恰好与此符号相反。

由算例表明,采用半偏轨箱形梁 $c = 0.125b_1$,沿梁轴向的局部弯曲应力 σ_z 降下来了,在强度条件相同的情况下,可增大横向加劲肋的间距 a_1,而横向局部弯曲应力 σ_x 增加的不多,且上翼缘板上表面的 σ_z 变成拉应力,对强度也是有利的。

测试表明,按上述公式求得的计算值比实测值大 $20\% \sim 40\%$。因为上述公式是按四边简支的矩形板推导出来的,实际上翼缘板四边支承情况是介于简支与固支之间,因而着力点处的应力比计算值要小,偏于安全。

第七节　梁的拼接

起重机的主梁在下列情况下需要拼接。一种是受到运输或安装条件的限制,必须将梁分成几段来运输,然后在工地拼装成整个梁,这类拼接称为安装拼接。另一种是受到钢材供应规格的限制必须将钢材接长,这类拼接一般在工厂中进行,称为工厂拼接。

梁的工厂拼接位置由钢材供应规格决定,一般把翼缘板和腹板的接缝位置错开。供应钢板的最大宽度为 $4.8 \ \text{m}$。因此,板梁高度再大时,其腹板沿竖向由几块钢板拼成,这叫做腹板的纵向拼接。焊接梁腹板的纵向拼接通常采用对接正焊缝(图 6-37)。腹板的横向拼接比较多见,一般采用对接正焊缝[图 6-38(a)]。若用手工焊而焊接质量不能很好保证,可将接缝位置放在计算弯矩和剪力较小之处。图 6-38(b)所示用对接斜焊缝的做法因浪费钢材较多,很少采用。图 6-38(c)的做法是先做成对接正焊缝,再将部分焊缝表面磨到与被拼接的腹板齐平,然后贴上菱形拼接板并用角焊缝与腹板焊接。过去一度认为这样做可以加强对接正焊缝,但实践证明这种拼接制作复杂费事而效果并不好,在动力载荷作用下往往因应力集中而破坏较早。因此尽可能不采用这种补强办法。

焊接梁翼缘板的工厂拼接,一般也采用对接焊缝。

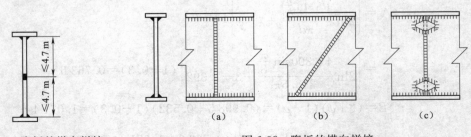

图 6-37　腹板的纵向拼接　　　　　　　　图 6-38　腹板的横向拼接

焊接梁的翼缘板和腹板的对接焊缝不允许处在同一截面,其间距不应小于 $200 \ \text{mm}$;横向加劲肋应离开与其平行的腹板对接焊缝,间距也不应小于 $200 \ \text{mm}$。焊接梁的上、下翼缘板的拼接可放在同一截面中。

焊接梁翼缘板和腹板的安装拼接必须设置于同一截面中,但希望尽量离开应力较大的部位,其拼接位置由运输和安装条件决定。焊接梁的安装拼接目前多用高强度螺栓,其构造和计算方法详见第四章。

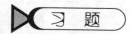 **题**

6-1　设计单梁桥式起重机偏轨箱形梁的截面尺寸,并求出梁的自重 G。已知起重量 $Q=200$ kN,跨度 $L=26$ m,小车重力 $G_{xc}=80$ kN,小车轴距 $b=2$ m,动力系数 $\Phi_1=1.1$,$\Phi_2=1.15$,主梁材料 Q235,工作级别 E6。

6-2　起重机主梁采用焊接工字形截面,如图 6-39 所示。已知小车轮压 $P_1=P_2=30$ kN,小车轴距 $b=1.4$ m,跨度 $L=10$ m,主梁自重均布载荷 $q=0.8$ kN/m,许用挠度 $[f]=\dfrac{L}{700}$,主梁材料 Q235,不计动力系数,试验算梁的强度、刚度及整体稳定,若计算结果不满足要求可采取什么措施?

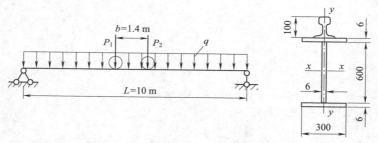

图 6-39　习题 6-2 用图

6-3　某桥式起重机主梁采用焊接箱形截面,如图 6-40 所示。已知小车静轮压 $P_{1j}=P_{2j}=70$ kN,考虑动载荷后的小车轮压 $P_1=P_2=80$ kN,主梁自重均布载荷 $q=5$ kN/m,主梁承受扭矩 $M_n=80$ kN·m,小车轴距 $b=2$ m,跨度 $L=31.5$ m,弹性嵌固系数 $\chi=1.15$,主梁材料 Q235,试合理布置横向及纵向加劲肋,并验算腹板、翼缘板受力最大区格的局部稳定。

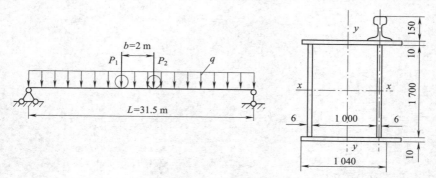

图 6-40　习题 6-3 用图

6-4　某焊接工字梁翼缘焊缝用 E50 型焊条手工焊接,计算截面剪力 $Q=500$ kN,轮压 $P=120$ kN,轨道为 80 mm×80 mm 的方钢,与翼缘板相焊,梁截面如图 6-41 所示。梁材料 Q345 钢,$[\tau_h]=140$ MPa,试确定梁翼缘焊缝的焊脚尺寸 h_f。

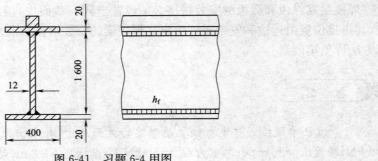

图 6-41　习题 6-4 用图

第七章 横向弯曲的格形构件——桁架

第一节 桁架的构造和分类

桁架是由许多杆件(角钢、槽钢、钢管等)彼此间按一定规律通过焊接、铆接或高强螺栓等连接方式组成的,能承受横向弯曲(桁架式柱除外)的空心梁,亦称格子形结构。桁架结构在起重运输机金属结构中应用十分广泛。常见的有:桁架式桥式起重机桁架主梁(图 7-1)、桁架式门式起重机主梁和支腿(图 7-2)、塔式起重机的塔身与臂架(图 7-3)和轮胎起重机的臂架等。桁架受外载后,杆件主要承受轴向力。设计时,通常按轴心受力构件计算,由于杆件截面上的应力分布是均匀的,因而材料能充分利用。桁架结构与板梁结构相比,具有重量轻,用料省、刚度大,迎风面小等优点。对于大跨度、小起重量的起重机,采用桁架结构比较经济。

桁架的构造如图 7-4 所示。空间桁架由主桁架、副桁架、上水平桁架和下水平桁架组成。几片桁架的共用杆件称为弦杆,弦杆有上弦杆和下弦杆之分。上弦杆常用"O_i"表示(i 是杆号,下同),下弦杆常用"U_i"表示。弦杆之间的所有杆件统称腹杆体系,倾斜的腹杆称为斜杆用"D_i"表示,竖直的腹杆称为竖杆,用"V_i"表示。

桁架上、下弦杆重心线之间的距离称为桁架的高度,用 h 表示。斜杆与弦杆之间的夹角叫倾角,用 α 表示。

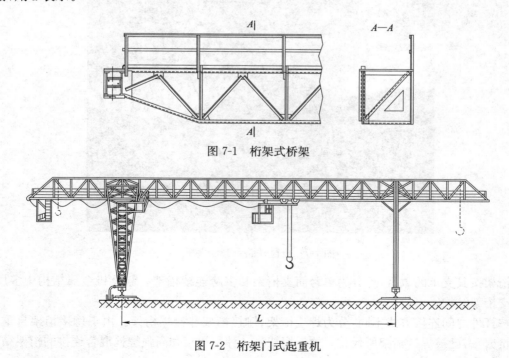

图 7-1 桁架式桥架

图 7-2 桁架门式起重机

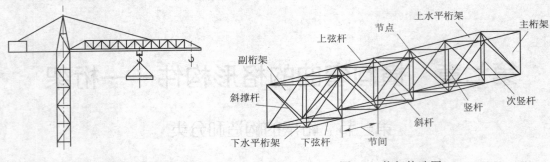

图 7-3 塔式起重机的塔身与臂架　　　　　　图 7-4 桁架构造图

　　桁架的种类很多,按其构造不同可分为轻型桁架和重型桁架。轻型桁架杆件的连接只用一块节点板或不用节点板,杆件通常是由单根型钢(或钢管)或两根型钢组成组合断面,如图 7-5 所示。重型桁架杆件断面多是双腹杆式,需要两块节点板,如图 7-6 所示。起重机金属结构常用轻型桁架。重型桁架多用于大型钢桥结构,例如成昆铁路的雅砻江大桥(图 7-7)。

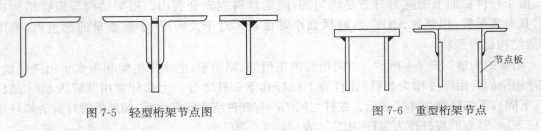

图 7-5 轻型桁架节点图　　　　　　　　　图 7-6 重型桁架节点

图 7-7 成昆铁路雅砻江大桥

　　桁架按其支承的数目,可分为单跨简支桁架和多跨连续桁架。起重机金属结构中多用单跨简支桁架结构。
　　按杆件之间连接方式不同,分为焊接桁架、铆接桁架和栓焊桁架。由于铆接桁架自重大,制造量繁重,已被焊接桁架所代替。栓焊桁架是一种用焊接和高强螺栓混合连接的桁架结构,便于制造、运输和安装,比较适用于起重量较大的起重机结构。

第二节 桁架的外形、腹杆体系和主要参数的确定

一、桁架的外形

设计桁架时,首先要解决的问题就是选择桁架的外形。桁架的外形取决于起重机的用途、载重小车的位置与形式、桁架的受力情况等。

在起重运输机械金属结构中,常用桁架的外形有以下几种类型。

平行弦桁架(图7-8)。它主要用于桥式起重机、门式起重机、装卸桥和连续输送机的金属结构。其优点是节点构造和腹杆可以标准化,相同类型杆件较多,制造方便。载重小车可直接沿铺设于上弦杆的轨道运行,不必另设承轨梁。

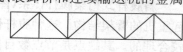

图7-8 平行弦桁架

下弦或上弦为折线形的桁架(图7-9),其中图7-9(a)多用于桥式类型起重机的主桁架、副桁架和斜桁架,这种桁架自重较轻,且外形美观;图7-9(b)多用于塔式起重机的动臂结构。

三角形桁架(图7-10),适用于塔式起重机和悬臂式起重机的臂架结构和输送机的支架结构。这种桁架的外形比较符合结构的受力特点,因此显得比较轻巧。

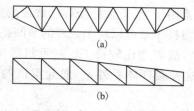

(a)

(b)

图7-9 折线形桁架

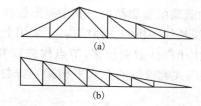

(a)

(b)

图7-10 三角形桁架

∏形桁架(图7-11)是由折线形和三角形桁架组成的复杂桁架,适用于门式起重机的支腿和马鞍结构。

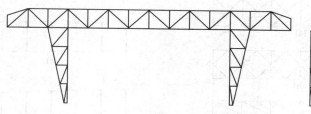

图7-11 ∏形桁架

二、桁架的腹杆体系

桁架的腹杆主要承受剪力。正确选择腹杆体系可减少桁架的自重、制造量,并使桁架造型美观。腹杆布置应使杆件受力合理,材料能充分利用,节点构造简单。为减少制造量,应使腹杆的数目、总长度和节点数目尽量少,而同一形式的杆件和节点尽量多。

三角形腹杆体系(图7-12)应用极为广泛,多用于承受垂直载荷作用的金属结构。当桁架

受力较小时,三角形腹杆体系可不带竖杆[图 7-12(a)];桁架受力较大,为缩短弦杆的节间长度,可用带竖杆和次竖杆的三角形腹杆体系[图 7-12(b)]。对三角形腹杆体系的桁架,斜杆与弦杆的夹角一般在 35°~55°之间。

再分式桁架腹杆体系(图 7-13)常用于大跨度、大起重量的起重机桁架。当桁架跨度较大时,桁架高度亦随之增加,此时如仍采用三角形腹杆体系,上弦杆的节间距离就过大,当载重小车的轮压作用于上弦杆节中时,将会引起很大的局部弯曲。为减小轮压的局部弯曲影响,宜采用再分式桁架腹杆体系。

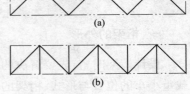

图 7-12 三角形腹杆体系

斜腹杆式桁架腹杆体系(图 7-14)用于斜腹杆受拉的起重机金属结构,如悬臂起重机、塔式起重机的臂架结构。这种腹杆体系由于使所有的斜杆承受拉力,故从斜腹杆的受力来说是比较合理的。其缺点是节点数目比三角形腹杆体系要多,所以制造比较费工。

图 7-13 再分式桁架腹杆体系

图 7-14 斜腹杆体系

十字形腹杆体系[图 7-15(a)]、菱形腹杆体系[图 7-15(b)]和 K 形腹杆体系[图 7-15(c)]多用于受双向载荷的金属结构。其中菱形腹杆体系用于上、下弦杆受移动载荷的结构(如南京长江一桥、武汉长江一桥的主体结构)。采用上述腹杆体系可以减小弦杆的节间距离和竖杆的计算长度,但由于杆件数量较多,节点构造较复杂,故制造比较费工。起重机除抗风撑架(如Π形双梁桁架门式起重机的上水平桁架)有时用这种腹杆体系外,一般起重机的结构中很少采用。

空腹腹杆体系(图 7-16)是一种无斜杆体系,其相同类型节点多,杆件数目少,自重较小。由于节点需承受弯矩,故节点的构造比一般桁架节点构造要复杂。这种腹杆体系多用于桥式类型起重机主桁架和回转类型起重机的臂架。

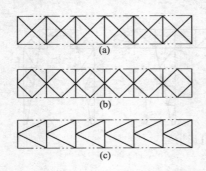

图 7-15 十字形、菱形、K 形腹杆体系
(a)十字形;(b)菱形;(c)K 形。

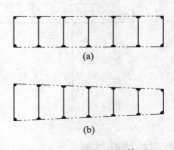

图 7-16 空腹腹杆体系

三、桁架主要参数的确定

桁架的主要参数有:桁架的计算高度 h、桁架的跨度 L、桁架的自重 q、桁架的节间数目和

节间长度等。

桁架的高度通常由刚度条件确定。

单跨简支、三角形腹杆体系的平面桁架跨中挠度可参照与梁类似的公式计算：

$$f = \frac{5}{384} \times \frac{qL^4}{EI_z} \tag{7-1}$$

式中　q——将桁架折算为梁的均布自重载荷(N/mm)，只考虑移动载荷作用时 $q = \frac{8M_2}{L^2}$；

其中　M_2——将桁架视为梁，在动载荷作用下，跨中的最大弯矩(N·mm)；

L——梁的跨度(mm)；

I_z——将桁架折算为梁，跨中截面的折算惯性矩(mm⁴)，其值为

$$I_z = \frac{A_s A_x h^2}{\mu(A_s + A_x)} \tag{7-2}$$

其中　A_s、A_x——桁架上、下弦杆的截面面积(mm²)，

μ——折算系数，对常用桁架 $\mu = 1.2 \sim 1.5$。

桁架上、下弦杆的截面面积可近似地取为

$$A_x = \frac{M_{max}}{h[\sigma]'} = \frac{\Phi_i M_1 + \Phi_j M_2}{h[\sigma]'} \tag{7-3}$$

$$A_s = 1.3 A_x \tag{7-4}$$

式中　Φ_i、Φ_j——动力系数，根据载荷组合确定。Φ_i 可取起升冲击系数 Φ_1 或运行冲击系数 Φ_4；Φ_j 可取起升动载系数 Φ_2、突然卸载冲击系数 Φ_3 或 Φ_4；

M_1——固定载荷引起的桁架跨中弯矩(N·mm)；

$[\sigma]'$——按载荷组合 B 的许用应力确定的设计应力。

将式(7-3)和式(7-4)代入式(7-2)得

$$I_z = \frac{(\Phi_i M_1 + \Phi_j M_2)^2 \times 1.3 h^2}{\mu h^2 ([\sigma]')^2 \left(\frac{\Phi_i M_1 + \Phi_j M_2}{h[\sigma]'}\right) \times 2.3} = \frac{1.3}{\mu \times 2.3} \times \frac{(\Phi_i M_1 + \Phi_j M_2) h^2}{h \times [\sigma]'}$$

取 $\mu = 1.3$，代入上式得

$$I_z = 0.435 \times \frac{\Phi_i M_1 + \Phi_j M_2}{[\sigma]'} h \tag{7-5}$$

将 q 及 I_z 代入式(7-1)得

$$f = \frac{5}{384} \times \frac{\frac{8M_2}{L^2} L^4}{E \times 0.435 \times \frac{\Phi_i M_1 + \Phi_j M_2}{[\sigma]'} h}$$

$$f = 0.24 \times \frac{M_2 L^2 [\sigma]'}{Eh(\Phi_i M_1 + \Phi_j M_2)} \leq [f] \tag{7-6}$$

令 $\alpha = \frac{M_1}{M_2} \Phi_i + \Phi_j$，则桁架的高度 h 为

$$\frac{h}{L} \geq 0.24 \left[\frac{L}{f}\right] \frac{[\sigma]'}{E} \frac{1}{\alpha} \tag{7-7}$$

对 Q235 钢制造的桁架，根据设计经验，$[\sigma]'$ 可取 100 MPa。对常用起重机：$\left[\frac{L}{f}\right] = 800$，$E =$

2.06×10^5 MPa,代入式(7-7)：

$$\frac{h}{L} \geq 0.24 \times 800 \times \frac{100}{2.06 \times 10^5} \times \frac{1}{\alpha} = \frac{0.09}{\alpha}$$

即

$$h \geq \frac{9}{100\alpha} L \qquad (7-8)$$

参照现有的起重机系列设计，对常用的桥式类型起重机，桁架跨中高度 h 可在下列范围内选取：

$$h \geq \left(\frac{1}{15} \sim \frac{1}{12}\right) L \qquad (7-9)$$

对带悬臂的门式起重机，悬臂部分的桁架高度取与跨中相同的高度。

桁架的跨度 L 取决于支承之间的距离及支承的结构形式。对于定型产品（或新产品）设计，跨度应采用国家标准系列跨度数据。对于单机设计，应根据现场需要或从重量最轻的原则确定最合理的跨度。

桁架的重量为弦杆与腹杆重量之和。对两端简支的桁架，在设计之初可按下列方法确定桁架自重：

上弦杆单位长度重量为

$$q_s = A_s \gamma \Psi_x = 1.3 A_x \gamma \Psi_x = 1.3 \times \frac{\Phi_i M_1 + \Phi_j M_2}{h[\sigma]'} \gamma \Psi_x \qquad (7-10)$$

式中　γ——材料的容重（kg/mm³）；

　　Ψ_x——弦杆的构造系数（考虑节点板及拼接板的重量），$\Psi_x = 1.1 \sim 1.3$。

其余符号的意义同式(7-2)和式(7-3)。

下弦杆单位长度的重量为

$$q_x = A_x \gamma \Psi_x = \frac{\Phi_i M_1 + \Phi_j M_2}{h[\sigma]'} \gamma \Psi_x \qquad (7-11)$$

根据研究统计，起重运输机械的桁架中，全部腹杆（包括斜杆、竖杆）的重量约为弦杆总重量的 40%。因此，整个桁架重量可用下式表示：

$$q = q_s + q_x + 0.4(q_s + q_x) = 1.4(q_s + q_x) \qquad (7-12)$$

将式(7-10)和式(7-11)代入式(7-12)得

$$q = 1.4 \times 2.3 \times \frac{\Phi_i M_1 + \Phi_j M_2}{[\sigma]'h} \gamma \Psi_x = 3.22 \times \frac{M_2 \alpha}{[\sigma]'h} \gamma \Psi_x \qquad (7-13)$$

将桁架高度计算式(7-8)代入式(7-13)，即得桁架单位长度的重量：

$$q = \frac{3.22 \times M_2 \alpha}{\frac{0.09}{\alpha} L[\sigma]'} \gamma \Psi_x \qquad (7-14)$$

对 Q235 钢，取 $[\sigma]' = 100$ MPa 代入上式可得

$$q = 0.036 \alpha^2 M_2 \gamma \times \Psi_x / L \qquad (\text{kg/mm}) \qquad (7-15)$$

桁架自重也可以利用第三章介绍的重量计算公式确定。自重 q 最后仍应换算成节点载荷作用于桁架。

桁架节点之间的距离叫节间。节间的数目和长度的选择正确与否直接影响到桁架的重量。当桁架高度已定时，节间的大小常由腹杆的倾角所决定。为使桁架重量最轻、制造简化，三角形腹杆的最优倾角为 45°；斜腹杆式的最优倾角约为 35°。

节间长度 a 通常取为 $a=1.5\sim3.0\,\mathrm{m}$,最好使 $a\approx h$。

第三节 桁架的计算模型和设计计算步骤

一、桁架的计算模型

为简化桁架的计算工作,在计算桁架时,作了一些在实践中证明足够精确的计算假定,这些假定主要是:

(1)节点是光滑的铰节点。桁架各杆件焊接在节点板上[图 7-17(a)]或直接焊接起来[图 7-17(b)]。由于节点板具有较大的刚性,桁架受外载荷变形时,各杆件除产生轴向变形外,还产生弯曲变形(图 7-18),弯曲变形引起的应力称为次应力。对一般桁架,这种次应力比较小,只有当杆件比较粗短(即长细比较小)时,次应力才比较显著。而在通常的桁架中,杆件都属于细长杆类,所以计算桁架时忽略次应力的影响,即假定桁架各杆件之间是理想的铰接,节点是光滑的铰节点。

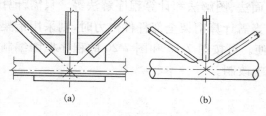

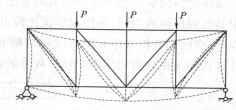

图 7-17 桁架节点 　　　　　　图 7-18 桁架杆件的弯曲变形

(2)空间桁架可分解成若干平面桁架来计算。在多数情况下,起重机中的桁架结构多组成空间体系共同承受外加载荷,如图 7-1 所示的四桁架式桥架就是由四片桁架组成的空间桁架。为了简化计算,通常把空间桁架分解成若干平面桁架来计算,而作用在空间桁架上的载荷按一定规则分配到各片桁架上。

(3)桁架杆件的重心线与其几何轴线重合,并认为平面桁架的所有杆件轴线位于同一平面内。

(4)外加载荷作用于桁架的节点上。可认为外加载荷不直接作用于桁架杆件,而是作用于桁架的节点上。这一假定不包括移动载荷(例如小车轮压)作用于节间引起的弦杆局部弯曲,该项局部弯矩应另行计算。

上述几方面的假定使桁架的杆件只承受轴向载荷,成为理想的轴心受拉或轴心受压杆件。

不过,采用有限元分析程序或桁架计算程序计算桁架杆件的内力时,应按有限元分析程序或桁架计算程序的建模要求进行。将实际桁架简化成为空间杆系结构承受固定和移动载荷,依不同工况计算各杆件的内力。

二、桁架设计计算步骤

桁架设计计算的主要内容包括:
(1)根据使用要求及受力特点选择桁架外形,并确定桁架腹杆体系。
(2)确定桁架的主要参数和尺寸:桁架的高度 h、桁架的自重和桁架的节间长度 a。

(3)分析并确定桁架的计算简图。

(4)确定桁架各类杆件的计算长度和杆件的极限长细比(即最大的容许长细比)。

(5)根据桁架的外加载荷,用笔算法、图解法或计算机程序(利用有限元分析程序或桁架计算程序)计算桁架杆件的内力并列成内力表。

(6)设计桁架各杆件的断面。

(7)进行整体刚度计算。

(8)进行节点的构造设计并计算节点焊缝。

(9)绘制桁架的施工图。

第四节 桁架杆件的内力分析与计算

确定桁架的外形尺寸、腹杆体系和节间长度后,根据桁架的计算假定,可画出桁架的计算简图(建模)。将各种载荷组合作用于桁架,即可对桁架进行内力分析。

求固定载荷引起桁架杆件内力的方法有截面法、图解法和计算程序解法等。只需计算桁架中某几根杆件内力时,采用截面法比较方便;当需计算桁架全部杆件内力时,则采用桁架计算程序、有限元分析程序或图解法较准确和方便。可按图 7-19 和图 7-20 的程序框图编制桁架计算程序或在现有通用桁架计算程序的基础上改制。

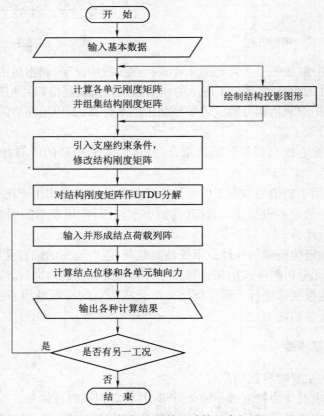

图 7-19 桁架按杆单元计算程序框图

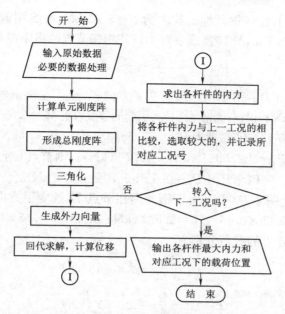

图 7-20 起重机桁架体系中杆件最大内力计算框图

当桁架具有结构对称、支座约束对称和载荷对称时,可只对其中有对称的部分建模和计算。这是由于相应的结构对称部分内力也对称。否则,应对全部桁架建模并计算。

求塔式起重机动臂由于起重钢丝绳的拉力引起桁架杆件的内力[图 7-21(a)]时,应首先根据拉力的偏心大小,确定桁架某几个节点的力矩。为了能计算出桁架内力,应将计算力矩转换成节点载荷。例如:

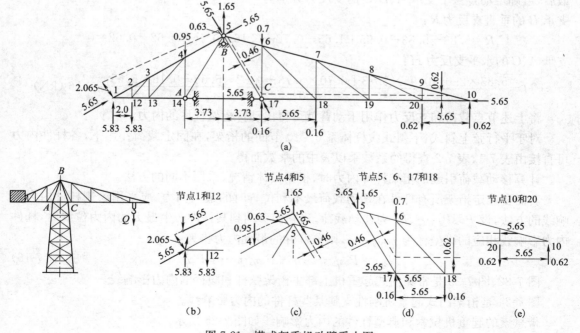

图 7-21 塔式起重机动臂受力图

节点 1[图 7-21(b)],已知钢丝绳的拉力为 $S=5.65$ kN,由 S 引起节点 1 的力矩为 $M=5.65×2.065=11.66$ kN·m,M 转换成节点 1 及其相邻节点的集中载荷为

$$P_1=\pm\frac{11.66}{2.0}=\pm5.83\,(kN)$$

节点 5[图 7-21(c)、(d)],由于钢丝绳改变了方向,节点 5 左侧钢丝绳拉力引起的力矩为 $M_1=5.65×0.63=3.56$ (kN·m);右侧钢丝绳拉力引起的节点力矩 $M_2=5.65×0.46=2.599$ (kN·m)。M_1 分配到节点 4 和节点 5 上,节点载荷为 $P_2=\pm3.56/3.73=\pm0.95$ (kN);M_2 分配到节点 5 和节点 6 上,节点载荷为 $P_3=\pm2.599/3.73=\pm0.70$ (kN)。则节点 5 上总的节点载荷为

$$P_4=P_2+P_3=0.95+0.70=1.65\,(kN)$$

节点 17 和节点 18[图 7-21(d)],由于钢丝绳在节点 17 改变了方向,所以,应求出作用于节点 17 上的力矩 $M_3=5.65×0.46=M_2=2.599$ (kN·m),$M_4=5.65×0.62=3.503$ (kN·m)。将 M_3 和 M_4 转换到节点上的载荷分别为

$$P_5=\pm\frac{M_3}{5.65}=\pm0.46\,(kN)$$

$$P_6=\pm\frac{M_4}{5.65}=\pm0.62\,(kN)$$

在节点 17 和节点 18 上,P_5 和 P_6 进行叠加,可得作用于这两个节点上的载荷为

$$P_7=\pm(0.62-0.46)=\pm0.16\,(kN)$$

同理,可求出节点 10[图 7-21(e)]由于钢丝绳拉力引起的力矩,并将力矩转换成节点 10 和节点 20 的节点载荷:

$$P_8=\pm\frac{5.65×0.62}{5.65}=\pm0.62\,(kN)$$

最后,可确定动臂三个支承 A、B、C 的支反力分别为
支承 B 的垂直支反力 R:

$$R=5.83-5.83-0.95+1.65-0.70+0.16-0.16+0.62-0.62=0$$

支承 A、C 的水平支反力 H:

$$\pm H=\frac{5.83×2.0-0.95×3.73+0.70×3.73-0.62×5.65+0.16×5.65}{7.0}=1.16\,(kN)$$

将上述节点载荷和支反力作用于动臂就可得出动臂桁架杆件的内力。

对于平行弦上斜式、下斜式腹杆体系 6~10 节间的桁架,在固定载荷作用下,各杆件内力可直接由表 7-1、表 7-2 查得的系数乘以表中的乘数而得。

计算移动载荷引起的桁架杆件内力时,根据具体情况,采用不同的方法。

若需要确定桁架所有杆件在移动载荷最不利位置时的最大内力,应采用绘制杆件内力影响线的方法,设 P_1,P_2,…,P_n 为移动载荷,当它们移动到某杆件产生最大的内力位置时,杆件内力影响线相应的纵坐标为 η_1,η_2,…,则该杆件的最大内力将为

$$N_{max}=P_1\eta_1+P_2\eta_2+P_3\eta_3+\cdots+P_n\eta_n \tag{7-16}$$

图 7-22、图 7-23 是常见门式起重机上部主桁架弦杆和腹杆的内力影响线。

图 7-24 是桁架门式起重机刚性支腿某些杆件的内力影响线。

带悬索的起重机拉索和典型杆件的内力影响线如图 7-25 所示。

利用影响线可同时求固定载荷和移动载荷作用下桁架杆件的内力。固定载荷引起桁架杆

件的内力可用下式计算:

$$N_q = q\omega \tag{7-17}$$

式中　q——固定载荷集度;

　　　ω——杆件内力影响线所包围的面积。

表 7-1　平行弦上斜式腹杆体系桁架杆件内力计算结果表

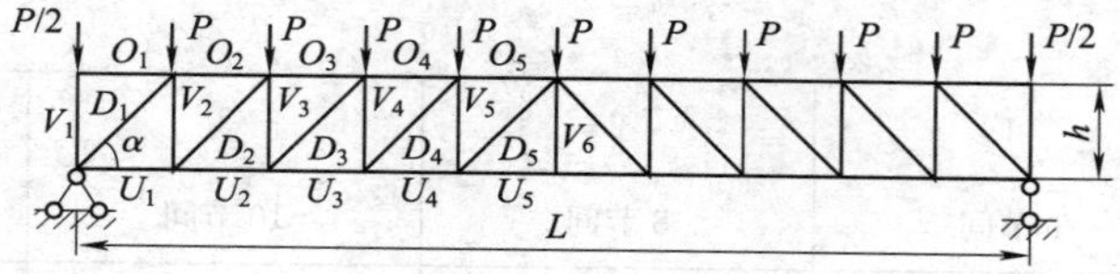

杆号	1	2	3	乘数
	6 节间	8 节间	10 节间	
O_1	0	0	0	
O_2	−2.5	−3.5	−4.5	
O_3	−4.0	−6.0	−8.5	$P\cot\alpha$
O_4	—	−7.5	−10.5	
O_5	—	—	−12.0	
U_1	2.5	3.5	4.5	
U_2	4.0	6.0	8.0	
U_3	4.5	7.5	10.5	$P\cot\alpha$
U_4		8.0	12.0	
U_5	—	—	12.5	
D_1	−2.5	−3.5	−4.5	
D_2	−1.5	−2.5	−3.5	
D_3	−0.5	−1.5	−2.5	$\dfrac{P}{\sin\alpha}$
D_4	—	−0.5	−1.5	
D_5	—	—	−0.5	
V_1	−0.5	−0.5	−0.5	
V_2	1.5	2.5	3.5	
V_3	0.5	1.5	2.5	
V_4	0	0.5	1.5	P
V_5	—	0	0.5	
V_6	—	—	0	

表 7-2 平行弦下斜式腹杆体系桁架杆件内力计算结果表

杆号	1	2	3	乘数
	6 节间	8 节间	10 节间	
O_1	−2.5	−3.5	−4.5	
O_2	−4.0	−6.0	−8.5	
O_3	−4.5	−7.5	−10.5	$P\cot\alpha$
O_4	—	−8.0	−12.0	
O_5	—	—	−12.5	
U_1	0	0	0	
U_2	2.5	3.5	4.5	
U_3	4.0	6.0	8.0	$P\cot\alpha$
U_4	—	7.5	10.5	
U_5	—	—	12.0	
D_1	2.5	3.5	4.5	
D_2	1.5	2.5	3.5	
D_3	0.5	1.5	2.5	$\dfrac{P}{\sin\alpha}$
D_4	—	0.5	1.5	
D_5	—	—	0.5	
V_1	−3.0	−4.0	−5.0	
V_2	−2.5	−3.5	−4.5	
V_3	−1.5	−2.5	−3.5	
V_4	−1.0	−1.5	−2.5	P
V_5	—	−1.0	−1.5	
V_6	—	—	−1.0	

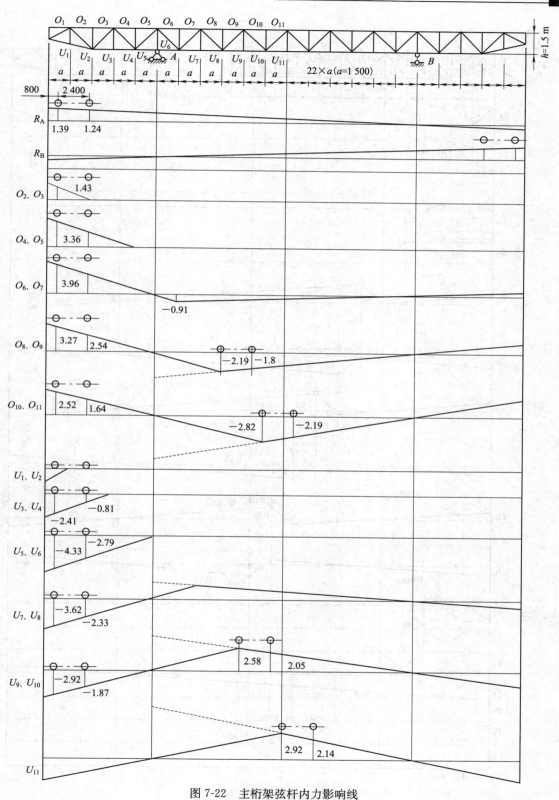

图 7-22　主桁架弦杆内力影响线

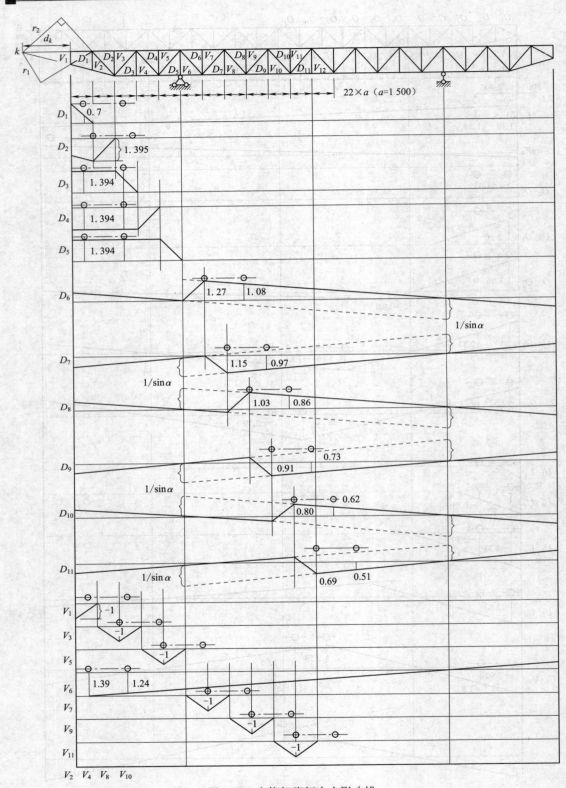

图 7-23 主桁架腹杆内力影响线

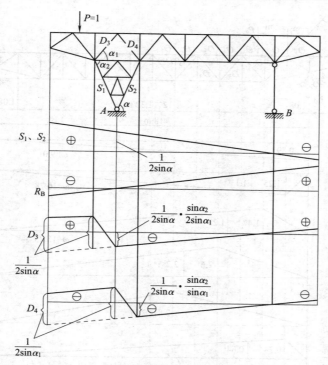

图 7-24　门式起重机支腿杆件内力影响线

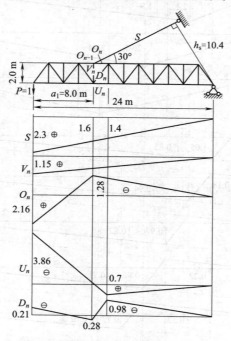

图 7-25　悬索起重机杆件内力影响线

图 7-26 为桥式起重机主桁架各类杆件的内力影响线,主桁架上弦杆作用有移动载荷 $P_1 = P_2 = 186$ kN,固定载荷集度为 $q = 2$ kN/m,利用影响线求各类杆件在移动载荷和固定载荷作用下的内力列于表 7-3。

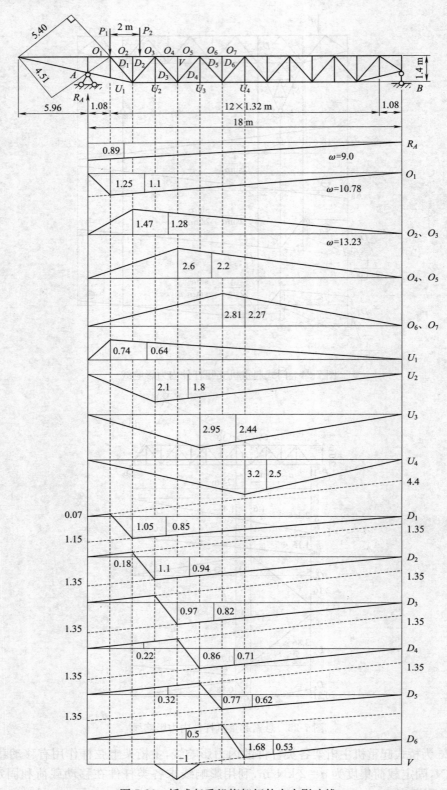

图 7-26　桥式起重机桁架杆件内力影响线

表 7-3 利用影响线求 q 及 P_1、P_2 引起桁架杆件内力表

杆件号	影响线面积 ω	正负号				内力(kN)			内力叠加(kN)	
		+		−		均布载荷 q	移动载荷 $P_1 = P_2$		+	−
		η_1	η_2	η_1	η_2		+	−		
O_1	−10.78			1.25	1.10	−21.56		−437.1		−455.86
O_2	−13.23			1.47	1.28	−26.46		−511.5		−537.96
O_3	−13.23			1.47	1.28	−26.46		−511.5		−537.96
O_4	−23.4			2.6	2.2	−46.80		−892.8		−939.6
O_5	−23.4			2.6	2.2	−46.80		−892.8		−939.6
O_6	−25.3			2.81	2.265	−50.60		−944		−994.6
O_7	−25.3			2.81	2.265	−50.60		−944		−994.6
U_1	6.48	0.72	0.635			12.96	252.0		264.96	
U_2	18.90	2.10	1.80			37.80	725.4		763.20	
U_3	26.55	2.95	2.44			53.10	1002.5		1056.56	
U_4	28.8	3.20	2.49			57.60	1058.3		1115.90	
D_1	−9.8			1.05	0.85	−19.60		−353.0		−373.00
D_2	−8.16			1.09	0.94	−16.32		−377.6		−393.92
D_3	−6.24			0.972	0.82	−12.48	110.66	−333.7		−346.18
D_4	−4.39	0.224	0.371	0.857	0.71	−8.78	147.30	−291.5		−300.28
D_5	−2.68	0.322	0.47	0.77	0.621	−5.36	184.50	−258.7		−264.06
D_6	−1.31	0.422	0.57	0.676	0.525	−2.62		−223.4		−226.00
V	−1.32			1.00		−2.62		−186		−188.64

桁架杆件内力计算可采用平面桁架计算程序或平面刚架计算程序由计算机完成。

桁架上弦杆或承轨梁[图 7-27(a)]直接受轮压作用时的局部弯曲力矩采用绘制多跨连续梁影响线的方法确定。多跨连续梁影响线的形状如图 7-27(b)所示。

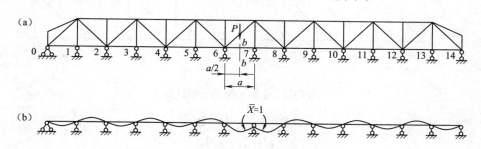

图 7-27 多跨连续梁支承 7 的弯矩影响线

主桁架上弦杆由轮压引起的局部弯曲力矩(图 7-28),可按下列公式近似计算:

节中弯矩
$$M_{jz} = +\frac{Pa}{6} \qquad (7\text{-}18)$$

节点弯矩
$$M_{jd} = -\frac{Pa}{12} \qquad (7\text{-}19)$$

式中　P——小车一个车轮的轮压；

　　　a——上弦杆节间长度。

桁架所有杆件的内力确定以后,常将各种载荷组合下杆件的内力分类,列成内力组合表。

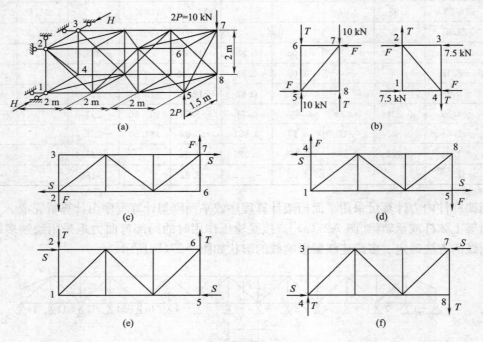

图 7-28　轮压引起的局部弯矩

二、空间桁架的受扭计算

起重运输机械金属结构中,常用杆系结构都是空间桁架。以上各节的分析中,为使计算简化,将空间桁架分解成平面桁架来研究,忽略了各片桁架之间的相互联系。在讨论空间桁架受扭时,应该考虑各片桁架之间的作用力。这些作用力就整个空间桁架而言是作用内力,但对所考虑的平面桁架来说就是作用外力了。空间桁架的受扭计算目前应用较多的是空间桁架计算程序解法和苏联的库德里亚切夫计算法。

图 7-29 是桁架门式起重机的悬臂桁架承受扭矩的计算简图。为求扭矩作用下各杆的内力,首先确定支座反力[图 7-29(b)]:

图 7-29　空间桁架的受扭计算

$$2P \times 1.5 = H \times 2.0$$
$$H = 7.5 \text{ kN}$$

分析图 7-29(b)~图 7-29(f)的六片平面桁架,利用相互作用力 T、F、S 使每片平面桁架形成平衡状态,可列出三个平衡方程式:

$$\left.\begin{array}{l} 10 \times 1.5 = F \times 2.0 + T \times 1.5 \\ F \times 6.0 = S \times 1.5 \\ T \times 6.0 = S \times 2.0 \end{array}\right\}$$

求解上述方程式得

$$\begin{cases} S=15 \text{ kN} \\ F=3.75 \text{ kN} \\ T=5 \text{ kN} \end{cases}$$

求得 S、F、T 值以后,可以用解析法计算出各平面桁架的杆件内力。

从以上分析可知,空间桁架的受扭计算可归纳为计算空间桁架的内部平衡力。库德里亚切夫方法中,内部平衡力的作用点的取法可有多种,但杆件内力计算结果相同。用计算机对相同结构进行计算,结果验证了上述方法的正确性。

第五节　桁架杆件的断面设计

一、桁架杆件断面选择的一般原则

为便于备料和制造,一片桁架中型钢的规格不要超过五种。如果型钢的品种需调整,多是以大代小,所导致的桁架重量增加通常不超过桁架总重量的3%。

如果起重机的跨度不太大或悬臂长度不太长,桁架弦杆内力差别不十分显著时,尽量不要改变弦杆的截面,以免增加制造工作量。

设计桁架时,应尽量选用肢宽壁薄的型钢,以增加杆件的刚度并减轻结构的自重。

根据《钢结构设计规范》(GB 50017—2003)的规定,桁架中的受力杆件所用角钢不小于∟ 50×50×5 或∟ 56×36×4;钢管的壁厚不小于 4 mm,板厚度不小于 5 mm,圆钢直径不小于 ϕ12。

设计桁架时,应注意尽量减少焊接工作量,焊缝布置力求合理,并考虑到焊接工艺。

用两根型钢组成组合截面杆件时,为保证其共同工作,在杆件的长度方向应设置垫板,如图 7-30 所示。

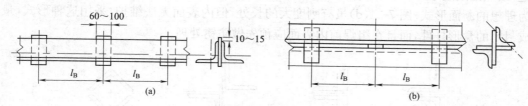

图 7-30　垫板的设置

垫板中心线之间的距离 l_B 为

压杆　　　　　　　　　　　　　$l_B \le 40 r_{min}$

拉杆　　　　　　　　　　　　　$l_B \le 80 r_{min}$

式中　r_{min}——一根型钢对自身轴的最小回转半径,如图 7-31 所示。

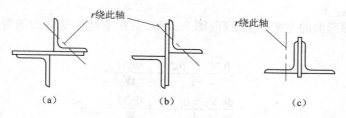

图 7-31　最小回转半径位置

垫板宽度常取 60~100 mm,为便于焊接,垫板应伸出型钢 10~15 mm。对需单独运送的杆件,沿杆长方向至少要设置两块垫板。

二、桁架各类杆件的常用断面形式和断面设计

主桁架上弦杆除承受轴向压力以外,还受小车轮压的局部弯曲作用,其常用的断面形式如图 7-32 所示。普通桁架的上弦杆可用单根型钢(角钢、槽钢、钢管等)制造。

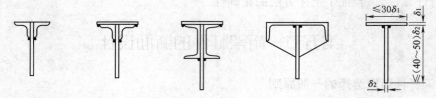

图 7-32 主桁架上弦杆的断面形式

主桁架下弦杆如图 7-33 所示。对于普通桁架的弦杆亦可用单根型钢制造。

图 7-33 主桁架下弦杆的断面形式

起重机常用桁架的腹杆多用两根角钢组成组合截面(图 7-34)。其中图 7-34(a)、(b)便于制造,缺点是刚度小,角钢的组合面不易维护;图 7-34(c)具有刚度好、维修方便等优点,是腹杆较为理想的断面形式;图 7-34(d)虽有刚度大的长处,但内表面无法维护,采用这种形式,最好焊成封闭的盒形杆件,而且在组焊前内表面应预先做防锈处理。

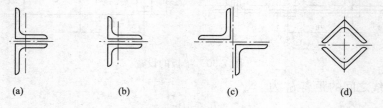

(a)　　　　　　(b)　　　　　　(c)　　　　　　(d)

图 7-34 桁架腹杆的断面形式

当杆件断面形式确定以后,对普通的轴心拉杆和轴心压杆可按第五章的理论和方法设计杆件断面。

对于受有局部弯曲的主桁架上弦杆[图 7-35(a)],在节间长度内为压弯杆(即偏心压杆),其强度表达式为

节中
$$\sigma_{max} = \frac{\Phi_i N_1 + \Phi_j N_2}{A} + \frac{\Phi_j M_{jz}}{W_{jz}} \leq [\sigma] \qquad (7-20)$$

节点
$$\sigma_{max} = \frac{\Phi_i N_1 + \Phi_j N_2}{A} + \frac{\Phi_j M_{jd}}{W_{jd}} \leq [\sigma] \qquad (7-21)$$

式中　N_1——固定载荷引起的杆件内力;

N_2——移动载荷引起的杆件内力；

M_{jz}、M_{jd}——上弦杆节中和节点的局部弯矩；

A、W_{jz}、W_{jd}——分别为上弦杆的截面面积、节中和节点的截面抗弯模量。

Φ_i、Φ_j 同式(7-3)。

常用 T 形截面的应力分布如图 7-35(b)所示。对节中，应计算截面上缘 1 点的应力，此时 $W_{jz}=I_x/l_1$；对节点，应计算截面下缘 2 点的应力，$W_{jd}=I_x/l_2$。I_x 为截面惯性矩。

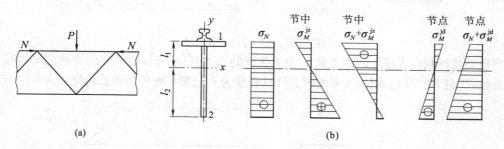

图 7-35　主桁架上弦杆受力及应力分布图

上弦杆的刚度计算式为

$$\lambda_x=\frac{l_x}{r_x}\leqslant[\lambda] \tag{7-22}$$

$$\lambda_y=\frac{l_y}{r_y}\leqslant[\lambda] \tag{7-23}$$

式中　l_x、l_y——桁架平面内和桁架平面外杆件的计算长度；

r_x、r_y——对 x 轴和 y 轴的截面回转半径，按下式计算：

$$r_x=\sqrt{\frac{I_x}{A}}, \quad r_y=\sqrt{\frac{I_y}{A}}$$

其中　I_x、I_y——截面对 x 轴和 y 轴的惯性矩，

A——上弦杆截面面积。

在节中局部弯矩 M_{jz} 作用下，上弦杆为单向压弯构件；若考虑小车及货物由于风载荷、惯性载荷等引起的水平方向局部弯矩 M_{jzy}，则上弦杆为双向压弯构件，应按下式或第五章式(5-80)计算其节间内的整体稳定性：

$$\sigma_{max}=\frac{\Phi_i N_1+\Phi_j N_2}{\varphi A}+\frac{\Phi_j M_{jz}}{W_{jz}}+\frac{M_{jzy}}{W_y}\leqslant[\sigma] \tag{7-24}$$

式中的 A、W_{jz} 和 W_y 应取上弦杆的毛截面面积、绕 x 轴和 y 轴的毛截面抗弯模量。轴压稳定系数 φ 含义同式(5-80)。

三、桁架杆件的计算长度与极限长细比

桁架受压杆件的计算长度与桁架的结构形式、构造、受力性质等有关。桁架杆件计算长度分为桁架平面内和桁架平面外，两者可能相等，也可能不等。

图 7-36(a)的主桁架，由于主桁架平面内的节间长度 l 和桁架平面外侧向支撑之间的距离 l_0 相等，故桁架平面内[图 7-36(b)]的计算长度等于桁架平面外的计算长度[图 7-36(c)]，即 $l_c=l=l_0$。

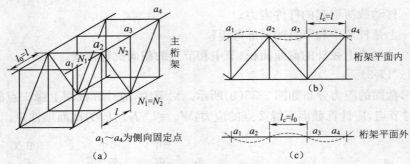

图 7-36　桁架杆件计算长度

当桁架弦杆侧向支撑之间的距离 l_0 大于弦杆的节间长度 l 时,如果侧向支承之间的相邻弦杆内力相同[图 7-37(b)],则桁架平面内的计算长度为 l,桁架平面外的计算长度为 $l_c=l_0=2l$。

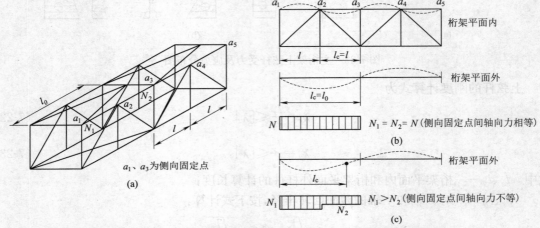

图 7-37　桁架侧向固定点之间轴力不等时杆件计算长度

当桁架弦杆侧向支撑之间的距离 l_0 大于弦杆的节间长度 l,且侧向支承之间的相邻弦杆内力不等($N_1>N_2$)时[图 7-37(c)],则桁架平面外的计算长度应按下式计算:

$$l_c=l_0\left(0.75+0.25\frac{N_2}{N_1}\right) \tag{7-25}$$

常见桁架杆件的计算长度列于表 7-4。

为保证桁架杆件有足够的刚度,避免因杆件过于细长给制造和运输带来困难,以及细长杆在动载荷作用下产生的振动周期过长,影响接头寿命等问题,桁架各类杆件的容许长细比[λ]应满足表 5-1 的要求。

表 7-4　桁架杆件的计算长度

杆件名称	杆件屈曲方向	
	桁架平面内	桁架平面外
弦杆	l	l_0
支承斜杆(竖杆)	l	l
其他腹杆	$0.8l$	l

注:表中 l 为节点之间的距离,l_0 为桁架平面外支撑间的距离。

第六节　桁架的节点设计

一、桁架节点设计的一般原则

所有被连接杆件的几何轴线应当汇交于一点。为制造方便,确定杆件轴线时,从角钢肢背到重心线的距离最好化整到 5 mm 的倍数。

为使杆件内力平顺地传到节点,符合桁架计算假定,节点焊缝的重心线应尽量与杆件重心线相重合。

为使节点紧凑且便于下料,节点板的形状应力求简单,最好做成矩形、梯形或菱形。

桁架腹杆杆端与弦杆之间应留有 15～20 mm 的间隙,一方面使组装时有调整的余地,另一方面可避免焊缝相交。腹杆角钢的肢背应朝上方,以免积尘。

节点板应伸出角钢肢背 10～15 mm,或凹进 5～10 mm,以便施焊(图 7-38)。

腹杆角钢的剪切面应与角钢轴线垂直[图 7-39(a)],亦可切去一部分[图 7-39(b)、(c)],图 7-39(d)的切法是不允许的。

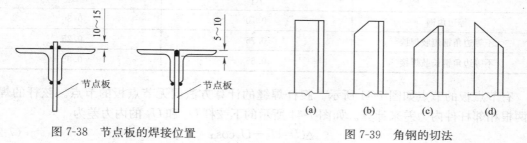

图 7-38　节点板的焊接位置　　　　　　图 7-39　角钢的切法

节点板是传力零件,为使其传力均匀,节点板不宜过小,其尺寸应根据节点连接杆件的焊缝长度而定。节点板的厚度 δ 则由腹杆的受力大小确定:当腹杆内力 $N<100$ kN 时,$\delta=$ 6 mm;100 kN$\leqslant N<$150 kN 时,$\delta=8$ mm;$N=150\sim300$ kN 时,$\delta=10\sim12$ mm;300 kN$<N\leqslant$ 400 kN 时,$\delta=12\sim14$ mm;$N>400$ kN 时,$\delta=16\sim18$ mm。

对同一片桁架,所有节点板通常取等厚。

二、节点焊缝的计算

常见节点分为无节点板的节点和有节点板的节点两种。这两种节点的焊缝都是贴角焊缝。

无节点板的节点用于弦杆与腹杆的连接有足够布置地方的情形,如 T 形截面的弦杆(图 7-40)。对这种节点,只需计算腹杆的连接焊缝。

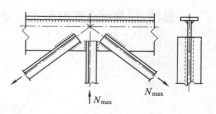

图 7-40　无节点板的节点

计算节点焊缝时,首先根据被连接杆件的厚度确定焊缝高度 h_f。h_f 不应大于被连接杆件的厚度,但不小于 4 mm。h_f 的推荐值列于表 7-5。

表 7-5　h_f 的推荐值

连接杆件最小厚度(mm)	4～8	9～14	15～25	26～40	>40
$h_{f\min}$(mm)	4	6	8	10	12

节点上被连接角钢的肢背和肢尖常取相同的焊缝高度,根据被连接杆件的轴向力 $N_{\max}$ 计算出一边角钢所需连接焊缝的总长度为

$$\sum l_{\mathrm{f}} = \frac{\frac{1}{2}N_{\max}}{0.7h_{\mathrm{f}}[\tau]_{\mathrm{h}}} \tag{7-26}$$

式中 $0.7h_{\mathrm{f}}$——焊缝的理论计算高度;

$[\tau_{\mathrm{h}}]$——焊缝剪切许用应力,见第四章表4-4。

将计算出的焊缝总长度按比例分配到角钢的肢背和肢尖:

肢背 $$l_{\mathrm{b}} = K_1 \sum l_{\mathrm{f}} + 10 \qquad (\mathrm{mm}) \tag{7-27}$$

肢尖 $$l_{\mathrm{j}} = K_2 \sum l_{\mathrm{f}} + 10 \qquad (\mathrm{mm}) \tag{7-28}$$

式中,K_1、K_2 为分配系数,见表7-6。

表 7-6   贴角焊缝肢背、肢尖焊缝长度分配系数

角钢类型	分配系数	
	K_1	K_2
等边角钢	0.70	0.30
不等边角钢短肢焊接	0.75	0.25
不等边角钢长肢焊接	0.65	0.35

有节点板的节点如图 7-41 所示。腹杆焊缝的计算方法同无节点板的节点。弦杆的焊缝由两根相邻杆件内力差来计算。如图 7-41 所示的下弦杆 U_2 和 U_1 的内力差为

$$\Delta U = U_2 - U_1 \cos\alpha \tag{7-29}$$

则一侧需要的焊缝总长度为

$$\sum l_{\mathrm{f}} = \frac{\frac{1}{2}\Delta U}{0.7h_{\mathrm{f}}[\tau_{\mathrm{h}}]} \tag{7-30}$$

$$l_1 = l_2 = K \sum l_{\mathrm{f}} = \frac{0.5\Delta U}{1.4h_{\mathrm{f}}[\tau_{\mathrm{h}}]} \tag{7-31}$$

显然,这种组合断面形式的分配系数 $K_1 = K_2 = 0.5$。

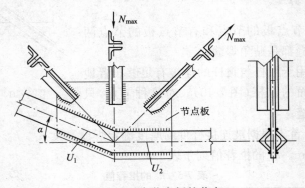

图 7-41   有节点板的节点

对于作用有集中力 P 的桁架上弦杆节点(图 7-42),弦杆与节点板的连接焊缝长度应近似

的按 P 和相邻两节间内力差的合力来计算,合力为

$$R=\sqrt{P^2+(O_2-O_1)^2} \tag{7-32}$$

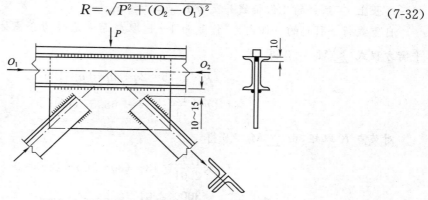

图 7-42　受集中力 P 的桁架上弦杆节点

则一侧需要的焊缝长度 l_f 为

$$l_f=\frac{\sqrt{P^2+(O_2-O_1)^2}}{1.4h_f[\tau_h]} \tag{7-33}$$

桁架的刚度计算和上拱设计详见第九章有关内容。

第七节　桁架算例

【例题 7-1】　在自重载荷和起升载荷(包括小车重量载荷)作用下,求图 7-43 所示悬臂桁架(由空间桁架分解为平面桁架)杆件 O_1、D_1 及 U_1 的内力,并选择其截面。桁架上、下弦杆由双角钢组成 T 形截面,腹杆由双角钢组成十字形截面。60 mm×60 mm 的方钢轨焊在上弦杆的上方。各节点设有水平支撑杆。自重节点载荷 $q=10$ kN,起升载荷 $P_1=100$ kN,$P_2=120$ kN;材料为 Q235B,$[\sigma]=175$ MPa,设计许用应力取:$[\sigma]'=100\sim120$ MPa。

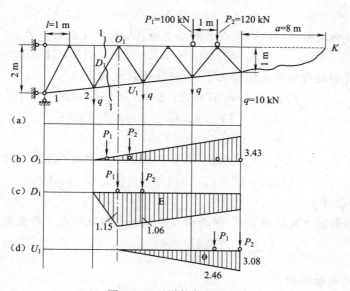

图 7-43　悬臂桁架的设计

【解】 (1)求杆件内力

延长上、下弦杆的几何轴线并交于 K 点，$a=8$ m。

自重载荷 q 引起的杆件内力：作截面 1—1，取截面之右作为分离体，对节点 2 取矩，写出平衡方程式 $\sum M_2=0$ 得

$$O_1 \times 1.75 = 2q+4q+6q = 12q$$

$$O_1 = \frac{12 \times 10}{1.75} = +68.57 \ (\text{kN})$$

对节点 K 取矩，由 $\sum M_K=0$ 得

$$-D_1 \times \frac{1.75}{2.01} \times 13 - (8q+10q+12q) = 0$$

$$D_1 = \frac{-300 \times 2.01}{1.75 \times 13} = -26.5 \ (\text{kN})$$

由 $\sum y=0$ 得

$$-3q + 26.5 \times \frac{1.75}{2.01} - U_1 \frac{1.75}{14.14} = 0$$

$$U_1 = -55.91 \ \text{kN}$$

下面计算小车轮压引起的杆件内力：作 O_1、D_1、U_1 的影响线，如图 7-43(b)、(c)、(d)所示。

①O_1 杆：由影响线图知，当 P_2 位于悬臂端点时，O_1 杆产生最大内力

$$O_1 = P_1 \times 2.86 + P_2 \times 3.43 = +697.6 \ (\text{kN})$$

当 P_1 位于 O_1 杆节中时，其内力及局部弯矩为

$$O_{1jz} = P_1 \times 0.28 + P_2 \times 0.85 = +130 \ (\text{kN})$$

$$M_{jz} = \frac{P_1 l}{6} = +16.67 \ (\text{kN} \cdot \text{m})$$

②D_1 杆：由影响线图形知，当 P_1 位于节点时，D_1 杆产生最大内力

$$D_{1max} = -(P_1 \times 1.15 + P_2 \times 1.06) = -242.2 \ (\text{kN})$$

③U_1 杆：由影响线图形知，当 P_2 在悬臂端点时，U_1 杆产生最大内力

$$U_{1max} = -(P_1 \times 2.46 + P_2 \times 3.08) = -615.5 \ (\text{kN})$$

④在自重载荷和起升载荷共同作用下，各杆件的最大内力为

$$O_{1max} = +68.57 + 697.6 = +766.17 \ (\text{kN})$$

及

$$\begin{cases} O_{1jz} = +130 + 68.57 = +198.57 \ (\text{kN}) \\ M_{jz} = +16.67 \ (\text{kN} \cdot \text{m}) \end{cases}$$

$$D_{1max} = -26.51 + (-242.2) = -268.7 \ (\text{kN})$$

$$U_{1max} = -55.65 - 615.5 = -671.15 \ (\text{kN})$$

(2)杆件断面设计

①O_1 杆：受轴向拉力及局部弯矩，断面由双角钢和方钢轨组成。所需截面面积为

$$A_x \geqslant \frac{O_{1max}}{[\sigma]'} = \frac{766.17 \times 10^3}{120} = 6\,384.75 \ (\text{mm}^2)$$

双角钢需要的截面面积为

$$A_{xj} = A_x - A_g = 6\,384.75 - 3\,600 = 2\,784.75 \ (\text{mm}^2)$$

式中，A_g 为轨道截面面积，$A_g = 3\,600\ \text{mm}^2$。

选用两根 $\llcorner 120 \times 120 \times 10$ 的角钢，$A_j = 2 \times 2\,330 = 4\,660\ (\text{mm}^2)$，比需要的 A_{xj} 大一些，是考虑上弦杆还承受局部弯矩。

上弦杆断面形式如图 7-44 所示。

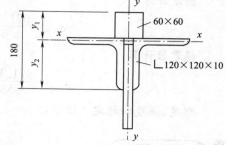

组合截面形心　$y_1 = 65.7\ \text{mm}$，$y_2 = 114.3\ \text{mm}$

截面惯性矩　$I_x = 1.553\,8 \times 10^7\ \text{mm}^4$

截面抗弯模量　$W_{x\min} = \dfrac{I_x}{y_2} = 1.359\,4 \times 10^5\ \text{mm}^3$

截面实际面积　$A = 8\,260\ \text{mm}^2$

强度计算：

只受轴向拉力时的最大应力为

图 7-44　上弦杆断面

$$\sigma_{\max} = \frac{O_{1\max}}{A} = \frac{766.17 \times 10^3}{8\,260} = 92.76\ (\text{MPa})$$

同时受轴向力和局部弯曲时的最大应力为

$$\sigma_{\max} = \frac{O_{1jz}}{A} + \frac{M_z}{W_{x\min}} = \frac{198.57 \times 10^3}{8\,260} + \frac{16.67 \times 10^6}{135\,940} = 142.67\ (\text{MPa})$$

强度通过。

②D_1 杆：D_1 杆为轴心压杆，最大内力为 $D_{1\max} = -268.71\ \text{kN}$

假定轴心压杆稳定系数 $\varphi = 0.8$，则杆件所需截面积为

$$A_x = \frac{D_{1\max}}{\varphi [\sigma]'} = \frac{268.71 \times 10^3}{0.8 \times 120} = 2\,799.06\ (\text{mm}^2)$$

选用两根 $\llcorner 80 \times 80 \times 10$ 的角钢，组成十字形截面，$h = b = 168\ \text{mm}$，$A = 2 \times 1\,510 = 3\,020\ (\text{mm}^2) > A_x$。

杆件计算长度　　　　　　$l_j = 2\,010\ \text{mm}$

截面回转半径　　　$r_x = r_y = 0.21b = 0.21 \times 168 = 35.28\ (\text{mm})$

杆件长细比　　$\lambda_x = \lambda_y = \dfrac{l_j}{r_x} = \dfrac{2\,010}{35.28} = 56.97 < [\lambda] = 200$

轴心压杆稳定系数　　　　$\varphi_x = \varphi_y = 0.823$

强度计算

$$\sigma_{\max} = \frac{268.71 \times 10^3}{3\,020} = 88.89\ (\text{MPa})$$

稳定性计算

$$\sigma_{\max} = \frac{268.71 \times 10^3}{0.823 \times 3\,020} = 108.11\ (\text{MPa}) < [\sigma]$$

刚度、强度和稳定性均通过。

③U_1 杆：$U_{1\max} = -671.15\ \text{kN}$，按轴心压杆设计。

假定 $\varphi = 0.8$，杆件所需断面为

$$A_x = \frac{U_{1\max}}{\varphi [\sigma]'} = \frac{671.15 \times 10^3}{0.8 \times 120} = 6\,991.15\ (\text{mm}^2)$$

选用两根 $\llcorner 130 \times 130 \times 14$ 的角钢组成 $\llcorner$ 形截面，$A = 6\,940\ \text{mm}^2$，$r_x = 39.6\ \text{mm}$。

刚度计算

$$\lambda_x = \frac{l_x}{r_x} = \frac{2\,010}{39.6} = 50.76 < [\lambda], \quad \varphi_x = 0.853$$

强度计算

$$\sigma_{\max} = \frac{671.15 \times 10^3}{6\,940} = 96.71 \text{ (MPa)} < [\sigma]$$

稳定性计算

$$\sigma_{\max} = \frac{671.15 \times 10^3}{0.853 \times 6\,940} = 113.37 \text{ (MPa)} < [\sigma]$$

刚度、强度和稳定性均通过。

习 题

7-1 确定起重量为 150/50 kN 桁架门式起重机主梁(主桁架)的高度和自重载荷。

已知:跨度 $L = 18$ m,小车轮压 $P_1 = P_2 = 65.3$ kN(包括动力系数)。起重机的工作级别:A6。大车运行速度为 0.75 m/s,固定节点载荷 $q = 3$ kN。

7-2 计算图 7-25 中各影响线纵标值。

7-3 起重量为 150/50 kN 的桁架门式起重机主桁架上弦杆的断面尺寸如图 7-45 所示,最大内力 $N_{\max} = -365\,150$ N,$M_{jz} = 1.635$ kN·m,$M_{jd} = -0.817$ kN·m,节间长度 $l_x = l_y = 1.5$ m,材料为 Q235B。验算其强度、刚度和稳定性。

斜杆承受的最大内力 $N_{\max} = -206$ kN,节间之间的距离为 2.16 m,试选择其断面。

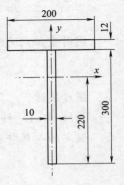

图 7-45 习题
7-3 用图

7-4 用桁架计算程序计算和设计悬臂输送机架金属结构的主桁架,各部分尺寸及载荷见图 7-46。机架由两片垂直主桁架和上、下水平桁架组成 800×600 mm 的矩形断面。每片主桁架作用有移动的均布载荷 $q = 5$ kN/m(计算时可视为固定载荷)。材料为 Q235B。

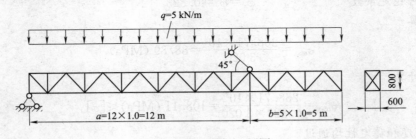

图 7-46 习题 7-4 用图

第三篇　铁路和港口常用 起重运输机金属结构的设计计算

第八章　偏轨箱形门式起重机的金属结构

门式起重机是提高装卸作业效率,减轻工人劳动强度,用途十分广泛的大型起重设备。在铁路货场装卸货物、在港口码头装卸集装箱、在水电站起吊大坝闸门、在建筑工地进行施工作业、在贮木场堆积木材等都得到了广泛的应用。由于要求和用途不同,门式起重机的参数、规格和结构形式也是各式各样的。目前,国内外生产的门式起重机以偏轨箱形门式起重机居多。

第一节　偏轨箱形门式起重机金属结构的形式

偏轨箱形门式起重机金属结构由主梁和支腿两大部分组成。所谓偏轨是指小车轨道置于主梁的主腹板上(亦称全偏轨)。若将轨道置于靠近主腹板内侧,则称为半偏轨或小偏轨。

一般用途的门式起重机应用最广,需求量最大,起重量一般都在 50 t 以下,目前最常用的起重量是 5～32 t。门式起重机的形式和构造繁多,如其小车有电葫芦、单轨小车或双轨小车;有的小车位于主梁上面,有的位于主梁内部,有的悬挂在主梁侧面或下面。根据 GB/T 14406—2011《通用门式起重机》,通用门式起重机的主要技术参数列于表 8-1。表 8-2 为吊钩门式起重机各机构工作速度优先采用的推荐值。

表 8-1　通用门式起重机主要技术参数系列值

参　数	优先采用的系列值	说　明
起重量系列(t)	3.2,5,6.3,8,10,12.5,16,20,25,32,40,50,63,80,100,125,140,160,200,250,280,320	单主梁吊钩式及电磁、抓斗门机的起重量≤50 t
跨度系列(m)	10,14,18,22,26,30,35,40,50,60	起重量>50 t 时,跨度≥18 m
有效悬臂长(m)	3.5($L=10\sim14$),3～6($L=18\sim26$),5～10($L=30\sim50$),6～15($L=40\sim60$)	括号内为对应跨度
起升高度(m)	12($Q\leqslant50$ t,$L=10\sim60$),11(50 t$<Q\leqslant125$ t,$L=18\sim60$),10(125 t$<Q\leqslant320$ t,$L=18\sim60$)	括号内为对应起重量及跨度
各机构工作速度(m/min)	0.63,0.8,1.0,1.25,1.6,2.0,2.5,3.2,4.0,5.0,6.3,8.0,10,12.5,16,20,25,32,40,50,56,63	

注:1. 当设有主、副钩时,起重量的匹配一般为 3:1～5:1。
　　2. 表中起升高度适用于吊钩门机。抓斗及电磁门机的起升高度见 GB/T 14406—2011。

表 8-2　吊钩门式起重机各机构工作速度推荐值　　　单位:m/min

起重量(t)	类别	工作级别	主钩起升速度	副钩起升速度	小车运行速度	起重机运行速度
≤50	高速	M7	6.3～16	10～20	40～63	50～63
	中速	M4～M6	5～12.5	8～16	32～50	32～50
	低速	M1～M3	2.5～8	6.3～12.5	10～25	10～20
>50～125	高速	M6	5～10	8～16	32～40	32～50
	中速	M4～M5	2.5～8	6.3～12.5	25～32	16～25
	低速	M1～M3	1.25～4	4～12.5	10～16	10～16
>125～320	中速	M4～M5	1.25～4	2.5～10	20～25	10～20
	低速	M1～M3	0.63～2	2～8	10～16	6～12

注:1. 在同一范围内的各种速度,具体值的大小应与起重量成反比,与工作级别和工作行程成正比。

2. 地面有线操纵起重机运行的速度按低速类别取值。

3. 抓斗、电磁等门机的工作速度见 GB/T 14406—2011。

按照主梁的数目门机可分为:单主梁门式起重机与双梁门式起重机。

一、单主梁门式起重机

单主梁门式起重机可分为带悬臂门式起重机与无悬臂门式起重机两类(图 8-1)。

1. 带悬臂的单主梁门式起重机[图 8-1(a)]

对于带悬臂的门式起重机,为使起吊的成件货物顺利通过支腿送到主梁的悬臂段,支腿做成倾斜或曲线形状。倾斜形支腿的门机称为 L 形单主梁门式起重机,曲线形支腿的称为 C 形单主梁门式起重机,C 形比 L 形有更大的过腿空间。L 形门式起重机主梁与支腿的连接在主梁的下方,C 形门式起重机主梁与支腿的连接在主梁的侧面。

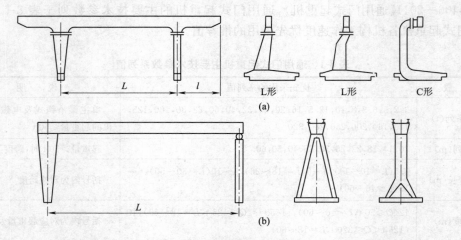

图 8-1　单主梁门式起重机

带悬臂单主梁门式起重机的主梁通常为箱形截面,起重小车采用侧向悬挂的方式,如图 8-2(a)及图 8-2(b)所示。图 8-2(a)称为二支点小车,图 8-2(b)称为三支点小车。吊重和小车自重偏心引起的倾覆力矩,对三支点小车由水平反滚轮承受,在起重量相同的情况下,这种小车垂直轮压比二支点小车小。因此三支点小车宜用于起重量 $Q=20\sim50$ t，二支点小车宜用于起重量 $Q=5\sim20$ t。

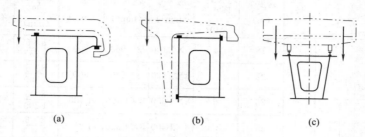

图 8-2　小车悬挂方式

带悬臂单主梁门式起重机主梁的截面尺寸见表 8-3。

铁路常用门式起重机通常都制成带双悬臂的形式。

单主梁门式起重机的支腿在门架平面视为上端固定，下端铰支的计算简图，为充分利用材料，故制成上大下小的形状；在支腿平面视为上端自由，下端固定的计算简图，从等强度的观点制成上小下大的形状。支腿的截面尺寸见表 8-4。

当跨度 $L<35$ m 时，两侧都制成刚性支腿，支腿在门架平面按一次超静定简图计算。当跨度 $L\geqslant35$ m 时，通常制成一侧刚性支腿、另一侧柔性支腿，使门架平面计算简图成为静定结构简图，从而可消除温度和吊重引起的横推力。柔性支腿可通过球铰与主梁连接，但因球铰制造安装复杂，现在很少用而改为螺栓连接或销轴连接。单主梁门式起重机柔性支腿的结构通常与刚性支腿相似，只是把柔性支腿做得单薄些，使它的柔性比刚性支腿的柔性大[图 8-1(a)]。

2. 无悬臂的单主梁门式起重机[图 8-1(b)]

图 8-1(b)所示的单主梁门式起重机主要用于造船，可以实现工件翻转和吊运等要求。当跨度 $L\geqslant35$ m 时，制成一刚一柔的支腿，由于没有过腿要求，支腿可制成直立的。小车在主梁上方运行，为不使主梁下翼缘板与起升钢丝绳相摩擦，主梁通常制成梯形截面[图 8-2(c)]。

表 8-3　L 形门式起重机偏轨箱形单主梁截面尺寸

吨位 符号 断面 组成 (t)	号	跨度 L (m)	有效悬臂长 l(m)	$\delta_3\times b_s$ (mm²)	$\delta_3\times b_x$ (mm²)	b_0 (mm)	$\dfrac{\delta_1\times\delta_2}{h_0}$ (mm)	h (mm)	I_x (mm⁴)
	5	18	4	6×940	6×810	750	$\dfrac{6\times6}{1\,000}$	1 012	3.66×10^9
		22	5	6×940	6×810	750	$\dfrac{6\times6}{1\,150}$	1 162	5.03×10^9
		26	6.5	6×1 190	6×1 060	1 000	$\dfrac{6\times6}{1\,350}$	1 362	8.66×10^9
		35	8.5	6×1 290	6×1 160	1 100	$\dfrac{8\times6}{1\,800}$	1 812	1.78×10^{10}
	10	18	4	6×1 030	6×860	800	$\dfrac{8\times6}{1\,200}$	1 212	8.36×10^9
		22	5	6×1 030	6×860	800	$\dfrac{8\times6}{1\,400}$	1 412	9.10×10^9
		26	6	6×1 280	6×1 110	1 050	$\dfrac{8\times6}{1\,550}$	1 562	1.31×10^{10}
		35	7.5	6×1 430	6×1 260	1 200	$\dfrac{8\times6}{1\,950}$	1 962	2.41×10^{10}

断面组成 符号 吨位(t)	跨度L (m)	有效悬臂长 l(m)	$\delta_3 \times b_s$ (mm²)	$\delta_3 \times b_x$ (mm²)	b_0 (mm)	$\dfrac{\delta_1 \times \delta_2}{h_0}$ (mm)	h (mm)	I_x (mm⁴)
15/3	18	4	8×1 100	8×960	900	$\dfrac{8\times6}{1\,350}$	1 366	1.05×10¹⁰
	22	5	8×1 100	8×960	900	$\dfrac{8\times6}{1\,500}$	1 516	1.33×10¹⁰
	26	6	8×1 300	8×1 160	1 100	$\dfrac{8\times6}{1\,700}$	1 716	2.00×10¹⁰
	35	7.5	8×1 400	8×1 310	1 250	$\dfrac{8\times6}{2\,100}$	2 116	3.49×10¹⁰
20/5	18	4	8×1 160	8×1 060	1 000	$\dfrac{8\times6}{1\,500}$	1 516	1.4×10¹⁰
	22	5	8×1 160	8×1 060	1 000	$\dfrac{8\times6}{1\,700}$	1 716	1.86×10¹⁰
	26	6	8×1 360	8×1 260	1 200	$\dfrac{8\times6}{1\,900}$	1 916	2.70×10¹⁰
	35	7	8×1 510	8×1 410	1 350	$\dfrac{8\times6}{2\,300}$	2 316	4.53×10¹⁰

表8-4 支腿及下横梁的截面尺寸

起重量(t)	起升高度(m)	跨度(m)	支腿长(m)	下横梁长(m) 附图	支腿上端截面		支腿下端截面		下横梁的最大截面	
					$\delta_1 \times b_s$	$\delta_2 \times c_s$	$\delta_1 \times b_x$	$\delta_2 \times c_x$	$\delta_1 \times h$	$\delta_2 \times c$
5	10	18	8.16	6	6×750	6×1 050	6×1 500	6×600	6×1 000	8×600
		22	8.20		6×750	6×1 200	6×1 500	6×600	6×1 000	8×600
		26	7.45	7	6×1 000	6×1 400	6×1 800	6×750	8×1 250	10×750
		35	7.13		6×1 100	6×1 850	6×1 800	6×750	8×1 250	10×750
10	10	18	8.3	7	6×800	6×1 250	6×1 800	6×750	8×1 250	10×750
		22	8.15		6×800	6×1 450	6×1 800	6×750	8×1 250	10×750
	11	26	8.82	7.5	6×1 050	6×1 600	6×2 000	6×900	8×1 400	12×900
		35	8.45		6×1 200	6×2 000	6×2 000	6×900	8×1 400	12×900
15/3	10	18	8.4	7	6×900	8×1 400	6×1 800	8×750	8×1 250	10×750
		22	8.25		6×900	8×1 550	6×1 800	8×750	8×1 250	10×750
	11	26	8.65	7.5	6×1 100	8×1 750	6×2 000	8×900	8×1 400	12×900
		35	8.3		6×1 250	8×2 150	6×2 000	8×900	8×1 400	12×900
20/5	10	18	8.25	7.5	8×1 000	8×1 550	8×2 000	8×900	8×1 400	12×900
		22	8.0		8×1 000	8×1 750	8×2 000	8×900	8×1 400	12×900
	11	26	8.5	8	8×1 200	8×1 950	8×2 200	8×1 000	8×1 500	12×1 000
		35	8.25		8×1 350	8×2 350	8×2 200	8×1 000	8×1 500	12×1 000

二、双梁门式起重机

带悬臂的双梁门式起重机可分为无马鞍与带马鞍双梁门式起重机两种,如图8-3所示。

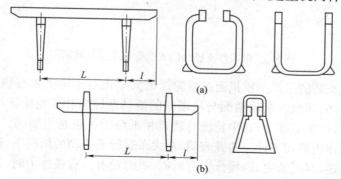

图8-3　双梁门式起重机

1. 无马鞍双梁门式起重机[图8-3(a)]

为了采用标准轨距的桥式起重机起重小车,同时使长大笨重货物过腿有较大的空间,把支腿制成曲线形状,称为O形双梁门式起重机。为使两根主梁在受载后不致向中间并,以免小车车轮出现卡轨现象,其O形支腿需做得粗壮些,同时连接主梁端部的端梁也应做得大些。

如果支腿做成直立形,称为U形双梁门式起重机。为了保证具有足够的过腿空间,则不能采用标准轨距的起重小车。由于支腿受力情况得到改善,支腿可以做得小些。

2. 带马鞍双梁门式起重机[图8-3(b)]

带马鞍双梁门式起重机主要靠马鞍防止两根主梁向中间并,其端梁也起辅助作用。支腿可以做得单薄些,这种形式起重机的支腿断面在门架平面及支腿平面都是上大下小。

三、偏轨箱形梁

小车运行轨道置于箱形梁的主腹板之上称为偏轨箱形梁,如图8-4(a)所示。偏轨箱形梁的优点在于省去了正轨箱形梁为支承轨道而设置的短横向加劲肋,从而也省去了大量焊缝,减少了制造过程中的焊接变形。因此,目前国内外生产的箱形门式起重机以偏轨箱形梁居多。但是,为了能在主腹板上方安置轨道和压板,须使上翼缘板的悬伸宽度加大,因而增加了为保证悬伸部分局部稳定性而设置的三角劲板。

近年来国内外普遍开始采用小偏轨箱形梁[图8-4(b)],小偏轨箱形梁既省去了短横向加劲肋,又取消了三角劲板,是一种比较有发展前途的结构形式。

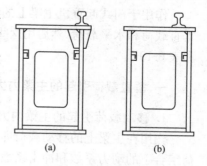

图8-4　偏轨箱形梁
(a)偏轨梁;(b)半(小)偏轨梁。

第二节　偏轨箱形主梁的内力分析

带柔性支腿的门式起重机在门架平面的计算简图是静定支承的刚架,如图8-5(a)所示,其主梁在垂直平面和水平平面均按两端简支的外伸梁计算内力,如图8-5(b)所示。

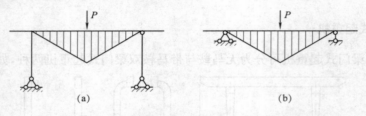

图 8-5　带柔性支腿的门式起重机主梁计算简图

具有两个刚性支腿的门式起重机通过双轮缘的大车走行车轮支承在轨道上,轨道侧面与轮缘有 20～30 mm 的间隙。车轮踏面与轨道间的滑动摩擦力和车轮轮缘与轨道侧面相抵触共同形成侧向约束,产生横推力,其中轮缘与轨道相抵触的约束是主要的。为便于分析,轮轨间的滑动摩擦约束作用略而不计。实践表明,在大车运行或不动的情况下,轮缘与轨道侧面的相抵触情况时而出现,时而消失,即横推力有时有,有时没有。有横推力时,门架为一次超静定刚架,如图 8-6(a)所示;没有横推力时,门架为静定支承的刚架,如图 8-6(b)所示。由图 8-6(a)、(b)相比较可知,主梁按静定简图计算为最不利工况,如图 8-6(c)所示;支腿按一次超静定简图计算为最不利工况,如图 8-6(a)所示。

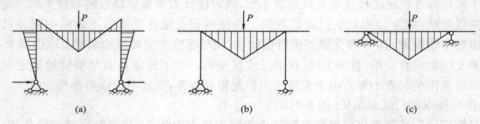

图 8-6　具有两个刚性支腿的门式起重机主梁计算简图

综上所述,主梁的最不利计算简图是按两端简支的外伸梁计算,不因其结构形式和支承情况而改变。

作用于门式起重机主梁上的计算载荷(常规载荷、偶然载荷和特殊载荷)可按其方向分为垂直载荷和水平载荷,然后用这些载荷计算主梁的相应内力。计算载荷的组合见第三章表 3-15和表 3-19。

一、垂直载荷引起的主梁内力

1. 移动载荷引起的主梁内力

作用在主梁上的移动载荷即小车自重和起升载荷引起的小车轮压,计算时,应考虑不同载荷组合下的动力系数和冲击系数。

一根主梁上总的小车轮压为

$$R = \frac{\Phi_i P_{xc} + \Phi_j P_Q}{n} \tag{8-1}$$

式中　n——主梁的根数,单主梁时 $n=1$,双主梁时 $n=2$;

　　P_{xc}——小车自重载荷;

　　P_Q——起升载荷;

　　Φ_i、Φ_j——动载系数,根据载荷组合确定。Φ_i 可取 Φ_1 或 Φ_4;Φ_j 可取 Φ_2、Φ_3 或 Φ_4(见第三章);

若小车在每根轨道上有两个车轮,计算轮压分别为 P_1 和 P_2。当 $P_1 > P_2$ 时,$R = P_1 + P_2$,R 距 P_1、P_2 的距离 $a_1 = \dfrac{P_2 b}{R}$ 和 $a_2 = \dfrac{P_1 b}{R}$;若 $P_1 = P_2$ 时,则 $a_1 = a_2 = \dfrac{b}{2}$,如图 8-7 所示。

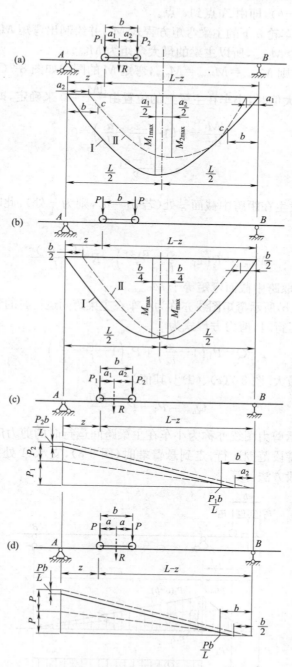

图 8-7 小车在主梁跨间运行时的弯矩、剪力广义影响线
(a)、(b)弯矩;(c)、(d)剪力。

在图 8-7(a)中,当小车在主梁跨间运行时,小车车轮 1 下的主梁弯矩方程式为

$$M_1 = Az = R\frac{L-z-a_1}{L}z \tag{8-2}$$

由式(8-2)可知，弯矩方程 M_1 是二次抛物线，于是可绘制出弯矩方程 M_1 的图线Ⅰ[图 8-7(a)]，有效区间为 $z=0 \sim (L-b)$，即由 A 点到 c 点。

同理也可列出小车车轮 2 下的主梁弯矩方程式 M_2，并绘制出弯矩 M_2 的图线Ⅱ[图 8-7(a)]。由于 $P_1 > P_2$，则 $M_{1max} > M_{2max}$，所以主梁的最大弯矩为 M_{1max}。

当 $P_1 = P_2 = P$ 时，则 $M_{1max} = M_{2max} = M_{max}$，弯矩 M 的图线如图 8-7(b)所示。

当弯矩 M_1 达到最大值时，小车在主梁上的位置由 $\dfrac{dM_1}{dz} = 0$ 来确定，即

$$\frac{dM_1}{dz} = R\left(1 - \frac{2z_1}{L} - \frac{a_1}{L}\right) = 0$$

则

$$z_1 = \frac{L-a_1}{2} \tag{8-3}$$

即主梁最大弯矩发生在距跨中截面 $\dfrac{a_1}{2}$ 处(若 $a_1 = a_2$，则为 $\dfrac{b}{4}$ 处)，此时轮压 P_1 作用点处的弯矩为

$$M_{1max} = R\left(z_1 - \frac{z_1^2}{L} - \frac{a_1 z_1}{L}\right) = R\frac{(L-a_1)^2}{4L} \tag{8-4}$$

为计算方便，近似取跨中截面弯矩等于 M_{1max}。

图 8-7(a)和图 8-7(b)所示弯矩图线亦称为小车在主梁跨间运行时的弯矩广义影响线。

小车在主梁跨间运行时，剪力方程式为

$$Q = P_1\left(1 - \frac{z}{L}\right) + P_2\left(1 - \frac{z}{L} - \frac{b}{L}\right) \tag{8-5}$$

当 $z=0$ 时，剪力最大[图 8-7(c)、(d)]，其值为

$$Q_{max} = P_1 + P_2 - \frac{P_2 b}{L} \tag{8-6}$$

图 8-7(c)、(d)所示剪力图线亦称为小车在主梁跨间运行时的剪力广义影响线。

当小车在主梁悬臂段范围运行，走到悬臂端时(图 8-8)，支承 A 处主梁截面内力最大，其求法按材料力学的一般方法计算。

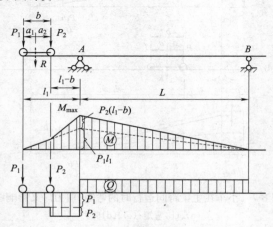

图 8-8 小车位于悬臂端时的弯矩及剪力图

支承 A 处弯矩为

$$M_{max}=P_1 l_1+P_2(l_1-b)\tag{8-7}$$

式中　l_1——P_1到支承 A 的距离。

支承 A 处剪力为

$$Q=P_1+P_2\tag{8-8}$$

2. 固定载荷引起的主梁内力

（1）均布固定载荷引起的主梁内力

主梁上的均布固定载荷即单主梁门式起重机桥架单位长度重量或双主梁门式起重机半个桥架的单位长度重量载荷：

$$q=\frac{\Phi_i P_G}{L_0}\tag{8-9}$$

式中　P_G——单主梁门机桥架重量或双主梁门机半个桥架的重量，其估算方法见第三章和第六章；

　　　L_0——主梁的总长度，包括跨间和悬臂段；

　　　Φ_i——冲击系数，同式(8-1)。

由均布固定载荷引起的主梁内力按表 8-5 的序号 1 计算。

（2）集中固定载荷引起的主梁内力

主梁上的集中固定载荷包括悬挂在主梁上的司机室重量 G_s（司机室悬挂于运行小车上时，视为移动载荷）和双主梁桥架端梁重量对主梁的作用力 G_d（作用于主梁的悬臂端），固定载荷应按载荷组合情况考虑冲击系数 Φ_1 或 Φ_4。由集中固定载荷引起的主梁内力可按表 8-5 的序号 2 和序号 3 计算。

二、水平载荷引起的主梁内力

1. 大车制动惯性力引起的主梁内力

当大车制动时，门式起重机金属结构各部分的大车制动惯性力为：桥架惯性力 q_H、司机室惯性力 P_{Hs}、端梁惯性力 P_{Hd}，有载小车惯性力 P_{1H} 和 P_{2H}。这些惯性力的计算详见第三章。

由大车制动惯性力的计算公式可以看出，将垂直载荷（不考虑冲击系数及动力系数）缩小同一比例 $\left(\Phi_5\frac{a}{g}\right)$ 便可得到相应的大车制动惯性力，其方向是将垂直载荷绕作用点旋转 90°使它在水平平面内作用于主梁。

鉴于上述分析可知，由大车制动惯性力引起的主梁内力同样可由垂直载荷的弯矩图及剪力图（图 8-7、图 8-8 和表 8-5 的图）缩小一个相同的比例 $\left(\Phi_5\frac{a}{g}\right)$ 并旋转 90°得到。同时将图 8-7、图 8-8 和表 8-5 所示弯矩及剪力计算式中的垂直载荷用相应的水平惯性力置换，便可得到主梁由水平惯性力引起的弯矩与剪力的计算式。

表 8-5　主梁由固定载荷引起的内力

序号	主梁的载荷图及内力图	支反力与剪力方程	弯矩方程和最大弯矩值
1		支反力： $R_A = R_B = \dfrac{qL_0}{2}$ 剪力方程： ①当 $z < l$ 时 $Q = -qz$ ②当 $(L+l) > z > l$ 时 $Q = q\left(\dfrac{L_0}{2} - z\right)$ l 为悬臂长度	弯矩方程： ①当 $z < l$ 时 $M = -\dfrac{qz^2}{2}$ ②当 $(L+l) > z > l$ 时 $M = -\dfrac{qL_0^2}{2}\left(\dfrac{l}{L_0} - \dfrac{z}{L_0} + \dfrac{z^2}{L_0^2}\right)$ 最大弯矩值： ①正弯矩 $M_{max} = \dfrac{qL_0}{8}(2L - L_0)$ ②负弯矩 $M_{max} = -\dfrac{ql^2}{2}$
2		支反力： $R_A = P_{cs}\dfrac{L-C}{L}$ $R_B = P_{cs}\dfrac{C}{L}$ 剪力方程： ①由点 A 至点 1 $Q = P_{cs}\dfrac{L-C}{L}$ ②由点 1 至点 B $Q = -P_{cs}\dfrac{C}{L}$	弯矩方程： ①由点 A 至点 1 $M = P_{cs}\dfrac{L-C}{L}z$ ②由点 1 至点 B $M = P_{cs}\dfrac{C}{L}(L-z)$ 最大弯矩值： $M_{max} = P_{cs}\dfrac{C(L-C)}{L}$
3		支反力： $R_A = R_B = P_d$ 剪力方程： ①由点 O 至点 A $Q = -P_d$ ②由点 B 至点 O_1 $Q = P_d$	弯矩方程： ①由点 O 至点 A $M = -P_d z$ ②由点 O_1 至 B $M = -P_d z_1$ 最大弯矩值（由点 A 至点 B）： $M_{max} = -P_d l$

2. 风载荷引起的主梁内力

　　门式起重机在露天工作必须考虑风载荷，计算主梁时仅考虑顺着大车轨道方向的风载荷。主梁承受的风载荷是由主梁迎风和小车及货物迎风引起的。主梁迎风产生的风载荷为水平的均布载荷 q_w；小车及货物迎风产生的风载荷为水平的移动集中载荷 P_{1w} 和 P_{2w}，它们的作用位置与小车轮压一致，只是方向相差 $90°$。

　　由风载荷引起的主梁内力图与图 8-7、图 8-8 及表 8-5 序号 1 图所示弯矩、剪力图相一致，并将这些图所示弯矩、剪力计算式中的垂直载荷 q、P_1、P_2 以相应的水平方向风载荷 q_w、P_{1w}、P_{2w} 置换，便成为主梁承受风载的内力计算式。

三、主梁承受的扭矩

1. 外扭矩的确定

当垂直载荷和水平载荷不通过主梁弯心时,使主梁发生扭转,主梁承受的扭矩为

$$M_n = M_{nc} + M_{ns} \tag{8-10}$$

图 8-9 为单主梁偏轨箱形梁在有载小车作用下的受力简图。O 点是主梁截面弯心,通过弯心的力只使主梁受弯。把主梁上的偏心外力 $\Phi_i P_{xc}$ 和 $\Phi_j P_Q$ 转化到截面弯心上[图 8-9(b)],并得到扭矩,其计算式如下:

$$M_{nc} = \Phi_i P_{xc}(B_1 + e) + \Phi_j P_Q(B_2 + e) \tag{8-11}$$

式中 B_1——小车重心至轨道中心之间的距离;

         B_2——吊钩中心至轨道中心之间的距离;

         e——主梁弯心至轨道中心之间的距离,若轨道在主腹板上方,可近似按下式计算:

$$e = \frac{\delta_2}{\delta_1 + \delta_2} b$$

     其中 δ_1——主腹板厚度,

            δ_2——副腹板厚度,

            b——两腹板中心线间距。

其他参数含义同式(8-1)。

双主梁偏轨箱形梁的扭矩按下式计算:

$$M_{nc} = R \cdot e \tag{8-12}$$

式中 R——一根主梁上的小车轮压;

         e——同式(8-11)。

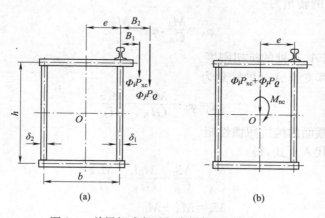

图 8-9   单梁门式起重机主梁扭矩计算简图

偏轨箱形梁在偏心水平载荷作用下引起的扭矩可近似地按下式计算:

$$M_{ns} = (R_H + R_w) \frac{h}{2} \tag{8-13}$$

式中 R_H——大车制动时,一根主梁上总的小车轮压引起的水平力;

         R_w——小车和货物风载荷引起的一根主梁上总的小车轮压水平力;

         h——主梁高度。

2. 扭矩在主梁上的分布

(1)起重小车在跨间

计算主梁各段所承受的扭矩,对于门式起重机必须考虑支腿刚度。在此仅按自由扭转的转角进行扭矩分配,而不考虑约束扭转所引起的角度变位影响(仅对闭口截面而言)。

由图 8-10,根据平衡条件有:

$$M_n = M_A + M_B$$

式中　M_n——外载荷引起的扭矩,$M_n = M_{nc} + M_{ns}$;

M_A、M_B——支腿 A、B 处的支反扭矩。

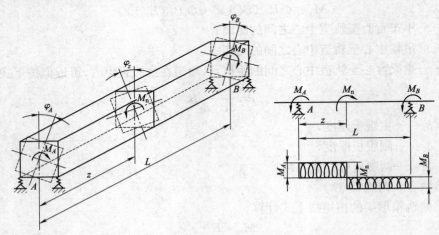

图 8-10　起重小车在跨间时主梁扭矩分布图

支腿 A、B 处梁的转角为

$$\varphi_A = \frac{M_A}{C_A}, \varphi_B = \frac{M_B}{C_B}$$

C_A 及 C_B 为支腿 A、B 处的抗扭刚度。

从主梁右边计算支腿 A 处的转角为

$$\varphi_A = \varphi_B + \frac{M_B L}{GI_K} - \frac{M_n z}{GI_K} \tag{8-14}$$

式中　I_K——主梁截面的纯抗扭惯性矩。

将 φ_A 及 φ_B 值代入上式,得

$$\begin{cases} \dfrac{M_A}{C_A} = \dfrac{M_B}{C_B} + \dfrac{M_B L}{GI_K} - \dfrac{M_n z}{GI_K} \\ M_n = M_A + M_B \end{cases}$$

由联立方程式可解得

$$\left. \begin{array}{l} M_A = \dfrac{\dfrac{1}{C_B} + \dfrac{L-z}{GI_K}}{\dfrac{1}{C_A} + \dfrac{1}{C_B} + \dfrac{L}{GI_K}} \cdot M_n \\ M_B = M_n - M_A \end{array} \right\} \tag{8-15}$$

如果门式起重机两条支腿的刚度很大$\left(\dfrac{1}{C_A} 及 \dfrac{1}{C_B} \approx 0 \right)$,则

$$M_A = \frac{L-z}{L} \cdot M_n$$
$$M_B = M_n - M_A = \frac{z}{L} \cdot M_n \quad\Bigg\}$$

$$\tag{8-16}$$

此时相当于主梁在支腿处为固定端支承情况。

若小车位于跨中,即 $z = \frac{L}{2}$,式(8-16)变为

$$M_A = M_B = \frac{M_n}{2} \tag{8-17}$$

如果支腿 A 的刚度较支腿 B 大得多(即 $\frac{1}{C_A} \approx 0$),例如一条刚性腿一条柔性腿属于这种情况,则

$$\left.\begin{array}{l} M_A \approx M_n \\ M_B \approx 0 \end{array}\right\} \tag{8-18}$$

若支腿 A 的刚度较支腿 B 小得多(即 $\frac{1}{C_A} \to \infty$),则

$$\left.\begin{array}{l} M_A \approx 0 \\ M_B \approx M_n \end{array}\right\} \tag{8-19}$$

(2)起重小车在悬臂端

由图 8-11,根据平衡条件有:

$$M_n = M_A + M_B$$

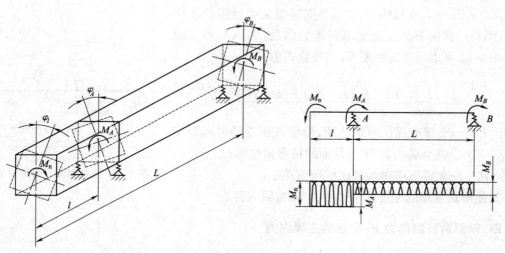

图 8-11　起重小车在悬臂端时主梁扭矩分布图

支腿 A 及 B 处的转角为

$$\varphi_A = \frac{M_A}{C_A}, \varphi_B = \frac{M_B}{C_B}$$

从主梁右边计算支腿 A 处转角

$$\varphi_A = \varphi_B + \frac{M_B L}{GI_K}$$

即
$$\begin{cases} \dfrac{M_A}{C_A} = \dfrac{M_B}{C_B} + \dfrac{M_B L}{GI_K} \\ M_n = M_A + M_B \end{cases}$$

则
$$\left. \begin{array}{l} M_A = \dfrac{\dfrac{1}{C_B} + \dfrac{L}{GI_K}}{\dfrac{1}{C_A} + \dfrac{1}{C_B} + \dfrac{L}{GI_K}} \cdot M_n \\[4mm] M_B = M_n - M_A \end{array} \right\} \tag{8-20}$$

如果支腿 A 的刚度较支腿 B 大得多 $(\dfrac{1}{C_A} \approx 0)$,则

$$\left. \begin{array}{l} M_A \approx M_n \\ M_B \approx 0 \end{array} \right\} \tag{8-21}$$

若支腿 A 的刚度较支腿 B 小得多 $(\dfrac{1}{C_A} \to \infty)$,则

$$\left. \begin{array}{l} M_A \approx 0 \\ M_B \approx M_n \end{array} \right\} \tag{8-22}$$

即主梁上的扭矩由刚性支腿承受,柔性支腿不承受。

另外从公式(8-20)可以看出,主梁悬臂长度 l 对扭矩在支腿 A 及 B 上的分配没有影响。

对于常用门式起重机而言,两条支腿刚度通常是相同的,即 $C_A = C_B = C$,支腿刚度 C 等于支腿与主梁连接处在单位扭矩 $M=1$ 作用下的支腿端部转角的倒数,例如 L 形支腿参照图 8-12 可求得支腿刚度 C ,其计算式为

$$C = \dfrac{E}{\dfrac{H}{I_t \sin\alpha} + \dfrac{B_1^2 - B_1(B - B_1) + (B - B_1)^2}{3 I_h B}} \tag{8-23}$$

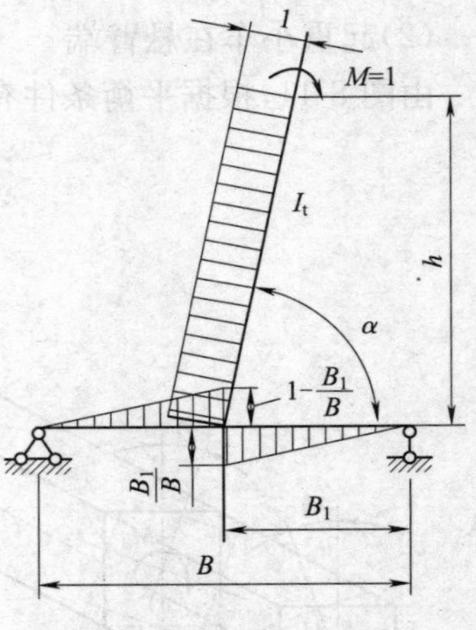

图 8-12 支腿刚度 C 计算简图

式中 I_t——支腿截面抗弯惯性矩,对变截面支腿可取距支腿小端 $0.72H$ 处截面的抗弯惯性矩;

         I_h——支腿下横梁的截面抗弯惯性矩。

其他形式支腿的刚度 C 可参照 L 形支腿求得。

四、偏斜运行侧向力 P_s 引起的主梁内力

P_s 引起的主梁内力的计算详见本章第五节表 8-7。

第三节 薄壁箱形梁的约束扭转和约束弯曲

一、薄壁箱形梁的约束扭转

1. 约束扭转正应力 $\sigma_{\hat{\omega}}$

偏轨箱形梁的起重小车轨道位于主腹板之上,由于小车轮压的偏心作用使主梁受扭。门

式起重机的主梁按两条支腿为铰支座的简支梁简图进行计算,由于跨中截面在扭矩作用下横截面不能自由翘曲,因此产生约束扭转正应力,其值按下式计算:

$$\sigma_{\hat\omega}=\frac{B\cdot\hat\omega}{I_{\hat\omega}} \tag{8-24}$$

式中　B——双力矩,与约束扭转正应力相对应的内力;

　　　$\hat\omega$——截面广义主扇性坐标;

　　　$I_{\hat\omega}$——广义主扇性惯性矩。

当小车位于有效悬臂端时,即小车位于简支外伸梁的端部,其支承处的弯矩最大,该截面恰是支腿支承处,即为铰支座的支承处,由于铰支座不影响横截面的自由翘曲,故该截面属于自由扭转。

(1)弯心坐标

梁受扭时,整个梁截面绕某一特定点旋转,该点称为弯心。当外力作用线通过该点时,梁只产生弯曲而不发生扭转。

在进行约束扭转计算时,不考虑箱形截面翼缘板悬伸部分,而以封闭的环形截面作为计算截面(图 8-13)。

在偏轨箱形梁中最常用的是具有相同板厚的翼缘板和不同板厚的腹板,如图 8-13(a)所示。翼缘板也可采用不同的板厚[图 8-13(b)],但是很少用。

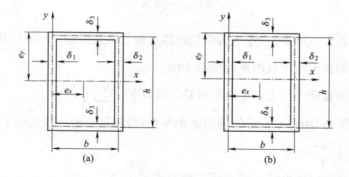

图 8-13　箱形截面简化成环形截面

对于翼缘板和腹板都采用不同板厚的箱形梁[图 8-13(b)],其弯心坐标按下式计算:

$$e_x=b\frac{(\alpha_1+\alpha_2)\{\beta[(2\eta\mu_1-3\mu_2)\alpha_2-\eta\mu_1\alpha_1]+6\eta\mu_2\mu_3[\alpha_1+(1+2\mu_1\mu_2)\alpha_2]\}}{2\beta[\mu_1(\eta+1)(\alpha_1^2-\alpha_1\alpha_2+\alpha_2^2)+3(\alpha_1^2\mu_3+\alpha_2^2\mu_2)]} \tag{8-25}$$

式中各参数根据下列各式确定:

$$\eta=\frac{\delta_2}{\delta_1},\mu_1=\frac{h}{b},\mu_2=\frac{\delta_3}{\delta_1},\mu_3=\frac{\delta_4}{\delta_1} \tag{8-26}$$

$$\left.\begin{array}{l}\alpha_1=\mu_2+\dfrac{\mu_1}{2}(\eta+1)\\[2mm]\alpha_2=\mu_3+\dfrac{\mu_1}{2}(\eta+1)\\[2mm]\beta=\eta(\mu_2+\mu_3)+\mu_1\mu_2\mu_3(\eta+1)\end{array}\right\} \tag{8-27}$$

如果在式(8-26)中 b 与 h 互换位置,并采用下列关系式:

$$\eta=\frac{\delta_4}{\delta_3},\mu_1=\frac{b}{h},\mu_2=\frac{\delta_2}{\delta_3},\mu_3=\frac{\delta_1}{\delta_3} \tag{8-28}$$

则公式(8-25)可用来确定弯心纵坐标 e_y。

最常用的是具有水平对称轴的箱形梁，即 $\delta_3=\delta_4$，如图 8-13(a)所示。这时从公式(8-26)及公式(8-27)得

$$\mu_3=\mu_2,\alpha_1=\alpha_2,\beta=2\eta\mu_2+\mu_1\mu_2^2(\eta+1) \tag{8-29}$$

将式(8-29)代入式(8-25)，得

$$e_x=b\frac{\beta(\eta\mu_1-3\mu_2)+12\eta\mu_2^2(1+\mu_1\mu_2)}{\beta[\mu_1(\eta+1)+6\mu_2]} \tag{8-30}$$

计算表明，弯心坐标 e_x 主要取决于 $\eta=\frac{\delta_2}{\delta_1}$ 值，而 $\mu_2=\frac{\delta_3}{\delta_1}$ 及 $\mu_1=\frac{h}{b}$ 的影响较小。故也可近似按下式计算：

$$e_x\approx\frac{\delta_2}{\delta_1+\delta_2}b \tag{8-31}$$

(2)闭口截面的几何性质

①广义主扇性坐标 $\hat{\omega}$

广义主扇性坐标 $\hat{\omega}$ 按下式计算：

$$\hat{\omega}=\omega-\frac{\omega_K}{S_K'}S' \tag{8-32}$$

式中　ω——以弯心为主极点，主零点为弧长起算点的主扇性坐标，$\omega=\int_s r\mathrm{d}s$；

ω_K——封闭截面轮廓中线围成面积的 2 倍；

S_K'——按封闭截面中线全长确定的换算长度，$S_K'=\sum\frac{s}{\delta}$；

S'——以主零点(距弯心最近的扇形面积零点)为起算点的一段弧长 s 的周边换算长度，$S'=\int_0^s\frac{\mathrm{d}s}{\delta}=\frac{s}{\delta}$。

对箱形梁，广义主扇性坐标 $\hat{\omega}$ 可写成下列形式：

$$\hat{\omega}=\omega-\frac{2bh}{\sum\frac{s}{\delta}}\cdot\frac{s}{\delta} \tag{8-33}$$

②广义主扇性惯性矩 $I_{\hat{\omega}}$

广义主扇性惯性矩 $I_{\hat{\omega}}$ 应由 $\hat{\omega}$ 图和 $\hat{\omega}\delta$ 图用维利沙金图乘法计算，其计算式如下：

$$I_{\hat{\omega}}=\int_s\hat{\omega}^2\delta\mathrm{d}s \tag{8-34}$$

③自由扭转惯性矩 I_K

箱形截面自由扭转惯性矩按下式计算：

$$I_K=\frac{4b^2h^2}{\frac{h}{\delta_1}+\frac{h}{\delta_2}+\frac{2b}{\delta_3}} \tag{8-35}$$

④极惯性矩 I_P

箱形截面极惯性矩按下式计算：

$$I_P = \sum r^2 \delta s = e_x^2 \delta_1 h + 2\left(\frac{h}{2}\right)^2 \delta_3 b + (b-e_x)^2 \delta_2 h \tag{8-36}$$

式中　r——弯心至截面周边 s 的垂直距离。

⑤截面翘曲系数 μ

$$\mu = 1 - \frac{I_K}{I_P} \tag{8-37}$$

⑥弯扭特性系数 k

$$k = \sqrt{\mu \frac{GI_K}{EI_{\hat{\omega}}}} \tag{8-38}$$

（3）主梁跨中截面扭矩

$$M_n = P e_x \tag{8-39}$$

式中　P——换算到主腹板上的垂直外载荷。

（4）双力矩 B

由乌曼斯基闭口薄壁约束扭转理论可得下列微分方程式：

$$EI_{\hat{\omega}}\beta''''(z) - GI_K\theta''(z) = -m(z) \tag{8-40}$$

$$\theta'(z) - \mu\beta'(z) = \frac{L}{GI_P} \tag{8-41}$$

将式（8-41）对 z 求一阶导数，得

$$\theta''(z) = \mu\beta''(z) + \frac{m(z)}{GI_P} \tag{8-42}$$

式中　$\theta(z)$——纯扭转的扭转角；

$\beta(z)$——与 $\theta(z)$ 有关的函数；

$m(z)$——外加分布扭转力矩的集度，$m(z) = \dfrac{\mathrm{d}L}{\mathrm{d}z}$；

μ——截面翘曲系数，按式（8-37）计算。

将式（8-42）代入式（8-40），得

$$EI_{\hat{\omega}}\beta''''(z) - GI_K\mu\beta''(z) = -\mu m(z)$$

$$\beta''''(z) - \frac{GI_K\mu}{EI_{\hat{\omega}}}\beta''(z) = -\frac{\mu}{EI_{\hat{\omega}}}m(z) \tag{8-43}$$

将 $k = \sqrt{\mu \dfrac{GI_K}{EI_{\hat{\omega}}}}$ 代入式（8-43），得

$$\beta''''(z) - k^2\beta''(z) = -\frac{\mu}{EI_{\hat{\omega}}}m(z) \tag{8-44}$$

对于偏轨箱形门式起重机，通常仅考虑小车轮压偏心作用引起的约束扭转，因此 $m(z) = 0$，则

$$\beta''''(z) - k^2\beta''(z) = 0 \tag{8-45}$$

四阶齐次微分方程的解为

$$\beta(z) = C_1\sinh kz + C_2\cosh kz + C_3 z + C_4$$

于是可求出 $\beta(z)$ 的各阶导数：

$$\beta'(z) = C_1 k\cosh kz + C_2 k\sinh kz + C_3 \tag{8-46}$$

$$\beta''(z) = C_1 k^2\sinh kz + C_2 k^2\cosh kz$$

$$\beta'''(z)=C_1 k^3 \cosh kz+C_2 k^3 \sinh kz$$

又知

$$B(z)=-EI_{\hat{\omega}}\beta''(z)=-EI_{\hat{\omega}}k^2(C_1\sinh kz+C_2\cosh kz)$$
$$=-\mu GI_K(C_1\sinh kz+C_2\cosh kz) \tag{8-47}$$

将式(8-44)积分可得

$$\beta'''(z)-k^2\beta'(z)=-\frac{\mu}{EI_{\hat{\omega}}}L(z)$$

故

$$L(z)=GI_K\beta'(z)-\frac{EI_{\hat{\omega}}}{\mu}\beta'''(z) \tag{8-48}$$

将 $\beta'(z)$ 及 $\beta'''(z)$ 表达式代入式(8-48),得

$$L(z)=GI_K C_3 \tag{8-49}$$

令式(8-46)、式(8-47)、式(8-49)中的 $z=0$,得

$$\begin{cases} \beta'_0=C_1 k+C_3 \\ B_0=-\mu GI_K C_2 \\ L_0=GI_K C_3 \end{cases}$$

由此解得

$$\begin{cases} C_1=\dfrac{1}{k}\left(\beta'_0-\dfrac{L_0}{GI_K}\right) \\ C_2=-\dfrac{B_0}{\mu GI_K} \\ C_3=\dfrac{L_0}{GI_K} \end{cases}$$

将上述 C_1 及 C_2 代入式(8-47),得

$$B(z)=-\mu GI_K\left[\frac{1}{k}\left(\beta'_0-\frac{L_0}{GI_K}\right)\sinh kz-\frac{B_0}{\mu GI_K}\cosh kz\right]$$
$$=-\frac{\mu GI_K}{k}\beta'_0\sinh kz+B_0\cosh kz+\frac{\mu L_0}{k}\sinh kz \tag{8-50}$$

当门式起重机小车位于跨中(图 8-14),即简支梁跨中受集中扭矩 M_n 作用时,根据对称性可知:

$$L_0=L_l=\frac{M_n}{2}$$

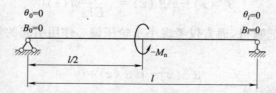

图 8-14 跨中受扭矩 M_n 作用

由右支座边界条件 $B_l=0$ 可求出 β'_0,即令式(8-50)中 $z=l$,并考虑跨中 M_n 的作用,得

$$B_l=-\frac{\mu GI_K}{k}\beta'_0\sinh kl+\frac{\mu M_n}{2k}\sinh kl-\frac{\mu M_n}{k}\sinh\frac{kl}{2}=0$$

解得

$$\beta_0' = \frac{k}{\mu G I_K \sinh kl}\left[\frac{\mu M_n \sinh kl}{2k} - \frac{\mu M_n \sinh \dfrac{kl}{2}}{k}\right] = \frac{M_n}{2G I_K}\left[1 - \frac{1}{\cosh \dfrac{kl}{2}}\right]$$

将 $B_0 = 0$、β_0' 及 L_0 代入式(8-50)，得

$$B(z) = \frac{\mu M_n}{2k}\frac{\sinh kz}{\cosh \dfrac{kl}{2}} \tag{8-51}$$

令 $z = \dfrac{l}{2}$ 代入上式，得

$$B_{\frac{l}{2}} = \frac{\mu M_n \sinh \dfrac{kl}{2}}{2k\cosh \dfrac{kl}{2}} = \frac{\mu M_n}{2k}\tanh \frac{kl}{2} \tag{8-52}$$

(5)关于翘曲系数 μ 的讨论

对于腹板厚度相同，即 $\delta_1 = \delta_2 = \delta$，翼缘板厚度均为 δ_3 的箱形梁，由式(8-35)和式(8-36)计算的截面自由扭转惯性矩 I_K 和极惯性矩 I_P 为

$$I_K = \frac{2b^2 h^2 \delta \delta_3}{\delta_3 h + \delta b}$$

$$I_P = \frac{bh}{2}(b\delta + h\delta_3)$$

如果将箱形梁截面制成

$$\frac{b}{h} = \frac{\delta_3}{\delta}$$

则

$$I_P = I_K$$

及

$$\mu = 0$$

此时，双力矩 $B = 0$，由公式(8-24)可知约束扭转正应力 $\sigma_{\hat{\omega}} = 0$。即此梁不受约束扭转，只有自由扭转。

在宽翼缘偏轨箱形梁中，通常取 $\dfrac{b}{h} = 0.8 \sim 1.0$（接近于正方形），且 $\delta_1 = \delta_2$，因此翘曲系数 μ 值很小，所以约束扭转正应力也很小，只占自由弯曲正应力的 2%～5%；窄翼缘偏轨箱形梁的约束扭转正应力比宽翼缘的稍大些，约占自由弯曲正应力的 8%。

2. 薄壁箱形梁的约束扭转剪应力

当箱形主梁在扭矩 M_n 作用下，其横截面发生的翘曲受到约束时，还要引起约束扭转剪应力 $\tau_{\hat{\omega}}$。$\tau_{\hat{\omega}}$ 的数值通常比较小，工程计算可忽略不计。也可用下面近似式进行计算：

$$\tau_{\hat{\omega}} = \varphi_\tau \tau \tag{8-53}$$

式中　τ——纯扭转剪应力；

φ_τ——剪应力的过应力系数，其计算式为

$$\varphi_\tau = \pm\frac{\mu_1 - \mu_2}{\mu_1 + \mu_2} \tag{8-54}$$

其中，$\mu_1 = \dfrac{h}{b}$，$\mu_2 = \dfrac{\delta_3}{\delta_2}$（$\delta_2$ 为腹板厚度，取较薄的一块腹板；δ_3 为翼缘板厚度，取较薄的一

块翼缘板。)

式(8-54)中的正号用于求翼缘板的 φ_τ，负号用于求腹板的 φ_τ。

图 8-15 是箱形梁的翼缘板和腹板的扭转剪应力图。当 $\delta_3 > \delta_2$ 时，腹板上的纯扭转剪应力较大($\tau_2 > \tau_3$)；当 $h > b$ 时，翼缘板上的约束扭转剪应力较大($\tau_{\hat\omega 3} > \tau_{\hat\omega 2}$)。

3. 例题

【例题 8-1】 确定门式起重机主梁跨中由约束扭转引起的正应力和剪应力。

已知：跨度 $L = 16$ m，箱形梁的主腹板上作用移动载荷 $P = 700$ kN。箱形截面简图如图 8-16 所示，$h = 1\,600$ mm，$b = 1\,200$ mm，$\delta_1 = 12$ mm，$\delta_2 = 8$ mm，$\delta_3 = 10$ mm。

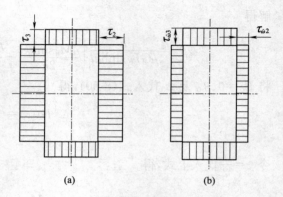

图 8-15　箱形梁的扭转剪应力图
(a)纯扭转剪应力；(b)约束扭转剪应力。

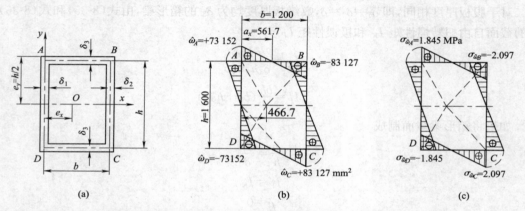

图 8-16　箱形截面的广义主扇性坐标 $\hat\omega$ 图和约束扭转正应力 $\sigma_{\hat\omega}$ 图
(a)截面图；(b)$\hat\omega$ 图；(c)$\sigma_{\hat\omega}$ 图。

【解】 (1)约束扭转正应力 $\sigma_{\hat\omega}$

① 梁截面的弯心坐标

$$\eta = \frac{\delta_2}{\delta_1} = \frac{8}{12} = 0.667, \mu_1 = \frac{h}{b} = \frac{1\,600}{1\,200} = 1.333, \mu_2 = \frac{\delta_3}{\delta_1} = \frac{10}{12} = 0.833, \mu_3 = \mu_2$$

$$\beta = 2\eta\mu_2 + \mu_1\mu_2^2(\eta + 1) = 2 \times 0.667 \times 0.833 + 1.333 \times 0.833^2 \times (0.667 + 1) = 2.653$$

$$e_x = b\frac{\beta(\eta\mu_1 - 3\mu_2) + 12\eta\mu_2^2(1 + \mu_1\mu_2)}{\beta[\mu_1(\eta + 1) + 6\mu_2]}$$

$$= 1\,200 \times \frac{2.653 \times (0.667 \times 1.333 - 3 \times 0.833) + 12 \times 0.667 \times 0.833^2 \times (1 + 1.333 \times 0.833)}{2.653 \times [1.333 \times (0.667 + 1) + 6 \times 0.833]}$$

$$= 466.7 \text{ (mm)}$$

若按近似公式计算

$$e_x \approx \frac{\delta_2}{\delta_1 + \delta_2}b = \frac{8}{12 + 8} \times 1\,200 = 480 \text{ (mm)}$$

其误差为 2.8%，可按近似式计算 e_x。

②箱形截面的几何性质

a. 广义主扇性坐标 $\hat{\omega}$

以弯心 K 为主极点，以 x 轴上的 O 点为主零点，对箱形梁截面按公式(8-33)计算 $\hat{\omega}$：

$$\hat{\omega} = \omega - \frac{2bh}{\sum \dfrac{s}{\delta}} \cdot \frac{s}{\delta}$$

绘制 $\hat{\omega}$ 图(参看图8-16)。

$$\hat{\omega}_0 = 0$$

$$\hat{\omega}_D = \frac{h}{2}e_x - \frac{2bh}{\dfrac{h}{\delta_1}+\dfrac{h}{\delta_2}+\dfrac{2b}{\delta_3}} \cdot \frac{h}{2\delta_1}$$

$$= 800 \times 466.7 - \frac{2 \times 1\,200 \times 1\,600}{\dfrac{1\,600}{12}+\dfrac{1\,600}{8}+\dfrac{2 \times 1\,200}{10}} \times \frac{1\,600}{2 \times 12} = -73\,152 \ (\mathrm{mm}^2)$$

$$\hat{\omega}_C = \frac{h}{2}e_x + \frac{h}{2}b - \frac{2bh}{\dfrac{h}{\delta_1}+\dfrac{h}{\delta_2}+\dfrac{2b}{\delta_3}}\left(\frac{h}{2\delta_1}+\frac{b}{\delta_3}\right)$$

$$= \frac{1\,600}{2} \times 466.7 + \frac{1\,600}{2} \times 1\,200 - \frac{2 \times 1\,200 \times 1\,600}{\dfrac{1\,600}{12}+\dfrac{1\,600}{8}+\dfrac{2 \times 1\,200}{10}} \times \left(\frac{1\,600}{2 \times 12}+\frac{1\,200}{10}\right)$$

$$= 83\,127 \ (\mathrm{mm}^2)$$

$$\hat{\omega}_B = \frac{h}{2}e_x + \frac{h}{2}b + h(b-e_x) - \frac{2bh}{\dfrac{h}{\delta_1}+\dfrac{h}{\delta_2}+\dfrac{2b}{\delta_3}}\left(\frac{h}{2\delta_1}+\frac{b}{\delta_3}+\frac{h}{\delta_2}\right)$$

$$= \frac{1\,600}{2} \times 466.7 + \frac{1\,600}{2} \times 1\,200 + 1\,600 \times (1\,200-466.7) -$$

$$\frac{2 \times 1\,200 \times 1\,600}{\dfrac{1\,600}{12}+\dfrac{1\,600}{8}+\dfrac{2 \times 1\,200}{10}} \times \left(\frac{1\,600}{2 \times 12}+\frac{1\,200}{10}+\frac{1\,600}{8}\right) = -83\,127 \ (\mathrm{mm}^2)$$

$$\hat{\omega}_A = \frac{h}{2}e_x + \frac{h}{2}b + h(b-e_x) + \frac{h}{2}b - \frac{2bh}{\dfrac{h}{\delta_1}+\dfrac{h}{\delta_2}+\dfrac{2b}{\delta_3}}\left(\frac{h}{2\delta_1}+\frac{b}{\delta_3}+\frac{h}{\delta_2}+\frac{b}{\delta_3}\right)$$

$$= \frac{1\,600}{2} \times 466.7 + \frac{1\,600}{2} \times 1\,200 + 1\,600 \times (1\,200-466.7) + \frac{1\,600}{2} \times 1\,200 -$$

$$\frac{2 \times 1\,200 \times 1\,600}{\dfrac{1\,600}{12}+\dfrac{1\,600}{8}+\dfrac{2 \times 1\,200}{10}} \times \left(\frac{1\,600}{2 \times 12}+2 \times \frac{1\,200}{10}+\frac{1\,600}{8}\right) = 73\,152 \ (\mathrm{mm}^2)$$

b. 广义主扇性惯性矩 $I_{\hat{\omega}}$

根据 $\hat{\omega}$ 图和 $\hat{\omega}\delta$ 图用图乘法计算广义主扇性惯性矩：

$$I_{\hat{\omega}} = \int_s \hat{\omega}^2 \delta \mathrm{d}s$$

$$= 2\left[\hat{\omega}_A \frac{h}{2} \cdot \frac{1}{2} \cdot \frac{2}{3}\hat{\omega}_A\delta_1 + \hat{\omega}_A a_x \frac{1}{2} \cdot \frac{2}{3}\hat{\omega}_A\delta_3 + \hat{\omega}_B(b-a_x) \cdot \frac{1}{2} \cdot \frac{2}{3}\hat{\omega}_B\delta_3 + \hat{\omega}_B \frac{h}{2} \cdot \frac{1}{2} \cdot \frac{2}{3}\hat{\omega}_B\delta_2\right]$$

$$= \frac{\hat{\omega}_A^2}{3}(h\delta_1+2a_x\delta_3) + \frac{\hat{\omega}_B^2}{3}\left[2(b-a_x)\delta_3+h\delta_2\right]$$

$$= \frac{73\,152^2}{3}(1\,600 \times 12 + 2 \times 561.7 \times 10) + \frac{83\,127^2}{3}[2 \times (1\,200 - 561.7) \times 10 + 1\,600 \times 8]$$

$$= 1.131\,7 \times 10^{14}\,(\mathrm{mm}^6)$$

c. 自由扭转惯性矩 I_K

$$I_K = \frac{4b^2h^2}{\frac{h}{\delta_1} + \frac{h}{\delta_2} + \frac{2b}{\delta_3}} = \frac{4 \times 1\,200^2 \times 1\,600^2}{\frac{1\,600}{12} + \frac{1\,600}{8} + \frac{2 \times 1\,200}{10}} = 2.572 \times 10^{10}\,(\mathrm{mm}^4)$$

d. 极惯性矩 I_P

$$I_P = e_x^2 \delta_1 h + 2\left(\frac{h}{2}\right)^2 \delta_3 b + (b - e_x)^2 \delta_2 h$$

$$= 466.7^2 \times 12 \times 1\,600 + 2\left(\frac{1\,600}{2}\right)^2 \times 10 \times 1\,200 + (1\,200 - 466.7)^2 \times 8 \times 1\,600$$

$$= 2.642 \times 10^{10}\,(\mathrm{mm}^4)$$

e. 截面翘曲系数 μ

$$\mu = 1 - \frac{I_K}{I_P} = 1 - \frac{2.572 \times 10^{10}}{2.642 \times 10^{10}} = 0.026\,5$$

f. 弯扭特性系数 k

$$k = \sqrt{\mu \frac{GI_K}{EI_{\hat{\omega}}}} = \sqrt{0.026\,5 \times \frac{8 \times 10^4 \times 2.572 \times 10^{10}}{2.1 \times 10^5 \times 1.131\,7 \times 10^{14}}} = 1.516 \times 10^{-3}\,(\mathrm{mm}^{-1})$$

③主梁跨中截面扭矩 M_n

$$M_n = Pe_x = 700 \times 10^3 \times 466.7 = 3.267 \times 10^8\,(\mathrm{N \cdot mm})$$

④主梁跨中截面双力矩 B

$$B = \frac{\mu M_n}{2k} \tanh \frac{kL}{2}$$

$$= \frac{0.026\,5 \times 3.267 \times 10^8}{2 \times 1.516 \times 10^{-3}} \tanh \frac{1.516 \times 10^{-3} \times 16\,000}{2} = 2.855 \times 10^9\,(\mathrm{N \cdot mm}^2)$$

⑤主梁跨中截面的约束扭转正应力

$$\sigma_{\hat{\omega}A} = \frac{B\hat{\omega}_A}{I_{\hat{\omega}}} = \frac{2.855 \times 10^9 \times 73\,152}{1.131\,7 \times 10^{14}} = 1.845\,(\mathrm{MPa})$$

$$\sigma_{\hat{\omega}B} = \frac{B\hat{\omega}_B}{I_{\hat{\omega}}} = \frac{2.855 \times 10^9 \times (-83\,127)}{1.131\,7 \times 10^{14}} = -2.097\,(\mathrm{MPa})$$

$$\sigma_{\hat{\omega}C} = \frac{B\hat{\omega}_C}{I_{\hat{\omega}}} = 2.097\,(\mathrm{MPa})$$

$$\sigma_{\hat{\omega}D} = \frac{B\hat{\omega}_D}{I_{\hat{\omega}}} = -1.845\,(\mathrm{MPa})$$

约束扭转正应力 $\sigma_{\hat{\omega}}$ 沿截面周边分布情况如图 8-16 所示。

⑥主梁跨中截面的自由弯曲正应力 σ_W

$$\sigma_W = \frac{PL}{4W} = \frac{700 \times 10^3 \times 16\,000 \times 805}{4 \times 2.22 \times 10^{10}} = 101.5\,(\mathrm{MPa})$$

由此可见,约束扭转正应力占自由弯曲正应力的 2%。

为了简化计算,有时将自由弯曲正应力增大 5% 来考虑约束扭转正应力,则总的正应力可取为

$$\sigma = \sigma_W + \sigma_{\hat{\omega}} = 1.05\sigma_W$$

(2)约束扭转剪应力 $\tau_{\tilde{\omega}}$ 的计算

①纯扭转剪应力 τ

$$\tau=\frac{M_n}{2bh\delta_{min}}=\frac{3.267\times10^8}{2\times1\,200\times1\,600\times8}=10.63\,(MPa)$$

②剪应力的过应力系数 φ_τ

$$\varphi_\tau=\pm\frac{\mu_1-\mu_2}{\mu_1+\mu_2}=\frac{1.333-1.25}{1.333+1.25}=0.032$$

式中　$\mu_1=\dfrac{h}{b}=\dfrac{1\,600}{1\,200}=1.333,\ \mu_2=\dfrac{\delta_3}{\delta_2}=\dfrac{10}{8}=1.25$

③约束扭转剪应力 $\tau_{\tilde{\omega}}$

$$\tau_{\tilde{\omega}}=\varphi_\tau\tau=0.032\times10.63=0.34\,(MPa)$$

由此可见,约束扭转剪应力只占纯扭转剪应力的 3.2%,由于纯扭转剪应力数值较低,故约束扭转剪应力可忽略不计。

二、薄壁箱形梁的约束弯曲正应力

当梁受集中力作用而产生横向弯曲时,弯矩沿梁长度变化,这时除弯矩之外还受剪力作用,迫使梁的横截面发生畸变。由于这种畸变,梁横截面上的点就要沿纵轴移动某一距离,该距离的大小由畸变截面的形状决定。畸变截面各点的纵向位移称为翘曲。

梁的横截面可以自由翘曲的弯曲称为自由弯曲,梁在自由弯曲时其横截面保持平面,即符合平面假定。因此,翼缘板中的弯曲正应力沿板宽均匀分布,而腹板的弯曲正应力按线性规律分布[图 8-17(a)]。具有约束翘曲的弯曲称为约束弯曲,由于板边彼此嵌固而使截面上各点的纵向位移受到限制,因而不符合平面假定。箱形梁由约束弯曲引起的二次正应力及总的弯曲正应力如图 8-17(b)、(c)所示。箱形梁截面角点处约束弯曲正应力最大,按下式计算:

$$\sigma_\varphi=\varphi_\sigma\sigma_W \tag{8-55}$$

式中　σ_W——自由弯曲正应力;

φ_σ——正应力的过应力系数。

$$\varphi_\sigma=\frac{\sigma_\varphi}{\sigma_W} \tag{8-56}$$

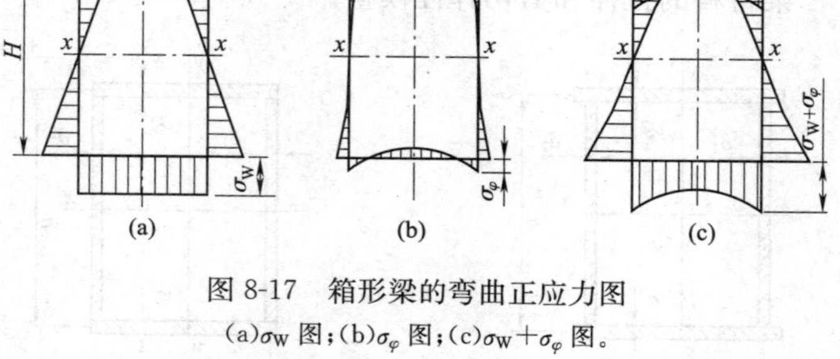

图 8-17　箱形梁的弯曲正应力图

(a)σ_W 图;(b)σ_φ 图;(c)$\sigma_W+\sigma_\varphi$ 图。

起重机主梁跨间部分在垂直载荷作用下,作为受跨中集中载荷和均布自重载荷作用的两端简支梁来计算。此时应当仅计算跨中截面的约束弯曲,确切地说,跨中是产生最大弯矩的截面,并以半跨长($l=0.5L$)的两根等效梁代替所计算的梁(图 8-18)。为简化计算,小车轮压以它们的合力来代替,并作用于跨中。

对于悬臂部分,按简支外伸梁计算简图进行计算,支承处的弯矩最大,但该处是铰支座不影响横截面的自由翘曲,因此该截面不存在约束弯曲的问题,而是属于自由弯曲。所以只有跨间部分才考虑约束弯曲的问题。

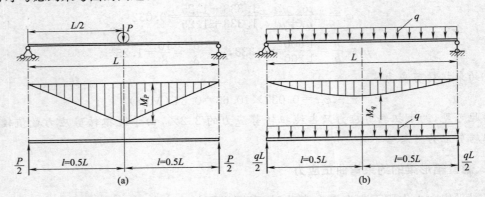

图 8-18 主梁在垂直载荷作用下的计算简图
(a)移动载荷作用;(b)自重载荷作用。

在集中载荷 P 和均布载荷 q 作用下,梁危险截面中的约束弯曲正应力按下式计算

集中载荷 $\qquad \sigma_{\varphi P}=\varphi_P(l)\cdot\sigma_{\mathrm{W}P}$

均布载荷 $\qquad \sigma_{\varphi q}=\varphi_q(l)\cdot\sigma_{\mathrm{W}q}$ (8-57)

式中 $\sigma_{\mathrm{W}P}$、$\sigma_{\mathrm{W}q}$——由集中载荷 P 和均布载荷 q 在梁的危险截面上引起的自由弯曲正应力;

$\varphi_P(l)$、$\varphi_q(l)$——梁在承受集中力和均布载荷的情况下,等效梁嵌固处截面的约束弯曲过应力系数。

对于计算长度为 l 的等效箱形梁,自由端作用集中力(或长度为 $L=2l$ 的简支梁,跨中作用集中力),约束翘曲的影响沿梁长按双曲正弦规律变化,且从嵌固端向自由端很快衰减。其嵌固端附近截面的过应力系数按下式计算:

$$\varphi_P(l)=\frac{7\delta_3 b^3+\delta_2 h^3}{2l}\sqrt{\frac{E}{G}\frac{1}{(3\delta_3 b^3+\delta_2 h^3)(14\delta_3 b+10\delta_2 h)}}$$ (8-58)

式中 δ_2、δ_3、b、h——箱形截面尺寸,如图 8-19 所示;

E、G——梁材料的拉伸和剪切弹性模量。

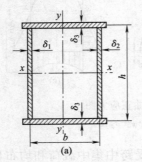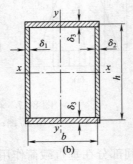

图 8-19 箱形梁截面尺寸

对于钢材，$\dfrac{E}{G}=2.6$，并令

$$\frac{h}{b}=k,\frac{h}{l}=m,\frac{\delta_2}{\delta_3}=n,\frac{b}{l}=\frac{m}{k}=t$$

可得较简便的关系式

$$\varphi_P(l)=0.805\,\frac{m}{k}\,\frac{(nk^3+7)}{\sqrt{(nk^3+3)(10kn+14)}} \tag{8-59}$$

该式为梁的约束弯曲计算精确解。此时，假定正应力由翼缘板和腹板共同承受。若假定翼缘板仅承受正应力，由于腹板厚度很小，只承受剪应力，可取 $\delta_2=0,n=0$。当 $t=\dfrac{m}{k}=\dfrac{b}{l}$ 时，近似解为

$$\varphi_P(l)\approx0.875\,\frac{b}{l} \tag{8-60}$$

为了比较两种解的计算结果，举例说明：$m=0.5,k=1,\dfrac{b}{l}=0.5,n=0.333$，则精确解 $\varphi_P(l)=0.388$，近似解 $\varphi_P(l)=0.438$。由此可见，在给定数值情况下，两种解的计算结果相差 13%。因此，对于宽而短的梁，约束弯曲的影响是很大的，并应按精确解的公式进行计算；对于窄而长的梁影响很小，也可按近似解的公式进行计算。

在均布自重载荷 q 作用下，梁的约束弯曲过应力系数按下式计算

$$\varphi_q(l)=2\varphi_P(l)-0.87\,\frac{7\delta_3b^3+\delta_2h^3}{l^2(14\delta_3b+10\delta_2h)} \tag{8-61}$$

取 $\delta_2\approx0$，可得近似解

$$\varphi_q(l)=2\varphi_P(l)-0.435\left(\frac{b}{l}\right)^2 \tag{8-62}$$

或

$$\varphi_q(l)\approx2\varphi_P(l) \tag{8-63}$$

由此可知，在约束弯曲时，长度为 l 的悬臂梁受均布载荷 q 作用比自由端受集中力 ql 作用时的过应力系数大一倍。

【例题 8-2】　前面计算约束扭转的例题 8-1 中，$k=\dfrac{h}{b}=\dfrac{1\,600}{1\,200}=1.33,m=\dfrac{h}{l}=\dfrac{1\,600}{8\,000}=0.2,n=\dfrac{\delta_2}{\delta_3}=\dfrac{8}{10}=0.8,t=\dfrac{b}{l}=\dfrac{1\,200}{8\,000}=0.15$，其中 $l=\dfrac{L}{2}=8\,000$ mm。试求跨中截面的约束弯曲过应力系数 $\varphi_P(l)$。

【解】　精确解：

$$\varphi_P(l)=0.805\,\frac{m}{k}\,\frac{(nk^3+7)}{\sqrt{(nk^3+3)(10kn+14)}}$$

$$=0.805\times0.15\times\frac{(0.8\times1.33^3+7)}{\sqrt{(0.8\times1.33^3+3)(10\times1.33\times0.8+14)}}=0.098$$

近似解：

$$\varphi_P(l)\approx0.875\,\frac{b}{l}=0.875\times0.15=0.131$$

计算表明,精确解的约束弯曲正应力占自由弯曲正应力的 9.8%,而近似解占 13.1%,近似解的误差为 34%。前例已算出约束扭转正应力占自由弯曲正应力的 2%,两者之和约占 12%左右。

对于宽翼缘偏轨箱形梁$\frac{b}{L}=\frac{1}{17}\sim\frac{1}{14}$($L$ 为简支梁跨度),约束弯曲正应力约占自由弯曲正应力的 10%左右,而约束扭转正应力约占自由弯曲正应力的 2%~5%左右,二者之和约占 15%左右。对于窄翼缘偏轨箱形梁$\frac{b}{L}=\frac{1}{50}\sim\frac{1}{30}$,约束弯曲正应力约占自由弯曲正应力的 6%,而约束扭转约占 8%,二者之和也是约占 15%左右。

由前述可知,自重载荷约束弯曲过应力系数是移动载荷过应力系数的 2 倍,因此自重载荷的约束弯曲正应力约占自重载荷引起的自由弯曲应力的 20%左右。自重载荷的偏心作用很小。故其扭转作用可忽略不计。

为简化计算,对于移动载荷和自重载荷,都可将其自由弯曲正应力增大 15%来考虑约束扭转和约束弯曲的影响,即

$$\sigma=1.15(\sigma_{\text{WP}}+\sigma_{\text{Wq}}) \tag{8-64}$$

第四节　偏轨箱形主梁的设计计算

一、确定计算载荷及其组合(见第三章)。

二、主梁的内力计算(见本章第二节)。

三、主梁的截面选择(见第六章)。

四、主梁的强度校核

前面已根据计算载荷求出相应的主梁内力,由主梁内力便可以算出主梁某一截面上的应力,并按照第三章表 3-15 和表 3-19 的载荷组合进行应力叠加,使主梁危险截面上的最大应力不超过许用应力,称为强度校核。

对于工作级别为 E4 及以上的门式起重机须按载荷组合 A 进行疲劳计算、按载荷组合 B 进行强度校核。对于 E4 以下的门式起重机只按载荷组合 B 进行强度校核。

门式起重机主梁的危险截面一般是满载小车位于跨中时的跨中截面和满载小车位于有效悬臂端时的悬臂根部截面(支腿处)。这两个危险截面的强度校核分别叙述如下:

1. 满载小车位于跨中时主梁跨中截面强度校核

(1)正应力

$$\sigma=\frac{M_x}{W_x}+\frac{M_y}{W_y}+\sigma_{\hat{\omega}}+\sigma_{\varphi}\leqslant[\sigma] \tag{8-65}$$

或

$$\sigma=1.15\left(\frac{M_x}{W_x}+\frac{M_y}{W_y}\right)\leqslant[\sigma] \tag{8-66}$$

式中　M_x——由垂直载荷(固定及移动载荷)在主梁计算截面引起的弯矩;

　　　M_y——由水平载荷(大车制动惯性力、风载荷及水平侧向力等)在主梁计算截面引起的弯矩;

　W_x、W_y——主梁截面抗弯模数。

式(8-66)中的系数 1.15 是考虑主梁跨中的约束扭转及约束弯曲的影响。

主梁跨中危险截面的正应力分布如图 8-20 所示,角点 B 为最大压应力点,角点 D 为最大拉应力点,应对该两点的正应力进行校核。

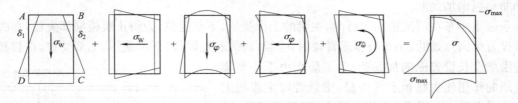

图 8-20　主梁跨中截面正应力分布图

(2)平均挤压应力

$$\sigma_m = \frac{P}{(2h_y + 50)\delta_1} \leqslant [\sigma] \tag{8-67}$$

式中　P——一个车轮的轮压,不计动力系数和冲击系数;

　　　δ_1——主腹板厚度(mm);

　　　h_y——小车轨道高度与上翼缘板厚度之和(mm)。

对于半偏轨及中轨箱形梁,小车轮压对上翼缘板产生局部弯曲应力,其强度校核见第六章。

(3)复合应力

主梁跨中危险截面的主腹板与上翼缘板连接处同时作用有正应力、剪应力和挤压应力,因此须按第四强度理论进行强度校核,即

$$\sqrt{\sigma^2 + \sigma_m^2 - \sigma\sigma_m + 3\tau^2} \leqslant [\sigma] \tag{8-68}$$

式中,σ 和 τ 应取主腹板与上翼缘板连接处同一点的应力。

2. 满载小车位于悬臂端时主梁支承处截面强度校核

(1)正应力

$$\sigma = \frac{M_x}{W_x} + \frac{M_y}{W_y} \leqslant [\sigma] \tag{8-69}$$

该截面是铰支座支承处,截面可以自由翘曲,不存在约束扭转和约束弯曲的问题。

(2)剪应力

主腹板在梁截面中性轴处的剪应力

$$\tau = \frac{QS_x}{I_x(\delta_1 + \delta_2)} + \frac{M_n}{2A_0\delta_1} \leqslant [\tau] \tag{8-70}$$

式中　Q——支承处垂直载荷引起的剪力;

　　　S_x——主梁中性轴以上截面对中性轴的静面矩;

　　　A_0——梁截面上由腹板和翼缘板的中线所包围的面积。

(3)复合应力

$$\sqrt{\sigma^2 + 3\tau^2} \leqslant [\sigma] \tag{8-71}$$

式中,σ 和 τ 应取腹板与翼缘板连接处同一点的应力。

由于小车位于悬臂端,所以在此计算位置,不计算平均挤压应力。

五、主梁的局部稳定性校核

偏轨箱形门式起重机主梁的局部稳定性应按第六章所述方法进行校核,并合理布置横向加劲肋和纵向加劲肋。

当起重小车在门架跨间运行时,主梁的上部受压、下部受拉,为防止腹板局部失稳,在腹板上区设置纵向加劲肋;小车行至悬臂段时,主梁(跨间和悬臂段)下部受压、上部受拉,在腹板下区应沿梁全长设置纵向加劲肋;为了防止由于小车集中轮压的作用使主腹板上区失稳,梁悬臂段主腹板上区也应设置纵向加劲肋;为使主梁上、下焊缝对称,减小焊接变形,通常在副腹板的上区也设置纵向加劲肋。也就是带悬臂的门式起重机在主梁主、副腹板的上、下区都设置纵向加劲肋,以确保局部稳定性,如图 8-21 所示。

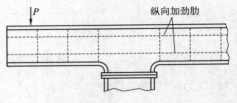

图 8-21　主梁加劲肋的布置

六、主梁的刚度校核

1. 主梁的静刚度校核

门式起重机的静刚度是指满载起重小车位于跨中和有效悬臂端在垂直平面内引起的主梁最大静挠度。在设计主梁时要控制该静挠度不超过许用值。

计算静挠度时的计算载荷是小车静轮压,即起升载荷和小车自重,不计冲击系数、动力系数和结构自重。

静挠度的计算与计算简图有关,所采用的计算简图不同,计算出的静挠度值亦不同。

(1)按简支外伸梁计算静挠度

①满载小车位于跨中(图 8-22)

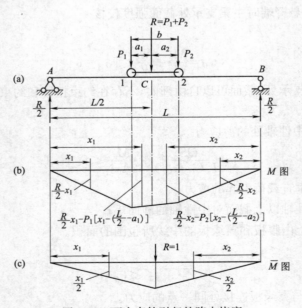

图 8-22　两个车轮引起的跨中挠度

单主梁小车和双梁小车通常以两个车轮作用于一根主梁上,如图 8-22 所示。

两个车轮在跨中引起的挠度按莫尔公式计算:

$$f = \int \frac{M\overline{M}}{EI} dx$$

$$= \frac{1}{EI} \left\{ \int_0^{\frac{L}{2}-a_1} \frac{R}{2} x_1 \cdot \frac{x_1}{2} dx_1 + \int_{\frac{L}{2}-a_1}^{\frac{L}{2}} \left\{ \frac{R}{2} x_1 - P_1 \left[x_1 - \left(\frac{L}{2} - a_1 \right) \right] \right\} \cdot \frac{x_1}{2} \cdot dx_1 + \right.$$

$$\left. \int_0^{\frac{L}{2}-a_2} \frac{R}{2} x_2 \cdot \frac{x_2}{2} dx_2 + \int_{\frac{L}{2}-a_2}^{\frac{L}{2}} \left\{ \frac{R}{2} x_2 - P_2 \left[x_2 - \left(\frac{L}{2} - a_2 \right) \right] \right\} \cdot \frac{x_2}{2} \cdot dx_2 \right\} \quad (8\text{-}72)$$

$$= \frac{R}{48EI} \left\{ \frac{P_1}{R} - \frac{(L-2a_1)}{2} \left[3L^2 - (L-2a_1)^2 \right] + \frac{P_2}{R} \frac{(L-2a_2)}{2} \left[3L^2 - (L-2a_2)^2 \right] \right\}$$

当 $P_1 = P_2$,$a_1 = a_2$,$\frac{P_1}{R} = \frac{P_2}{R} = \frac{1}{2}$,并令 $\frac{L}{2} - a_1 = \frac{L}{2} - a_2 = \frac{L}{2} - \frac{b}{2} = l_1$,则

$$f = \frac{(P_1 + P_2) l_1}{12EI} (0.75L^2 - l_1^2) \quad (8\text{-}73)$$

或

$$f = \frac{(P_1 + P_2) L^3}{48EI} \cdot C_2 \leqslant [f] \quad (8\text{-}74)$$

式中,$[f]$ 为静刚度容许值,见第三章表 3-22。C_2 为将小车轮压用它们作用于跨中的合力代替时计算挠度的换算系数,按下式计算:

$$C_2 = 4 \left\{ \frac{P_1}{R} \left(\frac{1}{2} - \frac{a_1}{L} \right) \left[\frac{3}{4} - \left(\frac{1}{2} - \frac{a_1}{L} \right)^2 \right] + \frac{P_2}{R} \left(\frac{1}{2} - \frac{a_2}{L} \right) \left[\frac{3}{4} - \left(\frac{1}{2} - \frac{a_2}{L} \right)^2 \right] \right\} \quad (8\text{-}75)$$

当 $P_1 = P_2$ 时,$a_1 = a_2 = \frac{b}{2}$,$\frac{P_1}{R} = \frac{P_2}{R} = \frac{1}{2}$,得

$$C_2 = \frac{1}{2} \left(1 - \frac{b}{L} \right) \left[3 - \left(1 - \frac{b}{L} \right)^2 \right] \quad (8\text{-}76)$$

②满载小车位于有效悬臂处(图 8-23)

支反力为

$$R_B = \frac{P_1(l_0 + b_1) + P_2(l_0 - b_2)}{L}$$

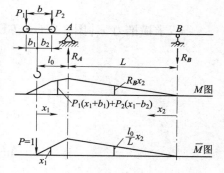

图 8-23 两个车轮引起的有效悬臂处挠度

有效悬臂处(图 8-23 吊钩位置)的挠度为

$$f = \int \frac{M\overline{M}}{EI} dx = \frac{1}{EI} \left\{ \int_0^{b_2} P_1(x_1 + b_1) x_1 dx_1 + \right.$$

$$\left. \int_{b_2}^{l_0} \left[P_1(x_1 + b_1) + P_2(x_1 - b_2) \right] x_1 dx_1 + \int_0^L R_B x_2 \cdot \frac{l_0}{L} x_2 dx_2 \right\} \quad (8\text{-}77)$$

$$= \frac{(P_1 + P_2) l_0^3}{3EI} \left\{ 1 + \frac{L}{l_0} + \frac{(P_1 b_1 - P_2 b_2) l_0 (2L + 3l_0) + P_2 b_2^3}{2(P_1 + P_2) l_0^3} \right\}$$

或

$$f = \frac{(P_1 + P_2)}{3EI} l_0^2 (L + l_0) \cdot C_3 \leqslant [f] \quad (8\text{-}78)$$

式中 $[f]$——主梁有效悬臂端的许用挠度,根据《起重机设计规范》,$[f] = \frac{l_0}{350}$;

l_0——悬臂有效工作长度,即吊钩中心到支承 A 的距离;

C_3——将小车轮压用它们作用于有效悬臂端的合力代替时计算挠度的换算系数,按下式计算:

$$C_3 = 1 + \frac{(P_1 b_1 - P_2 b_2) l_0 (2L + 3l_0) + P_2 b_2^3}{2(P_1 + P_2) l_0^2 (L + l_0)} \qquad (8\text{-}79)$$

（2）按一次超静定门架简图计算静挠度

① 满载小车位于跨中[图8-24(a)、(b)]

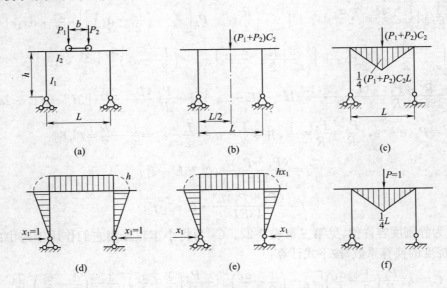

图8-24　小车位于跨中的计算简图

a. 求横推力 x_1[图8-24(c)、(d)]

$$\delta_{11} x_1 + \Delta_{1P} = 0$$

$$x_1 = -\frac{\Delta_{1P}}{\delta_{11}}$$

$$\delta_{11} = \frac{L^3}{EI_2} \left(\frac{h}{L}\right)^2 \left(\frac{2}{3} \frac{I_2}{I_1} \frac{h}{L} + 1\right)$$

$$\Delta_{1P} = -\frac{1}{8} \frac{L^3}{EI_2} (P_1 + P_2) \cdot \frac{h}{L} \cdot C_2$$

故

$$x_1 = \frac{3(P_1 + P_2) L \cdot C_2}{8h(2k + 3)} \qquad (8\text{-}80)$$

$$k = \frac{I_2}{I_1} \times \frac{h}{L}$$

式中，I_1 是支腿的惯性矩，对于变截面支腿 I_1 是它的折算惯性矩，其值约等于距支腿小端 $0.72h$（带马鞍为 $\frac{2}{3}h$）处截面的惯性矩，详见本章第六节。

b. 求跨中挠度 f[图8-24(c)、(e)、(f)]

将图8-24(f)与图8-24(c)、(e)图乘，得

$$f = \frac{1}{EI_2} \left[\frac{(P_1 + P_2) L^3 C_2}{48} - \frac{3(P_1 + P_2) L^3 C_2}{64(2k + 3)}\right] = \frac{(P_1 + P_2) L^3 C_2}{48EI_2} \cdot \frac{8k + 3}{8k + 12} \leqslant [f] \qquad (8\text{-}81)$$

② 满载小车位于有效悬臂端[图8-25(a)、(b)]

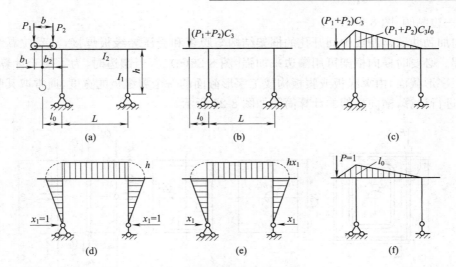

图 8-25 小车位于悬臂端的计算简图

a. 求横推力 x_1[图 8-25(c)、(d)]

$$\delta_{11} x_1 + \Delta_{1P} = 0$$

$$x_1 = -\frac{\Delta_{1P}}{\delta_{11}}$$

$$\delta_{11} = \frac{L^3}{EI_2}\left(\frac{h}{L}\right)^2\left(\frac{2}{3}\frac{I_2}{I_1}\frac{h}{L}+1\right)$$

$$\Delta_{1P} = \frac{(P_1+P_2)L^3}{2EI_2}\frac{l_0}{L}\frac{h}{L}C_3$$

故

$$x_1 = -\frac{3}{2}(P_1+P_2)C_3\frac{l_0}{h}\frac{1}{(2k+3)} \tag{8-82}$$

b. 求有效悬臂端挠度[图 8-25(c)、(e)、(f)]

将图 8-25(f)与图 8-25(c)、(e)图乘,可得

$$f = \frac{(P_1+P_2)l_0^2 C_3}{3EI_2}\left(l_0 + L\frac{8k+3}{8k+12}\right) \leqslant [f] \tag{8-83}$$

(3)讨论

①具有柔性支腿的门式起重机应按简支外伸梁计算简图计算静挠度。

②具有两个刚性支腿的门式起重机分两种情况:

a. 小车位于跨中时静挠度建议按简支梁计算简图计算,即按式(8-74)进行静刚度校核。由于这种工况是对称结构对称载荷,其运行阻力也对称,大车运行不易走歪斜,车轮轮缘可能不参与约束或约束作用很小,横推力可略而不计。

b. 小车位于有效悬臂端时的有效悬臂端静挠度建议按一次超静定门架计算简图计算,即按式(8-83)进行静刚度校核。由于这种工况是对称结构不对称载荷,其运行阻力也不对称,大车运行容易发生歪斜,车轮轮缘参与约束,产生横推力。

2. 横向框架抗扭刚度校核

偏轨箱形梁应设置横向加劲肋,用以抵抗扭转载荷引起箱形截面的周边扭曲变形(也称畸变)和向一边侧倾[图 8-26(f)]。

横向加劲肋通常制成中间开孔的框架结构与腹板和受压翼缘板焊接,与受拉翼缘板可焊也可不焊。必要时横向框架可用镶边来加强[图 8-26(a)]。当镶边时,为了便于计算,框架杆件取为工字形截面,由翼缘板或腹板构成工字形截面的一个翼缘板的宽度,通常取其腹板厚度的 20 倍进行计算,横向框架的计算简图如图 8-26 所示。

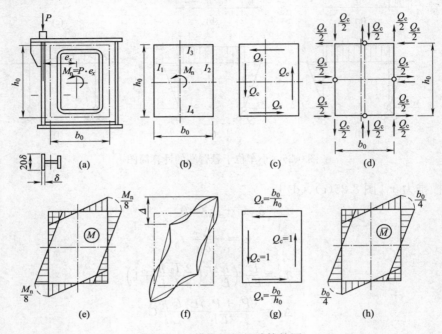

图 8-26　横向框架的计算简图

箱形截面(闭口截面)在扭矩 $M_n = P \cdot e_x$ 作用下,引起的纯扭转剪应力按下式计算:

$$\tau = \frac{M_n}{2A_0\delta} = \frac{M_n}{2h_0b_0\delta} \tag{8-84}$$

由式(8-84)可知,单位周边长度上的剪力为 $\dfrac{M_n}{2h_0b_0}$。因此,扭矩在框架竖直杆件上引起的剪力为

$$Q_c = \frac{M_n}{2h_0b_0} \cdot h_0 = \frac{M_n}{2b_0} \tag{8-85}$$

在水平杆件上引起的剪力为

$$Q_s = \frac{M_n}{2h_0b_0} \cdot b_0 = \frac{M_n}{2h_0} \tag{8-86}$$

将剪力 Q_c 及 Q_s 示于横向框架的杆件上,如图 8-26(c)所示。

为求得剪力 Q_c 及 Q_s 在横向框架中引起的弯矩,可近似地认为各杆件的反弯点在杆件的中点,反弯点处无弯矩只有剪力,如图 8-26(d)所示。由此可绘制出各杆件的弯矩,如图 8-26(e)所示。

根据图 8-26(e)的弯矩图可以绘制出横向框架的周边扭曲变形及其侧倾,如图 8-26(f)所示。为了控制横向框架的侧倾和周边扭曲变形量,通常以控制横向框架两竖杆相对错移量 Δ

来表示。令 $Q_c = 1$，则 $Q_s = \dfrac{b_0}{h_0}$，并绘制出弯矩图 $\overline{M}$，示于图 8-26(g)。

将图 8-26(e) 的 M 图与图 8-26(g) 的 $\overline{M}$ 图图乘可求得 Δ，即

$$\Delta = 2 \cdot \frac{1}{2} \cdot \frac{b_0}{2} \cdot \frac{M_n}{8} \cdot \frac{2}{3} \cdot \frac{b_0}{4} \left(\frac{1}{EI_3} + \frac{1}{EI_4} \right) + 2 \cdot \frac{1}{2} \cdot \frac{h_0}{2} \cdot \frac{M_n}{8} \cdot \frac{2}{3} \cdot \frac{b_0}{4} \left(\frac{1}{EI_1} + \frac{1}{EI_2} \right)$$

$$= \frac{M_n b_0^2}{96E} \left[\left(\frac{1}{I_1} + \frac{1}{I_2} \right) \frac{h_0}{b_0} + \left(\frac{1}{I_3} + \frac{1}{I_4} \right) \right] \leqslant (0.001 \sim 0.002) b_0 \tag{8-87}$$

式中各符号意义如图 8-26 所示。

3. 主梁的动刚度校核

起重机金属结构抵抗动载荷引起变形的能力定义为动刚度。动刚度包含动态特性和动态响应两种含意并以动态特性来表征。动态特性是指振动系统的固有频率、固有振型、质量、阻尼等影响动力响应的固有特性。动力响应是指激振力所引起系统的位移、速度和加速度等。

由于机构启动和制动使起重机金属结构产生持续时间较长的衰减振动，对装卸作业和司机的生理器官与心理感受产生不良的影响，而静、动态应力和静变形并没有超出许用值。这是涉及起重机动刚度的问题，显然不能简单地以限制静刚度的方式来代替。

经研究指出，在振动频率 $f_d \geqslant 1$ Hz 的情况下，人体经受垂直方向和水平方向振动的耐劳限度（时间）是不同的，但都取决于相应方向的振动加速度和振动频率。当振动加速度一定时，人经受垂直振动和水平振动的耐劳限度分别以振动频率为 $4 \sim 8$ Hz 和 $1 \sim 2$ Hz 时为最低。频率过高，振动加速度随之增大，对耐劳限度是不利的；频率过低，例如频率在 $0.1 \sim 0.6$ Hz 范围内时，一般人都会感到不适，且缓慢的衰减过程会影响起重机的生产率。因此，从生产的要求出发，尤其对高速运行的起重机以及要求精确安装的起重机，应具有一定的动刚度。

对起重机装卸作业有直接影响的是垂直方向振动的衰减特性，它与阻尼因素和操作因素有关，后者是随机性质，问题比较复杂，要确切反映衰减时间或末振幅是困难的。

鉴于上述两个问题都与系统的固有频率有关，而固有频率的计算一般可忽略阻尼，也不涉及操作因素。因此，常用系统在垂直方向振动的一阶固有频率来表征其动刚度。也有的资料曾用结构的自振频率（即空载起重机的自振频率）来反映动刚度，这是不妥当的，因为这样做与控制结构的静刚度没有多大差别，而对于旨在考虑对装卸作业有影响的振动特性时，只有带载并考虑钢丝绳弹性影响才有实际意义。

对带载的一般桥式类型起重机进行振动分析表明，垂直方向自振频率以在 $2 \sim 2.5$ Hz 为宜，这与大多数使用性能较好的起重机实测值接近，根据第三章表 3-22，推荐取 $[f_d] = 2$ Hz 作为设计控制值。

《起重机设计规范》对一般的起重机动刚度指标无强制性要求，当用户或设计本身对此有要求时，才进行校核，校核对象为满载自振频率。当满载小车位于跨中（或悬臂端）、钢丝绳绕组的悬吊长度相当于额定起升高度时，垂直方向的自振频率 f_d 推导如下：

带载起重机在垂直方向的振动问题通常可以近似简化为如图 8-27 所示的两个自由度的弹簧-质量系统来分析。图中 m_1 表示桥架换算质量与小车质量之和，m_2 表示吊重质量，C_1 为桥架跨中刚度，C_2 为起升滑轮组刚度。

试验表明，在载荷离地后，载荷和结构实际上可以认为是以同一频率向同一方向运动，即可以近似认为系统作第一阶主振动，而振动频率就是系统的基频。

参看图 8-27 可写出系统的运动微分方程：

$$\begin{cases} m_1\ddot{x}_1 + C_1 x_1 - C_2(x_2 - x_1) = 0 \\ m_2\ddot{x}_2 + C_2(x_2 - x_1) = 0 \end{cases}$$

或

$$\begin{cases} m_1\ddot{x}_1 + (C_1 + C_2)x_1 - C_2 x_2 = 0 \\ m_2\ddot{x}_2 + C_2 x_2 - C_2 x_1 = 0 \end{cases}$$

令

$$\begin{cases} x_1 = A \cdot \sin\omega t \\ x_2 = \delta \cdot A \cdot \sin\omega t \end{cases}$$

则

$$\begin{cases} \ddot{x}_1 = -A\omega^2 \sin\omega t \\ \ddot{x}_2 = -\delta A\omega^2 \sin\omega t \end{cases}$$

图 8-27　二自由度弹性系统

将上式代入微分方程式,得

$$\begin{cases} -m_1 A\omega^2 \sin\omega t + (C_1 + C_2)A\sin\omega t - C_2\delta A\sin\omega t = 0 \\ -m_2\delta A\omega^2 \sin\omega t + C_2\delta A\sin\omega t - C_2 A\sin\omega t = 0 \end{cases}$$

故

$$\begin{cases} -m_1\omega^2 + (C_1 + C_2) - C_2\delta = 0 \\ -m_2\delta\omega^2 + C_2\delta - C_2 = 0 \end{cases}$$

$$\begin{cases} \delta = \dfrac{(C_1 + C_2) - m_1\omega^2}{C_2} \\ \delta = \dfrac{C_2}{C_2 - m_2\omega^2} \end{cases}$$

所以

$$\frac{(C_1 + C_2) - m_1\omega^2}{C_2} = \frac{C_2}{C_2 - m_2\omega^2}$$

$$\omega^4 - \left(\frac{C_1 + C_2}{m_1} + \frac{C_2}{m_2}\right)\omega^2 + \frac{C_1 C_2}{m_1 m_2} = 0$$

自振圆频率为

$$\omega_{1,2} = \sqrt{\frac{1}{2}\left(\frac{C_1 + C_2}{m_1} + \frac{C_2}{m_2}\right) \pm \sqrt{\left[\frac{1}{2}\left(\frac{C_1 + C_2}{m_1} + \frac{C_2}{m_2}\right)\right]^2 - \frac{C_1 C_2}{m_1 m_2}}} \quad \text{(rad/s)}$$

第一阶自振频率(基频)f_1 即为衡量动刚度的满载自振频率 f_d：

$$f_\mathrm{d} = f_1 = \frac{1}{2\pi}\sqrt{\frac{1}{2}\left(\frac{C_1 + C_2}{m_1} + \frac{C_2}{m_2}\right) - \sqrt{\left[\frac{1}{2}\left(\frac{C_1 + C_2}{m_1} + \frac{C_2}{m_2}\right)\right]^2 - \frac{C_1 C_2}{m_1 m_2}}} \quad \text{(Hz)}$$

令 $M = \dfrac{m_1}{m_2}, C = \dfrac{C_1}{C_2}$,得

$$f_\mathrm{d} = \frac{1}{2\pi}\sqrt{\frac{C_1}{m_1}} \cdot \sqrt{\frac{1 + C + M}{2C} - \sqrt{\left(\frac{1 + C + M}{2C}\right)^2 - \frac{M}{C}}} \geqslant [f] = 2\ \text{Hz} \qquad (8\text{-}88)$$

式(8-88)是两自由度系统的第一阶自振频率(基频)的精确计算式。

为便于工程上实用可进一步简化,把图 8-27 所示的二自由度系统换算成一个具有相当刚度 C_e 和相当质量 m_e 的单自由度系统,如图 8-28 所示。其中 m_e 为把 m_1 向 m_2 转化后所得的相当质量。质量 m_1 转化到 m_2 以后,刚度为 C_1 的弹簧与刚度为 C_2 的弹簧便成为串

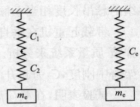

图 8-28　单自由度弹性系统

联。根据两个串联弹簧 C_1 及 C_2 与一个具有相当刚度 C_e 的弹簧变形相等条件可得

$$\frac{m_e g}{C_e} = \frac{m_e g}{C_1} + \frac{m_e g}{C_2}$$

则

$$\frac{1}{C_e} = \frac{1}{C_1} + \frac{1}{C_2}$$

故

$$C_e = \frac{C_1 C_2}{C_1 + C_2} \qquad (8\text{-}89)$$

参看图 8-27，质量 m_1 向 m_2 转化，并假定 m_1 与 m_2 作同向运动，可根据动能相等原理求出相当质量 m_e，即

$$\frac{1}{2} m_e \dot{x}_2^2 = \frac{1}{2} m_2 \dot{x}_2^2 + \frac{1}{2} m_1 \dot{x}_1^2$$

由于 m_1 转化到 m_2 上，故相当质量 m_e 与 m_2 具有相同的运动速度 $\dot{x}_2$。

假定运动速度 $\dot{x}_1$ 及 $\dot{x}_2$ 与位移 x_1 及 x_2 成正比，而位移 x_1 及 x_2 又与刚度 C_1 及 C_e 成反比，故上式可写成：

$$m_e \frac{1}{C_e^2} = m_2 \frac{1}{C_e^2} + m_1 \frac{1}{C_1^2}$$

则

$$m_e = m_2 + m_1 \left(\frac{C_e}{C_1}\right)^2 = m_2 \left[1 + \frac{m_1}{m_2}\left(\frac{C_e}{C_1}\right)^2\right] \qquad (8\text{-}90)$$

众所周知，如图 8-28 所示单自由度系统的自振频率为

$$f_d = \frac{1}{2\pi}\sqrt{\frac{C_e}{m_e}} \qquad (\text{Hz}) \qquad (8\text{-}91)$$

将式(8-89)及式(8-90)代入式(8-91)，可得

$$f_d = \frac{1}{2\pi}\sqrt{\frac{C_1}{m_1}}\sqrt{\frac{M(1+C)}{M+(1+C)^2}} \geqslant [f] = 2 \text{ Hz} \qquad (8\text{-}92)$$

很显然，式(8-88)及式(8-92)中的 $\sqrt{\dfrac{C_1}{m_1}}$ 是空载起重机结构部分的刚度为 C_1 及质量为 m_1 的单自由度系统的固有圆频率。

式(8-92)可以用静变位表示，若以 y_q、y_c 和 y_1 分别表示结构在其质量换算处由结构自重、小车自重和吊重引起的垂直静挠度，以 λ_0 表示起升滑轮组由吊重引起的静伸长，则

$$m_1 g = (y_c + \gamma y_q) C_1$$
$$m_2 g = y_1 C_1 = \lambda_0 C_2$$

式中 γ 是比例系数，其物理意义是结构在质量换算点处由换算集中载荷所引起的垂直静挠度与结构自重分布载荷引起的垂直静挠度之比，由此得

$$M = \frac{m_1}{m_2} = \frac{y_c + \gamma y_q}{y_1}$$

$$C = \frac{C_1}{C_2} = \frac{\lambda_0}{y_1}$$

$$\sqrt{\frac{C_1}{m_1}} = \sqrt{\frac{g}{y_c + \gamma y_q}}$$

将以上各式代入式(8-92)中，得

$$f_d = \frac{1}{2\pi} \sqrt{\frac{g(y_1 + \lambda_0)}{(y_c + \gamma y_q)y_1 + (y_1 + \lambda_0)^2}} \geqslant [f] = 2 \text{ Hz} \tag{8-93}$$

或

$$f_d = \frac{1}{2\pi} \sqrt{\frac{g}{(1+\beta)(y_1 + \lambda_0)}} \geqslant [f] = 2 \text{ Hz} \tag{8-94}$$

式中,$\beta = \frac{m_1}{m_2}\left(\frac{y_1}{y_1 + \lambda_0}\right)^2$,其中桥架换算质量与小车质量之和 m_1 的计算见表 3-24,λ_0 及 y_1 的取值与第三章公式(3-39)中相应参数相同。

第五节　偏轨箱形门式起重机支腿的设计计算

一、确定计算载荷及其组合(见第三章)

二、支腿的内力分析

偏轨箱形门式起重机支腿的内力分析按门架平面和支腿平面分别进行。

1. 门架平面的支腿内力

对于具有两个刚性支腿的门式起重机,支腿按一次超静定门架简图进行内力计算;对于带柔性支腿的门式起重机,支腿按静定门架简图进行内力计算。

带悬臂的门式起重机小车位于有效悬臂端、不带悬臂的门式起重机小车靠近一条支腿处为计算门式起重机支腿内力的最不利工况。

由垂直和水平计算载荷引起的支腿内力由表 8-6 查取。

2. 支腿平面的支腿内力

由垂直和水平计算载荷引起的支腿内力由表 8-7 查取。

表 8-6　门架平面支腿内力计算公式

名　称	载荷图和弯矩图	支反力 V 和横推力 H	支腿弯矩 M 和剪力 Q
由起升载荷 $\Phi_i Q$、小车自重载荷 $\Phi_i G_{xc}$、桥架自重载荷 $\Phi_i P_G$ 引起的内力 根据载荷组合 Φ_i 取 Φ_1 或 Φ_4,Φ_j 取 Φ_2、Φ_3 或 Φ_4		$V_A = \frac{\Phi_i P_{xc} + \Phi_j P_Q}{n}\left(1 + \frac{l_0}{L}\right) + \frac{1}{2}\Phi_i P_G$ $V_B = -\frac{\Phi_i P_{xc} + \Phi_j P_Q}{n} \cdot \frac{l_0}{L} + \frac{1}{2}\Phi_i P_G$ $H = \frac{\Phi_i P_{xc} + \Phi_j P_Q}{n} \cdot \frac{3l_0}{2h(2k+3)}$ $k = \frac{I_2}{I_1} \cdot \frac{h}{L}$ 单梁 $n=1$,双梁 $n=2$	$M_C = M_D = Hh$ $Q = H$
		$V_A = \frac{\Phi_i P_{xc} + \Phi_j P_Q}{n}\left(1 - \frac{l_0}{L}\right) + \frac{1}{2}\Phi_i P_G$ $V_B = \frac{\Phi_i P_{xc} + \Phi_j P_Q}{n} \cdot \frac{l_0}{L} + \frac{1}{2}\Phi_i P_G$ $H = \frac{\Phi_i P_{xc} + \Phi_j P_Q}{n} \cdot \frac{3l_0(L - l_0)}{2hL(2k+3)}$ 单梁 $n=1$,双梁 $n=2$	$M_C = M_D = Hh$ $Q = H$

名　称	载荷图和弯矩图	支反力 V 和横推力 H	支腿弯矩 M 和剪力 Q
由小车惯性力 P_{Hx}（或小车与货物的风载荷 P_w 或小车碰撞力 P_c）引起的内力		$-V_A = V_B = P_{Hx} \dfrac{h}{L}$ $H_A = H_B = \dfrac{1}{2} P_{Hx}$	$M_C = -M_D = H_A h$ $Q = H_A$
		$-V_A = V_B = P_{Hx} \cdot \dfrac{h}{L}$ $H_A = P_{Hx}$ $H_B = 0$	$M_C = H_A h$ $M_D = 0$ $Q = H_A$
由支腿风载荷 q_w 引起的支腿内力		$-V_A = V_B = \dfrac{q_w h^2}{2L}$ $H_A = \dfrac{11k+18}{2k+3} \cdot \dfrac{q_w h}{8}$ $H_B = \dfrac{5k+6}{2k+3} \cdot \dfrac{q_w h}{8}$ $k = \dfrac{I_2}{I_1} \cdot \dfrac{h}{L}$ $q_w = \dfrac{P_w}{h}$	$M_C = \dfrac{3(k+2)}{2k+3} \cdot \dfrac{q_w h^2}{8}$ $M_D = -\dfrac{5k+6}{2k+3} \cdot \dfrac{q_w h^2}{8}$ 当 $y = \dfrac{h}{8} \cdot \dfrac{11k+18}{2k+3}$ $M_{max} = \dfrac{q_w}{2} \left(\dfrac{h}{8} \cdot \dfrac{11k+18}{2k+3} \right)^2$ $Q = H_A - q_w y$
		$-V_A = V_B = \dfrac{q_w h^2}{2L}$ $H_A = q_w h$	$M_C = \dfrac{1}{2} q_w h^2$ $M_D = 0$ $Q = H_A - q_w y$

注：1. 桥架自重 P_G 引起的横推力不考虑，因为它只是在安装时才出现，当起重机一经运行，横推力即刻消失，使门架跨度稍加增大。

　　2. h 为支腿高度。

表 8-7　支腿平面的支腿内力计算公式

名　称	计算简图和内力图	支反力 V 或 N 和弯矩 M
由起升载荷 $\Phi_j P_Q$、小车自重载荷 $\Phi_i P_{xc}$、桥架自重载荷 $\Phi_i P_G$ 引起的支腿垂直载荷 V_A 及由 V_A 引起的内力 根据载荷组合 Φ_i 取 Φ_1 或 Φ_4，Φ_j 取 Φ_2、Φ_3 或 Φ_4		$V_A = \dfrac{\Phi_i P_{xc} + \Phi_j P_Q}{n}\left(1 + \dfrac{l_0}{L}\right) + \dfrac{1}{2}\Phi_i P_G$ $-V_B = \dfrac{\Phi_i P_{xc} + \Phi_j P_Q}{n}\cdot\dfrac{l_0}{L} - \dfrac{1}{2}\Phi_i P_G$
		$V_A = \dfrac{\Phi_i P_{xc} + \Phi_j P_Q}{n}\left(1 - \dfrac{l_0}{L}\right) + \dfrac{1}{2}\Phi_i P_G$ $V_B = \dfrac{\Phi_i P_{xc} + \Phi_j P_Q}{n}\cdot\dfrac{l_0}{L} + \dfrac{1}{2}\Phi_i P_G$
		$N_1 = V_A\dfrac{B_1 - h\cot\alpha}{B}$ $N_2 = V_A\dfrac{B - B_1 + h\cot\alpha}{B}$ $M_1 = V_A h\cot\alpha$ $M_2' = N_1(B - B_1),\ M_2'' = N_2 B_1$
		$N_1 = V_A\dfrac{R_1 - R_2 + B_1}{B}$ $N_2 = V_A\dfrac{B - B_1 - R_1 + R_2}{B}$ $M_1 = V_A(R_1 - R_2),\ M_{1max} = V_A R_2$ $M_2' = N_1(B - B_1),\ M_2'' = N_2 B_1$
		$N_1 = N_2 = V_A$ $M_1 = V_A e_0$ $M_2' = V_A b$ $M_2 = V_A(e_0 + b)$
		$N_1 = N_2 = V_A$ $M_1 = V_A(R_1\cos\varphi - R_1 + R_2 + e_0)$ $M_{1max} = V_A(R_2 + e_0),\ M_2' = V_A b$ $M_2'' = M_{2max}$ $= V_A(R_1\cos\varphi - R_1 + R_2 + e_0 + b)$

名　称	计算简图和内力图	支反力 V 或 N 和弯矩 M
由起升载荷 $\Phi_j P_Q$、小车自重载荷 $\Phi_i P_{xc}$、桥架自重载荷 $\Phi_i P_G$ 引起的支腿垂直载荷 V_A 及由 V_A 引起的内力		$N_1 = N_2 = V_A$ $H = -\dfrac{\Delta_{1P}}{\delta_{11}}$ $\delta_{11} = \dfrac{h_1^3}{EI_1}\left\{ \dfrac{2}{3}\dfrac{l}{h_1} + \dfrac{I_1}{I_3}\left[2\dfrac{h_2}{h_1}\times\left(1+\dfrac{1}{2}\times\dfrac{h_2}{h_1}\right) + \left(\dfrac{h_2}{h_1}\right)^2\left(1+\dfrac{2}{3}\times\dfrac{h_2}{h_1}\right) + \dfrac{b}{h_1}\left(1+\dfrac{h_2}{h_1}\right)^2\right]\right\}$ $\Delta_{1P} = \dfrac{2V_A h_1^3}{EI_1}\left\{ \dfrac{1}{3}\dfrac{l}{h_1}\dfrac{a}{h_1} + \dfrac{I_1}{I_3}\times \dfrac{a+c}{h_1}\left[\dfrac{h_2}{h_1} + \dfrac{1}{2}\left(\dfrac{h_2}{h_1}\right)^2 + \dfrac{1}{2}\times\dfrac{b}{h_1}\times\left(1+\dfrac{h_2}{h_1}\right)\right]\right\}$ $M_1 = V_A a - H h_1$，$M_3 = V_A(a+c) - H h_1$ $M_4 = V_A(a+c) - H(h_1+h_2)$
由起升载荷 $\Phi_j P_Q$、小车自重载荷 $\Phi_i P_{xc}$、大车制动惯性载荷 P_H 和风载荷 P_W 引起的扭矩 M_A 作用下的支腿内力		$-N_1 = N_2 = \dfrac{M_A}{B}$ $M_1 = M_A$ $M_2' = N_1(B-B_1)$ $M_2'' = N_2 B_1$
		$-N_1 = N_2 = \dfrac{M_A}{B}$ $M_1 = M_A$ $M_2' = N_1(B-B_1)$ $M_2'' = N_2 B_1$
由大车制动惯性载荷 P_H、风载荷 P_W 作用产生水平力 P_A 引起的内力		$-N_1 = N_2 = P_A \cdot \dfrac{h}{B}$ $M_1 = P_A \cdot h$ $M_2' = N_1(B-B_1)$ $M_2'' = N_2 B_1$
		$-N_1 = N_2 = P_A \dfrac{R_1+R_2+h_1}{B}$ $M_1 = P_A(R_1+R_2+h_1)$ $M_2' = N_1(B-B_1)$ $M_2'' = N_2 B_1$

名 称	计算简图和内力图	支反力 V 或 N 和弯矩 M
由大车制动惯性载荷 P_H、风载荷 P_W 作用产生水平力 P_A 引起的内力		$-N_1=N_2=2P_A\dfrac{h}{B}$ $M_1=P_Ah$ $M_2'=N_1b$ $M_2''=N_2(B-b)-P_Ah$
		$-N_1=N_2=2P_A\dfrac{R_1\sin\varphi+R_2+h_1}{B}$ $M_1=P_A(R_1\sin\varphi+R_2+h_1)$ $M_2'=N_1b$ $M_2''=P_A(R_1\sin\varphi+R_2+h_1)-N_1b$
由大车制动惯性载荷 P_H、风载荷 P_W 作用产生水平力 q_A 引起的内力		$-N_1=N_2=q_A\dfrac{h^2}{2B}$ $M_1=\dfrac{q_Ah^2}{2}$ $M_2'=N_1(B-B_1)$ $M_2''=N_2B_1$
		$-N_1=N_2=\dfrac{q_A(R_1+R_2+h_1)^2}{2B}$ $M_1=\dfrac{1}{2}q_A(R_1+R_2+h_1)^2$ $M_2'=N_1(B-B_1)$ $M_2''=N_2B_1$
		$-N_1=N_2=q_A\dfrac{h^2}{B}$ $M_1=\dfrac{q_Ah^2}{2}$ $M_2'=N_1b$ $M_2''=M_1-M_2'$

名　称	计算简图和内力图	支反力 V 或 N 和弯矩 M
由大车制动惯性载荷 P_H、风载荷 P_W 作用产生水平力 q_A 引起的内力	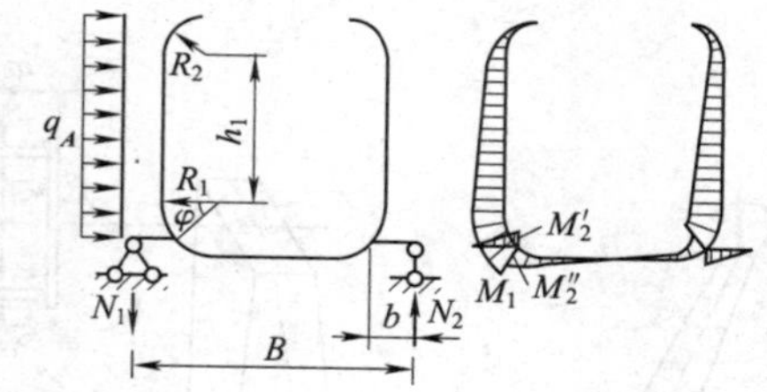	$-N_1 = N_2 = q_A \dfrac{(R_1\sin\varphi + R_2 + h_1)^2}{B}$ $M_1 = \dfrac{1}{2}q_A\,(R_1\sin\varphi + R_2 + h_1)^2$ $M_2' = N_1 b$ $M_2'' = M_1 - M_2'$
由偏斜运行侧向载荷 P_S 引起的支腿及主梁内力	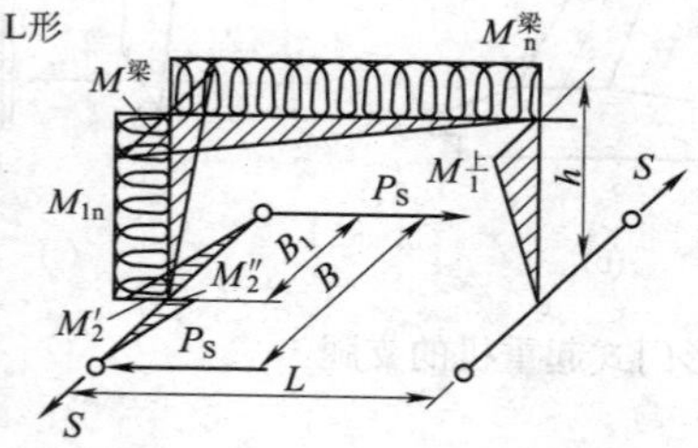 L形 	$S = P_S\dfrac{B}{L}$ $M_1^{上} = M_n^{梁} = S\cdot h$ $M_{1n} = M^{梁} = S\cdot L$ $M_2' = P_S\cdot B_1$ $M_2'' = P_S(B - B_1)$
	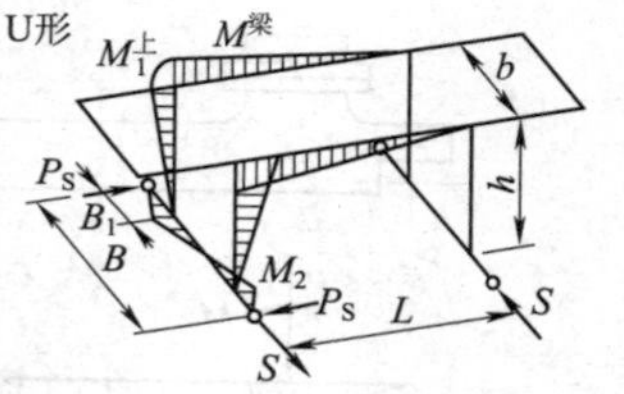 U形 	$S = P_S\dfrac{B}{L}$ $M_1^{上} = M^{梁} = P_S\cdot h$ $M_2 = P_S\cdot B_1$

注：由于带马鞍门机支腿的受力较复杂，由 M_A、P_A 及 q_A 引起的支腿内力表中没有列举。

三、支腿的截面选择

对于单主梁门式起重机和无马鞍的双梁门式起重机，根据支腿的受力情况（图 8-29），为使结构受力合理，在门架平面内应使支腿截面上宽下窄，而在支腿平面内应使支腿截面上窄下宽，即沿支腿高度在两个平面内采用变截面形式的箱形支腿［图 8-29（c）］，具体尺寸见表 8-4。

参看图 8-29（c），L 形门式起重机支腿上端与主梁相连接，故支腿上端宽度 b_s 通常取成等于梁宽，取尺寸 c_s 略大于梁高，且 $c_s = (1.38\sim1.8)b_s$；支腿下端与下横梁相连接，故支腿下端尺寸 c_x 可取为等于下横梁的宽度，而下横梁宽度由走行车轮支承结构决定，通常 $c_x > (400\sim700)\ \mathrm{mm}$，$b_x > (2.9\sim3.7)c_x$。

下横梁是支腿的一个组成部分。单主梁门式起重机的下横梁如图 8-30（a）所示，双梁无马鞍门式起重机的下横梁如图 8-30（b）所示。图 8-30（a）所示单主梁门式起重机下横梁的支腿支承点 C 的位置应根据 A 及 B 两点的支承反力相等的条件来确定，即 $R_A = R_B$，由此得：

$$b = \frac{B}{2} - \frac{M}{P}$$

对于带马鞍的门式起重机,根据受力情况,在支腿的两个平面内都制成上宽下窄(图 8-31)。通常,其尺寸宽差率为 $\dfrac{b_s - b_x}{b_s} \approx 0.7$,$\dfrac{c_s - c_x}{c_s} \approx 0.7$。

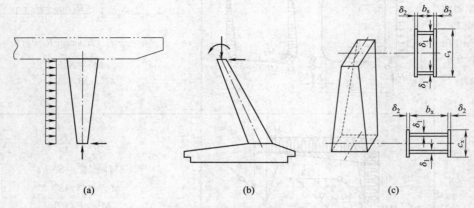

图 8-29　L 形门式起重机的支腿

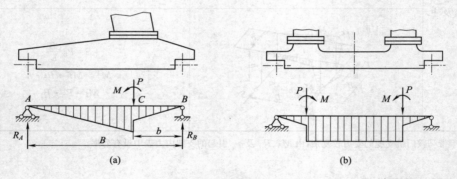

图 8-30　下横梁简图
(a)L 形;(b)U 形。

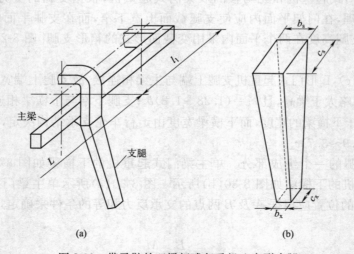

图 8-31　带马鞍的双梁门式起重机八字形支腿

四、强度校核

1. 支腿的强度校核

在门架平面内，支腿上端为危险截面；在支腿平面内，支腿下端为危险截面。除了校核这两个危险截面外，由于支腿在门架平面和支腿平面都是变截面，还应对中间截面进行强度校核。支腿是压弯构件，其危险截面的强度按下式校核：

$$\frac{N}{A_j} + \frac{M_x}{W_{jx}} + \frac{M_y}{W_{iy}} \leqslant [\sigma] \tag{8-95}$$

式中　N——支腿的轴向压力，即由垂直载荷及水平载荷引起的支腿垂直支反力 V，计算见表 8-6；

　　　A_j——支腿计算截面的净面积；

　　　M_x——门架平面的载荷在支腿计算截面引起的弯矩（绕截面 x 轴），计算见表 8-6；

　　　M_y——支腿平面的载荷在支腿计算截面引起的弯矩（绕截面 y 轴），计算见表 8-7；

W_{jx}、W_{iy}——支腿计算截面对 x 轴、y 轴的净截面抗弯模数。

计算支腿上端截面时，式(8-95)中 $M_x = \sum M_C$（M_C 的计算见表 8-6；偏斜运行侧向力 P_S 引起的 U 形门机支腿上端截面弯矩的计算见表 8-7 最后一行），M_y 取表 8-7 中支腿上端的弯矩（当支腿上端有偏心载荷、集中力矩或偏斜运行侧向载荷 P_S 时，该截面 $M_y \neq 0$）。计算支腿下端截面时，式(8-95)中 $M_x = 0$，$M_y = \sum M_1$（M_1 的计算见表 8-7）。

2. 下横梁的强度校核

下横梁跨间截面根据支腿平面内支腿承受的载荷及相应的载荷组合按弯曲强度进行校核。

大车走行车轮通过角形轴承座安装在下横梁的两端，为了安放角形轴承座，将下横梁两端的腹板切去一部分，形成阶梯形，如图 8-32 所示。

试验表明，下横梁的破坏形式是切口处过渡圆弧 f-h 区段发生疲劳破坏。该区段承受的应力有：

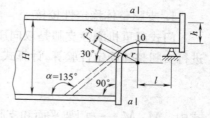

图 8-32　下横梁的端部简图

$$\left.\begin{array}{l} \text{径向正应力}\quad \sigma_R = k_R\sigma_0 \\ \text{切向正应力}\quad \sigma_Q = k_Q\sigma_0 \\ \text{切应力}\quad \tau_{QR} = k_\tau\tau_0 \end{array}\right\} \tag{8-96}$$

式中　σ_0、τ_0——腹板切口圆弧段起点 0 处的正应力和剪应力；

　　　k_R、k_Q——系数，与 $\dfrac{A_x}{A_f}$、$\dfrac{h}{H}$ 及过渡角 α 有关，由图 8-33 查取；A_x 为下翼缘板截面积，A_f 为 a—a 截面所截腹板的截面积；

　　　k_τ——与 $\dfrac{l}{h}$ 及 α 有关的系数，由图 8-33 查取。

疲劳强度按下式校核

$$k_h k_r \sqrt{\sigma_R^2 + \sigma_Q^2 - \sigma_R\sigma_Q + 3\tau_{QR}^2} \leqslant [\sigma_r] \tag{8-97}$$

式中　k_r——系数，与 $\dfrac{r}{h}$ 及 $\dfrac{h}{H}$ 有关，由图 8-33 查取；

k_h——焊缝形状系数,腹板与下翼缘板成 T 字形连接,双面焊 $k_h=1$,单面焊 $k_h=1.4$;

$[\sigma_r]$——疲劳许用应力,见第三章。

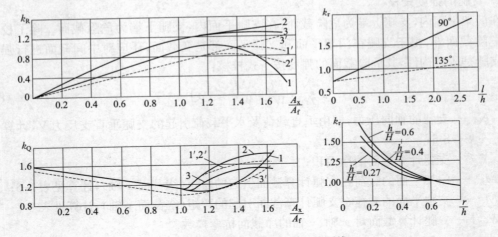

图 8-33 系数 k_R、k_Q、k_τ 及 k_r 的图线

1 和 1′——$\dfrac{h}{H}=0.55$;2 和 2′——$\dfrac{h}{H}=0.4$;3 和 3′——$\dfrac{h}{H}=0.25$;

实线为 $\alpha=90°$(即装角形轴承座);虚线为 $\alpha=135°$。

五、支腿的整体和局部稳定性校核

1. 支腿整体稳定性校核

门式起重机刚性支腿是双向压弯构件,柔性支腿是单向压弯构件,应按第五章介绍的方法进行支腿整体稳定性验算,计算式如下:

$$\sigma=\frac{N}{\varphi A}+\frac{M_x}{W_x}+\frac{M_y}{W_y}\leqslant[\sigma] \tag{8-98}$$

式中 M_x、M_y——门架平面和支腿平面的计算弯矩(常取距支腿小端 $0.45h$ 处截面的弯矩);

N——支腿的轴向压力;

A、W_x、W_y——距支腿小端 $0.45h$ 截面的毛截面面积和毛截面抗弯模量;

φ——轴心压杆稳定系数,根据支腿长细比 $\lambda=\dfrac{\mu_1\mu_2 h}{r}$ 查第五章相应表,λ 应取门架平面和支腿平面计算出的最大值。

其中 μ_1 是由支腿的支承情况决定的折算长度系数,支腿在门架平面内的支承情况可视为上端固定、下端铰支,则 $\mu_1=0.7$;支腿平面内的支承情况可视为下端固定、上端自由,则 $\mu_1=2$。μ_2 为变截面支腿的折算长度系数,由表 8-10 查取;r 为支腿计算截面的回转半径。

2. 支腿局部稳定性校核

为了防止支腿的腹板和翼缘板发生波浪变形即局部失稳,应对支腿进行局部稳定性校核,否则有可能导致结构过早损坏。

对于轴心受压的箱形截面支腿,其腹板的计算高度 b_0 与其厚度 δ_1 之比和箱形截面两腹板间翼缘板宽度 c_0 与其厚度 δ_2 之比(图 8-34)应满足下式:

$$\left.\begin{aligned} \frac{b_0}{\delta_1} &\leqslant 50\sqrt{\frac{235}{\sigma_s}}+0.1\lambda \\ \frac{c_0}{\delta_2} &\leqslant 50\sqrt{\frac{235}{\sigma_s}}+0.1\lambda \end{aligned}\right\} \tag{8-99}$$

对于偏心受压的箱形截面支腿，b_0/δ_1 和 c_0/δ_2 应满足下式（图 8-34）：

$$\left.\begin{aligned} \frac{b_0}{\delta_1} &\leqslant 100\sqrt{\frac{\xi}{\sigma_{max}}} \\ \frac{c_0}{\delta_2} &\leqslant 100\sqrt{\frac{\xi}{\sigma_{max}}} \end{aligned}\right\} \tag{8-100}$$

式中　ξ——系数，根据 $\alpha=\dfrac{\sigma_{max}-\sigma_{min}}{\sigma_{max}}$ 值，按表 8-8 查取；

σ_{max}——腹板计算高度边缘（或翼缘板计算宽度边缘）的最大压应力；

σ_{min}——腹板计算高度（或翼缘板计算宽度）另一边缘的应力（压应力取正值，拉应力取负值）。

表 8-8　ξ 值

α	0.2	0.4	0.6	0.8	1.0	1.2	1.4	1.6
ξ	400	750	1 100	1 400	1 600	1 800	1 950	2 100

若受压支腿的 b_0/δ_1 或 c_0/δ_2 不满足上述要求，需设纵向加劲肋，然后再按上述方法验算受压较大的腹板（或翼缘板）在加劲肋之间的计算长度与厚度之比[图 8-34(b)]。纵向加劲肋通常用钢板条或型钢制成。

纵向加劲肋应成对布置，其宽度 $b_1>10\delta$，厚度 $\delta_1>\dfrac{3}{4}\delta$（$\delta$ 为腹板或翼缘板的厚度，即 δ_1 或 δ_2）。

为增加支腿的抗扭刚度，必须设横向加劲肋。横向加劲肋间距通常为 $(2.5\sim3)b_0$（或 c_0），如图 8-35 所示。

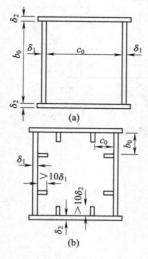

图 8-34　支腿截面及纵向加劲肋布置

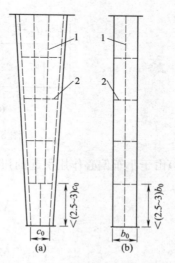

图 8-35　支腿加劲肋布置简图
1—纵向加劲肋；2—横向加劲肋。

横向加劲肋宽度为

或

$$b_l \geqslant \frac{b_0}{30} + 40 \quad (\text{mm})$$
$$b_l \geqslant \frac{c_0}{30} + 40 \quad (\text{mm})$$

(8-101)

横向加劲肋厚度为

$$\delta_l \geqslant \frac{b_l}{15}\sqrt{\frac{\sigma_s}{235}}$$

(8-102)

加劲肋在支腿上的布置如图 8-35 所示。

支腿下横梁的局部稳定与主梁无集中轮压作用时情况相同,参阅第六章合理地布置横向及纵向加劲肋。

六、双梁门式起重机桥架水平刚度校核

双梁门式起重机如果桥架水平刚度不够,会出现两根主梁向中间并拢,甚至发生小车卡轨现象。为避免出现卡轨,对桥架水平刚度需进行校核。对于单主梁门式起重机,支腿水平刚度的大小不影响使用,因此一般不予校核,只按强度条件设计。

满载小车位于有效悬臂端,其中一条支腿出现最大支反力为桥架水平刚度校核的最不利工况。

1. 计算载荷

(1)一根主梁作用于支腿上端的垂直压力(图 8-36)

$$V_A = \frac{1}{2}(P_Q + P_{xc})\frac{L+l_0}{L}$$
$$V_B = \frac{1}{2}(P_Q + P_{xc})\frac{l_0}{L}$$

(8-103)

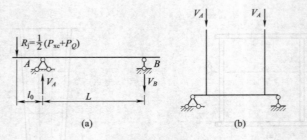

图 8-36 支腿垂直压力计算简图

(2)由于小车偏心作用引起的扭矩(图 8-37)

$$M_A = \frac{\dfrac{1}{C_B} + \dfrac{L}{GI_K}}{\dfrac{1}{C_A} + \dfrac{1}{C_B} + \dfrac{L}{GI_K}}M_n$$
$$M_B = M_n - M_A$$

(8-104)

式中 M_n——主梁上的外扭矩,$M_n = R_j e$,其中,R_j 为一根主梁上的小车静轮压,e 为偏心距。

其他符号的含义同式(8-14)。

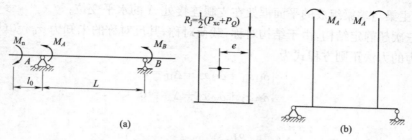

图 8-37　支腿扭矩计算简图

（3）主梁与端梁构成平面框架，它对支腿水平变位起约束作用，其水平支反力以 H_A 及 H_B 表示。H_A 及 H_B 是未知的，可以根据水平框架和支腿的变形协调条件求得。

2. 求水平支反力 H_A 及 H_B

根据平面框架与支腿上端连接处水平变位相等的条件求 H_A 及 H_B。

（1）支腿上端的水平变位可用图 8-38 的（d）图与（a）、（b）、（c）图图乘得到：

$$f_A^t = \frac{2h^2}{EI_t}\left(\frac{1}{2}M_A - \frac{1}{3}hH_A\right) + \frac{h(B-2b)}{EI_h}(V_A b + M_A - hH_A) \qquad (8\text{-}105)$$

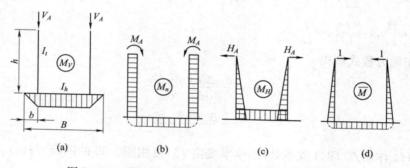

图 8-38　双梁门式起重机支腿上端水平变位计算简图

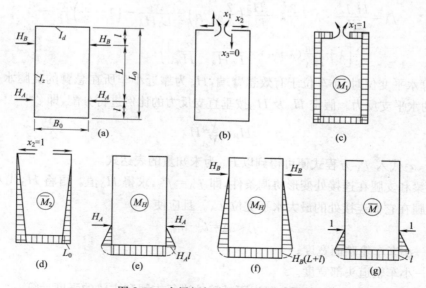

图 8-39　主梁框架水平变位计算简图

(2)计算主梁与端梁组成的平面框架在支腿连接处 A 的水平变位:

框架是三次超静定结构,由于结构对称、载荷对称,其反对称的未知力 $x_3 = 0$(图 8-39),其余两个未知力的力法正则方程式为

$$\begin{cases} \delta_{11}x_1 + \delta_{12}x_2 + \Delta_{1P} = 0 \\ \delta_{21}x_1 + \delta_{22}x_2 + \Delta_{2P} = 0 \end{cases}$$

式中

$$\begin{cases} \delta_{11} = \dfrac{2L_0}{EI_z}(1+K) \\[2mm] \delta_{22} = \dfrac{2}{3} \cdot \dfrac{L_0^3}{EI_z}\left(1 + \dfrac{3}{2}K\right) \\[2mm] \delta_{12} = \delta_{21} = \dfrac{L_0^2}{EI_z}(1+K) \end{cases}$$

$$\Delta_{1P} = -\frac{H_A L_0^2}{EI_z}\left\{ \lambda^2 + \frac{H_B}{H_A}(\mu+\lambda)^2 + K\left[\lambda + \frac{H_B}{H_A}(\mu+\lambda)\right]\right\}$$

$$\Delta_{2P} = -\frac{H_A L_0^3}{EI_z}\left\{ \lambda^2\left(1 - \frac{1}{3}\lambda\right) + \frac{H_B}{H_A}(\lambda+\mu)^2 \frac{2+\lambda}{3} + K\left[\lambda + \frac{H_B}{H_A}(\lambda+\mu)\right]\right\}$$

式中,$K = \dfrac{I_z}{I_d} \cdot \dfrac{B_0}{L_0}$,$\lambda = \dfrac{l}{L}$,$\mu = \dfrac{L}{L_0}$。

由力法正则方程式解得

$$\begin{cases} x_1 = \dfrac{\delta_{12}\Delta_{2P} - \delta_{22}\Delta_{1P}}{\delta_{11}\delta_{22} - \delta_{12}^2} \\[3mm] x_2 = -\dfrac{\Delta_{1P} + \delta_{11}x_1}{\delta_{12}} \end{cases}$$

水平力 H_A 作用点(即 A 支承处)的水平变位 f_A^k,可用图 8-39 的图(g)与(c)、(d)、(e)、(f)图图乘得

$$\begin{aligned} f_A^k = \frac{H_A L_0^3}{EI_z} \cdot \lambda^2 &\left\{ \frac{2}{3}\lambda + \frac{H_B}{H_A}\left(\frac{2}{3}\lambda + \mu\right) - \frac{x_1}{L_0 H_A} - \left(1 - \frac{\lambda}{3}\right)\frac{x_2}{H_A} + \right. \\ &\left. \frac{K}{\lambda}\left[\lambda + \frac{H_B}{H_A}(\lambda+\mu) - \frac{x_1}{L_0 H_A} - \frac{x_2}{H_A}\right]\right\} \end{aligned} \tag{8-106}$$

(3)计算水平变位时,小车位于有效悬臂端,H_A 为靠近小车所在悬臂的支腿水平支反力,H_B 为远端的水平支反力。假定 H_A 及 H_B 按垂直支反力的比例进行分配,即

$$H_B = \frac{V_B}{V_A}H_A \tag{8-107}$$

将 H_B 和 x_1、x_2 代入 f_A^k 方程式便可得到以 H_A 为未知量的表达式。

根据主梁和支腿在连接处变形协调条件,即 $f_A^l = f_A^k$,求得 H_A 值。再将 H_A 代入 f_A^l,即求得主梁和支腿在它们连接处的最大水平变位 f_A^l。且应使

$$f_A^l < \Delta = b_c - b_g \tag{8-108}$$

式中　b_c——小车车轮踏面宽度;

　　　b_g——小车轨道头部宽度。

根据求得的水平支反力 H_A、H_B 可以更精确地进行支腿和主梁的强度计算。

七、支腿与主梁及下横梁的连接计算（见第四章）

八、变截面支腿的折算惯性矩和长度系数

1. 变截面支腿的折算惯性矩 I_t

根据门式起重机支腿的受力情况，按等强度设计支腿并满足结构方面的要求，支腿通常做成变截面的形式（图 8-40）。箱形变截面支腿可沿长度两个方向改变截面［图 8-40(a)］或沿长度一个方向改变截面［图 8-40(b)］，桁架式变截面支腿通常采用如图 8-40(c)所示的沿长度两个方向改变截面的形式。

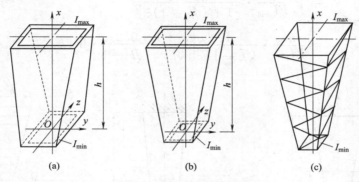

图 8-40　门式起重机变截面支腿的形式

由于门式起重机的支腿采用变截面的形式，这使按一次超静定门架计算简图计算横推力和刚度验算复杂化。为简化计算，通常将变截面支腿根据刚度相等的条件折算为等截面支腿进行计算，即用惯性矩等于折算惯性矩的等截面支腿代替变截面支腿。

(1)用折算惯性矩所在截面位置法求折算惯性矩

①变截面支腿的惯性矩方程

众所周知，桁架式变截面支腿的惯性矩与横截面高度的平方成正比；箱形截面支腿的惯性矩是由翼缘板和腹板两部分惯性矩相加得到的，翼缘板的惯性矩与截面高度的平方成正比，腹板的惯性矩与截面高度的立方成正比。为简化计算，将箱形截面惯性矩也视为与截面高度的平方成正比，计算表明，这样处理误差一般不超过 5％。因此，可以把箱形支腿和桁架支腿都归结为惯性矩与截面高度的平方成正比的问题来研究。

长度为 h 的变截面支腿如图 8-41 所示。由于支腿的截面惯性矩与截面高度的平方成正比，可得

$$k=\frac{I_{z\max}}{I_{z\min}}=\left(\frac{y_{\max}}{y_{\min}}\right)^2=\left(\frac{x_{1\max}}{x_{1\min}}\right)^2$$

由图可知 $x_{1\max}=x_{1\min}+h$，代入上式，得

$$x_{1\min}=\frac{h}{\sqrt{k}-1}$$

$$\frac{I_z(x)}{I_{z\min}}=\left(\frac{y}{y_{\min}}\right)^2=\left(\frac{x_1}{x_{1\min}}\right)^2$$

将 $x_1=x_{1\min}+x$ 代入上式，得

$$I_z(x)=\left[1+(\sqrt{k}-1)\frac{x}{h}\right]^2\cdot I_{z\min}$$

令 $\xi=\dfrac{x}{h}$，则

$$I_z(x)=[1+(\sqrt{k}-1)\xi]^2\cdot I_{z\min} \tag{8-109}$$

②变截面支腿折算惯性矩的确定

如图 8-42 所示，长度为 h 的变截面支腿在自由端单位力作用下产生的端部线变位为

$$
\begin{aligned}
\delta_b &= \int_0^h \frac{\overline{M}_1^2\cdot\mathrm{d}x}{EI_z(x)} = \int_0^h \frac{x^2\cdot\mathrm{d}x}{E\,[1+(\sqrt{k}-1)\xi]^2\cdot I_{z\min}}\\
&= \int_0^h \frac{h^3}{EI_{z\min}}\cdot\frac{\xi^2\cdot\mathrm{d}\xi}{[1+(\sqrt{k}-1)\xi]^2}\\
&= \frac{h^3}{EI_{z\min}}\cdot\frac{1}{(\sqrt{k}-1)^2}\left\{\frac{\sqrt{k}+1}{\sqrt{k}}-\frac{2}{\sqrt{k}-1}\cdot\ln\sqrt{k}\right\}
\end{aligned} \tag{8-110}
$$

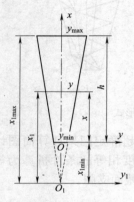
图 8-41　变截面支腿

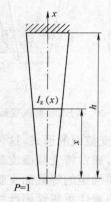
图 8-42　变截面支腿受单位力作用计算简图

惯性矩为折算惯性矩的等截面支腿在单位力作用下的端部线变位为

$$\delta_d=\frac{h^3}{3EI_{zt}} \tag{8-111}$$

令 $\delta_b=\delta_d$，可解得与变截面支腿刚度相当的等截面支腿的惯性矩，即折算惯性矩：

$$I_{zt}=\frac{(\sqrt{k}-1)^2}{3\left[\dfrac{\sqrt{k}+1}{\sqrt{k}}-\dfrac{2}{\sqrt{k}-1}\cdot\ln\sqrt{k}\right]}\cdot I_{z\min} \tag{8-112}$$

再将式(8-112)代入式(8-109)，便可求得折算惯性矩所在的截面位置，即

$$\xi_t=\frac{1}{\sqrt{3\left[\dfrac{\sqrt{k}+1}{\sqrt{k}}-\dfrac{2}{\sqrt{k}-1}\cdot\ln\sqrt{k}\right]}}-\frac{1}{\sqrt{k}-1} \tag{8-113}$$

令 $\eta=\dfrac{I_{z\min}}{I_{z\max}}=\dfrac{1}{k}$，将 $k=\dfrac{1}{\eta}$ 代入式(8-113)，得

$$\xi_t=\frac{1}{\sqrt{3\left[1+\sqrt{\eta}+\dfrac{2\sqrt{\eta}}{1-\sqrt{\eta}}\cdot\ln\sqrt{\eta}\right]}}-\frac{\sqrt{\eta}}{1-\sqrt{\eta}} \tag{8-114}$$

利用公式(8-114)，可由 $\eta=\dfrac{I_{z\min}}{I_{z\max}}$ 值求得相应的 ξ_t 值，列于表8-9，供计算时查用。

表8-9 ξ_t 值

$\eta=\dfrac{I_{z\min}}{I_{z\max}}$	0.01	0.02	0.03	0.04	0.05	0.06	0.07	0.08	0.085	0.090
ξ_t	0.642	0.654	0.662	0.668	0.673	0.677	0.681	0.684	0.685	0.687
$\eta=\dfrac{I_{z\min}}{I_{z\max}}$	0.095	0.10	0.15	0.20	0.25	0.30	0.35	0.40	0.45	0.50
ξ_t	0.688	0.689	0.699	0.706	0.712	0.717	0.721	0.725	0.728	0.731
$\eta=\dfrac{I_{z\min}}{I_{z\max}}$	0.55	0.60	0.65	0.70	0.75	0.80	0.85	0.90	0.95	0.99
ξ_t	0.733	0.736	0.738	0.740	0.742	0.744	0.745	0.747	0.749	0.751

表中 $\eta=\dfrac{I_{z\min}}{I_{z\max}}$ 是表征支腿截面变化情况的系数，η 值小说明沿支腿长度方向截面变化大；η 值大说明截面变化小。由表列数据可以看出，η 值变化范围为 $\eta=0.01\sim0.99$ 时，而相应的折算惯性矩所在位置 ξ_t 的变化范围是 $\xi_t=0.642\sim0.751$，即支腿两端惯性矩的比值增大100倍，折算惯性矩所在的截面位置才变动17%。

实际运算时，首先根据变截面支腿两端惯性矩计算出 $\eta=\dfrac{I_{z\min}}{I_{z\max}}$ 值，根据 η 值由表8-9查取相应的 ξ_t 值，则距支腿小端为

$$h_t=\xi_t\cdot h \tag{8-115}$$

的截面的实际惯性矩就是所求的折算惯性矩 I_{zt}。

带马鞍的桁架式和箱形门式起重机的支腿 η 值通常在 $\eta=0.03\sim0.07$，相应的 $\xi_t=0.662\sim0.681$，初步计算时可用它们的平均值 $\xi_t=0.67=\dfrac{2}{3}$，即取距支腿小端为 $\dfrac{2}{3}h$ 截面的实际惯性矩作为折算惯性矩。

单主梁门式起重机以及O形和U形双梁门式起重机变截面支腿的 $\eta=0.15\sim0.75$，相应的 $\xi_t=0.669\sim0.742$，初步计算时可用它们的平均值 $\xi_t=0.72$，即取距支腿小端为 $0.72h$ 截面的实际惯性矩作为折算惯性矩。

(2)用辛普生数值积分公式求折算惯性矩

长度为 h 的连续变化的变截面支腿如图8-43所示，将支腿长度分为四等分，端部及各等分处的截面惯性矩分别为 I_{z0}、I_{z1}、I_{z2}、I_{z3} 及 I_{z4}。

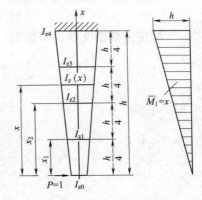

图8-43 变截面支腿折算
惯性矩计算简图

辛普生数值积分公式：

$$\int_0^h f(x)\mathrm{d}x=\dfrac{h}{3n}[f_0+4(f_1+f_3+\cdots+f_{n-1})+2(f_2+f_4+\cdots+f_{n-2})+f_n] \tag{8-116}$$

式中　$f(x)$——被积函数，f_i 是被积函数 $f(x)$ 在 $x=x_i$ 各点的函数值；

　　　n——在积分区间 $[0,L]$ 内等分小区间的总数，n 只能取偶数。

参看图8-43，变截面支腿自由端在单位力作用下产生的线变位为

$$\delta_b = \int_0^h \frac{\overline{M_1^2} \cdot dx}{EI_z(x)} = \int_0^h \frac{x^2}{EI_z(x)} \cdot dx$$

$$= \frac{h}{12}\left\{ 4\left[\frac{1}{EI_{z1}}\left(\frac{h}{4}\right)^2 + \frac{1}{EI_{z3}}\left(\frac{3h}{4}\right)^2 \right] + 2\frac{1}{EI_{z2}}\left(\frac{h}{2}\right)^2 + \frac{h^2}{EI_{z4}} \right\}$$

$$= \frac{h^3}{12E}\left(\frac{1}{4I_{z1}} + \frac{1}{2I_{z2}} + \frac{9}{4I_{z3}} + \frac{1}{I_{z4}} \right)$$

令上式中的 δ_b 与式(8-111)中的 δ_d 相等，即刚度相当，求得折算惯性矩：

$$I_{zt} = \frac{16}{\dfrac{1}{I_{z1}} + \dfrac{2}{I_{z2}} + \dfrac{9}{I_{z3}} + \dfrac{4}{I_{z4}}} \tag{8-117}$$

辛普生数值积分公式的精度与 n 的取值有关，n 取的愈大，计算精度愈高，但计算工作量亦愈大。计算表明，取 $n=4$ 已足够精确。

2. 变截面支腿的长度系数 μ_2

在计算变截面支腿整体稳定时，需将变截面支腿折算成等截面支腿进行计算。通常是根据变截面支腿与等截面支腿临界力相等的条件求得折算长度系数 μ_2，再以长度为 $\mu_2 h$、惯性矩为 I_{zmax} 的等截面支腿来代替长度为 h 的变截面支腿进行整体稳定计算。

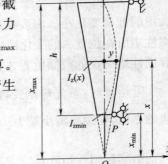

图 8-44 支腿稳定性计算简图

如图 8-44 所示，两端简支的支腿在轴向压力 P 作用下产生微弯曲，其挠度微分方程式为

$$\frac{d^2 y}{dx^2} = -\frac{M_x}{EI_z(x)}$$

支腿上任一截面的弯矩为

$$M_x = Py$$

假定变截面支腿的惯性矩与截面高度的平方成正比，则

$$k = \frac{I_{zmax}}{I_{zmin}} = \left(\frac{x_{max}}{x_{min}}\right)^2 = \left(\frac{x_{min}+h}{x_{min}}\right)^2$$

故

$$x_{min} = \frac{h}{\sqrt{k}-1}$$

$$\frac{I_z(x)}{I_{max}} = \left(\frac{x}{x_{max}}\right)^2$$

令

$$\xi = \frac{x}{x_{max}} = \frac{x}{x_{min}+h} = \frac{\sqrt{k}-1}{\sqrt{k} \cdot h}x \tag{8-118}$$

则

$$I_z(x) = \xi^2 I_{zmax} \tag{8-119}$$

由式(8-118)可得

$$dx^2 = \frac{k \cdot h^2}{(\sqrt{k}-1)^2} \cdot d\xi^2$$

将 M_x、$I_z(x)$ 及 dx^2 代入挠度微分方程，得

$$\xi^2 \cdot \frac{d^2 y}{d\xi^2} + \frac{k}{(\sqrt{k}-1)^2} \cdot \frac{Ph^2}{EI_{zmax}} \cdot y = 0$$

令

$$\alpha^2 = \frac{k}{(\sqrt{k}-1)^2} \cdot \frac{Ph^2}{EI_{zmax}} \tag{8-120}$$

则
$$\xi^2 \cdot \frac{d^2 y}{d\xi^2} + \alpha^2 y = 0$$

上式为变系数二阶微分方程,通常 $\alpha > \frac{1}{2}$,其通解为

$$y = \sqrt{\xi}\left[C_1 \cdot \cos\left(\frac{\sqrt{4\alpha^2-1}}{2} \cdot \ln\xi\right) + C_2 \sin\left(\frac{\sqrt{4\alpha^2-1}}{2} \cdot \ln\xi\right)\right]$$

将支腿两端简支的边界条件代入确定积分常数 C_1 及 C_2,即由式(8-118)可得出:

当 $x = x_{max}$ 时,则 $\xi=1$,$y=0$,得 $C_1=0$;

当 $x = x_{min} = \frac{h}{\sqrt{k}-1}$ 时,则 $\xi=\frac{1}{\sqrt{k}}$,$y=0$,得

$$C_2 \cdot \sin\left(\frac{\sqrt{4\alpha^2-1}}{2} \cdot \ln\frac{1}{\sqrt{k}}\right) = 0$$

上式中 $C_2 \neq 0$,因此

$$\sin\left(\frac{\sqrt{4\alpha^2-1}}{2} \cdot \ln\frac{1}{\sqrt{k}}\right) = 0$$

该方程的最小非零根为

$$\frac{\sqrt{4\alpha^2-1}}{2} \cdot \ln\frac{1}{\sqrt{k}} = \pi$$

则
$$\alpha^2 = \frac{1}{4}\left[\left(\frac{2\pi}{\ln\sqrt{k}}\right)^2 + 1\right] \tag{8-121}$$

将上式代入式(8-120),可得变截面支腿的临界力表达式:

$$P_E^b = \frac{1}{4} \cdot \frac{(\sqrt{k}-1)^2}{k}\left[\left(\frac{2\pi}{\ln\sqrt{k}}\right)^2 + 1\right]\frac{EI_{zmax}}{h^2} \tag{8-122}$$

长度为 $\mu_2 h$ 而惯性矩为 I_{zmax} 的等截面两端简支的支腿临界力表达式为

$$P_E^d = \frac{\pi^2 EI_{zmax}}{(\mu_2 h)^2} \tag{8-123}$$

令式(8-122)与式(8-123)中的临界力相等可求得长度系数 μ_2 的表达式:

$$\mu_2 = \frac{2\pi\sqrt{k}}{(\sqrt{k}-1)\sqrt{\left(\frac{2\pi}{\ln\sqrt{k}}\right)^2 + 1}} \tag{8-124}$$

令 $\eta = \frac{I_{zmin}}{I_{zmax}} = \frac{1}{k}$,将 $k = \frac{1}{\eta}$ 代入式(8-124),得

$$\mu_2 = \frac{2\pi}{(1-\sqrt{\eta})\sqrt{\left(\frac{2\pi}{\ln\sqrt{\eta}}\right)^2 + 1}} \tag{8-125}$$

利用式(8-125),可由 $\eta = \frac{I_{zmin}}{I_{zmax}}$ 值求出相应的 μ_2 值,见表8-10。

实际运算时,首先根据变截面支腿的 $\eta = \frac{I_{zmin}}{I_{zmax}}$ 值从表8-10中查取相应的 μ_2 值,以长度为 $\mu_2 h$ 而惯性矩为 I_{zmax} 的等截面支腿代替变截面支腿验算其整体稳定性。

由表 8-10 中的数据可以看出,带马鞍的双梁门式起重机的箱形或桁架式支腿稳定性较差,因为该形式门机变截面支腿的 $\eta=0.03\sim0.07$,而折算长度系数 $\mu_2=2.043\sim1.769$;单主梁门机和无马鞍的双梁门机支腿的 $\eta=0.15\sim0.75$,而折算长度系数 $\mu_2=1.531\sim1.073$,因此支腿的整体稳定性较强,故一般也可不做支腿的整体稳定性验算。

表 8-10 变截面支腿折算长度系数 μ_2

$\eta=\dfrac{I_{zmin}}{I_{zmax}}$	0.01	0.02	0.03	0.04	0.05	0.06	0.07	0.08	0.09	0.10
μ_2	2.402	2.175	2.043	1.949	1.877	1.818	1.769	1.726	1.689	1.656
$\eta=\dfrac{I_{zmin}}{I_{zmax}}$	0.15	0.20	0.25	0.30	0.35	0.40	0.45	0.50	0.55	0.60
μ_2	1.531	1.444	1.378	1.325	1.281	1.243	1.210	1.181	1.156	1.132
$\eta=\dfrac{I_{zmin}}{I_{zmax}}$	0.65	0.70	0.75	0.80	0.85	0.90	0.95	0.97	0.98	0.99
μ_2	1.111	1.091	1.073	1.057	1.041	1.027	1.013	1.008	1.005	1.003

【例题 8-3】 支腿截面沿两个方向变化如图 8-45(a)所示,已知 $I_{z0}=3.13\times10^{10}\ mm^4$,$I_{z1}=4.02\times10^{10}\ mm^4$,$I_{z2}=5.06\times10^{10}\ mm^4$,$I_{z3}=6.04\times10^{10}\ mm^4$,$I_{z4}=7.06\times10^{10}\ mm^4$。试求支腿的折算惯性矩 I_{zt}。

【解】 (1)用折算惯性矩所在截面位置求 I_{zt}

$$\eta=\frac{I_{zmin}}{I_{zmax}}=\frac{I_{z0}}{I_{z4}}=\frac{3.13\times10^{10}}{7.06\times10^{10}}=0.443$$

由表 8-9 查得 $\xi_t=0.728$。

取距支腿小端 $h_t=0.728h$ 的截面实际惯性矩为折算惯性矩,即

$$I_{zt}=6.0077\times10^{10}\ mm^4$$

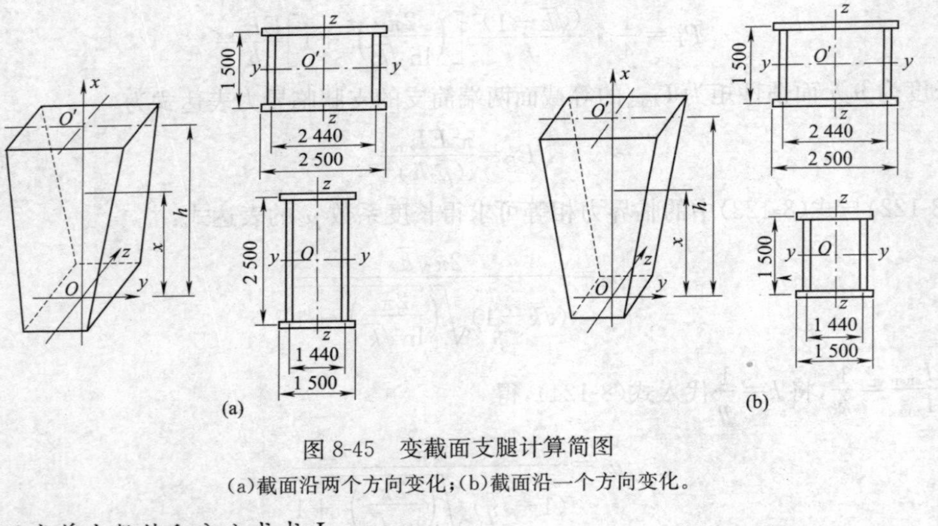

图 8-45 变截面支腿计算简图
(a)截面沿两个方向变化;(b)截面沿一个方向变化。

(2)用辛普生数值积分公式求 I_{zt}

$$I_{zt}=\frac{16}{\dfrac{1}{I_{z1}}+\dfrac{2}{I_{z2}}+\dfrac{9}{I_{z3}}+\dfrac{4}{I_{z4}}}=\frac{16\times10^{10}}{\dfrac{1}{4.02}+\dfrac{2}{5.06}+\dfrac{9}{6.04}+\dfrac{4}{7.06}}=5.9245\times10^{10}\ (mm^4)$$

【例题 8-4】 支腿截面沿一个方向变化如图 8-45(b)所示,已知 $I_{z0}=2.09\times10^{10}\ mm^4$,$I_{z1}=2.94\times10^{10}\ mm^4$,$I_{z2}=4.14\times10^{10}\ mm^4$,$I_{z3}=5.46\times10^{10}\ mm^4$,$I_{z4}=7.06\times10^{10}\ mm^4$。试

求支腿的折算惯性矩 I_{zt}。

【解】 (1)用折算惯性矩所在截面位置求 I_{zt}

$$\eta=\frac{I_{zmin}}{I_{zmax}}=\frac{I_{z0}}{I_{z4}}=\frac{2.09\times10^{10}}{7.06\times10^{10}}=0.296$$

由表8-9查得 $\xi_t=0.717$。

取距支腿小端 $h_t=0.717h$ 的截面实际惯性矩为折算惯性矩,即

$$I_{zt}=5.308\,8\times10^{10}\ mm^4$$

(2)用辛普生数值积分公式求 I_{zt}

$$I_{zt}=\frac{16}{\frac{1}{I_{z1}}+\frac{2}{I_{z2}}+\frac{9}{I_{z3}}+\frac{4}{I_{z4}}}=\frac{16\times10^{10}}{\frac{1}{2.94}+\frac{2}{4.14}+\frac{9}{5.46}+\frac{4}{7.06}}=5.266\,4\times10^{10}\,(mm^4)$$

两种计算方法都是近似法,其计算结果比较接近。

习 题

8-1 门式起重机主梁的强度计算、刚度计算的计算简图是怎样的?支腿在门架平面和支腿平面的计算简图又是怎样的?

8-2 L形偏轨箱形门式起重机主梁截面如图8-46所示,已知起重量 $Q=100\ kN$,跨度 $L=22\ m$,有效悬臂长 $l_0=5\ m$,主梁总长 $L_0=35.2\ m$,小车轴距 $b=2.1\ m$,吊钩重力 $G_0=2.5\ kN$,小车重力 $G_{xc}=41\ kN$,桥架重力 $G_j=164.8\ kN$,司机室重力 $G_s=18\ kN$,司机室距某一支腿中心线距离 $c=3\ m$,支腿高度 $h=11\ m$,支腿折算惯性矩 $I_{zt}=6.5\times10^9\ mm^4$,大车运行速度 $v_d=1.3\ m/s$,动力系数 $\Phi_1=1.1,\Phi_2=1.15$。该机在内陆工作,小车迎风面积 $A_{xc}=5\ m^2$,忽略司机室所受风力。主梁材料Q235,跨中许用静位移 $[f]=L/1\,000$,有效悬臂长度处的许用静位移 $[f_1]=l_0/350$。

(1)验算主梁跨中静刚度。

(2)验算主梁有效悬臂长度处的静刚度。

(3)按载荷组合B1(表3-19,Φ_1P_G、Φ_2P_Q、P_H、$P_{WⅡ}$)验算小车在跨间及悬臂端时,主梁跨中截面及支座处的强度。

8-3 校核图8-47所示单梁门式起重机L形支腿在支腿平面的强度。已知 $M=58\ kN\cdot m$,$V=200\ kN$,$P_H=18\ kN$,$H=10\ m$,$B=7\ m$,$\alpha=75°$,材料Q235。

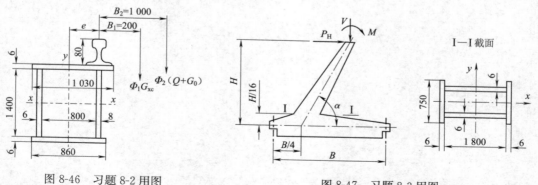

图8-46 习题8-2用图

图8-47 习题8-3用图

8-4 已知小车轮压 $P_1 = P_2 = \dfrac{R}{2}$，试以解析式说明：用移动载荷 R（此时 $b=0$，b 为两轮间距）作用下所确定的简支梁最大弯矩 $M_{(b=0)}$ 和用 P_1、P_2（此时 $b \neq 0$）确定的最大弯矩 $M_{(b \neq 0)}$ 的相对误差是多少？设 $b/L = 0.1$，计算简图如图 8-48 所示。

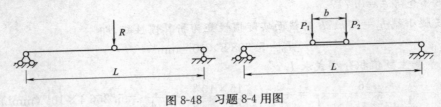

图 8-48 习题 8-4 用图

第九章 桁架门式起重机（装卸桥）的金属结构

第一节 桁架门式起重机金属结构的主要类型和总体布局

桁架门式起重机（当其跨度大于 35 m 时常称为装卸桥）金属结构具有自重较轻、制造安装容易、维修方便、迎风面小、外形美观等优点，因此在门式起重机和装卸桥上获得广泛的应用。

桁架门式起重机金属结构按其主梁的数目不同，分为单梁式和双梁式两类。

单梁桁架门式起重机的载重小车采用沿主梁下方设置的工字梁下翼缘运行的电动葫芦。

单梁桁架门式起重机主梁根据受力情况可做成矩形断面（图 9-1），这种断面形式适用于大车运行速度较高、悬臂较长、起重量较大的情况。如果单梁桁架门式起重机带悬臂，大车运行速度较低时，可采用正三角形断面（图 9-2）。当起重机不带悬臂或悬臂很短、大车运行速度不高时，采用倒三角形断面（图 9-3）是比较合理的。各种断面形式主梁的弦杆和腹杆可以用角钢（等边角钢或不等边角钢），亦可用钢管制造。

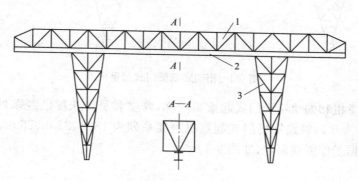

图 9-1 单梁桁架门式起重机金属结构
1—矩形断面桁架主梁；2—工字梁；3—桁架支腿。

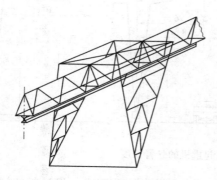

图 9-2 正三角形桁架主梁

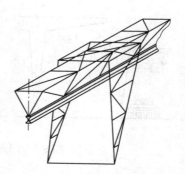

图 9-3 倒三角形桁架主梁

单梁桁架门式起重机可以是两个刚性支腿(图 9-1 和图 9-4),也可以是一刚一柔的支腿形式(图 9-6)。一刚一柔支腿的门式起重机沿载重小车运行方向的刚度不如两个刚性支腿的门式起重机。当跨度小于 30 m 时应尽可能为两个刚性支腿。国外的门式起重机也有不论跨度大小都为一刚一柔的支腿形式。

单梁桁架门式起重机虽有结构简单、安装迅速(小型单梁桁架门式起重机可做成自装式)的优点,但因起重量小、工作速度低,所以只适用于搬运作业量较小的中小型车站、货场、仓库和内陆河运码头等。

应用最广泛的是双梁桁架门式起重机。双梁桁架门式起重机多采用标准桥式起重机小车。小吨位双梁桁架门式起重机的典型结构如图 9-4 所示。主梁是 Ⅱ 形双梁结构,支腿为矩形变截面桁架结构。主梁和支腿采用焊接连接。载重小车沿安装在 Ⅱ 形双梁内部的承轨梁运行。Ⅱ 形双梁门式起重机的主梁广泛采用四桁架式和三角形断面的双梁结构。四桁架主梁常用于大起重量(≥500 kN)、大跨度(≥30 m)或大车运行速度较高的双梁桁架门式起重机。三角形断面桁架主梁由于其大车运行方向水平刚度较差,多用于中小吨位、中等跨度(18 m≤L<30 m)的双梁门式起重机。这两种形式的双梁桁架结构均由主梁、马鞍、支腿和下横梁等组成。

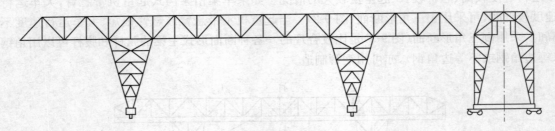

图 9-4 桁架式双梁门式起重机

桁架门式起重机和偏轨箱形门式起重机一样,跨度和悬臂长度已经系列化(跨度用 L 表示,悬臂长度用 l 表示),铁路货场门式起重机跨度系列为 18 m、22 m、26 m、30 m、35 m 等五种。悬臂长度根据工作需要而定,如图 9-5 所示。

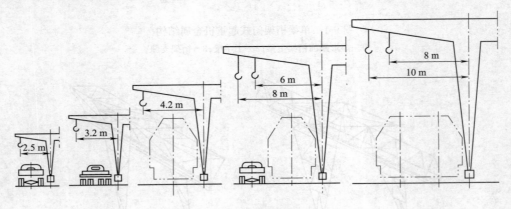

图 9-5 门式起重机的悬臂长度

现有门式起重机的悬臂长度规格不一,大致在 5~11 m 范围内。设计新的门式起重机时,

L 和 l 通常由用户提出要求。设计者根据跨度系列及结构重量最轻的原则确定合理的跨度和悬臂长度。常用门式起重机的最优跨度为 $0.6L_z$ 左右（L_z 为主梁的总长度）。

门式起重机大车轴距通常取 $B\geqslant(0.25\sim0.3)L$。

门式起重机双主梁的间距视小车轨距而定。

马鞍是连接两个桁架主梁的构件，其净空高度取决于小车的通行限界高度，通常应 $\geqslant1.7$ m。

桁架支腿的长度取决于大车轴距 B 和起升高度 H。

司机室的安装位置取决于起重机的跨度和悬臂长度。跨度 $L>30$ m 或悬臂长度 $l>11$ m时，司机室应离支腿中心线远些，也可以将司机室安装在小车上，随小车运行。反之，则应近一点。原则上，司机室最好不要和小车导电架装在同一侧，以免两个桁架梁的受力相差悬殊。

第二节　倒三角形桁架式单主梁结构的计算

倒三角形单梁桁架式门式起重机金属结构由倒三角形断面桁架主梁、承载工字钢、刚性支腿、柔性支腿和下横梁组成，如图 9-6 所示。

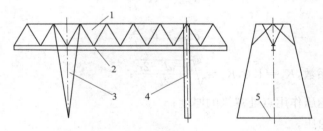

图 9-6　倒三角形单梁桁架门式起重机金属结构
1—倒三角形主梁；2—承载梁；3—刚性支腿；4—柔性支腿；5—下横梁。

计算倒三角形桁架主梁时，作用载荷及其组合方式可参照表 3-19 确定。内力分析时，通常将三角形断面空间桁架结构分解为三片平面桁架，垂直载荷由两片斜桁架承受，水平载荷（包括水平惯性载荷和风载荷）全部由水平桁架承受（图 9-7）。移动载荷（电动葫芦的轮压）引起的斜桁架杆件内力、固定节点载荷（水平桁架及两片斜桁架的自重）引起的斜桁架杆件内力、水平载荷引起水平桁架的杆件内力分别用影响线或平面桁架计算程序的方法确定。斜桁架和水平桁架共用弦杆的内力应该叠加。

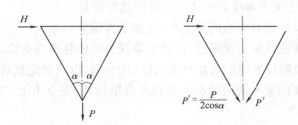

图 9-7　倒三角形主梁各片桁架的受力分析

工字钢既是两片斜桁架的共用下弦杆，又是承载梁，受力情况比较复杂，其内力包括：

(1)作为斜桁架的弦杆，由固定载荷和移动载荷引起的内力 N_g 和 N_p。

(2)由电葫芦轮压引起的局部弯矩 M_{jz}(节中弯矩)和 M_{jd}(节点弯矩)。M_{jz} 和 M_{jd} 按式(7-18)和式(7-19)计算。

(3)由电葫芦轮压引起的局部弯曲应力(图9-8)。

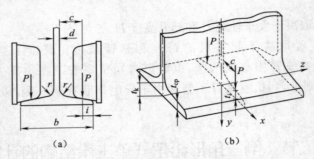

图 9-8　电葫芦轮压引起的局部弯曲应力

轮压作用点处工字钢下翼缘下表面应力的计算式为

$$\sigma_{x\max}^{j}=K_x\frac{P}{t_i^2} \tag{9-1}$$

$$\sigma_{z\max}^{j}=K_z\frac{P}{t_i^2} \tag{9-2}$$

式中　K_x、K_z——系数，$K_x=1.0$，$K_z=\sqrt[3]{\dfrac{b-d-2r}{2i}}$；

　　　t_i——轮压作用点处翼缘的厚度；

　　　P——轮压。

b、d、r、i 如图9-8所示。

在上述内力作用下，跨内工字钢的折算应力校核式为

$$\sigma_{\max}=\sqrt{(\sigma_{x\max}^{j})^2+(\sigma_g+\sigma_p+\sigma_{M_{jz}}+\sigma_{z\max}^{j})^2-\sigma_{x\max}^{j}(\sigma_g+\sigma_p+\sigma_{M_{jz}}+\sigma_{z\max}^{j})}\leqslant[\sigma] \tag{9-3}$$

式中　σ_g——N_g 引起的轴向拉应力；

　　　σ_p——N_p 引起的轴向拉应力；

　　　$\sigma_{M_{jz}}$——节中局部弯矩 M_{jz} 引起的应力，其值为

$$\sigma_{M_{jz}}=\frac{M_{jz}}{W_x} \tag{9-4}$$

其中　W_x——工字钢下翼缘最外边缘纤维的抗弯模量。

其他桁架杆件的设计计算方法同第七章，这里不再重复。

还可采用简化计算法计算主梁强度，即将主梁视为实体悬伸简支梁，求出简支梁在移动载荷位于跨中和悬臂端极限位置时的弯矩和剪力图(图9-9)，以及固定载荷引起的弯矩和剪力图(图9-10)。垂直载荷在门架平面内所引起的垂直弯矩，假定完全由上、下弦杆承受，则弦杆的轴力可按下式计算：

跨中

$$N=\mp\frac{M_q+M_P}{h} \tag{9-5}$$

悬臂

$$N = \pm \frac{M_q + M_P}{h} \qquad (9\text{-}6)$$

式中　M_q——固定载荷引起的弯矩；

　　　M_P——移动载荷引起的弯矩；

　　　h——桁架主梁的计算高度。

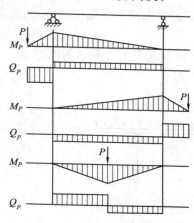

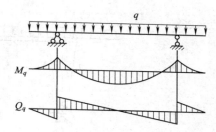

图 9-9　移动载荷引起的弯矩和剪力图　　图 9-10　固定载荷引起的弯矩和剪力图

垂直载荷引起的剪力由主梁腹杆承受。

水平载荷引起主梁弦杆的内力计算方法同垂直载荷。

当主梁弦杆的内力确定以后,可按第七章桁架理论计算上弦杆;按式(9-3)验算下弦杆应同时考虑整体弯曲应力及局部弯曲应力。

桁架主梁的刚度可按莫尔公式进行计算:

$$f = \sum \frac{\overline{N}_1 N_P}{EA_i} l_i \qquad (9\text{-}7)$$

式中　$\overline{N}_1$——当 $P=1$ 作用于计算挠度处时,引起的桁架各杆件内力；

　　　N_P——由移动载荷 P 所引起桁架杆件的内力；

　　　E——材料的弹性模量；

　　　A_i——桁架各杆件的截面面积；

　　　l_i——桁架各杆件的长度。

亦可把桁架主梁视为实体近似计算其刚度:

$$f_z = K \frac{PL^3}{48EI_z} \leqslant [f]_z = \left(\frac{1}{800} \sim \frac{1}{700} \right) \times L \qquad (9\text{-}8)$$

$$f_d = K \frac{Pl^3}{3EI_z} \leqslant [f]_d = \frac{l_0}{350} \qquad (9\text{-}9)$$

式中　K——系数,常取 $K=1.1 \sim 1.2$；

f_z、$[f]_z$——桁架主梁跨中的挠度和许用挠度；

f_d、$[f]_d$——桁架主梁有效悬臂端的挠度和许用挠度；

　　　L——跨度；

　　　l_0——有效悬臂长度；

　　　I_z——折算惯性矩,可按下式计算:

$$I_z = \frac{A_s \cdot A_x}{\mu(A_s + A_x)} h^2 \qquad (9\text{-}10)$$

其中　A_s、A_x——上弦杆及下弦杆的截面积，

　　　　h——桁架主梁的计算高度，

　　　　μ——系数，同式(9-57)。

单梁桁架式倒三角形断面门式起重机支腿的计算应考虑两个平面(门架平面和支腿平面)内的受力情况。

门架平面支腿计算简图如图 9-11 所示。水平力 H 引起分肢 1 和 2 的内力为

$$N_{1H} = -N_{2H} = \frac{H}{2\sin\beta} \qquad (9\text{-}11)$$

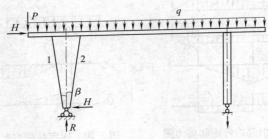

图 9-11　门架平面支腿计算简图

由于水平力 H 是双向载荷，所以 N_1 和 N_2 均按压杆设计。垂直支反力 R 引起的分肢内力为

$$N_{1R} = N_{2R} = \frac{R}{2\cos\beta} \qquad (9\text{-}12)$$

已知 N_{1H}、N_{2H}、N_{1R}、N_{2R} 后，即可按第五章的内容计算支腿的强度和稳定性。

对于实体式支腿，在支腿平面的计算简图如图 9-12 所示。图 9-12(a)为一次超静定计算简图，图 9-12(b)为三次超静定计算简图。取何种简图取决于支腿和下横梁的连接情况。计算内力按结构力学方法确定。对一次超静定计算简图，在垂直力 R 作用下的超静定力 X_R 按下式计算：

$$X_R = \frac{\dfrac{Rh}{3I_3}\left[3(d^2 + dc - a^2) + 2abk_1\right]}{\dfrac{B_0}{A} + \dfrac{h^2 b}{3I_3}(3 + 2k_1)} \qquad (9\text{-}13)$$

在水平风力 q 作用下，超静定力 X_q 的计算式为

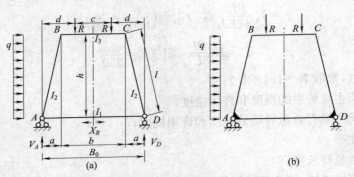

图 9-12　单梁门式起重机支腿平面的计算简图

$$X_q = \frac{\dfrac{qh^3 b}{24 I_3}(6+5k_1)}{\dfrac{B_0}{A}+\dfrac{h^2 B_0}{3 I_3}(3+2k_1)}$$

(9-14)

式中　k_1——系数，$k_1 = \dfrac{I_3 l}{I_2 b}$；

　　　A——下横梁的截面积；

　　其他符号的意义如图 9-12(a)所示。

　　根据计算的 X_R 和 X_q，即可求得支腿的弯矩，并以此进行强度计算。

　　对于三次超静定计算简图[图 9-12(b)]，在垂直载荷 R 及水平风力 q 作用下的弯矩图示于图 9-13(a)和图 9-13(b)。

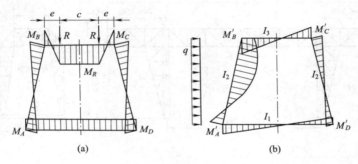

图 9-13　支腿内力图

垂直载荷引起各刚节点和载荷作用截面的弯矩为

$$M_A = M_D = Rbk_2\beta(1-\beta)R_1$$

$$M_B = M_C = Rb\beta[3k_1+2k_2-\beta(3k_1+2k_2)]R_1$$

$$M_R = Rb\beta R_1 R_3$$

水平载荷引起各刚节点的弯矩为

$$M'_A = \frac{qh^2}{24}(R_1 R_6 + R_2 R_7)$$

$$M'_D = \frac{qh^2}{24}(R_1 R_6 - R_2 R_7)$$

$$M'_B = \frac{qh^2}{24}(R_1 R_4 - R_2 R_5)$$

$$M'_C = \frac{qh^2}{24}(R_1 R_4 + R_2 R_5)$$

式中，$\beta = \dfrac{e}{b}$，$k_1 = \dfrac{I_3}{I_1}\cdot\dfrac{B_0}{b}$，$k_2 = \dfrac{I_3}{I_2}\cdot\dfrac{l}{b}$，$a = \dfrac{B_0}{b}$。

$$R_1 = \frac{1}{3k_1+2k_2+2k_1 k_2+k_2^2}$$

$$R_2 = \frac{1}{a^2(k_1+2k_2)+2ak_2+2k_2+1}$$

$$R_3 = \beta(3k_1+2k_2)+k_2(2k_1+k_2)$$

$$R_4 = k_2(3k_1+k_2)$$

$$R_5 = 3(2ak_1 + 3ak_2 + k_2)$$

$$R_6 = k_2(3 + k_2)$$

$$R_7 = 3(a^2k_2 + 3ak_2 + 2 + 4k_2)$$

其余几何尺寸如图 9-12(a)所示。

第三节 Ⅱ形双梁桁架门式起重机金属结构的计算

Ⅱ形双梁桁架门式起重机金属结构如图 9-14 所示。它由主桁架、横向框架、承轨梁、水平桁架、支腿和下横梁所组成。

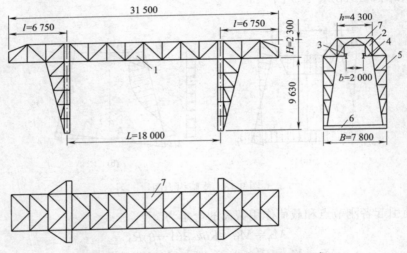

图 9-14 Ⅱ形双梁门式起重机金属结构的组成

1—主桁架；2—横向框架；3—承轨梁；4—下水平桁架；5—支腿；6—下横梁；7—上水平桁架。

一、主桁架的计算

作用在主桁架上的载荷主要有主桁架自重、上、下水平桁架自重、横向框架内部杆件分配到主桁架上的重量、承轨梁的自重以及小车垂直轮压(由承轨梁通过横向框架传到主桁架的节点上)。水平载荷主要有风力、大车运行惯性力和小车运行惯性力等。水平载荷引起桁架主梁的扭矩使主桁架产生附加垂直载荷。上述各种载荷的计算方法(考虑动力系数和冲击系数)见第三章的有关内容。载荷组合可参照表 3-19 确定。

在小车轮压 P_1 与 $P_2(P_1 > P_2)$的作用下，引起主桁架内力的移动载荷按式(9-15)和式(9-16)确定(图 9-15)：

$$V_1 = P_1 - (P_1 - P_2)\frac{d}{a} \qquad (9-15)$$

$$V_2 = P_2 + (P_1 - P_2)\frac{d}{a} \qquad (9-16)$$

对主桁架进行强度计算时，可采用图 9-16 的计算简图。内力计算与杆件断面设计详见第七章的有关内容。

图 9-15 小车轮压引起的主桁架上的移动载荷

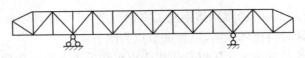

图 9-16　主桁架计算简图

二、水平桁架的计算

Ⅱ形桁架式主梁(图 9-14)的上水平桁架一般承受约 90% 的水平载荷,而下水平桁架仅承受约 10% 的水平载荷。水平载荷包括风载荷(风向沿大车轨道方向)、大车运行惯性载荷和偏斜侧向载荷等。这些载荷的计算方法及所引起的内力计算、断面设计见第七章的有关内容。

上水平桁架和主桁架的共用弦杆,计算内力应该叠加。

上水平桁架腹杆体系的选择取决于水平桁架的宽度与节间长度的比值。如果比值接近于 1,则采用"十"字形腹杆体系[图 7-15(a)],亦可用"米"字形腹杆体系[图 7-15(b)]。如果水平桁架的宽度远大于节间长度,则宜采用图 7-15(c)所示的 K 形腹杆体系。

下水平桁架腹杆受力很小,通常不必计算,其截面按容许长细比确定。

下水平桁架的宽度取决于上水平桁架的宽度和载重小车的轨距,通常取 $b \geqslant L/35$(L 为起重机的跨度)。腹杆体系常用带竖杆和次竖杆的腹杆体系。

三、横向框架

常见横向框架的结构形式如图 9-17 所示。横向框架和承轨梁的连接情况如图 9-18 所示。图 9-18(a)用于起重量较小的起重机,而图 9-18(b)用于中等起重量以上的起重机。

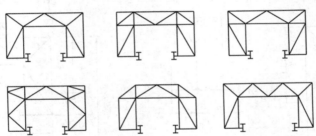

图 9-17　横向框架的结构形式

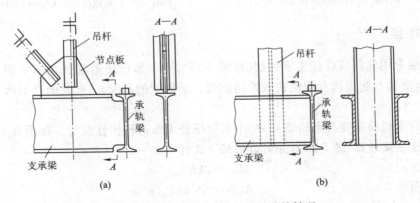

(a)　　　　　　　　　　　　　(b)

图 9-18　横向框架和承轨梁的连接情况

301

横向框架的支承梁(图 9-18)常用槽钢或工字钢制造,其余杆件则多用角钢制造。吊杆与支承梁之间的节点板常做得比较壮实,以保证节点为刚节点。

横向框架的作用载荷有小车轮压以及作用于小车和吊重上的风载荷。对于高速运行的小车,还应计及小车偏斜运行侧向载荷(计算方法同大车,见第三章)。

计算小车轮压(考虑动力系数)引起的横向框架内力时,首先假定小车轮压 $P=1$,求出各杆件内力,然后将它们乘以实际的 P,即得各杆件的计算内力[图 9-19(a)]。

吊杆和支承梁的内力计算如图 9-19(b)所示。吊杆不仅承受轴向力,而且还承受弯矩。吊杆的轴向力可近似为 $\overline{N}\approx P=1$,则 E 处的弯矩(当 $P=1$ 时)为

$$\overline{M}_1=\frac{\overline{M}}{1+\dfrac{I_2}{I_1}\cdot\dfrac{l_1}{b}} \tag{9-17}$$

式中,$\overline{M}=1\cdot c$,其余符号意义如图 9-19(b)所示。

求解作用在吊重和小车上的风力引起的横向框架杆件内力时,可先计算出每片横向框架受到的风力 P_{W1}、P_{W2},再将其转化成相应的节点载荷,求出各杆件的内力(图 9-20)。在进行偏于安全的计算时,假定作用于小车侧面的风力 P_{W1} 及作用于吊重的风力全部由一边的下水平桁架承受,于是可得

$$H=P_{W1}+P_{W2}$$

$$V_1=-V_2=(P_{W1}+P_{W2})\frac{h}{a}$$

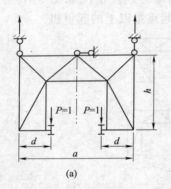 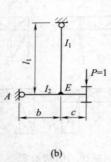 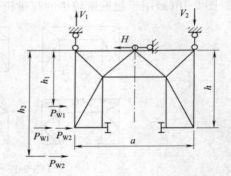

图 9-19 小车轮压引起横向框架杆件的内力   图 9-20 风载荷引起横向框架杆件的内力

四、承 轨 梁

承轨梁通常用轧制或焊接工字钢制造(图 9-18),小车运行轨道安装在工字钢上。轨道可用方钢(小起重量)、起重机专用钢轨或铁路钢轨。承轨梁的高度 h_c 常取承轨梁两支承间距离 l 的 $1/12\sim1/8$。

承轨梁所受载荷主要有承轨梁自重、小车轮压及大车运行惯性载荷。在垂直平面内,承轨梁应按多跨连续梁计算(图 7-27),亦可近似按下式计算:

跨中截面 $\qquad\qquad M_{kz}=0.8M_{max}$
支座截面 $\qquad\qquad M_{zz}=-0.6M_{max}$ $\left.\begin{array}{c}\\\\\end{array}\right\}$ (9-18)

式中 M_{max}——按简支梁计算单跨承轨梁时跨中的最大弯矩,即

$$M_{\max}=\frac{ql^2}{8}+\frac{Pl}{4}=\frac{l}{8}(G_0+2P) \tag{9-19}$$

其中　G_0——单跨承轨梁自重，

　　　P——小车轮压，

　　　l——承轨梁两个支承之间的距离。

在水平平面内，承轨梁按单跨简支梁计算，其跨度等于下水平桁架与承轨梁两个固定点之间的距离。

承轨梁的计算内力确定后，即可按第六章的理论对其进行强度和稳定性计算。承轨梁的刚度通常不必计算。

五、支腿的计算

Ⅱ形双梁门式起重机的支腿通常也做成桁架式的(图 9-14)。根据其受力特点，沿支腿高度方向常制成变截面的形式。支腿的断面有矩形和三角形两种。主梁和支腿的连接一般采用螺栓连接，也有用焊接的。

作用于支腿上的载荷有：上部桁架和设备的自重载荷、小车自重及起升载荷(计算支腿时，小车位于悬臂端极限位置)、支腿的自重、风载荷、大车和小车运行惯性载荷及大车偏斜运行侧向载荷等。这些载荷的组合方式按表 3-19 确定。

同单梁桁架门式起重机一样，计算支腿时，应考虑支腿在两个平面的受力情况。

门架平面按一次超静定计算简图计算[图 9-21(a)]。各种载荷作用下的受力分析与第八章箱形结构支腿的计算相同。支腿在门架平面内可视为上端固定(支腿和主梁连接处视为固定端)、下端铰支的变截面压弯柱[图 9-21(b)]。

支腿平面的计算简图取决于支腿和下横梁的连接情况。常用Ⅱ形双梁门式起重机支腿和下横梁的连接断面较小，一般都简化成铰接。因此，支腿平面为外力静定，内力一次超静定的计算简图[图 9-22(a)]。

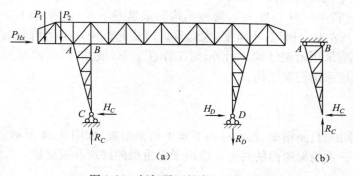

图 9-21　门架平面的支腿计算简图

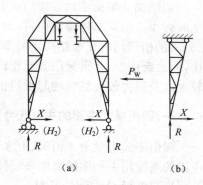

图 9-22　支腿平面的计算简图

一次超静定内力(下横梁的拉力)按结构力学方法求解：

$$X=\frac{\sum \dfrac{\overline{N}_1 N_P}{A_i}l_i}{\dfrac{l_0}{A_0}+\sum \dfrac{\overline{N}_1^2}{A_i}l_i} \tag{9-20}$$

式中　l_0、A_0——下横梁的长度和截面面积；

$\overline{N}_1$——$X=1$ 所引起的静定结构各杆件的内力；

N_P——外载荷在静定结构中引起的各杆件内力；

l_i、A_i——支腿平面各杆件的长度和截面面积。

求出 X 后，可计算各杆件的内力：

$$N_i=N_P+\overline{N}_1X \qquad (9\text{-}21)$$

外载荷和超静定力 X 作用下的杆件内力亦可用图解法确定。

在支腿平面内，可将支腿简化为一端固定、一端简支的变截面格形压弯构件[图 9-22(b)]。

支腿为一空间结构，常分解为平面结构来计算其强度。支腿稳定性可按第五章介绍的格形受压柱进行计算。

第四节　四桁架双梁门式起重机桁架主梁的计算

四桁架式双梁门式起重机的金属结构由矩形断面桁架主梁、桁架支腿、马鞍、上端梁和下横梁组成，如图 9-23 所示。

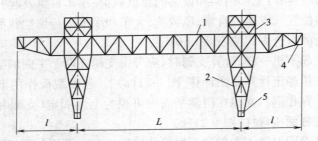

图 9-23　四桁架双梁门式起重机金属结构
1—桁架主梁；2—桁架支腿；3—马鞍；4—上端梁；5—下端梁。

板结构和桁架结构双梁门式起重机相比，前者制造简单(下料、备料容易，可采用自动焊)，工时较少。但就结构重量而言，跨度较小时($L \leqslant 20$ m)，两种结构的重量差不多；大跨度($L>25$ m)的桁架结构比板结构要轻 20% 左右。所以，小跨度、大起重量门式起重机宜采用箱形结构，而大跨度、小起重量门式起重机应采用桁架结构。另外，对工作在上下(或左右)两面温差较大以及风力较大场合的起重机也应采用桁架结构。

一、四桁架式主梁的主要尺寸

四桁架式主梁由主桁架、上水平桁架、副桁架、斜撑杆和下水平桁架组成，如图 9-24 所示。主梁的高度用主桁架的高度来表征。主桁架跨内的高度 h 取决于起重机的跨度和起重量。

当起重量 $Q<200$ kN 时

$$L<14 \text{ m}, h=\frac{L}{14}$$

$$L=15\sim20 \text{ m}, h=\frac{L}{15}$$

当起重量 $Q=300$ kN 时

$$L\leqslant17 \text{ m}, h=\frac{L}{14}$$

$$L > 14 \text{ m}, h = \frac{L}{15}$$

当起重量 $Q = 500 \sim 1\,000 \text{ kN}$ 时

$$h = \frac{L}{14}$$

当起重量 $Q > 1\,000 \text{ kN}$ 时

$$h = \left(\frac{1}{13} \sim \frac{1}{12}\right) \times L$$

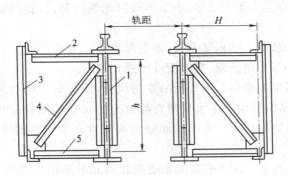

图 9-24　四桁架式主梁断面

1—主桁架；2—上水平桁架；3—副桁架；4—斜撑杆；5—下水平桁架。

对不带悬臂的桁架门式起重机,主桁架和支腿连接处的高度取与跨中相同的高度;对带悬臂的桁架门式起重机,悬臂部分主桁架高度和跨内部分主桁架高度可以相同,也可以做成变截面的。变截面长度 c 常取 $l/4 \sim l/2$(l 为悬臂长度),或取 $1 \sim 2$ 个节间。端梁的高度 $h_0 = (0.6 \sim 0.8)h$,如图 9-25 所示。

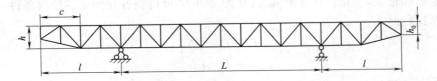

图 9-25　桁架门式起重机变截面主梁

主桁架与副桁架之间的距离(即水平桁架的宽度 H)根据起重机的跨度和保证起重机有足够的水平刚度而定。通常取 $H = \left(\frac{1}{20} \sim \frac{1}{15}\right)L$,且 $0.7 \text{ m} \leqslant H \leqslant 2 \text{ m}$。一般两根主梁取相同的 H,有特别需要时,两边也可取不同的宽度。

两根主梁之间的距离,即主桁架之间的距离由小车轨距决定。根据起重量门式起重机小车的标准轨距(mm)为

$$1\,400(Q = 50 \text{ kN}, 80 \text{ kN})$$
$$2\,000(Q = 100 \text{ kN}, 125 \text{ kN}, 150 \text{ kN}, 160/50 \text{ kN}, 200/50 \text{ kN})$$
$$2\,500(Q = 300/50 \text{ kN}, 320/50 \text{ kN}, 400/80 \text{ kN}, 500/100 \text{ kN})$$
$$4\,400(Q = 750/200 \text{ kN}, 1\,000/200 \text{ kN}, 1\,250/200 \text{ kN})$$
$$5\,500(Q = 1\,500/300 \text{ kN}, 2\,000/300 \text{ kN}, 2\,500/300 \text{ kN})$$

二、四桁架式主梁的计算方法

四桁架式主梁系多次超静定空间结构。精确计算需采用空间桁架计算程序或有限元法进行。初算时常将空间桁架分解为平面桁架,作用于空间桁架上的载荷按一定方法分配到主桁架、副桁架和上、下水平桁架上。目前有两种载荷分配方法。

按第一种载荷分配方法,作用于各片桁架上的载荷主要包括:

①作用于主桁架的载荷。移动载荷(包括小车自重载荷和起升载荷)、主桁架自重、走台和水平桁架自重的 1/2、端梁自重的 1/4、小车运行制动惯性载荷(这些载荷的确定方法见第三章)。

②作用于副桁架的载荷。副桁架自重、走台和水平桁架自重的 1/2、端梁自重的 1/4、3 名带工具的检修人员和小车上可能修、换零配件的最大重量。

③作用于上水平桁架的载荷。小车及吊重的风载荷、大车制动引起的小车及吊重的水平惯性载荷、大车制动使结构质量产生水平惯性载荷的 2/3、结构风载荷的 3/4。

④作用于下水平桁架的载荷。大车制动使结构质量产生水平惯性载荷的 1/3,结构风载荷的 1/4。

这种载荷分配方法因未考虑外载荷使主梁扭转引起的副桁架的附加载荷,常会导致副桁架下弦杆的破坏。因此,采用这种分配方法确定副桁架下弦杆截面积时,应将许用应力下降30%左右。

第二种载荷分配方法中,固定载荷(包括桁架自重和其他设备自重)的分配与第一种载荷分配方法一样。移动载荷(包括小车自重和吊重)以及由其引起的惯性载荷(大车制动时)按下列方法分配到各片平面桁架上。

图 9-26 是桁架主梁在小车运行时[图 9-26(a)]和小车不动时[图 9-26(b)]的截面位移图。因保持矩形截面形状,主梁产生了转角 φ,从图 9-26 中可得到各片桁架的位移条件:

当小车运行时

$$\left.\begin{array}{l} f_1 + f_2 = \varphi b \\ f_3 + f_4 = \varphi h \end{array}\right\} \tag{9-22}$$

当小车不动时

$$\left.\begin{array}{l} f_1 + f_2 = \varphi b \\ f_4 = \varphi h \end{array}\right\} \tag{9-23}$$

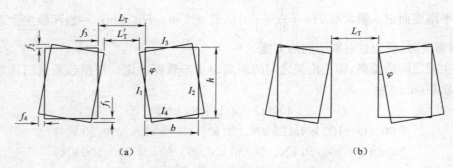

图 9-26 桁架主梁截面位移图

(a)小车运行时桁架主梁的位移图;(b)小车不动时桁架主梁的位移图。

以 O 点表示截面弯心,即垂直桁架和水平桁架惯性矩的重心[图 9-27(a)],则重心坐标为

$$x = \frac{I_2}{I_1+I_2}b \atop y = \frac{I_4}{I_3+I_4}h \Bigg\} \tag{9-24}$$

式中　I_1、I_2、I_3、I_4——桁架折算惯性矩,详见本章计算公式(9-57)。

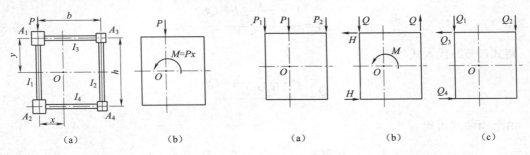

图 9-27　将主桁架上的载荷移至弯心　　　图 9-28　垂直载荷及扭矩的分配

当主桁架上作用垂直载荷 P 时,将 P 移至 O 点,并附加一扭矩 M[图 9-27(b)]。通过弯心的 P 分配到主桁架和副桁架的载荷[图 9-28(a)]分别为

$$P_1 = \frac{I_1}{I_1+I_2}P \tag{9-25}$$

$$P_2 = \frac{I_2}{I_1+I_2}P \tag{9-26}$$

扭矩 M 可分配到四片桁架上[图 9-28(b)],则有

$$M = P \cdot x = P\frac{I_2}{I_1+I_2}b = Qb + Hh \tag{9-27}$$

式中,Q 和 H 的求法如下:

由于各片桁架的支承情况相同,故得到

$$\frac{f_1}{f_2} = \frac{I_2}{I_1} \atop \frac{f_3}{f_4} = \frac{I_4}{I_3} \Bigg\} \tag{9-28}$$

将式(9-28)代入式(9-22)得

$$f_1\left(1+\frac{I_1}{I_2}\right) = \varphi b \tag{9-29}$$

$$f_3\left(1+\frac{I_3}{I_4}\right) = \varphi h \tag{9-30}$$

即

$$\frac{f_3}{f_1} \cdot \left(\frac{1+\frac{I_3}{I_4}}{1+\frac{I_1}{I_2}}\right) = \frac{h}{b}$$

因为

$$\frac{f_3}{f_1} = \frac{H \cdot I_1}{I_3 \cdot Q}$$

所以
$$\frac{H}{Q} \cdot \frac{I_1 I_2 (I_3 + I_4)}{I_3 I_4 (I_1 + I_2)} = \frac{h}{b} \qquad (9\text{-}31)$$

令 $a = \dfrac{I_1 I_2 (I_3 + I_4)}{I_3 I_4 (I_1 + I_2)}$，$\lambda = \dfrac{h}{b}$，代入式(9-31)得

$$H = \frac{Q}{a \cdot \lambda} \qquad (9\text{-}32)$$

由式(9-27)得

$$H = \frac{P \cdot \dfrac{I_2}{I_1 + I_2} b - Qb}{h} \qquad (9\text{-}33)$$

将式(9-32)代入式(9-33)得

$$\frac{Q}{a\lambda} = \frac{P \cdot \dfrac{I_2}{I_1 + I_2} b - Qb}{h} \qquad (9\text{-}34)$$

由上面两式可得

$$H = \frac{I_2}{I_1 + I_2} \cdot \frac{\lambda}{1 + a\lambda^2} P \qquad (9\text{-}35)$$

$$Q = \frac{I_2}{I_1 + I_2} \cdot \frac{a\lambda^2}{1 + a\lambda^2} P \qquad (9\text{-}36)$$

于是可求出小车运行时，作用于主桁架上的 P 引起各片桁架的载荷分别为[图 9-28(c)]

$$Q_1 = Q + P_1 = \left[\left(I_1 + I_2 \frac{a\lambda^2}{1 + a\lambda^2} \right) \frac{1}{I_1 + I_2} \right] P \qquad (9\text{-}37)$$

$$Q_2 = P_2 - Q = \left[\left(\frac{I_2}{I_1 + I_2} \right) \left(\frac{1}{1 + a\lambda^2} \right) \right] P \qquad (9\text{-}38)$$

$$Q_3 = -Q_4 = H = \left[\left(\frac{I_2}{I_1 + I_2} \right) \left(\frac{\lambda}{1 + a\lambda^2} \right) \right] P = \lambda Q_2 \qquad (9\text{-}39)$$

若设
$$k_1 = \frac{I_1}{I_1} = 1, \quad k_2 = \frac{I_1}{I_2}, \quad k_3 = \frac{I_1}{I_3}, \quad k_4 = \frac{I_1}{I_4}$$

则式(9-37)~式(9-39)还可进一步简化为

$$Q_1 = P - Q_2 \qquad (9\text{-}40)$$

$$Q_2 = \frac{1}{1 + k_2 + (k_3 + k_4)\lambda^2} P \qquad (9\text{-}41)$$

$$Q_3 = -Q_4 = \lambda Q_2 \qquad (9\text{-}42)$$

同理，当小车不动时(此时可认为 $I_3 \to \infty$)，可得 P 引起各片桁架的载荷如下：

$$Q_1' = P - Q_2' \qquad (9\text{-}43)$$

$$Q_2' = \frac{P}{1 + k_2 + k_4\lambda^2} \qquad (9\text{-}44)$$

$$Q_3' = -Q_4' = \lambda Q_2' \qquad (9\text{-}45)$$

经过上述分析，可知各弦杆的最不利工况是：对主桁架上弦杆和副桁架下弦杆应取小车不动的工况；对主桁架下弦杆和副桁架上弦杆应取小车运行的工况。

实践表明，四桁架式主梁中主桁架上弦杆和副桁架下弦杆较易破坏，而主桁架下弦杆和副桁架上弦杆不易破坏。

各片桁架最不利工况时的移动载荷位置应取小车位于跨中和悬臂端极限位置。

大车运行制动时小车轮压引起的水平惯性载荷可按上述垂直载荷分配的原理，分配到各片桁架上。

将空间桁架分解为平面桁架计算时，垂直桁架（主桁架和副桁架）与水平桁架（上、下水平桁架）共用弦杆的内力（或应力）是由两个平面内弯曲产生的，计算时应叠加，并注意其受力性质的相互关系。

四桁架式主梁的疲劳计算和强度计算载荷组合可参照表 3-19 列出各片桁架的载荷组合（表 9-1）。

表 9-1　四桁架式主梁各片桁架载荷组合表

计算项目 起重机工况 载荷情况		主桁架			副桁架			水平桁架	
		疲劳计算	强度计算		疲劳计算	强度计算		疲劳计算	强度计算
			上弦杆	其他杆		上弦杆	其他杆		
		大车不动，小车位于跨中或悬臂端，吊重起升离地	大车不动，小车位于跨中或悬臂端，吊重下降制动	大车不动，小车运行至跨中或悬臂端制动，吊重下降制动	同主桁架	大车不动，小车运行至跨中或悬臂端制动，吊重下降制动	大车不动，小车位于跨中或悬臂端，吊重下降制动	大车运行制动，小车运行至跨中或悬臂端制动	大车运行经过不平坦轨面制动
常规载荷	桁架自重载荷 q	$\Phi_1 q_z$	$\Phi_1 q_z$	$\Phi_1 q_z$	$\Phi_1 q_f$	$\Phi_1 q_f$	$\Phi_1 q_f$	$\Phi_4 q_s$	$\Phi_4 q_s$
	小车自重载荷 P_{xc}	$\Phi_2 Q_1$	$\Phi_2 Q_1'$	$\Phi_2 Q_1$	$\Phi_2 Q_2$	$\Phi_2 Q_2$	$\Phi_2 Q_2'$	$\Phi_4 Q_3$ 或 $\Phi_4 Q_4$	$\Phi_4 Q_3$ 或 $\Phi_4 Q_4'$
	起升载荷 P_Q								
	大车制动惯性载荷 q_H							q_H	q_H
	小车制动惯性载荷 P_{Hx}			P_{Hx}				P_{Hx}	
偶然载荷	工作状态风载荷 q_W								q_W
	偏斜运行侧向载荷 P_S								P_S
其他	非工作状态风载荷 $q_{WⅢ}$								

注：1. 主桁架上弦杆和水平桁架弦杆的局部弯矩，载荷组合表中未列出。

　　2. 根据分析，四片桁架的弦杆应取不同的工况（小车运行和小车不动），为简化计算，未单独列出弦杆的载荷组合。

　　3. 主桁架自重载荷 G_z 可按式（3-6）和式（3-7）计算；副桁架的自重载荷可取 $G_f = G_z/2$；水平桁架的自重载荷 $G_s = G_z/3$。

主桁架、副桁架和上水平桁架强度计算时，可取图 9-29 的计算简图。小车运行制动惯性力作用于主桁架时，计算简图同图 9-21。

下水平桁架的计算简图类似于上水平桁架[图 9-29(c)]。下水平桁架的腹杆可用不带竖杆和次竖杆的腹杆体系。

各片桁架的作用载荷和计算简图确定后，可按第七章的桁架内力分析方法计算桁架杆件的内力，并列出各片桁架的内力表。表 9-2 为主桁架的计算内力表格式。供设计时参考。

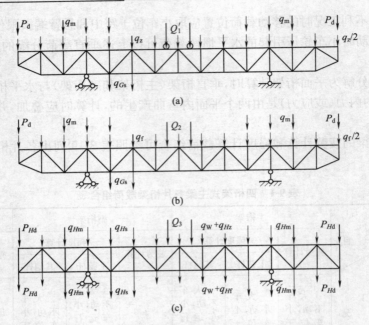

图 9-29 主桁架、副桁架和上水平桁架的计算简图

(a)主桁架；(b)副桁架；(c)上水平桁架。

表 9-2 主桁架内力表示例

杆件组别	杆件号数	固定载荷引起的杆件内力 N_q	移动载荷引起的杆件内力 N_Q		小车制动惯性载荷引起的内力 N_{Hx}	上弦杆局部弯矩				疲劳计算		强度计算	
			小车在跨中	小车在悬臂端		节中		节点		包括水平载荷引起的弦杆内力		包括水平载荷引起的弦杆内力	
						M_{xjz}	M_{yjz}	M_{xjd}	M_{yjd}	小车在跨中	小车在悬臂端	小车在跨中	小车在悬臂端
上弦杆	O_1 O_2 O_3 ...												
下弦杆	U_1 U_2 U_3 ...												
腹杆	V_1 D_1 V_2 D_2 ...												

三、主桁架上弦杆的设计计算

1. 内力分析

主桁架上弦杆受力比较复杂，其承受的内力包括：

(1)由固定载荷引起的杆件内力 N_q。

(2)由移动载荷引起的杆件内力 N_Q。

(3)由移动载荷引起的局部弯矩 M_{xjz}(节中弯矩)、M_{xjd}(节点弯矩)。

(4)小车运行制动载荷 P_{Hx} 引起的内力 N_{Hx}(小车不动的工况, $N_{Hx}=0$)。

(5)大车运行制动均布惯性载荷 q_H 引起的内力 N_H(计算水平桁架时得出)。

(6)大车制动时,移动载荷 Q 的水平惯性载荷引起的内力 N_Q^S(计算水平桁架时得出)。

(7)大车制动时,移动载荷引起的局部弯矩 M_{yjz}(节中弯矩)、M_{yjd}(节点弯矩)(计算水平桁架时得出)。

(8)工作状态风载荷引起的杆件内力 N_w(计算水平桁架时得出)。

上弦杆的断面多采用 T 形截面。T 形截面可用两块钢板焊接而成,也可以沿工字钢高度对称线将其一分为二,然后从纵向对接起来(图 9-30)。

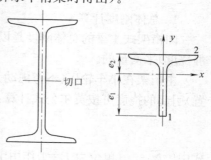

图 9-30　利用工字钢作为上弦杆

2. 主桁架上弦杆的疲劳强度计算

(1)当小车位于跨中时

节中的疲劳强度
$$\sigma_{max}^{jz}=\frac{N_q+N_Q}{A_j}+\frac{M_{xjz}}{W_{j2}}\leqslant[\sigma_{rc}] \tag{9-46}$$

节点的疲劳强度
$$\sigma_{max}^{jd}=\frac{N_q+N_Q}{A_j}+\frac{M_{xjd}}{W_{j1}}\leqslant[\sigma_{rc}] \tag{9-47}$$

(2)当小车位于悬臂端极限位置时,主桁架与支腿相接处上弦杆的疲劳强度计算式为

$$\sigma_{max}=\frac{N_q^z+N_Q^z}{A_j}\leqslant[\sigma_{rt}] \tag{9-48}$$

3. 主桁架上弦杆的强度计算

(1)当小车位于跨中时

节中的强度
$$\sigma_{max}^{jz}=\frac{N_q+N_Q+N_H+N_Q^S+N_w}{A_j}+\frac{M_{xjz}}{W_{j2}}+\frac{M_{yjz}}{W_{jy}}\leqslant[\sigma] \tag{9-49}$$

节点的强度
$$\sigma_{max}^{jd}=\frac{N_q+N_Q+N_H+N_Q^S+N_w}{A_j}+\frac{M_{xjd}}{W_{j1}}+\frac{M_{yjd}}{W_{jy}}\leqslant[\sigma] \tag{9-50}$$

(2)当小车位于悬臂端极限位置时

$$\sigma_{max}=\frac{N_q^z+N_Q^z+N_H^z+N_Q^{Sz}+N_w^z}{A_j}\leqslant[\sigma] \tag{9-51}$$

4. 主桁架上弦杆的稳定性计算

当小车位于跨中时,上弦杆节中的稳定性按下式计算

$$\sigma_{max}^{jz}=\frac{N_q+N_Q+N_H+N_Q^S+N_w}{\varphi_{max}A}+\frac{M_{xjz}}{W_2}+\frac{M_{yjz}}{W_y}\leqslant[\sigma] \tag{9-52}$$

上列各式中,A_j、W_{j1}、W_{j2} 和 W_{jy} 分别为上弦杆的净截面面积和净截面抗弯模量;A、W_2 和 W_y 分别为上弦杆的毛截面面积和毛截面抗弯模量;$\varphi_{max}=\max(\varphi_x,\varphi_y)$,$\varphi_x$、$\varphi_y$ 分别为上弦杆截面对 x 轴和 y 轴的轴压稳定系数,根据长细比 λ_x、λ_y 查表 5-6 ~ 表 5-9。λ_x、λ_y 的计算见式(5-7)及式(5-8)。

小车位于悬臂端极限位置时,除轮压作用处外,悬臂段主桁架上弦杆主要受轴心拉力作用,不需要计算其稳定性。但主桁架下弦杆为轴心受压构件,应计算其稳定性。

除主桁架上弦杆以外,其余各片桁架的杆件受力比较简单,采用第七章的桁架计算理论即可进行设计。

四、四桁架式主梁的总体刚度计算和上拱设计

1. 总体刚度计算

四桁架式主梁的总体刚度是以移动载荷作用下,主桁架跨中和有效悬臂端的弹性变形(称静挠度)来衡量的。

主桁架在小车轮压(不考虑动力系数和冲击系数)作用下(小车位于跨中或悬臂端极限位置)引起的挠度可按莫尔公式计算:

$$f = \sum \frac{\overline{N_1} N_P}{EA_i} l_i \leqslant [f] \tag{9-53}$$

式中　$\overline{N_1}$——单位力 $P=1$ 作用于跨中或悬臂端极限位置时桁架各杆件的内力,可用计算程序或图解法求得;

$\quad N_P$——小车轮压(不计动力系数和冲击系数)作用于跨中或悬臂端极限位置时桁架各杆件的内力,亦可用计算程序或图解法求得;

$\quad l_i$——桁架各杆件的长度;

$\quad A_i$——桁架各杆件的截面面积;

$\quad E$——桁架杆件材料的弹性模量;

$\quad [f]$——许用静挠度,查表 3-22。

用莫尔公式计算挠度比较精确,但不足的是未计及支腿的影响。这种方法常用于新设计的桁架(新设计桁架时,杆件内力在总体刚度计算前已得出)。对于校核性计算,也可用下面的近似公式计算。计算时将主桁架以及与主桁架在同一平面的支腿都转换成实体结构,然后按箱形门式起重机相类似的刚度计算公式计算挠度。

小车位于跨中,主桁架跨中的挠度为

$$f_z = \frac{PL^3}{48EI_z} \left(\frac{8k+3}{8k+12} \right) \leqslant [f]_z \tag{9-54}$$

小车位于悬臂端极限位置时,主桁架有效悬臂端的挠度为

$$f_d = \frac{Pl_0^2}{3EI_z} \left(l_0 + \frac{8k+3}{8k+12} \times L \right) \leqslant [f]_d \tag{9-55}$$

式中　　P——小车轮压 $P=P_1+P_2$(不计动力系数);

$\quad\quad L$——跨度;

$\quad\quad l_0$——有效悬臂长度;

$[f]_z$、$[f]_d$——许用静挠度,查表 3-22;

$\quad\quad k$——系数,按下式计算:

$$k = \frac{I_z}{I_{tz}} \cdot \frac{\mu_2 H}{L} \tag{9-56}$$

其中　H——支腿的投影高度,

$\quad\quad \mu_2$——变截面支腿的长度折算系数,查表 5-3,

$\quad\quad I_z$——将主桁架视为实体梁时,梁的折算惯性矩,按下式计算:

$$I_z = \frac{A_s A_x h^2}{\mu(A_s + A_x)} \tag{9-57}$$

其中　A_s、A_x——主桁架上、下弦杆的截面面积，

h——主桁架的计算高度，

μ——系数，对三角形腹杆体系，当腹杆的倾角（斜杆与下弦杆的夹角）为30°、45°、60°，且 $A_s = A_x$ 时，μ 值可查图 9-31、图 9-32、图 9-33，当腹杆的倾角为 30°、45°，且 $A_s = 1.25A_x$ 时，μ 值可查图 9-34、图 9-35（图中 n 为桁架节间数，A_g 为斜腹杆截面面积）。

I_{tz}——将桁架支腿视为实体构件时支腿的折算惯性矩，通常支腿和主桁架连接的两个肢截面积相等，I_{tz}可用下式计算：

$$I_{tz} = \frac{A_z h_t^2}{2\mu_t} \tag{9-58}$$

其中　A_z——桁架支腿和主桁架连接的一个肢的截面面积，

h_t——支腿和主桁架连接处两个分肢之间的距离，

μ_t——系数，对三角形腹杆体系，其近似值可由图 9-31～图 9-33 查得。

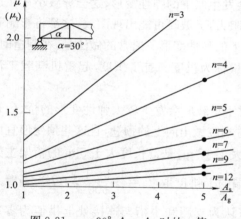

图 9-31　$\alpha = 30°$，$A_s = A_x$ 时的 μ 值

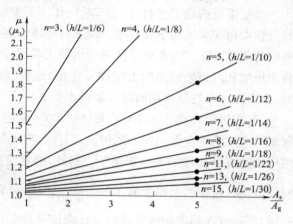

图 9-32　$\alpha = 45°$，$A_s = A_x$ 时的 μ 值

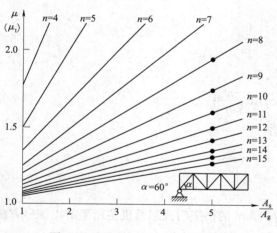

图 9-33　$\alpha = 60°$，$A_s = A_x$ 时的 μ 值

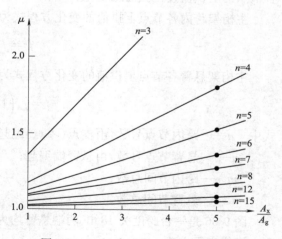

图 9-34　$\alpha = 30°$，$A_s = 1.25A_x$ 时的 μ 值

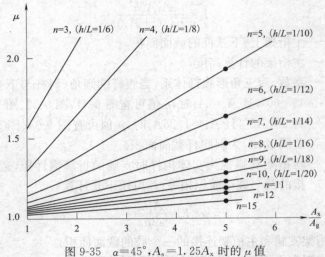

图 9-35 $\alpha=45°,A_s=1.25A_x$ 时的 μ 值

2. 主桁架的上拱设计

当起重机满载工作时,在小车轮压作用下主梁会发生向下的弹性变形,这会导致小车在运行过程中出现爬坡和下坡现象。爬坡时将增加运行阻力,下坡时可能出现溜放,这都将影响起重机的正常工作。为此应设法减少桁架主梁这种向下的弹性变形。通常的做法是,在制造时,将主桁架和副桁架预先向上挠曲一定值,这种挠曲量称为拱度。有了拱度,起重机满载工作时,主梁在小车轮压作用时就大至呈水平了。

《起重机设计规范》(GB/T 3811—2008)规定,对于承载后会发生较大弹性变形的桥、门式起重机主梁跨中应做出向上的预拱,门式起重机悬臂端应做出向上的预翘,且这些预变形宜由结构构造或结构件的下料来保证。据此,通常跨度大于 17 m,悬臂长度大于 5 m 的桁架主梁应设上拱。跨中的上拱度取 $f_z=\dfrac{1.1\sim1.2}{1\,000}L$,悬臂端的上拱度取 $f_d=\dfrac{1.1\sim1.2}{500}l$($l$ 为悬臂总长度)。拱度在桁架长度方向的变化应该是均匀的(认为支腿和主桁架连接处上拱值为零)。各节点的上拱值按正弦曲线变化。

主桁架跨内各节点上拱值的变化方程式为

$$f_i^z=f_z\sin\frac{\pi n}{m} \tag{9-59}$$

主桁架悬臂各节点上拱值的变化方程式为

$$f_i^d=f_d\left(1-\sin\frac{\pi n'}{2m'}\right) \tag{9-60}$$

式中 n——跨内节点号数,由支点(零点)编起;

n'——悬臂节点号数,由悬臂端编起;

m——跨内节间总数;

m'——悬臂节间总数。

图 9-36 是一台跨度为 18 m、两端悬臂均为 7.5 m 的桁架门式起重机主桁架节点编号方法和上拱值表示方法。

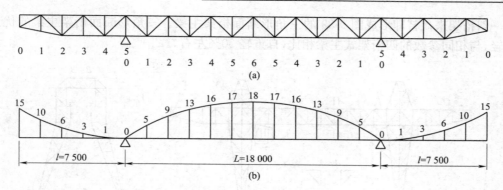

图 9-36 主桁架上拱曲线

(a)主桁架节点编号方法;(b)主桁架上拱值表示方法。

考虑上拱以后,桁架的杆件有些要增长,有些则要缩短。做工艺设计时,应根据上拱值算出各杆的下料长度。例如,在跨内任取两个节间(图9-37),图中双点画线表示主桁架未上拱时的节间位置,粗实线表示上拱后的节间位置,则各杆件的下料长度应为

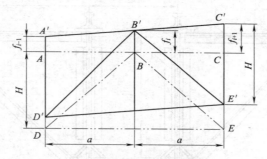

图 9-37 桁架上拱后杆件长度的变化

$$B'D' = \sqrt{a^2 + (H + h_1)^2}$$

$$B'E' = \sqrt{a^2 + (H - h_2)^2}$$

$$A'B' = \sqrt{a^2 + h_1^2}$$

$$B'C' = \sqrt{a^2 + h_2^2}$$

$$D'E' = \sqrt{(2a)^2 + (h_1 + h_2)^2}$$

上述计算式中,h_1 和 h_2 为相对上拱值。

$$h_1 = f_i - f_{i-1}$$

$$h_2 = f_{i+1} - f_i$$

这种上拱方法,竖杆的长度 H 在上拱前后不变。

第五节 三角形断面桁架门式起重机主梁的计算

三角形断面桁架门式起重机金属结构的组成与四桁架门式起重机相似,由主梁、桁架支腿、马鞍、上端梁和下横梁等组成,如图9-38所示。

三角形断面桁架主梁是由四桁架式主梁演变过来的。将四桁架主梁的副桁架和下水平桁

架用一斜桁架来代替即形成图 9-39 的三角形断面桁架主梁。三角形断面桁架主梁的优点是自重轻,与相同参数的四桁架式主梁相比,自重轻 30% 左右。

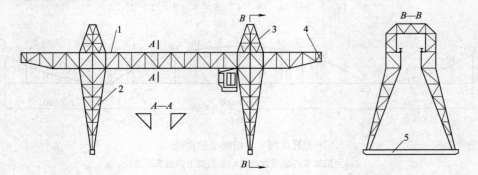

图 9-38　三角形断面桁架门式重机金属结构

1—桁架主梁;2—桁架支腿;3—马鞍;4—上端梁;5—下横梁。

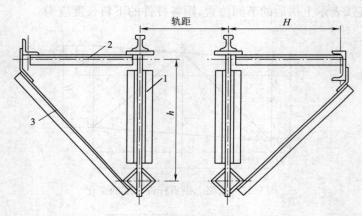

图 9-39　三角形断面桁架主梁

1—主桁架;2—水平桁架;3—斜桁架。

三角形断面桁架主梁的主桁架可以做成桁架式(图 9-40),亦可做成单腹板梁式(图 9-41)。

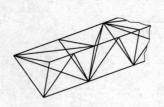

图 9-40　桁架式主梁

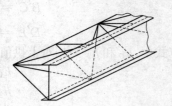

图 9-41　单腹板式主梁

在 20 世纪 50 年代和 60 年代,三角形断面桁架主梁广泛用于桥式起重机,此后发现这种主梁水平刚度较差而逐渐被淘汰。20 世纪 70 年代将它用作双梁门式起重机的主梁时,由于设计者注意了这种结构形式的弱点,在构造上采取了一些有效措施,加强了水平刚度,使三角断面桁架主梁在门式起重机上获得广泛的应用。

常用三角形断面桁架主梁三片桁架的外形及腹杆体系如图 9-42 所示。三角形断面桁架主梁的高度即主桁架的高度 h，由垂直刚度条件确定，根据铁路运输高度限界的要求不超过 3.4 m。桁架主梁的宽度即水平桁架的宽度 H，由主梁有足够的水平刚度并兼作走台的条件，且考虑斜桁架与主桁架的夹角等因素确定。H 通带取 $0.8\sim1.8$ m，斜桁架倾角 β 常取 $35°\sim45°$。

图 9-42(a)为主桁架，采用带竖杆和次竖杆的三角形腹杆体系；图 9-42(b)为水平桁架，由于它主要承受双向载荷(风载荷和水平惯性载荷)，所以也采用带竖杆和次竖杆的腹杆体系；斜桁架受力较小，常用不带竖杆的三角形腹杆体系[图 9-42(c)]。

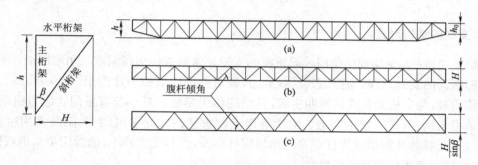

图 9-42 三角形断面桁架主梁各片桁架的外形及腹杆体系
(a)主桁架；(b)水平桁架；(c)斜桁架。

三角形断面主桁架的上弦杆和四桁架式类似，常用 T 形截面，考虑到下弦杆与斜桁架的连接，多采用闭合断面(图 9-39)。水平桁架的外弦杆可用单角钢制造，亦可用单槽钢制造。

三角形断面桁架式主梁是一空间结构，通常将空间结构分解为三片平面桁架来计算，同时考虑外力不作用在断面弯心上的影响。

图 9-43(a)为三角断面桁架主梁，外力 P 不作用于弯心 O，可将 P 移到弯心上，并加一附加扭矩 M_P[图 9-43(b)]；将移至弯心的 P 和 M_P 分解至各片桁架[图 9-43(c)、(d)]，最后将各片桁架承受的载荷叠加起来。由图 9-43 可知：

主桁架总载荷
$$P_{zz}=P_1+P_{MP1}=\frac{P(h_2-a)}{h_2}+\frac{Pa}{h_2}=P \tag{9-61}$$

水平桁架总载荷 $\quad P_{zs}=P_2+P_{MP2}=P'\tan\beta-\frac{M_P}{h_1}=\frac{Pa}{h_2}\times\frac{h_2}{h_1}-\frac{Pa}{h_1}=0$ (9-62)

斜桁架总载荷 $\quad P_{zx}=P_3+P_{MP3}=\frac{P'}{\cos\beta}-\frac{M_P}{h_1\sin\beta}=\frac{Pa}{h_2}\times\frac{h_3}{h_1}-\frac{Pa}{h_1}\times\frac{h_3}{h_2}=0$ (9-63)

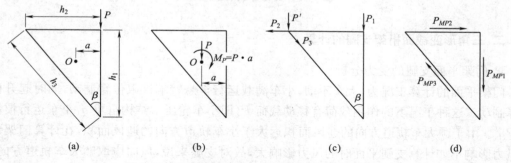

图 9-43 三角形断面桁架主梁各片桁架的受力分析

根据上述分析可知,采用这种方法计算三角形断面桁架主梁时,不必考虑载荷不作用于弯心的影响,作用于主桁架平面的载荷全部由主桁架承受,作用于水平桁架平面的载荷全部由水平桁架承受,而作用于斜桁架平面内的载荷均由斜桁架承受,作用于水平桁架和斜桁架交点处的载荷应分解到水平桁架和斜桁架上。

第六节　双梁桁架门式起重机桁架支腿的计算

一、支腿的结构形式

四桁架式和三角形断面桁架门式起重机的支腿通常做成矩形断面或三角形断面(图 9-44)。对三角形断面的支腿,有时为提高其承载能力,在对称面内增加一片桁架[图 9-44(c)]。支腿的弦杆称为肢,与主桁架相连的肢叫主肢,其余的称为副肢。对小起重量门式起重机的主、副肢可用单根角钢、钢管或槽钢制造。对中等以上起重量门式起重机的主、副肢常用组合截面(图 9-45)。支腿各片桁架的腹杆都是三角形腹杆体系,因其受力较小,通常用单角钢或钢管制造,并按容许长细比确定其断面尺寸。

根据支腿的受力特点,桁架支腿在门架平面和支腿平面都做成上端大、下端小的变截面形式。

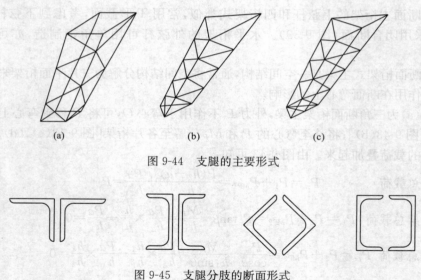

(a)　　　　　　　(b)　　　　　　　(c)

图 9-44　支腿的主要形式

图 9-45　支腿分肢的断面形式

二、三角形变截面桁架支腿的计算

1. 门架平面支腿的受力分析

门架平面的计算工况为:大车不动,小车满载运行至悬臂端极限位置制动,同时起升机构下降制动。这种工况下的作用载荷有移动载荷 P(即小车轮压),结构自重 q,小车运行惯性载荷 P_{Hx}。由于顺大车轨道方向的迎风面积远大于小车轨道方向的迎风面积,在计算门架平面时风力影响不如计算支腿平面时的风力影响大,故对支腿来说,风向应取顺大车轨道方向,而门架平面支腿内力分析中不考虑风载荷。

门架平面的计算简图(取一次超静定)及作用载荷如图9-46所示。

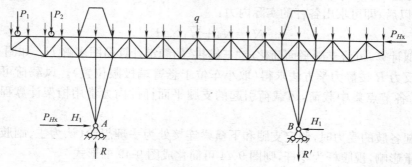

图9-46 门架平面计算简图

求解支点A、B的横推力H_1时,不考虑自重的影响,而只计入移动载荷引起的横推力。计算横推力时,可按杆系结构由莫尔公式计算变位,最后求出H_1。也可以把上部结构与支腿看成是实体结构,引进折算惯性矩进行近似计算,该计算方法比较简便、迅速。

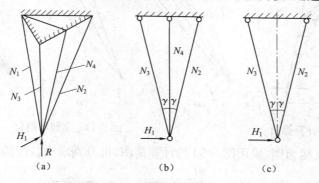

图9-47 主肢内力计算

由于H_1仅由主肢N_2、N_3、N_4(或由主肢N_2、N_3)承受,而对副肢没有影响,故由图9-47(b)、(c)可知:

$$N_4 = 0 \tag{9-64}$$

$$N_2 = -N_3 = \frac{H_1}{2\sin\gamma} \tag{9-65}$$

垂直支反力R引起各肢的内力在支腿平面计算。

2. 支腿平面的受力分析

支腿平面的计算工况同门架平面,作用载荷中应考虑风载荷的影响。

相应的计算简图和双梁Ⅱ形支腿[图9-22(a)]相同,取一次超静定简图。其横推力H_2的计算同式(9-20)计算,即

$$H_2 = \frac{\sum \dfrac{\overline{N}_1 N_P}{A_i} l_i}{\dfrac{l_0}{A_0} + \sum \dfrac{\overline{N}_1^2}{A_i} l_i} \tag{9-66}$$

式中 $\overline{N}_1$——$H_2 = 1$时,支腿各杆件的内力,可用桁架计算程序求得;

N_P——小车在悬臂端极限位置时,主梁支反力引起的支腿各杆件内力。

其他符号意义同式(9-20)。

H_2确定以后,即可求出各杆的实际内力:

$$N_i = N_P + \overrightarrow{N}_1 \times H_2 \tag{9-67}$$

作为近似计算,可将支腿平面简化成"三铰拱"的静定计算简图求解 H_2,如图 9-48 所示。

垂直支反力 R 按静力学方法求得(取小车位于悬臂端极限位置)。风载荷可视为均布载荷,亦可视为各节点集中载荷,风载荷引起的支腿平面杆件内力常用桁架计算程序或图解法求得。

分析支腿各肢的受力时,假定支腿和下横梁连接处为一理想铰(认为主、副肢交于一点),忽略支腿自重影响,视腹杆为零杆,则图 9-44 可简化成图 9-49 的形式。

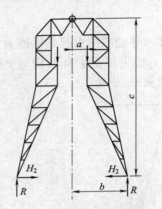

图 9-48 三铰拱计算简图

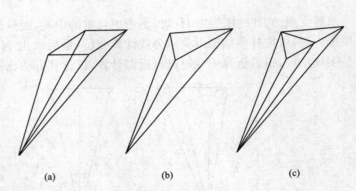

图 9-49 支腿的简化

以三角形断面支腿为例,采用图 9-50 的计算简图,可分别求出各肢的计算内力。

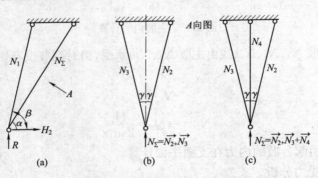

图 9-50 支腿分肢内力计算简图

$$N_1 = \frac{R\cos\alpha - H_2\sin\alpha}{\sin(\beta - \alpha)} \tag{9-68}$$

$$N_\Sigma = \frac{R\cos\beta - H_2\sin\beta}{\sin(\beta - \alpha)} \tag{9-69}$$

对于图 9-50(b)两个主肢的情况,主肢的内力为

$$N_2 = N_3 = \frac{N_\Sigma}{2\cos\gamma} \tag{9-70}$$

对于图 9-50(c)的三个主肢的情况,通过解一次超静定,可得各主肢的内力为

$$N_2 = N_3 = \frac{N_\Sigma}{2\cos\gamma + \dfrac{A_4}{A_2}\dfrac{1}{\cos^2\gamma}} \qquad (9\text{-}71)$$

$$N_4 = N_\Sigma - 2N_2\cos\gamma \qquad (9\text{-}72)$$

式中　A_2、A_4——主肢 N_2 和 N_4 的断面面积;

　　　　N_Σ——主肢内力和;

　　　　γ——主肢与对称轴之间的夹角。

3. 支腿的强度和稳定性计算

(1)主、副肢的强度计算

$$\sigma_{\max} = \frac{N_i^{\mathrm{mj}} + N_i^{\mathrm{zt}}}{A_\mathrm{j}} \leqslant [\sigma] \qquad (9\text{-}73)$$

式中　N_i^{mj}——主、副肢在门架平面的内力;

　　　　N_i^{zt}——主、副肢在支腿平面的内力;

　　　　A_j——一根主肢或副肢的净截面面积。

(2)主、副肢的局部稳定性计算

$$\sigma_{\max} = \frac{N_i^{\mathrm{mj}} + N_i^{\mathrm{zt}}}{\varphi A} \leqslant [\sigma] \qquad (9\text{-}74)$$

式中　φ——轴心压杆稳定系数,由分肢节间最小长细比查表5-6~表5-9;

　　　　A——一根主肢或副肢的毛截面面积。

(3)支腿门架平面的整体稳定性计算

支腿的整体稳定性,按变截面格形柱的稳定理论进行计算。

计算门架平面支腿整体稳定性时,由于支腿上部与桁架主梁的连接刚性较大,故可视为固定端支承,而下端可简化为自由端[图9-51(a)],用折算长度法将变截面压弯杆用一等截面杆来代替[图9-51(b)],则其整体稳定计算表达式为

$$\sigma_{\max} = \frac{R}{\varphi_x A_\Sigma} + \frac{\mu_2 H_1 h}{W_x^{\mathrm{d}}} \leqslant [\sigma] \qquad (9\text{-}75)$$

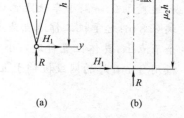

图9-51　门架平面支腿整体
稳定性计算简图

式中　R——垂直支反力;

　　　　A_Σ——支腿各肢的毛截面面积之和;

　　　　h——支腿在门架平面的投影高度;

　　　　μ_2——支腿变截面长度折算系数,根据支腿的 $\dfrac{I_{\min}}{I_{\max}}$ 及断面形状变化规律查表5-3;

　　　　H_1——门架平面支腿的横推力;

　　　　W_x^{d}——等截面(大端截面)支腿对 x 轴的毛截面抗弯模量;

　　　　φ_x——对 x 轴的轴压稳定系数,对三角形断面格构式支腿按式(5-58)计算的换算长细比 λ_{hz} 查表5-6~表5-9确定;对四边形断面的格构式支腿按式(5-57)计算的 λ_{hz} 查表确定。

(4)支腿平面的整体稳定性计算

计算支腿平面内支腿的整体稳定性时,可将支腿简化为上端固定、下端铰支的计算简图

[图 9-52(a)]，用折算长度法将变截面格形构件转换为等截面（大端截面）的压杆[图 9-52(b)]，且将垂直支反力 R 和横推力 H_2 合成为通过截面中心线的合力 S：

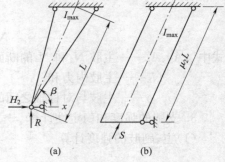

$$S = H_2\cos\beta + R\sin\beta$$

则支腿的整体稳定性计算式可写成

$$\sigma_{max} = \frac{S}{\varphi_y A_\Sigma} \leqslant [\sigma] \qquad (9\text{-}76)$$

式中 φ_y——对 y 轴的轴压稳定系数，对三角形断面格构式支腿按式(5-58)计算的换算长细比 λ_{hy} 查表 5-6～表 5-9 确定；对四边形断面的格构式支腿按式(5-57)计算的 λ_{hy} 查表确定。

图 9-52　支腿平面支腿整体稳定性计算简图

马鞍的计算与双梁Ⅱ形桁架结构的横向框架类似。下横梁为拉、弯（考虑自重）构件，可按材料力学方法进行设计计算。

习　题

根据下面所给的数据和资料，设计图 9-53 所示双梁桁架门式起重机的主桁架，并对支腿进行强度和稳定性计算。

主要数据如下：

起重量 200/50 kN，吊具重 6 kN；吊重起升速度 0.2 m/s；小车运行速度 0.75 m/s；大车运行速度 1.0 m/s；小车轨距 2.0 m；小车轴距 2.4 m；小车走到悬臂端极限位置，前轮距主梁最外端 0.8 m；起重机工作地点为上海港；司机室（含电气设备）重 15 kN（吊装在主桁架下弦杆的两个节点上，具体位置自定）；小车结构对称布量，自重及吊重四轮均布；两马鞍总重 30 kN；走台板用 3 mm 厚的网纹板铺于上水平桁架；金属结构工作级别为 E6，主要构件材料为 Q235B。

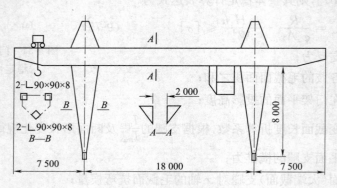

图 9-53　习题用图

第十章 塔式起重机金属结构设计

塔式起重机(简称塔机)是各种工程建设,特别是现代工业与民用建筑中主要的施工机械。金属结构是塔式起重机的重要组成部分,通常其重量占整机重量的一半以上,耗钢量大。作为整机的骨架,起重机的各种工作机构及零部件安装或支承在金属结构上,金属结构承受起重机的自重以及工作时的各种载荷。因此,合理设计塔式起重机的金属结构对减轻整机自重、提高性能、扩大功用和节省钢材都有重要意义。

塔式起重机金属结构的设计应满足以下要求:

(1)总体设计要求。塔式起重机金属结构应满足建设施工的作业空间要求,保证有足够的工作高度和作业半径,满足各种机构的布置要求。

(2)安全可靠的要求。塔式起重机金属结构必须有足够的强度、刚度、整体和局部稳定性。

(3)重量轻、材料省。整机重量是塔式起重机的重要技术经济指标,降低金属结构的重量可以节约钢材、减轻工作机构负荷、降低整机造价。

(4)结构合理,工艺性好。塔式起重机金属结构的构造必须适应结构受力,并且有良好的工艺性,便于制造、运输、安装和拆卸。

(5)外形美观。金属结构的外形、尺寸、比例等应尽可能协调,体现设计美感。

第一节 塔式起重机的类型和金属结构的组成

一、塔式起重机的类型

1. 按组装方式分类

(1)部件组装式塔式起重机

如图 10-1 所示,塔机由各结构件、机构等部件组装而成。

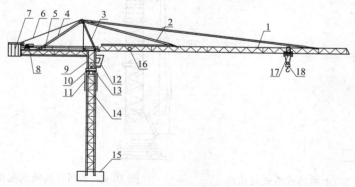

图 10-1 组装式塔式起重机

1—起重臂;2—起重臂拉杆;3—塔头;4—平衡臂拉杆;5—平衡臂;
6—起升钢丝绳;7—平衡重;8—起升机构;9—回转塔身;10—回转机构;11—顶升套架;
12—驾驶室及电气系统;13—回转支承;14—塔身;15—基础;16—变幅机构;17—起重小车;18—吊钩。

(2)自行架设式塔式起重机

如图 10-2 所示,该型塔机具有整体拖运,不用辅助设备快速架设安装的功能,但塔身高度受到一定的限制,起重量亦不大。

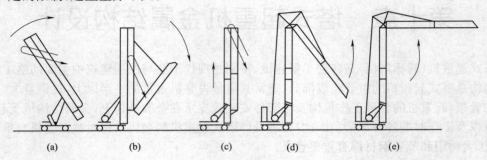

图 10-2　自行架设式塔式起重机

(a)吊臂随塔身一起转至竖直;(b)翻转并拼接吊臂;(c)伸出内塔身;(d)向上转动吊臂;(e)吊臂转至水平完成架设。

2. 按回转部位不同分类

(1)上回转塔式起重机(图 10-3)

上回转式塔机的回转支承安装在塔身上部,塔机旋转时,回转支承及其以上部件绕塔身中心线转动,塔身及其以下部件不转动。上回转式塔机视野开阔,可通过顶升加节及附着装置增高塔身来提高起升高度。

(2)下回转式塔式起重机

如图 10-4 所示,下回转式塔机的回转支承安装在塔身底部,回转支承及其以上部件绕回转中心转动。下回转式塔机驾驶室位置低,驾驶员上下方便,但塔身高度受限制。

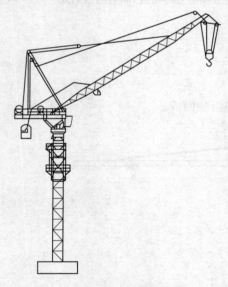

图 10-3　上回转式塔式起重机

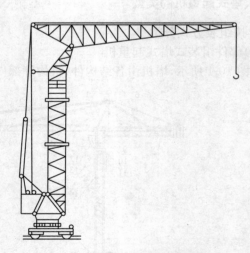

图 10-4　下回转式塔式起重机

3. 按起重臂类型分类

(1)水平臂架式(含平头式)塔式起重机

水平臂架式塔机利用起重小车沿臂架水平运动实现变幅,如图 10-1 及图 10-5 所示。其变幅速度快、工作效率高。

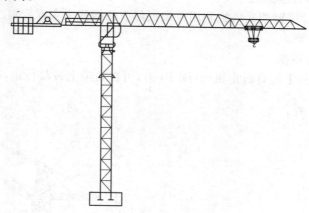

图 10-5　平头塔式起重机

（2）动臂式塔式起重机

动臂式塔机利用变幅绳使起重臂绕臂根铰点转动来实现变幅，如图 10-3、图 10-9 中的臂架，适合于狭窄空间的施工作业。

（3）弯折臂架式塔式起重机

如图 10-6 所示，弯折臂架式塔机在作业时，臂架成直线形的水平状，使用小车变幅。必要时将臂架的根部节向上转动，可达垂直状，进一步增大起升高度，很适合热电站冷却塔的施工。

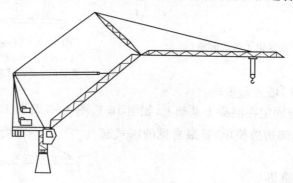

图 10-6　弯折臂架式塔式起重机

（4）伸缩臂架式塔式起重机

伸缩臂架式塔机由双臂架组成（图 10-7），可由起重小车沿臂架运动来实现短距离变幅，也可通过下臂架向外水平运动来实现长距离变幅。

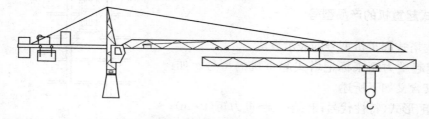

图 10-7　伸缩臂架式塔式起重机

（5）铰接臂架式塔式起重机

如图 10-8 所示，铰接臂架式塔机利用臂架根部节的俯仰来实现变幅。

4. 按移动方式分类

（1）行走式塔式起重机

行走式塔机在底架上装有行走机构（图 10-9），可在轨道上带载行走，用以延伸作业范围。

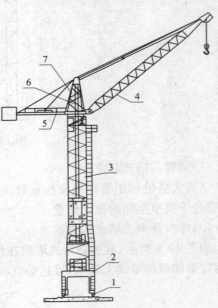

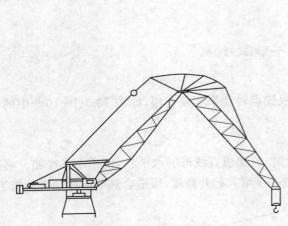

图 10-8　铰接臂架式塔式起重机

图 10-9　行走式塔式起重机

1—行走台车；2—门架；3—塔身；
4—臂架；5—平衡臂架；6—塔顶；7—塔帽。

（2）固定式（定置式）塔式起重机

固定式塔机的塔身固定在混凝土基础上，如图 10-1、图 10-3 及图 10-5 所示，塔机不行走，整机稳定性好，塔机下部构造简单，是最常见的塔式起重机安装方式。

（3）爬升式塔式起重机

如图 10-10 所示，爬升式塔机安装在建筑物内部（电梯井，楼梯间或特设开间等），借助建筑物的结构作为塔身支撑，当建筑物施工高度增加时，可通过附属爬升装置沿建筑物向上爬升。

二、塔式起重机的产品型号

1. 国内塔式起重机型号的表示方法

用额定起重力矩来标记塔式起重机的型号。如：QTZ80F，其含义如下所述。

QTZ:组、形式、特性代号；80:最大起重力矩（t·m）；F:更新、变型代号。

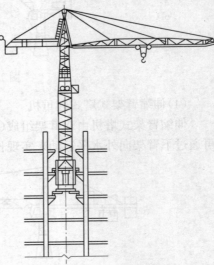

图 10-10　内爬式塔式起重机

如：QTZ 表示上回转自升式塔式起重机、QTD 表示动臂式塔式起重机、QTK 表示快速安装式塔式起重机。

2. 塔式起重机型号的其他表示方法

用塔式起重机最大工作幅度（m）处所能吊起的额定重量（kN）两个主参数来标记塔机的型号。如：TC5013 或 C5013，其含义如下所述。

TC：TowerCrane；50：最大幅度 50 m；13：最大幅度 50 m 处对应的最大起重量 13 kN。

三、塔式起重机金属结构的类型

塔式起重机金属结构的基本组成构件包括：塔身、塔头或塔帽、起重臂架、平衡臂架（或活动支撑）、回转支承架、底架、台车架等（图 10-9）。

对于特殊的塔式起重机，由于构造上的差异，部件有所增减。

为了获得最大的起升高度和工作幅度，臂架都连接在塔身的上端。平衡臂或活动支撑是为了减少塔身承受的较大弯矩，通常连接在臂架反侧的塔身上端。塔身的下端固定在底架上，底架有沿轨道行走的门式底架、轮胎式或履带式回转底架、四角带伸缩式支撑的底座和直接固定在基础上的底座等形式。

1. 塔身结构

塔式起重机塔身结构有多种形式。按照塔身和臂架之间的相互关系，塔式起重机可分为上回转式和下回转式两大类（图 10-3、图 10-4），其中，按结构特征，上回转式又可分为普通上回转式和自升式（图 10-10～图 10-12）等类型。

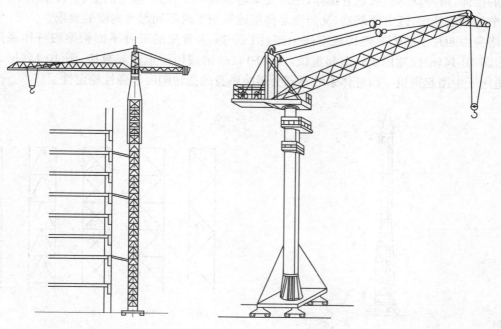

图 10-11　附着式塔式起重机　　　　图 10-12　筒体式塔式起重机

上回转式塔机的回转部分装设在塔机上部（图 10-3），上部旋转，塔身不动，所以塔身受力情况随臂架的不同方位而变化，塔身杆件应按最不利工况计算。

下回转式塔机的回转部分设置在塔机下部,臂架直接铰接在塔身的上端,工作机构和平衡重安装在塔身下端的旋转平台上(图10-4),转动塔身的头部构造依起重机的形式而变化。如果牵引绳能保证在臂架的各种倾角位置都平行于塔身,并且又能合理确定塔顶尺寸和变幅钢绳的缠绕参数时,则起升质量与臂架自重只在塔身上产生轴向压力,塔身受力情况好。由于塔身旋转,它不能用于附着式塔式起重机。

转动塔身与杠杆式臂架连接时,塔身头部常为前倾或直立的尖顶,此时臂架受弯,但塔身上的附加弯矩小,变幅机构及钢丝绳缠绕方式简单,适宜在轻小型起重机上使用。

转动塔身与压杆式臂架连接时,塔身头部有两种构造形式。对于具有固定支撑的塔头,做成尖顶,起人字架作用。为了避免塔身承受很大的附加弯矩,降低塔头高度,又要防止臂架拉绳在最大倾角时脱开滑轮,需要使塔顶后倾,所以头部结构加工费时,适宜在中小型起重机上使用。对于具有活动支撑的塔头,做成平顶,活动的三角形支撑起人字架的作用,塔身顶部构造简单,重量较轻,拖运时结构紧凑,所以广泛应用在下回转塔式起重机中,这种形式的塔身受有弯矩,设计时需要合理地确定活动支撑的尺寸和位置,以便尽量抵消塔顶所受的横向水平力。

塔身按结构形式不同,可分为桁架式和圆筒式两类。其中,以桁架式塔身居多,这种塔身的肢杆和腹杆常用角钢或低合金高强度钢管制作,截面为正方形,沿塔身高度方向做成等截面或变截面结构。通常,下回旋式和自升附着式塔式起重机采用正方形等截面塔身。在普通上回转塔式起重机上一般采用正方形变截面塔身,当塔身弯矩不大时,亦可采用等截面的。按等强度观点考虑,塔身弯矩自上而下逐渐增大,变截面塔身的下段截面大于上段截面,中间有个过渡的锥体,塔身顶部做成正方锥体,用以支承塔帽(图10-13)。塔身的上、下段采用不同尺寸的分节等截面结构,既方便制造,又能满足高层建筑施工时不同起升高度的要求。

塔身由四片平面桁架连接成空间桁架,图10-14为常见的五种平面桁架腹杆体系形式。其中,图10-14(a)仅适用于轻型起重机,图10-14(e)则适用于重型起重机,图10-14(b)、(c)、(d)适用于中型起重机。腹杆体系的不同会影响塔身的扭转刚度和弹性稳定性。

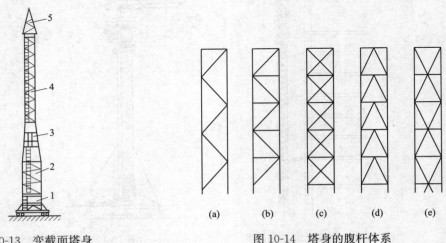

图10-13 变截面塔身
1—底架;2—第一节架;3—驾驶室架;4—延接架;5—塔顶。

图10-14 塔身的腹杆体系

(a)　　(b)　　(c)　　(d)　　(e)

由板结构构成的圆筒形塔身其扭转刚度大,结构紧凑,密封性好,可制成标准节,筒节的两端带有凹凸肩的联接法兰。在爬升时,逐节接上去,能方便地实现爬升。

为了便于安装、拆卸和分段运输,通常将整个塔身分为数段,各段之间采用可拆的连接。

2. 臂架结构

塔式起重机的臂架按主要受力不同,可分为受压臂架和受弯臂架两种。

(1)受压臂架

受压臂架也称压杆式臂架,它是利用固定在臂架头部的变幅绳来实现臂架的俯仰变幅,臂架在起升载荷、起升绳和变幅绳拉力作用下,主要受轴向压力(臂架自重和风载荷产生的弯矩很小)。这种臂架在变幅平面内常做成中部尺寸大两端缩小的形状。影响这种臂架承载能力的主要因素是其整体稳定性。

图 10-15 是压杆式臂架的示意图,在变幅平面内,中间部分的桁架高度通常是不变的,而向两端逐渐缩小并用钢板加固,以适应头部轮滑和根部铰支座安装时,需要增强刚度的构造要求。回转平面内,臂架的宽度由头部向根部逐渐扩大,以对应水平载荷引起的水平弯矩变化。当需要调整臂架长度时,臂架宽度可采用区段变化的形式,只要改变中间等截面标准节臂的节数,就很容易实现制造和组装。对于长度较大的臂架,为了减小自重引起的横向弯曲,可在臂架设计时,使臂顶的合力作用线与臂架轴线有一个偏心距。

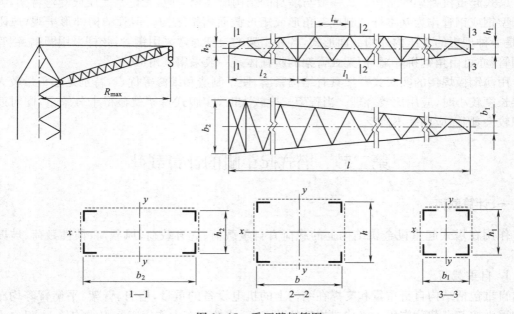

图 10-15　受压臂架简图

(2)受弯臂架

借助沿臂架下弦杆运行的小车来实现变幅的水平式臂架和动臂变幅的杠杆式臂架都属于这一类臂架。它主要承受横向弯曲,显然,臂架的强度和刚度在设计中起主要控制作用。这种臂架在自升附着式和下回转自装式塔机中应用较多。

图 10-16 是几种受弯臂架的示意图,均为矩形或三角形截面的空间桁架结构。杠杆式臂架采用三角形桁架,小车变幅式臂架一般采用平行弦桁架。为了减轻大幅度水平式臂架的自重,宜采用三角形截面钢管结构,常见的有正三角形和倒三角形两种截面,构成臂架的斜桁架

和水平桁架一般选用三角形腹杆体系。为了使臂架的弦杆兼作小车轨道,常采用钢管和特种型钢或用角钢焊成矩形管作臂架的上、下弦杆。对正三角形结构,支持绳通常与上弦杆相连接。

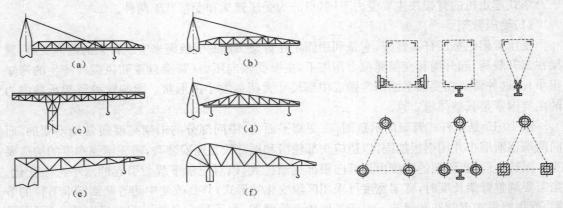

图 10-16 受弯臂架简图

塔式起重机臂架的结构形式一般与塔身的结构形式相对应,无论是受压或受弯臂架,大多采用型钢或钢管作为基本杆件制成三角形或矩形截面桁架结构。钢管结构外形美观,风阻力小,是一种理想的受压构件的截面形式,各片桁架的腹杆通常采用钢管,弦杆采用圆钢、钢管或方钢管(亦可由角钢拼焊)。桁架式臂架的腹杆体系一般采用三角形。

用薄钢板焊接的实腹式臂架具有结构紧凑,便于制造和维修等优点,特别是起重量较大而臂架长度较小时,应用比较合理。当臂架长度较大时,实腹式臂架就显得十分笨重,同时迎风面积较大,因而应用并不广泛。

第二节　塔式起重机的计算载荷

一、计算载荷

作用在塔式起重机金属结构上的载荷有自重载荷、起升载荷、风载荷、惯性载荷、坡度载荷等。

1. 自重载荷

自重包括结构自身重量和支撑在结构上的机电设备的重量,塔身、臂架、平衡臂等均布质量的重力按节点载荷作用于格构式构件的节点上,或按均布力作用于实腹式构件上;机电设备的重量按集中力分配到结构相应的节点上。计算塔身时,臂架、平衡臂的重量和它们的外载荷转化为支承力作用于塔身连接处。设计前,自重载荷是未知的,参照类似产品或有关文献的统计资料进行估算是比较有效的方法,有时也可以按近似公式计算其自重。计算自重载荷时应考虑冲击因素对重力产生的附加动力作用,通常将自重载荷乘以相应的冲击系数来计算。

2. 起升载荷

起升载荷是塔式起重机的工作载荷,包括起重量和吊具与钢绳的重量,简称吊重。对于动臂变幅的塔式起重机,吊重及其起升钢绳的拉力通过臂架头部的固定滑轮作用于臂端,是一个固定的集中载荷。对于小车变幅塔式起重机,吊重和小车自重是对水平臂架横向作用的移动载荷,通常用小车轮压表示。由于塔式起重机的起重力矩是一个定值,所以在不同工作幅度下的起升载荷是不相同的。计算起升载荷时,需要考虑起升机构启、制动时对结构产生的动力作用,通常用起升载荷乘以相应的动力系数来计算。

3. 风载荷

风力是露天工作的起重机上的附加载荷,并认为是任意方向的水平力。在计算塔身和臂架时,通常在顺轨道和垂直轨道的风向中选取对构件最不利的作用方向,作用在吊重和结构上的工作或非工作状态风载荷按第三章的方法进行计算。对于高耸结构来说,风振是一种很重要的动力现象,因为它不仅使结构上的风压值显著增大,而且风压的连续脉动作用还可能使结构杆件和连接发生疲劳断裂损坏,因此,对高耸结构,除计算风的静力作用外,还必须计算风振影响,必要时应验算结构的疲劳强度。

4. 惯性载荷

塔式起重机的吊装作业通常是在几个工作机构协同作用下完成的,除起升机构启、制动时对结构产生垂直方向的动力作用按相应的冲力系数和动力系数估算外,还需要计算运行、回转、变幅机构在非稳定运动状态时对结构产生的水平惯性载荷。

二、载荷组合

塔式起重机的金属结构按许用应力法计算时,一般要进行强度、刚度、弹性稳定性的验算。考虑各项计算对结构承载能力的实际影响大小,通常,只对工作级别 E4(含)以上的起重机结构进行疲劳强度验算,对工作级别 E4 以下的结构只作静强度验算。但是,计算高耸结构风振时的疲劳强度与起重机的工作级别无关。

为了保证设计计算的可靠性和合理性,塔式起重机结构的计算载荷必须选用最不利工况时的载荷组合。

计算塔机金属结构时,动臂变幅时臂架和吊重的切向惯性载荷和径向离心力,以及回转时臂架和吊重的径向离心力对支撑反力和杆件内力的影响都很小,可以忽略不计;轨道式塔机的轨道坡度不超过 0.5% 时不计算坡道载荷;附着式塔机不考虑基础倾斜;安装载荷和地震载荷只在特殊条件下才作计算。

采用许用应力法设计时,GB/T 3811—2008 规定的塔式起重机计算载荷和载荷组合参见本书第三章表 3-17。

第三节　小车变幅式臂架的设计计算

一、吊点位置的确定

臂架长度小于 50 m,对最大起重量无特别要求时,一般采用单吊点结构;若臂架总长在 50 m 以上,或对跨中附近最大起重量有特别要求时,应采用双吊点。

1. 单吊点臂架吊点位置的确定

图 10-17 为小车变幅式臂架的结构简图,格构式水平臂架以支持绳吊点为界分为简支和伸臂两段,为减轻臂架自重,应合理选择臂架支持绳吊点的位置。一般情况下,在臂架截面未确定之前,根据主要载荷在简支跨产生的最大弯矩与伸臂吊点处最大弯矩相等的条件,可以计

算出一个使臂架结构最轻的近似理想的吊点位置。对吊点位置进行近似估算时,可取 $L_1/L_2=0.4\sim0.7$,L_1 为从吊点开始的悬臂部分长度,L_2 为吊臂根部到吊点(简支跨)的长度。

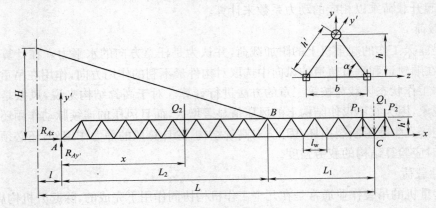

图 10-17　小车变幅式臂架结构简图

设 Q_1 为最大幅度时的移动载荷(包括吊重和小车自重),Q_2 为相应 x 处的移动载荷(图 10-17)。

臂架自重 G 可按第三章式(3-8)近似计算。

伸臂吊点处的最大弯矩(图 10-18)为

$$M_{1max}=Q_1L_1+\frac{qL_1^2}{2} \tag{10-1}$$

式中　q——臂架单位长度的重量,$q=\dfrac{G}{L}$。

简支跨内移动载荷作用处的弯矩(图 10-18)为

$$M_x=\frac{qx(L_2-x)}{2}-\frac{qL_1^2}{2}\cdot\frac{x}{L_2}+Q_2\frac{(L_2-x)x}{L_2} \tag{10-2}$$

式中　x——移动载荷作用点至臂架根部铰点的水平距离。

最大弯矩假定发生在距臂架左支点某一距离 x_0 处,令

$$\frac{\mathrm{d}M_x}{\mathrm{d}x}=0$$

得

$$x_0=\frac{L_2}{2}\left[1-\left(\frac{L_1}{L_2}\right)^2\frac{1}{1+\dfrac{2Q_2}{qL_2}}\right] \tag{10-3}$$

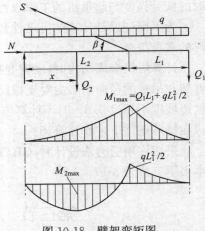

图 10-18　臂架弯矩图

通常,$\dfrac{L_1}{L_2}\approx0.3\sim0.5$,$\dfrac{Q_2}{qL_2}\approx1.5\sim2.5$,括号内末项比

较小,可以略去,近似取 $x_0=\dfrac{L_2}{2}$,计算精度足够(达 95%),由此臂架在 L_2 跨度内的最大弯矩为

$$M_{2max}=\frac{qL_2^2}{8}\left[1-2\left(\frac{L_1}{L_2}\right)^2\right]+\frac{Q_2L_2}{4} \tag{10-4}$$

当 $M_{2max}=M_{1max}$ 时,得

$$Q_1L_1+\frac{qL_1^2}{2}=\frac{qL_2^2}{8}\left[1-2\left(\frac{L_1}{L_2}\right)^2\right]+\frac{Q_2L_2}{4}$$

令 $k=\dfrac{L_1}{L_2}$，$m=\dfrac{Q_2}{qL_2}$，$n=\dfrac{Q_1}{Q_2}$，整理上式得方程：

$$k^3+\frac{4}{3}m\cdot n\cdot k-\frac{2m+1}{6}=0$$

解此方程式，取实根即可得出臂架外伸长度 L_1 与简支跨长 L_2 的最佳比值：

$$k=\sqrt{(0.67m\cdot n)^2+\frac{2m+1}{6}}-0.67m\cdot n \tag{10-5}$$

由于三角形截面对其水平中性轴不对称，以小车轮压表示的移动载荷在桁架上的作用需要转化为节点载荷，并且在简支跨内与吊点两处截面弯矩有正负之分，所以在弯矩绝对值相等的截面中，相应弦杆的最大内力和应力并非相等，也就是说，等弯矩条件在实际结构中并不等同于等强度和等稳定条件。要想求得精确的吊点位置，需要在已经确定的结构上，根据实际载荷大小，按等强度和等稳定条件，采用类似上面的分析进行计算。

2. 双吊点吊臂吊点位置的确定

对于臂架长度超过 50 m 的吊臂，或对跨中附近最大起重量有特别要求时，宜采用双吊点结构。双吊点臂架由于是超静定结构，确定理想吊点位置比较烦琐，一般情况下可采用经验值：

$$L_1=0.27L；\quad L_2=0.52L；\quad L_3=0.21L$$

其中，L 为吊臂总长度，L_1 为吊臂根部到第一吊点的长度，L_2 为第一吊点到第二吊点的长度，L_3 为第二吊点到悬臂末端的悬伸长度。

双吊点理想位置的精确计算方法可参考相关文献。

二、单吊点臂架受力分析

正三角形格构式臂架（图 10-19）是一个空间桁架结构，对空间桁架的内力和位移可应用有限元法作精确计算，也可按工程设计中的传统方法，将空间桁架有条件地离散为平面桁架进行分析，这种方法虽然是近似的，但经大量实践证明，它具有简单可靠的特点和较高的实用价值。下面以此进行臂架的受力分析。

确定计算简图和进行载荷分配是实现结构平面分析的首要工作，小车变幅式臂架的计算简图根据总体布置来确定，在起升平面（即竖直平面）作为伸臂梁计算；在回转平面（即水平平面）则作为悬臂梁计算，但在确定回转平面内的计算长度时，还应考虑支持绳的影响。

视臂架结构由三片平行弦桁架构成，彼此间由共用弦杆来连接。其中，两片斜面桁架主要承受垂直载荷，如自重、起升载荷等；水平桁架主要承受水平载荷，如风载荷、水平惯性载荷以及垂直载荷的水平分力等。

如图 10-19 所示，设臂架总的自重为 G，并且三片桁架的自重相等，每片桁架的自重约为 $G/3$，作用在各片的中点，然后再均分到三角形的三个顶点上去，每个顶点上的重力为 $G/3$，再沿两个相邻平面桁架分解。

移动载荷包括吊重 Q（含吊具重）和小车自重 G_{xc}，通过行走轮以集中轮压的方式作用在两边下弦杆上。如果总共有 4 个行走轮，则每一边下弦杆上各作用两个行走轮压，设每个轮压为 $(Q+G_{xc})/4$，亦沿斜面桁架和水平桁架分解，如图 10-20 所示。

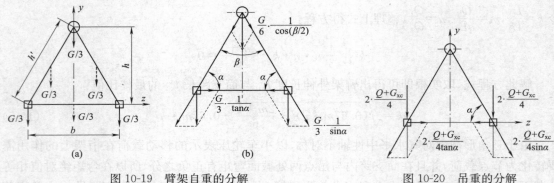

图 10-19　臂架自重的分解　　　　图 10-20　吊重的分解

臂架上的水平载荷全部由水平桁架承受,其中,臂架的惯性载荷和风载荷是均匀分布的,吊重和小车的惯性载荷和风载荷按水平集中力作用在小车轮处。

由于支持绳方向与臂架构成空间关系,因此,支持绳拉力在吊点处沿臂架轴向和斜桁架平面分解为三个分力,其中轴向分力作为上弦杆的轴向压力计算。

兼作小车轨道的下弦杆还承受小车轮压产生的局部弯矩。轮压位于节中时的局部弯矩按式(7-18)计算。

三、单吊点臂架内力计算

由于许用应力法的强度条件是控制结构中最大受力构件的应力不超过许用值,因此,对臂架的内力分析不必进行全部杆件的计算,只要能确定最大载荷组合和最不利载荷作用位置的内力最大截面,便可以应用桁架静力分析方法计算出杆件的最大内力。对单吊点小车变幅式臂架,通常考虑下列三种计算情况:

(1)在最大幅度起吊额定起重量,风向垂直臂架,计算吊点截面内力(该处在起升平面内负弯矩最大)和臂架根部截面内力(该处在回转平面内的水平弯矩最大)。

(2)在简支跨的最大内力幅度下起吊额定起重量,风向垂直臂架,计算跨中截面内力(该处在起升平面内的正弯矩最大)。

(3)在最小幅度下起吊额定起重量,风向垂直臂架,计算臂架根部截面内力(该处腹杆内力最大)。

四、双吊点臂架内力计算

1. 双吊点吊臂支反力与拉杆受力计算

双吊点吊臂一般对四个截面位置进行计算,如图 10-21 所示:吊臂根部截面;从吊臂根部到第一个吊点之间的跨中截面;第一个吊点到第二个吊点之间的跨中截面;吊臂的第二个吊点截面。采用的计算工况为:在最大幅度起吊额定载荷;在最小幅度起吊额定载荷;在跨中位置起吊额定载荷;在内跨中位置起吊额定载荷;在外跨中位置起吊额定载荷。

在起升平面内,双吊点吊臂为一次超静定结构。将作支承用的内拉杆切断(图 10-21 所示的拉杆 BF),然后代之以约束力 X_1,得到静定组合结构,然后用力法方程求解。在回转平面内,吊臂可视为悬臂梁,其内力可参照前述单吊点吊臂的计算方法进行计算。

根据叠加原理,可分别计算各种载荷单独作用时产生的内力,然后将内力分别叠加,即得到所有载荷共同作用产生的总内力。

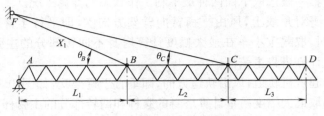

图 10-21　双吊点吊臂计算简图

2. 双吊点吊臂臂架内力计算

由于许用应力法的强度条件是控制结构中最大受力杆件的应力不超过许用值,因此,对臂架的内力分析不必进行全部杆件的计算,只要能确定最大载荷组合和最不利载荷作用位置时的内力最大截面,便可以应用桁架静力分析方法计算出杆件的最大内力。

双吊点吊臂臂架和单吊点臂架计算时最大的区别在于前者是超静定结构,用前面的力法方程求出各截面的弯矩、铰点支反力、拉杆拉力和臂架各段的轴向力后,对斜面桁架和水平桁架内力的计算方法与单吊点吊臂的计算方法相似,可参照前面介绍的方法进行。

五、臂架截面选择与验算

臂架截面的形式与尺寸应根据强度、刚度、稳定性条件,以及构造等要求来确定。对于小车变幅的格构式臂架,通常优先采用正三角形截面,截面高度 $h = (\frac{1}{50} \sim \frac{1}{25})L$($L$ 为臂架长度),截面宽度 b 应与塔身宽度相配合,上弦杆和腹杆常选用圆管,兼作小车轨道的下弦杆采用方管为宜,可用角钢拼焊,也可以直接选用矩形钢管制作,杆件尺寸可参考类似结构选取。

根据计算出的杆件内力和截面几何特性进行臂架的验算,就整体受力而言,臂架是一个轴向受压、双向弯曲的压弯空间桁架,除了按一般强度公式验算外,还要进行弹性稳定性验算。

第四节　塔式起重机塔身的设计计算

塔身结构虽然依工作要求不同而形式多种多样,但概括起来说,按构造分为格构式和实腹式两种;按受力特点分为以承受轴向力为主的旋转塔身和受压、弯、扭转作用的不旋转塔身。

无论设计哪种形式的塔身,都必须计算其强度、刚度和稳定性等共性问题。对薄壁圆筒结构的塔身,除了应特别考虑局部应力外,采用传统方法实现实腹式塔身的整体性计算是不难做到的。而应用板壳有限单元法,可同时把塔身的整体性问题和形状复杂区域的局部应力计算出来。格构式塔身采用空间杆系有限元方法求解,亦可得到比较精确的结果。相对而言,采用平面静力分析方法,计算格构式塔身要繁杂一些。下面主要介绍格构式塔身的平面分析方法。

一、塔身的受力分析

塔身受力分工作和非工作两种状态,两种状态的分析方法相同。

塔身上的载荷有:塔身自重,上部臂架和平衡臂上的各种载荷对塔身产生的作用力,起重机运行、回转机构起制动时,由塔身质量产生的水平惯性载荷及作用于塔身上的风载荷等。

以上各种载荷要按最不利工况时的载荷组合作为塔身计算的基本依据。对于上回转塔式起重机的不转动塔身,一般选取下面两种最不利工作状态的计算工况。

(1)臂架位于塔身对角线上,风由平衡臂向臂架方向吹,即平行于臂架吹,如图 10-22 所示。当为小车变幅时,取载重小车在最大幅度计算塔身不回转部分的主弦杆;当为动臂变幅时,取最小幅度吊重计算塔身主弦杆。

(2)臂架垂直于起重机轨道,风沿轨道方向,即垂直于臂架吹,如图 10-23 所示。对于两种变幅形式的塔身,都取最大幅度吊重计算塔身的腹杆和回转部分的主弦杆。

对于下回转塔式起重机的转动塔身,由于臂架同塔身是一起旋转的,并且一般为动臂变幅,所以塔身主弦杆的计算工况应为:臂架垂直于起重机轨道,在垂直和平行臂架的风向中,选取对弦杆作用的较大者,取最小幅度吊重计算主弦杆。计算塔身的腹杆时,则仍选取与(2)完全相同的工况。

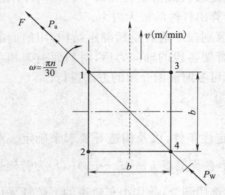 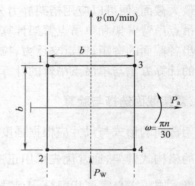

图 10-22 臂架位于塔身对角线   图 10-23 臂架垂直于轨道

工作状态下,起重机的 4 个工作机构中有哪几个同时产生水平惯性载荷要根据操作的实际可能性来决定,通常取影响较大的三种运动的组合。离心力可以忽略不计,因为它不仅数值很小,而且臂架和平衡臂两侧的离心力又能相互抵消。

塔身在非工作状态下的计算工况与上面类似,只是要按塔身载荷和臂架位置的实际情况加以取舍。

外载荷在各种工况下对塔身的作用最终都可以转化为直接作用的横向力、轴向力、弯矩和扭矩等。计算这些外载荷在塔身杆件中产生的内力,通常是把塔身视作由几个平面桁架组成的空间桁架结构,从而可将各载荷分解到各片平面桁架上,先单独计算各平面桁架的杆件内力,然后再把同一杆件的内力叠加起来,作为验算塔身强度、刚度和稳定性的主要依据。可见,这种平面静力分析方法的关键是如何将外载荷在平面结构中进行合理分解与计算。

外载荷在各片平面桁架中的分解如下:

1. 横向载荷(风载荷和水平惯性载荷等)

当载荷作用在塔身对称的矩形截面中间时,将其平均分配到两个与外载荷方向相平行的侧面桁架上[图 10-24(a)];如果外载荷不作用在截面中间,就按杠杆比例分解到两侧面桁架上。

如果外载荷沿对角线方向作用在正方形截面的空间结构上,则各片桁架受力如图 10-24(b)所示;三角形截面空间结构外载荷的分解如图 10-24(c)所示。

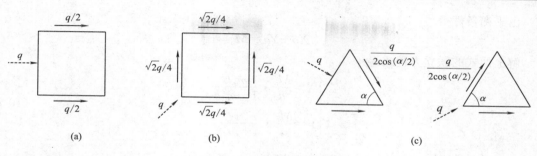

图 10-24　横向载荷的分解

2. 轴向载荷

图 10-25 是一个塔身结构的顶视图,有一个轴向载荷 P 作用在 A 点,则通过横梁 LM,将力分解到 BC 和 DE 上。作用在 BC 片桁架上的分力为 $\dfrac{a}{a+b}\cdot P$;作用在 DE 片桁架上的分力为 $\dfrac{b}{a+b}\cdot P$。

3. 弯矩的分解

一个对称的正方形截面塔身,如在对称轴上受弯矩 M_x,则将其平均分配在 AB 和 DC 两片桁架上(图 10-26)。如在任意方向受弯矩 M_θ,则先将 M_θ 分解为 M_x、M_y,再分别分解到 AB、DC、AD、BC 四片桁架上。

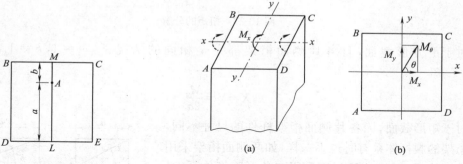

图 10-25　轴向载荷的分配　　　　　　　　图 10-26　弯矩的分解

4. 扭矩的分解

空间桁架受扭时,扭矩的分解及腹杆体系对扭转刚度的影响是个比较复杂的问题。

假设矩形等截面空间桁架承受扭矩时其截面形状保持不变。在扭矩作用下,顶部截面相对于底部截面转动了某一角度 φ:

$$\varphi=\frac{2\,\Delta a}{b}=\frac{2\,\Delta b}{a}\qquad(10\text{-}6)$$

Δa 及 Δb(图 10-27)是 C 点在两个平面上的位移分量,对每一侧面的平面桁架来说,相当于分别在外力 X、Y 的作用下而产生的弹性位移,设边长为 a 的侧面平面桁架及边长为 b 的侧面桁架在顶部截面单位水平力作用下所产生的位移为 f_a 及 f_b,则有 $\Delta a=f_a X$ 及 $\Delta b=f_b Y$,代入式(10-6)得

$$\varphi=\frac{2 f_a X}{b}=\frac{2 f_b Y}{a}$$

由平衡条件得

$$Xb+Ya=M_n$$

解上两式的联立方程式得

$$\begin{cases} X=\dfrac{M_n}{b} \cdot \dfrac{m^2 k}{1+m^2 k} \\ Y=\dfrac{M_n}{a} \cdot \dfrac{1}{1+m^2 k} \end{cases}$$ (10-7)

式中，$m=\dfrac{b}{a}$，$k=\dfrac{f_b}{f_a}$。

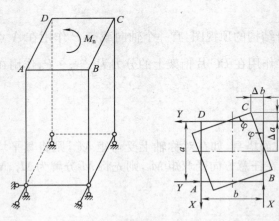

图 10-27 扭矩的分解

对于正方形截面，且各片侧面桁架都完全相同的情况下，$m=1$，$k=1$。所以，由式(10-7)知

$$X=Y=\dfrac{M_n}{2a}$$ (10-8)

对于矩形截面，因各片侧面桁架杆件的尺寸不同，各片桁架的腹杆体系有时也不一样，如两侧面桁架采用K形腹杆体系，而另外两侧面采用三角形腹杆体系，必须先分别求出 f_a 及 f_b 才能计算 X 和 Y。每片桁架在单位水平力作用下产生的位移可用结构力学的方法计算，对常见的三角形腹杆体系的塔身(图10-28)，若忽略空间桁架弦杆的受力与变形，经分析整理可得出位移比：

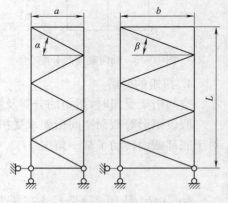

图 10-28 矩形截面塔架的分析

$$k=\dfrac{f_b}{f_a}=m \cdot \dfrac{n_b}{n_a} \cdot \left(\dfrac{\cos\alpha}{\cos\beta}\right)^3 \cdot \dfrac{A_a}{A_b}$$ (10-9)

式中 n_a、n_b——分别是宽度为 a 及 b 的侧面桁架斜腹杆的总数；

A_a、A_b——分别为两侧面桁架斜腹杆的截面面积。

将 k 值代入式(10-7)计算扭矩 M_n 在矩形截面塔身相邻侧面桁架中的分解外力 X 和 Y。由上面还可以看出，空间桁架的抗扭转能力不仅与塔身及斜腹杆的截面积有关，更主要的是与斜腹杆的倾斜角有关。以正方形截面空间桁架来分析,当 $\alpha=\beta$,$A_a=A_b$ 为定值,而斜腹杆的倾斜角约为 35° 时,可得到最大的扭转惯性矩,即表明空间桁架的扭转刚度最大。

等边三角形截面空间桁架受扭后分解到各平面桁架上的力可近似取为

$$Q=\frac{M_n b}{2F} \tag{10-10}$$

式中　F——三角形截面的轮廓面积(图 10-29)

当各种外力按一定规则分配到各平面以后,就可以按平面桁架进行杆件内力计算,按载荷组合进行内力叠加和验算。

如果不需要求出每一根杆件的内力,只需对其危险截面进行验算时,也可以不必将塔身分解成平面桁架,特别是对于正方形等截面塔身,其腹杆内力主要是平衡截面剪力和扭矩,而弦杆内力主要是平衡截面弯矩和轴向力。所以,可以先根据外载荷求出截面上的内力,然后再计算杆件内力。

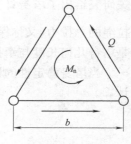

图 10-29　三角形截面塔架受扭分析

对正方形截面的空间桁架,其弦杆内力 N 和斜腹杆内力 D 为

$$N=\frac{M}{2a}+\frac{P}{4} \quad (M\text{ 平行 }x\text{ 轴或 }y\text{ 轴方向}) \tag{10-11}$$

$$N=\frac{M}{\sqrt{2}\cdot a}+\frac{P}{4} \quad (M\text{ 在对角线方向}) \tag{10-12}$$

$$D=\frac{Q}{\cos\alpha} \tag{10-13}$$

式中　M——计算截面上的弯矩;

P——计算截面上的轴向压力;

Q——由横向力和扭矩在平面桁架计算截面上产生的剪力,或按规范公式确定剪力,取两者中的较大值;

α——斜腹杆与水平线的夹角。

二、塔身强度计算

通常,独立式塔身可按上端自由、下端固定的偏心受压构件验算强度,杆件内力根据实际情况可以按平面桁架计算,也可以按空间桁架计算。计算时必须按载荷组合来确定危险截面的最大杆件内力,保证满足要求的强度条件。按平面桁架计算杆件内力能够全面地掌握杆件内力的分布情况,但比较繁杂,为了能灵活地进行内力组合,减少差错,最好参考有关文献应用表格计算法。

附着式塔身的强度通常按带悬臂的多跨连续梁计算,锚固装置相当于一个刚性支点。研究表明,在各锚固点之间的杆件内力分布比较复杂,与锚固装置的相对刚性密切相关。但经理论分析与实验表明,不管支承如何,对等截面塔身其最危险截面是在最高锚固点截面处。该处内力与支承情况无关,所以可以简化为只计算塔身最危险截面处的强度。高耸塔架的强度精确计算应按非线性分析进行。

三、塔身稳定性计算

塔身是高耸的受压结构,必须考虑弹性稳定性。

对上回转塔式起重机的不转动塔身,可看作上端自由、下端固定的等截面或变截面柱,按压弯构件进行强度、整体稳定性和单肢稳定性计算。

对于下回转塔式起重机的转动塔身,如果仍采用上面的计算就偏于保守,需要考虑牵拉绳偏斜对塔身稳定性的影响(图 10-30)。假定塔身下端和臂架牵拉绳的固定处均为绝对刚性,有关研究给出了塔身计算长度系数 μ 与比值系数 $k_1 = \dfrac{P_0}{P} \times \dfrac{l}{l_1}$ 的关系(表 10-1)。其中,P_0 为牵拉绳的总拉力(又称保向力),P 为作用在塔顶的总垂直载荷(是改向力和保向力的合力),l/l_1 是塔身几何长度与牵拉绳长度之比。

当塔身稳定性的计算假定确定后,就可以按柱的稳定性计算公式(第五章)进行稳定性计算。

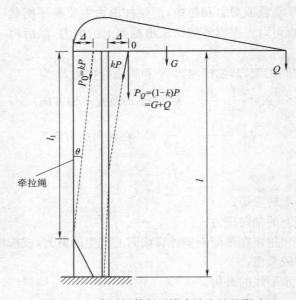

图 10-30 牵引绳偏斜对塔身稳定性的影响

表 10-1 计算长度系数 μ 值

$k_1 = \dfrac{P_0}{P} \cdot \dfrac{l}{l_1}$	0	0.1	0.2	0.3	0.4	0.5	0.6	0.7
μ	2.00	1.92	1.83	1.75	1.65	1.55	1.44	1.34
$k_1 = \dfrac{P_0}{P} \cdot \dfrac{l}{l_1}$	0.8	0.9	1.0	1.1	1.2	1.5	2.0	∞
μ	1.21	1.11	1.00	0.9	0.85	0.77	0.745	0.7

在实际结构中,塔身下部固定处和牵拉绳的固定支架并不是绝对刚性的,它们受力后的弹性变形会降低塔身的临界载荷,因此在选取表中 μ 值时,应考虑这一因素,取值稍偏大些。

附着式塔身的临界载荷值受锚固装置的影响很大,与锚固装置的数量、位置和刚性都有密切关系。一般设计中,对附着式塔身的稳定性做近似计算,即只考虑最上面一道锚固装置的作用,这样计算结果偏于安全,图 10-31 为附着式塔身稳定性计算简图,其计算长度为 μl,长度系数 μ 依比值 b/l 查第五章表 5-2。塔身整体稳定性按第五章相应公式进行计算。

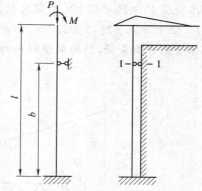

图 10-31　附着式塔身稳定性计算

四、塔身静刚度计算

根据 GB/T 3811《起重机设计规范》及 GB/T 13752《塔式起重机设计规范》,对塔机的静刚度规定如下:

塔式起重机在额定起升载荷作用下,塔身在其与臂架连接处的水平静位移推荐不大于 $\dfrac{1.34H}{100}$。其中 H 对独立式塔身为起重臂根部连接处至直接支撑整个塔身的平面的垂直距离;对附着式塔身为起重臂根部连接处至最高一个附着点的垂直距离。

对水平臂塔式起重机,塔机静刚度按式(10-14)验算:

$$\Delta L=\frac{\Delta M}{1-\dfrac{N}{0.9N_E}}\leqslant\frac{1.34H}{100} \tag{10-14}$$

式中　ΔL——塔身在其与起重臂连接处的水平静位移;

ΔM——额定起升载荷对塔身中心线的弯矩 M 引起的塔身与起重臂连接处的水平位移;

N——塔身与臂架连接处以上塔身顶部所有垂直力(包括塔身自重在此处的折算力)的合力;

N_E——欧拉临界载荷 N_{Ex} 和 N_{Ey} 中的较小者,N_{Ex} 和 N_{Ey} 按式(10-15)计算:

$$\left.\begin{array}{l}N_{Ex}=\dfrac{\pi^2EI_x}{(\mu_1\mu_2H)^2}\\[3mm]N_{Ey}=\dfrac{\pi^2EI_y}{(\mu_1\mu_2H)^2}\end{array}\right\} \tag{10-15}$$

其中　I_x、I_y——分别为塔身截面对 x 轴及 y 轴的惯性矩,

μ_1——与支承方式有关的计算长度系数,见表 5-2,对一端固定另一端自由的塔身,$\mu_1=2$,

μ_2——变截面构件的计算长度系数,见表 5-3、表 5-4,对等截面塔身,$\mu_2=1$。

对于高度很大的高耸塔身,也常常需要计算振动问题,主要是校核动态刚度,即塔身的水平自振频率,以防止因外界周期性的干扰而引起共振,保证司机操作舒适性。同时,在考虑风载荷的风振影响时,也需要计算塔身的自振周期。塔身的动态特性计算应用能量等效原理或集中质量换算原则的方法,通常都可以达到工程实用要求。

▷ 习　题

10-1　求小车变幅式臂架合理吊点 B 的位置 L_1、L_2(暂忽略自重的影响)。确定Ⅰ、Ⅱ、Ⅲ截面各杆件的内力,选择弦杆截面尺寸(应计及下弦杆在铅垂平面内的局部弯曲应力)。已知

小车有四个车轮,当小车位于 L_2 段时,每个小车轮压 $P_1=P_2=23$ kN,当小车位于 L_1 段时,小车轮压 $P_1=P_2=13$ kN,臂架总长 $L=L_1+L_2=29.05$ m,小车轮距 $b=1.2$ m,节间长 $a=1.8$ m,P_1 位于节点 2 时,$x=9.7$ m,如图 10-32 所示。(提示:三角形截面臂架上、下弦杆内力可按整体臂架弯曲分析,斜桁架腹杆内力应考虑斜平面倾角的影响,按最大剪力计算。)

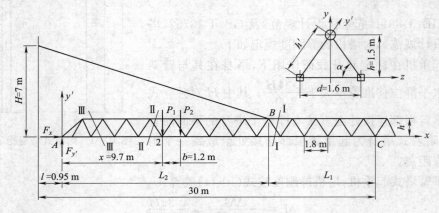

图 10-32　习题 10-1 用图

10-2　设计连续装船机臂架的金属结构。臂架由两片主桁架和上、下水平支撑架组成,截面为 800 mm×600 mm 的矩形,每片主桁架承受移动均布载荷 $q=5$ kN/m,拉杆与臂架倾角为 45°,其余结构尺寸如图 10-33 所示。材料 Q235,许用应力 $[\sigma]=175$ MPa,弦杆许用长细比 $[\lambda]=150$,腹杆 $[\lambda]=200$。试确定臂架和拉杆的截面尺寸。

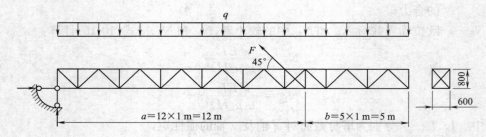

图 10-33　习题 10-2 用图

10-3　验算塔式起重机塔架结构的强度、刚度和稳定性,并验算缀条的应力及长细比。塔架由四根∟160×160×12 的角钢组成 1.2 m×1.2 m 的正方形截面,缀条采用∟63×63×6 的角钢制造。塔架可视为上端自由、下端刚接于底架上的悬臂构件,其各部分结构尺寸及载荷作用情况如图 10-34 所示。塔顶作用载荷:铅垂轴向力 N(应计入 1/3 塔架的重力 10 kN),不平衡力矩 M(N 及 M 需自行算出),扭矩 $M_n=100$ kN·m,不考虑风载。材料 Q235,弦杆许用长细比 $[\lambda]=150$,腹杆 $[\lambda]=200$。

10-4　设计正方形截面锥形空间塔架结构,塔高 40 m,塔顶宽 $b=1.6$ m,底宽 $B=3$ m,塔架由四根主肢和三角形腹杆系统组成,塔顶作用载荷:轴向力 $N=1\,000$ kN,端弯矩 $M_x=M_y=300$ kN·m,塔架侧向风载荷 $q_w=200$ N/m,要求主肢和腹杆均采用钢管,材料 Q235,弦杆许用长细比 $[\lambda]=150$,腹杆 $[\lambda]=200$,其余按规定,塔架结构如图 10-35 所示。

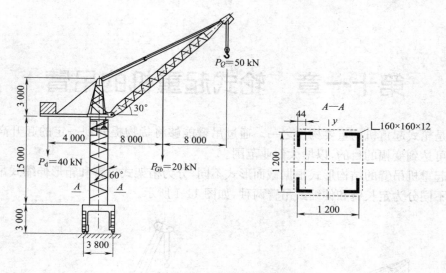

图 10-34 习题 10-3 用图

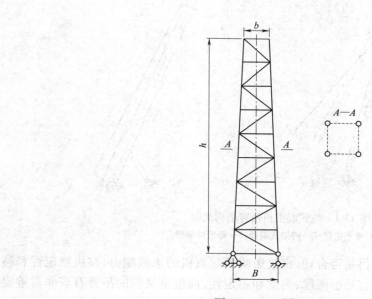

图 10-35 习题 10-4 用图

第十一章 轮式起重机的吊臂

吊臂是轮式起重机的重要构件之一。通过吊臂能够将货物提升到一定的起升高度,改变吊臂倾角可达到变幅的目的,以增大作业范围。

轮式起重机吊臂的结构形式根据截面形式不同,分为桁架式吊臂和箱形伸缩式吊臂,根据变幅方式不同分为定长臂和伸缩式吊臂两种,如图 11-1 所示。

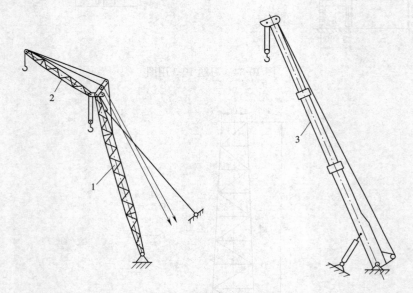

图 11-1 轮式起重机吊臂结构简图
1—桁架式主臂;2—桁架式副臂;3—箱形伸缩臂。

对于轮式起重机,吊臂设计得是否合理,直接影响到起重机的承载能力、整机稳定性和整机自重。因此,合理地设计出具有足够强度、刚度和稳定性,而重量又轻的吊臂有着非常重要的意义。

第一节 桁架式吊臂的结构形式

桁架式吊臂可以制成轴线为直线形或折线形的结构形式。其中,直线形吊臂构造简单、制造方便和受力情况好。其缺点是不能很好地利用臂下空间,特别是当起吊庞大货物时,降低了起重机的有效起升高度[图 11-2(a)]。折线形吊臂可以避免上述缺点,能够更有效地利用臂下空间,但折线形吊臂构造复杂,受力情况不好。在横向水平力作用下,吊臂受扭。

目前比较常用的是直线形吊臂,如果为了增大臂下空间,扩大起重机的工作范围,也可以在直线形主臂的端部安装直线形副臂[图 11-2(b)],同样可以达到提高起升高度的作用。

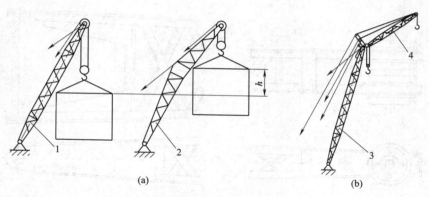

图 11-2 直线形与折线形桁架式吊臂

1—直线形吊臂；2—折线形吊臂；3—直线形主臂；4—直线形副臂。

吊臂的断面可以制成矩形或三角形截面形式。最常用的桁架式吊臂是矩形截面形式（图 11-3）。吊臂弦杆亦称为肢或分肢，腹杆称为缀条。弦杆和腹杆均由型钢制成，它们可以是无缝钢管、方形钢管和角钢等。

腹杆体系（或称连缀系）可以是三角形斜杆腹杆体系，也可以是带竖杆的三角形腹杆体系。

由受力特点决定，吊臂在变幅平面（或称起升平面）的两片桁架通常制成如图 11-3(a)所示的中间部分为等截面平行弦杆，两端为梯形。对于回转平面的两片桁架通常制成端部尺寸小，根部尺寸大的形式[图 11-3(b)]。为了能够拼接成不同长度的吊臂，在桁架式吊臂的中间部分可以制成几段等截面的形式。

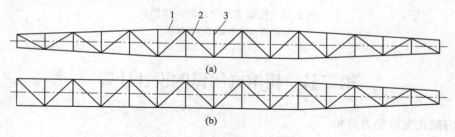

图 11-3 桁架式吊臂腹杆体系简图

(a)变幅平面；(b)回转平面。

1—弦杆；2—腹杆(斜杆)；3—腹杆(竖杆)。

对于桁架式吊臂的结构，特别要注意吊臂的端部、根部与拼接区这三处的构造（图 11-4）。吊臂端部应设计得很刚强，通常在端部用钢板代替腹杆体系。在靠近根部一段长度内的变幅平面桁架用钢板加强，这样能更好地将压力传到转台上去。此外，为了保证桁架式吊臂根部的水平刚度，回转平面的桁架应设置较强的缀板，并使缀板尽量靠近支承铰点。吊臂根部的水平刚度亦可用如图 11-4(b)所示的刚性板条来保证，刚性板条同回转平面桁架的腹杆及弦杆一起构成了强有力的支撑刚架。在靠近拼接区的横断面中设置横向刚架[图 11-4(c)的剖视图]。在拼接区，各段桁架之间通过法兰盘用螺栓连接。

近年来，桁架式吊臂多用圆形钢管或方形钢管制成中间为等截面、两端为变截面的四弦杆空间桁架。现代的桁架式吊臂主要采用圆管制造，因为圆管杆件抵抗屈曲的能力强，风阻力小，杆件接头处力的传递好，价格便宜。

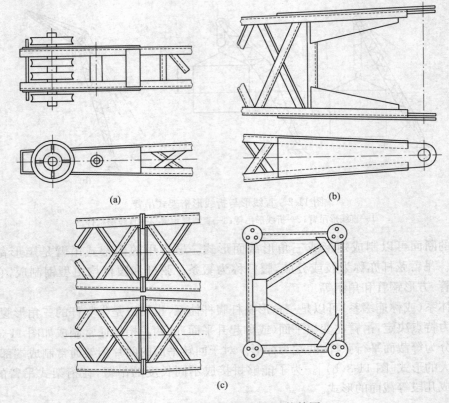

图 11-4 桁架式吊臂局部结构简图

(a)端部;(b)根部;(c)拼接区。

第二节　桁架式吊臂的设计计算

一、桁架式主臂受力分析

1. 变幅平面

(1)桁架式吊臂在变幅平面承受的载荷(图 11-5)

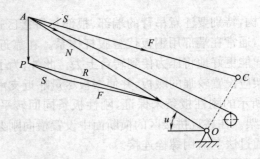

图 11-5　变幅平面主臂受力分析图

由起升载荷及吊臂重量引起的垂直载荷 P 为

$$P = \frac{1}{2}\Phi_i P_G + \Phi_j P_Q \tag{11-1}$$

式中　Φ_i、Φ_j——动载系数,根据载荷组合确定。Φ_i 可取 Φ_1 或 Φ_4;Φ_j 可取 Φ_2、Φ_3 或 Φ_4(见第三章);

　　　　P_G——桁架式吊臂重力;

　　　　P_Q——额定起升载荷,为额定起重量 Q 与吊钩组重量 G_0 之和,即 $P_Q = Q + G_0$。

起升绳拉力 S 为

$$S = \frac{\Phi_j P_Q}{m \cdot \eta} \tag{11-2}$$

式中　m——起升滑轮组倍率;

　　　　η——起升滑轮组效率。

起升绳拉力 S 位于臂架端点与起升卷筒的连线上,因此,拉力 S 的大小和方向都是确定的。

变幅滑轮组拉力 F 的大小未知,其方向与吊臂端点和人字架定滑轮轴心(或变幅卷筒)的连线相一致。

(2)计算假定

假定 P、S 和 F 汇交于桁架式吊臂端点,其合力沿吊臂轴线方向,则桁架式吊臂在变幅平面可视为两端简支的中心受压构件。

(3)用作图法或解析法求轴向力 N

参看图 11-5,桁架式吊臂端点 A 共有四个力作用,其中力 P 和 S 的大小和方向都是确定的,而力 F 和 N 的大小未知但方向已知,故可用作图法或解析法求出 F 和 N。

将力多边形中的力 S 和 F 首尾相连便得到它们的合力 R。由于起升绳拉力 S 较变幅滑轮组拉力 F 小得多,因此合力 R 的方向与 F 的方向很接近。P、S 和 F 的合力与轴向压力 N 大小相等,方向相反。为使问题简化,可以把桁架式吊臂在变幅平面内的作用力 P、S 和 F 用它们的合力 N 来代替。

2. 回转平面

桁架式吊臂在回转平面(垂直于变幅平面)视为根部固定、端部自由的悬臂梁,主要承受下列三种横向载荷:

(1)货物偏摆引起的载荷

在轮式起重机中,货物一般通过钢丝绳悬挂在吊臂的端部。货物在风力和回转机构启动或制动惯性力作用下偏离铅垂线一个角度 α(规范规定 $\alpha = 3° \sim 6°$),由此在吊臂端部引起的侧向力 T_h 为

$$T_h = P_Q \tan\alpha = (0.05 \sim 0.10) P_Q \tag{11-3}$$

(2)吊臂的风载荷和惯性载荷

吊臂在回转机构起、制动时的惯性载荷以及作用于吊臂的风载荷以分布载荷的形式作用于吊臂的侧面。为简化计算,通常取吊臂惯性载荷 P_H 和风载荷 P_w 的 40% 以集中力 T_b 的形式作用于吊臂端部,即

$$T_b = 0.4(P_w + P_H) \tag{11-4}$$

(3)臂端力矩

如果用副臂进行吊重作业,则作用于副臂的侧向载荷转化到主臂端部时,除侧向力外还有

臂端力矩 M_L。

综上所述,主臂在回转平面的载荷可以归纳为三种:一是由变幅平面的载荷引起的轴向压力 N;二是由货物偏摆和吊臂的风载荷及惯性载荷在臂端引起的侧向集中力 T;三是由副臂吊重时,副臂侧向载荷在主臂端部引起的臂端力矩 M_L。其中臂端侧向力 T 按下式计算:

$$T = T_h + T_b \tag{11-5}$$

3. α 系数的确定

桁架式吊臂通常采用滑轮组变幅。由于变幅滑轮组拉力 F 和起升绳拉力 S 的作用,使轴向压力 N 在吊臂旁弯过程中方向发生变化,用来表征轴向压力方向变化的参数为 α 系数。

由于起升绳拉力 S 较变幅滑轮组拉力 F 小得多,通常可忽略起升绳拉力 S 的影响。这样,吊臂在力 P 及 F 作用下受压,其轴向压力为 N。如图 11-6 所示,若 $\overline{AC} = F$,则 $\overline{CO'} = P$,$\overline{AO'} = N$。在吊臂受侧向力作用发生旁弯时,力三角形 ACO' 以 $\overline{CO'}$ 为轴线旋转,合力 N 绕 O' 旋转而改向,则 $\overline{OO'} = \alpha L$。点 O' 是过人字架顶的定滑轮轴心 C 点的铅垂线与吊臂轴线的交点。若臂架倾角为 u,OC 与臂架夹角为 θ,则

$$\alpha L = \overline{OO'} = \frac{\overline{OC} \cdot \cos[\pi - (u+\theta)]}{\cos u}$$

$$\alpha = \frac{\overline{OC} \cdot \cos[\pi - (u+\theta)]}{L \cdot \cos u} = \frac{b}{a} \tag{11-6}$$

式中　α——轴向压力方向变化系数;

　　　a——吊钩中心至吊臂根部铰点间的水平距离;

　　　b——吊臂根部铰点至人字架顶点间的水平距离。

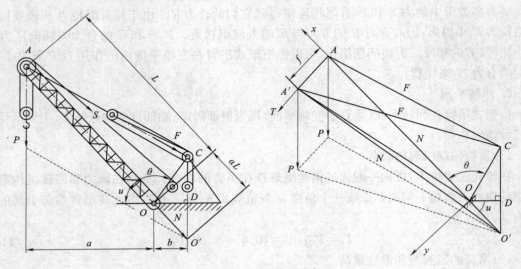

图 11-6　α 系数的确定

二、桁架式吊臂的强度计算

1. 桁架式吊臂的截面弯矩

(1)用微分方程法求截面弯矩

采用滑轮组变幅的桁架式吊臂在变幅平面内按两端简支中心受压构件计算;在回转平面

内按臂根固定、臂端自由受纵横弯曲作用的压弯构件计算，因此后者是吊臂最不利的计算情况。

将变幅平面承受的轴力 N 和在回转平面承受的横向载荷同时作用于回转平面来计算吊臂的强度，如图 11-7 所示，考虑到吊臂旁弯过程中压力 N 绕点 O' 转动的情况，则距吊臂根部为 x 的截面弯矩为

$$M(x)=T(L-x)+N\left(\frac{x+\alpha L}{L+\alpha L}f-y\right)\cos\theta+M_L$$

由桁架式吊臂的计算表明，θ 角是很小的。在吊臂计算中可以足够精确地取 $\cos\theta\approx 1$，因此，上式可写成下列形式：

$$M(x)=T(L-x)+N\left(\frac{x+\alpha L}{L+\alpha L}f-y\right)+M_L \tag{11-7}$$

吊臂根部（$x=0$ 处）的弯矩为

$$M_0=TL+\frac{\alpha}{1+\alpha}f\cdot N+M_L \tag{11-8}$$

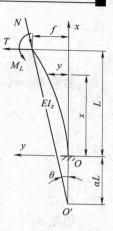

图 11-7　回转平面
吊臂受力图

将弯矩方程式（11-7）对 x 求二阶导数，得

$$\frac{\mathrm{d}^2M}{\mathrm{d}x^2}+N\frac{\mathrm{d}^2y}{\mathrm{d}x^2}=0$$

再将 $\dfrac{\mathrm{d}^2y}{\mathrm{d}x^2}=\dfrac{M}{EI_z}$ 代入上式，得

$$\frac{\mathrm{d}^2M}{\mathrm{d}x^2}+\frac{N}{EI_z}M=0$$

式中　I_z——吊臂截面对 z 轴的惯性矩（mm^4）；

令 $a^2=\dfrac{N}{EI_z}$，则

$$a=\sqrt{\frac{N}{EI_z}} \tag{11-9}$$

故

$$\frac{\mathrm{d}^2M}{\mathrm{d}x^2}+a^2M=0$$

微分方程的通解为

$$M(x)=C_1\cos ax+C_2\sin ax$$

由边界条件：

当 $x=0$，则 $M(x)=M_0$，得 $C_1=M_0$

当 $x=L$，则 $M(x)=M_L$，得 $C_2=-M_0\cot aL+\dfrac{M_L}{\sin aL}$

代入上式得

$$M(x)=M_0(\cos ax-\cot aL\cdot\sin ax)+\frac{M_L}{\sin aL}\sin ax \tag{11-10}$$

当不装副臂时，即 $M_L=0$，则

$$M(x)=M_0(\cos ax-\cot aL\cdot\sin ax) \tag{11-11}$$

最大弯矩截面位置由下式确定：

$$\frac{\mathrm{d}M}{\mathrm{d}x}=M_0(-a\cdot\sin ax-a\cdot\cot aL\cdot\cos ax)+\frac{M_L}{\sin aL}\cdot a\cdot\cos ax=0$$

由此可得

$$\tan a\bar{x} = -\cot aL + \frac{M_L}{M_0 \cdot \sin aL}$$

如果 $M_L = 0$，则

$$\tan a\bar{x} = -\cot aL = \tan\left[-\left(\frac{\pi}{2} - aL\right)\right]$$

故

$$a\bar{x} = -\left(\frac{\pi}{2} - aL\right)$$

$$\bar{x} = L\left(1 - \frac{\pi}{2aL}\right) \tag{11-12}$$

根据 $a\bar{x} = -\left(\frac{\pi}{2} - aL\right)$ 可得 $\cos a\bar{x} = \sin aL$ 及 $\sin a\bar{x} = -\cos aL$，并代入式(11-11)，得到 $M_L = 0$ 时的最大弯矩：

$$M_{\max} = \frac{M_0}{\sin aL} \tag{11-13}$$

最大弯矩截面位置与压力 N 的大小有关，压力增大，最大弯矩截面离吊臂根部越远；压力减小，最大弯矩截面离吊臂根部越近。当压力过小，甚至会出现最大弯矩截面坐标 $\bar{x}$ 为负值的情况，这时应取 $\bar{x} = 0$ 作为危险截面。由于桁架式吊臂根部一般都被加强，因此常取距吊臂根部最近而又没有被加强的截面为危险截面。实践证明，轮式起重机桁架式吊臂的破坏通常是在超载情况下在离吊臂根部不远位置处发生横向破坏。

桁架式吊臂危险截面的弯矩 $M(x)$ 按式(11-10)和式(11-11)计算，式中 M_0 含有未知量 f，其求法将在后面介绍。

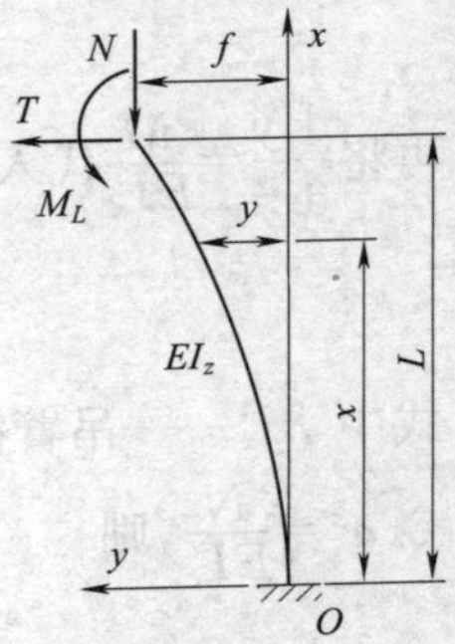

(2)用放大系数法求截面弯矩

如图 11-8 所示，为了推导公式方便，将吊臂在回转平面的计算简图简化为等截面、臂端受有定向轴向压力 N、横向力 T 和力矩 M_L 作用的压弯构件。吊臂的任一截面弯矩为

图 11-8　放大系数法求截面弯矩

$$M(x) = N(f - y) + T(L - x) + M_L \tag{11-14}$$

令

$$M_W(x) = T(L - x) + M_L \tag{11-15}$$

则

$$M(x) = N(f - y) + M_W(x) \tag{11-16}$$

式中　$M_W(x)$——由横向力和力矩引起的弯矩。

假设吊臂在上述载荷作用下的挠曲方程为

$$y = f\left(1 - \cos\frac{\pi x}{2L}\right) \tag{11-17}$$

式(11-17)满足图 11-8 所示吊臂的边界条件(当 $x = 0$ 时，$y' = \frac{dy}{dx} = 0$；当 $x = L$ 时，$y = f$)。

又知

$$\frac{d^2 y}{dx^2} = \frac{M(x)}{EI_z} \tag{11-18}$$

将式(11-17)对 x 求二阶导数。代入式(11-18)，可得

$$f=\frac{M(x)}{EI_z}\cdot\frac{4L^2}{\pi^2\cos\dfrac{\pi x}{2L}} \tag{11-19}$$

将式(11-17)及式(11-19)代入式(11-16),可得

$$M(x)=\frac{M_{\text{w}}(x)}{1-\dfrac{N}{N_{\text{cr}}}} \tag{11-20}$$

$$N_{\text{cr}}=\frac{\pi^2EI}{(2L)^2}=\frac{\pi^2EI}{(\mu L)^2} \tag{11-21}$$

式中　N_{cr}——吊臂在回转平面的临界力;

　　　　μ——折算长度系数,$\mu=\mu_1\mu_2\mu_3$,具体计算见式(11-34);

　　　　$\dfrac{1}{1-\dfrac{N}{N_{\text{cr}}}}$——弯矩放大系数。

一般来说,当吊臂承受的横向载荷比较简单时,用微分方程法求解是方便的,但当承受的横向载荷比较复杂时,用近似法即放大系数法比较简便。

2. 桁架式吊臂的强度计算

桁架式吊臂在变幅平面承受轴向压力 N,在回转平面臂端作用有横向力 T 和力矩 M_L。因此,桁架式吊臂是一个承受单向弯曲的压弯构件。其强度条件为

$$\sigma=\frac{N}{A_{\text{j}}}+\frac{M(x)}{W_{\text{jz}}}\leqslant[\sigma] \tag{11-22}$$

或

$$\sigma=\frac{N}{A_{\text{j}}}+\frac{M_{\text{w}}(x)}{W_{\text{jz}}\left(1-\dfrac{N}{0.9N_{\text{cr}}}\right)}\leqslant[\sigma] \tag{11-23}$$

式中　$M_{\text{w}}(x)$——按式(11-15)计算的仅由横向力 T 和力矩 M_L 引起的截面弯矩,通常取靠近臂根未被加强处截面作为计算截面;

　　　　A_{j}——计算截面各弦杆净截面面积之和;

　　　　W_{jz}——计算截面各弦杆对 z 轴的净截面抗弯模数。

式(11-23)中的 $0.9N_{\text{cr}}$ 是由于采用许用应力法,对临界力给予一定的缩小(0.9 倍),或者说是将轴向力 N 乘以载荷系数 1.1,以便与极限状态法计算时的结果有相近的安全度。N_{cr} 的求法将在后面具体介绍。

计算表明,对于长大的桁架式吊臂,由轴向压力 N 引起的压缩应力仅占总应力的 $30\%\sim40\%$,而由弯矩引起的弯曲应力占总应力的 $60\%\sim70\%$,因此弯曲应力是主要的。另外在压弯的受力情况下,应力 σ 与轴向压力 N 是非线性关系,因为式(11-10)的 $M(x)$ 中 a 值里含有轴向压力 N。当 N 趋近于临界力 N_{cr} 时,则应力 σ 趋近于无穷大。因此当轴向压力接近临界力时,应力的变化是非常敏感的。

三、桁架式吊臂的刚度校核

桁架式吊臂只需计算回转平面的臂端水平侧向挠度。计算载荷取相应工作幅度的额定起重量 Q 及臂端 $T=0.05Q$ 的侧向力,不考虑动载系数、吊具及臂架结构自重。

1. 臂端挠度

(1)用微分方程法求臂端挠度

如图 11-7 所示回转平面吊臂受力图,距臂根距离为 x 的截面弯矩见式(11-7),即

$$M(x)=T(L-x)+N\left(\frac{x+\alpha L}{L+\alpha L}f-y\right)+M_L$$

将 $M=EI_z\dfrac{\mathrm{d}^2 y}{\mathrm{d}x^2}$ 及 $a^2=\dfrac{N}{EI_z}$ 代入上式,得

$$\frac{\mathrm{d}^2 y}{\mathrm{d}x^2}+a^2 y=a^2\left[\frac{f}{L(1+\alpha)}-\frac{T}{N}\right]x+a^2\left(\frac{TL}{N}+\frac{\alpha}{1+\alpha}f+\frac{M_L}{N}\right)$$

该微分方程式的通解为

$$y=C_1\cos ax+C_2\sin ax+\left[\frac{f}{L(1+\alpha)}-\frac{T}{N}\right]x+\left(\frac{TL}{N}+\frac{\alpha}{1+\alpha}f+\frac{M_L}{N}\right)$$

由边界条件:

$$\text{当 } x=0 \text{ 时},y=0,\text{得 } C_1=-\left(\frac{TL}{N}+\frac{\alpha}{1+\alpha}f+\frac{M_L}{N}\right)$$

$$\text{当 } x=0 \text{ 时},\frac{\mathrm{d}y}{\mathrm{d}x}=0,\text{得 } C_2=-\frac{1}{a}\left[\frac{f}{L(1+\alpha)}-\frac{T}{N}\right]$$

代入通解后,得

$$y=\frac{TL}{N}\left(-\frac{x}{L}+\frac{\sin ax}{aL}+1-\cos ax\right)+\frac{f}{aL(1+\alpha)}\times$$

$$[ax-\sin ax+aL\alpha(1-\cos ax)]+\frac{M_L}{N}(1-\cos ax) \tag{11-24}$$

将 $x=L$ 及 $y=f$ 代入式(11-24),可得桁架式吊臂的臂端挠度计算式:

$$f=\frac{1+\alpha}{N(1+aL\alpha\cot aL)}\left[TL(1-aL\cot aL)+aLM_L\left(\frac{1}{\sin aL}-\cot aL\right)\right] \tag{11-25}$$

(2)用放大系数法求臂端挠度

如图 11-9 所示,为了便于推导公式,将吊臂在回转平面的计算简图转化为等截面的臂端受有定向轴向压力 N、横向力 T 和力矩 M_L 作用的压弯杆件,且将坐标原点取在臂端。

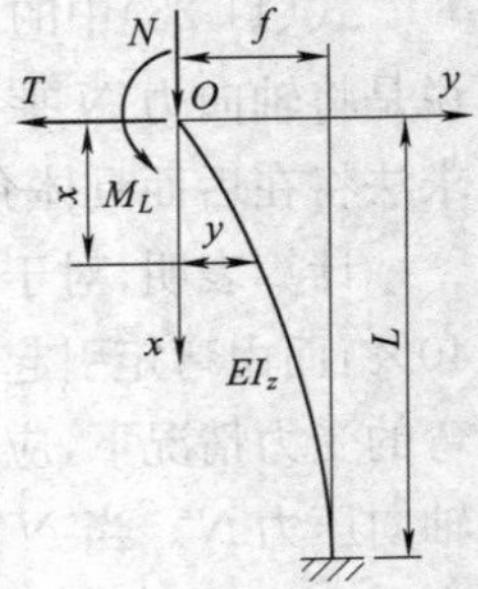

臂端挠度可按莫尔公式计算:

$$f=\int_0^L\frac{M(x)\,\overline{M}(x)}{EI_z}\mathrm{d}x \tag{11-26}$$

吊臂任一截面的弯矩 $M(x)$ 为

$$M(x)=Ny+Tx+M_L \tag{11-27}$$

臂端受横向单位力作用时,吊臂任一截面的弯矩为

$$\overline{M}(x)=x \tag{11-28}$$

假设吊臂的挠曲方程为

图 11-9　放大系数法
求臂端挠度

$$y=\frac{f}{2}\left(3\frac{x}{L}-\frac{x^3}{L^3}\right) \tag{11-29}$$

将式(11-27)~(11-29)代入式(11-26),可得

$$f=\frac{TL^3}{3EI_z}+\frac{M_LL^2}{2EI_z}+\frac{4NfL^2}{10EI_z}$$

$$f=\frac{\dfrac{TL^2}{3EI_z}+\dfrac{M_LL^2}{2EI_z}}{1-\dfrac{N}{\dfrac{10EI_z}{4L^2}}}=\frac{f_w}{1-\dfrac{N}{N_{cr}}}\tag{11-30}$$

$$N_{cr}=\frac{10EI_z}{4L^2}\approx\frac{\pi^2EI_z}{(2L)^2}=\frac{\pi^2EI_z}{(\mu L)^2}$$

$$f_w=\frac{TL^3}{3EI_z}+\frac{M_LL^2}{2EI_z}\tag{11-31}$$

式中 f_w——仅由横向力 T 和力矩 M_L 引起的臂端挠度。

由式(11-30)可知,$\dfrac{1}{1-\dfrac{N}{N_{cr}}}$ 即为臂端挠度的放大系数。挠度放大系数与弯矩放大系数是相同的。为了使许用应力法与极限状态法计算时的结果有相近的安全度,通常将放大系数取为 $\dfrac{1}{1-\dfrac{N}{0.9N_{cr}}}$。

对受压桁架式吊臂,刚度校核时臂端挠度的计算载荷为相应工作幅度的额定起重量 Q 及 5%额定起重量的侧向力 T(即 $T=0.05Q$),不计动力系数和自重载荷。但作强度计算时,弯矩公式中的臂端挠度 f 应考虑动载系数和自重载荷。如果在校核刚度时,按强度计算载荷求得的挠度能满足刚度要求,则不必再按刚度计算载荷验算刚度。

2. 桁架式吊臂的刚度校核

桁架式吊臂在回转平面的刚度校核式为

$$f=\frac{1+\alpha}{N(1+aL\alpha\cot aL)}\left[TL(1-aL\cot aL)+aLM_L\left(\frac{1}{\sin aL}-\cot aL\right)\right]\leqslant[f]\tag{11-32}$$

或

$$f=\frac{f_w}{1-\dfrac{N}{0.9N_{cr}}}\leqslant[f]\tag{11-33}$$

式中 $[f]$——臂端容许挠度,根据 GB/T 6068—2008《汽车起重机和轮胎起重机试验规范》,对桁架式吊臂,$[f]$取臂长 L 的 1%,即$[f]=L/100$。

四、桁架式吊臂的整体稳定性校核

1. 桁架式吊臂的临界力

桁架式吊臂的临界力按下式计算:

$$N_{cr}=\eta\frac{\pi^2EI_z}{(\mu_1\mu_2\mu_3L)^2}=\eta\cdot\frac{\pi^2EA}{\lambda_z^2}=\frac{\pi^2EA}{\lambda_h^2}\tag{11-34}$$

对矩形截面的四肢缀条式桁架吊臂,由第五章式(5-57),其换算长细比 λ_h 为

$$\lambda_h=\frac{\lambda_z}{\sqrt{\eta}}=\sqrt{\lambda_z^2+40\frac{A}{A_{1z}}}$$

$$\lambda_z = \frac{l_c}{\sqrt{I_z/A}} = \frac{\mu_1 \mu_2 \mu_3 L}{\sqrt{I_z/A}} \qquad (11\text{-}35)$$

式中 μ_1——由吊臂支承条件决定的长度系数,桁架式吊臂在回转平面为臂根固定、臂端自由,故 $\mu_1 = 2$;

       μ_2——变截面长度系数,将变截面桁架式吊臂(图 11-10)转化为等截面臂时(使二者稳定性等效),等截面臂的惯性矩取变截面臂的最大惯性矩,计算长度取为 $\mu_2 L$,μ_2 由表 11-1 查取;

       μ_3——考虑拉臂钢丝绳或起升钢丝绳阻碍臂架在回转平面内变形的长度系数,按式(11-36)计算,当计算值小于 0.5 时,取 $\mu_3 = 0.5$;

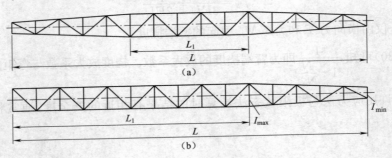

图 11-10   桁架式吊臂简图

(a)变幅平面;(b)旋转平面。

$$\mu_3 = 1 - \frac{a}{2b} \qquad (11\text{-}36)$$

其中 a、b——几何参数,如图 11-11 所示。

       η——格构式构件考虑剪力影响后的临界力折减系数;

       λ_h——桁架式吊臂的换算长细比;

       λ_z——计算截面绕 z 轴的长细比;

       A_{1z}——计算截面所截回转平面内两片桁架斜腹杆截面面积之和;

       A——各弦杆毛截面面积之和。

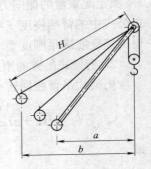

图 11-11   几何参数 a、b

表 11-1   变截面长度系数 μ_2 值

$\dfrac{I_{min}}{I_{max}}$ $\diagdown$ $\dfrac{L_1}{L}$	0.000 1	0.01	0.1	0.2	0.3	0.4	0.5	0.6	0.7	0.8	0.9	1.0
0	3.14	1.69	1.35	1.25	1.18	1.14	1.10	1.08	1.05	1.03	1.02	1.0
0.2	1.82	1.45	1.22	1.15	1.11	1.08	1.06	1.05	1.03	1.02	1.01	—
0.4	1.44	1.23	1.11	1.07	1.05	1.04	1.03	1.02	1.01	1.01	1.00	—
0.6	1.14	1.07	1.03	1.02	1.02	1.01	1.01	1.01	1.00	1.00	1.00	—
0.8	1.01	1.01	1.00	1.00	1.00	1.00	1.00	1.00	1.00	1.00	1.00	—

注:L_1——等截面部分长度,如图 11-10 所示。

求欧拉临界力的推导中,忽略了剪切变形的影响,若考虑这个影响则压杆的临界力将略为降低。

对于实体压杆,考虑剪力影响的临界力仅降低千分之五左右,故可略而不计。格构式压杆考虑剪力影响时的临界力可能降低 $3\%\sim10\%$,故不能忽略。各类格构式压杆的临界力及换算长细比 λ_h 的公式推导见第五章。

2. 桁架式吊臂的整体稳定性校核

桁架式吊臂是一个轴向受压、单向弯曲的压弯构件,除用一般强度公式验算外,还需按下式对受压变截面臂架进行整体稳定性校核:

$$\sigma=\frac{N}{\varphi A}+\frac{M(x)}{W_z}\leqslant[\sigma] \tag{11-37}$$

或

$$\sigma=\frac{N}{\varphi A}+\frac{M_{\mathrm{W}}(x)}{\left(1-\dfrac{N}{0.9N_{\mathrm{cr}}}\right)W_z}\leqslant[\sigma] \tag{11-38}$$

式中 A——各弦杆毛截面面积之和;

W_z——计算截面各弦杆对 z 轴的毛截面抗弯模量;

φ——轴压稳定系数,由 λ_h 查表,见第五章。

其余参数意义同式(11-23)。

五、桁架式吊臂弦杆稳定性校核

桁架式吊臂除了需验算整体稳定性外,由于弦杆是受压构件,有可能在节间长度内失稳,因此还须验算弦杆的局部稳定性。

可将回转平面的弯矩 $M(x)$[式(11-20)]转换为作用在弦杆上的两对力偶,则作用于一根弦杆上的轴心力 N_M 为

$$N_M=\frac{M(x)}{2B} \tag{11-39}$$

式中 B——回转平面内 $M(x)$ 所在截面二根弦杆之间的距离。

弦杆节间稳定性可按轴心压杆计算:

$$\sigma=\frac{\dfrac{N}{4}+N_M}{\varphi(A/4)}=\frac{N+\dfrac{2M(x)}{B}}{\varphi A}\leqslant[\sigma] \tag{11-40}$$

或

$$\sigma=\frac{N+\dfrac{2}{B}\cdot\dfrac{M_{\mathrm{W}}(x)}{1-\dfrac{N}{0.9N_{\mathrm{cr}}}}}{\varphi A}\leqslant[\sigma] \tag{11-41}$$

式中 φ——轴压稳定系数,根据弦杆节间长细比 λ 查表得出。

其他参数意义同式(11-38)。

桁架弦杆节间的容许长细比可按第五章表 5-1 的规定取$[\lambda]=150$。

六、桁架式吊臂的腹杆体系

为了便于制造,吊臂的腹杆一般采用相同截面的杆件。由于腹杆受力不大,建议按容许长细比$[\lambda]$确定断面需要的回转半径 r_x,用 r_x 选择腹杆的断面尺寸,即

$$\lambda = \frac{l_j}{r_x} \leqslant [\lambda] = 200$$

$$r_x \geqslant \frac{l_j}{[\lambda]}$$

(11-42)

式中　l_j——腹杆的计算长度,当腹杆挠曲方向在桁架平面内时 $l_j = 0.8l$,当腹杆挠曲方向在桁架平面外时 $l_j = l$,l 为腹杆的几何长度;

r_x——所需的腹杆断面对某轴的回转半径。

七、桁架式吊臂的最不利倾角

由式(11-33)可知,臂端挠度随着临界力的减小而增大,从而引起吊臂应力增大。因此临界力越小对吊臂的强度和刚度都是不利的。在吊臂结构确定之后,临界力又随着钢丝绳影响长度系数 μ_3 的增大而减小。μ_3 随着吊臂倾角 u 增大而增大,当吊臂位于最大倾角 u_{max} 时,μ_3 达最大值,因此,吊臂的最大倾角 u_{max} 是最不利倾角,一般取 $u_{max} = 80°$ 左右。

八、例　题

【例题 11-1】　某桁架式汽车起重机主臂长 60 m(不考虑副臂),说明其设计计算方法。弦杆为 Q460 钢管,腹杆为 Q235 钢管。

已知数据:吊臂最大倾角 $u_{max} = 80°$;起升载荷 $P_Q = Q + G_0 = 160 + 15 = 175$ kN;臂长 $L = 60$ m;吊臂重力 $P_G = 108$ kN;吊臂四根弦杆总的断面积 $A = 1.052 \times 10^4$ mm²,断面惯性矩 $I_z = 6.71 \times 10^9$ mm⁴,断面抗弯模数 $W_z = 8.39 \times 10^6$ mm³;单根腹杆断面积 $A_1 = 6.29 \times 10^2$ mm²。

【解】　(1)桁架式主臂受力分析

①变幅平面

a. 强度计算载荷

按式(11-1)计算垂直方向载荷 P:

$$P = \frac{1}{2}\Phi_1 P_G + \Phi_2 P_Q = \frac{1}{2} \times 1.0 \times 1.08 \times 10^5 + 1.2 \times 1.75 \times 10^5 = 2.64 \times 10^5 \text{(N)}$$

按式(11-2)计算起升绳拉力 S:

$$S = \frac{\Phi_2 P_Q}{m \cdot \eta} = \frac{1.2 \times 1.75 \times 10^5}{4 \times 0.97} = 5.412 \times 10^4 \text{(N)}$$

人字架顶的定滑轮轴心 C 点到臂根铰点 O 的距离 $\overline{OC} = 7.042$ m(图 11-6),OC 与臂架夹角 $\theta = 60°$。近似取起升绳拉力 S 沿臂架轴线方向,按图 11-5 用作图法或解析法求得轴向压力:

$$N = 7.387 \times 10^5 \text{ N}$$

b. 刚度计算载荷

$$P = Q = 1.6 \times 10^5 \text{ N}$$

$$S = \frac{Q}{m \cdot \eta} = \frac{1.6 \times 10^5}{4 \times 0.97} = 4.124 \times 10^4 \text{(N)}$$

$$N = 4.561 \times 10^5 \text{ N}$$

②回转平面

a. 强度计算载荷

货物偏摆侧向力为

$$T_h = 0.05 P_Q = 0.05 \times 1.75 \times 10^5 = 8.75 \times 10^3 \text{(N)}$$

作用于吊臂端部的风载荷和惯性载荷取为

$$T_b = 3.53 \times 10^3 \text{ N}$$

臂端总的侧向力为

$$T = T_h + T_b = 8.75 \times 10^3 + 3.53 \times 10^3 = 1.228 \times 10^4 \text{(N)}$$

据题意，臂端力矩 $M_L = 0$。

b. 刚度计算载荷

$$T = Q \cdot 5\% = 1.6 \times 10^5 \times 0.05 = 8 \times 10^3 \text{(N)}$$

③系数 α

按式(11-6)计算 α：

$$\alpha = \frac{\overline{OC} \cdot \cos[\pi - (u+\theta)]}{L \cdot \cos u} = \frac{7\,042 \times \cos[180° - (80° + 60°)]}{60\,000 \times \cos 80°} = 0.517\,7$$

(2)刚度校核

$$a = \sqrt{\frac{N}{EI_z}} = \sqrt{\frac{4.561 \times 10^5}{2.1 \times 10^5 \times 6.71 \times 10^9}} = 1.799 \times 10^{-5} \text{(mm}^{-1})$$

$$aL = 1.799 \times 10^{-5} \times 60\,000 = 1.079\,4$$

按式(11-32)计算臂端挠度（其中 $M_L = 0$）：

$$f = \frac{1+\alpha}{N(1 + aL\alpha \cot aL)} \cdot TL(1 - aL \cot aL)$$

$$= \frac{1 + 0.517\,7}{4.561 \times 10^5 (1 + 1.079\,4 \times 0.517\,7 \cot 1.079\,4)} \times 8 \times 10^3 \times 6 \times 10^4 (1 - 1.079\,4 \cot 1.079\,4)$$

$$= 519 \text{ (mm)} < [f] = \frac{L}{100} = \frac{60\,000}{100} = 600 \text{ mm}$$

(3)强度计算

$$a = \sqrt{\frac{N}{EI_z}} = \sqrt{\frac{7.387 \times 10^5}{2.1 \times 10^5 \times 6.71 \times 10^9}} = 2.289\,6 \times 10^{-5} \text{(mm}^{-1})$$

$$aL = 2.289\,6 \times 10^{-5} \times 60\,000 = 1.374$$

用于强度计算的臂端挠度 f 为

$$f = \frac{1+\alpha}{N(1 + aL\alpha \cot aL)} \cdot TL(1 - aL \cot aL)$$

$$= \frac{1 + 0.517\,7}{7.387 \times 10^5 (1 + 1.374 \times 0.517\,7 \cot 1.374)} \times 1.228 \times 10^4 \times 6 \times 10^4 (1 - 1.374 \cot 1.374)$$

$$= 963 \text{ (mm)}$$

M_0 按式(11-8)计算（其中 $M_L = 0$）：

$$M_0 = TL + \frac{\alpha}{1+\alpha} fN$$

$$= 1.228 \times 10^4 \times 60\,000 + \frac{0.517\,7}{1 + 0.517\,7} \times 963 \times 7.387 \times 10^5 = 9.79 \times 10^8 \text{(N} \cdot \text{mm)}$$

按式(11-11)计算弯矩：

$$M(x)=M_0(\cos ax-\cot aL \cdot \sin ax)$$

$$=9.79\times10^8[\cos(2.2896\times10^{-5}\times5100)-\cot1.374 \cdot \sin(2.2896\times10^{-5}\times5100)]$$

$$=9.5\times10^8(\text{N}\cdot\text{mm})$$

$$\bar{x}=L\left(1-\frac{\pi}{2aL}\right)=60\,000\left(1-\frac{\pi}{2\times1.374}\right)=-8\,594\;(\text{mm})$$

应取$\bar{x}=0$，但由于从臂根到$x=5\,100\,$mm处有防倾杆得到加强，因此危险截面应当取为$x=5\,100\,$mm。

按式(11-22)进行强度校核：

$$\sigma=\frac{N}{A}+\frac{M(x)}{W_z}=\frac{7.387\times10^5}{1.052\times10^4}+\frac{9.5\times10^8}{8.39\times10^6}$$

$$=183.4\;(\text{MPa})<[\sigma]=\frac{460}{1.34}=343\;\text{MPa}$$

(4)整体稳定性校核

①轴压稳定系数φ

吊臂的长细比按式(11-35)计算：

$$\lambda_z=\frac{\mu_1\mu_2\mu_3 L}{\sqrt{I_z/A}}=\frac{2\times1\times0.6706\times60\,000}{\sqrt{6.71\times10^9/1.052\times10^4}}=100.7$$

式中　$\mu_1=2$；

　　　$\mu_2\approx1$(对于长臂架)；

　　　$\mu_3=1-\dfrac{a}{2b}=1-\dfrac{10.419}{2\times15.813}=0.6706$

　其中　$a=L\cos u_{max}=60\times\cos80°=10.419$ (m)，

　　　　$b=(L+\alpha L)\times\cos u=60(1+0.5177)\times\cos80°=15.813$ (m)。

桁架式吊臂的换算长细比：

$$\lambda_h=\sqrt{\lambda_z^2+40\frac{A}{A_{1z}}}=\sqrt{100.7^2+40\times\frac{1.052\times10^4}{2\times6.29\times10^2}}=102.3$$

吊臂的假想长细比：

$$\lambda_{hF}=\lambda_h\sqrt{\frac{\sigma_s}{235}}=102.3\sqrt{\frac{460}{235}}=143$$

轴压稳定系数由λ_{hF}值按b类截面查表5-7得：$\varphi=0.333$

②整体稳定性校核

整体稳定性按式(11-37)计算：

$$\sigma=\frac{N}{\varphi A}+\frac{M(x)}{W_z}$$

$$=\frac{7.387\times10^5}{0.333\times1.052\times10^4}+\frac{9.5\times10^8}{8.39\times10^6}=324.1\;(\text{MPa})\leqslant[\sigma]=343\;\text{MPa}$$

(5)弦杆节间稳定性校核

已知回转平面二根弦杆之间的距离即截面高度$B=1\,600\,$mm，弦杆节间长度$l=1\,350\,$mm，弦杆钢管对自身轴的回转半径$r=30.2\,$mm。

弦杆节间长细比

$$\lambda=\frac{l}{r}=\frac{1\,350}{30.2}=44.7$$

弦杆假想长细比

$$\lambda_F=\lambda\sqrt{\frac{\sigma_s}{350}}=44.7\sqrt{\frac{460}{235}}=62.5$$

轴压稳定系数由 $\lambda_F=62.5$ 按 a 类截面查表 5-6 得：$\varphi=0.873$。

弦杆节间稳定性按式(11-40)计算：

$$\sigma=\frac{N+\dfrac{2M(x)}{B}}{\varphi A}=\frac{7.387\times10^5+\dfrac{2\times9.5\times10^8}{1\,600}}{0.873\times1.052\times10^4}=209.7\ (\text{MPa})<[\sigma]$$

(6)腹杆体系长细比校核

腹杆体系全部采用管结构，其最大长细比：

斜腹杆

$$\lambda=\frac{l_{max}^x}{r_x}=\frac{1\,815}{17.8}=102<[\lambda]=200$$

竖腹杆

$$\lambda=\frac{l_{max}^s}{r_s}=\frac{1\,680}{12.4}=135.5<[\lambda]=200$$

式中　l_{max}^x、l_{max}^s——斜腹杆和竖腹杆的最大计算长度；

　　　r_x、r_s——斜腹杆和竖腹杆的断面回转半径。

由上述例题的强度计算可以看出轴向压力引起的压应力占总应力的 37%；而弯曲应力占总应力的 63%，其中由轴向力引起的弯曲应力(在压弯的情况下)占弯曲总应力的 15.6%，由侧向力引起的弯曲应力占弯曲总应力的 47.4%。

第三节　箱形伸缩式吊臂的结构形式

伸缩式吊臂多采用箱形结构(图 11-12)，箱形结构内装有伸缩油缸，吊臂根部与转台铰接，靠近吊臂根部装有变幅油缸，在吊臂的每个外节段内装有支承内节段的滚子或滑块支座。

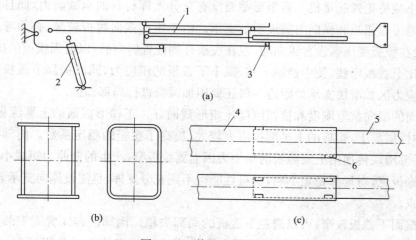

图 11-12　伸缩式吊臂简图

(a)伸缩臂系统简图；(b)伸缩臂的箱形截面；(c)吊臂节段间支承情况。

1—伸缩油缸；2—变幅油缸；3—支承辊子；4—伸缩臂的外节段；5—伸缩臂的内节段；6—滑块支座。

吊臂根部铰点、变幅油缸与基本臂及转台的连接铰点,此三铰点的布置合理与否对整机性能及主要参数的确定至关重要,通常需要按多目标决策问题采用优化方法确定合理的三铰点位置(见本章第六节)。

轮式起重机的伸缩式吊臂是以受弯为主的双向压弯构件,除受强度、刚度、整体稳定性的约束外,还受局部稳定性约束。因此采用何种截面形式使吊臂的自重较小、充分利用材料以满足各项性能要求,是伸缩式吊臂设计的关键技术。

为了减轻伸缩臂重量,人们对其截面形式作过许多探讨。归纳起来,伸缩臂可以制成如图 11-13所示的几种典型箱形截面:矩形、梯形、倒置梯形、五边形、六边形、八边形、大圆角矩形以及椭圆形截面等。

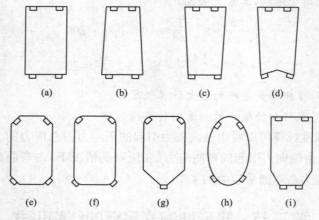

图 11-13 伸缩臂的典型截面形式

其中,矩形截面是由翼缘板和腹板焊接而成的,它是目前轮式起重机伸缩臂中用得最多的截面形式。与其他截面形式相比,矩形截面具有制造工艺简单、抗弯及抗扭刚度较好等优点,一般用于中小吨位轮式起重机。但矩形截面没有充分发挥材料的承载能力,而且为了使各节臂间能很好地传递扭矩和横向力需设附加支承。由于矩形截面腹板较薄,必须考虑其局部稳定问题,一般在腹板受压区设置纵向肋,或在腹板外侧设置斜向肋,以增强腹板的抗屈曲能力。下盖板可以比上盖板厚些,使中性轴下移,减小下盖板的压应力,同时提高下盖板的局部稳定性。局部高应力区如滑块支承处附近一般还要用加强板进行局部加强。

梯形截面的横向抗弯刚度和抗扭刚度比矩形截面好。正梯形截面的上翼缘板窄,下翼缘板宽,截面中性层靠下,腹板的上半部拉应力较大,提高了腹板的稳定系数。前部滑块可接近腹板布置,后部滑块传递给上翼缘板的集中力因上翼缘板窄,产生的弯曲力矩减小。但是这种截面的下翼缘板宽,对局部稳定不利,材料性能得不到充分发挥,且需设侧向支承装置,这是梯形截面的缺点。

倒梯形截面下盖板较窄,可以避免下盖板的局部失稳。倒梯形伸缩臂对安装变幅油缸较为有利,但是这种截面对上翼缘板的局部弯曲和腹板的稳定性并不是很有利,亦需设侧向支承。

八边形和大圆角矩形截面的下翼缘板和腹板的实际计算宽度较小,有利于提高抗失稳的能力。前后滑块均支承在四角处，伸缩臂各板不产生局部弯曲，且能较好地传递扭矩与横向力，因此这两种截面形式的伸缩臂能较好地发挥材料机械性能，减轻结构自重，在采用高强度钢的大吨位轮式起重机上应用较多，但制造时需采用大型压床。

椭圆形截面是大圆角矩形截面的进一步发展，是一种受力较理想的吊臂截面形式，截面上各点受力较均匀，具有较强的抗屈曲能力，能充分发挥材料的性能。但该截面需要侧向支承，制造工艺也较复杂。

两种五边形截面都具有下翼缘板窄的特点，可以提高下翼缘板的局部稳定性，使材料得到充分利用。

六边形截面侧板薄，压成折弯形，受力合理。下盖板较上盖板宽度小，具有较高的抗屈曲能力。

为了从构造上尽可能减轻吊臂自重，已逐渐将航空结构的成果引进到伸缩臂的设计中来。在国外，有的公司将大吨位的梯形截面伸缩臂腹板上开大圆孔，可以显著减轻吊臂自重。众所周知，腹板中间部位应力值较低，将腹板中间部分材料挖去，对截面上应力分布影响不大。为提高腹板的稳定性，在孔周镶圈，使腹板的自由边成为简支边，且由于镶圈材料接近上、下翼缘板，有利于发挥这些材料的作用。此外，国外有的专利将飞机设计中的加筋用于轮式起重机的箱形吊臂，在矩形和梯形截面吊臂的腹板上设加劲肋，合理的加劲肋系统（图 11-14）可以提高腹板的局部稳定性和吊臂的纵向稳定性，使腹板厚度减薄，以达到减轻吊臂自重和提高吊臂承载能力的目的。

采用高强度结构钢是减轻吊臂自重的一种行之有效的方法。目前，国内外已广泛采用屈服极限为 $600 \sim 1\,000\,\mathrm{MPa}$ 的高强度钢制造吊臂。此外，吊臂的不同部位可以采用不同强度的钢材，既可以减小吊臂自重，又能充分发挥材料的性能。

图 11-14　伸缩臂腹板的加劲肋系统

第四节　箱形伸缩式吊臂的计算

箱形伸缩式吊臂应按最小幅度吊最大起重量的工况进行计算。最大幅度时起吊的起重量是由整机稳定性决定的，吊臂的承载能力有富余，不必验算。

一、箱形伸缩臂受力分析

1. 吊臂在变幅平面承受的载荷

（1）垂直载荷 P

$$P = \frac{1}{3}\Phi_i P_G + \Phi_j P_Q$$

（11-43）

式中　P_G——伸缩臂重力。

其余参数意义同式(11-1)。

(2)起升绳拉力 S

S 计算同式(11-2)。将起升绳拉力 S 分解为平行吊臂轴线方向的分力 $S_1 = S \cdot \cos\beta_1$ 和垂直吊臂轴线方向的分力 $S_2 = S \cdot \sin\beta_1$(图 11-15);将垂直载荷 P 分解为平行吊臂轴线方向的分力 $P_1 = P \cdot \sin u$ 和垂直吊臂轴线方向的分力 $P_2 = P \cdot \cos u$。则伸缩臂在变幅平面承受的外力如下:

轴向力 $\qquad\qquad\qquad\qquad N = S\cos\beta_1 + P\sin u = S_1 + P_1$ $\qquad\qquad$ (11-44)

横向力 $\qquad\qquad\qquad\qquad T_z = P\cos u - S\sin\beta_1 = P_2 - S_2$ $\qquad\qquad$ (11-45)

由 P_Q 和起升绳拉力 S 对吊臂轴线偏心引起的力矩为

$$M_{Ly} = \Phi_j P_Q e_1 \sin u - S_1 e_2$$
$\qquad\qquad\qquad\qquad\qquad\qquad\qquad\qquad\qquad\qquad\qquad$ (11-46)

式中　u——伸缩臂在变幅平面的倾角;

$\qquad e_1$——臂端定滑轮与吊臂轴线的偏心距;

$\qquad e_2$——臂端导向滑轮与吊臂轴线的偏心距。

吊臂在变幅平面的计算简图可视为简支外伸梁,它的两个支点是臂根的铰接点和变幅油缸支承点。

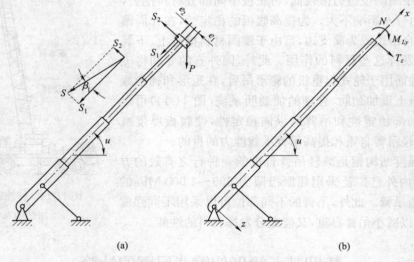

图 11-15　变幅平面伸缩臂受力简图
(a)外载荷图;(b)受力计算简图。

2. 吊臂在回转平面承受的载荷

(1)侧向载荷

伸缩臂在回转平面所受侧向载荷的计算同桁架式吊臂,即

$$T_y = T_h + T_b$$
$\qquad\qquad\qquad\qquad\qquad\qquad\qquad\qquad\qquad\qquad\qquad$ (11-47)

式中,T_h 及 T_b 的计算同式(11-3)及式(11-4)。

当用副臂进行作业时,主臂端部还有力矩 M_{Lz}:

$$M_{Lz} = T_y \cdot L_{fb}$$
$\qquad\qquad\qquad\qquad\qquad\qquad\qquad\qquad\qquad\qquad\qquad$ (11-48)

式中 L_{fb} 为副臂长度,若无副臂,则 $M_{Lz}=0$。

侧向力 T_y 中的货物偏摆载荷 $T_h=P_Q\tan\alpha$ 作用于臂端定滑轮的轴心处,因此吊臂还受有扭矩 M_n:

$$M_n=T_h e_1=P_Q e_1\tan\alpha \qquad (11\text{-}49)$$

(2)轴向力

伸缩臂在变幅平面承受的轴向力 $N=P_1+S_1$,在回转平面也作用于吊臂上,如图 11-16 所示,轴向力 N 可以分解为当吊臂旁弯时不变方向的轴向力 P_1 和变方向轴向力 S_1。

$$\left.\begin{array}{l} P_1=P\sin u \\ S_1=S\cos\beta_1 \end{array}\right\}$$

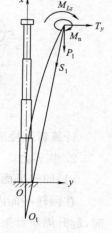

图 11-16 回转平面
伸缩臂受力简图

二、箱形伸缩臂的刚度校核

1. 刚度校核

伸缩臂按压弯构件采用放大系数法计算臂端挠度并进行刚度校核。变幅平面考虑起吊额定起重量并处于相应工作幅度时,计算臂端在变幅平面内垂直于臂架轴线方向的静位移 f_z。回转平面除考虑轴向压力外,还需考虑在臂端施加 5% 额定起重量的侧向力 $T_y=0.05Q$,计算臂端水平侧向静位移 f_y。计算静位移时不考虑动载系数、吊具及臂架结构自重。

变幅平面

$$f_z=\frac{1}{1-\dfrac{N}{0.9N_{cry}}}\left(f_{wz}+\Delta_z\sum_{i=1}^{K-1}\frac{H_{i+1}}{l_{i+1}}\right)\leqslant[f]=\frac{L^2}{1\,000}\quad(\text{m}) \qquad (11\text{-}50)$$

回转平面

$$f_y=\frac{1}{1-\dfrac{N}{0.9N_{crz}}}\left(f_{wy}+\Delta_y\sum_{i=1}^{K-1}\frac{H_{i+1}}{l_{i+1}}\right)\leqslant[f]=\frac{0.7L^2}{1\,000}\quad(\text{m}) \qquad (11\text{-}51)$$

式中 N——吊臂承受的轴向压力;

     f_{wz}——仅由变幅平面横向载荷引起的臂端挠度,按式(11-62)计算;

     f_{wy}——仅由回转平面侧向载荷引起的臂端挠度,按式(11-69)计算;

     N_{cry}——吊臂在变幅平面的临界力,按式(11-60)计算;

     N_{crz}——吊臂在回转平面的临界力,按式(11-52)计算;

     Δ_z——在变幅平面内相邻两节臂之间的横向间隙,并假定各节臂之间的间隙均相等,间隙的大小由使用要求和工艺条件决定,通常 $\Delta_z=(1\sim3)$ mm;

     Δ_y——在回转平面内相邻两节臂之间的侧向间隙;

     K——伸缩臂的节数;

  H_{i+1}、l_{i+1}——伸缩臂的几何尺寸(图 11-17);

     $[f]$——伸缩臂的许用挠度;

     L——伸缩臂臂长(m)。

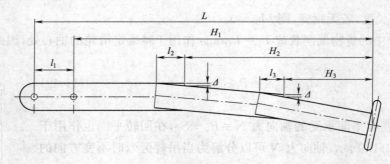

图 11-17 伸缩臂的几何尺寸

计算臂端挠度时,计算载荷只考虑有效载荷的静力作用,即不计自重载荷和动力系数。

2. 临界力

(1)回转平面的临界力 N_{crz}

在回转平面内,臂架为根部固定、端部自由的压弯构件[图 11-18(a)],但在臂架侧向变形时,起升绳对臂架有一定的支承作用,故回转平面的临界力按下式计算:

$$N_{crz} = \frac{\pi^2 EI_{z1}}{(\mu_1 \mu_2 \mu_3 L)^2} \qquad (11-52)$$

式中　I_{z1}——第一节臂(基本臂)的截面惯性矩;

　　　μ_1——由伸缩臂在回转平面的支承条件决定的长度系数,此处 $\mu_1 = 2$;

　　　μ_2——由变截面伸缩臂决定的长度系数,按式(11-58)计算,或按各节臂伸出后的长度与臂架全长之比 α_i[图 11-18(a)]和相邻臂刚度之比 β_i,由表 11-2 查取;

　　　μ_3——起升钢丝绳影响的长度系数,按式(11-59)计算。

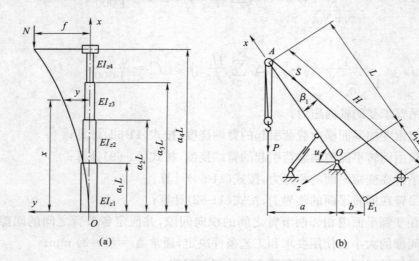

图 11-18 箱形伸缩臂回转平面临界力的计算

①由变截面吊臂决定的长度系数 μ_2

箱形伸缩臂是阶梯形变截面构件,如图 11-18(a)所示,在研究变截面影响时,令臂端仅受不变方向的轴向压力 N 作用。用能量法求解时,使外力 N 所做的功 $N \cdot \Delta$ 等于吊臂的弹性位

能 U，即

$$N \cdot \Delta = U \tag{11-53}$$

选取一端固定、另一端自由的吊臂挠曲方程：

$$y = f\left(1 - \cos\frac{\pi x}{2L}\right) \tag{11-54}$$

该式满足吊臂的端点条件。

轴向压力 N 的位移 Δ 按下式计算：

$$\Delta = \frac{1}{2}\int_0^L \left(\frac{dy}{dx}\right)^2 dx = \frac{1}{2}\int_0^L \left(\frac{\pi f}{2L}\sin\frac{\pi x}{2L}\right)^2 \cdot \frac{2L}{\pi}d\left(\frac{\pi x}{2L}\right)$$

$$= \frac{\pi^2 f^2}{16L} \tag{11-55}$$

参看图 11-18(a)，吊臂任一截面弯矩为

$$M(x) = N(f-y) = Nf\cos\frac{\pi x}{2L}$$

第 i 节臂的弹性位能 U_i 为

$$U_i = \frac{1}{2}\int_{\alpha_{i-1}L}^{\alpha_i L} \frac{M(x)^2}{EI_{zi}}dx = \frac{1}{2EI_{zi}}\int_{\alpha_{i-1}L}^{\alpha_i L}\left(Nf\cos\frac{\pi x}{2L}\right)^2 \frac{2L}{\pi}d\left(\frac{\pi x}{2L}\right)$$

$$= \frac{N^2 f^2 L}{4EI_{zi}}\left[\alpha_i - \alpha_{i-1} + \frac{1}{\pi}(\sin\pi\alpha_i - \sin\pi\alpha_{i-1})\right]$$

设箱形伸缩臂的节数为 K，则总的弹性位能 U 为

$$U = \sum_{i=1}^{K} U = \frac{N^2 f^2 L}{4EI_{z1}}\sum_{i=1}^{K}\frac{I_{z1}}{I_{zi}}\left[\alpha_i - \alpha_{i-1} + \frac{1}{\pi}(\sin\pi\alpha_i - \sin\pi\alpha_{i-1})\right] \tag{11-56}$$

将式(11-55)及式(11-56)代入式(11-53)，可得考虑变截面影响的临界力 N_{crz} 的表达式

$$N_{crz} = \frac{\pi^2 EI_{z1}}{(2\mu_2 L)^2} \tag{11-57}$$

箱形伸缩臂变截面长度系数 μ_2 为

$$\mu_2 = \sqrt{\sum_{i=1}^{K}\frac{I_{z1}}{I_{zi}}\left[\alpha_i - \alpha_{i-1} + \frac{1}{\pi}(\sin\pi\alpha_i - \sin\pi\alpha_{i-1})\right]} \tag{11-58}$$

式中　α_i——第 i 节臂伸出后的长度与吊臂全长之比；

　　　I_{zi}——第 i 节臂的截面惯性矩；

　　　I_{z1}——第一节臂（基本臂）的截面惯性矩。

μ_2 也可按各节臂伸出后的长度与臂架全长之比 α_i 和相邻臂刚度之比 β_i，由表 11-2 查取。

②起升绳影响的长度系数 μ_3

伸缩臂采用油缸变幅，如图 11-18(b)所示，起升钢丝绳对吊臂产生有利影响。

长度系数 μ_3 按下式计算：

$$\mu_3 = 1 - \frac{c}{2} \tag{11-59}$$

式中　c——系数，$c = \dfrac{1}{\cos\beta_1 + m\sin u} \cdot \dfrac{L}{H}$；

　　　m——起升滑轮组倍率；

u、β_1、H——几何尺寸[图 11-18(b)]。

(2)变幅平面的临界力 N_{cry}（图 11-19）

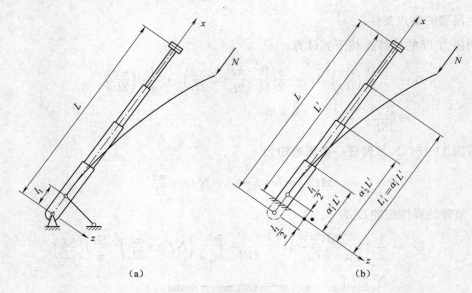

　　　　　　　(a)　　　　　　　　　　　　　　(b)

图 11-19　变幅平面的临界力 N_{cry}

　　伸缩臂在变幅平面的支承情况与旋转平面主要有两点不同：一是起升绳拉力方向的改变在旋转平面对吊臂旁弯起维持平衡作用，但在变幅平面不起作用，因此在求临界力时不必考虑起升绳拉力方向的影响，即 $\mu_3 = 1$；二是吊臂在变幅平面的计算简图是简支外伸梁，由支承情况决定的长度系数 μ_1 可根据具体支承情况由 l_1/L 查表 5-2 得到[l_1 及 L 见图 11-19(a)]。因此，变幅平面的临界力计算式为

$$N_{cry} = \frac{\pi^2 E I_{y1}}{(\mu_1\mu_2 L)^2} \tag{11-60}$$

式中　I_{y1}——基本臂的截面惯性矩；

　　　μ_2——伸缩臂变截面长度系数，按下式计算：

$$\mu_2 = \sqrt{\sum_{i=1}^{K} \frac{I_{y1}}{I_{yi}}\left[\alpha'_i - \alpha'_{i-1} + \frac{1}{\pi}(\sin\pi\alpha'_i - \sin\pi\alpha'_{i-1})\right]} \tag{11-61}$$

　　其中　I_{yi}——第 i 节臂的截面惯性矩。

　　由于臂架在变幅平面为简支外伸梁，根据受力情况知臂架的挠曲线在臂架变幅油缸支点与臂根铰点中间某点的挠度为零，故借用公式(11-58)时，取臂架换算点长度为 $L' = L - \dfrac{l_1}{2}$ [图 11-19(b)]，l_1 为变幅油缸支点与臂根铰点间距，则 $\alpha'_1 = \dfrac{L'_1}{L'}$，$\alpha'_i = \dfrac{L'_i}{L'}$。$\mu_2$ 值也可由表 11-2 查取。

表 11-2 变截面长度系数 μ_2 值（箱形伸缩臂）

(a) $\alpha_1=0.6$, $\beta_2^{①}=\dfrac{I_1}{I_2}$

伸缩臂几何特性					
β_2	1.3	1.6	1.9	2.2	2.5
β_3	—	—	—	—	—
μ_{22}	1.015	1.030	1.045	1.061	1.077

(b) $\alpha_1=0.4$, $\beta_2=\dfrac{I_1}{I_2}$; $\alpha_2=0.7$, $\beta_3=\dfrac{I_2}{I_3}$

伸缩臂几何特性										
β_2	1.3		1.6		1.9		2.2		2.5	
β_3	1.3	2.5	1.3	2.5	1.3	2.5	1.3	2.5	1.3	2.5
μ_{22}	1.053	1.089	1.099	1.144	1.144	1.198	1.189	1.250	1.232	1.301

(c) $\alpha_1=0.34$, $\beta_2=\dfrac{I_1}{I_2}$; $\alpha_2=0.56$, $\beta_3=\dfrac{I_2}{I_3}$; $\alpha_3=0.78$, $\beta_4=\dfrac{I_3}{I_4}$

伸缩臂几何特性										
β_2	1.3									
β_3	1.3		1.6		1.9		2.2		2.5	
β_4	1.3	2.5	1.3	2.5	1.3	2.5	1.3	2.5	1.3	2.5
μ_{22}	1.086	1.105	1.113	1.138	1.140	1.170	1.167	1.203	1.194	1.236

β_2	1.6							
β_3	1.3		1.6		1.9		2.2	
β_4	1.3	2.5	1.3	2.5	1.3	2.5	1.3	2.5
μ_{22}	1.147	1.171	1.179	1.210	1.212	1.249	1.244	1.288

续上表

(d)

$$\alpha_1 = 0.24,\ \beta_2 = \dfrac{I_1}{I_2}$$
$$\alpha_2 = 0.43,\ \beta_3 = \dfrac{I_2}{I_3}$$
$$\alpha_3 = 0.62,\ \beta_4 = \dfrac{I_3}{I_4}$$
$$\alpha_4 = 0.81,\ \beta_5 = \dfrac{I_4}{I_5}$$

伸缩臂几何特性

μ_2	1.277　1.327　1.207　1.235　1.244　1.279　1.281　1.325　1.319　1.356　1.370　1.414　1.264　1.296　1.306　1.346　1.348　1.397

β_2	2.2				2.5									
β_3	2.2		1.3		1.6		1.9		2.2		2.5		2.5	
β_4	1.3	2.5	1.3	2.5	1.3	2.5	1.3	2.5	1.3	2.5	1.3	2.5	1.3	2.5
μ_2	1.390	1.447	1.432	1.497	1.319	1.355	1.366	1.411	1.412	1.458	1.466	1.521	1.504	1.576

β_2	1.3				1.6				1.9				2.2				2.5	
β_3	1.3		2.5		1.3		2.5		1.3		2.5		1.3		2.5		2.5	
β_4	1.3		2.5		1.3		2.5		1.3		2.5		1.3		2.5		2.5	
β_5	1.3	2.5	1.3	2.5	1.3	2.5	1.3	2.5	1.3	2.5	1.3	2.5	1.3	2.5	1.3	2.5	1.3	2.5
μ_2	1.152	1.168	1.245	1.281	1.206	1.226	1.259	1.283	1.310	1.338	1.392	1.444	1.364	1.486	1.520	1.594		

β_2	1.6				1.9				2.2				2.5					
β_3	1.3		2.5		1.3		2.5		1.3		2.5		1.3		2.5			
β_4	1.3		2.5		1.3		2.5		1.3		2.5		1.3		2.5			
β_5	1.3	2.5	1.3	2.5	1.3	2.5	1.3	2.5	1.3	2.5	1.3	2.5	1.3	2.5	1.3	2.5		
μ_2	1.240	1.259	1.349	1.391	1.302	1.326	1.363	1.391	1.422	1.455	1.517	1.577	1.435	1.517	1.480	1.517	1.597	1.664

其余：1.529　1.673　1.748

续上表

β_2	β_3	β_4	β_5	μ_2
1.9	1.3	1.3	1.3	1.322
1.9	1.3	1.3	2.5	1.344
1.9	1.3	2.5	1.3	1.446
1.9	1.3	2.5	2.5	1.493
1.9	1.6	1.3	1.3	1.392
1.9	1.6	1.3	2.5	1.420
1.9	1.6	2.5	1.3	1.542
1.9	1.6	2.5	2.5	1.599
1.9	1.9	1.3	1.3	1.461
1.9	1.9	1.3	2.5	1.493
1.9	1.9	2.5	1.3	1.634
1.9	1.9	2.5	2.5	1.701
1.9	2.2	1.3	1.3	1.527
1.9	2.2	1.3	2.5	1.564
1.9	2.2	2.5	1.3	1.722
1.9	2.2	2.5	2.5	1.798
1.9	2.5	1.3	1.3	1.591
1.9	2.5	1.3	2.5	1.633
1.9	2.5	2.5	1.3	1.807
1.9	2.5	2.5	2.5	1.890
2.2	1.3	1.3	1.3	1.400
2.2	1.3	1.3	2.5	1.425
2.2	1.3	2.5	1.3	1.537
2.2	1.3	2.5	2.5	1.590
2.2	1.6	1.3	1.3	1.478
2.2	1.6	1.3	2.5	1.508
2.2	1.6	2.5	1.3	1.642
2.2	1.6	2.5	2.5	1.706
2.2	1.9	1.3	1.3	1.553
2.2	1.9	1.3	2.5	1.588
2.2	1.9	2.5	1.3	1.743
2.2	1.9	2.5	2.5	1.817
2.2	2.2	1.3	1.3	1.626
2.2	2.2	1.3	2.5	1.666
2.2	2.2	2.5	1.3	1.839
2.2	2.2	2.5	2.5	1.922
2.2	2.5	1.3	1.3	1.696
2.2	2.5	1.3	2.5	1.741
2.2	2.5	2.5	1.3	1.931
2.2	2.5	2.5	2.5	2.022
2.5	1.3	1.3	1.3	1.474
2.5	1.3	1.3	2.5	1.501
2.5	1.3	2.5	1.3	1.623
2.5	1.3	2.5	2.5	1.681
2.5	1.6	1.3	1.3	1.559
2.5	1.6	1.3	2.5	1.591
2.5	1.6	2.5	1.3	1.737
2.5	1.6	2.5	2.5	1.806
2.5	1.9	1.3	1.3	1.640
2.5	1.9	1.3	2.5	1.678
2.5	1.9	2.5	1.3	1.845
2.5	1.9	2.5	2.5	1.925
2.5	2.2	1.3	1.3	1.718
2.5	2.2	1.3	2.5	1.762
2.5	2.2	2.5	1.3	1.949
2.5	2.2	2.5	2.5	2.039
2.5	2.5	1.3	1.3	1.794
2.5	2.5	1.3	2.5	1.843
2.5	2.5	2.5	1.3	2.048
2.5	2.5	2.5	2.5	2.147

注：① I_i 为第 I_i 节臂的截面平均惯性矩。
② 若 β_i 值处在 1.3 和 2.5 之间，可用线性插值法求得 μ_2 值。

369

3. 横向载荷引起的臂端挠度 f_W

按式(11-50)和式(11-51)求臂端挠度时,须先求出由横向力 T 和臂端力矩 M_L 引起的臂端挠度 f_W。

(1)变幅平面的臂端挠度 f_{Wz}

变幅平面内的箱形多节伸缩臂在臂端横向载荷 T_z、M_{Ly} 的作用下产生的挠曲变形如图 11-20 所示,若伸缩臂共有 K 节臂,则臂端挠度 f_{Wz} 可按下式计算:

$$f_{Wz} = \sum_{i=1}^{K} f_i + \sum_{i=1}^{K-1} \theta_{i+1} H_{i+1} \tag{11-62}$$

式中 f_i——第 i 节臂的端点线位移,按式(11-65)计算;

θ_{i+1}——第 $i+1$ 节臂绕第 i 节臂端部转动的转角,按式(11-66)计算;

H_{i+1}——第 i 节臂端部到吊臂端部的距离[图 11-20(a)]。

第 i 节臂的端点挠度 f_i 和第 $i+1$ 节臂绕第 i 节臂端部转动的转角 θ_{i+1} 需要根据第 i 节臂计算得到(图 11-21)。

将臂端承受的横向力 T_z 和力矩 M_{Ly} 转化到第 $i+1$ 节臂的根部(图 11-20 及图 11-21),可得

$$\left.\begin{array}{l} M_i = M_{Ly} + T_z H_{i+1} \\ T_i = T_z \end{array}\right\} \tag{11-63}$$

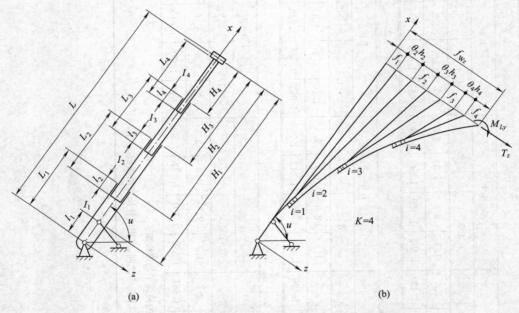

图 11-20　伸缩臂在变幅平面的挠曲变形计算简图

(a)几何尺寸简图;(b)挠曲变形简图。

计算 T_z 及 M_{Ly} 时不计动力系数、吊具及臂架结构自重。可按下式计算:

$$\left.\begin{array}{l} T_z = Q\cos u - \dfrac{Q}{m\eta}\sin\beta_1 \\ M_{Ly} = Q \cdot e_1 \sin u - \dfrac{Q}{m\eta} e_2 \cos\beta_1 \end{array}\right\} \tag{11-64}$$

式中　Q——额定起重量；

m、η——起升滑轮组倍率及效率。

其余参数意义如图 11-15(a)所示。

将第 $i+1$ 节臂根部承受的力矩 M_i 和集中力 T_i 转化到第 i 节臂的端部[图 11-21(b)、(c)]。

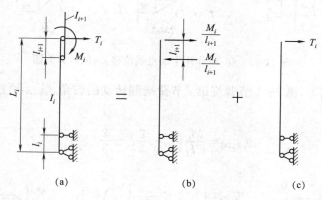

图 11-21　第 i 节臂的计算简图

由第 $i+1$ 节臂根部力矩 M_i 引起第 i 节臂的端点位移 f_{iM} 可按图 11-22 所示弯矩图用图乘法求出：

$$f_{iM}=\frac{M_i}{EI_i}\left(\frac{L_i^2}{2}-\frac{2}{3}L_il_i+\frac{l_i^2}{6}-\frac{l_{i+1}^2}{6}\right)$$

图 11-22　在 M_i 作用下端点线位移 f_{iM} 的计算简图

由集中力 T_i 作用引起的端点水平位移 f_{iT} 可按图 11-23 所示弯矩图用图乘法求得

$$f_{iT}=\frac{T_i}{3EI_i}L_i\,(L_i-l_i)^2$$

可见，由 M_i 和 T_i 引起的第 i 节臂的端点挠度 f_i 为

$$f_i=f_{iM}+f_{iT}=\frac{M_i}{EI_i}\left(\frac{L_i^2}{2}-\frac{2}{3}L_il_i+\frac{l_i^2}{6}-\frac{l_{i+1}^2}{6}\right)+\frac{T_i}{3EI_i}L_i\,(L_i-l_i)^2 \tag{11-65}$$

式中，l_{i+1} 对于最后一节臂（即 $i=K$），取 $l_{i+1}=l_{K+1}=0$。

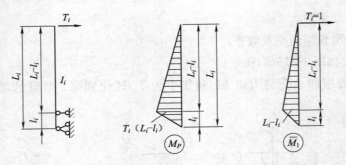

图 11-23　在 T_i 作用下端点线位移 f_{iT} 的计算简图

在力矩 M_i 作用下,第 $i+1$ 节臂绕第 i 节臂端部转动的转角 $\theta_{i+1,M}$ 可按图 11-24 的弯矩图用图乘法求得

$$\theta_{i+1,M}=\frac{M_i}{EI_i}\left(L_i-\frac{2}{3}l_i-\frac{2}{3}l_{i+1}\right)$$

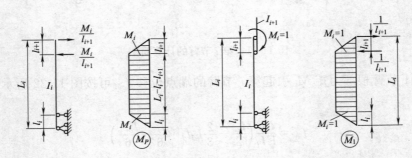

图 11-24　在 M_i 作用下第 $i+1$ 节臂根部的转角 $\theta_{i+1,M}$ 的计算简图

在集中力 T_i 作用下,第 $i+1$ 节臂绕第 i 节臂端部转动的转角 $\theta_{i+1,T}$ 用图 11-25 的弯矩图用图乘法可得

$$\theta_{i+1,T}=\frac{T_i}{EI_i}\left(\frac{L_i^2}{2}-\frac{2}{3}L_il_i+\frac{l_i^2}{6}-\frac{l_{i+1}^2}{6}\right)$$

图 11-25　在 T_i 作用下第 $i+1$ 节臂根部的转角 $\theta_{i+1,T}$ 的计算简图

可见,第 $i+1$ 节臂绕第 i 节臂端部转动的转角 θ_{i+1} 为

$$\theta_{i+1}=\theta_{i+1,M}+\theta_{i+1,T}=\frac{M_i}{EI_i}\left(L_i-\frac{2}{3}l_i-\frac{2}{3}l_{i+1}\right)+\frac{T_i}{EI_i}\left(\frac{L_i^2}{2}-\frac{2}{3}L_il_i+\frac{l_i^2}{6}-\frac{l_{i+1}^2}{6}\right) \qquad (11\text{-}66)$$

（2）回转平面的臂端挠度 f_{wy}

参照伸缩臂在变幅平面由侧向载荷引起的臂端挠度的计算方法，可以写出伸缩臂在回转平面由侧向载荷引起的臂端挠度的计算式，其中不同的是伸缩臂在变幅平面按简支外伸梁计算，而在回转平面则按悬臂梁计算。若将变幅平面吊臂挠度计算式中的 l_1 取为 $l_1=0$，便可得到回转平面中吊臂挠度相应的计算式。

回转平面第 i 节臂的计算载荷按下式计算：

$$\left.\begin{array}{l} M_i=M_{Lz}+T_yH_{i+1} \\ T_i=T_y \end{array}\right\} \tag{11-67}$$

式中，臂端侧向载荷 T_y 及 M_{Lz} 按下式计算：

$$\left.\begin{array}{l} T_y=0.05Q \\ M_{Lz}=T_y \cdot L_{\mathrm{fb}} \end{array}\right\} \tag{11-68}$$

L_{fb} 为副臂长度，若无副臂，则 $M_{Lz}=0$。

伸缩臂在回转平面由侧向载荷引起的臂端挠度 f_{wy} 的计算式为

$$f_{\mathrm{wy}}=\sum_{i=1}^{K}f_i+\sum_{i=1}^{K-1}\theta_{i+1}H_{i+1} \tag{11-69}$$

式中，f_i 和 θ_{i+1} 分别按式（11-65）和式（11-66）计算，其中 M_i 和 T_i 应按式（11-67）求得。其余参数含义同前。

（3）按当量惯性矩法计算臂端挠度 f_{w}

按式（11-62）和式（11-69）计算挠度 f_{w} 比较繁琐，一般在精确计算时才应用。初步计算时也可用当量惯性矩将变截面吊臂转化为刚度相当的等截面吊臂计算挠度 f_{w}，即

$$\left.\begin{array}{l} f_{\mathrm{wz}}=\dfrac{T_zL^3}{3EI_{\mathrm{yd}}}+\dfrac{M_{Ly}L^2}{2EI_{\mathrm{yd}}} \\[3mm] f_{\mathrm{wy}}=\dfrac{T_yL^3}{3EI_{\mathrm{zd}}}+\dfrac{M_{Lz}L^2}{2EI_{\mathrm{zd}}} \end{array}\right\} \tag{11-70}$$

式中　I_{yd}、I_{zd}——等截面当量臂的截面惯性矩，按式（11-71）计算。

参看图 11-26，第 i 节臂在横向力 T 作用下所引起的臂端挠度 f_i 按下式计算：

$$f_i=\frac{T(\beta_iL)^3}{3EI_i}-\frac{T(\beta_{i-1}L)^3}{3EI_i}=\frac{TL^3}{3E}\cdot\frac{\beta_i^3-\beta_{i-1}^3}{I_i}$$

设伸缩臂共有 K 节臂，则臂端挠度为

$$f=\sum_{i=1}^{K}f_i=\frac{TL^3}{3E}\cdot\sum_{i=1}^{K}\frac{\beta_i^3-\beta_{i-1}^3}{I_i}$$

等截面当量臂在 T 作用下的臂端挠度为

$$f=\frac{TL^3}{3EI_{\mathrm{d}}}$$

根据刚度相等条件，可求得等截面当量臂的截面惯性矩 I_{d}：

$$I_{\mathrm{d}}=\frac{1}{\displaystyle\sum_{i=1}^{K}\frac{\beta_i^3-\beta_{i-1}^3}{I_i}} \tag{11-71}$$

式中参数见图示,其中 β 值应计入二分之一含量(内、外臂相互重叠部分的长度称为含量或搭接长度)。

计算伸缩臂臂端挠度 f 时,可将式(11-62)和式(11-69)代入式(11-50)和式(11-51)得到;也可将式(11-70)代入式(11-50)和式(11-51)求得。后者计算简便,但精度较低。

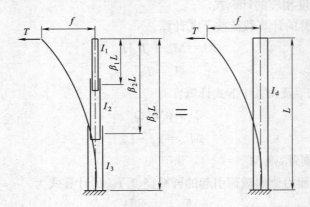

图 11-26 等截面当量臂的截面惯性矩 I_d 计算简图

三、伸缩臂的强度校核

1. 伸缩臂非重叠部分的强度校核

伸缩臂计算截面角点处的正应力按下式计算:

$$\sigma_x = \frac{N}{A} + \frac{M_y}{W_y\left(1 - \frac{N}{0.9N_{cry}}\right)} + \frac{M_z}{W_z\left(1 - \frac{N}{0.9N_{crz}}\right)} \leqslant [\sigma] \tag{11-72}$$

式中 N——伸缩臂的轴向压力,当伸缩臂不承受轴向压力时 $N=0$;

M_y、M_z——仅由横向载荷在变幅平面和回转平面引起的计算截面弯矩;

$$\left.\begin{array}{l} M_y = M_{Ly} + T_z(L-x) \\ M_z = M_{Lz} + T_y(L-x) \end{array}\right\}$$

N_{cry}、N_{crz}——伸缩臂在变幅平面和回转平面的临界力,计算见式(11-60)和式(11-57);

A——伸缩臂计算截面的净截面积;

W_y、W_z——伸缩臂计算截面对 y 轴和 z 轴的净截面抗弯模数。

翼缘板和腹板的剪应力按下式计算:

$$\left.\begin{array}{l} \tau_B = \dfrac{T_y}{2B\delta_B} + \dfrac{M_n}{2A_0\delta_B} \\[2mm] \tau_H = \dfrac{T_z}{2H\delta_H} + \dfrac{M_n}{2A_0\delta_H} \end{array}\right\} \leqslant [\tau] \tag{11-73}$$

式中 δ_B、δ_H——翼缘板和腹板的厚度;

B、H——翼缘板宽度和腹板高度;

A_0——翼缘板和腹板的中心线所包围的面积。

2. 伸缩臂重叠部分的强度校核

（1）局部弯曲应力

箱形伸缩臂翼缘板和腹板在滑块处的局部弯曲问题，目前采用薄板弯曲的解析解乘以修正系数来求得，修正系数由实验测得。

翼缘板（或腹板）可视为两边简支无限长的薄板，受滑块支反力 N_h（按集中力）作用，如图 11-27 所示。

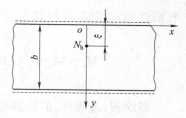

图 11-27 翼缘板视为两边
简支无限长薄板

薄板局部弯曲力矩 M_x 及 M_y 的计算式：

$$M_x = \frac{N_h}{8\pi}(1+\mu)\ln\frac{\cosh\frac{\pi x}{b}-\cos\frac{\pi(y+\xi)}{b}}{\cosh\frac{\pi x}{b}-\cos\frac{\pi(y-\xi)}{b}} + \frac{N_h}{8b}(1-\mu)x \cdot$$

$$\sinh\frac{\pi x}{b}\left[\frac{1}{\cosh\frac{\pi x}{b}-\cos\frac{\pi(y+\xi)}{b}}-\frac{1}{\cosh\frac{\pi x}{b}-\cos\frac{\pi(y-\xi)}{b}}\right]$$

$$M_y = \frac{N_h}{8\pi}(1+\mu)\ln\frac{\cosh\frac{\pi x}{b}-\cos\frac{\pi(y+\xi)}{b}}{\cosh\frac{\pi x}{b}-\cos\frac{\pi(y-\xi)}{b}} - \frac{N_h}{8b}(1-\mu)x \cdot$$

$$\sinh\frac{\pi x}{b}\left[\frac{1}{\cosh\frac{\pi x}{b}-\cos\frac{\pi(y+\xi)}{b}}-\frac{1}{\cosh\frac{\pi x}{b}-\cos\frac{\pi(y-\xi)}{b}}\right]$$

$$(x,y)\neq(0,\xi)$$

当 $x=0$ 时，弯矩 M_x 及 M_y 值最大，即

$$M_x = M_y = \frac{N_h}{8\pi}(1+\mu)\ln\frac{1-\cos\frac{\pi(y+\xi)}{b}}{1-\cos\frac{\pi(y-\xi)}{b}} \qquad (y\neq\xi) \qquad (11\text{-}74)$$

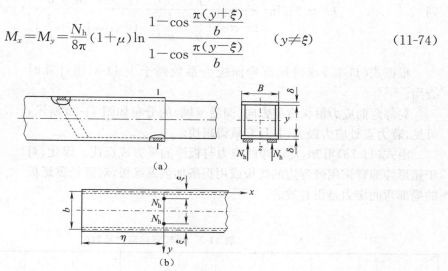

(a)

(b)

图 11-28 导向支承件对翼缘板的作用简图

(a)伸缩臂重叠部分构造简图；(b)内节臂端部的下翼缘板受力简图。

导向滑块一般都采用两块对称布置。参看图 11-28(b)，仅考虑 N_h 力作用在上方点时的弯矩用式(11-74)计算；仅考虑 N_h 力作用在下方点时的弯矩，将式(11-74)中的 ξ 用 $(b-\xi)$ 代换；

将前述两式相加,即得到上、下方点都作用 N_h 力时的弯矩方程:

$$M_x = M_y = \frac{N_h}{8\pi}(1+\mu)\ln\left[\frac{1-\cos\dfrac{\pi(y+\xi)}{b}}{1-\cos\dfrac{\pi(y-\xi)}{b}} \cdot \frac{1+\cos\dfrac{\pi(y-\xi)}{b}}{1+\cos\dfrac{\pi(y+\xi)}{b}}\right] \quad (y\neq\xi) \qquad (11\text{-}75)$$

翼缘板(或腹板)的局部弯曲应力 σ_{xj} 及 σ_{yj} 按下式计算:

$$\sigma_{xj} = \sigma_{yj} = \frac{M_x}{(\delta^2/6)} = \frac{3N_h}{4\pi\delta^2}(1+\mu)\ln\left[\frac{1-\cos\dfrac{\pi(y+\xi)}{b}}{1-\cos\dfrac{\pi(y-\xi)}{b}} \cdot \frac{1+\cos\dfrac{\pi(y-\xi)}{b}}{1+\cos\dfrac{\pi(y+\xi)}{b}}\right] \quad (y\neq\xi) \qquad (11\text{-}76)$$

式中 δ——翼缘板(或腹板)的厚度。

公式(11-76)是两边简支无限长板的局部弯曲应力计算式。伸缩臂翼缘板(或腹板)的两边支承情况界于简支边与固定边之间,翼缘板与腹板之间存在一定的相互约束,而滑块对翼缘板的压力具有一定的分布规律,并非以均布力作用。因此伸缩臂实际的局部弯曲应力较式(11-76)的理论值小,根据伸缩臂局部弯曲应力的测试值对式(11-76)加以修正,即将该式的理论值缩小18倍,作为伸缩臂局部弯曲应力计算式是比较符合实际情况的。即

$$\sigma_{xj} = \sigma_{yj} = \frac{N_h}{24\pi\delta^2}(1+\mu)\ln\left[\frac{1-\cos\dfrac{\pi(y+\xi)}{b}}{1-\cos\dfrac{\pi(y-\xi)}{b}} \cdot \frac{1+\cos\dfrac{\pi(y-\xi)}{b}}{1+\cos\dfrac{\pi(y+\xi)}{b}}\right] \qquad (11\text{-}77)$$

或

$$\sigma_{xj} = \sigma_{yj} = k\frac{N_h}{\delta^2} \qquad (11\text{-}78)$$

则

$$k = 0.017\ln\left[\frac{1-\cos\pi\left(\dfrac{y}{b}+\dfrac{\xi}{b}\right)}{1-\cos\pi\left(\dfrac{y}{b}-\dfrac{\xi}{b}\right)} \cdot \frac{1+\cos\pi\left(\dfrac{y}{b}-\dfrac{\xi}{b}\right)}{1+\cos\pi\left(\dfrac{y}{b}+\dfrac{\xi}{b}\right)}\right] \quad (y\neq\xi) \qquad (11\text{-}79)$$

根据式(11-79)求得局部弯曲应力系数列于表 11-3,供计算时查用。

局部弯曲应力沿板宽度方向(即沿 y 轴)的分布如图 11-29 所示,可见,着力点处应力最大,并且衰减得很快。

由式(11-78)可知,局部弯曲应力与板厚的平方成反比。因此,对于箱形伸缩臂采用带弯边的腹板或用板条加强翼缘板,对降低翼缘板的局部弯曲应力是很有效的。

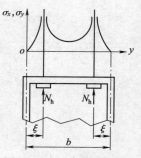

图 11-29 局部弯曲应力
沿板宽分布图

表 11-3 局部弯曲应力系数 k

$\dfrac{y}{b}$ $\diagdown$ $\dfrac{\xi}{b}$	0.05	0.06	0.07	0.08	0.09	0.10	0.15	0.20	0.25	0.30
0.05	0.276 1	0.081 87	0.061 31	0.050 31	0.043 10	0.037 92	0.024 43	0.018 54	0.015 30	0.013 32
0.06	0.081 87	0.282 4	0.087 68	0.066 70	0.055 33	0.047 82	0.029 85	0.022 46	0.018 46	0.016 04

$\dfrac{\xi}{b}$ \ $\dfrac{y}{b}$	0.05	0.06	0.07	0.08	0.09	0.10	0.15	0.20	0.25	0.30
0.07	0.061 33	0.087 68	0.287 78	0.092 71	0.071 42	0.059 77	0.035 61	0.026 50	0.021 68	0.018 80
0.08	0.050 31	0.066 70	0.092 71	0.292 5	0.097 15	0.075 62	0.041 83	0.030 70	0.024 98	0.021 60
0.09	0.043 10	0.055 33	0.071 42	0.097 15	0.296 7	0.101 1	0.048 70	0.035 09	0.028 37	0.024 45
0.10	0.037 92	0.047 82	0.059 77	0.075 62	0.101 1	0.300 5	0.056 46	0.039 73	0.031 86	0.027 36
0.15	0.024 43	0.029 85	0.035 61	0.041 8	0.048 70	0.056 46	0.315 9	0.069 78	0.051 79	0.043 15
0.20	0.018 54	0.022 46	0.026 50	0.030 70	0.035 09	0.039 73	0.069 78	0.327 9	0.081 07	0.062 6
0.25	0.015 30	0.018 46	0.021 68	0.024 98	0.028 37	0.031 86	0.051 79	0.081 07	0.338 7	0.091 79
0.30	0.013 32	0.016 04	0.018 80	0.021 60	0.024 45	0.027 36	0.043 15	0.062 65	0.091 79	0.349 6
0.35	0.012 06	0.014 52	0.016 99	0.019 50	0.022 03	0.024 60	0.038 22	0.053 87	0.073 51	0.103 1
0.40	0.011 29	0.013 58	0.015 88	0.018 20	0.020 55	0.022 93	0.035 33	0.049 08	0.065 16	0.085 58
0.45	0.010 26	0.013 06	0.015 27	0.017 50	0.019 74	0.022 01	0.033 79	0.046 62	0.061 15	0.078 48
0.50	0.010 73	0.012 89	0.015 07	0.017 27	0.019 49	0.021 72	0.033 30	0.045 85	0.059 93	0.076 44

注：当 $\dfrac{y}{b}=\dfrac{\xi}{b}$ 时，着力点处的 $\sigma_x=\sigma_y=\infty$。为了得到着力点处的最大局部弯曲应力，取 $\dfrac{y}{b}=\dfrac{\xi}{b}+0.000\,03$。

（2）强度校核

箱形伸缩臂重叠部分的内节臂应按图 11-30 所示危险截面进行强度校核。

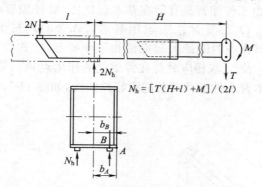

$$N_h=[T(H+l)+M]/(2l)$$

图 11-30　伸缩臂重叠部分受力简图

①下翼缘板角点 A 只有整体弯曲应力，按式（11-72）及式（11-73）作强度校核。

②下翼缘板滑块支承力 N_h 作用点 B 附近处的应力按整体弯曲和局部弯曲联合作用进行强度校核，即

$$\sigma_B=\sqrt{(\sigma_x+\sigma_{xj})^2+\sigma_{yj}^2-\sigma_{yj}(\sigma_x+\sigma_{xj})+3\tau_B^2}\leqslant[\sigma] \tag{11-80}$$

式中　τ_B——翼缘板上的剪应力，按式（11-73）计算；

σ_{xj}、σ_{yj}——局部弯曲应力，按式（11-78）计算；

σ_x——伸缩臂的整体弯曲应力，按下式计算：

$$\sigma_x=\dfrac{M_y}{W_y\left(1-\dfrac{N}{0.9N_{cry}}\right)}+\dfrac{M_z}{W_z\left(1-\dfrac{N}{0.9N_{crz}}\right)}\cdot\dfrac{b_B}{b_A} \tag{11-81}$$

其中　M_y、M_z——仅由横向载荷引起的伸缩臂计算截面在变幅平面和回转平面的弯矩，

　　　　b_A、b_B——计算尺寸，参看图 11-30。

实际上 N_h 力是分布力，因此取 N_h 力作用点(图 11-29)附近处计算比较切合实际。

这里只介绍了翼缘板危险点的强度校核，关于伸缩臂在回转平面侧向载荷作用下腹板危险点的强度校核，可参照翼缘板危险点的强度校核公式计算。

3. 吊臂强度起重特性曲线

吊臂强度通常是按最小幅度吊最大起重量的工况进行计算，即 $R=R_{min}$，$Q=Q_{max}$。其他幅度时的起重量 Q 根据吊臂等强度的条件求得。表示幅度 R 与起重量 Q 关系的图线称为起重特性曲线。

如图 11-31 所示，货重、吊具重和吊臂重在变幅油缸支承截面处引起的弯矩为

$$M=\Phi_2(Q+G_0)l_Q\cos u+\Phi_1 P_G l_G \cos u$$

由图 11-31 可知，$\cos u \approx \dfrac{R+b}{L}$，代入上式得

$$M=[\Phi_2(Q+G_0)l_Q+\Phi_1 P_G l_G]\frac{R+b}{L} \tag{11-82}$$

将 $R=R_{min}$ 及 $Q=Q_{max}$ 代入上式可求得弯矩 M_0 值，即

$$M_0=[\Phi_2(Q_{max}+G_0)l_Q+\Phi_1 P_G l_G]\frac{R_{min}+b}{L} \tag{11-83}$$

将 M_0 代入式(11-82)，可得到幅度 R 与起重量 Q 的关系式：

$$Q=\frac{M_0 L-\Phi_1 P_G l_G(R+b)}{\Phi_2 l_Q(R+b)}-G_0 \tag{11-84}$$

以二节伸缩臂为例，由于伸缩臂是套装在基本臂里面，故伸缩臂的截面比基本臂小，承载能力也比基本臂小。若以 Q_{1max} 及 R_{1min} 表示用基本臂作业时的最大起重量和最小幅度，以 Q_{2max} 及 R_{2min} 表示用伸缩臂作业时的最大起重量和最小幅度，由式(11-83)可求得两个弯矩值 M_1 及 M_2(计算 M_2 时的 l_Q 及 l_G 取相应载荷在臂架上的作用点到二节臂根部的距离)，分别代入式(11-84)可绘制出基本臂和伸缩臂两条起重特性曲线，如图 11-32 所示。

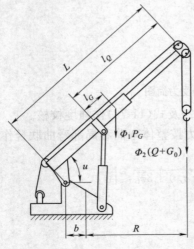

图 11-31　吊臂计算简图

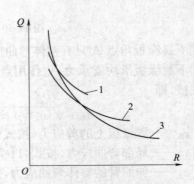

图 11-32　起重特性曲线

1—基本臂强度特性曲线；2—伸缩臂强度特性曲线；
3—抗倾覆稳定起重特性曲线。

由图 11-32 可以看出,小幅度时的起重量由吊臂强度决定,大幅度时的起重量由抗倾覆稳定性决定。因此按小幅度工况计算吊臂强度是合理的。

另外从式(11-84)可知,若最小幅度 R_{min} 的数值取得小,则吊臂承受的弯矩小,使吊臂自重 P_G 减轻,从而可提高中、大幅度的起重量。起重机经常在中等幅度作业,因此提高中等幅度的起重性能是十分有益的,这对大吨位起重机更加有意义。

四、伸缩臂整体稳定性校核

伸缩臂为双向压弯构件,因此必须进行整体稳定性验算,其整体稳定性应满足下式:

$$\frac{N}{\varphi A} + \frac{M_y}{W_y\left(1 - \frac{N}{0.9N_{cry}}\right)} + \frac{M_z}{W_z\left(1 - \frac{N}{0.9N_{crz}}\right)} \leqslant [\sigma] \tag{11-85}$$

式中　　φ——轴心压杆稳定系数,见第五章式(5-11);

$\quad\quad A$——吊臂根部截面的毛截面面积;

M_y、M_z——由横向载荷引起的截面最大弯矩;

W_z、W_y——计算截面的毛截面抗弯模量。

其余参数的含义同式(11-72)。

五、伸缩臂的局部稳定性校核

为了减轻伸缩臂自重,其翼缘板和腹板的厚度通常取得很薄,在承载时,局部板件有可能发生翘曲变形而丧失承载能力。因此,在设计吊臂时,必须对翼缘板及腹板的局部稳定性进行校核。

通常按四边简支板分析箱形伸缩臂的翼缘板和腹板。但实际上,腹板对翼缘板(或翼缘板对腹板)的支承情况往往界于简支和固定之间,称为弹性固定。但按简支分析比较简单,而且偏于安全。在无横向加劲肋时,板长的计算值取成与板宽计算值相等,即板的边长比 $\alpha = 1$,在有横向加劲肋时,则板长计算值取其间距。

箱形伸缩臂的翼缘板和腹板除受弯曲应力和剪应力作用外,腹板在滑块处还有可能承受局部挤压应力的作用,因此,应按复合应力情况验算其局部稳定性,具体验算方法可参看第六章箱形梁局部稳定的有关内容。

第五节　箱形伸缩式吊臂的优化设计

箱形伸缩式吊臂的自重过大,材料难以得到充分利用,是伸缩式吊臂起重机向大型化发展的主要障碍之一。因此,在满足各项设计技术指标下,设计出经济合理的轻型吊臂具有重要意义。近年来优化设计方法已得到迅速发展,国内外普遍采用先进的优化设计方法和 CAD 对伸缩式吊臂进行设计。

一、伸缩式吊臂的计算载荷与工况

1. 伸缩式吊臂的计算载荷

伸缩式吊臂采用液压缸实现变幅,作用在臂架上的载荷有起升载荷、自重载荷、回转惯性力以及风载荷等。风载荷只考虑作用在臂架的侧面与背面。各类载荷按变幅平面和回转平面转换到吊臂顶端，并分解为轴向力 N、横向力 T、弯矩 M 及扭矩 M_n，其计算见式(11-44)～式(11-49)。

2. 伸缩式吊臂计算工况

箱形伸缩臂的计算工况应根据起重机的起重特性曲线选取。该特性曲线由臂架强度曲线和起重机稳定性曲线的包络线来描述。吊臂在小幅度工作时决定于强度曲线，在大幅度时决定于稳定性曲线。因此选择起重特性曲线中的强度曲线及稳定性曲线的相交点作为吊臂的计算工况，即以各种臂长的起重特性曲线上的最大起重量及其对应的最大幅度工况作为计算工况。

二、确定目标函数与设计变量

吊臂长度是根据使用要求事先确定的，在材料选定的条件下，减轻吊臂重量的唯一途径在于选择合理的截面尺寸。显然，吊臂的重量是目标函数，即

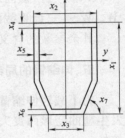

$$f(x) = \rho \sum_{i=1}^{K} A_i(x) L_i \qquad (11\text{-}86)$$

式中　ρ——材料密度；

　$A_i(x)$——第 i 节臂截面面积；

　　L_i——第 i 节臂长度；

　　K——伸缩臂节数。

以图 11-33 所示六边形截面为例，任一节臂的设计变量取图所示的

图 11-33　吊臂截面简图

$x_1, x_2, \cdots, x_7$。若伸缩臂共有 K 节，则总的设计变量为

$$x = \begin{bmatrix} x_{11} & x_{12} & \cdots & x_{17} \\ x_{21} & x_{22} & \cdots & x_{27} \\ \vdots & \vdots & & \vdots \\ x_{K1} & x_{K2} & \cdots & x_{K7} \end{bmatrix} \qquad (11\text{-}87)$$

三、约束条件

为了使吊臂能安全可靠地工作，伸缩臂要满足强度、刚度、整体稳定、局部稳定及几何尺寸等方面的要求，根据这些要求对目标函数 $f(x)$ 建立如下约束条件：

1. 非重叠部分危险截面强度约束条件

$$\sigma_{ix} - [\sigma] \leqslant 0 \qquad (11\text{-}88)$$

式中　σ_{ix}——第 i 节臂非重叠部分危险截面角点处最大正应力，其计算见式(11-72)。

2. 重叠部分强度约束条件

$$\sigma_{iB} - [\sigma] \leqslant 0 \qquad (11\text{-}89)$$

式中　σ_{iB}——第 i 节臂重叠部分滑块作用处复合应力，其计算见式(11-80)。

3. 刚度约束条件

变幅平面　　　　　　　　　　　　$f_z - \dfrac{L^2}{1\,000} \leqslant 0 \qquad (11\text{-}90)$

回转平面
$$f_y - \frac{0.7L^2}{1\,000} \leqslant 0 \tag{11-91}$$

式中　f_z、f_y——变幅平面和回转平面的臂端挠度,计算见式(11-50)及式(11-51)。

4. 整体稳定性约束条件

伸缩式吊臂为双向压弯构件,必须验算其整体稳定性,其约束函数为
$$\sigma_G - [\sigma] \leqslant 0 \tag{11-92}$$

式中　σ_G——考虑整体稳定时的计算应力,计算见式(11-85)。

5. 局部稳定性约束条件

箱形吊臂的破坏大多数由于翼缘板和腹板的局部失稳而发生,因此必须对翼缘板和腹板的局部稳定性进行约束。板的局部稳定性约束函数为
$$\sigma_r - [\sigma_{cr}] \leqslant 0 \tag{11-93}$$

式中　σ_r——板的复合应力;

$[\sigma_{cr}]$——板的局部稳定许用应力,见第六章。

6. 几何参数约束条件

由于各节伸缩臂之间要用滑块来导向和承受载荷,因此相邻两节臂之间的相应边必须保持平行,以保证伸缩臂伸缩时能够自动导向。另外,在相邻两节臂高度与宽度方向必须留有一定的滑动间隙。因此各节臂的尺寸应满足一定的关系,从而构成各设计变量间的相互约束,沿截面高、宽方向共可列出 $4 \times K$ 个约束方程。

此外,还应根据设计要求给出设计变量 x_i 的上、下限约束条件。

第六节　伸缩吊臂变幅机构三铰点位置的优化设计

由伸缩吊臂根部铰点和变幅油缸上、下铰点所组成的变幅机构三铰点,是整机设计所需考虑的一个重要问题,也是吊臂设计的基础。通常三铰点位置的布置是通过作图和计算相结合的原则确定的,其过程十分烦琐,还往往得不到最合理的布局。采用优化方法设计变幅机构三铰点位置时,可以确定如下优化目标:

①在满足起重力矩前提下,变幅油缸受力最小。

②转台受力最小。

③吊臂受力最小。

④在满足起升高度的前提下,基本臂工作长度最短。

显然,这是一个多目标优化问题(MOP),必须采用多目标优化方法求解才能得到真正的最优解。多目标优化问题的求解方法可采用评价函数法。所谓评价函数法就是事先协商好按某种关系建立一个由各分目标组合起来的新目标函数,只要对此新目标函数(评价函数)直接优化便可得到多目标优化的解。但这种方法求得的只是局部最优解,不能得到 MOP 的最优解。

用交互式多目标决策方法求解多目标优化问题的特点在于它在优化过程中能根据决策者的要求,随时修改评价函数,使优化结果不断向决策人的要求靠近,进而从一系列局部最优解中选出最优解。因此采用交互式多目标决策方法求解三铰点位置优化问题。

一、设计变量

变幅机构是平面运动机构，如图 11-34 所示。一般三铰点需由 6 个坐标定位，再加上变幅油缸伸缩比 λ，起重臂最大仰角 α_{max} 和最小仰角 α_{min}，共 9 个设计变量。一般取 $\alpha_{min}=0$，并将 λ 作为约束条件。所以设计变量只有 7 个，其矢量表达式为

$$X=[e,f,h,g,l_1,e_1,\alpha_{max}]^{\mathrm{T}}=[x_1,x_2,\cdots,x_7]^{\mathrm{T}} \tag{11-94}$$

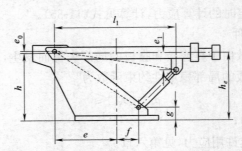

图 11-34 变幅机构三铰点示意图

二、目标函数

如前所述，多目标优化必须先确定各个分目标函数，然后构成多目标决策问题（MDMP）。三铰点优化首先分解为以下四个参数的分目标优化问题。

1. 变幅油缸受力分析

如图 11-35 所示，吊臂变幅惯性力忽略不计，由 $\sum M_O=0$ 得

$$N=[\Phi_i(P_{G1}\cdot LB_1+P_{G2}\cdot LB_2)+\Phi_j P_Q\cdot LB]\cdot\cos\alpha/(nl) \tag{11-95}$$

式中　　N——一个变幅油缸的推力；

P_{G1}、P_{G2}——分别为基本臂与伸缩臂的重力；

LB_1、LB_2——分别为基本臂与伸缩臂的重心至臂根铰点的距离；

　　LB——基本臂工作长度；

　　n——变幅油缸数；

　　l——变幅油缸力臂。

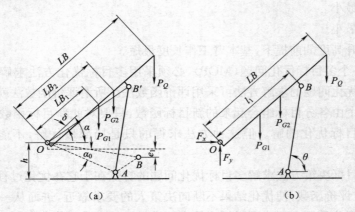

图 11-35 变幅油缸受力分析

Φ_i、Φ_j 及 P_Q 的意义同式(11-1)。

显然,变幅油缸推力 N 完全可以由给定的设计变量表示,即

$$N=N(x)$$

则分目标函数为

$$F_1(x)=N(x)$$

2. 转台受力分析

假设转台为刚体,按结构力学分析其受力。转台主要承受变幅油缸反力及吊臂根部铰点支反力,如图 11-36 所示,A、C 支点处为危险截面,其力矩为

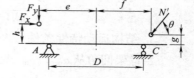

$$M_A=F_y(e-D/2)-F_x\cdot h+M_z \tag{11-96}$$

$$M_C=N'\cdot\sin\theta(f-D/2)-N'\cos\theta\cdot g \tag{11-97}$$

图 11-36 转台受力分析

式中 D——回转支承滚道直径;

e、f——分别为吊臂根部铰点、变幅油缸下铰点至回转中心的距离;

h、g——分别为吊臂根部铰点、变幅油缸下铰点至转台下表面的距离;

N'——变幅油缸反力,$N'=-N$;

M_z——配重引起的 A 点力矩。

$$F_x=N\cos\theta$$

$$F_y=\Phi_j P_Q+\Phi_i(P_{G1}+P_{G2})-N\sin\theta$$

$$\theta=\theta(x)$$

3. 吊臂受力分析

基本臂危险截面在变幅油缸支承点 B 处,如图 11-35 所示,则

$$M_B=\Phi_j P_Q[(LB-l_1)\cos\alpha-e_2\sin\alpha] \tag{11-98}$$

式中 l_1——臂根铰点至变幅油缸上铰点距离;

e_2——定滑轮偏心距(图 11-37),忽略头部宽度。

4. 基本臂工作长度

如图 11-37 所示,在满足起升高度 H 的条件下应使基本臂工作长度 LB 最短,基本臂工作长度按下式计算:

$$LB=[H+C+(e_0+e_2)\cos\alpha-h_1-h]/\sin\alpha \tag{11-99}$$

式中 e_0——吊臂根部铰点至基本臂中心线距离;

h_1——转台下表面离地高度。

根据上述分析,各分目标函数分别为

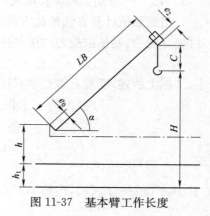

$$\begin{cases} F_1(x)=N(x) \\ F_2(x)=M_x\{M_A,M_C\} \\ F_3(x)=M_B(x) \\ F_4(x)=LB(x) \end{cases} \tag{11-100}$$

图 11-37 基本臂工作长度

三、约束条件

1. 自变量上下限约束

根据实际要求,自变量应有上下限约束,即

$$x_{\min} \leqslant x_i \leqslant x_{\max} \quad (i=1,2,\cdots,7) \tag{11-101}$$

2. 结构的几何约束条件

如图 11-35(a)所示,在三角形 OAB 及 OAB' 中,由两边之和应大于第三边得到 6 个约束条件:

$$\left.\begin{array}{l}\overline{OA}+\overline{OB}-\overline{AB}>0,\overline{OA}+\overline{OB'}-\overline{AB'}>0\\\overline{OA}+\overline{AB}-\overline{OB}>0,\overline{OA}+\overline{AB'}-\overline{OB'}>0\\\overline{OB}+\overline{AB}-\overline{OA}>0,\overline{OB'}+\overline{AB'}-\overline{OA}>0\end{array}\right\} \tag{11-102}$$

3. 结构运动特性条件

当臂架仰角从 $\alpha_{\min} \rightarrow \alpha_{\max}$ 变化时,油缸伸缩比 λ 须满足:

$$l_{\max} - \lambda l_{\min} = 0 \tag{11-103}$$

4. 油缸尺寸约束条件

油缸两端应留有缸头 $(T_1+T_2)_{\min}$,即油缸行程 ΔL 与两端缸头之和应大于油缸压缩后的尺寸:

$$\Delta L + (T_1+T_2)_{\min} - \overline{AB}_{\min} > 0 \tag{11-104}$$

5. 油缸受力约束条件

油缸为细长受压构件,因此应考虑其稳定性问题。按两端简支轴心压杆计算其稳定性,得临界力计算式:

$$\sqrt{\frac{P}{EI_2}} \times \tan(\sqrt{\frac{P}{EI_1}} \times L_1) + \sqrt{\frac{P}{EI_1}} \times \tan(\sqrt{\frac{P}{EI_2}} \times L_2) = 0 \tag{11-105}$$

式中 P——活塞杆所受轴向压力;

I_1、I_2——分别为缸体及活塞杆的惯性矩;

L_1、L_2——分别为缸体长度及活塞杆外伸长度。

借助数值计算方法解此方程即可得到临界力 P_{cr},设 $[n]$ 为油缸稳定系数许用值,N 为油缸实际受力,则油缸受力约束条件为

$$P_{cr} - [n] \cdot N > 0 \tag{11-106}$$

综上所述,变幅三铰点多目标优化的数学模型为

$$\left\{\begin{array}{l}\text{求} \quad X=[x_1,x_2,\cdots,x_7]^T\\\text{使} \quad \min F(x)\\\text{s. t.} \quad G_j(x)>0 \quad (j=1,2,\cdots,22)\\\qquad h_k(x)=0 \quad (k=1)\end{array}\right. \tag{11-107}$$

其中,$F(x)=\{F_1(x),F_2(x),F_3(x),F_4(x)\}$。

第七节　箱形伸缩式吊臂算例

以 Q2-16 型汽车起重机 20 m 长三节箱形伸缩臂为例,对其强度、刚度、整体稳定及局部稳定进行计算。已知吊臂自重 $P_G=28$ kN,吊钩滑轮组自重 $G_0=2.5$ kN,吊臂材料的 $\sigma_s=550$ MPa。以该起重机在最小幅度 $R=4.25$ m、最大起重量 $Q=60$ kN 工况为例说明计算步骤和计算公式的应用。伸缩臂的几何简图如图 11-38 所示。

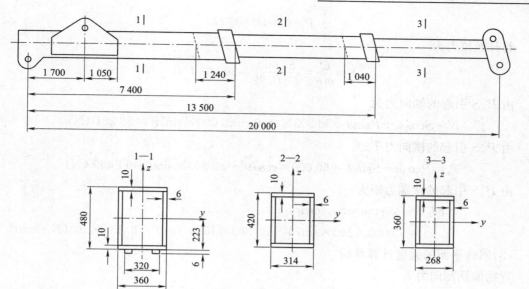

图 11-38 伸缩臂几何简图

$I_{y1}=5.474\times10^8$ mm⁴ $I_{y2}=3.28\times10^8$ mm⁴ $I_{y3}=2.035\times10^8$ mm⁴

$I_{z1}=2.6521\times10^8$ mm⁴ $I_{z2}=1.654\times10^8$ mm⁴ $I_{z3}=1.021\times10^8$ mm⁴

$W_{y1}=2.455\times10^6$ mm³ $W_{y2}=1.562\times10^6$ mm³ $W_{y3}=1.13\times10^6$ mm³

$W_{z1}=1.473\times10^6$ mm³ $W_{z2}=1.053\times10^6$ mm³ $W_{z3}=7.62\times10^5$ mm³

1. 箱形伸缩臂受力分析

按载荷组合 B1 选取动载系数及各项计算载荷。

(1)在变幅平面的强度计算载荷

垂直载荷 P 按式(11-43)计算：

$$P=\frac{1}{3}\Phi_1 P_G+\Phi_2 P_Q=\frac{1}{3}\times1.0\times28\,000+1.2(60\,000+2\,500)=84\,333\,(\text{N})$$

起升绳拉力 S 按式(11-2)计算：

$$S=\frac{\Phi_2 P_Q}{m\eta}=\frac{1.2(60\,000+2\,500)}{2\times0.99}=37\,879\,(\text{N})$$

由 P、S 引起的轴向力 N 按式(11-44)计算：

$$N=S\cos\beta_1+P\sin u=37\,879\times\cos0°+84\,333\times\sin79°=120\,663\,(\text{N})$$

由 P、S 引起的横向力 T_z 按式(11-45)计算：

$$T_z=P\cos u-S\sin\beta_1=84\,333\times\cos79°-37\,879\times\sin0°=16\,091\,(\text{N})$$

由 P_Q 和 S 引起的臂端力矩为

$$M_{Ly}=\Phi_2 P_Q e_1\sin u-Se_2\cos\beta_1$$

$$=1.2\times62\,500\times240\times\sin79°-37\,879\times165\times\cos0°=1.142\times10^7\,(\text{N}\cdot\text{mm})$$

(2)在变幅平面的刚度计算载荷

刚度计算载荷只考虑有效载荷的静力作用,即不考虑自重 P_G、G_0 和动载系数 Φ。

垂直载荷为

$$P=Q=60\ 000\ \text{N}$$

起升绳拉力为

$$S=\frac{Q}{m\eta}=\frac{60\ 000}{2\times0.99}=30\ 303\ (\text{N})$$

由 P、S 引起的轴向力为

$$N=S\cos\beta_1+P\sin u=30\ 303\times\cos0°+60\ 000\times\sin79°=89\ 201\ (\text{N})$$

由 P、S 引起的横向力 T_z 为

$$T_z=P\cos u-S\sin\beta_1=60\ 000\times\cos79°-30\ 303\times\sin0°=11\ 449\ (\text{N})$$

由 P、S 引起的臂端力矩为

$$M_{Ly}=Pe_1\sin u-Se_2\cos\beta_1$$
$$=60\ 000\times240\times\sin79°-30\ 303\times165\times\cos0°=9.135\times10^6(\text{N}\cdot\text{mm})$$

(3)回转平面的强度计算载荷

货物偏摆侧向力为

$$T_h=\tan3°P_Q=0.05(60\ 000+2\ 500)=3\ 125\ (\text{N})$$

吊臂迎风风力和吊臂质量惯性力为

$$T_b=1\ 495\ \text{N}$$

则

$$T_y=T_h+T_b=3\ 125+1\ 495=4\ 620\ (\text{N})$$

由 P、S 引起的轴向力 N 同变幅平面：

$$N=120\ 663\ \text{N}$$

(4)回转平面的刚度计算载荷

货物偏摆侧向力为

$$T_y=T_h=0.05Q=0.05\times60\ 000=3\ 000\ (\text{N})$$

由 P、S 引起的轴向力 N 同变幅平面：

$$N=89\ 201\ \text{N}$$

(5)使吊臂扭转的扭矩

$$M_x=T_he_1=3\ 125\times240=7.5\times10^5(\text{N}\cdot\text{mm})$$

2. 伸缩臂的临界力

(1)回转平面的临界力 N_{crz}

①由支承条件决定的长度系数 $\mu_1=2$。

②由变截面决定的长度系数 μ_2 按式(11-58)计算：

$$\mu_2=\sqrt{\sum_{i=1}^{K}\frac{I_{z1}}{I_{zi}}\Big[\alpha_1-\alpha_{i-1}+\frac{1}{\pi}(\sin\pi\alpha_i-\sin\pi\alpha_{i-1})\Big]}$$

$$=\Big\{\frac{I_{z1}}{I_{z1}}\Big(\alpha_1+\frac{1}{\pi}\sin\pi\alpha_1\Big)+\frac{I_{z1}}{I_{z2}}\Big[\alpha_2-\alpha_1+\frac{1}{\pi}(\sin\pi\alpha_2-\sin\pi\alpha_1)\Big]+$$

$$\frac{I_{z1}}{I_{z3}}\Big[\alpha_3-\alpha_2+\frac{1}{\pi}(\sin\pi\alpha_3-\sin\pi\alpha_2)\Big]\Big\}^{\frac{1}{2}}$$

$$=\Big\{\frac{2.652\ 1\times10^8}{2.652\ 1\times10^8}\Big[0.37+\frac{1}{\pi}\sin0.37\pi\Big]+$$

$$\frac{2.652\,1\times10^8}{1.654\times10^8}\left[0.675-0.37+\frac{1}{\pi}(\sin0.675\pi-\sin0.37\pi)\right]+$$

$$\frac{2.652\,1\times10^8}{1.021\times10^8}\left[1-0.675+\frac{1}{\pi}(\sin\pi-\sin0.675\pi)\right]\Big\}^{\frac{1}{2}}=1.121\,2$$

下面用查表法求 μ_2，并与上述计算值比较，其方法如下：

$$\alpha_1=\frac{7\,400}{20\,000}=0.37\approx0.4\quad\alpha_2=\frac{13\,500}{20\,000}=0.675\approx0.7$$

$$\beta_2=\frac{I_1}{I_2}=\frac{2.652\,1\times10^8}{1.654\times10^8}=1.6\quad\beta_3=\frac{I_2}{I_3}=\frac{1.654\times10^8}{1.021\times10^8}=1.62$$

查表 11-2 得 $\mu_2=1.112$。由于 α_1、α_2 与表中不完全一致，故 μ_2 与计算值有一定差量。

③钢丝绳影响的长度系数 μ_3

$$\mu_3=1-\frac{c}{2}$$

$$c=\frac{1}{\cos\beta_1+m\sin u}\cdot\frac{L}{H}=\frac{1}{\cos0°+2\sin79°}\times\frac{1}{1}=0.337\,4$$

$$\mu_3=1-\frac{0.337\,4}{2}=0.831\,3$$

④回转平面的临界力按式(11-52)计算：

$$N_{crz}=\frac{\pi^2EI_{z1}}{(\mu_1\mu_2\mu_3L)^2}=\frac{\pi^2\times2.1\times10^5\times2.652\,1\times10^8}{(2\times1.121\,2\times0.831\,3\times20\,000)^2}=395\,464\,(\text{N})$$

(2)变幅平面的临界力 N_{cry}

①由支承条件决定的长度系数

由 $l_1/L=1\,700/20\,000=0.085$ 按插入法查表 5-2 得

$$\mu_1=1.889\,5$$

②由变截面决定的长度系数 μ_2 按式(11-61)计算：

$$\mu_2=\sqrt{\sum_{i=1}^{K}\frac{I_{y1}}{I_{yi}}\left[\alpha_i'-\alpha_{i-1}'+\frac{1}{\pi}(\sin\pi\alpha_i'-\sin\pi\alpha_{i-1}')\right]}$$

$$=\left\{\frac{I_{y1}}{I_{y1}}\left(\alpha_1'+\frac{1}{\pi}\sin\pi\alpha_1'\right)+\frac{I_{y1}}{I_{y2}}\left[\alpha_2'-\alpha_1'+\frac{1}{\pi}(\sin\pi\alpha_2'-\sin\pi\alpha_1')\right]+\right.$$

$$\left.\frac{I_{y1}}{I_{y3}}\left[\alpha_3'-\alpha_2'+\frac{1}{\pi}(\sin\pi\alpha_3'-\sin\pi\alpha_2')\right]\right\}^{\frac{1}{2}}$$

$$=\left\{\frac{5.474\times10^8}{5.474\times10^8}\left[0.342+\frac{1}{\pi}\sin0.342\pi\right]+\right.$$

$$\frac{5.474\times10^8}{3.28\times10^8}\left[0.661-0.342+\frac{1}{\pi}(\sin0.661\pi-\sin0.342\pi)\right]+$$

$$\left.\frac{5.474\times10^8}{2.035\times10^8}\left[1-0.661+\frac{1}{\pi}(\sin\pi-\sin0.661\pi)\right]\right\}^{\frac{1}{2}}=1.146\,6$$

式中　$\alpha_1'=\dfrac{L_1'}{L'}=\dfrac{L_1-l_1/2}{L-l_1/2}=\dfrac{7\,400-1\,700/2}{20\,000-1\,700/2}=0.342$；

$\alpha_2'=\dfrac{L_2'}{L'}=\dfrac{L_2-l_1/2}{L-l_1/2}=\dfrac{13\,500-1\,700/2}{20\,000-1\,700/2}=0.661$；

$\alpha_3'=1$。

同理,用查表法查表 11-2 可得 $\mu_2 = 1.112$。

④变幅平面的临界力按式(11-60)计算:

$$N_{\mathrm{cry}} = \frac{\pi^2 EI_{y1}}{(\mu_1 \mu_2 L)^2} = \frac{\pi^2 \times 2.1 \times 10^5 \times 5.474 \times 10^8}{(1.889\,5 \times 1.146\,6 \times 20\,000)^2} = 604\,291\ (\mathrm{N})$$

3. 箱形伸缩臂的刚度校核

(1)侧向载荷引起的臂端挠度 f_{W}

①变幅平面

参看图 11-39 和图 11-20(a),各节臂端的侧向载荷按式(11-63)计算:

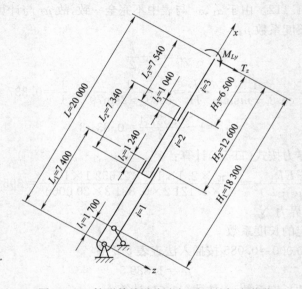

图 11-39   箱形伸缩臂在变幅平面的侧向载荷

$$\left. \begin{array}{l} M_i = M_{Ly} + T_z H_{i+1} \\ T_i = T_z \end{array} \right\}$$

$$M_1 = M_{Ly} + T_z H_2 = 9.135 \times 10^6 + 11\,449 \times 12\,600 = 1.534 \times 10^8\,(\mathrm{N \cdot mm})$$

$$M_2 = M_{Ly} + T_z H_3 = 9.135 \times 10^6 + 11\,449 \times 6\,500 = 8.355 \times 10^7\,(\mathrm{N \cdot mm})$$

$$M_3 = M_{Ly} = 9.135 \times 10^6\,(\mathrm{N \cdot mm})$$

$$T_1 = T_2 = T_3 = 11\,449\,\mathrm{N}$$

参看图 11-20,臂端挠度 f_{Wz} 按式(11-62)计算:

$$f_{\mathrm{Wz}} = \sum_{i=1}^{3} f_i + \sum_{i=1}^{2} \theta_{i+1} H_{i+1}$$

式中,f_i 按式(11-65)计算,θ_{i+1} 按式(11-66)计算:

$$f_i = \frac{M_i}{EI_{yi}} \left(\frac{L_i^2}{2} - \frac{2}{3} L_i l_i + \frac{l_i^2}{6} - \frac{l_{i+1}^2}{6} \right) + \frac{T_i}{3EI_{yi}} L_i (L_i - l_i)^2$$

$$f_1 = \frac{M_1}{EI_{y1}} \left(\frac{L_1^2}{2} - \frac{2}{3} L_1 l_1 + \frac{l_1^2}{6} - \frac{l_2^2}{6} \right) + \frac{T_1}{3EI_{y1}} L_1 (L_1 - l_1)^2$$

$$=\frac{1.534\times10^8}{2.1\times10^5\times5.474\times10^8}\left(\frac{7\ 400^2}{2}-\frac{2}{3}\times7\ 400\times1\ 700+\frac{1\ 700^2}{6}-\frac{1\ 240^2}{6}\right)+$$

$$\frac{11\ 449}{3\times2.1\times10^5\times5.474\times10^8}\times7\ 400\ (7\ 400-1\ 700)^2=33.628\ (\text{mm})$$

$$f_2=\frac{M_2}{EI_{y2}}\left(\frac{L_2^2}{2}-\frac{2}{3}L_2l_2+\frac{l_2^2}{6}-\frac{l_3^2}{6}\right)+\frac{T_2}{3EI_{y2}}L_2\ (L_2-l_2)^2$$

$$=\frac{8.355\times10^7}{2.1\times10^5\times3.28\times10^8}\left(\frac{7\ 340^2}{2}-\frac{2}{3}\times7\ 340\times1\ 240+\frac{1\ 240^2}{6}-\frac{1\ 040^2}{6}\right)+$$

$$\frac{11\ 449}{3\times2.1\times10^5\times3.28\times10^8}\times7\ 340\ (7\ 340-1\ 240)^2=40.54\ (\text{mm})$$

$$f_3=\frac{M_3}{EI_{y3}}\left(\frac{L_3^2}{2}-\frac{2}{3}L_3l_3+\frac{l_3^2}{6}-\frac{l_4^2}{6}\right)+\frac{T_3}{3EI_{y3}}L_3\ (L_3-l_3)^2$$

$$=\frac{9.135\times10^7}{2.1\times10^5\times2.035\times10^8}\left(\frac{7\ 540^2}{2}-\frac{2}{3}\times7\ 540\times1\ 040+\frac{1\ 040^2}{6}-0\right)+$$

$$\frac{11\ 449}{3\times2.1\times10^5\times2.035\times10^8}\times7\ 540\ (7\ 540-1\ 040)^2=78.422\ (\text{mm})$$

$$\theta_{i+1}=\frac{M_i}{EI_{yi}}\left(L_i-\frac{2}{3}l_i-\frac{2}{3}l_{i+1}\right)+\frac{T_i}{EI_{yi}}\left(\frac{L_i^2}{2}-\frac{2}{3}L_il_i+\frac{l_i^2}{6}-\frac{l_{i+1}^2}{6}\right)$$

$$\theta_2=\frac{M_1}{EI_{y1}}\left(L_1-\frac{2}{3}l_1-\frac{2}{3}l_2\right)+\frac{T_1}{EI_{y1}}\left(\frac{L_1^2}{2}-\frac{2}{3}L_1l_1+\frac{l_1^2}{6}-\frac{l_2^2}{6}\right)$$

$$=\frac{1.534\times10^8}{2.1\times10^5\times5.474\times10^8}\left(7\ 400-\frac{2}{3}\times1\ 700-\frac{2}{3}\times1\ 240\right)+$$

$$\frac{11\ 449}{2.1\times10^5\times5.474\times10^8}\left(\frac{7\ 400^2}{2}-\frac{2}{3}\times7\ 400\times1\ 700+\frac{1\ 700^2}{6}-\frac{1\ 240^2}{6}\right)$$

$$=0.009\ 173\ 5\ (\text{rad})$$

$$\theta_3=\frac{M_2}{EI_{y2}}\left(L_2-\frac{2}{3}l_2-\frac{2}{3}l_3\right)+\frac{T_2}{EI_{y2}}\left(\frac{L_2^2}{2}-\frac{2}{3}L_2l_2+\frac{l_2^2}{6}-\frac{l_3^2}{6}\right)$$

$$=\frac{8.355\times10^7}{2.1\times10^5\times3.28\times10^8}\left(7\ 340-\frac{2}{3}\times1\ 240-\frac{2}{3}\times1\ 040\right)+$$

$$\frac{11\ 449}{2.1\times10^5\times3.28\times10^8}\left(\frac{7\ 340^2}{2}-\frac{2}{3}\times7\ 340\times1\ 240+\frac{1\ 240^2}{6}-\frac{1\ 040^2}{6}\right)$$

$$=0.010\ 541\ (\text{rad})$$

因此 $\quad f_{wz}=f_1+f_2+f_3+\theta_2H_2+\theta_3H_3=33.628+40.54+78.422+$

$$0.009\ 173\ 5\times12\ 600+0.010\ 541\times6\ 500=336.69\ (\text{mm})$$

②回转平面

由图 11-40 计算 f_{wy}。按式(11-67)计算:

$$\left.\begin{array}{l}M_i=M_{Lz}+T_yH_{i+1}\\T_i=T_y\end{array}\right\}$$

$$M_1=T_yH_2=3\ 000\times12\ 600=3.78\times10^7(\text{N}\cdot\text{mm})$$

$$M_2=T_yH_3=3\ 000\times6\ 500=1.95\times10^7(\text{N}\cdot\text{mm})$$

$$M_3=0$$

$$T_1=T_2=T_3=T_y=3\ 000\ \text{N}$$

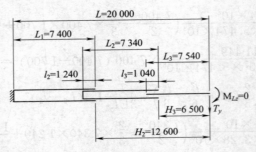

图 11-40 计算 $f_{\text{W}y}$

参考图 11-20,臂端挠度 $f_{\text{W}y}$ 按式(11-69)计算:

$$f_{\text{W}y} = \sum_{i=1}^{3} f_i + \sum_{i=1}^{2} \theta_{i+1} H_{i+1}$$

式中,f_i 按式(11-65)计算,θ_{i+1} 按式(11-66)计算,并取 $l_1=0$,则

$$f_i = \frac{M_i}{EI_{zi}}\left(\frac{L_i^2}{2} - \frac{2}{3}L_i l_i + \frac{l_i^2}{6} - \frac{l_{i+1}^2}{6}\right) + \frac{T_i}{3EI_{zi}}L_i (L_i - l_i)^2$$

$$f_1 = \frac{M_1}{EI_{z1}}\left(\frac{L_1^2}{2} - \frac{2}{3}L_1 l_1 + \frac{l_1^2}{6} - \frac{l_2^2}{6}\right) + \frac{T_1}{3EI_{z1}}L_1 (L_1 - l_1)^2$$

$$= \frac{3.78 \times 10^7}{2.1 \times 10^5 \times 2.652\,1 \times 10^8}\left(\frac{7\,400^2}{2} - \frac{1\,240^2}{6}\right) + \frac{3\,000}{3 \times 2.1 \times 10^5 \times 2.652\,1 \times 10^8} \times 7\,400^3$$

$$= 25.685 \,(\text{mm})$$

$$f_2 = \frac{M_2}{EI_{z2}}\left(\frac{L_2^2}{2} - \frac{2}{3}L_2 l_2 + \frac{l_2^2}{6} - \frac{l_3^2}{6}\right) + \frac{T_2}{3EI_{z2}}L_2 (L_2 - l_2)^2$$

$$= \frac{1.95 \times 10^7}{2.1 \times 10^5 \times 1.654 \times 10^8}\left(\frac{7\,340^2}{2} - \frac{2}{3} \times 7\,340 \times 1\,240 + \frac{1\,240^2}{6} - \frac{1\,040^2}{6}\right) +$$

$$\frac{3\,000}{3 \times 2.1 \times 10^5 \times 1.654 \times 10^8} \times 7\,340 (7\,340 - 1\,240)^2 = 19.623 \,(\text{mm})$$

$$f_3 = \frac{M_3}{EI_{z3}}\left(\frac{L_3^2}{2} - \frac{2}{3}L_3 l_3 + \frac{l_3^2}{6} - \frac{l_4^2}{6}\right) + \frac{T_3}{3EI_{z3}}L_3 (L_3 - l_3)^2$$

$$= \frac{3\,000}{3 \times 2.1 \times 10^5 \times 1.021 \times 10^8} \times 7\,540 (7\,540 - 1\,040)^2 = 14.858 \,(\text{mm})$$

$$\theta_{i+1} = \frac{M_i}{EI_{zi}}\left(L_i - \frac{2}{3}l_i - \frac{2}{3}l_{i+1}\right) + \frac{T_i}{EI_{zi}}\left(\frac{L_i^2}{2} - \frac{2}{3}L_i l_i + \frac{l_i^2}{6} - \frac{l_{i+1}^2}{6}\right)$$

$$\theta_2 = \frac{M_1}{EI_{z1}}\left(L_1 - \frac{2}{3}l_1 - \frac{2}{3}l_2\right) + \frac{T_1}{EI_{z1}}\left(\frac{L_1^2}{2} - \frac{2}{3}L_1 l_1 + \frac{l_1^2}{6} - \frac{l_3^2}{6}\right)$$

$$= \frac{3.78 \times 10^7}{2.1 \times 10^5 \times 2.652\,1 \times 10^8}\left(7\,400 - \frac{2}{3} \times 1\,240\right) + \frac{3\,000}{2.1 \times 10^5 \times 2.652\,1 \times 10^8} \times$$

$$\left(\frac{7\,400^2}{2} - \frac{1\,240^2}{6}\right) = 0.005\,922 \,(\text{rad})$$

$$\theta_3 = \frac{M_2}{EI_{z2}}\left(L_2 - \frac{2}{3}l_2 - \frac{2}{3}l_3\right) + \frac{T_2}{EI_{z2}}\left(\frac{L_2^2}{2} - \frac{2}{3}L_2 l_2 + \frac{l_2^2}{6} - \frac{l_3^2}{6}\right)$$

$$= \frac{1.95 \times 10^7}{2.1 \times 10^5 \times 1.654 \times 10^8}\left(7\,340 - \frac{2}{3} \times 1\,240 - \frac{2}{3} \times 1\,040\right) +$$

$$\frac{3\,000}{2.1\times10^5\times1.654\times10^8}\left(\frac{7\,340^2}{2}-\frac{2}{3}\times7\,340\times1\,240+\frac{1\,240^2}{6}-\frac{1\,040^2}{6}\right)$$
$$=0.005\,077\,(\text{rad})$$

因此
$$f_{Wy}=f_1+f_2+f_3+\theta_2H_2+\theta_3H_3$$
$$=25.685+19.623+14.858+0.005\,922\times12\,600+0.005\,077\times6\,500$$
$$=167.78\,(\text{mm})$$

下面用吊臂的当量惯性矩计算挠度 f_W，并与上述计算值进行比较，其计算如下（当量惯性矩的计算简图如图 11-41 所示）：

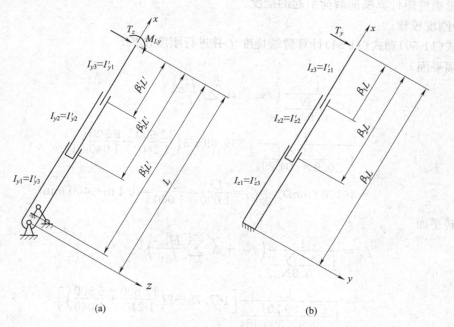

图 11-41　吊臂当量惯性矩计算简图
(a)变幅平面；(b)回转平面。

$$f_{Wzd}=\frac{T_z\left(L-\frac{l_1}{2}\right)^3}{3EI_{yd}}+\frac{M_{Ly}\left(L-\frac{l_1}{2}\right)^2}{2EI_{yd}}=\frac{11\,449\left(20\,000-\frac{1\,700}{2}\right)^3}{3\times2.1\times10^5\times4.309\times10^8}+$$
$$\frac{9.135\times10^6\left(20\,000-\frac{1\,700}{2}\right)^2}{2\times2.1\times10^5\times4.309\times10^8}=314.69\,(\text{mm})$$

$$f_{Wyd}=\frac{T_yL^3}{3EI_{zd}}+\frac{M_{Lz}L^2}{2EI_{zd}}=\frac{3\,000\times20\,000^3}{3\times2.1\times10^5\times2.178\,7\times10^8}=174.85\,(\text{mm})$$

式中
$$I_{yd}=\frac{I_{y3}}{\dfrac{(\beta_1')^3-(\beta_0')^3}{\dfrac{I_{y3}}{I_{y3}}}+\dfrac{(\beta_2')^3-(\beta_1')^3}{\dfrac{I_{y2}}{I_{y3}}}+\dfrac{(\beta_3')^3-(\beta_2')^3}{\dfrac{I_{y1}}{I_{y3}}}}$$
$$=\frac{2.035\times10^8}{\dfrac{0.366\,58^3}{1}+\dfrac{0.690\,34^3-0.366\,58^3}{1.611\,79}+\dfrac{1.0^3-0.690\,34^3}{2.689\,9}}=4.309\times10^8\,(\text{mm}^4)$$

$$I_{zd} = \frac{I_{z3}}{\dfrac{\beta_1^3 - \beta_0^3}{I_{z3}} + \dfrac{\beta_2^3 - \beta_1^3}{I_{z2}} + \dfrac{\beta_3^3 - \beta_2^3}{I_{z1}}}$$

$$= \frac{1.021 \times 10^8}{\dfrac{0.351^3}{1} + \dfrac{0.661^3 - 0.351^3}{1.61998} + \dfrac{1^3 - 0.661^3}{2.59755}} = 2.1787 \times 10^8 (\text{mm}^4)$$

计算表明,按当量惯性矩计算挠度其误差为 6% 左右。因此,为简化计算,在初步设计时可按当量惯性矩计算横向载荷引起的挠度。

(2)刚度校核

按式(11-50)和式(11-51)计算臂端挠度 f 并进行刚度校核。

变幅平面

$$f_z = \frac{1}{1 - \dfrac{N}{0.9 N_{cry}}} \left(f_{wz} + \Delta_z \sum_{i=1}^{K-1} \frac{H_{i+1}}{l_{i+1}} \right)$$

$$= \frac{1}{1 - \dfrac{89\,201}{0.9 \times 604\,291}} \left[336.69 + 3 \left(\frac{12\,600}{1\,240} + \frac{6\,500}{1\,040} \right) \right]$$

$$= 461.6 \ (\text{mm}) > [f] = \frac{L^2}{1\,000} = \frac{20^2}{1\,000} = 0.4 \ \text{m} = 400 \ \text{mm}$$

回转平面

$$f_y = \frac{1}{1 - \dfrac{N}{0.9 N_{crz}}} \left(f_{wz} + \Delta_y \sum_{i=1}^{K-1} \frac{H_{i+1}}{l_{i+1}} \right)$$

$$= \frac{1}{1 - \dfrac{89\,201}{0.9 \times 395\,464}} \left[167.78 + 2 \left(\frac{12\,600}{1\,240} + \frac{6\,500}{1\,040} \right) \right]$$

$$= 267.7 \ (\text{mm}) < [f] = \frac{0.7 L^2}{1\,000} = 0.28 \ \text{m} = 280 \ \text{mm}$$

采用高强度钢制造吊臂可有效减轻其自重,但吊臂截面尺寸亦随之减小,使吊臂的刚度问题尤为突出。因此,从减轻轮式起重机吊臂自重的观点出发,只要满足强度要求,一般不把刚度问题作为吊臂的控制条件。

4. 箱形伸缩臂的强度计算

(1)伸缩臂的弯矩图

伸缩臂在变幅平面和回转平面承受的弯矩如图 11-42 所示。

各节臂危险截面 A、B、C 的弯矩值参照式(11-63)和式(11-67)求得。

$$M_{Ay} = M_{Ly} + T_z H_A = 1.142 \times 10^7 + 16\,091 \times 17\,250 = 2.89 \times 10^8 (\text{N} \cdot \text{mm})$$

$$M_{By} = M_{Ly} + T_z H_B = 1.142 \times 10^7 + 16\,091 \times 12\,600 = 2.142 \times 10^8 (\text{N} \cdot \text{mm})$$

$$M_{Cy} = M_{Ly} + T_z H_C = 1.142 \times 10^7 + 16\,091 \times 6\,500 = 1.16 \times 10^8 (\text{N} \cdot \text{mm})$$

$$M_{Az} = T_y H_A = 4\,620 \times 17\,250 = 7.97 \times 10^7 (\text{N} \cdot \text{mm})$$

$$M_{Bz} = T_y H_B = 4\,620 \times 12\,600 = 5.82 \times 10^7 (\text{N} \cdot \text{mm})$$

$$M_{Cz} = T_y H_C = 4\,620 \times 6\,500 = 3 \times 10^7 (\text{N} \cdot \text{mm})$$

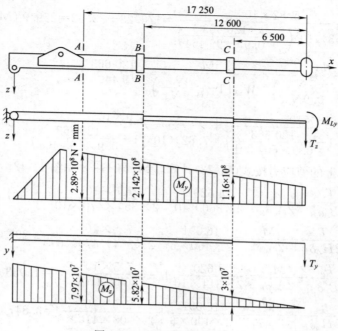

图 11-42　伸缩臂承受的弯矩

（2）伸缩臂非重叠部分的强度校核

轴向力由伸缩油缸承受，吊臂结构只承受双向弯曲。吊臂截面角点处正应力按式（11-72）计算（参看图 11-43）。

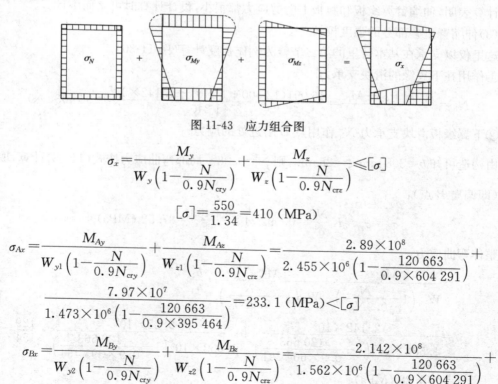

图 11-43　应力组合图

$$\sigma_x = \frac{M_y}{W_y\left(1 - \dfrac{N}{0.9N_{cry}}\right)} + \frac{M_z}{W_z\left(1 - \dfrac{N}{0.9N_{crz}}\right)} \leqslant [\sigma]$$

$$[\sigma] = \frac{550}{1.34} = 410\ (\mathrm{MPa})$$

$$\sigma_{Ax} = \frac{M_{Ay}}{W_{y1}\left(1 - \dfrac{N}{0.9N_{cry}}\right)} + \frac{M_{Az}}{W_{z1}\left(1 - \dfrac{N}{0.9N_{crz}}\right)} = \frac{2.89\times10^8}{2.455\times10^6\left(1 - \dfrac{120\ 663}{0.9\times604\ 291}\right)} +$$

$$\frac{7.97\times10^7}{1.473\times10^6\left(1 - \dfrac{120\ 663}{0.9\times395\ 464}\right)} = 233.1\ (\mathrm{MPa}) < [\sigma]$$

$$\sigma_{Bx} = \frac{M_{By}}{W_{y2}\left(1 - \dfrac{N}{0.9N_{cry}}\right)} + \frac{M_{Bz}}{W_{z2}\left(1 - \dfrac{N}{0.9N_{crz}}\right)} = \frac{2.142\times10^8}{1.562\times10^6\left(1 - \dfrac{120\ 663}{0.9\times604\ 291}\right)} +$$

$$\frac{5.82\times10^7}{1.053\times10^6\left(1-\dfrac{120\,663}{0.9\times395\,464}\right)}=176.23+83.62=259.9\ (\text{MPa})<[\sigma]$$

$$\sigma_{Cx}=\frac{N}{A}+\frac{M_{Cy}}{W_{y3}\left(1-\dfrac{N}{0.9N_{cry}}\right)}+\frac{M_{Cz}}{W_{z3}\left(1-\dfrac{N}{0.9N_{crz}}\right)}=\frac{120\,663}{9\,440}+$$

$$\frac{1.16\times10^8}{1.13\times10^6\left(1-\dfrac{120\,663}{0.9\times604\,291}\right)}+\frac{3.0\times10^7}{7.62\times10^5\left(1-\dfrac{120\,663}{0.9\times395\,464}\right)}=204.3\ (\text{MPa})<[\sigma]$$

翼缘板和腹板上的剪应力按式(11-73)计算,参看图 11-38 和图 11-42。

$$\tau_{AB}=\frac{T_y}{2B_A\delta_B}+\frac{M_x}{2A_0\delta_B}=\frac{4\,620}{2\times360\times10}+\frac{7.5\times10^5}{2\times354\times470\times10}=0.867\ (\text{MPa})$$

$$\tau_{AH}=\frac{T_z}{2H_A\delta_H}+\frac{M_x}{2A_0\delta_H}=\frac{16\,091}{2\times460\times6}+\frac{7.5\times10^5}{2\times354\times470\times6}=3.291\ (\text{MPa})$$

$$\tau_{BB}=\frac{T_y}{2B_B\delta_B}+\frac{M_x}{2A_0\delta_B}=\frac{4\,620}{2\times314\times10}+\frac{7.5\times10^5}{2\times308\times410\times10}=1.033\ (\text{MPa})$$

$$\tau_{BH}=\frac{T_z}{2H_B\delta_H}+\frac{M_x}{2A_0\delta_H}=\frac{16\,091}{2\times400\times6}+\frac{7.5\times10^5}{2\times308\times410\times6}=3.847\ (\text{MPa})$$

$$\tau_{CB}=\frac{T_y}{2B_C\delta_B}+\frac{M_x}{2A_0\delta_B}=\frac{4\,620}{2\times268\times10}+\frac{7.5\times10^5}{2\times262\times350\times10}=1.271\ (\text{MPa})$$

$$\tau_{CH}=\frac{T_z}{2H_C\delta_H}+\frac{M_x}{2A_0\delta_H}=\frac{16\,091}{2\times340\times6}+\frac{7.5\times10^5}{2\times262\times350\times6}=4.625\ (\text{MPa})$$

计算表明,伸缩臂翼缘板和腹板上的剪应力都很小,设计计算时可略而不计。

(3)伸缩臂重叠部分的强度校核

这里仅以支承在基本臂里的第二节臂为例作强度计算(图 11-30)。

①作用在下翼缘的滑块支承力

$$N_h=\frac{T_z(H+l)+M_{Ly}}{2l}=\frac{16\,091(12\,600+1\,240)+1.142\times10^7}{2\times1\,240}=94\,403\ (\text{N})$$

②下翼缘板滑块支承力 N_h 作用点 B 附近处的应力

由构造可知 $b=308\ \text{mm}$,$\xi=25\ \text{mm}$,则 $\dfrac{\xi}{b}=0.08$。局部弯曲应力按式(11-78)计算,取 $\dfrac{y}{b}=0.07$(即偏离 B 点):

$$\sigma_{xj}=\sigma_{yj}=K\,\frac{N_h}{\delta^2}=0.092\,71\times\frac{94\,403}{10^2}=87.52\ (\text{MPa})$$

整体弯曲应力

$$\sigma_x=\frac{M_{By}}{W_{y2}\left(1-\dfrac{N}{0.9N_{cry}}\right)}+\frac{M_{Bx}}{W_z\left(1-\dfrac{N}{0.9N_{crz}}\right)}\cdot\frac{b_1'}{b_A}$$

$$=\frac{2.142\times10^8}{1.562\times10^6\left(1-\dfrac{120\,663}{0.9\times604\,291}\right)}+\frac{5.82\times10^7}{1.053\times10^6\left(1-\dfrac{120\,663}{0.9\times395\,464}\right)}\cdot\frac{129}{154}$$

$$=246.28\ (\text{MPa})$$

复合应力

$$\sigma_{Br}=\sqrt{(\sigma_x+\sigma_{xj})^2+\sigma_{yj}^2-\sigma_{yj}(\sigma_x+\sigma_{xj})+3\tau_B^2}$$

$$=\sqrt{(246.28+87.52)^2+87.52^2-87.52(246.28+87.52)+3\times1.033^2}$$

$$=299.8\,(\mathrm{MPa})<[\sigma]$$

5. 伸缩臂的整体稳定性校核

箱形伸缩臂按双向压弯杆计算整体稳定性,校核式如下:

$$\frac{N}{\varphi A}+\frac{M_y}{W_y\left(1-\dfrac{N}{0.9N_{cry}}\right)}+\frac{M_z}{W_z\left(1-\dfrac{N}{0.9N_{crz}}\right)}\leqslant[\sigma]$$

式中,φ 由 $\lambda_{max}=\max(\lambda_{Fy},\lambda_{Fz})$ 查表。

$$\lambda_y=\frac{\mu_1\mu_2L}{r_{y1}}=\frac{1.889\,5\times1.146\,6\times20\,000}{\sqrt{5.474\times10^8/12\,720}}=209$$

$$\lambda_z=\frac{\mu_1\mu_2\mu_3L}{r_{z1}}=\frac{2\times1.121\,2\times0.831\,3\times20\,000}{\sqrt{2.652\,1\times10^8/12\,720}}=258$$

因假想长细比 $\lambda_{Fz}=\lambda_z\sqrt{\dfrac{\sigma_s}{235}}=258\sqrt{\dfrac{550}{235}}=395$ 已经超出轴压稳定系数 φ 表的范围,故 φ 按下述规定计算:

因 $\lambda_n=\dfrac{\lambda}{\pi}\sqrt{\sigma_s/E}=\dfrac{258}{\pi}\sqrt{\dfrac{550}{2.1\times10^5}}=4.2>0.215$,查表 5-10 得 $\alpha_2=0.965,\alpha_3=0.3$。

$$\varphi=\frac{1}{2\lambda_n^2}\left[(\alpha_2+\alpha_3\lambda_n+\lambda_n^2)-\sqrt{(\alpha_2+\alpha_3\lambda_n+\lambda_n^2)^2-4\lambda_n^2}\right]$$

$$=\frac{1}{2\times4.2^2}\left[(0.965+0.3\times4.2+4.2^2)-\sqrt{(0.965+0.3\times4.2+4.2^2)^2-4\times4.2^2}\right]$$

$$=0.053$$

$$\sigma=\frac{N}{\varphi A_1}+\frac{M_{Ay}}{W_{y1}\left(1-\dfrac{N}{0.9N_{cry}}\right)}+\frac{M_{Az}}{W_{z1}\left(1-\dfrac{N}{0.9N_{crz}}\right)}=\frac{120\,663}{0.053\times12\,720}+$$

$$\frac{2.89\times10^8}{2.455\times10^6\left(1-\dfrac{120\,663}{0.9\times604\,291}\right)}+\frac{7.97\times10^7}{1.473\times10^6\left(1-\dfrac{120\,663}{0.9\times395\,464}\right)}$$

$$=412.1\,(\mathrm{MPa})\approx[\sigma]=410\,\mathrm{MPa}$$

计算值不超过许用值的 1%,可认为伸缩臂整体稳定性通过。

6. 伸缩臂的局部稳定性校核(参看第六章)

仅以二节臂的腹板为例作局部稳定性校核。

(1)压缩应力 σ_1、剪切应力 τ 和局部压应力 σ_m 分别作用时板的临界应力

$$\sigma_{1cr}=\chi K_\sigma\sigma_E=1.64\left[(1+\psi)K_\sigma'-\psi K_\sigma''+10\psi(1+\psi)\right]\cdot18.62\left(\frac{100\delta}{b}\right)^2$$

$$=1.64\left[(1-0.334\,9)\times\frac{8.4}{1.1}+0.334\,9\times23.9-10\times0.334\,9(1-0.334\,9)\right]\times$$

$$18.62\left(\frac{100\times6}{400}\right)^2=745.9\,(\text{MPa})$$

其中
$$\psi=\frac{\sigma^s_{M_{By}}\cdot\dfrac{400}{420}-\sigma^s_{M_{Bz}}}{\sigma^x_{M_{By}}\cdot\dfrac{400}{420}+\sigma^x_{M_{Bz}}}=\frac{176.23\times\dfrac{400}{420}-83.62}{-176.23\times\dfrac{400}{420}-83.62}=-0.334\,9$$

$$\tau_{cr}=\chi K_\tau\sigma_E=\chi\times\left(5.34+\frac{4.0}{\alpha^2}\right)\times18.62\times\left(\frac{100\delta}{b}\right)^2$$

$$=1.23\left(5.34+\frac{4}{1^2}\right)\times18.62\times\left(\frac{100\times6}{400}\right)^2=481.3\,(\text{MPa})$$

$$\sigma_{mcr}=\chi K_m\sigma_E=\chi\left(\frac{2.86}{\alpha^{1.5}}+\frac{2.65}{\alpha^2\beta}\right)\cdot18.62\left(\frac{100\delta}{b}\right)^2$$

$$=1\times\left(\frac{2.86}{1^{1.5}}+\frac{2.65}{1^2\times0.25}\right)\times18.62\left(\frac{100\times6}{400}\right)^2=563.9\,(\text{MPa})$$

其中
$$\beta=\frac{c}{a}=\frac{100}{400}=0.25$$

(2)压缩应力 σ_1、剪切应力 τ 和局部压应力 σ_m 计算

$$\sigma_1=\frac{M_{By}}{W_{y2}\left(1-\dfrac{N}{0.9N_{cr}}\right)}\cdot\frac{400}{420}+\frac{M_{Bz}}{W_{z2}\left(1-\dfrac{N}{0.9N_{cr}}\right)}$$

$$=176.23\times\frac{400}{420}+83.62=251.5\,(\text{MPa})$$

$$\tau=\tau_{BH}=\frac{T_z}{2H_B\delta_H}+\frac{M_x}{2A_0\delta_H}=3.847\,(\text{MPa})$$

$$\sigma_m=\frac{N_h}{2(c+2\delta_B)\delta_H}=\frac{94\,403}{2(100+2\times10)\times6}=65.6\,(\text{MPa})$$

(3)临界复合应力 $\sigma_{i,cr}$ 及板的局部稳定许用应力 $[\sigma_{cr}]$

$$\sigma_{i,cr}=\frac{\sqrt{\sigma_1^2+\sigma_m^2-\sigma_1\sigma_m+3\tau^2}}{\dfrac{1+\psi}{4}\left(\dfrac{\sigma_1}{\sigma_{1cr}}\right)+\sqrt{\left[\dfrac{3-\psi}{4}\left(\dfrac{\sigma_1}{\sigma_{1cr}}\right)+\dfrac{\sigma_m}{\sigma_{mcr}}\right]^2+\left(\dfrac{\tau}{\tau_{cr}}\right)^2}}$$

$$=\frac{\sqrt{251.5^2+65.6^2-251.5\times65.6+3\times3.847^2}}{\dfrac{1-0.334\,9}{4}\left(\dfrac{251.5}{754.9}\right)+\sqrt{\left[\dfrac{3+0.334\,9}{4}\left(\dfrac{251.5}{754.9}\right)+\dfrac{65.6}{563.9}\right]^2+\left(\dfrac{3.847}{481.3}\right)^2}}$$

$$=502.8\,(\text{MPa})$$

因 $\sigma_{i,cr}=502.8\text{ MPa}>0.8\sigma_s=0.8\times550=440\text{ MPa}$

折减临界应力

$$\sigma_{cr}=\sigma_s\left(1-\frac{1}{1+6.25\,(\sigma_{i,cr}/\sigma_s)^2}\right)=550\left(1-\frac{1}{1+6.25\,(502.8/550)^2}\right)$$

$$=461.6\,(\text{MPa})$$

局部稳定性许用应力

$$[\sigma_{cr}]=\frac{\sigma_{cr}}{n}=\frac{461.6}{1.34}=344\,(\text{MPa})$$

（4）局部稳定性验算

$$\sigma_r = \sqrt{\sigma_1^2 + \sigma_m^2 - \sigma_1\sigma_m + 3\tau^2}$$

$$= \sqrt{251.5^2 + 65.6^2 - 251.5 \times 65.6 + 3 \times 3.847^2} = 226.1 \,(\text{MPa}) < [\sigma_{cr}]$$

腹板局部稳定性通过。

习 题

11-1 试述臂架的种类及受力特点。

11-2 臂架的变幅方式有几种？如何实现？

11-3 桁架式吊臂和伸缩式吊臂在变幅平面及回转平面内的计算简图各是怎样的？

11-4 轮胎式起重机的单臂架用 Q345 钢制造，截面为矩形格构式结构。起升绳平行于臂架轴线，其偏心距 $e=500$ mm，起升滑轮组倍率 $m=2$，臂架与水平面倾角 $u=30°$，臂架长 $L=18$ m，臂架重心至臂根铰点距离 $L_G=10.6$ m，支架尺寸 $a=3.5$ m，$b=2.5$ m，臂架自身重力 $P_G=19$ kN，起升载荷 $P_Q=22$ kN，物品侧向偏摆力（回转平面）$T_h=6$ kN，臂架侧向风力 $P_w=2$ kN，并设风合力作用于臂架长度的中点上（即 $L/2$ 处）。设起升绳拉力为 S，效率 $\eta=0.99$，变幅绳拉力为 F。臂架的惯性力和离心力忽略不计。试求臂架内力（轴向力和弯矩），选择臂架截面尺寸、型钢型号，并验算臂架的稳定性。臂架的结构尺寸如图 11-44 所示。

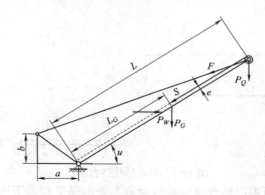

图 11-44 习题 11-4 用图

第十二章　轮式起重机的转台和底架

第一节　轮式起重机的转台

一、转台的结构形式

转台是用来安装吊臂、起升机构、变幅机构、回转机构、配重、发动机和司机室等的机架。转台通过回转支承装置安装在起重机的底架上。为了保证起重机正常工作，转台应具有足够的刚度和强度。对于轮式起重机，为了有较好的通过性，转台的外形尺寸应尽量小。

轮式起重机的转台通常采用焊接结构。目前转台的主要结构形式为如图 12-1 和图 12-2 所示的平面框架式转台和空间板式结构转台。

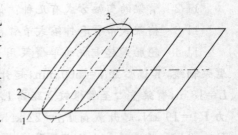

图 12-1　平面框架转台示意图
1—纵梁；2—横梁；3—旋转支承装置。

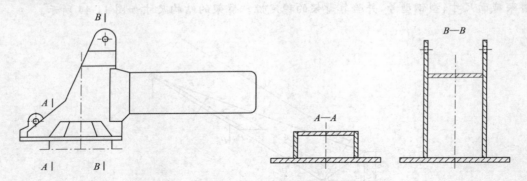

图 12-2　板式结构转台简图

平面框架式转台由两根以转台纵向轴线对称布置的纵梁和若干连系横梁构成。两根纵梁是转台的主要承力构件，因此起重臂、人字架或变幅油缸、变幅卷筒和起升卷筒等主要受力构件应直接支承在纵梁上。若某些零部件在机构布置上难于直接支承在纵梁上，也应当用相应的横梁将力传递到纵梁上。采用花纹钢板制成的走台须用角钢做撑架固定在转台纵梁上。安装在转台尾部的配重可制成整体铸铁件或由若干块铸铁件拼装起来，配重的重量应均匀作用于两根纵梁上。

板式结构转台是根据转台上机构和设备的布置要求，由钢板组焊成的承压构件，如图 12-2所示。高强度钢的板式结构转台常用于大吨位轮式起重机中。

二、转台的计算

1. 转台的计算简图

转台为空间高次超静定结构，精确计算应采用有限元方法。对平面框架式转台，可选用薄壁扭转梁单元与板单元进行建模;对板式结构转台,可选用板单元与体单元相结合进行结构分析。

平面框架式转台采用结构力学方法分析时,精确计算相当复杂。由于在结构上可以保证各主要受力构件直接支承在纵梁上,因此可以足够精确地按两根纵梁承受转台全部作用力的简支外伸梁进行计算。板式结构转台也可以近似地按简支外伸梁计算。转台纵梁轴线与旋转支承圈中心线的两个交点可视为简支外伸梁的铰支座(图12-3)。

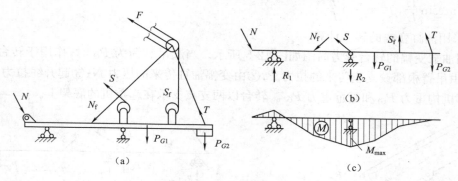

图 12-3 采用滑轮组变幅的转台计算简图
(a)转台受力简图;(b)转台计算简图;(c)转台(纵梁)弯矩图。

2. 采用滑轮组变幅的转台计算

采用滑轮组变幅的转台受力简图如图 12-3 所示。当起吊载荷为 P_Q 时,作用于转台上的载荷有:①由吊臂的根部铰支座传来的压力 N;②由人字架传来的拉力 T 和压力 N_f;③起升绳拉力 S;④变幅绳拉力 S_f;⑤转台及上部机构重力 P_{G1} 和配重重力 P_{G2}。转台以两支点支承于起重机的底架上。

转台的计算工况为:吊臂位于最小幅度(即吊臂倾角 $u \approx 70° \sim 80°$)起吊额定起重量,以此来确定转台上的作用载荷,设计转台结构的截面尺寸。

作用于转台上的各载荷确定后,便可绘制出转台纵梁的弯矩图,如图 12-3(c)所示。最大弯矩一般发生在前支承点或后支承点处。通常,为了减少前支承点处弯矩,往往使吊臂根部铰支座尽量靠近前支承点,甚至就放在前支承点的上方,此时,最大弯矩发生在后支承点上,即回转支承与纵梁的连接处。

转台纵梁的强度校核表达式为

$$\sigma = \frac{M_{max}}{W} \leqslant [\sigma] \tag{12-1}$$

式中 W——转台两根纵梁的抗弯截面模量。

转台的刚度对于保证起重机的正常工作具有重要意义,设计时应充分考虑,转台变形过大对起重机的安全和可靠性指标均不利。

人字架所承受的拉力 T 和压力 N_f 主要由变幅滑轮组拉力 F 引起[图12-3(a)]。如图 12-4 所示,当起升载荷为 P_Q,吊臂重力为 P_G,起重臂架长度为 L,作用于货物上的风载荷为 P_{W1},作用于起重臂架上并转化到起重臂架头部的风载荷为 P_{W2} 时,可按下式计算变幅滑轮组的拉力 F:

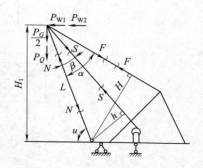

图 12-4 起重臂受力简图

$$F = \frac{1}{H} \left[\left(P_Q + \frac{P_G}{2} \right) L \cos u + \left(P_{W1} + P_{W2} \right) H_1 - S \cdot h \right] \tag{12-2}$$

吊臂根部铰支座压力 N 可按下式计算：

$$N = \frac{1}{\sin u} \left[F \cos(90° - u + \alpha) + S \cos(90° - u + \beta) + P_Q + \frac{P_G}{2} \right] \tag{12-3}$$

式中，$\alpha = \arcsin \dfrac{H}{L}$，$\beta = \arcsin \dfrac{h}{L}$。

3. 采用油缸变幅的转台计算

采用油缸变幅的转台受力简图如图 12-5 所示。当起吊载荷为 P_Q 时，作用于转台上的载荷有：①由吊臂根部铰支座传来的拉力 P；②由变幅油缸传来的压力 N；③起升绳拉力 S；④转台及上部机构重力 P_{G1} 和配重重力 P_{G2}。转台以两支点支承在起重机的底架上。

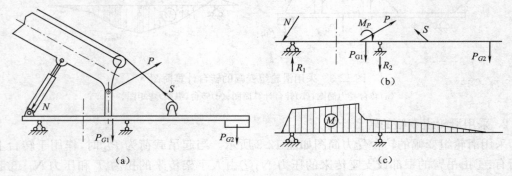

图 12-5 采用油缸变幅的转台计算简图

转台最不利受力情况通常是起重臂位于最小工作幅度时起吊额定起升载荷。故以此作为转台的计算工况。

采用油缸变幅的转台的危险截面可能在前、后支承处，也可能发生在吊臂根部铰支座所在截面，如图 12-5(c)所示。

转台纵梁(或板式结构)的强度校核可按公式(12-1)进行。

变幅油缸压力 N 和吊臂根部铰支座作用力 P 可根据吊臂外力的平衡方程解出，如图 12-6所示。由吊臂根部铰点 A 的力矩平衡方程式 $\sum M_A = 0$，得

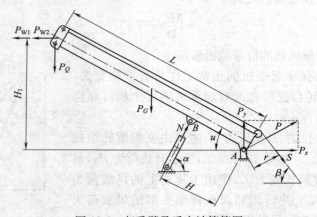

图 12-6 起重臂及反力计算简图

$$N = \frac{1}{H} \left[\left(P_Q + \frac{1}{2} P_G \right) L \cos u + (P_{W1} + P_{W2}) H_1 - S \cdot r \right] \qquad (12\text{-}4)$$

由 $\sum Y = 0$ 和 $\sum X = 0$，解得 P_y 和 P_x：

$$\left. \begin{array}{l} P_y = P_Q + P_G - N\sin\alpha + S\sin\beta \\ P_x = P_{W1} + P_{W2} - N\cos\alpha - S\cos\beta \end{array} \right\} \qquad (12\text{-}5)$$

三、转台有限元分析简介

大吨位轮式起重机转台通常采用大型空间板式焊接结构，如图 12-7 所示。转台下部由腹板及上、下盖板构成一箱形结构，下盖板通过螺栓与回转轴承连接，箱形内部根据机构和设备布置要求设置加强筋。箱形结构与高墙板相连，吊臂后铰点 A 置放于高墙板上。高墙板还可安放起升卷筒及相应的油马达，为增强高墙板的水平刚度，高墙板之间设置横向加强筋。

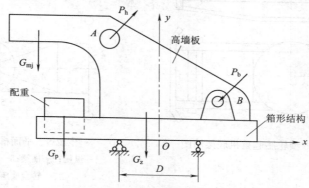

图 12-7　高墙板转台

由结构分析得到转台的外载荷为：变幅油缸支反力 P_b、吊臂后铰支反力 P_h、配重重力 G_p、卷筒与马达重力 G_{mj}，此外还有放置于转台箱形结构上的机构和设备重（图上未画出，视具体情况而定）。转台自身重力 G_z 由有限元程序根据材料密度及重力加速度自动计算。

转台通过螺栓与回转轴承相连，螺栓沿着圆心为 O、直径为 D 的圆周分布。转台与转盘连接部位有足够的刚度，因此各螺栓孔中心为转台力学模型的约束点，在受拉螺栓处可在 y 方向引入弹性支承边界，使得固定约束周围的单元应力更符合实际情况。而在受压螺栓处，因螺栓为摩擦型高强度螺栓，载荷主要由连接面承受，故可约束六个自由度。

转台为大型空间板式结构，板的厚度与长、宽相比较小，且受力复杂，故采用三维板壳单元建模，对面积较小而厚度较厚的板应采用三维体单元。利用通用有限元软件可对结构的强度、刚度等性能进行分析，并得到比较精确的计算结果。

四、转台优化设计简介

由于转台的外形尺寸（长、宽、高）是由总体设计事先确定的，所以对转台进行优化设计，减轻其重量的主要途径是选择合理的纵梁及横梁截面尺寸。故建立转台优化模型时，应以纵梁及横梁的截面尺寸（梁高、梁宽及板厚）为设计变量，以强度、刚度及板的局部稳定为约束条件，以转台结构重量为优化目标。可采用通用优化程序或有限元软件中的优化模块进行优化计算。

第二节　轮式起重机的底架

　　轮式起重机底架的作用,一是将起重机旋转部分的载荷传递给支腿,二是装置起重机的走行部分。

　　轮式起重机底架通常由纵梁和横梁组成。底架可制成由两根纵梁和两根横梁组成的长方形平面框架结构。图 12-8 为 QLY-16 型轮胎起重机底架的结构简图,纵梁和横梁都是箱形截面,纵梁可制成箱形变截面的形式。对于平面框架式结构,为了增加底架的刚性,在框架中间须加装若干连系横梁和斜撑。为了支撑起重机的回转部分,在底架中部装有回转机构的大齿圈和环形滚道,称为转台底座,底架简图如图 12-9 所示。

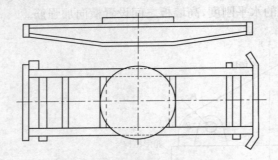

图 12-8　QLY-16 型轮胎起重机底架简图

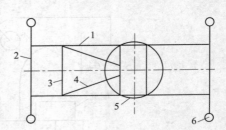

图 12-9　平面框架式底架简图
1—纵梁;2—横梁;3—连系横梁;4—斜撑;
5—转台底座;6—支腿。

　　轮式起重机的底架也可制成由一根纵梁和两根横梁组成的整体箱形底架或大箱形底架,如图 12-10 所示。由于这种结构形式的底架较平面框架式底架的抗扭刚度大,因此可以减小或消除抬腿现象,且制造构件少,近年来得到广泛应用。

　　对于大吨位的轮式起重机底架纵梁,可采用如图 12-11 所示的单根加强型多箱体纵梁。

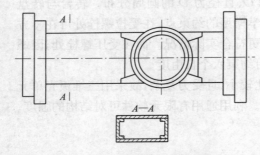

图 12-10　整体箱形式底架简图

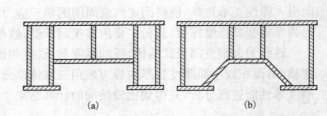

(a)　　　　　　(b)

图 12-11　加强型整体箱式底架纵梁截面简图

　　底架横梁的结构与支腿形式有关。轮式起重机支腿有 H 形支腿、X 形支腿、蛙式支腿和辐射式支腿四种形式,其中以 H 形支腿用得最多,其次是蛙式支腿和 X 形支腿。

　　H 形支腿的支腿平面简图如图 12-12 所示。纵梁 1 与车架横梁 2 是刚接的,支腿横梁 3 可由底架横梁 2 中伸出,并用支腿 4 支承于地面。在绘制计算简图时,底架横梁与可伸缩的支腿横梁视为一个整体,组成了加长的横梁简支支承在基础上。

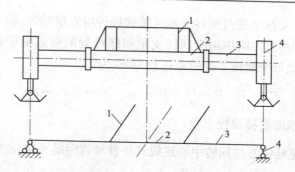

图 12-12 H形支腿的支腿平面简图
1—纵梁；2—车架横梁；3—支腿横梁；4—支腿。

蛙式支腿(图 12-13)的上臂装在底架的横梁上，上臂与下臂铰接，通过油缸伸缩放下或抬起支腿的下臂。图 12-13(a)为滑槽式蛙式支腿，图 12-13(b)为三铰点式蛙式支腿。

X形支腿的支腿平面结构简图如图 12-14 所示。底架的纵梁与横梁是刚接的，底架通过一个铰和一根连杆与每一条腿相连接。

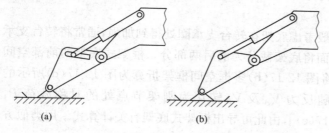

图 12-13 蛙式支腿简图
(a)滑槽式；(b)三铰点式。

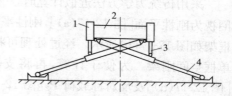

图 12-14 X形支腿简图
1—纵梁；2—横梁；3—垂直油缸；
4—可伸缩式支腿。

第三节 轮式起重机的底架计算

一、底架上的作用载荷

作用在底架上的载荷除下车自重 P_{G2} 外，还有上车各机构和结构件的重力 P_{G1}、起升载荷 P_Q 以及它们产生的偏心力矩 M。将上车所有载荷转换到回转支承中心得到垂直合力 $N = P_{G1} + P_Q$，力矩 M 作用于变幅平面内，如图 12-15 所示。

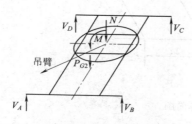

图 12-15 作用在底架上的载荷

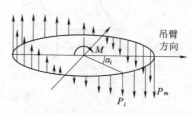

图 12-16 力矩 M 的等效载荷

合力 N 及力矩 M 实际上通过回转支承连接螺栓传给底架的纵、横梁,N 在各螺栓点上均匀分布,M 可转化为沿垂直方向作用于回转支承圈螺栓处的等效集中载荷,并近似按余弦规律分布(图 12-16),因此每个螺栓点处的总垂直力 F_i 为

$$F_i = \frac{N}{n_0} + P_i = \frac{N}{n_0} + P_m \cos\alpha_i \quad (i = 1, 2, \cdots, n_0) \tag{12-6}$$

式中　n_0——回转支承圈联接螺栓个数;

$\quad\quad\alpha_i$——第 i 个螺栓中心与回转中心连线到吊臂轴线间的夹角,$\alpha_i = \dfrac{2\pi}{n_0}(i-1)$;

$\quad\quad P_m$——由力矩 M 转化得到的最大等效垂直载荷,按下式计算:

$$P_m = \frac{M}{D \displaystyle\sum_{i=1}^{n_0/2} \cos^2\alpha_i} \tag{12-7}$$

其中　D——螺栓分布圆直径。

底架为空间结构,目前多采用有限元法分析其力学性能。通常按吊臂垂直于底架对角线和纵轴线两种不利工况计算合力 N 及力矩 M,并按式(12-6)计算出载荷 F_i 后施加在回转支承圈连接螺栓处。

采用传统力学方法近似计算时,一般考虑底架在转台支承圈处得到加强,通常将转台支承圈视为刚性平面[图 12-17(a)],刚性平面将底架截分为前后两部分。框架式底架的前部空间框架如图 12-17(b)所示。经过处理可将图 12-17(b)多框空间框架折算为图 12-17(c)所示的单框空间刚架。为便于计算,再将支腿反力 V_A 及 V_B 转化为刚架节点处的对称载荷 P_1 [图 12-17(d)]及反对称载荷 P_2 [图 12-17(e)],由此可导出框架式底架有关计算式。用类似方法亦可得出整体箱形底架的有关计算式。

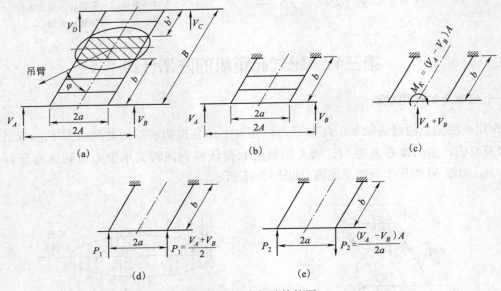

图 12-17　底架计算简图

通常按吊臂垂直于底架对角线和纵轴线两种不利工况确定的三支点或四支点支腿反力

V_A、V_B、V_C 及 V_D 作为底架的计算载荷。支腿反力按最小幅度时起吊最大起重量的计算工况确定。

二、单框架式底架的内力计算

为了简化计算,通常忽略中间连系横梁的影响,将底架视为仅有纵梁与横梁组成的单框空间刚架结构进行计算。首先研究单框空间刚架的计算,导出有关公式,然后再将多框空间刚架折算成单框空间刚架,以此考虑中间连系横梁的影响。

1. 由对称载荷引起的内力

底架在垂直于刚架平面的对称载荷 P_1[图 12-18(a)]作用下,刚架中点切口处有三个未知内力[图 12-18(b)],根据结构在对称载荷作用下反对称内力等于零可知:$X_2=0$ 及 $X_3=0$。因此刚架切口处只有一个未知内力 X_1,其方程为

$$\delta_{11} \cdot X_1 + \Delta_{1p} = 0$$

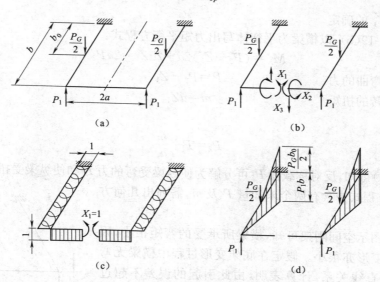

图 12-18　对称载荷作用下底架计算简图

式中,Δ_{1p} 为外载荷在刚架中点引起的转角,由图 12-18(c)与图 12-18(d)图乘求得,在图示情况下 $\Delta_{1p}=0$,故 $X_1=0$。由于超静定三个内力均等于零,故底架在对称载荷作用下可按图 12-18(d)所示静定简图计算,纵梁的最大弯矩和剪力为

$$\left.\begin{array}{l} M_{b1} = P_1 b - \dfrac{P_G b_0}{2} \\[3mm] Q_{b1} = P_1 - \dfrac{P_G}{2} \end{array}\right\} \tag{12-8}$$

式中　P_G——底架前段重力。

2. 由反对称载荷引起的内力

底架在反对称载荷作用下,刚架中点切口处也有三个内力,由于对称结构在反对载荷作用下对称的内力等于零,因此只有两个未知内力 Z_1 及 Z_2[图 12-19(a)]。若将横梁取为分离体,则横梁和纵梁的受力简图如图 12-19(b)所示,图 12-19(c)为其力矩图。

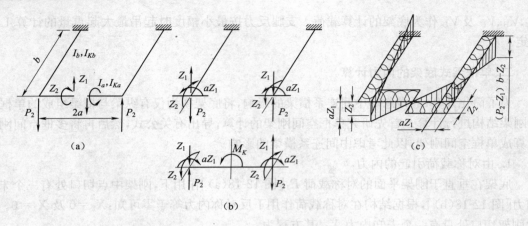

图 12-19　反对称载荷作用下的底架计算简图

(1)内力 Z_1 的确定

参看图 12-19(b),以横梁为平衡体写出力矩平衡方程式:

$$M_K = (P_2 - Z_1)2a + 2aZ_1 = 2aP_2$$

令使纵梁弯曲的力　　　　　　　　$P = P_2 - Z_1$

使纵梁扭转的扭矩　　　　　　　　$m = aZ_1$

可得

$$P_2 = P + \frac{m}{a} \tag{12-9}$$

由式(12-9)可知,反对称载荷 P_2 可分解为使纵梁受弯的力 P 和使纵梁受扭的扭矩 m 两部分,由于一个方程式中含有两个未知量 P 及 m,需列出几何方程才能求解。

由力法解图示空间刚架可知,横梁所承受的弯矩很小,因此横梁的弯曲变形亦很小。假定在底架变形过程中横梁无弯曲变形而保持直线关系,计算表明,由此引起的误差不超过 3%。据此可以绘制出底架纵梁在力 P 作用下产生弯曲变形和在 m 作用下产生扭转变形时的底架变形图(图 12-20),图中横梁保持直线关系旋转一个 θ 角,所以可写出横梁转角 θ 和纵梁端部挠度 f 的几何方程:

图 12-20　底架变形图

$$f = a\theta \tag{12-10}$$

由纵梁与横梁节点处的变形协调条件可知,横梁的转角与纵梁的扭转角在节点处相等,均等于 θ。

根据胡克定律可写出纵梁的变形与外力间的关系式:

$$\left.\begin{array}{r} f = C_1 P \\ \theta = C_2 m \end{array}\right\} \tag{12-11}$$

式中　C_1——纵梁弯曲柔度系数(mm/N),即纵梁端部在 $P=1$ 作用下的梁端挠度;

　　　C_2——纵梁扭转柔度系数[1/(N·mm)],即纵梁端部在 $m=1$ 作用下梁端扭转角。

将式(12-11)代入式(12-10),得

$$m = \frac{C_1}{aC_2}P \tag{12-12}$$

再将式(12-12)代入式(12-9),则得

$$P = \frac{1}{1+\dfrac{C_1}{a^2C_2}}P_2 = \alpha P_2 \tag{12-13}$$

则

$$\alpha = \frac{1}{1+\dfrac{C_1}{a^2C_2}} \tag{12-14}$$

将式(12-13)代入式(12-9),得

$$m = (1-\alpha)P_2 a \tag{12-15}$$

故

$$Z_1 = \frac{m}{a} = (1-\alpha)P_2 \tag{12-16}$$

式中,α 称为反对称载荷分配系数,反对称载荷 P_2 按 α 的比例分解为使纵梁弯曲的载荷 P 和使纵梁扭转的载荷 m。α 系数与纵梁的弯曲柔度系数 C_1 及扭转柔度系数 C_2 有关。

(2)内力 Z_2 的确定

参看图 12-19(b),由纵梁转角与横梁扭转角在结点处相等的条件,可列出结点处变形协调方程:

$$\frac{Pb^2}{2EI_b} - \frac{Z_2 b}{EI_b} = \frac{Z_2 a}{GI_{Ka}}$$

由此解得内力 Z_2 为

$$Z_2 = \frac{0.5Pb}{1+\dfrac{a}{b}\cdot\dfrac{EI_b}{GI_{Ka}}} \tag{12-17}$$

(3)确定柔度系数 C_1 及 C_2

参看图 12-19(b),纵梁悬臂端的挠度为

$$f = \frac{Pb^3}{3EI_b} - \frac{Z_2 b^2}{2EI_b}$$

将式(12-17)代入上式,得

$$f = \frac{b^3}{3EI_b}\left(1-\frac{0.75}{1+\dfrac{a}{b}\cdot\dfrac{EI_b}{GI_{Ka}}}\right)P = C_1 P$$

则

$$C_1 = \frac{b^3}{3EI_b}\left(1-\frac{0.75}{1+\dfrac{a}{b}\cdot\dfrac{EI_b}{GI_{Ka}}}\right) \tag{12-18}$$

纵梁悬臂端的扭转角为

$$\theta = \frac{mb}{GI_{Kb}} = C_2 m$$

则

$$C_2 = \frac{b}{GI_{Kb}} \tag{12-19}$$

上述各式中 I_b 及 I_{Kb} 为纵梁抗弯和抗扭惯性矩;I_a 及 I_{Ka} 为横梁抗弯和抗扭惯性矩。

(4)纵梁和横梁的最大弯矩、扭矩和剪力

纵梁

$$\left.\begin{array}{lll}\text{弯矩} & M_{b2}=(P_2-Z_1)b-Z_2 \\ \text{扭矩} & M_{Kb2}=a \cdot Z_1=m \\ \text{剪力} & Q_{b2}=P_2-Z_1=P\end{array}\right\} \qquad (12\text{-}20)$$

横梁

$$\left.\begin{array}{lll}\text{弯矩} & M_{a2}=a \cdot Z_1 \\ \text{扭矩} & M_{Ka2}=Z_2 \\ \text{剪力} & Q_{a2}=Z_1\end{array}\right\} \qquad (12\text{-}21)$$

对于 H 形支腿的横梁还应考虑外伸部分引起的弯矩。

从上述推导的公式中可以看出,增大纵梁抗扭刚度 GI_{Kb} 可以导致力 P 减小,增大横梁抗扭刚度 GI_{Ka} 可以导致力矩 Z_2 增大,从而使纵梁的最大弯矩 $M_{b2}=Pb-Z_2$ 减小。因此底架纵梁和横梁采用箱形截面是有利的。

三、多框架式底架内力的简化计算

多框架式底架是高次超静定结构,精确求解非常麻烦,这对于方案设计和初步计算是不必要的。由于底架横梁承受弯曲作用十分微小,可以忽略不计,主要考虑扭转作用,并使多框底架的若干根横梁的抗扭作用与一根当量横梁的抗扭作用相当,把多框架转化为单框刚架进行计算(图 12-21)。

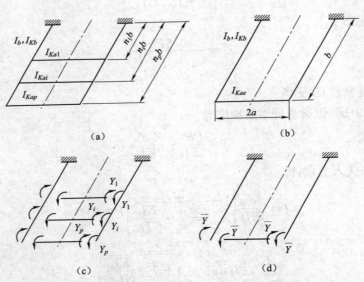

图 12-21 多框架底架力学模型

如果悬臂的纵梁在一系列横梁扭矩 Y_1、Y_2、$\cdots$、Y_i、$\cdots$、Y_p 作用下[图 12-21(c)]产生的梁端挠度与该梁在当量横梁扭矩 $\overline{Y}$ 作用下[图 12-21(d)]产生的梁端挠度相等,则认为当量横梁与若干根横梁的抗扭作用相当。

纵梁在一系列横梁扭矩作用下引起的梁端挠度按下式计算:

$$f = \frac{b^2}{EI_b}\sum_{i=1}^{p} n_i\left(1-\frac{n_i}{2}\right)Y_i \tag{12-22}$$

纵梁在当量横梁扭矩 $\overline{Y}$ 作用下引起的梁端挠度为

$$f = \frac{\overline{Y}b^2}{2EI_b} \tag{12-23}$$

将式(12-23)代入式(12-22),可得

$$\overline{Y} = \sum_{i=1}^{p} n_i(2-n_i)Y_i \tag{12-24}$$

当量横梁在扭矩 $\overline{Y}$ 作用下的梁端扭转角按下式计算:

$$\varphi = \frac{\overline{Y}a}{GI_{Kae}} = \frac{a}{GI_{Kae}}\sum_{i=1}^{p} n_i(2-n_i)Y_i \tag{12-25}$$

设悬臂纵梁的挠曲线方程为

$$y = f\left(1-\cos\frac{\pi x}{2b}\right) \tag{12-26}$$

式(12-26)满足悬臂梁的端点条件。将式(12-26)对 x 求一阶导数,得到纵梁转角方程:

$$y' = \frac{\pi f}{2b}\sin\frac{\pi x}{2b} \tag{12-27}$$

当 $x=b$ 时,$y'_{x=b}=\frac{\pi f}{2b}=\varphi$,代入式(12-27),得

$$y' = \varphi\sin\frac{\pi x}{2b} \tag{12-28}$$

将 $x=n_ib$ 代入式(12-28),可得 Y_i 所在截面纵梁转角,其值应与在该处相连的横梁在 Y_i 作用下产生的梁端扭转角相等,即

$$y'_{x=n_ib} = \varphi\sin\frac{\pi n_i}{2} = \frac{Y_i a}{GI_{Kai}}$$

由此解得

$$Y_i = \frac{GI_{Kai}}{a}\varphi\sin\frac{\pi n_i}{2} \tag{12-29}$$

将式(12-25)代入式(12-29),得当量横梁的折算抗扭惯性矩为

$$I_{Kae} = \sum_{i=1}^{p} I_{Kai}n_i(2-n_i)\sin\frac{\pi n_i}{2} \tag{12-30}$$

令

$$\xi_i = n_i(2-n_i)\sin\frac{\pi n_i}{2} \tag{12-31}$$

则

$$I_{Kae} = \sum_{i=1}^{p} I_{Kai}\xi_i$$

式中,ξ_i 为第 i 根横梁的抗扭惯性矩 I_{Kai} 折算到端横梁上的折算系数,ξ_i 值可根据 n_i 由表 12-1 或图 12-22 查取;n_i 是第 i 根横梁距纵梁固定端的距离与 b 的比值。

将单框刚架各计算公式中的横梁抗扭惯性矩 I_{Ka} 用当量横梁的抗扭惯性矩 I_{Kae} 置换,便得到多框框架相应的计算公式,从而使多框框架式底架的计算得到简化。但对横梁进行强度校核时,应用横梁本身的抗扭惯性矩,而不能用折算抗扭惯性矩。

表 12-1　折算系数 ξ_i 值

n_i	0	0.1	0.2	0.3	0.4	0.5	0.6	0.7	0.8	0.9	1.0
ξ_i	0	0.03	0.11	0.23	0.38	0.53	0.68	0.81	0.91	0.98	1.0

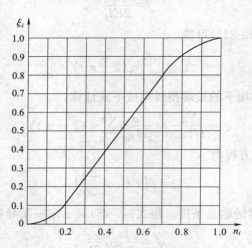

图 12-22　折算系数 ξ_i 图线

四、整体箱形底架的内力计算

将框架式底架的两根纵梁用一个封闭的整体箱形结构代替,其计算载荷和计算简图如图 12-23 所示,其与框架结构的纵梁计算简图相类似,因此,框架式底架纵梁的计算方法对整体箱形底架也是适用的。

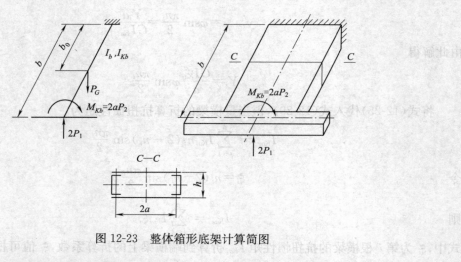

图 12-23　整体箱形底架计算简图

整体箱形底架纵梁的最大弯矩、扭矩和剪力:

$$
\left.
\begin{array}{ll}
\text{弯矩} & M_b = 2P_1 b - P_G b_0 \\
\text{扭矩} & M_{Kb} = 2aP_2 \\
\text{剪力} & Q_b = 2P_1 - P_G
\end{array}
\right\}
\tag{12-32}
$$

五、底架的强度校核

框架式底架和整体箱形底架的强度校核相同,下面以纵梁为例说明底架的强度校核,横梁强度计算可参照纵梁进行。对悬臂纵梁,其根部为危险截面。

1. 正应力

$$\sigma_b = \frac{M_{b1} + M_{b2}}{W_b} + \sigma_\omega \leqslant [\sigma] \tag{12-33}$$

式中　W_b——纵梁的截面抗弯模数;

　M_{b1}、M_{b2}——由对称载荷及反对称载荷引起的弯矩;

　　　σ_ω——由约束扭转引起的正应力。

2. 剪应力

弯曲剪应力为

$$\tau_{Wb} = \frac{(Q_{b1} + Q_{b2})S_x}{I_b \delta_\Sigma} \tag{12-34}$$

式中　Q_{b1}、Q_{b2}——由对称载荷及反对称载荷引起的剪力;

　　S_x——τ_{Wb} 所在点以上的截面积对中性轴的静面矩;

　　δ_Σ——τ_{Wb} 所在点处截面总的板厚(腹板厚度)。

扭转剪应力为

$$\left. \begin{array}{ll} 开口截面 & \tau_{Kb} = \dfrac{m}{I_{Kb}}\delta \\[3mm] 闭口截面 & \tau_{Kb} = \dfrac{m}{2\delta A_0} \end{array} \right\} \tag{12-35}$$

式中　δ——截面壁厚,取腹板厚度;

　A_0——闭口截面中心线包围的面积。

故剪应力校核式为

$$\tau_b = \tau_{Wb} + \tau_{Kb} \leqslant [\tau] \tag{12-36}$$

3. 按第四强度理论进行强度校核

$$\sigma = \sqrt{\sigma_b^2 + 3\tau_b^2} \leqslant [\sigma] \tag{12-37}$$

式中,σ_b 和 τ_b 是纵梁同一截面同一点的正应力和剪应力,通常校核纵梁悬臂根部截面之腹板与翼缘板相接触纤维层的计算应力。

4. 约束扭转

轮式起重机底架由约束扭转引起的正应力是可观的,即使是箱形截面底架由约束扭转引起的正应力也约占弯曲正应力的 15%～20%,因此不容忽视。而由约束扭转引起的剪应力很小,可以忽略不计。

底架的纵梁和横梁通常制成具有垂直和水平两个对称轴的工字形或箱形梁,简称双对称开口和闭口截面,其弯心与截面形心重合,使约束扭转计算大为简化。

(1)开口截面约束扭转正应力

开口截面由约束扭转引起的正应力为

$$\sigma_\omega = \frac{B \cdot \omega}{I_\omega} \tag{12-38}$$

式中　B——双力矩(N·m²),对于悬臂的纵梁在臂端扭矩 m 作用下,臂根双力矩最大,按下
　　　　式计算:

$$B_{\max}=\frac{\mu m \sinh Kb}{K \cosh Kb}=\frac{\mu m}{K}\tanh Kb \tag{12-39}$$

　　其中　K——弯扭特性系数,$K=\sqrt{\dfrac{GI_K}{EI_\omega}}$,

　　　　　b——纵梁的悬臂长度。

　　其余符号见表 12-2。对起重机底架,通常 $Kb \geqslant 2.5$,则取 $\tanh Kb \approx 1$。

　　(2)闭口截面约束扭转正应力

　　闭口截面由约束扭转引起的正应力为

$$\sigma_{\hat{\omega}}=\frac{B \cdot \hat{\omega}}{I_{\hat{\omega}}} \tag{12-40}$$

式中　B——双力矩(N·m²),对于悬臂的纵梁[图 12-19(b)]在臂端扭矩 m 作用下,臂根双力
　　　　矩最大,按式(12-41)计算,对于图 12-23 所示整体箱形底架应以 $M_{Kb}=2aP_2$ 替
　　　　换式(12-41)中的 m:

$$B_{\max}=\frac{\mu m \sinh Kb}{K \cosh Kb}=\frac{\mu m}{K}\tanh Kb \tag{12-41}$$

　　其中　K——弯扭特性系数,$K=\sqrt{\mu \dfrac{GI_K}{EI_{\hat{\omega}}}}$,$\mu$ 为翘曲系数,$\mu=1-\dfrac{I_K}{I_p}$。

　　其余符号见表 12-2。

表 12-2　双对称工字形和箱形截面几何特性

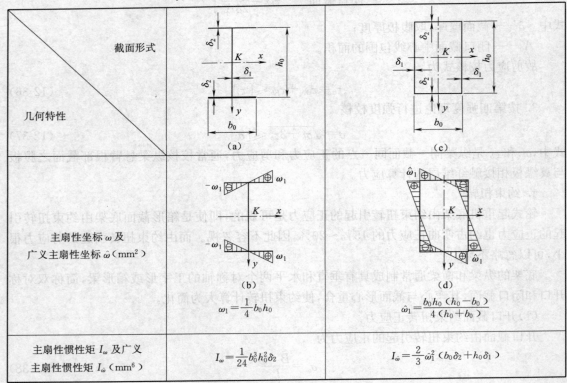

几何特性	截面形式	
截面形式	(a)	(c)
主扇性坐标 ω 及广义主扇性坐标 $\hat{\omega}$(mm²)	(b) $\omega_1=\dfrac{1}{4}b_0h_0$	(d) $\hat{\omega}_1=\dfrac{b_0h_0(h_0-b_0)}{4(h_0+b_0)}$
主扇性惯性矩 I_ω 及广义主扇性惯性矩 $I_{\hat{\omega}}$(mm⁶)	$I_\omega=\dfrac{1}{24}b_0^3h_0^2\delta_2$	$I_{\hat{\omega}}=\dfrac{2}{3}\hat{\omega}_1^2(b_0\delta_2+h_0\delta_1)$

纯抗扭惯性矩 I_K（mm⁴）	$I_K=\dfrac{1.2}{3}\left[2b_0\delta_2^3+(h_0-\delta_2)\delta_1^3\right]$	$I_K=\dfrac{2b_0^2h_0^2\delta_1\delta_2}{b_0\delta_1+h_0\delta_2}$
极惯性矩 I_p（mm⁴）	—	$I_p=\dfrac{1}{2}b_0h_0(b_0\delta_1+h_0\delta_2)$

由表 12-2 可以看出，当 $\dfrac{b_0}{h_0}=\dfrac{\delta_2}{\delta_1}$ 时，$I_K=I_p$，故 $\mu=0$ 及 $B_\omega=0$，所以 $\sigma_\omega=0$，此时梁不受约束扭转只是自由扭转。因为不论是整体箱形底架纵梁或者是框架纵梁的几何尺寸都难于实现上述等式，因此约束扭转不能忽略。横梁参照纵梁计算，不再赘述。

六、抬腿量计算

在轮式起重机中，通常以抬腿量来衡量底架的刚度。底架在三支点支承情况下，有一条腿离地，该支腿离地的距离称为抬腿量。使底架抬腿的因素是多方面的，但其中底架受反对称载荷作用是造成抬腿的主要因素。图 12-24 是底架由反对称载荷引起抬腿的抬腿量计算示意图。假定底架支承在 A、B、D 三个支点上，支腿 C 离地。将反对称载荷 P_2 分解为 P 及 m 作用于底架纵梁梁端，纵梁在 P 和 m 作用下发生弯曲和扭转变形，从而导致前横梁 AB 绕底架纵轴线顺时针方面转 θ 角，支点由 A 移至 A_1，由 B 称至 B_1。根据前面横梁在底架变形过程中保持直线关系的假定，横梁 A_1B_1 仍为直线。同理，后横梁 CD 在 P' 及 m' 作用下绕纵轴线顺时针方面转 θ' 角，支点由 C 移至 C_1，D 移至 D_1，C_1D_1 为直线。$\triangle A_1B_1D_1$ 是底架变形后新的支承平面。为了在图面上显示出支腿 C 的抬腿量，将前横梁 A_1B_1 绕纵轴线逆时针方向转回 θ 角，前横梁回到 AB 的位置。由于底架是个整体，后横梁 C_1D_1 也向逆时针方向转 θ 角，底架支点由 C_1 移至 C_2，D_1 移至 D_2，$\triangle ABD_2$ 是支承平面。则支点 C_2 与 D_2 间的垂直距离 Δ 就是支腿 C 的抬腿量。

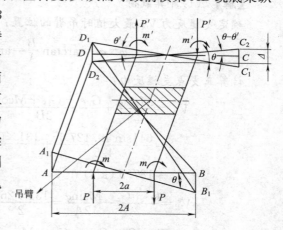

图 12-24　抬腿量计算示意图

根据图 12-24 的几何关系可写出抬腿量 Δ 的计算式：

$$\Delta=2A(\theta-\theta')=2A(C_2m-C_2'm') \tag{12-42}$$

式（12-42）也可改写成下面的形式

$$\Delta=2A\left(\frac{f}{a}-\frac{f'}{a}\right)=\frac{2A}{a}(C_1P-C_1'P') \tag{12-43}$$

式中　P'、m'——底架后段纵梁梁端的作用力和扭矩；

C_1、C_2——底架前段纵梁的弯曲和扭转柔度系数；

C_1'、C_2'——底架后段纵梁的弯曲和扭转柔度系数。

由起重机使用要求，最好不抬腿，如果出现抬腿，说明 $C_2m>C_2'm'$，可以通过减小 C_2 及增大 C_2' 来解决。或者采用整体变形底架，使 C_2 及 C_2' 接近于零。

七、算 例

1. 框架式底架算例

【例题 12-1】 某轮式起重机,起重量 $Q=16$ t,试计算其框架式底架的纵梁强度和抬腿量。

已知数据:上车及吊重重量 $G_z=267$ kN,下车重量 $G_0=131$ kN;倾覆力矩 $M=641$ kN·m;$2A=4.5$ m,$2a=1.15$ m,$2B=5.2$ m,$b_1=2.31$ m,$b_2=1.99$ m;底架前段重力 $G_1=70$ kN,重心 $b_0=1$ m;$e_0=0.29$ m,$e=0.16$ m;底架纵梁为一变截面的箱形梁。纵梁悬臂根部截面(最大截面):$I_b=9.2589\times10^8$ mm^4,$W_b=3.036\times10^6$ mm^3,$S_b=1.852\times10^6$ mm^3,$S_y=1.017\times10^6$ mm^3。变截面纵梁的折算惯性矩(平均值)$I_b=5.72\times10^8$ mm^4,$I_{Kb}=2.3\times10^8$ mm^4,$I_a=2.19\times10^8$ mm^4,$I_{Ka}=3.125\times10^8$ mm^4。上述符号如图 12-25 所示。底架的纵梁和横梁用 Q345 钢制造。

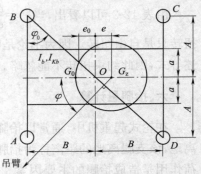

图 12-25 底架简图

【解】 (1)计算载荷

确定支腿反力 V_A 最大值时吊臂的位置:

$$\varphi=\varphi_0=\arctan\frac{B}{A}=\arctan\frac{2.6}{2.25}=49.1276(°)$$

计算三支点支腿反力:

$$
\begin{aligned}
V_A &= \frac{M\sin\varphi}{2A}+\frac{G_0 e_0-G_z e+M\cos\varphi}{2B}\\
&= \frac{641\sin49.1276°}{4.5}+\frac{131\times0.29-267\times0.16+641\cos49.1276°}{5.2}\\
&= 187.5\ (\text{kN})
\end{aligned}
$$

$$V_B=\frac{G_0+G_z}{2}-\frac{M\sin\varphi}{2A}=\frac{131+267}{2}-\frac{641\sin49.1276°}{4.5}=91.29\ (\text{kN})$$

$$
\begin{aligned}
V_D &= \frac{G_0+G_z}{2}-\frac{G_0 e_0-G_z e+M\cos\varphi}{2B}\\
&= \frac{131+267}{2}-\frac{131\times0.29-267\times0.16+641\cos49.1276°}{5.2}=119.2\ (\text{kN})
\end{aligned}
$$

$$V_C=0$$

对称载荷:

$$P_1=\frac{V_A+V_B}{2}=\frac{187.5+91.29}{2}=139.4\ (\text{kN})$$

反对称载荷:

$$P_2=\frac{(V_A-V_B)A}{2a}=\frac{(187.5-91.29)\times2.25}{1.15}=188.2\ (\text{kN})$$

(2)纵梁的内力计算

纵梁的弯曲柔度系数 C_1 和扭转柔度系数 C_2,按式(12-18)和式(12-19)计算:

$$C_1 = \frac{b_1^3}{3EI_b}\left(1 - \frac{0.75}{1 + \frac{a}{b_1} \cdot \frac{EI_b}{GI_{Ka}}}\right) = \frac{2\,310^3}{3 \times 2.1 \times 10^5 \times 5.72 \times 10^8} \times$$

$$\left(1 - \frac{0.75}{1 + \frac{575}{2\,310} \times \frac{2.1 \times 10^5 \times 5.72 \times 10^8}{0.8 \times 10^5 \times 3.125 \times 10^8}}\right) = 2.252 \times 10^{-5}\,(\text{mm/N})$$

$$C_2 = \frac{b_1}{GI_{Kb}} = \frac{2\,310}{0.8 \times 10^5 \times 2.3 \times 10^8} = 1.255 \times 10^{-10}\,[1/(\text{N} \cdot \text{mm})]$$

反对称载荷分配系数 α 按式(12-14)计算：

$$\alpha = \frac{1}{1 + \frac{C_1}{a^2 C_2}} = \frac{1}{1 + \frac{2.252 \times 10^{-5}}{575^2 \times 1.255 \times 10^{-10}}} = 0.648\,2$$

将反对称载荷 P_2 按 α 比例分解为使纵梁弯曲的载荷 P 和使纵梁扭转的载荷 m，按式(12-13)和式(12-15)计算：

$$P = \alpha P_2 = 0.648\,2 \times 188.2 = 121.99\,(\text{kN})$$

$$m = (1 - \alpha)P_2 a = (1 - 0.648\,2) \times 188.2 \times 0.575 = 38.07\,(\text{kN} \cdot \text{m})$$

使纵梁弯曲的力矩 Z_2 按式(12-17)计算：

$$Z_2 = \frac{0.5 P b_1}{1 + \frac{a}{b_1} \cdot \frac{EI_b}{GI_{Ka}}} = \frac{0.5 \times 121.99 \times 2.31}{1 + \frac{575}{2\,310} \times \frac{2.1 \times 10^5 \times 5.72 \times 10^8}{0.8 \times 10^5 \times 3.125 \times 10^8}} = 64.16\,(\text{kN} \cdot \text{m})$$

纵梁的最大弯矩、扭矩和剪力参看图 12-18 和图 12-19 计算如下：

弯矩　　$M_b = M_{b1} + M_{b2} = P_1 b_1 - \dfrac{G_1 b_0}{2} + P b_1 - Z_2$

$$= 139.4 \times 2.31 - \frac{70 \times 1}{2} + 121.99 \times 2.31 - 64.16 = 504.65\,(\text{kN} \cdot \text{m})$$

扭矩　　　　　　　　　　$M_{Kb} = m = 38.07\,\text{kN} \cdot \text{m}$

剪力　　$Q_b = Q_{b1} + Q_{b2} = P_1 - \dfrac{G_1}{2} + P = 139.4 - \dfrac{70}{2} + 121.99 = 226.39\,(\text{kN})$

(3)纵梁的强度计算

①纵梁的约束扭转正应力

纯抗扭惯性矩

$$I_K = \frac{2b_0^2 h_0^2 \delta_1 \delta_2}{b_0 \delta_1 + h_0 \delta_2} = \frac{2 \times 170^2 \times 594^2 \times 10 \times 16}{170 \times 10 + 594 \times 16} = 2.912 \times 10^8\,(\text{mm}^4)$$

极惯性矩

$$I_p = \frac{b_0 h_0}{2}(b_0 \delta_1 + h_0 \delta_2) = \frac{170 \times 594}{2}(170 \times 10 + 594 \times 16) = 5.657 \times 10^8\,(\text{mm}^4)$$

截面翘曲系数

$$\mu = 1 - \frac{I_K}{I_p} = 1 - \frac{2.912 \times 10^8}{5.657 \times 10^8} = 0.485\,2$$

广义主扇性坐标

$$\hat{\omega}_1 = \frac{b_0 h_0 (h_0 - b_0)}{4(h_0 + b_0)} = \frac{170 \times 594(594 - 170)}{4(594 + 170)} = 1.401 \times 10^4 \, (\text{mm}^2)$$

广义主扇性惯性矩

$$I_{\hat{\omega}} = \frac{2}{3} \hat{\omega}_1^2 (b_0 \delta_2 + h_0 \delta_1) = \frac{2}{3} \times 1.401^2 \times 10^8 (170 \times 16 + 594 \times 10)$$

$$= 1.133 \times 10^{12} \, (\text{mm}^6)$$

弯扭特性系数

$$K = \sqrt{\mu \frac{G I_K}{E I_{\hat{\omega}}}} = \sqrt{0.485 \, 2 \times \frac{0.8 \times 10^5 \times 2.912 \times 10^8}{2.1 \times 10^5 \times 1.133 \times 10^{12}}} = 6.892 \times 10^{-3} \, (1/\text{mm})$$

纵梁悬臂根部截面双力矩

$$B_{\max} = \frac{\mu m}{K} = \frac{0.485 \, 2 \times 38.07 \times 10^3}{6.892 \times 10^{-3}} = 2.68 \times 10^6 \, (\text{kN} \cdot \text{mm}^2)$$

纵梁悬臂根部箱形截面角点处的最大约束扭转正应力

$$\sigma_{\hat{\omega} \max} = \frac{B_{\max} \hat{\omega}_1}{I_{\hat{\omega}}} = \frac{2.68 \times 10^9 \times 1.401 \times 10^4}{1.133 \times 10^{12}} = 33.14 \, (\text{MPa})$$

②纵梁的强度校核

正应力

$$\sigma_b = \frac{M_{b1} + M_{b2}}{W_b} + \sigma_{\hat{\omega}} = \frac{504.65 \times 10^6}{3.036 \times 10^6} + 33.14 = 199.36 \, (\text{MPa}) < [\sigma] = 257 \text{ MPa}$$

此时，约束扭转正应力占弯曲正应力的 18.7%，应予以考虑。

剪应力

$$\tau_b = \tau_{Wb} + \tau_{Kb} = \frac{(Q_{b1} + Q_{b2})S}{I_b \delta_\Sigma} + \frac{m}{2\delta A_0}$$

$$= \frac{226.39 \times 10^3 \times 1.852 \times 10^6}{9.258 \, 9 \times 10^8 \times 20} + \frac{38.07 \times 10^6}{2 \times 10 \times 170 \times 594} = 41.49 \, (\text{MPa}) < [\tau] = 148 \text{ MPa}$$

按第四强度理论校核强度：

$$\sigma = \sqrt{\sigma_1^2 + 3\tau_1^2} = \sqrt{188.9^2 + 3 \times 31.28^2} = 196.5 \, (\text{MPa}) < [\sigma] = 257 \text{ MPa}$$

式中

$$\sigma_1 = \sigma_b \frac{h_f}{h_1} = 199.36 \times \frac{578}{610} = 188.9 \, (\text{MPa})$$

$$\tau_1 = \frac{(Q_{b1} + Q_{b2})S_y}{I_b \delta_\Sigma} + \tau_{Kb}$$

$$= \frac{226.39 \times 10^3 \times 1.017 \times 10^6}{9.258 \, 9 \times 10^8 \times 20} + \frac{38.07 \times 10^6}{2 \times 10 \times 170 \times 594} = 31.28 \, (\text{MPa})$$

(4)抬腿量的计算

由于底架的前后刚架纵梁只是悬臂长不同，$b_2 = 1\,990$ mm，由此算出底架后刚架相应的计算参数为：$C_1 = 1.50 \times 10^{-5}$ mm/N，$C_2 = 1.082 \times 10^{-10}$ 1/N · mm，$\alpha' = 0.704\,57$，$P_2' = 233.2$ kN，$m' = 39.614$ kN · m，按式(12-42)或式(12-43)计算：

$$\Delta = 2A(\theta - \theta') = 2A(C_2 m - C_2' m')$$

$$= 4.5 \times 10^3 (1.255 \times 10^{-10} \times 38.07 \times 10^6 - 1.082 \times 10^{-10} \times 39.614 \times 10^6) = 2.21 \, (\text{mm})$$

或　　　　$\Delta=2A\left(\dfrac{f}{a}-\dfrac{f'}{a}\right)=\dfrac{2A}{a}(C_1P-C_1'P')$

$$=\dfrac{4.5\times10^3}{0.575\times10^3}(2.252\times10^{-5}\times121.99\times10^3-1.50\times10^{-5}\times164.31\times10^3)$$

$$=2.21\text{（mm）}$$

两式计算结果相同,只按一式计算即可。

2. 整体箱形式底架算例

【**例题 12-2**】　已知 QY8 汽车式起重机,$Q_{max}=80$ kN,$R_{min}=3$ m。当吊臂位于前角方位(吊臂轴线垂直于底架对角线)时,底架支承在三条支腿上,其支腿反力为 $V_A=100$ kN,$V_B=48$ kN,$V_C=0$,$V_D=32$ kN。底架为整体箱形结构(参看图 12-10 和图 12-23),其几何尺寸及截面几何特性为:前段和后段底架悬臂长 $b=1.53$ m,$b'=0.515$ m;前段底架重 $G_1=50$ kN,其重心距悬臂根部距离 $b_0=1.1$ m;两支腿之间的距离 $2A=4$ m。底架截面:$I_x=2.1\times10^8$ mm^4,$W_x=1.3\times10^6$ mm^3,$I_K=5.654\times10^8$ mm^4,$\hat\omega_{max}=3.05\times10^4$ mm^2,$I_\omega=3.563\times10^{12}$ mm^6,$I_p=7.33\times10^8$ mm^4,$\mu=0.22873$,$K=3.833\times10^{-3}$ 1/mm。底架材料为 Q345 钢。试计算底架的强度和抬腿量。

【**解**】　(1)强度计算(以前段底架为例)

①计算载荷的确定

前段底架:

$$2P_1=V_A+V_B=100+48=148\text{（kN）}$$
$$M_{Kb}=(V_A-V_B)A=(100-48)\times2=104\text{（kN·m）}$$

后段底架:

$$2P_1'=V_C+V_D=0+32=32\text{（kN）}$$
$$M_{Kb}'=(V_D-V_C)A=(32-0)\times2=64\text{（kN·m）}$$

②内力计算

前段底架:

弯矩　　　$M_b=2P_1b-G_1b_0=148\times1.53-50\times1.1=171.44\text{（kN·m）}$

剪力　　　　　　$Q=2P_1-G_1=148-50=98\text{（kN）}$

扭矩　　　　　　　$M_{Kb}=104$ kN·m

③强度计算

a. 约束扭转正应力

底架悬臂根部截面双力矩

$$B_{max}=\dfrac{\mu M_{Kb}\tanh Kb}{K}=\dfrac{0.22873\times104\times10^6\times\tanh(3.833\times10^{-3}\times1.53\times10^3)}{3.833\times10^{-3}}$$

$$=6.206\times10^9\text{（N·mm}^2\text{）}$$

底架悬臂根部箱形截面角点处的最大约束扭转正应力

$$\sigma_{\hat\omega\,max}=\dfrac{B_{max}\hat\omega_{max}}{I_\omega}=\dfrac{6.206\times10^9\times3.05\times10^4}{3.563\times10^{12}}=53.12\text{（MPa）}$$

b. 强度校核

正应力

$$\sigma_b = \frac{M_b}{W_x} + \sigma_{\bar{\omega}} = \frac{171.44 \times 10^6}{1.3 \times 10^6} + 53.12 = 185 \ (\text{MPa}) < [\sigma] = 257 \ \text{MPa}$$

复合应力

$$\sigma = \sqrt{\sigma_1^2 + 3\tau_1^2} = \sqrt{171.7^2 + 3 \times 80.07^2} = 220.7 \ (\text{MPa}) < [\sigma]$$

式中

$$\sigma_1 = \sigma_b \cdot \frac{h_1}{h} = 185 \times \frac{284}{306} = 171.7 \ (\text{MPa})$$

$$\tau_1 = \frac{QS_1}{I_x(\delta_1 + \delta_1)} + \frac{M_{Kb}}{2A_0\delta_1} = \frac{98 \times 10^3 \times 841\,750}{2.1 \times 10^8 \times 10} + \frac{104 \times 10^6}{2 \times 300 \times 850 \times 5} = 80.07 \ (\text{MPa})$$

(2)抬腿量的计算

按式(12-42)计算:

$$\Delta = 2A(\theta - \theta') = 2A\left(\frac{M_{Kb}b}{GI_{Kb}} - \frac{M'_{Kb}b'}{GI_{Kb}}\right)$$

$$= 4 \times 10^3 \left(\frac{104 \times 10^6 \times 1.53 \times 10^3}{8 \times 10^4 \times 5.654 \times 10^8} - \frac{64 \times 10^6 \times 0.515 \times 10^3}{8 \times 10^4 \times 5.654 \times 10^8}\right) = 11.2 \ (\text{mm})$$

习 题

12-1 图 12-26 为定长臂轮式起重机转台图,起升绳平行于臂架轴线。$e = 0.5$ m,起重量 $Q = 22$ kN,吊臂自重 $G_b = 19$ kN,转台自重 $G_1 = 25.8$ kN,配重 $G_2 = 10.2$ kN。起升绳拉力 $S = 12.4$ kN,$P_W = 2$ kN,$P_T = 6$ kN。臂架长 $L = 18$ m,$\beta = 30°$,变幅滑轮组倍率 $m = 2$。支架尺寸 $a = 3.5$ m,$b = 2.5$ m,$l_1 = 1.0$ m,$l_2 = 1.8$ m,$l_3 = 0.85$ m,$l_4 = 0.75$ m,$l_5 = 3.6$ m,$l_6 = 0.5$ m,单根纵梁 $W_b = 1.248 \times 10^5$ mm³,试校核该转台强度。

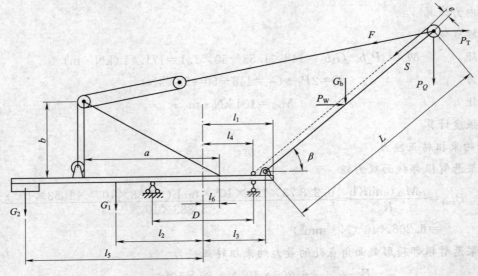

图 12-26 习题 12-1 用图

12-2 图 12-27(a)为 100 t 铁路救援起重机转台简图，P 为吊臂根部对转台的作用力，其分力 $P_x = 2\,219.5$ kN，$P_y = 343.8$ kN；N 为变幅油缸下铰点对转台的支反力，其分力 $N_x = 2\,326.4$ kN，$N_y = 1\,203.1$ kN；T_1、T_2 为卷筒钢丝绳拉力，与水平线夹角约为 23°，$T_1 = T_2 = 50.43$ kN。刚架截面如图 12-27(b)所示，试校核转台强度。

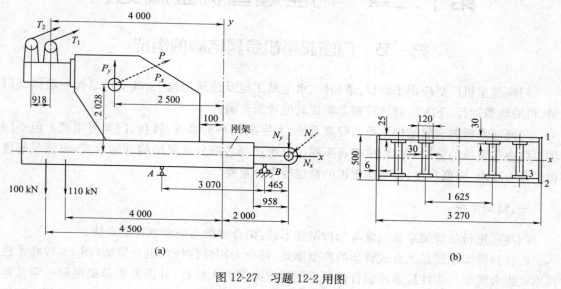

(a)

(b)

图 12-27 习题 12-2 用图

第十三章 门座起重机金属结构

第一节 门座起重机金属结构的组成

门座起重机广泛应用于港口、造船厂、水电站工地及建筑工地上,其支承结构一般做成门形,可沿轨道运行,下方可通过铁路车辆或其他地面车辆。

门座起重机的金属结构主要由臂架系统、人字架及平衡系统、转台、门架等组成。但不同类型门座起重机的金属结构组成略有不同。合理选择各部分金属结构件的形式,对满足起重机的作业要求、降低自重、提高起重机的性能等十分重要。

一、臂架系统

门座起重机的臂架系统通常有两种结构形式:组合臂架系统和单臂架系统。

四连杆臂架系统是组合式臂架的典型形式,可分为刚性拉杆式组合臂架(图 13-1)和柔性拉索式组合臂架。柔性拉索式组合臂架采用钢丝绳作为大拉杆,并借助象鼻架尾部一定几何尺寸形状的曲线,实现变幅过程中货物的水平移动。单臂架系根据变幅驱动方式分为刚性传动变幅的单臂架系统(参照图 13-1 组合臂架,无象鼻架并采用钢丝绳作为大拉杆)和柔性钢丝绳变幅的单臂架系统(同第 11 章轮式起重机桁架式吊臂)。

1. 组合臂架系统

刚性四连杆组合臂架系统(图 13-1)是目前港口门座起重机普遍采用的一种形式,它由象鼻架、大拉杆和主臂架三部分通过铰轴连接,并与人字架、转台等支撑构件形成四连杆平面机构。

(1)象鼻架

图 13-2 所示为桁构式象鼻架,它由一根箱形主梁和一片或两片桁杆系统焊接而成。这种结构形式多用于小型门座起重机。象鼻架与臂架相连的铰轴结构布置在主梁下方,与大拉杆相连的铰轴布置在象鼻架后方。

图 13-3 所示为箱形刚架式象鼻架,它的底面是两根小箱形梁组成的平面刚架,上部桁杆用横杆相连,形成一个空间刚架体系,该结构有较好的空间刚性,常用于起重量较大的门座起重机。

(2)主臂架

图 13-4 所示为箱形实腹式主臂架,它是用钢板焊接而成的变截面箱形构件。根据局部稳定性条件和构造要求,箱形内设置了横隔板和纵向肋。在水平平面内,臂架根部分叉成支腿,以满足水平刚度条件及构造布置要求。

图 13-5 所示为桁构式主臂架,它是由一根箱形主梁和若干根斜、直桁杆组成的混合结构。

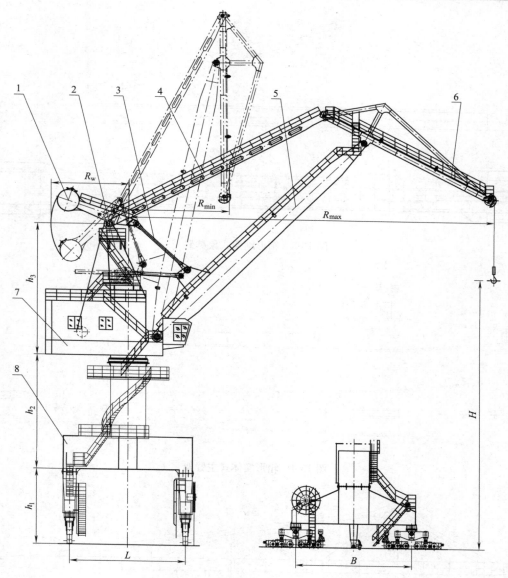

图 13-1 四连杆门座起重机金属结构组成

1—平衡梁；2—人字架；3—小拉杆；4—大拉杆；5—臂架；6—象鼻架；7—转台；8—圆筒门架。

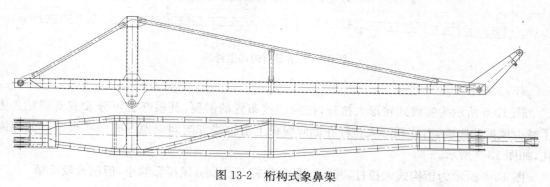

图 13-2 桁构式象鼻架

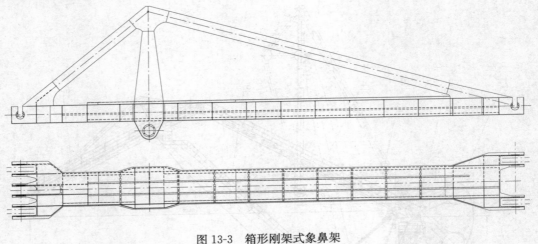

图 13-3　箱形刚架式象鼻架

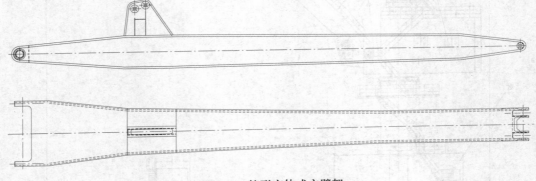

图 13-4　箱形实体式主臂架

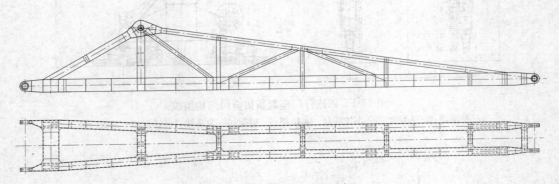

图 13-5　箱形桁构式主臂架

（3）大拉杆

图 13-6 所示为实腹式箱形大拉杆，按照连接布置的需要，其根部也可分叉成支腿状。为了减少风振的影响，有些箱形大拉杆在侧向腹板上沿轴线方向间隔地开有一些长圆形的导流孔，如图 13-7 所示。

图 13-8 所示为桁构式大拉杆，其特点是自重轻，下挠小，风振影响小，但制造较麻烦。

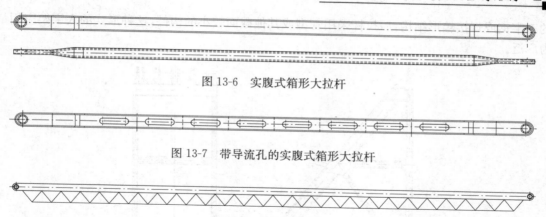

图 13-6　实腹式箱形大拉杆

图 13-7　带导流孔的实腹式箱形大拉杆

图 13-8　桁构式大拉杆

2. 单臂架系统

门座起重机单臂架系统根据变幅驱动方式的不同其构造有所不同。

采用刚性传动件驱动变幅的单臂架（图 13-9）一般是由钢管、型钢焊接成变截面桁架结构或由钢板焊接成箱形变截面结构，变幅拉点处截面最高，截面宽度从头部向根部逐渐增大。

采用柔性拉索驱动变幅的单臂架（图 13-10）大多是用型钢或钢管焊接成桁架结构。臂架中部等高度，靠近两端逐渐缩小，并用钢板加固。臂架的宽度从头部向根部逐渐增大。有时为了改善臂架受力状况，将通过下铰中心的臂架轴线设计成稍微偏离截面中心线。

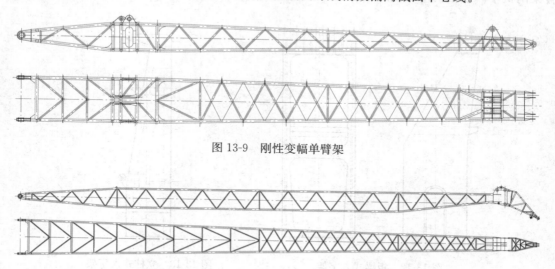

图 13-9　刚性变幅单臂架

图 13-10　柔性变幅单臂架

二、人字架及平衡系统

1. 人字架

人字架按其侧面的形状可分为桁构式、板梁式和立柱式等结构形式。

桁构式人字架（图 13-11）是一种最典型的结构，工作时前撑杆受力较大，常采用截面较大的工字钢或焊接箱形结构,后拉杆采用管型或其他截面较小的构件,这种形式的人字架应用最为广泛。

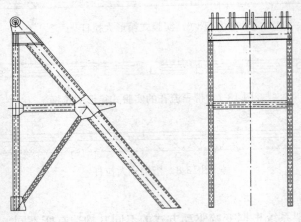

图 13-11　桁构式人字架

板梁式人字架(图 13-12)是一种广泛应用于高工作级别港口起重机的新型结构。该人字架结构完全由板材围成一个大的、空心的四棱柱。前后两片大面积镂空、左右两侧则基本为实腹式结构,该结构简洁,施工方便,容易采用自动焊接工艺制作。

立柱式人字架(图 13-13)是对传统人字架进行简化处理后的一种新型结构,广泛应用于单臂架门机中。该结构可以做成箱形或筒体式,根据立柱的受力沿高度方向可做成变截面形式。

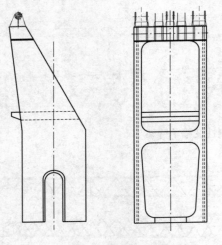
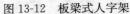
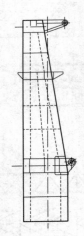

图 13-12　板梁式人字架　　　　　图 13-13　立柱式人字架

对于刚性变幅的门座起重机,在人字架顶部的横梁上设有大拉杆、平衡梁及导向滑轮支座,在人字架中部横梁上连接有变幅机构平台。对于柔性变幅的门座起重机,在人字架顶部的横梁上设有导向滑轮、补偿滑轮支座等构件。

各种人字架下部通常与转台直接焊接,也可以采用螺栓或铰轴连接。

2. 平衡系统

根据门座起重机臂架系统的结构形式,衍生出了有臂架自重平衡(图 13-1)和无臂架自重平衡两种形式。大多数装卸门座起重机的臂架系统带有自重平衡,该系统由平衡梁与小拉杆组成。在臂架自重平衡系统中,平衡梁结构支撑在人字架顶部横梁上,拉杆通过铰点与平衡梁和臂架相连,在平衡梁的尾部设有活配重箱。

(1)平衡梁

平衡梁一般采用箱型结构(图13-14),由于是起杠杆作用,其支撑铰点处受力最大。

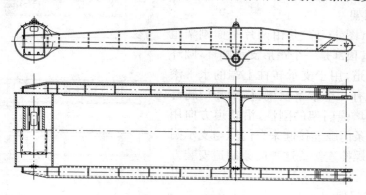

图13-14 平衡梁结构

(2)小拉杆

小拉杆(图13-15)是臂架和平衡梁之间的连接杆,其连接点均为铰接,通常将小拉杆看成二力杆,其构造有独立型和组合型,可以用钢管、工字钢或焊接箱形等制作。

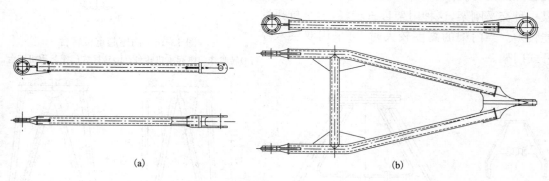

图13-15 小拉杆
(a)独立型小拉杆;(b)组合型小拉杆。

三、转　　台

转台通常是由两根纵向主梁和若干根横梁并辅以一些面板和筋板组成的平面板梁结构。主梁和横梁设计成箱形或工字形截面梁,两根主梁的中心距尽可能与臂架下铰点间距以及人字架横向间距相同或相近。转台尾部做成箱体,以便装载一定数量的固定配重。横梁和筋板的设置应根据转台上的机构和结构的安装位置来确定。对于大轴承转盘式门座起重机,转台的下方通常有一节支撑圆筒和一个连接法兰。支撑圆筒插入到转台内部与转台焊接成一体,以加强连接的刚性和改善传力条件[图13-16(a)]。对于转柱式门座起重机,转台下方配有连接下转柱用的箱体[图13-16(b)],并用带拼接板的对接方式实现两者之间的高强度螺栓连接。

四、门　架

门架的结构形式主要有三种：交叉门架、八撑杆门架和圆筒门架。前两种门架用于转柱式门座起重机，后一种门架用于轴承转盘式门座起重机。

1. 交叉式门架

交叉式门架(图 13-17)是由两片平面刚架组成的刚架结构，其顶部是一个箱形支承圆环，圆环内侧装有环形轨道，用于支承转柱上端的水平滚轮。门架的中部有一个十字横梁，横梁和门腿都是箱形截面。为增强门架的刚性，沿轨道方向用拉杆把同一侧两条门腿连接起来。门腿与支承圆环之间采用法兰螺栓连接。这种门架制造安装方便，但自重较大。

2. 八撑杆式门架

八撑杆门架(图 13-18)的顶部仍然是一个内侧装有环形轨道的箱形支承圆环，支承圆环通过八根撑杆支承在下门架四角的门腿上。八根撑杆在各侧面内为两两成对称的三角形桁架。下门架是一种交叉刚架，这种门架自重较轻，但是抗扭性能较差。当门架的高度较大时，可采用双层八撑杆式门架。

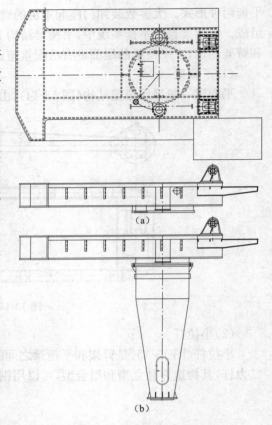

图 13-16　门座起重机转台
(a)转盘式门座起重机转台；(b)转柱式门座起重机转台。

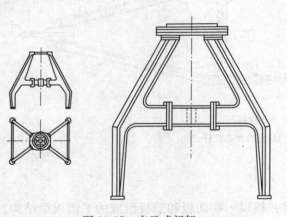

图 13-17　交叉式门架

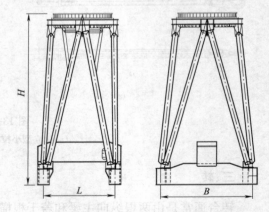

图 13-18　八撑杆式门架

3. 圆筒式门架

圆筒门架(图 13-19)的顶部是一个特制的圆环形法兰盘，法兰盘的刚性要求很大，以确保上部连接大轴承的正常工作。门架的中部是一个直圆筒，直圆筒要求有足够的刚度。为了保证门架下部的净空高度，下门架通常采用主、横梁结构形式，圆筒下端插入下门架主梁的内部与主梁焊成一体。圆筒式门架自重较轻，风阻力小，外形美观，在港口门座起重机中得到广泛的应用。

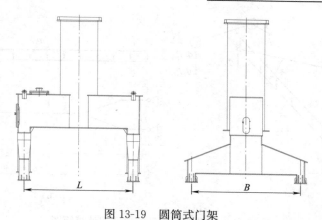

图 13-19　圆筒式门架

第二节　门座起重机金属结构上的载荷及载荷组合

一、门座起重机金属结构上的载荷

作用在门座起重机金属结构上的载荷主要有：

(1)自重载荷 P_G。初步设计时可参照同类型参数相近的产品重量进行估算，但是最后核算的数据如果与估算的数据出入较大时，则应重新调整和核算。自重载荷以集中载荷或均布载荷的形式作用在结构相应的位置上。

(2)起升载荷 P_Q。

(3)水平载荷 P_H。这类载荷有：①起升质量的水平偏摆力 P_a(包括作用在起升质量上的风力，变幅和回转起、制动时由起升质量产生的水平惯性力和回转运动时的离心力)；②结构和机电设备质量因回转、变幅或运行机构起、制动所引起的水平惯性力 P_i。

(4)作用在起重机上的风载荷 P_W。

(5)振动、冲击所引起的动力载荷。

(6)偏斜运行侧向力 P_S。

除上述载荷外，还应根据具体情况考虑安装运输、温度变化及支座沉陷等因素引起的载荷。

二、载荷组合

门座起重机金属结构的载荷组合见第三章表 3-18。

第三节　臂架系统结构设计

一、单臂架计算

1. 作用载荷

采用柔性拉索变幅驱动的单臂架，其变幅平面和回转平面的计算简图如图 13-20(a)、(b)所示。变幅钢丝绳可简化成只受拉的活动铰支承 A，因此臂架在变幅平面内为简支结构，在回转平面内为悬臂结构。

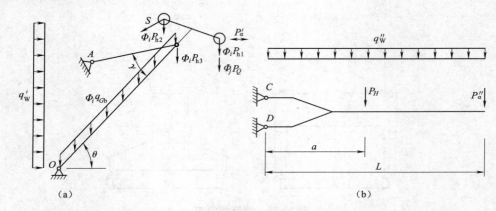

图 13-20　柔性变幅驱动的单臂架计算简图

采用刚性驱动的单臂架,其变幅平面的计算简图如图 13-21 所示,回转平面的计算简图同图 13-20(b)。变幅齿条(或螺杆、油缸等)简化为活动铰支承,因此臂架在变幅平面内为带伸臂的简支结构,在回转平面内为悬臂结构。

作用在柔性拉索变幅驱动臂架上的载荷主要有:

(1)自重载荷。包括臂架结构分布自重载荷 q_{Gb} 和滑轮组及绳端连接件自重载荷 P_{h1}、P_{h2}、P_{h3}。对自重载荷应考虑动载系数 Φ_i,Φ_i 可取起升冲击系数 Φ_1 或运行冲击系数 Φ_4。

(2)起升载荷 P_Q。包括额定起吊物品的重力和吊具重力。对起升载荷应考虑动载系数 Φ_j,Φ_j 可取起升动载系数 Φ_2、突然卸载冲击系数 Φ_3 或 Φ_4。

(3)起升质量偏摆水平力。$P_\alpha = P_Q \tan\alpha$。

(4)风载荷。认为风载荷沿臂架全长均布,$q_w = P_w/L$。

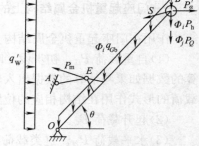

图 13-21　刚性变幅驱动的单臂架变幅平面计算简图

图 13-20 中分别用 q'_w 和 q''_w 表示臂架变幅平面和回转平面的风载荷。

(5)起升钢丝绳拉力 S。

(6)回转机构起、制动时臂架质量的水平惯性力 q_H。q_H(N/m)沿臂架长度不均匀分布,且在端部达到最大值(图 13-22),通常计算时简化成一集中力 P_H(N)。

$$P_H = \Phi_5 m_{Gb} \cdot \frac{n\pi}{30t}\left(r_1 + \frac{L}{2}\cos\theta\right) \tag{13-1}$$

式中　Φ_5——机构驱动加(减)速动载系数,取 $\Phi_5 = 1.5$;

　　　m_{Gb}——臂架质量(kg);

　　　n——起重机回转速度(r/min);

　　　t——回转机构起、制动时间(s);

　　　r_1——臂架下铰点到起重机回转中心线的水平距离(m);

　　　θ——臂架仰角(°)。

如图 13-22 所示,P_H 作用点离下铰点的距离为

$$b = \frac{L}{3} \cdot \frac{3r_1 + 2L\cos\theta}{2r_1 + 2L\cos\theta} \tag{13-2}$$

　　作用在刚性变幅驱动单臂架上的载荷除了将钢丝绳驱动载荷改为齿条驱动载荷外,其他与以上基本相同,但由于刚性变幅驱动的单臂架增加了平衡系统,因此臂架上还作用有小拉杆的拉力 P_m,通常用图解法确定,如图 13-23 所示。

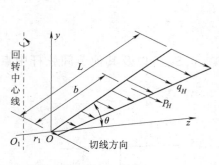

图 13-22　臂架回转水平惯性力

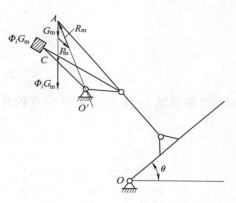

图 13-23　小拉杆拉力图解

2. 计算工况

　　(1)臂架强度计算一般取最大、最小和中间几个幅度位置;臂架的疲劳计算应取经常工作的幅度位置。

　　(2)按 B 类载荷组合的强度条件选择臂架结构的截面尺寸,校核时应满足各类载荷组合下的强度、刚性和稳定性条件。

　　(3)变幅钢丝绳的总拉力可根据图 13-20 中的静力平衡条件求得,但钢丝绳拉力不允许出现负值。齿条驱动力可根据图 13-21 中的静力平衡条件求得。

3. 内力计算

　　(1)对于箱形结构的臂架,可根据材料力学由图 13-20 和图 13-21 求出臂架截面的弯矩、轴向力及剪力分布图。

　　(2)对于矩形截面的桁架臂架,通常将其分解成平面桁架来求解杆件内力,认为变幅平面内的载荷由两片垂直桁架平均承受,回转平面内的载荷由上下两片桁架平均承受。

　　(3)对于三角形截面的桁架臂架,垂直载荷由两个斜桁架承受,水平载荷由水平桁架承受(图 13-24)。

　　(4)对于无斜杆单臂架结构,在变幅平面内按实体压弯构件由该平面内的载荷作出内力图。在回转平面内,无斜杆单臂架是一个多次超静定的平面框架结构(图 13-25)。

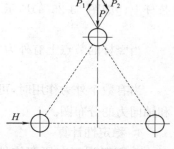

图 13-24　三角形桁架上
的载荷分解

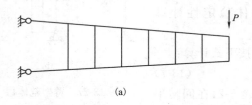

(a)

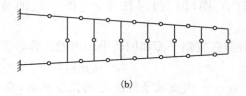

(b)

图 13-25　无斜杆臂架在回转平面内的计算简图

假定每个节间弦杆的中点为弯矩零点(反弯点),则可将图 13-25(a)的超静定结构简化成(b)图的静结构,并由力平衡条件解出杆件内力。如求第 i 节间弦杆的内力,取右边臂架部分作为隔离体[图 13-26(a)],则上、下弦杆的中点(弯矩零点)作用垂直力和水平力,其值为

$$S_{1,i} = \frac{P}{2} \tag{13-3}$$

$$S_{2,i} = \frac{Pl_i}{h_i} \tag{13-4}$$

同样可解出第 $i-1$ 节间弦杆中点的作用力 $S_{1,i-1}$、$S_{2,i-1}$ 以及其他节间弦杆中点的作用力。

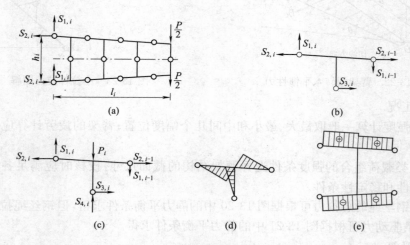

图 13-26　无斜杆臂架的内力分析

竖杆上的作用力由于结构对称、外载荷反对称,即将 P 化为两个 $P/2$ 力分别作用于上、下弦杆上,[如图 13-26(a)所示],所以竖杆反弯点处只有水平力 $S_{3,i}$,[图 13-26(a)、(b)],其值为

$$S_{3,i} = S_{2,i} - S_{2,i-1} \tag{13-5}$$

当竖杆的节点上有外力 P_i 作用时[图 13-26(c)],竖杆上还有轴向力 $S_{4,i}$,其值为

$$S_{4,i} = P_i \tag{13-6}$$

当有数个外力作用时,可用叠加原理计算。图 13-26(d)、(e)表示相邻两个节间上的弯矩和轴向力的分布图。

4. 稳定性计算

单臂架为双向压弯构件,应按第五章式(5-80)计算整体稳定性。图 13-27 为柔性变幅和刚性变幅单臂架在变幅平面[图(a)、图(b)]和回转平面[图(c)]的整体稳定性计算简图。

臂架在变幅平面和回转平面内的计算长度按下式计算:

$$l_c = \mu_1 \mu_2 \mu_3 L \tag{13-7}$$

式中　μ_1——由支承条件决定的长度系数,查表 5-2;在回转平面 $\mu_1 = 2$;

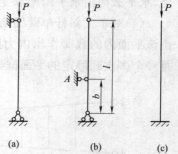

图 13-27　臂架整体稳定性计算简图

μ_2——变截面长度系数,由表 5-3、表 5-4 查取。计入 μ_2 后,等截面臂的惯性矩取变截面臂的最大惯性矩;

μ_3——考虑拉臂钢丝绳或起升钢丝绳影响的长度系数,在回转平面内按第十一章式(11-36)计算,在变幅平面取 $\mu_3=1$。

5. 静刚性计算

(1)臂架的长细比(对桁架式臂架为换算长细比)应满足:

$$\lambda(\text{或}\ \lambda_{\text{h}})\leqslant[\lambda]=180 \tag{13-8}$$

计算变幅平面和回转平面的长细比 λ_x、λ_y 时,相应计算长度按式(13-7)计算。

(2)变形条件

《起重机设计规范》未对门座起重机明确规定静刚度要求,对桁架式单臂架在回转平面的静刚度可参照第十一章桁架式吊臂的静刚度要求:$f\leqslant[f]$,其中 f 按式(11-33)计算;$[f]$ 取臂长 L 的 1%,即 $[f]=L/100$。

柔性变幅的臂架在变幅平面内的挠度一般不计算。

对于变截面箱形单臂架可用以下近似方法计算其顶端在变幅平面内的位移。

如图 13-28(a)所示,将支座 B 的左右各分成四段,并求出各分段处截面的惯性矩,则 AB 和 BC 两段臂架的折算惯性矩 I_{c1}、I_{c2} 分别为

$$I_{c1}=\cfrac{16}{\cfrac{1}{I_1}+\cfrac{4}{I_2}+\cfrac{9}{I_3}+\cfrac{16}{I_4}} \tag{13-9}$$

$$I_{c2}=\cfrac{16}{\cfrac{1}{I_7}+\cfrac{4}{I_6}+\cfrac{9}{I_5}+\cfrac{16}{I_4}} \tag{13-10}$$

则由外力 F 产生的臂架顶端位移为

$$\Delta_y=\frac{FL_1^3}{3EI_{c1}}+\frac{FL_1^2L_2}{3EI_{c2}} \tag{13-11}$$

在回转平面内将臂架全长等分成四段,各分段处截面的水平惯性矩如图 13-28(b)所示,其折算惯性矩为

$$I_c=\cfrac{16}{\cfrac{1}{I_1'}+\cfrac{2}{I_2'}+\cfrac{9}{I_3'}+\cfrac{4}{I_4'}} \tag{13-12}$$

由水平力 T 引起的臂端位移为

$$\Delta_z=\frac{TL^3}{3EI_c} \tag{13-13}$$

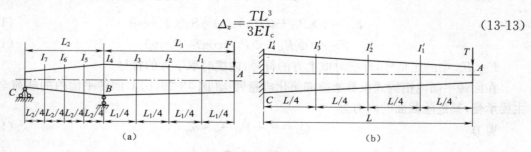

图 13-28　变截面箱形臂架折算惯性矩计算简图

二、组合臂架计算

1. 象鼻架计算

(1)计算简图

图 13-29(a)、(b)分别为象鼻架在某一幅度位置时变幅和回转平面内的计算简图。图(a)中象鼻架尾部的活动铰支承是沿大拉杆轴线方向的定向铰;图(b)是将臂架头部两侧铰轴作为象鼻架在回转平面内的铰支座。

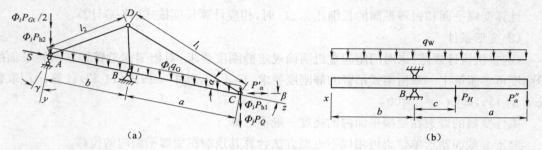

图 13-29   象鼻架计算简图

(2)计算载荷

①自重载荷。包括象鼻架结构分布自重载荷 q_G;象鼻架前后滑轮组的自重载荷 P_{h1}、P_{h2};大拉杆的一半重力 $P_{Gt}/2$。对自重载荷应考虑动载系数 Φ_i,Φ_i 可取 Φ_1 或 Φ_4。

②起升载荷 P_Q。对起升载荷应考虑动载系数 Φ_j,Φ_j 可取 Φ_2、Φ_3 或 Φ_4。

③起升质量水平偏摆力 P_α。

④风载荷。风从侧面垂直吹向象鼻架,按均布载荷 q_w 作用,如图 13-29(b)所示。

⑤起升钢丝绳拉力 S。

⑥回转机构起、制动时象鼻架质量的水平惯性力 P_H,计算参见式(13-1)。

(3)内力计算

在变幅平面内将象鼻架简化为一次超静定结构[图 13-29(a)],可求得危险截面 I—I 上的内力为

轴力 $$N = F_{Cz} + a \cdot \Phi_i q_G \sin\beta - N_{CD} \cos\alpha \qquad (13\text{-}14)$$

剪力 $$Q_y = N_{CD} \sin\alpha - F_{Cy} - a \cdot \Phi_i q_G \cos\beta \qquad (13\text{-}15)$$

弯矩 $$M_x = a \cdot F_{Cy} + \frac{a^2}{2} \Phi_i q_G \cos\beta - a \cdot N_{CD} \sin\alpha \qquad (13\text{-}16)$$

式中 $$F_{Cz} = (\Phi_j P_Q + \Phi_i P_{h1}) \sin\beta - S_Q \pm P_\alpha' \cos\beta \qquad (13\text{-}17)$$

$$F_{Cy} = (\Phi_j P_Q + \Phi_i P_{h1}) \cos\beta \mp P_\alpha' \sin\beta \qquad (13\text{-}18)$$

F_{Cz}、F_{Cy} 中的正负号,外摆时取上方的符号,内摆时取下方的符号。

在回转平面内桁构式象鼻架前部简化成悬臂梁[图 13-29(b)],回转平面内的载荷全部由主梁承受,其危险截面的内力为

剪力 $$Q_x = P_\alpha'' + P_H + a \cdot q_w \qquad (13\text{-}19)$$

弯矩 $$M_y = a \cdot P_\alpha'' + c \cdot P_H + \frac{1}{2} a^2 q_w \qquad (13\text{-}20)$$

对于箱形框架式象鼻架,其前部在回转平面内可简化成无斜杆框架计算。

象鼻架各杆件应满足强度、刚度(长细比)及稳定性要求。

2. 臂架计算

(1)计算简图

图 13-30(a)、(b)分别为臂架在某一幅度位置时变幅平面和回转平面内的计算简图,图中的变幅驱动装置简化成臂架的活动铰支承。

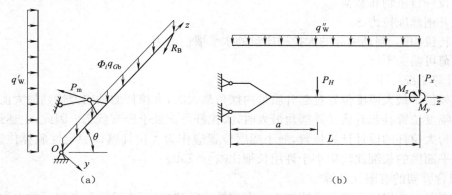

图 13-30　臂架计算简图

(2)计算载荷

图 13-30 中,作用在臂架上的载荷除了与单臂架相同的自重载荷、风载荷、惯性载荷和小拉杆的拉力外,在变幅平面内还有由象鼻架传来的载荷 R_B,即图 13-29(a)中象鼻架铰支承 B 对臂架头部的作用力。以及回转平面内由图 13-29(b)中各水平力引起的臂架头部的侧向作用力 P_x、扭矩 M_z 和弯矩 M_y[图 13-30(b)]。

(3)内力计算

对于桁架式臂架和箱形臂架,内力计算和单臂架相同;对于桁构式臂架内力计算与象鼻架相似。

臂架应满足强度、刚度及稳定性要求。

臂架的稳定性计算与单臂架类似,但在确定变幅平面内臂架的计算长度时,若不能确定臂架头部的侧向约束程度,可取 $\mu_1=1$。

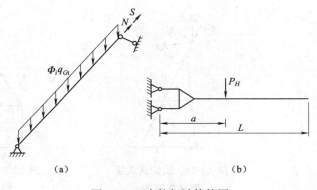

图 13-31　大拉杆计算简图

433

3. 大拉杆

(1)计算简图

图 13-31 为大拉杆的计算简图,在变幅平面内为简支结构,在回转平面内为悬臂结构。

(2)计算载荷

作用在大拉杆上的载荷主要有:

①象鼻架尾部铰支承 A 传来的作用力 N,可按图 13-29(a)由象鼻架的平衡条件求得。

②大拉杆自重均布载荷 q_{Gt}。

③起升钢丝绳拉力 S。

④回转机构起、制动引起的大拉杆质量的水平惯性力 P_H。

风载荷可略去不计。

(3)计算工况

当臂架位于最大幅度位置且起升质量内摆角最大时,大拉杆的轴向力达到最大值,当臂架位于最小幅度位置且起升质量外摆角最大时,大拉杆可能处于压弯状态。因此,上述最大幅度位置应作为大拉杆的设计计算位置,最小幅度位置应作为大拉杆整体稳定性验算位置。大拉杆在两个平面内的长细比均应小于许用长细比 $[\lambda]=150$。

4. 组合臂架的有限元计算

采用有限元法将组合臂架系统视为一个整体进行建模,可直接计算各单元的内力、应力以及各节点的位移。

第四节 人字架系统结构设计

一、人 字 架

1. 计算简图

不同形式的人字架有不同的计算简图。

桁架式人字架一般用于柔性牵引变幅的起重机,在忽略次应力的情况下可将其简化成图 13-32 所示的计算简图。人字架顶部横梁可简化成双向受弯和受扭的简支梁。

桁构式人字架和框架式人字架一般用于刚性驱动变幅的起重机,图 13-33 为四连杆组合臂架门机人字架计算简图,图 13-34 为单臂架钢丝绳滑轮组水平位移补偿门机人字架计算简图。人字架顶部横梁是一个双向受弯和受扭的构件,在垂直于前门框内可简化成简支梁。

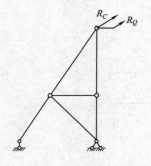

图 13-32 桁架式人字
架计算简图

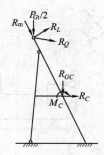

图 13-33 桁构式人字
架计算简图

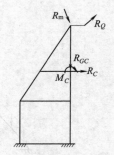

图 13-34 框架式人字
架计算简图

2. 计算载荷

作用在人字架上的载荷根据不同的变幅驱动形式和水平位移补偿方式而不同。

柔性牵引变幅起重机的人字架载荷主要有(图 13-32)：

(1)变幅钢丝绳张力的合力 R_C。

(2)起升钢丝绳张力的合力(包括补偿滑轮组钢丝绳张力)R_Q。

(3)负荷限制器支座作用力。

(4)人字架结构的自重载荷。

刚性变幅起重机人字架的载荷主要有(图 13-33、图 13-34)：

(1)起升钢丝绳张力的合力 R_Q。

(2)大拉杆的拉力 R_L。

(3)大拉杆的一半自重载荷 $\frac{1}{2}P_{Gt}$。

(4)变幅驱动力 R_C 和力矩 M_C。

(5)变幅机构自重载荷 R_{GC}。

(6)平衡梁支座作用力 R_m。

(7)负荷限制器支座作用力。

(8)人字架结构的自重载荷。

3. 内力计算

不同工作幅度或不同起升载荷时,作用在人字架结构上的各项载荷的数值和方向是不同的,人字架结构的计算工况为最不利的最大幅度位置和最小幅度位置。对于起升质量随幅度变化的起重机,还必须增加具有最大起重量的工作幅度位置计算工况。

桁架式人字架的内力可采用截面法或图解法求解。

桁构式人字架可将其侧平面简化成一次超静定,取后拉杆的内力为未知力,用力法求解人字架的内力。

对框架式人字架,将其上、中、下分为三个独立的刚架,将外载荷和相互传递的内载荷分别作用在各自的节点上,用力法分别解三部分结构的内力。

采用有限元法对人字架进行整体建模计算,会得到更加精确的内力和变形的分析结果。图 13-35 和图 13-36 分别为桁构式人字架和框架式人字架结构按梁单元建立的有限元计算模型。对于立柱式和板梁式人字架结构,通常采用有限元中的板壳单元建模计算。

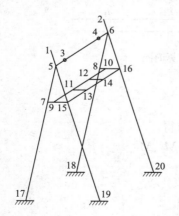

图 13-35　桁构式人字架有限元模型

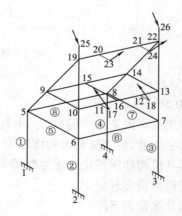

图 13-36　框架式人字架有限元模型

二、平衡梁

平衡梁的计算简图如图 13-37 所示。其受力最大的计算位置通常是平衡梁处于水平状态或平衡梁尾部上摆角度最大时的位置。可直接按图示简支结构计算其内力。

三、小拉杆

小拉杆是臂架和平衡梁之间的连接构件,两端均为铰接,所以视为二力杆。通常计算最大幅度、最小幅度和平衡梁水平时三个幅度位置的拉杆受力。

图 13-37　平衡梁计算简图

第五节　转　台

转台是门座起重机回转部分的支承平台。它既承受回转支承以上各部分结构和机构的自重和作用力,又将这些载荷向下传递给门架。转台在门座起重机中起着承上启下的作用,是门座起重机结构的重要组成部分。

一、转台结构计算

1. 计算简图

转台为空间板梁结构,受力比较复杂,一般可简化为两根纵梁和若干横梁组成的框架结构。计算主要只针对转台的两根纵梁。图 13-38 所示转台的纵梁计算简图为一单跨简支外伸梁,支撑点可近似取纵梁与回转支承的交点或转柱与纵梁的连接点。

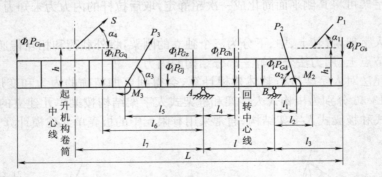

图 13-38　转台纵梁的计算简图

2. 计算载荷

作用在转台上的载荷有:

(1)臂架支座传来的作用力 P_1,由臂架部分计算求得。

(2)人字架前、后支腿传来的作用力 P_2、P_3 和力矩 M_2、M_3。

(3)起升机构和回转机构重力载荷 P_{Gq}、P_{Gh}。

(4)司机室重力载荷 P_{Gs}。

(5)起升绳张力 S。

(6)固定配重重力载荷 P_{Gm}。

（7）转台自重载荷，包括转台结构自重 P_{Gz}、电气设备自重 P_{Gd} 和机器房结构的自重载荷 P_{Gj}。

3. 转台设计计算

转台为单跨简支的箱形或工字形外伸梁，可直接求出主梁的内力图，然后按箱形或工字形结构的要求设计。

转台一般为等截面梁，只需对内力最大的截面进行强度验算。一般取最大、中间和最小三个幅度位置作为主梁结构的计算位置，并取其中最不利位置的载荷进行组合。

为获得精确的计算结果，可利用有限元法按空间板壳单元建立转台结构的有限元模型来计算。

二、转柱结构计算

1. 计算简图

转柱式转台是利用上水平滚轮和下支承轴承实现门座起重机上旋部分的回转功能。作用在上旋部分的所有载荷都经过水平滚轮和支承轴承传递到门架上，转柱的计算简图可简化为图 13-39 所示的压弯构件。

2. 计算载荷

作用在转柱上的载荷主要有由转台作用在转柱顶部的轴向力 P、在变幅平面和回转平面内的水平力 T、T' 及弯矩 M、M'。转柱的自重载荷和风载荷可忽略不计。

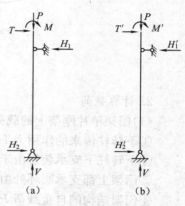

图 13-39　转柱计算简图
(a)变幅平面计算简图；
(b)回转平面计算简图。

3. 设计计算

根据图 13-39 所示的变幅平面和回转平面的静力平衡条件，可求得转柱的支反力并由此画出内力图。

转柱是双向压弯构件，一般按最大工作幅度且满载工况验算危险截面的强度和整体稳定性。

第六节　门　架

门座起重机的门架用以支承上部回转部分所有结构和机构，并承受各构件重力、货物重力、风力和各机构（起升、变幅、回转和运行）起、制动时的惯性力。为保证起重机正常工作，门架必须有足够的强度和刚度。

一、交叉门架

1. 计算简图

交叉门架为空间刚架结构，通常将其分解成两片相互交叉的平面刚架进行简化计算。每片平面刚架为内部三次超静定结构，图 13-40 为其计算简图。

除了对门架的平面刚架进行计算外，还需对上部支承圆环单独进行计算，图 13-41 为其计算简图。当臂架位于两门腿之间即水平力 H_1 沿 x 轴方向作用时

图 13-40　交叉门架单片刚架计算简图

[图 13-41(b)]，圆环受 H_1 作用产生的弯矩最大，圆环承受的载荷 $P=H_1/2$，支承圆环四个支点 A、B、C、D 的反力 $P_1=P/2$。

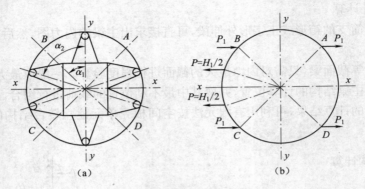

图 13-41　支承圆环计算简图

(a)支撑圆环构造原理图；(b)支撑圆环受力图。

2. 计算载荷

(1)门架单片刚架上的载荷

①下转柱传来的作用力 H_1、H_2 及 V。

②下转柱下支承装置由于水平力产生的力矩 $M_1=H_2 \cdot e$。

③门架上部支承圆环处由大齿圈传来的扭矩 M_k。

④门架结构的自重载荷 P_G。

作用在门架结构上的风载荷和惯性载荷可以忽略不计。

(2)支承圆环的载荷

①水平滚轮作用力 P。

②与门腿上部连接处的支反力 P_1，其与 P 的作用方向相反。

3. 内力计算

(1)门架平面刚架内部按三次超静定结构计算，利用图 13-42 所示的单位载荷内力图用力法求解多余未知力。

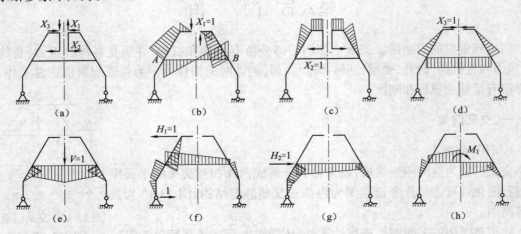

图 13-42　单位载荷内力图

(a)门架的基本构造；(b)~(h)门架的单位载荷内力图。

（2）支承圆环按三次超静定对称结构计算，利用图 13-43 所示力学方法可求得三个多余未知力。

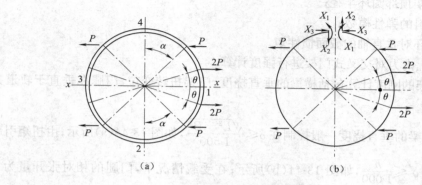

图 13-43　圆环计算简图

$$X_1 = \frac{2PR}{\pi}\left(\frac{\pi}{2} - \theta\sin\theta - \cos\theta\right)$$

$$X_2 = \frac{2P}{\pi}(\cos^2\alpha - \sin^2\theta)$$ $$\left.\right\}$$ (13-21)

$$X_3 = P$$

由于结构对称，图 13-43（a）中的 $\alpha = 45°$，圆环上各点的弯矩 M、拉力 N 和剪切力 Q 分别为

$$M_1 = 2PR\left[\sin\theta - 0.196 - \frac{1}{\pi}(\theta\sin\theta + \cos\theta + \sin^2\theta)\right]$$

$$N_1 = 2P\left[\frac{1}{\pi}\left(\frac{1}{2} - \sin^2\theta\right)\right]$$ $$\left.\right\}$$ (13-22)

$$Q_1 = 0$$

$$M_2 = 2PR\left[0.646 - \frac{1}{\pi}(\theta\sin\theta + \cos\theta)\right]$$

$$N_2 = P$$ $$\left.\right\}$$ (13-23)

$$Q_2 = 2P\left[\frac{1}{\pi}\left(\sin^2\theta - \frac{1}{2}\right)\right]$$

$$M_3 = 2PR\left[\frac{1}{\pi}(1.72 - \theta\sin\theta - \cos\theta + \sin^2\theta)\right]$$

$$N_3 = -2P\left[\frac{1}{\pi}\left(\frac{1}{2} - \sin^2\theta\right)\right]$$ $$\left.\right\}$$ (13-24)

$$Q_3 = 0$$

$$M_\theta = 2PR\left[\sin\theta - 0.354 - \frac{1}{\pi}\left(\theta\sin\theta - \frac{1}{2}\cos\theta - \cos\theta \cdot \sin^2\theta\right)\right]$$

$$N_\theta = 2P\left[\frac{1}{\pi}\cos\theta\left(\frac{1}{2}\sin^2\theta\right) + \sin\theta\right]$$ $$\left.\right\}$$ (13-25)

$$Q_\theta = 2P\left[\frac{1}{\pi}\sin\theta\left(\sin^2\theta - \frac{1}{2}\right) + \cos\theta\right]$$

圆环径向变形为

$$\Delta_x = \frac{2PR^3}{EI}\left[0.5\sin^2\theta - \frac{2}{\pi}(\theta\sin\theta + \cos\theta) + 0.543\right]$$ (13-26)

$$\Delta_y = \frac{2PR^3}{EI}\left[\sin\theta - 1.136\,6\left(\theta\sin\theta + \cos\theta + \frac{\pi}{2}\right)\right] \qquad (13\text{-}27)$$

式中　R——门架顶部圆环半径；

　　　E——材料的弹性模数；

　　　I——圆环对垂直轴的截面惯性矩。

(3)根据以上内力对交叉式门架进行强度计算。

(4)交叉门架的刚度计算包括横梁的垂直挠度、门架扭转变位、门腿在垂直于轨道方向的变形量三种。

门架交叉横梁的垂直挠度一般控制在 $\delta \leqslant \dfrac{\sqrt{L^2+B^2}}{1\,500}$，如图 13-44(a)所示；由扭矩引起的水平位移应控制在 $\delta' \leqslant \dfrac{h}{1\,000}$，如图 13-44(b)所示；在受载情况下，门腿的相对张开量为 $2\Delta_P = 2\Delta\cos\varphi$（图 13-45），其值应不大于轮缘与轨道之间的间隙。

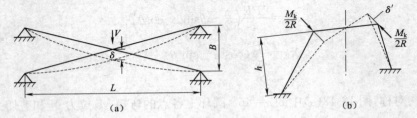

图 13-44　门架位移计算简图

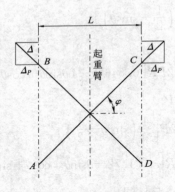

图 13-45　门架变形简图

二、八撑杆门架

1. 计算简图

八撑杆门架通常分解成上圆环、八撑杆和下门架三部分结构进行计算，其计算简图如图 13-46所示。

2. 计算载荷

(1)作用在门架上的载荷

①由起重机回转部分传递来的垂直力 V，作用在刚性门架横梁的中点；水平力和倾覆力矩转化为作用在支承圆环平面内的上水平力 H_1 和作用在门架横梁上的下水平力 H_2。

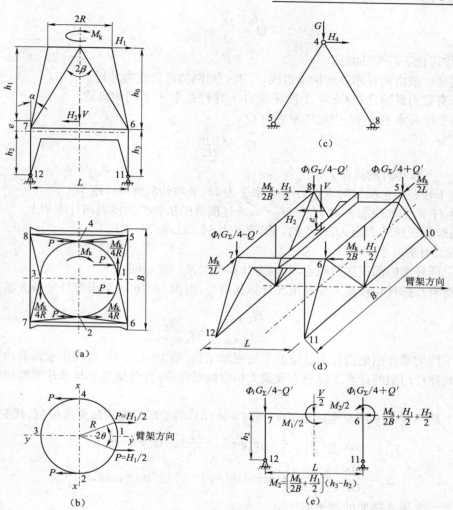

图 13-46　八撑杆门架简图

(a)八撑杆门架受力图；(b)上圆环计算简图；(c)八撑杆计算简图；(d)下门架空间受力图；(e)下门架平面计算简图。

②由 H_2 产生的附加力矩 $M_1 = H_2 \cdot e$。

③门架上部支撑圆环处承受的扭矩 M_k。

④门架的自重载荷 G_m。

作用在门架上的风载荷和惯性载荷可忽略不计。

(2)作用在上圆环的载荷

作用在上圆环的载荷有水平滚轮传到圆环上的水平力 $P = H_1/2$，八撑杆支承点传来的支承反力 P，方向与水平滚轮作用力相反。

(3)作用在八撑杆上的载荷

八撑杆两两成对，图 13-46(c)为其中一个侧面的一对撑杆。作用在其上的载荷有：

①垂直载荷 $G_\Sigma =$（上圆环重力）$/4 +$（撑杆总重）$/8$。

②由门架水平力 H_1 及扭矩 M_k 产生的水平力 $M_k/4R$ 平均分配在 4 个支点上，如图 13-46(a)产生的作用在侧面一对撑杆 4 点上的水平力 H_4 为

$$H_4 = \frac{H_1}{2} + \frac{M_k}{4R} \tag{13-28}$$

(4)作用在下门架的载荷

下门架一般由两片刚架和横梁组成,可取一片刚架进行受力分析。

①所有重力载荷之和 G_Σ = 上圆环重力 + 撑杆总重 + 下门架自重。

②由上圆环水平力 H_1 引起的垂直力 Q':

$$Q' = \frac{H_1 h_0}{2L} \tag{13-29}$$

式中 h_0——八撑杆的高度。

③由下转柱传给横梁的垂直力 V 和水平力 H_2 平均分配到两片刚架上。

④由 H_2 产生的附加力矩 $M_1 = H_2 \cdot e$,通过横梁的扭转平均传到两片刚架上。

⑤由起重机扭转力矩 M_k 产生的门架节点力 $M_k/2L$ 和 $M_k/2B$。

3. 设计计算

(1)上圆环为内部三次超静定,其内力计算与交叉门架相同。

(2)所有八撑杆均按最大受压情况计算其内力,由图 13-46(c)可得撑杆中最大轴向压力为

$$N_{4-8} = \frac{H_1 + \dfrac{M_k}{2R}}{4\sin\beta\cos\alpha} + \frac{G}{2\cos\beta\cos\alpha} \tag{13-30}$$

(3)下门架单片刚架简化为静定的平面刚架结构[图 13-46(e)],可直接求得其内力图。

(4)八撑杆门架的计算工况通常取最大幅度满载作业,且臂架处于与单片刚架相平行的平面内。

(5)上圆环在 x、y 两个坐标轴方向[图 13-46(b)]的变形应按实际要求控制,其变形为

$$\Delta_x = \frac{PR^3}{EI} \left[\frac{1}{2}(\sin^2\theta + 1) - \frac{2}{\pi}(\theta\sin\theta + \cos\theta) \right] \tag{13-31}$$

$$\Delta_y = \frac{PR^3}{EI} \left[\sin\theta - \frac{1}{2}(\sin\theta\cos\theta + \theta) - \frac{2}{\pi}(\theta\sin\theta + \cos\theta) + \frac{\pi}{4} \right] \tag{13-32}$$

式中 I——上圆环截面的水平惯性矩。

(6)八撑杆门架在 x、y 两个方向的水平位移(图 13-47)可根据以下要求控制:

$$\delta_1 = \delta_2 \leqslant \frac{h_1 + e + h_2}{700} \tag{13-33}$$

(7)对于下门架单片刚架,通常取臂架垂直于轨道和平行于轨道两种工况按图 13-46(e)进行计算。

三、圆筒门架

1. 计算简图

圆筒门架一般由圆筒、横梁和两片单梁三部分组成,计算简图如图 13-48 所示。

2. 计算载荷

圆筒门架的载荷包括起重机回转部分作用在圆筒顶端的水平力 H、垂直力 V、倾覆力矩 M、扭矩 M_k,以及圆筒门架的自重载荷 P_G 和作用在门架结构上的均布风载荷 q_w。

3. 设计计算

(1)圆筒门架的计算可简化成圆筒、横梁和端梁分别按静定结构直接求出各自的内力图。

(2)计算工况一般取最大幅度满载作业,且臂架分别位于垂直于轨道和平行于轨道位置。

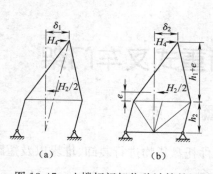

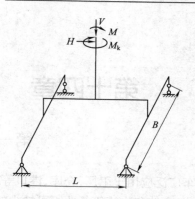

图 13-47 八撑杆门架位移计算简图
(a)正面(垂直轨道方向)平面变位计算图;
(b)侧面(顺轨道方向)平面变位计算图。

图 13-48 圆筒门架计算简图

(3)圆筒上端的水平位移应根据要求进行控制,计算式为

$$\delta_x = \frac{HL^3}{3EI} + \frac{ML^2}{2EI} \leqslant [\delta_x] \tag{13-34}$$

式中 I——圆筒截面的惯性矩;

$[\delta_x]$——要求控制的许用位移量,推荐值为圆筒高度的 1/350。

(4)圆筒结构为压弯构件,应保证其整体稳定性和局部稳定性。

▷◁ 习 题

13-1 四支腿门座起重机的结构简图如图 13-49 所示,已知垂直力 P_V 及弯矩 M,试计算轮压。计算轮压时假定:四个支点在同一平面上且轨顶亦在一同平面上(即不考虑制造误差和地基沉陷的影响),四条支腿的刚度相同。

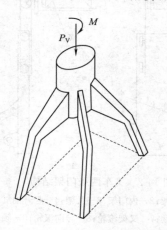

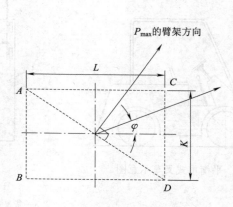

图 13-49 习题 13-1 用图

第十四章 平衡重式叉车门架

第一节 概 述

叉车广泛应用于工厂、仓库、港口等地,对成件托盘货物进行装卸、堆垛以及短距离运送,是制造业、仓储和物流等行业不可缺少的搬运设备。

叉车按构造特点分为平衡重式、前移式、插腿式、侧向堆垛式和侧面式等几种形式。平衡重式叉车的货叉相对于前轮呈悬臂状态,如图 14-1 所示,为了平衡货物重量产生的倾覆力矩,在车体尾部装有平衡重。平衡重式叉车是物流搬运车辆中应用最广泛、数量最多的产品。

叉车门架是叉车取物装置的主要承重结构,直立安装于叉车的前部,由左、右两根立柱通过横梁连接成门式框架。根据叉取货物起升高度的要求,叉车门架可做成两级或多级。常见的普通叉车多采用两级门架,如图 14-2 所示,它由外门架 1 和内门架 2 组成,悬挂在叉架 3 上的货叉 5 和叉架一起借助于叉架滚轮 7 沿内门架上下移动,带动货物 6 起升或下降。内门架靠起升油缸 4 驱动升降,并由滚轮 8 导向。门架后方的两侧设有倾斜油缸 9,可使门架前倾或后仰(门架前倾角约 $3°\sim6°$,后仰角约为 $10°\sim12°$),以利叉取和堆放货物。

图 14-1 平衡重式叉车示意图

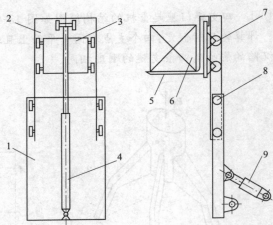

图 14-2 叉车两级门架结构

1—外门架;2—内门架;3—叉架;4—起升油缸;

5—货叉;6—货物;7—叉架滚轮;8—导向滚轮;9—倾斜油缸。

立柱既是门架的主要承载构件,也是叉架或内门架作升降运动的导轨,其截面形式有 C 形(槽形)、H 形(或称工字形、I 形)、L 形和 J 形几种,图 14-3 是国产 20 kN 叉车上用过的上述几种截面尺寸图。

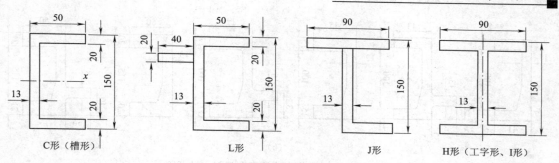

图 14-3　20 kN 叉车门架立柱截面尺寸

内、外门架立柱的组合形式有重叠式和并列式两种,用得最多的是并列式。并列式叉车门架的立柱之间都用横梁加以联系,以增加其整体刚度。图 14-4 为平衡重式叉车内外门架截面组合图。

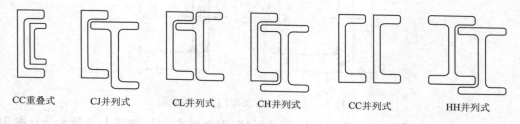

图 14-4　内外门架组合形式

叉车门架的材料通常根据强度条件及使用环境确定,常用低合金结构钢 Q345、合金结构钢 20CrMnSi 等。

叉车门架所用型材并非普通热轧型钢,而是叉车专用型钢。中华人民共和国黑色冶金行业标准 YB/T 4237—2010《叉车用热轧门架型钢》给出了 C 形、H 形和 J 形专用型钢的参数。图 14-5 为该标准中三种专用型钢的截面图。

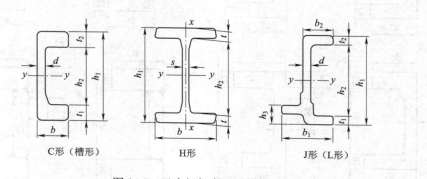

图 14-5　叉车门架专用型钢截面

日本三菱的小吨位叉车门架立柱多采用 CL 形并列式立柱,如图 14-6 所示。三菱中等以上吨位的叉车门架多采用焊接 CJ 形并列式立柱,如图 14-7 所示。

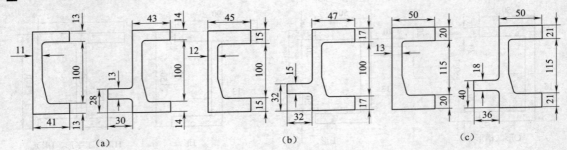

图 14-6 日本三菱小吨位叉车门架立柱截面

(a)10 kN叉车门架立柱截面;(b)15 kN叉车门架立柱截面;(c)20 kN叉车门架立柱截面。

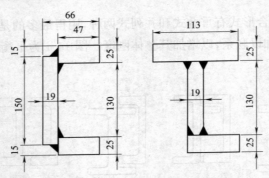

图 14-7 三菱 50 kN 叉车门架立柱截面

日本小松的叉车门架,无论吨位大小,都采用 CL 形并列式立柱,如图 14-8 所示。日本 TCM 的叉车门架,多采用 CJ 形立柱,如图 14-9 所示。日本各公司叉车门架的常用材料是 S45C。

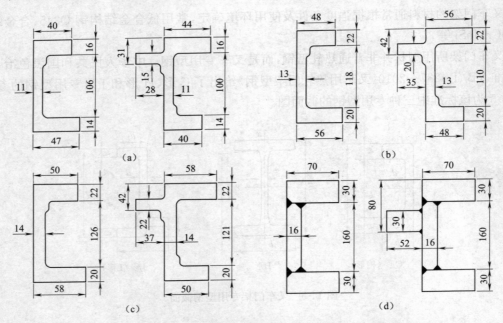

图 14-8 日本小松叉车门架立柱截面

(a)10 kN,15 kN叉车门架立柱截面;(b)20 kN叉车门架立柱截面;

(c)30 kN叉车门架立柱截面;(d)50 kN叉车门架立柱截面。

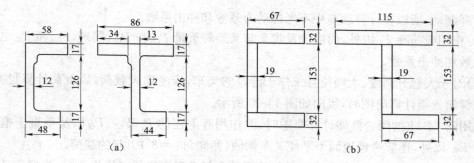

图 14-9　TCM 叉车门架立柱截面

第二节　叉车门架的计算简图和作用载荷

叉车门架根据计算方法不同,常采用两种计算简图。

计算门架时如果忽略横梁的影响,门架立柱可视为悬臂梁,其计算简图如图 14-10 所示。取这种计算简图计算简便,且偏安全。试验证实:这种计算简图的计算结果和实测结果的偏差在工程设计允许的范围之内,因而是可取的。

计算门架时如果考虑横梁的影响,认为门架立柱和横梁是刚性连接,则可把门架视为封闭的框架,采用图 14-11 的计算简图。取这种计算简图比较符合实际情况,但是如果框架的节点不完全是刚接点(实际情况可能是介于刚接和铰接之间),则计算结果不一定十分理想,而且计算方法比较复杂。

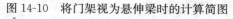

图 14-10　将门架视为悬伸梁时的计算简图

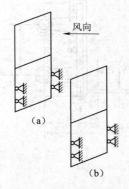

图 14-11　将门架视为封闭框架时的计算简图
(a)内门架计算简图;(b)外门架计算简图。

取图 14-10 的计算简图时,门架立柱的作用载荷分析如下:

(1)额定起重量 Q 通过叉架滚轮传给内门架,使内门架受到上下滚轮垂直于门架平面的载荷。考虑货物在货叉上偏置的情况,对于焊接叉架应计入偏载系数 M,其计算载荷为

$$P_j = MQ \qquad (14\text{-}1)$$

式中　Q——叉车额定起重量(kN);

M——货物偏载系数,$M = 1.1 \sim 1.3$。

根据叉车操作规程要求,当货叉满载起升到最大起升高度时,叉车既不能高速行驶,也不

允许下降制动,所以在计算载荷中不考虑动力系数和冲击系数。

(2)作用载荷除 P_j 以外,尚应计及货叉与叉架的重量 P_{Gh} 和 P_{Gj},同理,P_{Gh} 和 P_{Gj} 也不考虑动力系数和冲击系数。

(3)对于大起升高度、大吨位且工作于港口的叉车,应考虑风载荷,风载荷计算见第三章。采用悬臂简支梁计算简图时,风向如图 14-10 所示。

采用图 14-11 的闭合框架计算简图时,除作用有上述的 P_j、P_{Gh}、P_{Gj} 以及垂直于框架平面的风力 P_w 以外,还应考虑地面不平使叉车侧倾(侧倾角 $\alpha=3°$)引起的载荷。

根据叉车标准的规定,当满载货叉起升到最大起升高度进行码垛作业时,为保证叉车的纵向稳定性,门架立柱不允许前倾。所以采用上述两种计算简图时,都不考虑叉车前倾的工况,而取门架直立、货叉满载升至最大起升高度作为叉车门架的计算工况。

第三节 按悬伸简支梁计算叉车门架的强度

一、门架立柱的外力计算

计算内门架外力时,视叉架和货叉为一体,并取其作为分离体,如图 14-12(a)所示。忽略叉架滚轮与内门架立柱之间的摩擦力,根据作用于分离体的载荷 P_j、P_{Gh}、P_{Gj} 和 P_w,通过解平衡方程可求出叉架滚轮的压力。

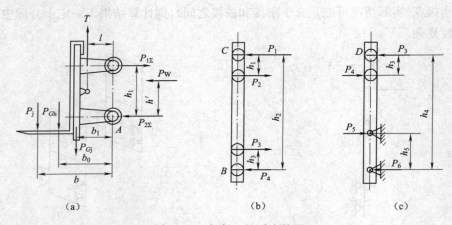

图 14-12 门架立柱受力简图

由 $\sum M_A = 0$,得

$$P_{1\Sigma}h_1 + Tl - P_jb - P_{Gh}b_0 - P_{Gj}b_1 - P_wh' = 0$$

$$P_{1\Sigma} = \frac{P_jb + P_{Gh}b_0 + P_{Gj}b_1 - Tl + P_wh'}{h_1} \tag{14-2}$$

式中参数如图 14-12(a)所示。

由于 l 值甚小,Tl 项通常忽略不计。

由 $\sum X = 0$,得

$$P_{1\Sigma} - P_{2\Sigma} - P_w = 0$$

$$P_{2\Sigma} = P_{1\Sigma} - P_W \tag{14-3}$$

一根门架立柱上作用的叉架滚轮轮压为

$$P_1 = \frac{1}{2}P_{1\Sigma}, \quad P_2 = \frac{1}{2}P_{2\Sigma}$$

将 P_1、P_2 作用于内门架上,取内门架为分离体[图 14-12(b)],可求出门架滚轮轮压 P_3、P_4:

由 $\sum M_B = 0$,得

$$-P_1 h_2 + P_2(h_2 - h_1) + P_3 h_3 = 0$$

$$P_3 = \frac{P_1 h_2 - P_2(h_2 - h_1)}{h_3} \tag{14-4}$$

由 $\sum X = 0$,得

$$-P_1 + P_2 + P_3 - P_4 = 0$$

$$P_4 = P_2 - P_1 + P_3 \tag{14-5}$$

计算门架滚轮压力时未考虑链条拉力的减载作用,这样偏于安全。

内门架的滚轮压力对于外门架是其外载荷,取外门架为分离体[图 14-12(c)],由 P_3、P_4 可求出外门架的支反力 P_5、P_6。

二、门架立柱的内力分析

门架立柱在外载荷作用下引起的内力包括弯矩、剪力、轴向力、扭矩和双力矩。计算和试验都证明,剪力引起的截面剪应力和轴向力引起的正应力都很小,通常不予计算。

式(14-2)~式(14-5)计算出的内、外门架的外力 P_i 都不通过门架立柱的弯心,故可将这些外力转化为通过弯心的集中力和相应扭矩 $M_i = P_i X_{ci}$,X_{ci} 为滚轮压力作用点至弯心的距离。整个内门架上作用的集中力和扭矩如图 14-13(a)所示。

外门架上的作用力 P_i 同样转化成作用于截面弯心的集中力和相应的扭矩 M_i'[图 14-13(b)]。

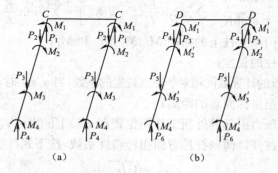

图 14-13　门架受力简图
(a)内门架受力简图;(b)外门架受力简图。

不考虑横梁的影响,取单根内门架立柱作为研究对象[图 14-14(a)],弯矩图如图 14-14(b)所示;取单根外门架立柱作为研究对象时[图 14-15(a)],其弯矩图如图 14-15(b)所示。

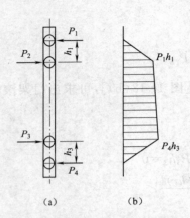

图 14-14 单根内门架立柱受力简图
(a)受力简图;(b)弯矩图。

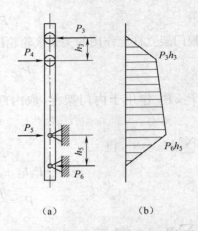

图 14-15 单根外门架立柱受力图

叉车门架立柱常采用 C 形、L 形或 J 形等截面,这些构件都属于开口薄壁杆件。当开口薄壁杆件受扭时,若由于支承条件的限制,截面不能自由翘曲,这种扭转称为约束扭转。开口薄壁杆件受约束扭转时,截面上将产生约束扭转正应力。约束扭转正应力的大小与其相应的内力(双力矩 B)成正比。

确定内门架立柱的双力矩 B 时,将门架立柱和横梁的连接端 C 简化为铰支座,另一端视为自由,如图 14-16(a)所示,其上作用有力矩 M_1、M_2、M_3 和 M_4。根据支座条件确定出 4 个初始参数,利用开口薄壁杆件影响函数表可写出双力矩方程式:

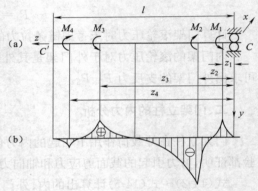

图 14-16 内门架立柱计算简图

$$B(z) = \frac{M_i l}{K} \left\{ \frac{\sinh \frac{Kz}{l}}{\sinh K} \left[\sum_{i=1}^{4} \sinh \frac{K}{l}(l-z_i)\delta_i \right] - \sum_{i=1}^{4} \sinh \frac{K}{l}(z-z_i)\delta_i \right\} \quad (14-6)$$

式中　M_i——作用于内门架立柱上的扭矩 M_1、M_2、M_3 和 M_4;

　　　l——内门架立柱的长度;

　　　δ_i——考虑在 i 点的计算截面相对于原点位置的系数,当 $z>z_i$ 时 $\delta_i=1$;当 $z<z_i$ 时 $\delta_i=0$;

　　　z——计算截面至坐标原点的距离;

　　　z_i——门架滚轮压力引起的外扭矩作用位置在 z 轴上的坐标;

　　　K——内门架立柱开口薄壁杆件弯曲扭转特性系数,按下式计算:

$$K=\sqrt{\frac{GI_K}{EI_\omega}}l \quad (14-7)$$

其中　G——材料的剪切弹性模量,

　　　I_ω——截面扇性惯性矩,列于表 14-1,

　　　I_K——截面自由扭转惯性矩,$I_K=\frac{\alpha}{3}\sum t_i b_i^3$($b_i$ 与 t_i 分别为槽形截面或工字形截面

各部分的长度与厚度；对轧制槽形截面 $\alpha = 1.12$；对轧制工字形截面 $\alpha = 1.20$；对焊接工字形截面 $\alpha = 1.50$）。

内门架立柱的双力矩图如图 14-16(b) 所示。

外门架也有横梁联系，横梁能有效地阻止立柱截面转动，但不能阻止立柱截面的翘曲。同时，外门架横梁在垂直于门架平面的抗弯刚度通常都比较小，因此，外门架也可以取为简支计算简图[图 14-17(a)]。将横梁与立柱连接的 D 点视为铰接点，和内门架立柱一样，可写出外门架立柱的双力矩方程式：

$$B(z') = \frac{M'_i l'}{K} \left\{ \frac{\sinh \frac{Kz'}{l'}}{\sinh K} \left[\sum_{i=1}^{4} \sinh \frac{K}{l'}(l'-z'_i)\delta_i \right] - \sum_{i=1}^{4} \sinh \frac{K}{l'}(z'-z'_i)\delta_i \right\} \tag{14-8}$$

式中　l'——外门架立柱的长度；

　　　z'——计算截面至坐标原点的距离；

　　　z'_i——外门架立柱外扭矩作用位置；

　　　M'_i——外门架立柱上作用的外扭矩；

其余符号意义同式(14-6)。

外门架立柱双力矩图如图 14-17(b) 所示。

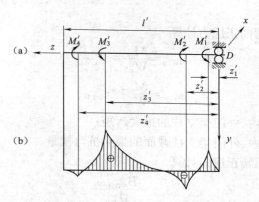

图 14-17　外门架立柱计算简图

表 14-1　槽形和工字形截面的扇性几何特性

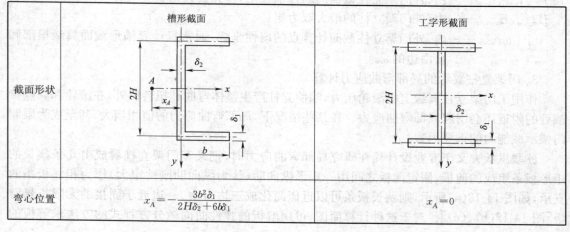

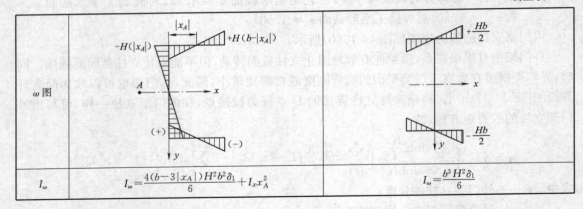

I_ω	$I_\omega = \dfrac{4(b-3\mid x_A\mid)H^2b^2\delta_1}{6} + I_x x_A^2$	$I_\omega = \dfrac{b^3 H^2 \delta_1}{6}$

三、门架立柱的强度验算

门架立柱的截面尺寸常参考类似结构确定,也可以根据滚轮和门架立柱翼缘表面的容许接触应力首先确定滚轮直径,由滚轮直径进而确定截面的其他尺寸。初选尺寸的强度计算包括:整体弯曲正应力、约束扭转正应力、立柱翼缘局部弯曲正应力及接触应力计算。剪应力比较小,通常不予计算。

1. 门架立柱的整体弯曲正应力计算

内门架立柱
$$\sigma_{W,n} = \frac{M_{\max,n}}{W_{\min,n}} \leqslant [\sigma] \tag{14-9}$$

外门架立柱
$$\sigma_{W,w} = \frac{M_{\max,w}}{W_{\min,w}} \leqslant [\sigma] \tag{14-10}$$

式中　$M_{\max,n}$、$M_{\max,w}$——内、外门架立柱的最大弯矩;

$W_{\min,n}$、$W_{\min,w}$——内、外门架立柱截面的最小抗弯模量。

2. 门架立柱的约束扭转正应力计算

内门架立柱
$$\sigma_{\omega,n} = \frac{B_{\max,n}\omega_n}{I_{\omega,n}} \tag{14-11}$$

外门架立柱
$$\sigma_{\omega,w} = \frac{B_{\max,w}\omega_w}{I_{\omega,w}} \tag{14-12}$$

式中　$I_{\omega,n}$、$I_{\omega,w}$——内、外门架立柱截面的扇性惯性矩,计算公式见表14-1;

$B_{\max,n}$、$B_{\max,w}$——内、外门架立柱的最大双力矩;

ω_n、ω_w——内、外门架立柱截面计算点的扇性坐标,通常只计算槽形截面翼缘根部和自由边的 ω。

3. 门架立柱翼缘的局部弯曲应力计算

作用于门架立柱翼缘上的滚轮压力,除使立柱产生整体弯曲和扭转以外,在滚轮和翼缘接触处的附近还会引起局部弯曲应力。在某些情况下,局部弯曲应力的值相当大,甚至成为限制门架承载能力的重要因素。

苏联里沃夫叉车专业设计局在研究局部弯曲应力时,把叉车门架立柱看成由几条狭长的矩形板条组成的薄板,假定薄板之间用一矩形纵向肋(认为纵向肋刚性很大)作为相邻板条的支承,如图 14-18(a)所示,则狭长板条可以近似简化成三边自由、一边近于固接的无限长悬臂板[图 14-18(b)、(c)]。对于这种计算简图,可用解板的弹性曲面微分方程式的方法求解板的

变位 W。由 W 计算出板的内力 M_x、M_z，从而可确定板在集中轮压作用下的局部弯曲应力。根据图 14-18 的坐标系统，板的弹性曲面微分方程为

$$\nabla^4 W = \frac{\partial^4 W}{\partial x^4} + 2\frac{\partial^4 W}{\partial x^2 \partial z^2} + \frac{\partial^4 W}{\partial z^4} = \frac{q(x,z)}{D} \tag{14-13}$$

式中　W——板的变位；

　　$q(x,z)$——作用于板的均布载荷，对于所讨论的情况，可将集中力 P 转化为均布载荷 $\dfrac{P}{\mathrm{d}x\mathrm{d}z}$；

　　D——板的弯曲刚度，可按下式计算：

$$D = \frac{E\delta^3}{12(1-\mu^2)} \tag{14-14}$$

其中　δ——板厚。

式(14-13)的具体解法详见弹性力学有关内容。

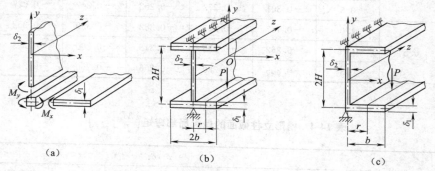

图 14-18　叉车门架立柱的计算简图

表 14-2～表 14-5 分别给出了工字形和槽形截面门架立柱无限长板条在集中力作用下的板内力，可供直接查阅。

表 14-2　工字形立柱截面的最大局部弯矩 $\left(\dfrac{M_z}{P}\Big|_{\substack{\xi=0\\ \eta=1}}\right)$

ρ	β	η	δ	δ_1/δ_2		
				0.734	1.000	1.145
				D_1/D_2		
				0.5	1.0	1.5
0.5	1.44	1.0	0	0.120	0.130	0.136
	1.0			0.120	0.129	0.134
	0.5			0.116	0.125	0.130
ρ	β	η	δ	δ_1/δ_2		
				1.357	1.442	1.587
				D_1/D_2		
				2.5	3.0	4.0
0.5	1.44	1.0	0	0.142	0.144	0.147
	1.0			0.141	0.143	0.146
	0.5			0.136	0.138	0.141

表 14-3 工字形立柱截面的最大局部弯矩 $\left(\dfrac{M_x}{P}\bigg|_{\substack{\xi=0\\\eta=0}}\right)$

δ	β	ρ	δ_1/δ_2					
			0.794	1.0	1.145	1.357	1.442	1.587
			D_1/D_2					
			0.794	1.0	1.5	2.5	3.0	4.0
0	1.44	1.0	−0.425	−0.389	−0.369	−0.345	−0.337	−0.231
		0.75	−0.354	−0.323	−0.306	−0.206	−0.279	−0.270
		0.5	−0.300	−0.272	−0.257	−0.240	−0.235	−0.228
0	1.0	1.0	−0.427	−0.392	−0.372	−0.349	−0.341	−0.330
		0.75	−0.355	−0.325	−0.308	−0.288	−0.283	−0.274
		0.5	−0.301	−0.273	−0.252	−0.242	−0.237	−0.230
0	0.5	1.0	−0.432	−0.400	−0.382	−0.359	−0.352	−0.341
		0.75	−0.362	−0.335	−0.318	−0.300	−0.293	−0.285
		0.5	−0.305	−0.280	−0.266	−0.250	−0.244	−0.237

表 14-4 槽形立柱截面的最大局部弯矩 $\left(\dfrac{M_z}{P}\bigg|_{\substack{\xi=0\\\eta=1}}\right)$

ρ	β	δ_1/δ_2							
		0.794	1.00	1.26	1.442	1.565	1.71	1.817	2.00
		D_1/D_2							
		0.5	1.0	2.0	3.0	3.835	5	6	8
0.5	1.44	0.126	0.142	0.161	0.173	0.179	0.186	0.190	0.196
	1.0	0.125	0.140	0.159	0.170	0.176	0.183	0.187	0.193
	0.5	0.121	0.134	0.151	0.161	0.167	0.174	0.178	0.184

表 14-5 槽形立柱截面的最大弯矩 $\left(\dfrac{M_x}{P}\bigg|_{\substack{\xi=0\\\eta=0}}\right)$

β	ρ	δ_1/δ_2							
		0.794	1.00	1.26	1.442	1.565	1.71	1.817	2.00
		D_1/D_2							
		0.5	1.0	2.0	3.0	3.835	5.0	6.0	8.0
1.44	1.0	−0.403	−0.341	−0.269	−0.228	−0.205	−0.180	−0.165	−0.143
	0.75	−0.334	−0.280	−0.218	−0.183	−0.163	−0.143	−0.130	−0.112
	0.5	−0.279	−0.230	−0.175	−0.144	−0.127	−0.110	−0.100	−0.085
1.0	1.0	−0.404	−0.345	−0.274	−0.234	−0.211	−0.188	−0.173	−0.151
	0.75	−0.334	−0.283	−0.222	−0.188	−0.169	−0.149	−0.137	−0.119
	0.5	−0.280	−0.232	−0.177	−0.148	−0.131	−0.114	−0.104	−0.090

β	ρ	δ_1/δ_2							
		0.794	1.00	1.26	1.442	1.565	1.71	1.817	2.00
		D_1/D_2							
		0.5	1.0	2.0	3.0	3.835	5.0	6.0	8.0
0.5	1.0	−0.408	−0.354	−0.291	−0.254	−0.232	−0.209	−0.194	−0.172
	0.75	−0.344	−0.296	−0.242	−0.209	−0.191	−0.172	−0.159	−0.141
	0.5	−0.286	−0.240	−0.190	−0.161	−0.145	−0.129	−0.118	−0.104

表中各项系数及无量纲值的意义为

$$\xi=\frac{z}{b},\eta=\frac{x}{b},\zeta=\frac{y}{b}$$

式中，x、y、z 为坐标位置，b 为翼缘宽度。

$$\rho=\frac{r}{b},\beta=\frac{H}{b},\delta=\frac{\delta_i}{b},\alpha=\frac{\delta_1}{\delta_2},\gamma=\frac{D_1}{D_2}$$

式中，H 为腹板高度的 $1/2$，δ_i 为板条厚度，δ_1 和 δ_2 为翼缘板和腹板的厚度 $D_1=\frac{E\delta_1^3}{12(1-\mu^2)}$，$D_2=\frac{E\delta_2^3}{12(1-\mu^2)}$。

由表中查出 $\left(\frac{M_i}{P}\right)$ 后，即可根据下列公式计算板的局部弯曲应力：

$$\sigma_x=\frac{6\left(\frac{M_x}{P}\right)P}{\delta_1^2} \tag{14-15}$$

$$\sigma_z=\frac{6\left(\frac{M_z}{P}\right)P}{\delta_1^2} \tag{14-16}$$

根据弹性理论，在翼缘根部（$\eta=0$），x 方向和 z 方向的局部弯曲应力存在以下关系：

$$(\sigma_x)_{\eta=0}=\mu(\sigma_z)_{\eta=0} \tag{14-17}$$

4. 门架立柱的组合应力计算

由以上分析可知，立柱翼缘的自由边为单向应力状态，其分项应力有整体弯曲正应力 σ_W、约束扭转正应力 σ_ω、局部弯曲应力 σ_z，其组合应力为

$$\sigma=\sigma_W+\sigma_\omega+\sigma_z\leqslant[\sigma] \tag{14-18}$$

立柱翼缘的根部可视为平面应力状态，其分项应力有 σ_W、σ_ω、σ_z 和 σ_x，应按第四强度理论计算其折算应力：

$$\sigma=\sqrt{(\sigma_W+\sigma_\omega+\sigma_z)^2+\sigma_x^2-\sigma_x(\sigma_W+\sigma_\omega+\sigma_x)}\leqslant[\sigma] \tag{14-19}$$

式中　$[\sigma]$——门架材料许用应力，$[\sigma]=\sigma_s/n$，考虑滚轮压力的动载情况，安全系数 n 可取 1.5。

近似计算时，若只计及整体弯曲正应力 σ_W 和局部弯曲应力 σ_x、σ_z，则计算材料许用应力 $[\sigma]$ 时的安全系数可取 $n=2$。

滚动轮压作用点的分项应力及折算应力根据不同截面形式（工字形或槽形）的几何尺寸计算。

5. 赫兹应力的计算

门架立柱在滚轮轮压的作用下,除产生上述各项应力外,在滚轮和立柱翼缘相接触的表面还产生赫兹应力(接触应力)。由于滚轮多做成圆柱体,且假定翼缘表面为理想的平面,挤压应力可用下式计算:

$$\sigma_{Hz}=0.318\left[\frac{P_{max}}{RL(K_1+K_2)}\right]^{\frac{1}{2}}\leqslant[\sigma]_{Hz} \tag{14-20}$$

式中 P_{max}——滚轮的最大轮压;

R——滚轮半径;

L——滚轮厚度,即挤压面宽度;

$[\sigma]_{Hz}$——许用挤压应力,与材料及其硬度有关,对常用的 Q345 钢,取 800 MPa;

K_1、K_2——系数,可近似取:

$$K_1=K_2=\frac{1-\mu^2}{\pi E} \tag{14-21}$$

其中,μ 和 E 为材料的泊桑比和弹性模量。

第四节 叉车门架按空间框架计算简介

为了考虑横梁对叉车门架的影响,可将内、外门架简化成框架,并假定横梁和门架立柱刚接。根据起重量及门架的构造,框架可有多种形式,如图 14-19 所示。

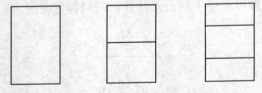

图 14-19 框架的主要形式

内、外门架按空间框架计算时的工况为:门架直立,货叉满载起升至最大高度,叉车工作地面具有侧向坡度 $\alpha=3°$。这种工况时的叉车门架受力情况如图 14-20 所示。

作用于框架垂直平面内的载荷,即叉架滚轮的轮压 $P_I\sim P_{IV}$ 和内门架滚轮的轮压 $P_V\sim P_{VIII}$,与按简支悬伸梁计算时完全相同,用式(14-2)~式(14-5)计算。

由侧倾角引起的作用于框架平面内的载荷 $P_1\sim P_8$ 通过侧滚轮 1 和 4 传给内门架,通过侧滚轮 5 和 8 由内门架传给外门架。

P_{jx} 和 $P_{G\Sigma x}$ 引起的侧向滚轮压力,用静力平衡方法求解。对侧滚轮 4 取矩得方程式(图 14-20):

$$P_1=\frac{1}{d_1'}\left[P_{jx}(K-b_1)+P_{G\Sigma x}(c-b_1)\right]$$

将 $P_{jx}=P_j\sin\alpha, P_{G\Sigma x}=P_{G\Sigma}\sin\alpha$ 代入上式得

$$P_1=\frac{1}{d_1'}\left[P_j(K-b_1)\sin\alpha+P_{G\Sigma}(c-b_1)\sin\alpha\right] \tag{14-22}$$

同理,对侧滚轮 1、8、5 取矩可得方程式:

$$P_4=\frac{1}{d_1'}\left[P_{G\Sigma}(b_1+d_1'-c)\sin\alpha-P_j(K-d_1'-b_1)\sin\alpha\right] \tag{14-23}$$

$$P_5=\frac{1}{d_2'}[P_1(d_2'+n-b_2-c+b_1+d_1')-P_4(d_2'+n-b_2-c+b_1)] \tag{14-24}$$

$$P_8=\frac{1}{d_2'}[P_1(n-b_2-c+b_1+d_1')-P_4(n-b_2-c+b_1)] \tag{14-25}$$

当垂直滚轮轮压 $P_I\sim P_{VIII}$ 及侧向滚轮轮压 $P_1\sim P_8$ 确定以后,即可按结构力学的方法对内门架和外门架框架进行内力分析和强度计算。

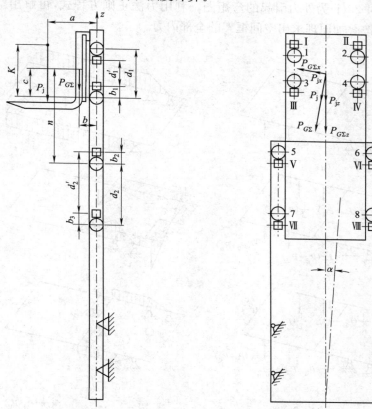

图 14-20　叉车门架受力简图

一、内、外门架框架的内力分析

内门架框架在垂直于框架平面的载荷作用下的计算简图如图 14-21(a)所示,在框架平面内载荷作用下的计算简图如图 14-21(b)所示。

外门架框架在垂直于框架平面的载荷作用下的计算简图如图 14-22(a)所示,在框架平面内载荷作用下的计算简图如图 14-22(b)所示。

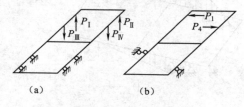

図 14-21　内门架框架计算简图

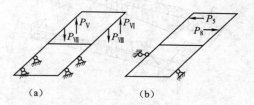

図 14-22　外门架框架计算简图

对于图 14-21（a）和图 14-22（a）的空间框架，可用结构力学中的力法求解。例如图 14-23（a）为外门架框架的计算简图，解超静定内力时，首先把外载荷 $P_V \sim P_{\text{Ⅷ}}$ 分解为对称载荷[图 14-23（b）]和反对称载荷[图 14-23（c）]。对称载荷作用下的框架，可近似按悬伸梁计算梁的弯矩（忽略横梁的影响）。反对称载荷作用下框架的基本结构如图 14-23（d）所示。图 14-23（e）～图 14-23（h）分别为 $X_1=1$、$X_2=1$、$X_3=1$、$X_4=1$ 时引起框架的弯矩和扭矩。图 14-23（i）和图 14-23（j）为外力引起的弯矩图。利用力法正则方程式，可解出空间框架的多余未知内力，最后按叠加原理求出空间框架的全部内力。

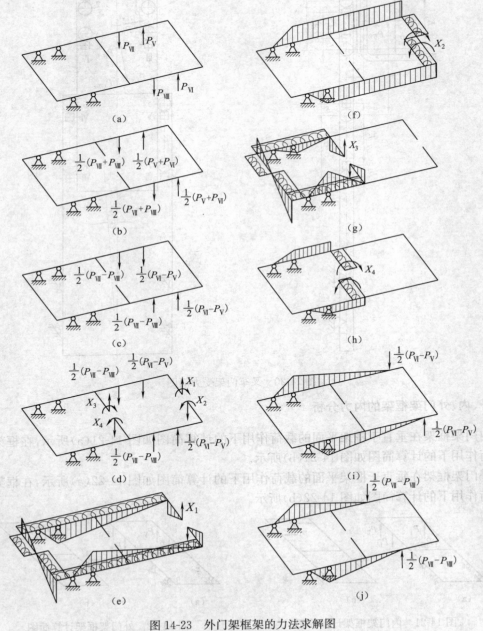

图 14-23　外门架框架的力法求解图

对于图 14-21(b) 和图 14-22(b) 的平面框架,求解其超静定内力时,将外载荷合理地分解成对称载荷和反对称载荷。例如图 14-24(a) 为内门架框架的计算简图,可分解成图 14-24(b) 和图 14-24(c) 的情况。

图 14-24(b) 为对称载荷作用下的平面框架。用变位法解其超静定内力比较方便。图 14-25(a) 是此平面框架的基本结构,图 14-25(b)～图 14-25(e) 分别为单位转角及外载荷引起的弯矩图。

图 14-24(c) 为反对称载荷作用下的平面框架。用力法解其超静定内力比较简便。图 14-26(a) 是该平面框架的基本结构,图 14-26(b)～图 14-26(d) 分别为单位力和外载荷引起的弯矩图。

用变位法和力法解超静定结构的详细步骤和方法,见结构力学有关内容。

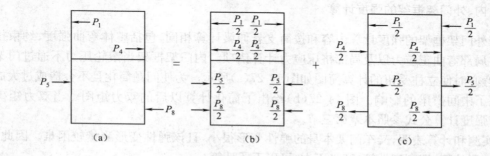

图 14-24 内门架框架计算简图的分解

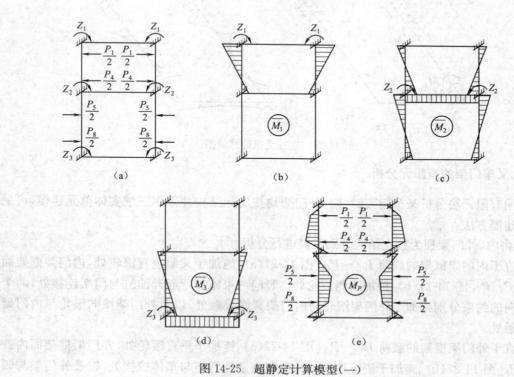

图 14-25 超静定计算模型(一)

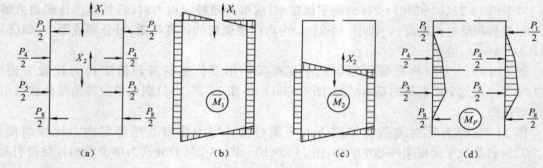

图 14-26　超静定计算模型(二)

二、内、外门架框架的强度计算

内、外门架框架的强度计算内容和按简支悬伸梁计算相同,包括整体弯曲强度、约束扭转正应力、局部弯曲正应力以及局部挤压应力计算诸项。内门架框架当滚轮压力不通过门架立柱截面弯心时使立柱受扭的计算简图如图 14-27(a)所示。为使问题简化且不会造成过大的误差,忽略了中间横梁的影响。图 14-27(b)绘出了简化计算以后的双力矩图。当双力矩确定后,所有强度计算公式参照本章第三节。

由实测和计算表明,叉车门架本身的弹性变形很小,且该弹性变形测量较困难。因此,叉车门架变形计算(即刚度计算)意义不大,可以不予计算。

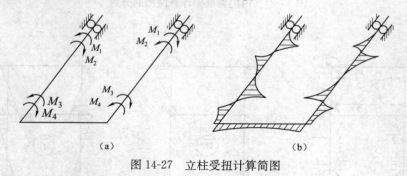

图 14-27　立柱受扭计算简图

三、叉车门架的有限元分析

利用有限元法分析叉车门架时,内、外门架均按实际结构并采用三维实体单元建模,可采用两种建模方法:

1. 将内、外门架视为独立结构分别建模进行分析

垂直于内门架框架的载荷 $P_I \sim P_{IV}$[图 14-21(a)]施加于叉架垂直滚轮处,内门架框架面内载荷 P_1、P_4[图 14-21(b)]施加于侧滚轮处。竖向约束施加于起升油缸与门架连接处,两个水平方向的约束分别施加于外门架滚轮与内门架翼缘接触处,以及外门架横向滚轮与内门架腹板接触处。

垂直于外门架框架的载荷 $P_V \sim P_{VIII}$[图 14-22(a)]施加于垂直滚轮处,外门架框架面内载荷 P_5、P_8[图 14-22(b)]施加于侧滚轮处。约束施加于外门架与车体铰接处,以及外门架与倾斜油缸铰接处。

2. 将内、外门架视为整体结构建模分析

此时施加于内门架的载荷 $P_1 \sim P_{IV}$ 及 P_1、P_4 同 1；内门架竖向约束及外门架上的约束与 1 相同。内、外门架之间的连接通过设置垂直滚轮 $V \sim VIII$ 及侧滚轮 $5 \sim 8$（图 14-20）与内、外门架接触面之间的耦合约束实现。

采用通用有限元软件如 ANSYS 进行分析，可得到门架结构的应力、位移等分析结果。

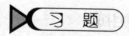

用悬伸简支梁的计算简图，分析计算图 14-28 所示起重量为 20 kN 的内燃叉车门架的强度。

已知：额定起重量 $Q=20$ kN，载荷中心距为 500 mm，货叉和叉架的总重 $P_{G\Sigma}=3\,000$ N。门架的计算状态及各部分尺寸如图 14-28 所示。门架材料为 Q345，$G=7.9\times10^4$ MPa，$E=2.06\times10^5$ MPa，材料的泊桑比 $\mu=0.3$。叉车工作地点为成都市。

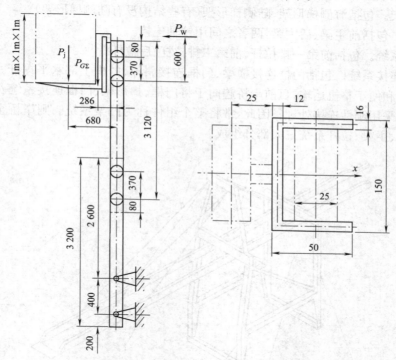

图 14-28　叉车门架尺寸图

第十五章　岸边集装箱起重机金属结构

第一节　岸边集装箱起重机金属结构的基本组成

岸边集装箱起重机(简称岸桥)是在海港码头前沿进行集装箱装卸作业的起重装卸设备。岸桥的金属结构主要由以下几部分组成(图 15-1)：

(1)门框。门框是岸桥金属结构的主要构件,分为海侧门框和陆侧门框两部分。海、陆侧门框由立柱、上横梁、下横梁组成。

(2)梯形架。包括海侧梯形架、陆侧梯形架(有些结构没有陆侧梯形架)。

(3)主梁。包括前主梁、后主梁,两者之间用铰轴连接。

(4)拉杆系统。包括前第一排拉杆、前第二排拉杆、后拉杆。

(5)门框连接系统。包括门框连接横梁、门框连接斜撑、门框上部水平撑杆。为了增加整个结构的刚性和便于整机运输,目前岸桥趋向于将门框、梯形架、门框连接系统及后拉杆等构件之间的连接采用刚性连接处理。因此,常将整个组件称为门架系统。则岸桥金属结构可视为由门架系统、主梁、拉杆系统三大部分组成。

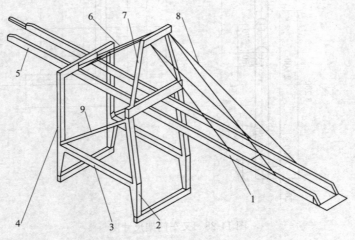

图 15-1　岸桥金属结构组成

1—前主梁；2—海侧门框；3—门框连接横梁；4—陆侧门框；

5—后主梁；6—后拉杆；7—梯形架；8—前拉杆；9—门框连接斜撑。

第二节　岸边集装箱起重机金属结构主要参数的确定

几何尺寸参数是表示岸边集装箱起重机作业范围和外形尺寸大小及限制空间的技术数据。通常在岸桥性能参数表中,列出的主要尺寸参数有：外伸距 l_1,轨距 S,后伸距 l_2,基距 B,

轨上/轨下起升高度 h_1/h_2，联系横梁下净空高度 C_{hp}，门框内净宽 C_{wp}，岸桥（大车缓冲器端部之间）总宽 W_b 等。

其他的几何尺寸参数还有：门框下横梁上表面离地高度 h_s，门框外挡宽度 W_p，前大梁宽度 B_b 或小车总宽 B_t，梯形架顶点高度 H_0，前大梁仰起后岸桥总高 H_s，前大梁前端点离海侧轨道中心线的距离 L_0，后大梁尾端离陆侧轨道中心线的距离 L_b，前大梁下表面离轨面高度 h，缓冲器安装高 S_b，岸桥与船干涉限制尺寸 S_f、S_h、β，以及岸桥与码头固定设施或流动设备干涉的限制尺寸 C_1、C_2、C_3、C_4、C_5。尺寸参数示意如图 15-2 所示。

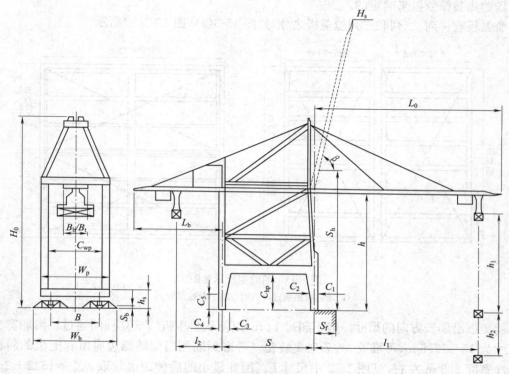

图 15-2　岸桥几何尺寸参数示意图

一、外 伸 距

小车带载沿着海侧运行到正常终点位置时，吊具中心线离码头海侧轨道中心线之间的距离称为外伸距。通常用 l_1 表示。外伸距是表示岸桥大小的最主要参数。它是由对象船宽、甲板上集装箱排数和层数、船的横倾角 α、船的吃水、码头前沿（岸壁至海侧轨道中心线之间）的距离 F，以及码头碰靠垫（也称护舷或护木）的厚度 f 等因素决定。

岸桥的外伸距除考虑船宽外还应考虑船倾斜的影响，小车及吊具应能到达装卸甲板上最外一排集装箱的要求。

超巴拿马型岸桥的外伸距是以能装卸超巴拿马集装箱船（宽度 32.3 m 以上）为标志。世界各码头前沿距离 F 和碰靠垫厚度 f 各不相同，$F_{min}=2$ m，$F_{max}=7.5$ m；$f_{min}=0.6$ m，$f_{max}=2.0$ m。超巴拿马船宽为 14 排至 22 排箱不等。因此，超巴拿马型岸桥的外伸距也各不相同。

通常,码头前沿 $F=3$ m,碰靠垫 $f=1.3$ m,14 排箱的船宽为 35 m,甲板上 5 层箱横倾 3°的增量约为 1.5 m,则外伸距 $l_1=3+1.3+(35-1.25)+1.5 \approx 40$ m。目前振华港机最大外伸距达 70.5 m。

二、后 伸 距

小车带载向着陆侧运行至终点位置时,吊具中心线离码头陆侧轨道中心线之间的距离称为后伸距,用 l_2 表示。后伸距是按搬运和存放集装箱船的舱盖板以及需要直接从船上卸到前方堆场的集装箱数量来确定的。

舱盖板有一列、二列和三列舱盖板之分,如图 15-3(a)、图 15-3(b)所示。

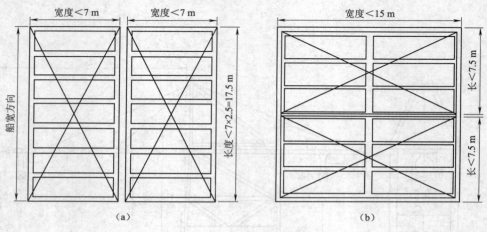

图 15-3 船舱盖板示意图

(a)单列舱盖板;(b)两列(或三列)舱盖板。

舱盖板沿船长方向的尺寸一般不超过 14 m,以便从起重机门框立柱间通过。沿船宽方向的尺寸为 15~17.5 m,可堆放 6~7 列集装箱。考虑到陆侧门框陆侧边应留有上机的斜梯和行走净宽度 2.5 m 左右,见图 15-2 中尺寸 C_4,因此最小的后伸距通常取 $l_{2min}=15/2+2.5 \approx 10$ m。考虑舱盖板宽度 17.5 m,取 $l_{2max}=12$ m 足够。如果集装箱从船上卸下不装集卡直接卸到前方堆场,则后伸距应尽可能大,一般为 15.24~27 m(50~88.5 ft),在轮压允许的情况下甚至可达 38.5 m。

三、轨 距

轨距是码头上海、陆侧两轨道中心线之间的水平距离。轨距越大,对起重机的稳定性越有利,轮压也可以降低,但加大了码头前沿区域的面积,从而增加了投资。一般情况下,较大规模的专业化集装箱码头宜发展大轨距,可以开辟多车道以提高装卸效率;而中小码头,尤其是老码头,不能盲目加大轨距,应经技术分析比较后确定。

目前,世界各国或地区已经形成了岸桥轨距系列。中国大陆、日本和苏联主要有 16 m,30 m,35 m,42 m 轨距;中国大陆的一些合资、外资码头也有 20 m,22 m,24.384 m(80 ft)三种轨距。中国香港和英、美联邦系统(如新加坡、澳大利亚、南非、欧洲大多数国家)主要有 50 ft(15.24 m),80 ft(24.384 m),100 ft(30.48 m)三种轨距;南美部分国家及北非大多数国家、西班牙及葡萄牙有:15 m,18 m,20 m,22 m,27 m,31 m 等几种轨距。目前轨距尚无国际标准,各国、各地区,甚至各码头,轨距也不统一。

四、起升高度

1. 定义

起升高度 H 包括轨面以上起升高度 h_1 和轨面以下起升高度 h_2。H 一般应圆整到 0.5 m 的整数倍,英制时为英尺的整数倍。

轨上起升高度是指吊具被提升到正常终点位置时,吊具转锁下顶点至码头海侧轨道顶面的距离。轨下起升高度是指吊具被下降到正常终点位置时,吊具转锁下顶点至海侧轨道顶面的距离。分别用符号 h_1 和 h_2 表示,如图 15-4 所示。

图 15-4 中 D_1 为船舶满载吃水(m),3 000TEU 以下的船,$D_1 \leqslant 12$ m;3 000~10 000TEU 的超巴拿马船,$D_1 \leqslant 14$ m。D_2 为船舶空载(不计货物、燃料、压载水、淡水、船员、粮食等重量,仅计船舶本身的全部重量)吃水,可查对象船资料,其他符号见式(15-1)中说明。

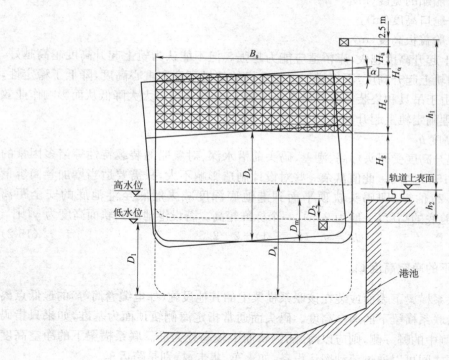

图 15-4　轨上/轨下起升高度示意图

2. 轨上起升高度 h_1

岸桥的轨上起升高度应满足在下述条件下能搬运最高层集装箱到陆侧区域:对象船处于高水标(标高值 W_H),轻载吃水 D_m,甲板上堆箱层数视不同船型为 4~7 层(其中 9ft6in 超高箱层数最多取 3 层),船舶横倾到允许值 $[\alpha]$,并预留安全过箱高度 H_a。

轨上起升高度 h_1(m)可按式(15-1)计算:

$$h_1 = H_g + H_c + H_a + (H_\alpha + 2.5) + H_n + H_{cv} \tag{15-1}$$

式中　H_g——船的甲板至码头海侧轨面高度,$H_g = D_s - D_m - (W_F - W_H)$;

D_s——船舶的型深(m);

D_m——船舶轻载吃水(m)。箱位上装满集装箱,基板上堆有最高层的集装箱。据统计,满箱船平均箱重约 10 t。不论单个集装箱的装载程度如何轻,船舶载重量按统计至少为满载的 50% 来考虑;

W_F——码头海侧轨道顶面的标高(m)。随码头条件不同,W_F 在 1~7.5 m 之间不等;

W_H——码头前沿水域的高水位标高(m);

H_a——安全过箱高度(m),一般取 $H_a=1.0\sim1.5$ m;

H_c——甲板上集装箱的堆放总高度(m),$H_c=2.5n_1+2.9n_2$,其中,n_1 为甲板上除 9ft6in箱以外标准箱的层数;n_2 为甲板上 9ft6in 箱的层数,甲板上总层数为 5 层以内时,n_2 取 2 层,甲板上总层数为 6 层以上时,n_2 取 3;

H_a——船舶横倾到允许值$[\alpha]$时,最外侧箱子的升高量:

$$H_\alpha=\frac{1}{2}B_s\tan[\alpha]$$

其中 B_s——船舶的宽度(m),

H_n——舱口高度(m),

H_{cv}——舱盖板高度(m)。

应该指出:轨上起升高度越大,岸桥适应能力越强。但不能认为轨上起升高度越高越好,因为不适当地增加轨上起升高度,不仅增加了起重机的整机高度和重心高度,降低了稳定性,增加了轮压,而且由于吊具和集装箱的悬吊高度增加了,使防摇能力大大降低从而影响作业效率。因此,必须合理确定轨上起升高度。

3. 轨下起升高度 h_2

岸桥的轨下起升高度受码头标高、潮差、码头前沿水深、对象船的装载特性等诸多因素的影响,一般在 12~15 m 之间。此值富余一些对设计制造影响不大,只需要适当增加卷筒容量绳。h_2 可按式(15-2)估算,即码头轨顶平面到港池底深度减去船底至港池底的安全距离 0.5~1 m、船底至舱底的高度(一般为 2 m)、一个标准箱高。若设港池底到轨面高度为 y,则

$$h_2=y-(0.5\sim1)-2-2.5 \tag{15-2}$$

五、联系横梁下的净空高度 C_{hp}

海陆侧门框联系横梁下表面或装在该联系横梁上的其他设施(如电缆卷筒等)的最低点离码头面的距离称为联系横梁下的净空高度。码头面通常指定海侧轨顶面为基准,如果只指码头面,没有指海陆侧中的哪一侧,则应以海、陆侧轨面中较高处为准。联系横梁下的净空高度是为了使岸桥门框之间可以通过流动搬运设备,如火车、集卡,特别是跨运车。

只通过集卡或火车运输时,横梁下净空只需 6 m,如双层箱需 9 m;若使用跨运车,横梁下净空高视不同堆高而异,堆三个箱高时,净空高则需 15 m。

由于跨运车作业时司机视野较差,造成集装箱装卸对位速度慢,转弯等行驶时容易与其他码头设施或货物发生碰撞,不仅发挥不出快速灵活的特点,反而造成损失,加上堆高能力受限制(一般为三层以下),因此跨运车作业方式已越来越少应用。

六、门框的净宽度 C_{wp}

海、陆侧门框左右立柱内侧边缘之间的水平距离称为门框的净宽度。在立柱通向司机室

的走道(俗称司机室跳水平台)以下,下横梁与立柱过渡区以上之间的区域(图15-2),左右立柱内侧净宽 C_{wp} 范围内不得有障碍物。因此,立柱法兰连接处(比立柱截面大)以及梯子平台布置时应引起注意。

门框净宽主要为了保证船舶的舱盖板和超长集装箱从立柱内侧通过。舱盖板的长度一般不超过 14 m,已普遍使用的 45 ft 集装箱,其长度也不超过 14 m,因此一般岸桥内净宽 16 m 足以满足装卸 45 ft 以内集装箱的需要。当使用 48 ft、53 ft 超长箱(53 ft 箱长度为 16.154 m)时,门框内净宽需增大到 18 m。不论是 48 ft 还是 53 ft 集装箱,均在 45 ft 位置有角配件,故上述两种超长集装箱仍用 45 ft 吊具进行作业。

(1)吊具伸至 45 ft 位置导板不工作状态(向上翻)

外形尺寸:≤13 750(长)×1 440(宽)(mm)

(2)吊具伸至 45 ft 位置导板工作状态(向下翻)

外形尺寸:≤14 100(长)×2 800(宽)(mm)

(3)吊具伸至 45 ft 位置导板处于水平伸展状态

外形尺寸:≤14 950(长)×3 640(宽)(mm)

由此可见:吊具最大长度为 14.95 m。小于 53 ft 箱长度,故门框内净宽定为 18 m 在目前是足够的。

七、基距 B

门框下横梁上左右两侧行走大平衡梁支点中心之间的距离称为岸桥基距,用符号 B 来表示,如图 15-5 所示。

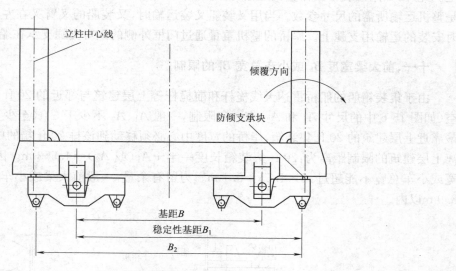

图 15-5　稳定性基距 B_1 示意图

基距越小,岸桥在侧向风力或对角方向风力作用下的轮压越大,侧向稳定性也越差。因此,只要岸桥总宽 W_b 允许,基距 B 尽可能布置得大一些,行走支点越靠近立柱中心越好。

侧向稳定性计算时,采用稳性基距 B_1。所谓稳性基距,是指倾覆支承块至门框中心距加上基距之半,如图 15-5 所示,即 $B_1 = \frac{1}{2}(B + B_2)$。

八、岸桥总宽 W_b

岸桥总宽是指同侧行走轨道上的相邻两组岸桥行走台车,其外侧缓冲器端部之间在自由状态下的距离,用 W_b 表示。

在装设行走终点停止限位和终点前减速限位以及两机防撞限位时,岸桥实际外形总宽应为两组限位开关撞杆端部之间的距离。当大车装设编码器作为减速和停止的发讯装置,或者限位开关的撞块(或感应块)埋在码头面上时,两缓冲器端部在自由状态下的距离即为岸桥的最大宽度。岸桥总宽的限制是考虑到高效率集装箱码头为了实行多台岸桥同时对一艘船进行装卸作业的要求。岸桥的最小总宽应保证相邻两台岸桥能在中间相隔一个 40 ft 集装箱进行作业。

九、门框下横梁上表面离地高度 h_s

为了提高装卸速度,吊具吊起集装箱经过门框下横梁上表面的起升高度越低越好,因此对门框下横梁上表面离地高度 h_s(图 15-2)有一定的限制,一般要求 5 m 以下。这对 2 000TEU 以下集装箱船的作业有意义,而对超巴拿马型以上船的作业意义不大。因为在一般码头的水文条件和码头标高情况下,超巴拿马船在装卸甲板以下的集装箱时,船舶干舷高一般均在 6 m 以上。

十、门框外挡宽度 W_p

门框外挡宽度 W_p 是指左右立柱截面外侧翼缘表面之间的水平距离,主要由门框两个立柱内挡净空尺寸、大车总宽度,以及两台岸桥紧靠在一起时相互之间不能产生干涉为前提来决定。此外,如用叉装方式作整机运输时,还应考虑门框总宽能被叉装船的两个前叉所包容,它是整机运输所需的尺寸参数。当用叉装船叉装运输时,叉装船的叉臂叉在左右立柱的外侧临时安装的运输用支腿上。岸桥的整机重量通过门框外侧的该对支腿支承在船的一对叉臂上。

十一、前大梁宽度 B_b 或小车总宽 B_t 的限制

由于集装箱船的船桥雷达天线桅杆和前桅杆等上层建筑与邻近的 20 ft 集装箱之间的净空(如图 15-6 中的尺寸 A_1 和 A_2)有一定限制,一般 A_1、A_2 不少于 5 ft(至少 4 ft)。为了装卸最靠近上层建筑的 20 ft 集装箱,岸桥的宽度中心必须移动到该排 20 ft 箱的中心线,该中心线离上层建筑的限制距离为:20 ft 集装箱长度一半+A_1(或 A_2)=4.553 m。因此,前大梁的总宽或小车总宽不能超过:$2 \times 4.55 = 9.1$ m。为留有余量,一般前大梁或小车的总宽应控制在 8.9 m 以内。

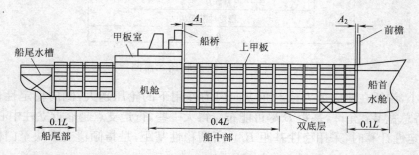

图 15-6　集装箱船上层建筑与相邻集装箱之间的净空 A_1/A_2

前大梁如果装设钢丝绳防碰装置,考虑到碰撞前的缓冲距离(至少 1.5 m),则前大梁的总宽至少达到 11 m。在装卸上层建筑邻近的 20 ft 箱时,防碰钢丝绳很可能扫到上层建筑,除非船上层建筑最高点比前大梁上的防碰钢丝绳低。

如果使用非机械式的前大梁防碰装置,例如用红外线或雷达,虽然前大梁防碰感应区域的宽度考虑 1.5 m 的缓冲距离时仍然在 11 m 以上,但因为没有钢丝绳等机械探测和执行装置,小车总宽或前大梁宽度可以限制在 8.5 m 以内。当需要对邻近上层建筑的 20 ft 箱作业时,如果慢速移动大车,由于防碰保护,岸桥在 11 m 左右宽的感应区内就停止了,这时可以暂时按旁路按钮解除碰撞限位保护,慢速移动大车到该排 20 ft 箱位进行作业。完成后移动其他作业箱位则又恢复前大梁碰撞限位保护。

无论是机械式防碰还是非机械的感应式防碰装置,时常会发生一些误动作,例如鸟类站在防碰钢丝绳上或飞过感应区时,正在行走的大车会产生紧停,而司机等机上人员毫无防备,可能发生意外。再加上机械式防碰装置使前大梁总宽产生超宽的不利影响,前大梁的防碰装置使用中尚存在一些问题。实际操作时,司机应该谨慎和慢速移动大车来防止前大梁的碰撞。

十二、作业状态的总高 H_0 和前大梁仰起后岸桥总高 H_s

(1)岸桥在作业状态的总高是指前大梁放平时梯形架的最高点离开海侧轨道顶面的垂直距离,用符号 H_0 表示,如图 15-2 所示。

(2)岸桥前大梁仰起后的总高是指岸桥在非工作状态下,前大梁仰起处于挂钩位置,前大梁的最高点至海侧轨道顶面的垂直距离,用符号 H_s 表示。它是起重机的最大高度,如图 15-2 所示。

(3)岸桥作业状态的总高 H_0 和前大梁仰起后岸桥总高 H_s 取决于作业所处的码头上方有无航空障碍高度限制。

根据具体的高度限制值,选择如下前大梁型式:

①无高度限制(120 m 以上时认为无高度限制),可设计成普通的前大梁全仰式(一般为 80°仰角)。

②高度有些限制(一般为 65～80 m)时,可设计成鹅颈式折臂前大梁。

③高度限制较大(一般为 55～65 m)时,可设计成小仰角(<45°)的岸桥。

④高度限制很严(一般为小于 50 m)时,可设计成大梁水平伸缩式的低架型岸桥。

整机运输时,如果水路通道上方设有高架过江电缆或过江大桥时,还要考虑其运行的通过高度。

第三节　岸边集装箱起重机金属结构的计算载荷及载荷组合

一、载荷及其定义

金属结构的设计计算中,正确地描述其所受载荷及其组合是保证计算结果符合实际和便于优化设计的关键。

1. 集装箱起重机的通用载荷名称和定义

(1)常规载荷

①固定载荷 DL

除小车等移动载荷外的起重机总重量,包括永久地附于起重机上的机械和设备。

②小车自重载荷 TL

小车及永久附于其上的机械和设备的重量。

③吊具上架系统载荷 LS

吊具、上架、提升系统的一部分、滑轮和其他所有挂在起升绳上的设备重量所产生的载荷。

④起升载荷 LL

集装箱及其内部货物标准重量,其作用点为集装箱几何中心。

⑤偏心起升载荷 LLE

考虑偏心的起升载荷。若合同中无特殊条款规定,则 40 ft 箱按 30.5 t 偏载 10%,20 ft 箱按 25 t 偏载 10%计算。

⑥疲劳起升载荷 LLF

实际作业过程中,经常作用于起重机的起升载荷。用于疲劳计算时不考虑集装箱的偏心。

疲劳载荷 LLF 应通过概率统计获得并反映起重机实际最经常作用载荷的一个等效载荷,其值与经常作用的起升载荷的大小和发生的频次有关,即根据载荷谱来确定。当用户不提供相关数据时,一般可按额定起重量的 60%计算。

⑦吊钩横梁下额定载荷 $CBRL$

由吊钩横梁起吊的最大载荷,不考虑偏心。

⑧吊钩横梁系统自重 $CBLS$

包括吊钩梁、吊具的上架、起升绳一部分和所有附在起升绳上的重量。

⑨起升冲击载荷 $\Phi_2 P_Q$

当起升重量突然离地起升时,或在下降过程中突然在空中制动时,起升重量产生的惯性载荷将对起重机的承载结构和传动机构产生附加的动载荷。可用一个大于 1 的起升载荷动载系数 Φ_2 乘以起升载荷 P_Q 来考虑。Φ_2 值的计算见第三章式(3-1)及表 3-2。

在 FEM 规范中,IMP 定义为起升重量离地起升或下降制动时施加在起升钢丝绳上的载荷,因此 $IMP=(\Phi_2-1)(LL+LS)$。

起升载荷动载系数 Φ_2 也可按 FEM2.2 来计算,但必须注意该系数与小车所处位置的大梁结构刚度有关。如小车处于前大梁外伸位置,由于前大梁刚性相对较小,则 Φ_2 相应取得小些;当小车处于前、后门框之间,刚性较高时,Φ_2 应取大些。

⑩小车运行惯性载荷 $LATT$

由于小车加(减)速运动引起的载荷,计算见第三章式(3-14)。

⑪大车运行惯性载荷 $LATG$

由于起重机加(减)速引起的作用在整机上的载荷,计算见第三章式(3-14)。在某些规范和标书也有提出平行于大车运行方向的惯性力 $LATG$ 为 $0.1(DL+TL)+0.025(LS+LL)$;垂直于大车运行方向的惯性力为 $0.025(DL+TL)+0.005(LS+LL)$。但 $LATG$ 不应超过起重机总驱动轮的黏着力。

(2)偶然载荷

①工作状态下的风载荷 WLO

起重机作业时,最大工作风速在全部迎风面积上引起的载荷[见第三章式(3-19)]。计算时应考虑最不利的风向。

根据中华人民共和国交通部令(2003 年第 3 号)《港口大型机械防阵风防台风管理规定》中第九条规定,轨道式大型港机防风防台工作应当符合下列基本要求:

(a)应当配备防滑和制动装置,其中防滑装置须保证设备在 15～35 m/s 的现场风力作用下不发生滑移。

(b)选择配备防止风的水平力和上拔力的装置时,须保证设备在 35～55 m/s 的现场风力作用下不发生倾覆。使用单位所在地区 50 年最大风速历史记录超出上述范围的,应当按照 50 年最大风速设防。

②偏斜运行侧向载荷

起重机或小车沿轨道偏斜运行时所产生的垂直于车轮轮缘或作用于水平导向轮上的水平侧向载荷。岸桥大车偏斜运行侧向载荷 SKG 和小车偏斜运行侧向载荷 SKT 按第三章式(3-18)计算。

(3)特殊载荷

①碰撞载荷 COLL

碰撞载荷为起重机按规定的碰撞速度(按标书或相应规范)运行时,突然断电失控,碰撞到车挡或另一台停着的起重机(应计及缓冲器作用)上时的冲击载荷。碰撞载荷与碰撞质量和速度以及缓冲器有关。因而要合理选择缓冲器,以最大程度地减缓碰撞产生的冲击载荷。有缓冲器时,该载荷也可通过动态分析来确定。岸桥的碰撞载荷有小车碰撞载荷 COLT 和大车碰撞载荷 COLG。

②非工作状态风载荷 WLS

起重机处于停机状态,最大非工作风速作用在起重机上引起的载荷[见第三章式(3-19)],风力应沿最不利方向作用。

③地震载荷 P_E

处在地震频繁发生区域的起重机,应考虑地震载荷,包括工作状态地震载荷 EQO 和不工作时的地震载荷 EQS。地震载荷按水平载荷考虑,以惯性载荷的形式施加在最不利的方向上,计算公式为

$$P_E = k_E P_G \tag{15-3}$$

式中　k_E——地震载荷系数,与地震烈度有关,$k_E = 0.025～0.2$;

　　　P_G——起重机自重载荷(N)。

该载荷只有当用户在标书中明确提出时才考虑。

涉及地震载荷的计算工况有两种:一是工作状态时,大梁水平,满载小车位于最大外伸距;二是非工作状态时,前大梁收起,大车位于锚定位置,并作用有工作状态的最大风载荷。如用户有特殊工况要求,可协商解决。

当需考虑地震载荷时,招标书上应对地震载荷引起的惯性加速度的大小加以规定;若招标书中无相应限定,可根据所提供的地震谱等信息,通常按(0.05～0.2)(DT+DL)计算(应得到用户同意),作用在起重机的重心上(或按质量分布作用在相应各质点上)。

对于国内项目可参考《中华人民共和国国家标准中国地震烈度表》(GB/T 17742—1999)取地震加速度的数值。

(4)其他载荷

①堵转(失速)载荷 STL

由于起重机电机失速(或堵转)所产生的载荷,通常取为电机额定力矩的 2 倍。

②挂舱载荷 *SN*

挂舱载荷是起重机中集装箱吊具或吊钩以最大起升速度起升的过程中突然被船舱内的栅格卡住,或者偶然地由于角件未脱出导致集装箱吊具同时起吊两个紧锁的集装箱而突然作用在起升钢丝绳上的一种特殊载荷。

现代起重机应提供有效的吸收能量的挂舱保护装置。其目的是,当吊具以全速上升突然受阻时,能防止对起重机任何部分的损坏。此装置必须是瞬时地在任何超载或过电流限制动作之前就动作,并且此装置应是在电控室可持续地复位的,不需要维修人员去调节或复位挂舱保护设备的任何装置。

挂舱载荷的大小与挂舱保护装置的调节控制有关,一般应大于偏心起升载荷的 1.25 倍,并受起升钢丝绳承载能力和整机倾覆稳定性的限制。

2. 集装箱起重机载荷说明

上述定义的计算载荷名称与《起重机设计规范》(GB/T 3811—2008)中的定义有所不同,其对应关系见表 15-1。

表 15-1　集装箱起重机载荷说明

GB/T 3811—2008 载荷名称	集装箱起重机通用载荷名称
自重载荷 P_G	$DL+TL$
起升载荷 P_Q	LS(空载) $LL+LS, LLE+LS, LLF+LS$ $CBRL+CBLS$
起升动载荷 $\Phi_2 P_Q$	$IMP+P_Q$(其定义如上)
变速运动引起的惯性载荷 P_H	$LATT, LATG$
偏斜运行时的水平侧向载荷 P_S	SKT, SKG
工作状态风载荷 P_{WII}	WLO
非工作状态风载荷 P_{WIII}	WLS
碰撞载荷 P_C	$COLL$
起重机基础受到外部激励引起的载荷	EQ,包括作业时地震载荷 EQO 和非作业时地震载荷 EQS

注:表中列出的载荷均为集装箱起重机所特有的载荷。

二、载荷组合

载荷组合应根据岸桥的实际工作情况,将各个工况下的最不利因素均考虑进去。一般将岸桥在大梁水平、小车和起升机构可以带载动作的状态称为岸桥的工作状态。而将大梁仰起(一般 80°)、小车不动、只可起升空吊具上下动作的状态称为岸桥的非工作状态。下面介绍的某岸桥的两种状态下的载荷组合就属于此种类型。需要注意的是,根据码头自身的实际需求,有时在大梁仰起时,小车和起升也可带载工作;有时需要在大梁的某一角度(30°~45°)时作为锚定(停机)状态,而将大梁在 80°时作为维修状态。诸如此类的特殊情况在载荷组合时也应考虑进去。

1. 工作状态下的载荷组合(大梁水平,用于结构计算)

工作状态下的载荷组合见表 15-2。

表 15-2　工作状态下的载荷组合

工　况		操作状态			过载状态			
组合名称		OP1	OP2	OP3	OL1	OL2	OL3	OL4
固定载荷	(DL)	DL	DL	DL	DL	DL	DL	DL
小车载荷	(TL)	TL	TL	TL	TL	TL	TL	TL
起升系统载荷	(LS)	LS	LS			LS		LS
吊钩梁额定载荷	(CBRL)			CBRL				
起升载荷	(LL)					LL		LL
偏心起升载荷	(LLE)	LLE	LLE					
冲击载荷	(IMP)		IMP	IMP				
前后倾载荷	(LIST)	LIST	LIST		LIST	LIST	LIST	
左右倾载荷	(TRIM)	TRIM	TRIM		TRIM	TRIM	TRIM	
小车运行惯性载荷	(LATT)		LATT					
大车运行惯性载荷	(LATG)	LATG						
小车偏斜载荷	(SKT)		SKT					
大车偏斜载荷	(SKG)	SKG						
工作风载荷	(WLO)		WLO	WLO	WLO	WLO		
失速力矩载荷	(STL)				STL			
挂舱载荷	(SN)						SN	
碰撞载荷	(COLL)					COLL		
工作地震载荷	(EQO)							EQO

2. 非工作状态下的载荷组合（大梁仰起，用于结构计算）

非工作状态下的载荷组合见表 15-3。

表 15-3　非工作状态下的载荷组合

工　况		操作状态		过　　载		锚定
组合名称		OPU1	OPU2	OLU1	OLU2	SU1
固定载荷	DL	DL	DL	DL	DL	DL
小车载荷	TL	TL	TL	TL	TL	TL
起升系统载荷	LS	LS	LS	LS	LS	LS
大车运行惯性载荷	LATG	LATG				
大车偏斜载荷	SKG	SKG				
工作风载荷	WLO		WLO			
碰撞载荷	COLL			COLL		
锚定地震载荷	EQS				EQS	
非工作风载荷	WLS					WLS

第四节　岸边集装箱起重机门架及主梁的设计

一、门架的设计

岸桥的门架系统主要有 A 形[图 15-7(a)]、H 形[图 15-7(b)]和 AH 形[图 15-7(c)]三种结构形式,早期门架结构型式多为 A 形,随后又出现 H 形门架和 AH 形门架。

A 形门架结构紧凑,其特点是海侧门框向陆侧门框倾斜,因而使前后大梁铰点可缩到码头岸线以内,可防止与船舶上层建筑相碰。在起重量不大的小轨距岸桥中,A 形门架系统是比较适用的。

H 形门架结构受轨距大小变化影响不大,其特点是海侧门框垂直。H 形门架多用于海侧轨道与码头前沿的距离足够大的码头。

AH 形门架是在 H 形门架的基础上,吸收了 A 形门架可防止大梁铰点与船舶上层建筑相碰的优点。虽然它和 H 形门架相比制造工艺相对复杂些,但由于目前国际航运中岸桥和船舶日益大型化,要求船与岸桥有更大的相对净空,因此 AH 形门架被广泛使用。

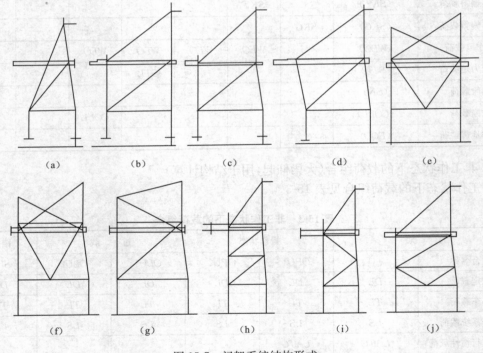

图 15-7　门架系统结构形式

图 15-7 中其他几种门架结构形式均是在上述三种门架形式的基础上演变而来的。图 15-7(d)一般用在后伸距较大、机器房布置在陆侧轨道后侧的机型,它通过陆侧门框向后斜度的变化,调整岸桥重心位置,减小后大梁承受的外力矩,又可减少后拉杆。其缺点是制造复杂,电梯及梯子平台布置比较困难。图 15-7(e)和图 15-7(f)一般用于轨距较大、起升高度较大的机型。这样处理,可使门框的斜撑缩短,长细比减小,提高斜撑抗风振的能力。图 15-7(g)

一般用于需要将机房布置在靠近中部的机型上。这种型式整机稳定性较好,缺点是安装比较复杂。

图 15-7(h)、(i)一般用于轨距较小,起升高度大的机型。它通过多个斜撑杆布置的处理,加强门框的刚性,避免了用单斜撑布置[图 15-7(c)]时斜撑杆与水平线夹角过大的问题。

图 15-7(j)的形式,目前在起升高度较大的大型岸桥上广泛使用。其下部采用"V"字形桁架,既增加了门架的刚度,又减小了斜撑杆的长度,便于门架结构标准化设计。

岸边集装箱起重机的空间门架除了自身的自重载荷、惯性载荷和风载荷外,主要承受由拉杆和固定桥传递来的支承力、偏斜运行侧向力和附加侧向力等。

空间门架内力分析时,可采用分解成平面结构的计算方法。除偏斜运行侧向力和附加侧向力引起空间门架的扭转,需要结构力学的哥氏分析法外,其他作用力均由其所在的平面结构直接承受。分别对各平面结构求解后,按载荷组合对内力计算结果进行合成。对两片平面结构共用的构件,应同时考虑其在各平面结构内所受的内力。应当指出,岸边集装箱起重机的空间工作特性比较显著,分解成平面结构的计算方法是相当粗糙的,对结构组成上没有明显平面可划分的空间刚架结构尤其如此。因此应当尽量采用有限元方法对整体结构进行计算。

二、主梁的设计

就总体结构而言,主梁主要有桁架式、板梁式、双箱梁式、单箱梁式和桁构式等几种形式。

图 15-8(a)、(b)为典型的桁架式主梁,其特点是自重轻,风力小,对整机稳定性有利,码头所受轮压小。但其制造复杂,且杆件相互之间的节点是疲劳源,若处理不好将会影响主梁的寿命。这种形式的主梁在轻型集装箱岸桥上采用较多,但随着码头走向专业化,新建或扩建的码头承载能力大为提高,桁架式大梁愈来愈少。近年来随着双 40 ft 岸桥的迅速崛起,为适应老码头的承载能力,图 15-8(b)形式的桁架大梁将会被使用。图 15-8(c)为典型的板梁式结构。板梁式主梁的自重相对于单、双箱梁式结构重量轻,制造较桁架式简单。图 15-8(d)为典型的双箱梁式。图 15-8(e)、(f)为典型的单箱梁形式。图 15-8(g)是典型的桁构式大梁。

单箱梁式、板梁式、双箱梁式三种主梁的特点比较如下:

(1)在同样起升高度的情况下,单箱梁和板梁式结构岸桥整体高度一般比双箱梁岸桥高 3 m 左右,如图 15-9 所示。因而前两种形式的岸桥受风面积大,重心高,自重较大,风力产生的倾覆力矩大,对岸桥的稳定性不利。

(2)单箱梁一般梁面宽度约 4 m,板梁宽度约 5.5 m,由于小车悬挂在梁的外侧,限制了大梁的加宽。随着岸桥的大型化,特别是外伸距已从 20 世纪 80 年代的 35 m 左右迅速发展到现在的 50~70.5 m,由于大梁的长宽比大,在大车运行方向的惯性力和风力作用下,侧向刚性相对较差。双箱梁广泛采用双铰点结构,这种结构在保证小车通过轨道接头时的平稳性和对铰点的维修方面远优于单铰点。

(3)单箱梁和板梁结构的小车布置形式多为悬挂式,悬臂越长其刚度越差,容易变形,使小车轮呈倒八字形,影响运行平稳性。此外由于小车为下悬挂式,驱动力与其重心间有一段距离。在启、制动时,较易使小车产生啃轨现象。

(4)在设备维修方面,单箱梁和板梁式的小车是悬挂在轨道下,而双箱梁小车空间大,检修人员很容易到达检视处,因此双箱梁的维修要比单箱梁和板梁悬挂式小车方便。

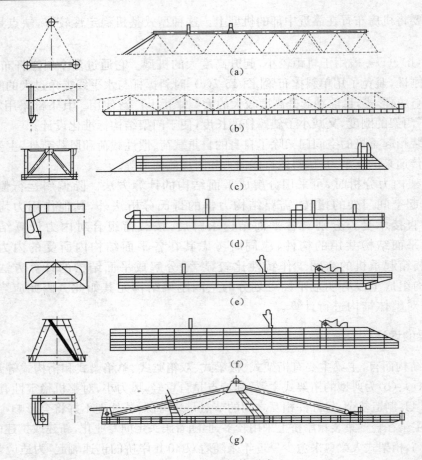

图 15-8 主梁结构形式

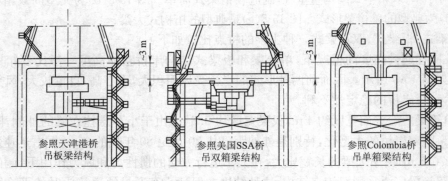

图 15-9 门框高度比

　　主梁各段长度在起重机总体设计时确定,拉杆与前伸臂段的连接位置取决于内力均匀要求和刚性要求,一般位于距前伸臂根部$(3/4\sim4/5)L_c$处,此处 L_c 为前伸臂的有效工作长度。

　　主梁受有垂向载荷、横向和纵向水平载荷以及桥架主梁的扭转等。由于岸边集装箱起重机的支腿由侧平面连成空间门架体系,故偏斜运行侧向力和附加侧向力将由空间门架承受。在侧向力作用下,桥架将视整体结构的组成情况或不受力或作为空间门架的一个组成构件受其作用。以某岸桥为例,桥架伸臂段和固定段的计算简图和小车计算位置见表15-4。其中虚线示出的力为桥架的支承反力。桥架的内力分析及强度、刚度和稳定性计算参见本书相关章节。

表15-4 岸边集装箱起重机计算简图和小车计算位置

构件及载荷	岸桥主梁计算简图	小车不利位置
前伸臂对称载荷	T_1, q, ΣP, M_z	前伸臂伸臂端(图中未示出)
		前伸臂跨中
前伸臂反对称载荷	q_x, M_z', $\Sigma P'$, ΣP_x	前伸臂伸臂端
		前伸臂跨中
后桥架对称载荷	ΣP, M_z, q, T_2	门架跨中
		后桥架伸臂端
后桥架反对称载荷	$\Sigma P'$, M_z', ΣP_x, q_x	门架跨中
		后桥架伸臂端(图中未示出)

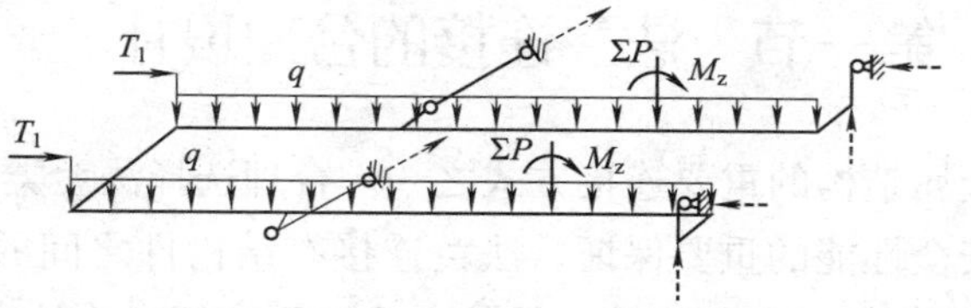

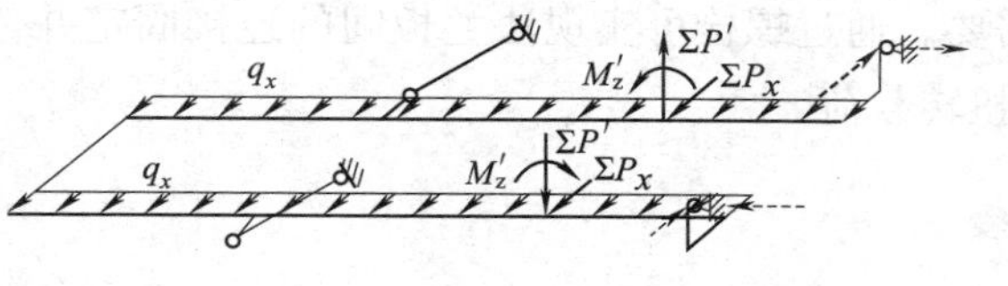

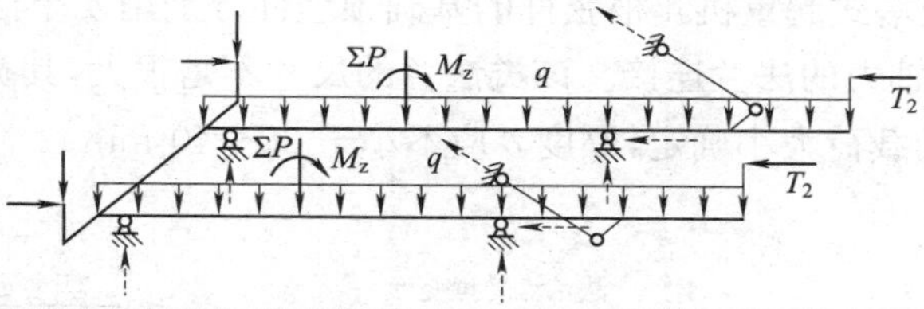

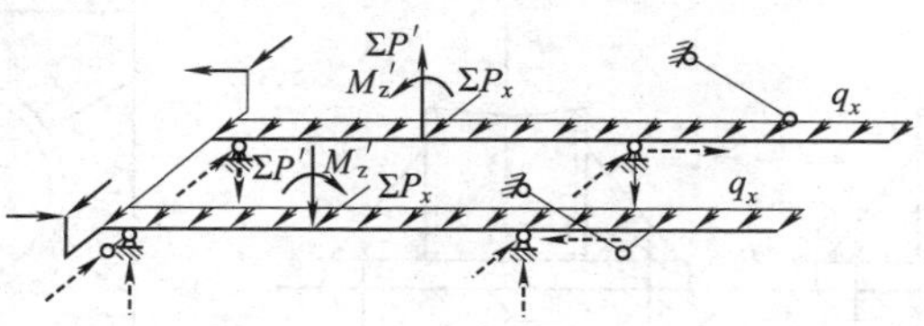

注:T_1、T_2——载重小车牵引索张力之和。

习 题

1. 试述岸桥主梁的主要结构形式及其各自的受力特点。

2. 双箱梁式岸桥的基本参数如下:最大前伸距 63 m,最大后伸距 18.515 m,轨距 30 m,基距 15.3 m,轨上及轨下起升高度分别为 40 m、15 m,联系横梁下净空高度 16.75 m,门框内净距 18.3 m,岸桥总宽 26.5 m,起升(下降)速度 180 m/min(空载)、75 m/min(满载),小车额定运行速度 240 m/min,大车运行速度 45 m/min,额定起重量 61 t(双箱吊具下)、69 t(吊钩横梁下)。岸桥整机工作级别 A8,载荷级别 Q3,主要构件材料为 Q235B。试设计岸桥的主梁,并分析小车位于前伸臂前端、前伸臂跨中、门架跨中、后桥架伸臂端的岸桥主梁计算简图。

第十六章　起重机金属结构细部合理设计

第一节　法兰连接的合理设计

法兰连接是起重机金属结构的重要连接方式之一。合理选择法兰类型及其构造设计是提高金属结构使用性能和安全性能的重要保证。法兰连接有结构件之间的连接、结构件与混凝土基础之间的连接、结构件与钢基座之间的连接等。法兰连接便于构件安装、拆卸、运输，并满足结构自身构造的连接需要。通过螺栓可实现法兰板间的连接固定并传递载荷，法兰连接可承受拉、压、剪切、弯曲和扭转载荷。

一、受拉(压)法兰连接

如图 16-1 所示，固定塔式起重机 4 根弦杆的基础预埋件分别用 4 个法兰和基础地脚螺栓连接固定，是典型的承受轴力的法兰连接。该类法兰的尺寸不是很大，其宽度 B 一般为 400～500 mm，厚度根据法兰的载荷大小确定，厚度 δ 应不小于 30～40 mm。

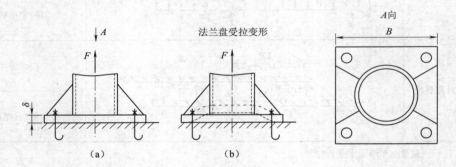

图 16-1　受拉(压)法兰连接

如果选用较薄的法兰板，在弦杆拉力作用下，法兰板自身将发生局部弯曲或翘曲，引起较大的变形。塔式起重机在工作中臂架 360°旋转，弦杆的轴力也随之拉、压交替。载荷的变化会引起螺栓、螺帽松动，造成法兰板与基础表面有较大间隙，在冲击载荷作用下，螺栓或法兰板互相撞击导致断裂，严重时引起塔式起重机倾翻，造成事故。

二、受弯矩作用的法兰连接

受弯矩作用的法兰连接一般尺寸较大，常用于较大型构件间、结构物和基础或钢基座间的连接。螺栓和法兰板按平面假定(不考虑法兰板的翘曲)计算。图 16-2(a)、(b)分别为摩擦型高强度螺栓群(弯矩绕中心旋转)及普通螺栓群(弯矩绕端部旋转)在弯矩作用下的受力图，螺栓最大拉力计算见第四章。

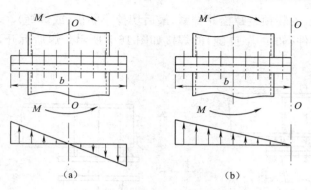

图 16-2　受弯矩作用的法兰连接受力图

(a)高强度螺栓群弯矩受拉；(b)普通螺栓群弯矩受拉。

图 16-3 为门式起重机支腿与主梁、下横梁的法兰连接，在弯矩作用下，法兰板绕对称轴旋转。该法兰板的特点是尺寸较大，连接螺栓数较多，厚度中等。设计时，要正确选择法兰板的厚度 δ 和法兰板外悬伸部分的宽度 b，以保证工作时法兰板没有较大的变形。

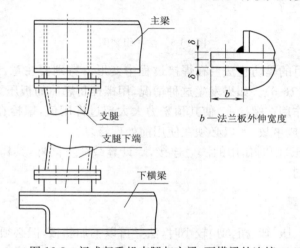

图 16-3　门式起重机支腿与主梁、下横梁的连接

法兰板的有效厚度 δ 根据法兰尺寸常取 20～30 mm，外悬伸部分的宽度 b 根据连接螺栓的直径常取 30～50 mm。

为保证两法兰面安装后均匀接触，应采取如下措施：在法兰板表面进行喷砂或机械加工；较大的法兰板要在板的中间开圆形或方形孔，以保证两法兰板全表面均匀接触。两法兰板必须焊后(临时)加工，其步骤如图 16-4 所示。

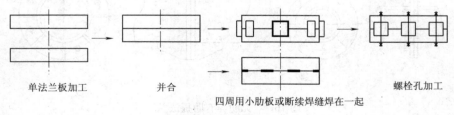

图 16-4　法兰预加工步骤

加工好螺栓孔后,安装预装螺栓并拧紧,最后切掉小肋板(或焊缝)。

法兰板与两连接件(如主梁、支腿)的焊接如图16-5所示。焊后拆开,到工地后进行组装,并设置若干小肋板。

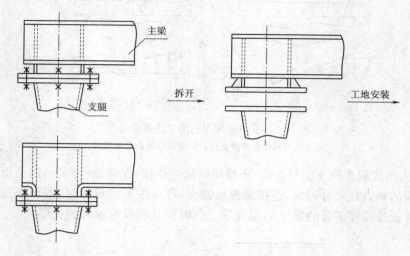

图 16-5 法兰组装图

采取这些措施的目的是防止法兰在焊接过程中变形。特别要注意,焊后拆开时不允许法兰板悬伸部分翘曲(图16-6)。如果发生这种情况,用螺栓将翘曲的板压平需要很大的力,这种力作为附加载荷始终作用在螺栓上,使其预紧力大大超过许用值,螺栓在工作中可能被拉断,导致法兰松动破坏,造成事故,所以必须在使用前处理修复。

对于受弯曲、拉(压)同时作用的法兰连接,除计算载荷不同外,其构造设计与上述情况类同。

三、法兰的加肋问题

结构承受载荷(拉、压、弯、扭、剪)较小时,法兰可以不加肋板,但必须保证焊缝及连接件的强度。法兰板与杆件间的连接焊缝应满足静强度和疲劳强度的要求。

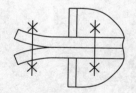

图 16-6 法兰板外伸部分翘曲示意图

当载荷较大且为交变载荷时,必须设置法兰肋板以保证法兰板自身及整个接头的强度,如图16-7所示。

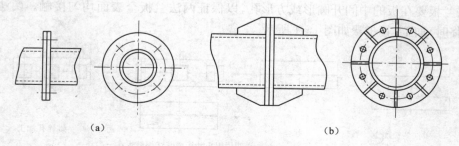

(a)　　　　　　　　　(b)

图 16-7 无肋与有肋板法兰
(a)无肋板法兰;(b)有肋板法兰。

480

　　法兰无肋板时,杆件通过焊缝传递连接内力;法兰有肋板(或肋条)时,焊缝与肋板共同传递内力。所以合理设计肋板的形状、尺寸、安装位置是法兰连接的关键问题。

　　受拉区域的法兰连接,其焊缝垂直于力的方向,根据起重机设计规范要求,必须设置肋板。

　　肋板的数量、尺寸及形状取决于作用在法兰板上的载荷、法兰板的厚度以及螺栓的级别、规格和数量。

　　肋板的形状常用三角形(简称三角板)、矩形和多边形。

　　三角肋板直角区域常和连接焊缝交叉,为避免三条焊缝交叉造成应力集中,应按尺寸 $C\times 45°$(或半径 R)切掉直角(图 16-8),C(或 R)值取决于交叉焊缝的高度且不小于 20 mm。三角板另外两角也要切掉,以减小应力集中,提高疲劳强度。底边长 a 要小于法兰板外侧宽度 10~15 mm,以保证三角板端部焊缝尺寸。

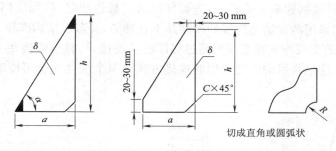

图 16-8　三角肋板

　　三角板底角 α 一般取 60° 左右或更大一些,长边应沿连接构件轴力方向[图 16-9(a)],以减小在拉、压或弯矩作用下,三角板发生弯曲时其端部对连接构件接触处的挤压而造成的应力集中。

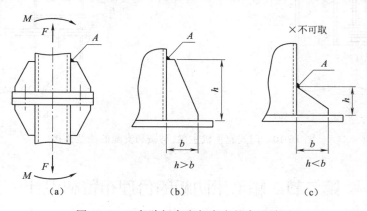

图 16-9　三角肋板高度与宽度的合理关系

　　如图 16-9(c)所示,如果 $\alpha < 45°$,即三角板底边长度 b 大于高度 h,受同样弯矩时,由于高度 h 减小使 A 点处的挤压(拉)应力增大,产生严重的应力集中,疲劳强度降低,造成连接断裂。

　　通过有限元软件对三角板的应力分析表明:在法兰板底边宽度和载荷不变的情况下,随着三角板高度 h 的增加,其端部 A 点的应力明显降低。在起重机结构设计中,三角板高宽比(h/b)设计不当会引起法兰板或连接件的损坏,因此应合理确定 h/b 的值(图 16-9)。

　　法兰中的三角板焊缝应采用连续焊。为降低三角板的应力集中,三角板上、下两端应围焊,以提高疲劳强度,且能防止起重机在室外工作时因雨水渗透而腐蚀。

四、法兰连接实例

图 16-10 为双梁带马鞍门式起重机主梁与支腿及马鞍连接处的局部构造图。图 16-10(a)中箱形主梁与支腿间用底座法兰和侧面法兰通过高强度螺栓连接,支腿与马鞍之间也采用法兰连接,法兰板上焊有多个小三角肋板。主梁与支腿间采用两套法兰连接,形成一个超静定系统,主梁和支腿之间的连接刚度大,不易产生相对变形,但两套法兰板加大了制造和安装难度。由于结构复杂,以及制造偏差、运输中可能出现的变形或温度变化等影响,造成安装精度会有很大的误差,安装时需采用一些强力矫正措施,从而增加了连接区域的内应力及应力集中。在外载荷及附加内力共同作用下,必然会在薄弱区域的应力集中处发生开裂并扩展,引起结构破坏。图 16-10(a)中支腿与马鞍连接法兰区域的三角肋板下方尖角处,在起重机使用一段时间后出现裂点并逐步扩展到腹板和盖板上,进而导致法兰板边翘起,高强度螺栓松动或被拉断。因此,主梁与支腿间采用两套法兰连接的设计是不合理的,会造成结构破坏。

图 16-10(b)中的主梁与支腿之间只通过底部法兰连接,马鞍与焊接在主梁侧边的马鞍连接座通过法兰连接,这也是目前广泛采用的连接方式。单个法兰完全可以满足结构的强度及刚度要求。

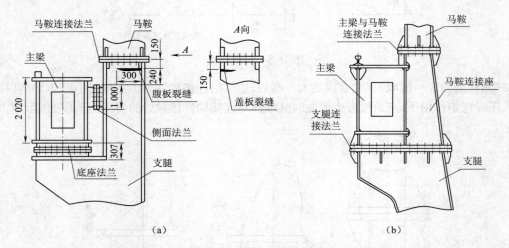

（a） （b）

图 16-10 门式起重机主梁、马鞍和支腿的法兰连接

第二节 箱形梁肋板的合理布置和设计

箱形梁肋板由大(长)隔板、短隔板、纵向肋及三角形肋板组成。大隔板保证了箱形梁弯曲(正轨箱形梁)和弯扭(偏轨箱形梁)时截面的几何不变性;短隔板用于支承中轨梁的轨道[图 16-11(a)];纵向肋用于限制受压薄板的纵向翘曲变形。大隔板、短隔板及纵向肋将腹板及受压翼缘板划分成多个小区格,并作为验算板局部稳定性时所划分区格的边框。

偏轨箱形梁不需要设置短隔板,但为支承轨道,应在主腹板外侧设置三角形肋板[图 16-11(b)],并焊在大隔板相对应的位置上,当大隔板间距较大时,应在其间按规定间距在主腹板内、外侧同时设置三角形肋板,三角肋板不可焊在腹板内侧无肋板的地方。一是避免轨道安装偏心,二是避免当小车车轮经过三角肋板上方时,造成轨道局部扭转使三角板弯曲,在三角肋板下尖角处挤压腹板,产生应力集中引起腹板疲劳损坏。

偏轨箱形梁属于弯扭梁,梁在扭转时会使大隔板发生扭曲变形和侧倾,因此要对大隔板与梁翼缘板和腹板构成的横向框架进行计算,并满足相应的刚度要求,计算详见第八章第四节有关"横向框架抗扭刚度校核"。大隔板也是主要受力构件,箱形梁发生的损坏,大都发生在梁的内部肋板区域,其主要原因是焊缝设置不合理或加工制造质量差造成的,要特别注意。

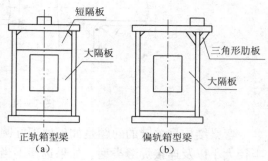

图 16-11 箱形梁肋板设置图

大隔板下端与腹板的连接焊缝属于受拉区域的横向焊缝,为疲劳的敏感区域,而且此处的应力值在大隔板截面上是最大的,发生疲劳破坏时,裂点(裂纹)会出现在大隔板下端尖角[图 16-12(a)]与腹板的焊缝或焊缝边缘热影响区处。疲劳实验表明:由原始裂纹点开始逐渐向外扩展到腹板与盖板,并沿大隔板焊缝边缘向腹板上方扩展[图 16-12(b)],高度达 50~60 mm 时,裂纹因此处拉应力减小偏转,这个拐点高度范围内就是最危险区域。

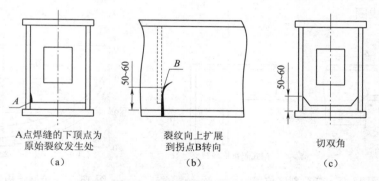

A 点焊缝的下顶点为
原始裂纹发生处
(a)

裂纹向上扩展
到拐点 B 转向
(b)

切双角
(c)

图 16-12 大隔板的裂纹扩展

为减小大隔板与腹板焊缝处的横向拉应力,提高其疲劳强度,大隔板不宜在梁的最大应力截面设置,应尽量避开。

短隔板与上翼缘板焊缝不能采用断续焊,但轨底下方长度上(图 16-13)可以不焊,使轨道下方翼缘板直接接触短隔板上边缘,以减小焊缝应力集中。短肋板可采用图 16-13 所示形状,使其下角部分刚度变小,下端头要围焊以减小此处的应力集中。

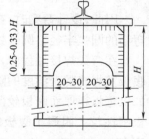

图 16-13 短肋板构造和焊缝

第三节 弯梁局部结构的合理设计

起重机金属结构有许多不同类型、不同尺寸的 L 形结构弯梁。如安装走行车轮的小车架纵梁、桥(门)式起重机的端梁(下横梁),以及门式起重的马鞍架等(图 16-14)。

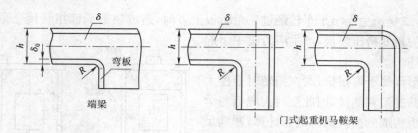

图 16-14　不同形式的弯梁

弯梁结构最关键的问题是如何处理好圆弧处弯板(翼缘板)和腹板的厚度比例关系、圆弧半径大小以及连接焊缝类型。如果选择不当就会造成圆弧区域焊缝腹板开裂(图 16-15),引起弯梁的局部破坏。设计此类结构应尽量减少或避免因设计不当而引起太大的局部应力集中。弯梁的圆弧半径一般较小,弯曲区域的受力状态复杂,应力集中比较严重。为安全起见,实际设计时,应将计算合成应力控制在较小的范围内($<100\ \text{MPa}$)。

弯梁在弯矩和剪力作用下,在圆弧处会产生应力集中,应力集中程度(应力集中系数)主要取决于比值 R/h(图 16-15),其中 R 为圆弧半径,h 为弯梁在此处的梁高。此外,还与下翼缘板的厚度与腹板厚度之比 δ_0/δ 有关。

理论和实验表明,R/h 比值越大或者 δ_0/δ 越小,其应力集中系数 α 越小;反之 R/h 越小或者 δ_0/δ 越大,其应力集中系数 α 越大。图 16-16 为箱形结构弯梁的应力集中系数 α 与 R/h 及 δ_0/δ 的关系曲线图。

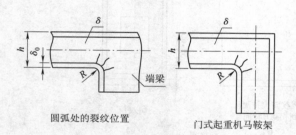

图 16-15　弯梁裂缝位置

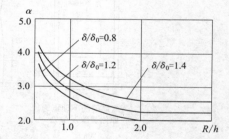

图 16-16　箱型结构弯梁特性图

因此,设计弯梁时,在保证设计性能和满足构造要求的条件下,应尽可能增加腹板厚度和弯梁的圆弧半径。圆弧处疲劳强度的计算参见第八章第五节"下横梁的强度校核"相关内容。

在弯梁焊接过程中,不可避免地会在圆弧区域产生复杂的热变形,而在冷却过程中,弯板、腹板及焊缝随着温度的降低而收缩,由于弯板、腹板的厚度和形状不同,各自的收缩量也不同。如果弯板很厚而腹板较薄,则弯板变形小其收缩量亦小,而腹板变形大其收缩量就大。由于弯板刚性较大阻碍了腹板的收缩变形,造成相互间变形不协调,使腹板和焊缝内引起较大的内应力。

弯梁圆弧处有三种应力存在:弯梁在外力作用下产生的弯曲应力;在圆弧区域因应力集中产生的附加内应力;在焊接过程中因下料尺寸误差产生的附加内应力。可采取以下措施降低后两种内应力:

(1)局部增加圆弧处腹板的厚度,合理选择弯板与腹板厚度之比。

(2)尽量增加圆弧半径,正确选择和提高弯梁圆弧半径与梁高的比值。

（3）尽量减小贴角焊缝高度，或开坡口焊透圆弧区域与腹板的焊缝。

（4）设置加强肋，降低应力集中区域应力，防止焊缝处开裂。

为解决弯梁圆弧处的应力集中及内应力过大问题，可以在圆弧处设置肋板（图 16-17），使翼缘板力流直接传到肋板和腹板上，减少圆弧区域焊缝及腹板上的应力。

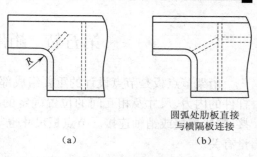

（a） （b）

圆弧处肋板直接与横隔板连接

图 16-17 肋板与弯板的连接

第四节 弯折形结构肋板的合理设置

起重机中的弯折形构件，如 L 形单主梁门式起重机箱形支腿（图 16-18）。由于支腿是倾斜的，采用弯折形结构即能减轻支腿自重，又能保证支腿下端与下横梁连接法兰具有足够的截面，以便能承受起重机整机自重、吊重及其他载荷引起的轴向力、水平力及弯矩作用。

为防止折弯处腹板的局部失稳，应在折弯点对应的支腿内部设置横向加肋板（横隔板）。肋板端部应该顶在弯折处的盖板上并焊接，以保证盖板的上、下应力流在折弯点交汇时，其合力直接传到横隔板上，减少盖板、腹板在折弯处的局部压应力，防止腹板局部失稳。

对单腹板弯折梁，肋板设置在腹板的两侧（图 16-19）。

如果横隔板不设置在弯折处或虽在该处但未与盖板焊接，其应力流的合力就会直接传到折弯点两侧的腹板上，腹板较薄时，会使其局部失稳、翘曲、开裂。

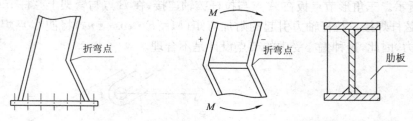

图 16-18 L 形单主梁门式
起重机箱形支腿

图 16-19 单腹板弯折梁的肋板布置

图 16-20 为某厂设计和制造的 L 形门式起重机支腿，横向肋板设置在距弯折点 300 mm 的上方，由于折弯处无横向肋板导致支腿严重破坏而报废。

图 16-20 肋板设置不当实例图

第五节　桁架节点板的合理设计

　　桁架节点板是节点设计的重要组成部分,节点板参数(厚度、形状、尺寸)是根据节点处各杆件的内力、尺寸及相互间的位置确定的。节点板与桁架弦杆、腹杆等构件的连接可采用焊接、螺栓连接或销轴连接。节点板尺寸也与弦杆、腹杆间连接焊缝长度、螺栓或销轴的直径、数量有关。

　　桁架节点板与弦杆的连接分对接和塔接两种,对接时应采用围焊并开坡口焊透。节点板与腹杆的连接采用搭接。节点板的形状及采用的焊缝类型不同,其焊缝端部的应力集中系数即疲劳系数亦不同。

　　常用的节点板形状有矩形和梯形两种[图 16-21(a)、(b)],其他形状均由这两种形状演变而成[图 16-21(c)]。节点板与弦杆采用对接焊缝时,梯形节点板的应力集中系数低于矩形节点板,因此选用梯形更合理。Q235 钢的应力集中系数低于 Q345 钢。

　　必须保证节点板端面 A 点焊缝的焊接质量,以减小应力集中,避免焊缝开裂。

　　节点板的厚度通常根据连接杆件的厚度及受力大小确定,但露天工作的桁架结构其节点板厚度不能小于 6 mm,以防腐蚀生锈而变薄,降低强度。

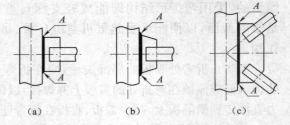

图 16-21　节点板形状

　　常用的平臂式塔式起重机,在拉杆与臂架的连接节点处采用了偏心三角形节点板,如图 16-22所示。三角形节点板在 A 点与拉杆铰轴连接,在 B 点与臂架上弦杆节点铰轴连接,在 C 点与上弦杆焊接。拉杆轴力引起的附加弯矩($M = F \cdot cos\alpha \cdot h_0$)将使 C 点焊缝处产生很大的附加应力,因此,这种偏心受力的节点设计是不合理。

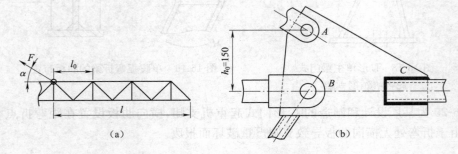

图 16-22　偏心三角板连接

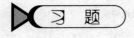

　　图 16-22 偏心受力的节点设计该如何改进使其受力合理?

附　　录

附录 1　部分相关国标

附录 1-1　热轧钢板和钢带规格、尺寸数据（GB/T 709—2006）

热轧钢板和钢带	尺寸、规格		
单轧钢板的公称厚度	3～400 mm	公称厚度小于 30 mm 的钢板按 0.5 mm 倍数的任何尺寸	厚度不小于 30 mm 的钢板按 1 mm 倍数的任何尺寸
单轧钢板的公称宽度	600～4 800 mm	在此范围内，按 10 mm 或 50 mm 倍数的任何尺寸	
钢板的公称长度	2 000～20 000 mm	在此范围内，按 50 mm 或 100 mm倍数的任何尺寸	
钢带（包括连轧钢板）的公称厚度	0.8～25.4 mm	在此范围内，按 0.1 mm 倍数的任何尺寸	
钢带（包括连轧钢板）的公称宽度	600～2 200 mm	在此范围内，按 10 mm 倍数的任何尺寸	
纵切钢带的公称宽度	120～900 mm		

注：热轧花纹钢板（GB/T 3277—1991）厚度为 2.5,3,3.5,4,4.5,5,5.5,6,7,8 mm；宽度为 0.6～1.8 m 按 0.05 m 进级；长度2～12 m 按 0.1 m 进级。

附录 1-2　冷轧钢板和钢带规格、尺寸数据（GB/T 708—2006）

冷轧钢板和钢带	尺寸、规格		
公称厚度	0.3～4 mm	公称厚度小于 1 mm 的钢板和钢带，按 0.05 mm 倍数的任何尺寸	公称厚度不小于 1 mm 的钢板和钢带，按 0.1 mm 倍数的任何尺寸
公称宽度	600～2 050 mm	在此范围内，按 10 mm 倍数的任何尺寸	
公称长度	1 000～6 000 mm	在此范围内，按 50 mm 倍数的任何尺寸	

附录 1-3　热轧圆钢和方钢的尺寸规格、通常长度及短尺长度（GB/T 702—2008）

公称直径或边长（mm）	钢类	通常长度		短尺长度（m）（不小于）
		截面公称尺寸（mm）	钢棒长度（m）	
5.5,6,6.5,7,8,9,10,11,12,13,14,15,16,17,18,19, 20,21,22,23,24,25,26,27,28,29,30,31,32,33,34, 35,36,38,40,42,45,48,50,53,55,56,58,60,63,65, 68,70,75,80,85,90,95,100,105,110,115,120,125, 130,135,140,145,150,155,160,165,170,180,190,200 (210,220,230,240,250,260,270,280,290,300,310)	普通质量钢	≤25	4～12	2.5
		>25	3～12	
	优质及特殊质量钢	全部规格	2～12	1.5
		碳素和合金工具钢 ≤75	2～12	1.0
		>75	1～8	0.5

注：表中括号内数字只有圆钢规格、无方钢规格。

附录1-4 热轧等边角钢(GB/T 706—2008)

符号意义:
b——边宽度; d——边厚度;
r——内端圆弧半径; r_1——边端圆弧半径;
Z_0——重心距离。

型号	尺寸(mm)			截面面积(cm²)	单位长度理论质量(kg/m)	单位长度外表面积(m²/m)	惯性矩(cm⁴)				惯性半径(cm)			截面模数(cm³)			重心距离(cm)
	b	d	r				I_x	I_{x1}	I_{x0}	I_{y0}	i_x	i_{x0}	i_{y0}	W_x	W_{x0}	W_{y0}	Z_0
2	20	3	3.5	1.132	0.889	0.078	0.40	0.81	0.63	0.17	0.59	0.75	0.39	0.29	0.45	0.20	0.60
	20	4		1.459	1.145	0.077	0.50	1.09	0.78	0.22	0.58	0.73	0.38	0.36	0.55	0.24	0.64
2.5	25	3		1.432	1.124	0.098	0.82	1.57	1.29	0.34	0.76	0.95	0.49	0.46	0.73	0.33	0.73
	25	4		1.859	1.459	0.097	1.03	2.11	1.62	0.43	0.74	0.93	0.48	0.59	0.92	0.40	0.76
3.0	30	3		1.749	1.373	0.117	1.46	2.71	2.31	0.61	0.91	1.15	0.59	0.68	1.09	0.51	0.85
	30	4		2.276	1.786	0.117	1.84	3.63	2.92	0.77	0.90	1.13	0.58	0.87	1.37	0.62	0.89
3.6	36	3	4.5	2.109	1.656	0.141	2.58	4.68	4.09	1.07	1.11	1.39	0.71	0.99	1.61	0.76	1.00
	36	4		2.756	2.163	0.141	3.29	6.25	5.22	1.37	1.09	1.38	0.70	1.28	2.05	0.93	1.04
	36	5		3.382	2.654	0.141	3.95	7.84	6.24	1.65	1.08	1.36	0.70	1.56	2.45	1.00	1.07
4	40	3	5	2.359	1.852	0.157	3.59	6.41	5.69	1.49	1.23	1.55	0.79	1.23	2.01	0.96	1.09
	40	4		3.086	2.422	0.157	4.60	8.56	7.29	1.91	1.22	1.54	0.79	1.60	2.58	1.19	1.13
	40	5		3.791	2.976	0.156	5.53	10.74	8.76	2.30	1.21	1.52	0.78	1.96	3.10	1.39	1.17
4.5	45	3	5	2.659	2.088	0.177	5.17	9.12	8.20	2.14	1.40	1.76	0.89	1.58	2.58	1.24	1.22
	45	4		3.486	2.736	0.177	6.65	12.18	10.56	2.75	1.38	1.74	0.89	2.05	3.32	1.54	1.26
	45	5		4.292	3.369	0.176	8.04	15.25	12.74	3.33	1.37	1.72	0.88	2.51	4.00	1.81	1.30

续上表

型号	尺寸(mm) b	尺寸(mm) d	尺寸(mm) r	截面面积(cm²)	单位长度理论质量(kg/m)	单位长度外表面积(m²/m)	惯性矩(cm⁴) I_x	I_{x1}	I_{x0}	I_{y0}	惯性半径(cm) i_x	i_{x0}	i_{y0}	截面模数(cm³) W_x	W_{x0}	W_{y0}	重心距离(cm) Z_0
4.5	45	6	5	5.076	3.985	0.176	9.33	18.36	14.76	3.89	1.36	1.70	0.88	2.95	4.64	2.06	1.33
5	50	3	5.5	2.971	2.332	0.197	7.18	12.50	11.37	2.98	1.55	1.96	1.00	1.96	3.22	1.57	1.34
		4		3.897	3.059	0.197	9.26	16.69	14.70	3.82	1.54	1.94	0.99	2.56	4.16	1.96	1.38
		5		4.803	3.770	0.196	11.21	20.90	17.79	4.64	1.53	1.92	0.98	3.13	5.03	2.31	1.42
		6		5.688	4.465	0.196	13.05	25.14	20.68	5.42	1.52	1.91	0.98	3.68	5.85	2.63	1.46
5.6	56	3	6	3.343	2.624	0.221	10.19	17.56	16.14	4.24	1.75	2.20	1.13	2.48	4.08	2.02	1.48
		4		4.390	3.446	0.220	13.18	23.43	20.92	5.46	1.73	2.18	1.11	3.24	5.28	2.52	1.53
		5		5.415	4.251	0.220	16.02	29.33	25.42	6.61	1.72	2.17	1.10	3.97	6.42	2.98	1.57
		6		6.420	5.040	0.220	18.69	35.26	29.66	7.73	1.71	2.15	1.10	4.68	7.49	3.40	1.61
		7		7.404	5.812	0.219	21.23	41.23	33.63	8.82	1.69	2.13	1.09	5.36	8.49	3.80	1.64
		8		8.367	6.568	0.219	23.63	47.24	37.37	9.89	1.68	2.11	1.09	6.03	9.44	4.16	1.68
6	60	5	6.5	5.829	4.576	0.236	19.89	36.05	31.57	8.21	1.85	2.33	1.19	4.59	7.44	3.48	1.67
		6		6.914	5.427	0.235	23.25	43.33	36.89	9.60	1.83	2.31	1.18	5.41	8.70	3.98	1.70
		7		7.977	6.262	0.235	26.44	50.65	41.92	10.96	1.82	2.29	1.17	6.21	9.88	4.45	1.74
		8		9.020	7.081	0.235	29.47	58.02	46.66	12.28	1.81	2.27	1.17	6.98	11.00	4.88	1.78
6.3	63	4	7	4.978	3.907	0.248	19.03	33.35	30.17	7.89	1.96	2.46	1.26	4.13	6.78	3.29	1.70
		5		6.143	4.822	0.248	23.17	41.73	36.77	9.57	1.94	2.45	1.25	5.08	8.25	3.90	1.74
		6		7.288	5.721	0.247	27.12	50.14	43.03	11.20	1.93	2.43	1.24	6.00	9.66	4.46	1.78
		7		8.412	6.603	0.247	30.87	58.60	48.96	12.79	1.92	2.41	1.23	6.88	10.99	4.98	1.82
		8		9.515	7.469	0.247	34.46	67.11	54.56	14.33	1.90	2.40	1.23	7.75	12.25	5.47	1.85
		10		11.657	9.151	0.246	41.09	84.31	64.85	17.33	1.88	2.36	1.22	9.39	14.56	6.36	1.93

续上表

型号	尺寸(mm) b	尺寸(mm) d	尺寸(mm) r	截面面积 (cm²)	单位长度理论质量 (kg/m)	单位长度外表面积 (m²/m)	惯性矩(cm⁴) I_x	惯性矩(cm⁴) I_{x1}	惯性矩(cm⁴) I_{x0}	惯性矩(cm⁴) I_{y0}	惯性半径(cm) i_x	惯性半径(cm) i_{x0}	惯性半径(cm) i_{y0}	截面模数(cm³) W_x	截面模数(cm³) W_{x0}	截面模数(cm³) W_{y0}	重心距离 Z_0 (cm)
7	70	4	8	5.570	4.372	0.275	26.39	45.74	41.80	10.99	2.18	2.74	1.40	5.14	8.44	4.17	1.86
		5		6.875	5.397	0.275	32.21	57.21	51.08	13.31	2.16	2.73	1.39	6.32	10.32	4.95	1.91
		6		8.160	6.406	0.275	37.77	68.73	59.93	15.61	2.15	2.71	1.38	7.48	12.11	5.67	1.95
		7		9.424	7.398	0.275	43.09	80.29	68.35	17.82	2.14	2.69	1.38	8.59	13.81	6.34	1.99
		8		10.667	8.373	0.274	48.17	91.92	76.37	19.98	2.12	2.68	1.37	9.68	15.43	6.98	2.03
7.5	75	5	9	7.412	5.818	0.295	39.97	70.56	63.30	16.63	2.33	2.92	1.50	7.32	11.94	5.77	2.04
		6		8.797	6.905	0.294	46.95	84.55	74.38	19.51	2.31	2.90	1.49	8.64	14.02	6.67	2.07
		7		10.160	7.976	0.294	53.57	98.71	84.96	22.18	2.30	2.89	1.48	9.93	16.02	7.44	2.11
		8		11.503	9.030	0.294	59.96	112.97	95.07	24.86	2.28	2.88	1.47	11.20	17.93	8.19	2.15
		9		12.825	10.068	0.294	66.10	127.30	104.71	27.48	2.27	2.86	1.46	12.43	19.75	8.89	2.18
		10		14.126	11.089	0.293	71.98	141.71	113.92	30.05	2.26	2.84	1.46	13.64	21.48	9.56	2.22
8	80	5	9	7.912	6.211	0.315	48.79	85.36	77.33	20.25	2.48	3.13	1.60	8.34	13.67	6.66	2.15
		6		9.397	7.376	0.314	57.35	102.50	90.98	23.72	2.47	3.11	1.59	9.87	16.08	7.65	2.19
		7		10.860	8.525	0.314	65.58	119.70	104.07	27.09	2.46	3.10	1.58	11.37	18.40	8.58	2.23
		8		12.303	9.658	0.314	73.49	136.97	116.60	30.39	2.44	3.08	1.57	12.83	20.61	9.46	2.27
		9		13.725	10.774	0.314	81.11	154.31	128.60	33.61	2.43	3.06	1.56	14.25	22.73	10.29	2.31
		10		15.126	11.874	0.313	88.43	171.74	140.09	36.77	2.42	3.04	1.56	15.64	24.76	11.08	2.35
9	90	6	10	10.637	8.350	0.354	82.77	145.87	131.26	34.28	2.79	3.51	1.80	12.61	20.63	9.95	2.44
		7		12.301	9.656	0.354	94.83	170.30	150.47	39.18	2.78	3.50	1.78	14.54	23.64	11.19	2.48
		8		13.944	10.946	0.353	106.47	194.80	168.97	43.97	2.76	3.48	1.78	16.42	26.55	12.35	2.52

型号	尺寸(mm) b	d	r	截面面积(cm²)	单位长度理论质量(kg/m)	单位长度外表面积(m²/m)	惯性矩(cm⁴) I_x	I_{x1}	I_{x0}	I_{y0}	惯性半径(cm) i_x	i_{x0}	i_{y0}	截面模数(cm³) W_x	W_{x0}	W_{y0}	重心距离(cm) Z_0
9	90	9	10	15.566	12.219	0.353	117.72	219.39	186.77	48.66	2.75	3.46	1.77	18.27	29.35	13.46	2.56
		10		17.167	13.476	0.353	128.58	244.07	203.90	53.26	2.74	3.45	1.76	20.07	32.04	14.52	2.59
		12		20.306	15.940	0.352	149.22	293.76	236.21	62.22	2.71	3.41	1.75	23.57	37.12	16.49	2.67
10	100	6		11.932	9.366	0.393	114.95	200.07	181.98	47.92	3.10	3.90	2.00	15.68	25.74	12.69	2.67
		7		13.796	10.830	0.393	131.86	233.54	208.97	54.74	3.09	3.89	1.99	18.10	29.55	14.26	2.71
		8		15.638	12.276	0.393	148.24	267.09	235.07	61.41	3.08	3.88	1.98	20.47	33.24	15.75	2.76
		9		17.462	13.708	0.392	164.12	300.73	260.30	67.95	3.07	3.86	1.97	22.79	36.81	17.18	2.80
		10		19.261	15.120	0.392	179.51	334.48	284.68	74.35	3.05	3.84	1.96	25.06	40.26	18.54	2.84
		12	12	22.800	17.898	0.391	208.90	402.34	330.95	86.84	3.03	3.81	1.95	29.48	46.80	21.08	2.91
		14		26.256	20.611	0.391	236.53	470.75	374.06	99.00	3.00	3.77	1.94	33.73	52.90	23.44	2.99
		16		29.627	23.257	0.390	262.53	539.80	414.16	110.89	2.98	3.74	1.94	37.82	58.57	25.63	3.06
11	110	7		15.196	11.928	0.433	177.16	310.64	280.94	73.38	3.41	4.30	2.20	22.05	36.12	17.51	2.96
		8		17.238	13.535	0.433	199.46	355.20	316.49	82.42	3.40	4.28	2.19	24.95	40.69	19.39	3.01
		10		21.261	16.690	0.432	242.19	444.65	384.39	99.98	3.38	4.25	2.17	30.60	49.42	22.91	3.09
		12		25.200	19.782	0.431	282.55	534.60	448.17	116.93	3.35	4.22	2.15	36.05	57.62	26.15	3.16
		14	14	29.056	22.809	0.431	320.71	625.16	508.01	133.40	3.32	4.18	2.14	41.31	65.31	29.14	3.24
12.5	125	8		19.750	15.504	0.492	297.03	521.01	470.89	123.16	3.88	4.88	2.50	32.52	53.28	25.86	3.37
		10		24.373	19.133	0.491	361.67	651.93	573.89	149.46	3.85	4.85	2.48	39.97	64.93	30.62	3.45
		12		28.912	22.696	0.491	423.16	783.42	671.44	174.88	3.83	4.82	2.46	41.17	75.96	35.03	3.53
		14		33.367	26.193	0.490	481.65	915.61	763.73	199.57	3.80	4.78	2.45	54.16	86.41	39.13	3.61
		16		37.739	29.625	0.489	537.31	1 048.62	850.98	223.65	3.77	4.75	2.43	60.93	96.28	42.96	3.68

续上表

型号	尺寸(mm) b	d	r	截面面积(cm²)	单位长度理论质量(kg/m)	单位长度外表面积(m²/m)	惯性矩(cm⁴) I_x	I_{x1}	I_{x0}	I_{y0}	惯性半径(cm) i_x	i_{x0}	i_{y0}	截面模数(cm³) W_x	W_{x0}	W_{y0}	重心距离(cm) Z_0
14	140	10	14	27.373	21.488	0.551	514.65	915.11	817.27	212.04	4.34	5.46	2.78	50.58	82.56	39.20	3.82
		12		32.512	25.522	0.551	603.68	1 099.28	958.79	248.57	4.31	5.43	2.76	59.80	96.85	45.02	3.90
		14		37.567	29.490	0.550	688.81	1 284.22	1 093.56	284.06	4.28	5.40	2.75	68.75	110.47	50.45	3.98
		16		42.539	33.393	0.549	770.24	1 470.07	1 221.81	318.67	4.26	5.36	2.74	77.46	123.42	55.55	4.06
15	150	8	14	23.750	18.644	0.592	521.37	899.55	827.49	215.25	4.69	5.90	3.01	47.36	78.02	38.14	3.99
		10		29.373	23.058	0.591	637.50	1 125.09	1 012.79	262.21	4.66	5.87	2.99	58.35	95.49	45.51	4.08
		12		34.912	27.406	0.591	748.85	1 351.26	1 189.97	307.73	4.63	5.84	2.97	69.04	112.19	52.38	4.15
		14		40.367	31.688	0.590	855.64	1 578.25	1 359.30	351.98	4.60	5.80	2.95	79.45	128.16	58.83	4.23
		15		43.063	33.804	0.590	907.39	1 692.10	1 441.09	373.69	4.59	5.78	2.95	84.56	135.87	61.90	4.27
		16		45.739	35.905	0.589	958.08	1 806.21	1 521.02	395.14	4.58	5.77	2.94	89.59	143.40	64.89	4.31
16	160	10	16	31.502	24.729	0.630	779.53	1 365.33	1 237.30	321.76	4.98	6.27	3.20	66.70	109.36	52.76	4.31
		12		37.441	29.391	0.630	916.58	1 639.57	1 455.68	377.49	4.95	6.24	3.81	78.98	128.67	60.74	4.39
		14		43.296	33.987	0.629	1 048.36	1 914.68	1 665.02	431.70	4.92	6.20	3.16	90.95	147.17	68.24	4.47
		16		49.067	38.518	0.629	1 175.08	2 190.82	1 865.57	484.59	4.89	6.17	3.14	102.63	164.89	75.31	4.55
18	180	12	16	42.241	33.159	0.710	1 321.35	2 332.80	2 100.10	542.61	5.59	7.05	3.58	100.82	165.00	78.41	4.89
		14		48.896	38.383	0.709	1 514.48	2 723.48	2 407.42	621.53	5.56	7.02	3.56	116.25	189.14	88.38	4.97
		16		55.467	43.542	0.709	1 700.99	3 115.29	2 703.37	698.60	5.54	6.98	3.55	131.13	212.40	97.83	5.05
		18		61.055	48.634	0.708	1 875.12	3 502.43	2 988.24	762.01	5.50	6.94	3.51	145.64	234.78	105.14	5.13
20	200	14	18	54.642	42.894	0.788	2 103.55	3 734.10	3 343.26	863.83	6.20	7.82	3.98	144.70	236.40	111.82	5.46
		16		62.013	48.680	0.788	2 366.15	4 270.39	3 760.89	971.41	6.18	7.79	3.96	163.65	265.93	123.96	5.54
		18		69.301	54.401	0.787	2 620.64	4 808.13	4 164.54	1 076.74	6.15	7.75	3.94	182.22	294.48	135.52	5.62

续上表

型号	尺寸(mm)			截面面积(cm²)	单位长度理论质量(kg/m)	单位长度外表面积(m²/m)	惯性矩(cm⁴)				惯性半径(cm)			截面模数(cm³)			重心距离(cm)
	b	d	r				I_x	I_{x1}	I_{x0}	I_{y0}	i_x	i_{x0}	i_{y0}	W_x	W_{x0}	W_{y0}	Z_0
20	200	20	18	76.505	60.056	0.787	2 867.30	5 347.51	4 554.55	1 180.04	6.12	7.72	3.93	200.42	322.06	146.55	5.69
		24		90.661	71.168	0.785	3 338.25	6 457.16	5 294.97	1 381.53	6.07	7.64	3.90	236.17	374.41	166.65	5.87
22	220	16	21	68.664	53.901	0.866	3 187.36	5 681.62	5 063.73	1 310.99	6.81	8.59	4.37	199.55	325.51	153.81	6.03
		18		76.752	60.250	0.866	3 534.30	6 395.93	5 615.32	1 453.27	6.79	8.55	4.35	222.37	360.97	168.29	6.11
		20		84.756	66.533	0.865	3 871.49	7 112.04	6 150.08	1 592.90	6.76	8.52	4.34	244.77	395.34	182.16	6.18
		22		92.676	72.751	0.865	4 199.23	7 830.19	6 668.37	1 730.10	6.73	8.48	4.32	266.78	428.66	195.45	6.26
		24		100.512	78.902	0.864	4 517.83	8 550.57	7 170.55	1 865.11	6.70	8.45	4.31	288.39	460.94	208.21	6.33
		26		108.264	84.987	0.864	4 827.58	9 273.39	7 656.98	1 998.17	6.68	8.41	4.30	309.62	492.21	220.49	6.41
25	250	18	24	87.842	68.956	0.985	5 268.22	9 379.11	8 369.04	2 167.41	7.74	9.76	4.97	290.12	473.42	224.03	6.84
		20		97.045	76.180	0.984	5 779.34	10 426.97	9 181.94	2 376.74	7.72	9.73	4.95	319.66	519.41	242.85	6.92
		24		115.201	90.433	0.983	6 763.93	12 529.74	10 742.67	2 785.19	7.66	9.66	4.92	377.34	607.70	278.38	7.07
		26		124.154	97.461	0.982	7 238.08	13 585.18	11 491.33	2 984.84	7.63	9.62	4.90	405.50	650.05	295.19	7.15
		28		133.022	104.422	0.982	7 700.60	14 643.62	12 219.39	3 181.81	7.61	9.58	4.89	433.22	691.23	311.42	7.22
		30		141.807	111.318	0.981	8 151.80	15 705.30	12 927.26	3 376.34	7.58	9.55	4.88	460.51	731.28	327.12	7.30
		32		150.508	118.149	0.981	8 592.01	16 770.41	13 615.32	3 568.71	7.56	9.51	4.87	487.39	770.20	342.33	7.37
		35		163.402	128.271	0.980	9 232.44	18 374.95	14 611.16	3 853.72	7.52	9.46	4.86	526.97	826.53	364.30	7.48

注：截面图中的 $r_1 = d/3$ 及表中 r 值用于孔型设计，不做交货条件。常用材料为 Q235、Q345 等。

附录 1-5 热轧不等边角钢（GB/T 706—2008）

符号意义：
B——长边宽度；
b——短边宽度；
d——边厚度；
r——内圆弧半径；
r_1——边端圆弧半径；
X_0——重心距离；
Y_0——重心距离。

型号	B (mm)	b (mm)	d (mm)	r (mm)	截面面积 (cm²)	单位长度理论质量 (kg/m)	单位长度外表面积 (m²/m)	I_x (cm⁴)	I_{x1} (cm⁴)	I_y (cm⁴)	I_{y1} (cm⁴)	I_u (cm⁴)	i_x (cm)	i_y (cm)	i_u (cm)	W_x (cm³)	W_y (cm³)	W_u (cm³)	$\tan\alpha$	X_0 (cm)	Y_0 (cm)
2.5/1.6	25	16	3	3.5	1.162	0.912	0.080	0.70	1.56	0.22	0.43	0.14	0.78	0.44	0.34	0.43	0.19	0.16	0.392	0.42	0.86
	25	16	4		1.499	1.176	0.079	0.88	2.09	0.27	0.59	0.17	0.77	0.43	0.34	0.55	0.24	0.20	0.381	0.46	1.86
3.2/2	32	20	3	3.5	1.492	1.171	0.102	1.53	3.27	0.46	0.82	0.28	1.01	0.55	0.43	0.72	0.30	0.25	0.382	0.49	0.90
	32	20	4		1.939	1.522	0.101	1.93	4.37	0.57	1.12	0.35	1.00	0.54	0.42	0.93	0.39	0.32	0.374	0.53	1.08
4/2.5	40	25	3	4	1.890	1.484	0.127	3.08	5.39	0.93	1.59	0.56	1.28	0.70	0.54	1.15	0.49	0.40	0.385	0.59	1.12
	40	25	4		2.467	1.936	0.127	3.93	8.53	1.18	2.14	0.71	1.36	0.69	0.54	1.49	0.63	0.52	0.381	0.63	1.32
4.5/2.8	45	28	3	5	2.149	1.687	0.143	4.45	9.10	1.34	2.23	0.80	1.44	0.79	0.61	1.47	0.62	0.51	0.383	0.64	1.37
	45	28	4		2.806	2.203	0.143	5.69	12.13	1.70	3.00	1.02	1.42	0.78	0.60	1.91	0.80	0.66	0.380	0.68	1.47
5/3.2	50	32	3	5.5	2.431	1.908	0.161	6.24	12.49	2.02	3.31	1.20	1.60	0.91	0.70	1.84	0.82	0.68	0.404	0.73	1.51
	50	32	4		3.177	2.494	0.160	8.02	16.65	2.58	4.45	1.53	1.59	0.90	0.69	2.39	1.06	0.87	0.402	0.77	1.60
5.6/3.6	56	36	3	6	2.743	2.153	0.181	8.88	17.54	2.92	4.70	1.73	1.80	1.03	0.79	2.32	1.05	0.87	0.408	0.80	1.65
	56	36	4		3.590	2.818	0.180	11.45	23.39	3.76	6.33	2.23	1.79	1.02	0.79	3.03	1.37	1.13	0.408	0.85	1.78
	56	36	5		4.415	3.466	0.180	13.86	29.25	4.49	7.94	2.67	1.77	1.01	0.78	3.71	1.65	1.36	0.404	0.88	1.82
6.3/4	63	40	4	7	4.058	3.185	0.202	16.49	33.30	5.23	8.63	3.12	2.02	1.14	0.88	3.87	1.70	1.40	0.398	0.92	1.87
	63	40	5		4.993	3.920	0.202	20.02	41.63	6.31	10.86	3.76	2.00	1.12	0.87	4.74	2.07	1.71	0.396	0.95	2.04

续上表

型号	截面尺寸 (mm)				截面面积 (cm²)	单位长度理论质量 (kg/m)	单位长度外表面积 (m²/m)	惯性矩 (cm⁴)					惯性半径 (cm)			截面模数 (cm³)			tan α	重心距离 (cm)	
	B	b	d	r				I_x	I_{x1}	I_y	I_{y1}	I_u	i_x	i_y	i_u	W_x	W_y	W_u		X_0	Y_0
6.3/4	63	40	6	7	5.908	4.638	0.201	23.36	49.98	7.29	13.12	4.34	1.96	1.11	0.86	5.59	2.43	1.99	0.393	0.99	2.08
			7		6.802	5.339	0.201	26.53	58.07	8.24	15.47	4.97	1.98	1.10	0.86	6.40	2.78	2.29	0.389	1.03	2.12
7/4.5	70	45	4	7.5	4.547	3.570	0.226	23.17	45.92	7.55	12.26	4.40	2.26	1.29	0.98	4.86	2.17	1.77	0.410	1.02	2.15
			5		5.609	4.403	0.225	27.95	57.10	9.13	15.39	5.40	2.23	1.28	0.98	5.92	2.65	2.19	0.407	1.06	2.24
			6		6.647	5.218	0.225	32.54	68.35	10.62	18.58	6.35	2.21	1.26	0.98	6.95	3.12	2.59	0.404	1.09	2.28
			7		7.657	6.011	0.225	37.22	79.99	12.01	21.84	7.16	2.20	1.25	0.97	8.03	3.57	2.94	0.402	1.13	2.32
7.5/5	75	50	5	8	6.125	4.808	0.245	34.86	70.00	12.61	21.04	7.41	2.39	1.44	1.10	6.83	3.30	2.74	0.435	1.17	2.36
			6		7.260	5.699	0.245	41.12	84.30	14.70	25.37	8.54	2.38	1.42	1.08	8.12	3.88	3.19	0.435	1.21	2.40
			8		9.467	7.431	0.244	52.39	112.50	18.53	34.23	10.87	2.35	1.40	1.07	10.52	4.99	4.10	0.429	1.29	2.44
			10		11.590	9.098	0.244	62.71	140.80	21.96	43.43	13.10	2.33	1.38	1.06	12.79	6.04	4.99	0.423	1.36	2.52
8/5	80	50	5	8	6.375	5.005	0.255	41.96	85.21	12.82	21.06	7.66	2.56	1.42	1.10	7.78	3.32	2.74	0.388	1.14	2.60
			6		7.560	5.935	0.255	49.49	102.53	14.95	25.41	8.85	2.56	1.41	1.08	9.25	3.91	3.20	0.387	1.18	2.65
			7		8.724	6.848	0.255	56.16	119.33	16.96	29.82	10.18	2.54	1.39	1.08	10.58	4.48	3.70	0.384	1.21	2.69
			8		9.867	7.745	0.254	62.83	136.41	18.85	34.32	11.38	2.52	1.38	1.07	11.92	5.03	4.16	0.381	1.25	2.73
9/5.6	90	56	5	9	7.212	5.661	0.287	60.45	121.32	18.32	29.53	10.98	2.90	1.59	1.23	9.92	4.21	3.49	0.385	1.25	2.91
			6		8.557	6.717	0.286	71.03	145.59	21.42	35.58	12.90	2.88	1.58	1.23	11.74	4.96	4.13	0.384	1.29	2.95
			7		9.880	7.756	0.286	81.01	169.60	24.36	41.71	14.67	2.86	1.57	1.22	13.49	5.70	4.72	0.382	1.33	3.00
			8		11.183	8.779	0.286	91.03	194.17	27.15	47.93	16.34	2.85	1.56	1.21	15.27	6.41	5.29	0.380	1.36	3.04
10/6.3	100	63	6	10	9.617	7.550	0.320	99.06	199.71	30.94	50.50	18.42	3.21	1.79	1.38	14.64	6.35	5.25	0.394	1.43	3.24
			7		11.111	8.722	0.320	113.45	233.00	35.26	59.14	21.00	3.20	1.78	1.38	16.88	7.29	6.02	0.394	1.47	3.28
			8		12.534	9.878	0.319	127.37	266.32	39.39	67.88	23.50	3.18	1.77	1.37	19.08	8.21	6.78	0.391	1.50	3.32

续上表

型号	截面尺寸(mm)				截面面积(cm²)	单位长度理论质量(kg/m)	单位长度外表面积(m²/m)	惯性矩(cm⁴)					惯性半径(cm)			截面模数(cm³)			$\tan\alpha$	重心距离(cm)	
	B	b	d	r				I_x	I_{x1}	I_y	I_{y1}	I_u	i_x	i_y	i_u	W_x	W_y	W_u		X_0	Y_0
10/6.3	100	63	10	10	15.467	12.142	0.319	153.81	333.06	47.12	85.73	28.33	3.15	1.74	1.35	23.32	9.98	8.24	0.387	1.58	3.40
10/8	100	80	6		10.637	8.350	0.354	107.04	199.83	61.24	102.68	31.65	3.17	2.40	1.72	15.19	10.16	8.37	0.627	1.97	2.95
			7		12.301	9.656	0.354	122.73	233.20	70.08	119.98	36.17	3.16	2.39	1.72	17.52	11.71	9.60	0.626	2.01	3.0
			8		13.944	10.946	0.353	137.92	266.61	78.58	137.37	40.58	3.14	2.37	1.71	19.81	13.21	10.80	0.625	2.05	3.04
			10		17.167	13.476	0.353	166.87	333.63	94.65	172.48	49.10	3.12	2.35	1.69	24.24	16.12	13.12	0.622	2.13	3.12
11/7	110	70	6	10	10.637	8.350	0.354	133.37	265.78	42.92	69.08	25.36	3.54	2.01	1.54	17.85	7.90	6.53	0.403	1.57	3.53
			7		12.301	9.656	0.354	153.00	310.07	49.01	80.82	28.95	3.53	2.00	1.53	20.60	9.09	7.50	0.402	1.61	3.57
			8		13.944	10.946	0.353	172.04	354.39	54.87	92.70	32.45	3.51	1.98	1.53	23.30	10.25	8.45	0.401	1.65	3.62
			10		17.167	13.476	0.353	208.39	443.13	65.88	116.83	39.20	3.48	1.96	1.51	28.54	12.48	10.29	0.397	1.72	3.70
12.5/8	125	80	7	11	14.096	11.066	0.403	227.98	454.99	74.42	120.32	43.81	4.02	2.30	1.76	26.86	12.01	9.92	0.408	1.80	4.01
			8		15.989	12.551	0.403	256.77	519.99	83.49	137.85	49.15	4.01	2.28	1.75	30.41	13.56	11.18	0.407	1.84	4.06
			10		19.712	15.474	0.402	312.04	650.09	100.67	173.40	59.45	3.98	2.26	1.74	37.33	16.56	13.64	0.404	1.92	4.14
			12		23.351	18.330	0.402	364.41	780.39	116.67	209.67	69.35	3.95	2.24	1.72	44.01	19.43	16.01	0.400	2.00	4.22
14/9	140	90	8	12	18.038	14.160	0.453	365.64	730.53	120.69	195.79	70.83	4.50	2.59	1.98	38.48	17.34	14.31	0.411	2.04	4.50
			10		22.261	17.475	0.452	445.50	913.20	140.03	245.92	85.82	4.47	2.56	1.96	47.31	21.22	17.48	0.409	2.12	4.58
			12		26.400	20.724	0.451	521.59	1 096.09	169.79	296.89	100.21	4.44	2.54	1.95	55.87	24.95	20.54	0.406	2.19	4.66
			14		30.456	23.908	0.451	594.10	1 279.26	192.10	348.82	114.13	4.42	2.51	1.94	64.18	28.54	23.52	0.403	2.27	4.74
15/9	150	90	8	12	18.839	14.788	0.473	442.05	898.35	122.80	195.96	74.14	4.84	2.55	1.98	43.86	17.47	14.48	0.364	1.97	4.92
			10		23.261	18.260	0.472	539.24	1 122.85	148.62	246.26	89.86	4.81	2.53	1.97	53.97	21.38	17.69	0.362	2.05	5.01
			12		27.600	21.666	0.471	632.08	1 347.50	172.85	297.46	104.95	4.79	2.50	1.95	63.79	25.14	20.80	0.359	2.12	5.09
			14		31.856	25.007	0.471	720.77	1 572.38	195.62	349.74	119.53	4.76	2.48	1.94	73.33	28.77	23.84	0.356	2.20	5.17

续上表

型号	截面尺寸 (mm)				截面面积 (cm²)	单位长度理论质量 (kg/m)	单位长度表面积 (m²/m)	惯性矩 (cm⁴)					惯性半径 (cm)			截面模数 (cm³)			$\tan\alpha$	重心距离 (cm)	
	B	b	d	r				I_x	I_{x1}	I_y	I_{y1}	I_u	i_x	i_y	i_u	W_x	W_y	W_u		X_0	Y_0
15/9	150	90	15	12	33.952	26.652	0.471	763.62	1 684.93	206.50	376.33	126.67	4.74	2.47	1.93	77.99	30.53	25.33	0.354	2.24	5.21
			16		36.027	28.281	0.470	805.51	1 797.55	217.07	403.24	133.72	4.73	2.45	1.93	82.60	32.27	26.82	0.352	2.27	5.25
16/10	160	100	10	13	25.315	19.872	0.512	668.69	1 362.89	205.03	336.59	121.74	5.14	2.85	2.19	62.13	26.56	21.92	0.390	2.28	5.24
			12		30.054	23.592	0.511	784.91	1 635.56	239.06	405.94	142.33	5.11	2.82	2.17	73.49	31.28	25.79	0.388	2.36	5.32
			14		34.709	27.247	0.510	896.30	1 908.50	271.20	476.42	162.23	5.08	2.80	2.16	84.56	35.83	29.56	0.385	2.43	5.40
			16		29.281	30.835	0.510	1 003.04	2 181.79	301.60	548.22	182.57	5.05	2.77	2.16	95.33	40.24	33.44	0.382	2.51	5.48
18/11	180	110	10	14	28.373	22.273	0.571	956.25	1 940.40	278.11	447.22	166.50	5.80	3.13	2.42	78.96	32.49	26.88	0.376	2.44	5.89
			12		33.712	26.440	0.571	1 124.72	2 328.38	325.03	538.94	194.87	5.78	3.10	2.40	93.53	38.32	31.66	0.374	2.52	5.98
			14		38.967	30.589	0.570	1 286.91	2 716.60	369.55	631.95	222.30	5.75	3.08	2.39	107.76	43.97	36.32	0.372	2.59	6.06
			16		44.139	34.649	0.569	1 443.06	3 105.15	411.85	726.46	248.94	5.72	3.06	2.38	121.64	49.44	40.87	0.369	2.67	6.14
20/12.5	200	125	12	14	37.912	29.761	0.641	1 570.90	3 193.85	483.16	787.74	285.79	6.44	3.57	2.74	116.73	49.99	41.23	0.392	2.83	6.54
			14		43.687	34.436	0.640	1 800.97	3 726.17	550.83	922.47	326.58	6.41	3.54	2.73	134.65	57.44	47.34	0.390	2.91	6.62
			16		49.739	39.045	0.639	2 023.35	4 258.88	615.44	1 058.86	366.21	6.38	3.52	2.71	152.18	64.89	53.32	0.388	2.99	6.70
			18		55.526	43.588	0.639	2 238.30	4 792.00	677.19	1 197.13	404.83	6.35	3.49	2.70	169.33	71.74	59.18	0.385	3.06	6.78

注：截面图中的 $r_1 = d/3$ 及表中 r 的数据用于孔型设计，不做交货条件。

附录1-6 热轧工字钢(GB/T 706—2008)

$\dfrac{b-d}{4}$

斜度1:6

h——高度;　b——腿宽度;
d——腰厚度;　t——平均腿厚度;
r——内圆弧半径;　r₁——腿端圆弧半径。

本标准适用于腿部内侧有斜度的窄边热轧工字钢。

型号	截面尺寸(mm)						截面面积 (cm²)	单位长度理论质量 (kg/m)	惯性矩(cm⁴)		惯性半径(cm)		截面模数(cm³)	
	h	b	d	t	r	r_1			I_x	I_y	i_x	i_y	W_x	W_y
10	100	68	4.5	7.6	6.5	3.3	14.345	11.261	245	33.0	4.14	1.52	49.0	9.72
12	120	74	5.0	8.4	7.0	3.5	17.818	13.987	436	46.9	4.95	1.62	72.7	12.7
12.6	126	74	5.0	8.4	7.0	3.5	18.118	14.223	488	46.9	5.20	1.61	77.5	12.7
14	140	80	5.5	9.1	7.5	3.8	21.516	16.890	712	64.4	5.76	1.73	102	16.1
16	160	88	6.0	9.9	8.0	4.0	26.131	20.513	1 130	93.1	6.58	1.89	141	21.2
18	180	94	6.5	10.7	8.5	4.3	30.756	24.143	1 660	122	7.36	2.00	185	26.0
20a	200	100	7.0	11.4	9.0	4.5	35.578	27.929	2 370	158	8.15	2.12	237	31.5
20b	200	102	9.0	11.4	9.0	4.5	39.578	31.069	2 500	169	7.96	2.06	250	33.1
22a	220	110	7.5	12.3	9.5	4.8	42.128	33.070	3 400	225	8.99	2.31	309	40.9
22b	220	112	9.5	12.3	9.5	4.8	46.528	36.524	3 570	239	8.78	2.27	325	42.7
24a	240	116	8.0	13.0	10.0	5.0	47.741	37.477	4 570	280	9.77	2.42	381	48.4
24b	240	118	10.0	13.0	10.0	5.0	52.541	41.245	4 800	297	9.57	2.38	400	50.4
25a	250	116	8.0	13.0	10.0	5.0	48.541	38.105	5 020	280	10.2	2.40	402	48.3
25b	250	118	10.0	13.0	10.0	5.0	53.541	42.030	5 280	309	9.94	2.40	423	52.4

续上表

型号	截面尺寸(mm)						截面面积(cm²)	单位长度理论质量(kg/m)	惯性矩(cm⁴)		惯性半径(cm)		截面模数(cm³)	
	h	b	d	t	r	r_1			I_x	I_y	i_x	i_y	W_x	W_y
27a	270	122	8.5	13.7	10.5	5.3	54.554	42.825	6 550	345	10.9	2.51	485	56.6
27b		124	10.5	13.7	10.5	5.3	59.954	47.064	6 870	366	10.7	2.47	509	58.9
28a	280	122	8.5	13.7	10.5	5.3	55.404	43.492	7 110	345	11.3	2.50	508	56.6
28b		124	10.5	13.7	10.5	5.3	61.004	47.888	7 480	379	11.1	2.49	534	61.2
30a	300	126	9.0	14.4	11.0	5.5	61.254	48.084	8 950	400	12.1	2.55	597	63.5
30b		128	11.0	14.4	11.0	5.5	67.254	52.794	9 400	422	11.8	2.50	627	65.9
30c		130	13.0	14.4	11.0	5.5	73.254	57.504	9 850	445	11.6	2.46	657	68.5
32a	320	130	9.5	15.0	11.5	5.8	67.156	52.717	11 100	460	12.8	2.62	692	70.8
32b		132	11.5	15.0	11.5	5.8	73.556	57.741	11 600	502	12.6	2.61	726	76.0
32c		134	13.5	15.0	11.5	5.8	79.956	62.765	12 200	544	12.3	2.61	760	81.2
36a	360	136	10.0	15.8	12.0	6.0	76.480	60.037	15 800	552	14.4	2.69	875	81.2
36b		138	12.0	15.8	12.0	6.0	83.680	65.689	16 500	582	14.1	2.64	919	84.3
36c		140	14.0	15.8	12.0	6.0	90.880	71.341	17 300	612	13.8	2.60	962	87.4
40a	400	142	10.5	16.5	12.5	6.3	86.112	67.598	21 700	660	15.9	2.77	1 090	93.2
40b		144	12.5	16.5	12.5	6.3	94.112	73.878	22 800	692	15.6	2.71	1 140	96.2
40c		146	14.5	16.5	12.5	6.3	102.112	80.158	23 900	727	15.2	2.65	1 190	99.6
45a	450	150	11.5	18.0	13.5	6.8	102.446	80.420	32 200	855	17.7	2.89	1 430	114
45b		152	13.5	18.0	13.5	6.8	111.446	87.485	33 800	894	17.4	2.84	1 500	118
45c		154	15.5	18.0	13.5	6.8	120.446	94.550	35 300	938	17.1	2.79	1 570	122
50a	500	158	12.0	20.0	14.0	7.0	119.304	93.654	46 500	1 120	19.7	3.07	1 860	142
50b		160	14.0	20.0	14.0	7.0	129.304	101.504	48 600	1 170	19.4	3.01	1 940	146
50c		162	16.0	20.0	14.0	7.0	139.304	109.354	50 600	1 220	19.0	2.96	2 080	151

续上表

型号	截面尺寸(mm)						截面面积(cm²)	单位长度理论质量(kg/m)	惯性矩(cm⁴)		惯性半径(cm)		截面模数(cm³)	
	h	b	d	t	r	r_1			I_x	I_y	i_x	i_y	W_x	W_y
55a	550	166	12.5	21.0	14.5	7.3	134.185	105.335	62 900	1 370	21.6	3.19	2 290	164
55b		168	14.5	21.0	14.5		145.185	113.970	65 600	1 420	21.2	3.14	2 390	170
55c	550	170	16.5	21.0	14.5	7.3	156.185	122.605	68 400	1 480	20.9	3.08	2 490	175
56a		166	12.5				135.435	106.316	65 600	1 370	22.0	3.18	2 340	165
56b	560	168	14.5	21.0	14.5		146.635	115.108	68 500	1 490	21.6	3.16	2 450	174
56c		170	16.5			7.3	157.835	123.900	71 400	1 560	21.3	3.16	2 550	183
63a	630	176	13.0	22.0	15.0		154.658	121.407	93 900	1 700	24.5	3.31	2 980*	193
63b		178	15.0	22.0			167.258	131.298	98 100	1 810	24.2	3.29	3 160	204
63c		180	17.0			7.5	179.858	141.189	102 000	1 920	23.8	3.27	3 300	214

注：截面图和表中标注的圆弧半径 r、r_1 的数据用于孔型设计，不做交货条件，常用材料为 Q235、Q345 等。

附录 1-7 热轧槽钢（GB/T 706—2008）

本标准适用于腿部内侧有斜度的热轧槽钢。

符号说明：

- h——高度；
- b——腿宽度；
- d——腰厚度；
- t——平均腿厚度；
- r——内圆弧半径；
- r_1——腿端圆弧半径；
- Z_0——y_1-y_1 轴与 y-y 轴间距。

型号	截面尺寸（mm）						截面面积（cm²）	单位长度理论质量（kg/m）	惯性矩（cm⁴）			惯性半径（cm）		截面模数（cm³）		重心距离（cm）
	h	b	d	t	r	r_1			I_x	I_y	I_{y1}	i_x	i_y	W_x	W_y	Z_0
5	50	37	4.5	7.0	7.0	3.5	6.928	5.438	26.0	8.30	20.9	1.94	1.10	10.4	3.55	1.35
6.3	63	40	4.8	7.5	7.5	3.8	8.451	6.634	50.8	11.9	28.4	2.45	1.19	16.1	4.50	1.36
6.5	65	40	4.3	7.5	7.5	3.8	8.547	6.709	55.2	12.0	28.3	2.54	1.19	17.0	4.59	1.38
8	80	43	5.0	8.0	8.0	4.0	10.248	8.045	101	16.6	37.4	3.15	1.27	25.3	5.79	1.43
10	100	48	5.3	8.5	8.5	4.2	12.748	10.007	198	25.6	54.9	3.95	1.41	39.7	7.80	1.52
12	120	53	5.5	9.0	9.0	4.5	15.362	12.059	346	37.4	77.7	4.75	1.56	57.7	10.2	1.62
12.6	126	53	5.5	9.0	9.0	4.5	15.692	12.318	391	38.0	77.1	4.95	1.57	62.1	10.2	1.59
14a	140	58	6.0	9.5	9.5	4.8	18.516	14.535	564	53.2	107	5.52	1.70	80.5	13.0	1.71
14b	140	60	8.0	9.5	9.5	4.8	21.316	16.733	609	61.1	121	5.35	1.69	87.1	14.1	1.67
16a	160	63	6.5	10.0	10.0	5.0	21.962	17.240	866	73.3	144	6.28	1.83	108	16.3	1.80
16b	160	65	8.5	10.0	10.0	5.0	25.162	19.752	935	83.4	161	6.10	1.82	117	17.6	1.75
18a	180	68	7.0	10.5	10.5	5.2	25.699	20.174	1 270	98.6	190	7.04	1.96	141	20.0	1.88
18b	180	70	9.0	10.5	10.5	5.2	29.299	23.000	1 370	111	210	6.84	1.95	152	21.5	1.84
20a	200	73	7.0	11.0	11.0	5.5	28.837	22.637	1 780	128	244	7.86	2.11	178	24.2	2.01
20b	200	75	9.0	11.0	11.0	5.5	32.837	25.777	1 910	144	268	7.64	2.09	191	25.9	1.95
22a	220	77	7.0	11.5	11.5	5.8	31.846	24.999	2 390	158	298	8.67	2.23	218	28.2	2.10
22b	220	79	9.0	11.5	11.5	5.8	36.246	28.453	2 570	176	326	8.42	2.21	234	30.1	2.03

斜度 1:10

$\dfrac{b-d}{2}$

续上表

型号	截面尺寸(mm)						截面面积(cm²)	单位长度理论质量(kg/m)	惯性矩(cm⁴)			惯性半径(cm)		截面模数(cm³)		重心距离(cm)
	h	b	d	t	r	r_1			I_x	I_y	I_{y1}	i_x	i_y	W_x	W_y	Z_0
24a	240	78	7.0	12.0	12.0	6.0	34.217	26.860	3 050	174	325	9.45	2.25	254	30.5	2.10
24b		80	9.0				39.017	30.628	3 280	194	355	9.17	2.23	274	32.5	2.03
24c		82	11.0				43.817	34.396	3 510	213	388	8.96	2.21	293	34.4	2.00
25a	250	78	7.0	12.0	12.0	6.0	34.917	27.410	3 370	176	322	9.82	2.24	270	30.6	2.07
25b		80	9.0				39.917	31.335	3 530	196	353	9.41	2.22	282	32.7	1.98
25c		82	11.0				44.917	35.260	3 690	218	384	9.07	2.21	295	35.9	1.92
27a	270	82	7.5	12.5	12.5	6.2	39.284	30.838	4 360	216	393	10.5	2.34	323	35.5	2.13
27b		84	9.5				44.684	35.077	4 690	239	428	10.3	2.31	347	37.7	2.06
27c		86	11.5				50.084	39.316	5 020	261	467	10.1	2.28	372	39.8	2.03
28a	280	82	7.5	12.5	12.5	6.2	40.034	31.427	4 760	218	388	10.9	2.33	340	35.7	2.10
28b		84	9.5				45.634	35.823	5 130	242	428	10.6	2.30	366	37.9	2.02
28c		86	11.5				51.234	40.219	5 500	268	463	10.4	2.29	393	40.3	1.95
30a	300	85	7.5	13.5	13.5	6.8	43.902	34.463	6 050	260	467	11.7	2.43	403	41.1	2.17
30b		87	9.5				49.902	39.173	6 500	289	515	11.4	2.41	433	44.0	2.13
30c		89	11.5				55.902	43.883	6 950	316	560	11.2	2.38	463	46.4	2.09
32a	320	88	8.0	14.0	14.0	7.0	48.513	38.083	7 600	305	552	12.5	2.50	475	46.5	2.24
32b		90	10.0				54.913	43.107	8 140	336	593	12.2	2.47	509	49.2	2.16
32c		92	12.0				61.313	48.131	8 690	374	643	11.9	2.47	543	52.6	2.09
36a	360	96	9.0	16.0	16.0	8.0	60.910	47.814	11 900	455	818	14.0	2.73	660	63.5	2.44
36b		98	11.0				68.110	53.466	12 700	497	880	13.6	2.70	703	66.9	2.37
36c		100	13.0				75.310	59.118	13 400	536	948	13.4	2.67	746	70.0	2.34
40a	400	100	10.5	18.0	18.0	9.0	75.068	58.928	17 600	592	1 070	15.3	2.81	879	78.8	2.49
40b		102	12.5				83.068	65.208	18 600	640	1 140	15.0	2.78	932	82.5	2.44
40c		104	14.5				91.068	71.488	19 700	688	1 220	14.7	2.75	986	86.2	2.42

注：截面图和表中标注的圆弧半径 r、r_1 的数据用于孔型设计，不做交货条件；常用材料为 Q235、Q345 等。

附录1-8　起重机钢轨型号、尺寸及截面特性参数（YB/T 5055—2014）

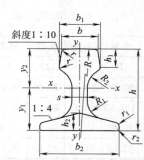

1. 本标准适用于起重机大车及小车轨道用的特种截面钢轨。

2. 钢轨材料为U71Mn。

3. 钢轨的标准长度（m）为9,9.5,10,10.5,11,11.5,12,12.5。

型号	b	b_1	b_2	s	h	h_1	h_2	R	R_1	R_2	r	r_1	r_2
QU70	70	76.5	120	28	120	32.5	24	400	23	38	6	6	1.5
QU80	80	87	130	32	130	35	26	400	26	44	8	6	1.5
QU100	100	108	150	38	150	40	30	450	30	50	8	8	2
QU120	120	129	170	44	170	45	35	500	34	56	8	8	2

型号	截面积（cm²）	单位长度理论质量（kg/m）	参考数值						
			重心距离（cm）		惯性矩（cm⁴）		截面模数（cm³）		
			y_1	y_2	I_x	I_y	$W_1=\dfrac{I_x}{y_1}$	$W_2=\dfrac{I_x}{y_2}$	$W_3=\dfrac{I_y}{b_2/2}$
QU70	67.22	52.77	5.93	6.07	1 083.25	319.67	182.80	178.34	53.28
QU80	82.05	64.41	6.49	6.51	1 530.12	472.14	235.95	234.86	72.64
QU100	113.44	89.05	7.63	7.37	2 806.11	919.70	367.87	380.64	122.63
QU120	150.95	118.50	8.70	8.30	4 796.71	1 677.34	551.41	577.85	197.33

附录1-9　热轧轻轨型号、尺寸及截面特性参数（GB/T 11264—2012）

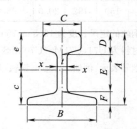

1. 轻轨的长度:12.0,11.5,11.0,10.5,10.0,9.5,9.0,
   8.5,8.0,7.5,7.0,6.5,6.0,5.5,5.0 m。

2. 表中18 kg/m及24 kg/m轨道为GB/T 11264—2012新增型号。

型号	截面尺寸（mm）							截面面积（cm²）	理论质量（kg/m）	重心位置		惯性矩	截面模数	惯性半径
	轨高	底宽	头宽	头高	腰高	底高	腰厚			c	e	I_x	W_{xx}	i_x
	A	B	C	D	E	F	t			（cm）	（cm）	（cm⁴）	（cm³）	（cm）
9 kg/m	63.50	63.50	32.10	17.48	35.72	10.30	5.90	11.39	8.94	3.09	3.26	62.41	19.10	2.33
12 kg/m	69.85	69.85	38.10	19.85	37.70	12.30	7.54	15.54	12.20	3.40	3.59	98.82	27.60	2.51
15 kg/m	79.37	79.37	42.86	22.22	43.65	13.50	8.33	19.33	15.20	3.89	4.05	156.10	38.60	2.83

型号	截面尺寸(mm)							截面面积 (cm²)	理论质量 (kg/m)	重心位置		惯性矩	截面模数	惯性半径
	轨高	底宽	头宽	头高	腰高	底高	腰厚			c	e	I_x	W_{xx}	i_x
	A	B	C	D	E	F	t			(cm)	(cm)	(cm⁴)	(cm³)	(cm)
22 kg/m	93.66	93.66	50.80	26.99	50.00	16.67	10.72	28.39	22.30	4.52	4.85	339.00	69.60	3.45
30 kg/m	107.95	107.95	60.33	30.95	57.55	19.45	12.30	38.32	30.10	5.21	5.59	606.00	108.00	3.98
18 kg/m	90.00	80.00	40.00	32.00	42.30	15.70	10.00	23.07	18.06	4.29	4.71	240.00	51.00	—
24 kg/m	107.00	92.00	51.00	32.00	58.00	17.00	10.90	31.24	24.46	5.31	5.40	486.00	90.12	—

附录 1-10　铁路用热轧钢轨型号、尺寸及截面特性参数（GB 2585—2007）

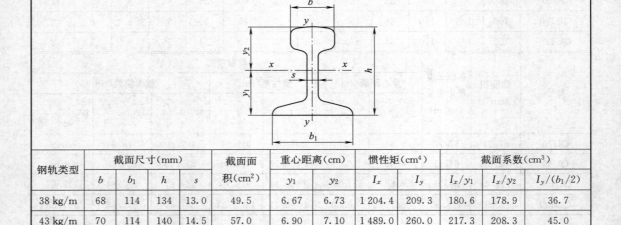

钢轨类型	截面尺寸(mm)				截面面积(cm²)	重心距离(cm)		惯性矩(cm⁴)		截面系数(cm³)		
	b	b_1	h	s		y_1	y_2	I_x	I_y	I_x/y_1	I_x/y_2	$I_y/(b_1/2)$
38 kg/m	68	114	134	13.0	49.5	6.67	6.73	1 204.4	209.3	180.6	178.9	36.7
43 kg/m	70	114	140	14.5	57.0	6.90	7.10	1 489.0	260.0	217.3	208.3	45.0
50 kg/m	70	132	152	15.5	65.8	7.10	8.10	2 037.0	377.0	287.2	251.3	57.1
60 kg/m	73	150	176	16.5	77.45	8.12	9.48	3 217.0	524.0	369.0	339.4	69.9
75 kg/m	75	150	192	20.0	95.04	8.82	10.38	4 489.0	665.0	509.0	432.0	89.0

注：1. 标准钢轨的定尺长度为 12.5 m、25 m、50 m 和 100 m。

2. 钢轨材料为 U74，U71Mn，U70MnSi，U75V，U76NbRE 等。

3. 钢轨型号表示，例如 43 kg/m 钢轨可表示为 P43。

附录 2　标准轨距铁路机车车辆限界

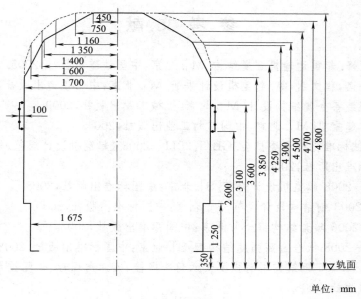

单位：mm

机车车辆上部限界图

───────── 机车车辆限界基本轮廓。

────────── 电力机车限界轮廓。

·─·─·─·─· 列车信号、后视镜装置限界轮廓。

参 考 文 献

[1] 王金诺,于兰峰.起重运输机金属结构[M].北京:中国铁道出版社,2005.

[2] 张质文,王金诺,程文明,等.起重机设计手册[M].北京:中国铁道出版社,2013.

[3] 徐格宁.机械装备金属结构设计[M].北京:机械工业出版社,2009.

[4] 范俊详.塔式起重机[M].北京:中国建材工业出版社,2004.

[5] 全国起重机械标准化技术委员会.GB/T 3811—2008《起重机设计规范》释义与应用[M].北京:中国标准出版社,2008.

[6] GB/T 3811—2008 起重机设计规范[S].北京:中国标准出版社,2008.

[7] GB 50017—2003 钢结构设计规范[S].北京:中国标准出版社,2003.

[8] GB/T 700—2006 碳素结构钢[S].北京:中国标准出版社,2008.

[9] GB/T 1591—2008 低合金高强度结构钢[S].北京:中国标准出版社,2008.

[10] GB/T 1231—2006 钢结构用高强度大六角头螺栓、大六角螺母、垫圈技术条件[S].北京:中国标准出版社,2008.

[11] GB/T 3098.1—2010 紧固件机械性能螺栓、螺钉和螺柱[S].北京:中国标准出版社,2010.

[12] GB/T 6068—2008 汽车起重机和轮胎起重机试验规范[S].北京:中国标准出版社,2008.

[13] GB/T 13752—2017 塔式起重机设计规范[S].北京:中国标准出版社,2017.